G. P. Tolstow

Maß und Integral

Mathematische Lehrbücher und Monographien
Herausgegeben von der Akademie der Wissenschaften der DDR
Institut für Mathematik

I. Abteilung
Mathematische Lehrbücher
Band 34

Maß und Integral

von G. P. Tolstow

Maß und Integral

von G. P. Tolstow

In deutscher Sprache herausgegeben
von Doz. Dr. rer. nat. habil. Rolf Kühne
Technische Universität Dresden

Mit 230 Abbildungen

AKADEMIE-VERLAG · BERLIN
1981

Георгий Павлович Толстов

Мера и Интеграл

Deutsche Übersetzung

Dr.Thomas Ewers
Dr. Reinhard Höppner

Erschienen im Akademie-Verlag, DDR - 1080 Berlin, Leipziger Str. 3–4
Lektor: Dr. Reinhard Höppner

Lizenznummer: 202 · 100/411/81
Gesamtherstellung: IV/2/14 VEB Druckerei »Gottfried Wilhelm Leibniz«,
4450 Gräfenhainichen · 5624
Bestellnummer: 762 779 1 (6568) · LSV 1034
Printed in GDR
DDR 28,– M
ISSN 0076–5422

Vorwort zur deutschen Ausgabe

Das vorliegende Buch ist eine aus Vorlesungen entstandene ausführliche Einführung in die Maß- und Integrationstheorie. Neben den im Vorwort des Autors benannten Besonderheiten der Darstellung sei noch darauf hingewiesen, daß hier der Begriff des Maßes und der Mengenfunktion ausschließlich im Sinne endlichwertiger Maße bzw. Mengenfunktionen verstanden wird; diese sind im allgemeinen nicht auf σ-Ringen, sondern lediglich auf Ringen (bzw. allgemeineren Mengensystemen) definiert, wodurch die in der Regel als σ-endlich bezeichneten Maße in die Betrachtungen einbezogen sind.

Die deutschsprachliche Gestaltung des Textes lehnt sich eng an die Darstellungsweise des Autors an, die durch Einfachheit, Anschaulichkeit und intuitive Erläuterungen geprägt wird. Die Bearbeitung beschränkt sich neben den für deutschsprachige Leser erforderlichen Anmerkungen auf notwendige Korrekturen, wobei wir dem Autor für die Übersendung eines Fehlerverzeichnisses zu Dank verpflichtet sind.

Besonderer Dank gebührt auch den Herren Dr. T. Ewers und Dr. R. Höppner, die über ihre eigentliche Aufgabe als Übersetzer hinaus wesentlichen Anteil an der mathematischen Fassung der Übersetzung haben; Herrn Dr. R. Höppner als gleichzeitig verantwortlichem Lektor des Verlages sei außerdem für die ausgezeichnete Zusammenarbeit in allen technischen Fragen sehr gedankt.

Dresden, den 12. August 1979 R. Kühne

Vorwort

Dieses Buch entstand durch gründliche Überarbeitung einer Vorlesung, die der Autor in den letzten Jahren mit dem Ziel gehalten hat, Lücken zu schließen, die bei der Ausbildung von Studenten in einem üblichen Kurs Analysis auf dem Gebiet der Maß- und Integrationstheorie bestehen, und damit insbesondere die Grundlage für eine moderne Behandlung wahrscheinlichkeitstheoretischer Disziplinen zu schaffen. Das Buch verlangt vom Leser einfache Grundkenntnisse in Mengenlehre, Differential- und Integralrechnung sowie über mehrdimensionale Euklidische und metrische Räume einschließlich der Begriffe offener und abgeschlossener Mengen.

Der Inhalt des Buches besteht aus Elementen der Maßtheorie, Ausführungen zu meßbaren Funktionen, zur Theorie des abstrakten LEBESGUE-Integrals (einschließlich des Satzes von FUBINI), zur Theorie gewöhnlicher LEBESGUE- und LEBESGUE-STIELTJES-Integrale sowie über Mengenfunktionen (einschließlich des Begriffes der Variation einer Mengenfunktion und des Satzes von RADON-NIKODYM).

Insgesamt gesehen nimmt das Buch eine Stellung zwischen Monographie und Lehrbuch ein. Es enthält fast keine gesonderten Übungsaufgaben, dafür jedoch eine hinreichend große Anzahl illustrierender Beispiele, Bemerkungen und Ergänzungen.

Die Art und Weise der Darstellung weicht (bis auf wenige Ausnahmen) in starkem Maße von bekannten Werken wie denen von S. SAKS, P. HALMOS, G. E. SCHILOW, A. N. KOLMOGOROW und S. W. FOMIN u. a. ab. Das Integral einer positiven Funktion wird auf geometrischer Grundlage als „Flächeninhalt“ eines entsprechenden krummlinigen Trapezes im kartesischen Produktraum des betrachteten abstrakten Raumes und der Zahlengeraden eingeführt. Infolgedessen erscheinen eine ganze Reihe von Eigenschaften des abstrakten Integrals entweder als einfache Analogien elementargeometrischer Sachverhalte oder aber – in Konvergenzsätzen – als Umformulierung der Stetigkeitseigenschaft σ-additiver Maße. Diese Stetigkeitseigenschaft spielt deshalb in unserer Darstellung eine besondere Rolle; ihre Bedeutung für die Integrationstheorie wird dabei deutlich sichtbar.

In der dargelegten Theorie treten zwei Arten σ-additiver Maße auf, die vom Autor LUSIN-Maße bzw. BOREL-Maße genannt werden. Dabei sind BOREL-Maße spezielle LUSIN-Maße; sie erweisen sich in gewissem Sinne als optimal. Jedes LUSIN-Maß kann auf recht einfache Weise zu einem BOREL-Maß erweitert werden, und die gewöhnlichen LEBESGUE- und LEBESGUE-STIELTJES-Maße sind spezielle BOREL-Maße. Die Integrationstheorie wird im wesentlichen unter Verwendung von LUSIN-Maßen entwickelt. In einigen wichtigen Fragen ist es jedoch erforderlich, sich auf BOREL-Maße zu beschränken. So ist zum Beispiel der in den Abschnitten 9.6 und 9.8 für BOREL-Maße formulierte Satz von FUBINI im allgemeinen für LUSIN-Maße nicht gültig. Ähnlich verhält es sich mit den Sätzen des Abschnittes 11.7 über die Zerlegung einer σ-additiven Mengenfunktion in einen absolutstetigen und einen singulären Teil.

Schließlich spielen in der Maßtheorie die vom Autor eingeführten Klassen der σ-

bzw. δ-Mengen, die in vielerlei Hinsicht an die offenen bzw. abgeschlossenen Mengen in topologischen Räumen erinnern, eine wesentliche Rolle.

Der Autor ist Dozent B. P. Antonow für die Hilfe bei der Drucklegung dieses Buches außerordentlich dankbar. Ohne diese Hilfe hätte das Buch – zumindest in absehbarer Zeit – schwerlich erscheinen können. Für die Arbeit waren außerdem sehr gute Vorlesungsnachschriften meines Schülers I. A. Kirillow hilfreich, dem ich an dieser Stelle gleichfalls sehr danke.

Moskau, 27. Februar 1974 G. P. Tolstow

Inhaltsverzeichnis

1. Einführung

1.1. Ringe und Algebren von Mengen

Eine nichtleere Klasse $\mathcal{K}$ von Mengen[1]) heißt ein *Ring*, wenn aus

$$A \in \mathcal{K}, \quad B \in \mathcal{K} \tag{1}$$

stets

$$A \cup B \in \mathcal{K} \quad \text{und} \quad A \setminus B \in \mathcal{K} \tag{2}$$

folgt (vgl. Abb. 1).

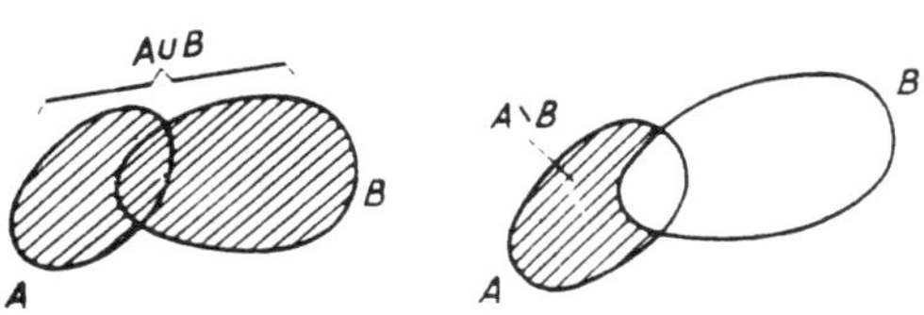

Abb. 1

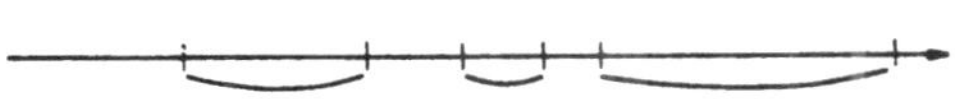

Abb. 2

Beispiele für Ringe (wobei man die Gültigkeit der Bedingung (1)⇒(2) leicht zeigt) sind:

1. Die Klasse $\mathcal{K}$, die nur die leere Menge $\emptyset$ enthält.
2. Die Klasse $\mathcal{K} = \{\emptyset, E\}$, die nur zwei Mengen, nämlich die leere Menge und irgendeine Menge $E \neq \emptyset$ enthält.
3. Die Klasse $\mathcal{K}$ aller Teilmengen irgendeiner Menge E.
4. Die Klasse $\mathcal{K}$ aller endlichen Teilmengen einer Menge E.
5. Die Klasse $\mathcal{K}$ aller endlichen und abzählbar unendlichen Teilmengen einer Menge E.
6. Die Klasse $\mathcal{K}$ aller beschränkten Teilmengen einer beliebigen festen Teilmenge E des n-dimensionalen euklidischen Raumes $\mathbb{R}^n$.
7. Die Klasse $\mathcal{K}$ aller endlichen (oder aller beliebigen) Intervalle der Zahlengeraden sowie der endlichen Vereinigungen disjunkter derartiger Intervalle[2]) (vgl. Abb. 2).
8. Die Klasse $\mathcal{K}$ aller endlichen (oder beliebigen) Intervalle der Zahlengeraden, die in einer festen Menge E enthalten sind, sowie aller endlichen Vereinigungen disjunkter derartiger Intervalle (vgl. Abb. 3).

---

[1]) Unter einer Klasse von Mengen verstehen wir eine Menge, deren Elemente selbst wieder Mengen sind. Man könnte natürlich auch von einer Menge von Mengen sprechen.

[2]) Einelementige Intervalle der Art $[\alpha, \alpha]$ und die leeren Intervalle (α, α), $[\alpha, \alpha)$, $(\alpha, \alpha]$ sind hierbei eingeschlossen.

9. Die Klasse $\mathcal{H}$ aller Intervalle der Zahlengeraden der Form $[\alpha, \beta)$[1]) (oder der Form $[\alpha, \beta)$ und $[\alpha, \infty)$; oder der Form $[\alpha, \beta)$ und $(-\infty, \beta)$; oder der Form $[\alpha, \beta)$, $[\alpha, \infty)$, $(-\infty, \beta)$, $(-\infty, \infty)$) und aller endlichen Vereinigungen disjunkter derartiger Intervalle (vgl. Abb. 4).

10. Die analog zu Beispiel 9 gebildete Klasse $\mathcal{H}$, wobei lediglich Intervalle aus einer festen Menge E zugrunde gelegt werden.[2])

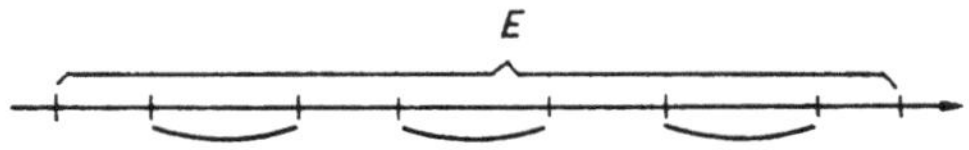

Abb. 3

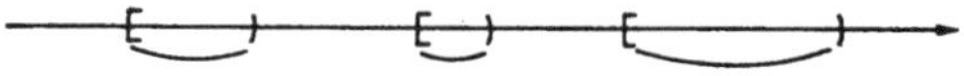

Abb. 4

Wir geben nun einfache Eigenschaften von Ringen an.

Aussage 1. *Jeder Ring $\mathcal{H}$ enthält die leere Menge.*

Beweis: Da (nach Definition des Ringes) die Klasse $\mathcal{H}$ nicht leer ist, enthält sie eine Menge A. Folglich gilt für die leere Menge als Differenz zweier Mengen des Ringes

$$\emptyset = A \setminus A \in \mathcal{H} \quad \text{(vgl. (1)} \Rightarrow \text{(2))} \quad \bullet$$

Aussage 2. *Ist $\mathcal{H}$ ein Ring und $A \in \mathcal{H}$, $B \in \mathcal{H}$, so gilt*

$$A \cap B \in \mathcal{H} . \tag{3}$$

Beweis: Man zeigt leicht $A \cap B = A \setminus (A \setminus B)$ (vgl. Abb. 5). $A \in \mathcal{H}$ gilt nach Voraussetzung, $A \setminus B \in \mathcal{H}$ nach Definition des Ringes. Also folgt wiederum nach Definition $A \setminus (A \setminus B) \in \mathcal{H}$ und daher auch (3) $\bullet$

Bemerkung. Ein Ring, d. h. eine Klasse von Mengen, die abgeschlossen ist bezüglich der Vereinigungs- und Differenzbildung zweier Mengen, ist also auch bezüglich der

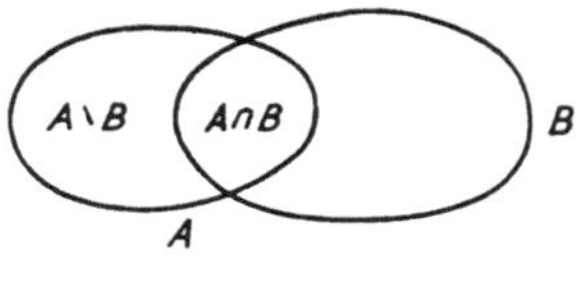

Abb. 5

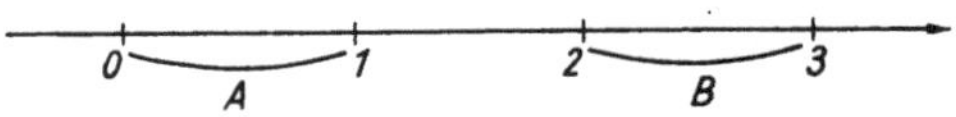

Abb. 6

Durchschnittsbildung abgeschlossen. Dagegen ist eine Klasse von Mengen, die bezüglich der Durchschnitts- und Differenzbildung abgeschlossen ist, i. a. nicht bezüglich der Vereinigungsbildung abgeschlossen, also kein Ring. Ein Beispiel dafür ist die aus den drei Mengen $\emptyset$, $A = [0, 1]$, $B = [2, 3]$ bestehende Klasse (vgl. Abb. 6).

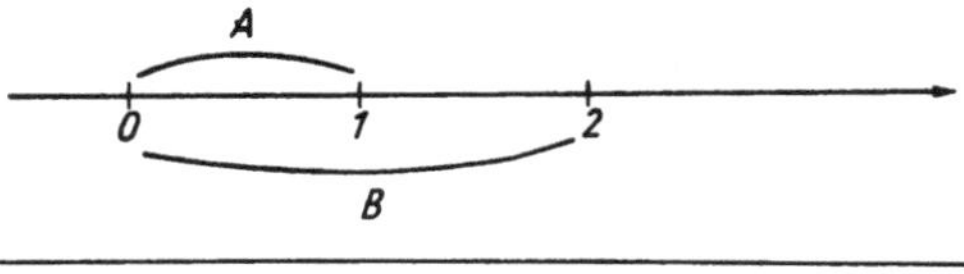

Abb. 7

[1]) Hier und im weiteren sollen, falls nichts Gegenteiliges gesagt wird, α und β Zahlen mit $\alpha \leqq \beta$ sein; das leere rechtsoffene Intervall $[\alpha, \alpha)$ ist eingeschlossen.

[2]) In den Beispielen 9 und 10 werden rechtsoffene Intervalle betrachtet. Entsprechende Beispiele könnte man mit linksoffenen Intervallen angeben.

Analoges trifft für Klassen zu, die bezüglich der Vereinigungs- und Durchschnittsbildung zweier Mengen abgeschlossen sind, z. B. für die Klasse, die aus den drei Mengen $\emptyset$, $A=[0, 1]$, $B=[0, 2]$ besteht (vgl. Abb. 7).

Aussage 3. *Gehören die (endlich vielen) Mengen $A_1, A_2, \ldots, A_m$ zum Ring $\mathfrak{K}$, so gelten auch die Beziehungen*

$$\bigcup_{n=1}^{m} A_n \in \mathfrak{K}, \quad \bigcap_{n=1}^{m} A_n \in \mathfrak{K},$$

d. h., ein Ring ist abgeschlossen bezüglich endlicher Vereinigungs- und Durchschnittsbildung.

Der Beweis ergibt sich unmittelbar aus der Definition des Ringes und Aussage 2.

Aussage 4. *Der Durchschnitt $\mathfrak{K}=\bigcap_{\mathfrak{L}\in\mathfrak{E}} \mathfrak{L}$ einer beliebigen Menge $\mathfrak{E}$ von Ringen ist wieder ein Ring.*

Beweis: Die Klasse $\mathfrak{K}$ ist nicht leer, weil jeder Ring $\mathfrak{L}$ und damit auch $\mathfrak{K}$ die leere Menge enthält. Aus $A\in\mathfrak{K}$ und $B\in\mathfrak{K}$ folgt $A\in\mathfrak{L}$ und $B\in\mathfrak{L}$ für jedes $\mathfrak{L}\in\mathfrak{E}$. Da jedes $\mathfrak{L}\in\mathfrak{E}$ ein Ring ist, gelten damit auch $A\cup B\in\mathfrak{L}$ und $A\setminus B\in\mathfrak{L}$ für jedes $\mathfrak{L}\in\mathfrak{E}$. Folglich ist $A\cup B\in\mathfrak{K}$ und $A\setminus B\in\mathfrak{K}$, und $\mathfrak{K}$ ist ein Ring ●

Aussage 5. *Zu jeder nichtleeren Klasse $\mathfrak{M}$ von Mengen existiert ein Ring $\mathfrak{K}\supset\mathfrak{M}$, der in jedem Ring $\mathfrak{K}'\supset\mathfrak{M}$ enthalten ist. Der Ring $\mathfrak{K}$ ist eindeutig bestimmt und heißt der von $\mathfrak{M}$ erzeugte Ring.*

Beweis: Sei $A_0=\bigcup_{A\in\mathfrak{M}} A$ die Vereinigung aller Mengen der Klasse $\mathfrak{M}$ und $\mathfrak{N}$ die Klasse aller Teilmengen von A_0. Dann ist $\mathfrak{N}$ offenbar ein Ring, für den $\mathfrak{N}\supset\mathfrak{M}$ gilt. Es gibt also einen Ring, der $\mathfrak{M}$ enthält und in $\mathfrak{N}$ enthalten ist. Wir definieren $\mathfrak{K}$ als Durchschnitt aller solchen Ringe. Dann ist $\mathfrak{K}$ nach Aussage 4 ein Ring, und es gilt $\mathfrak{K}\supset\mathfrak{M}$. Ist nun $\mathfrak{K}'$ ein Ring mit $\mathfrak{K}'\supset\mathfrak{M}$, so gilt $\mathfrak{K}'\supset\mathfrak{K}'\cap\mathfrak{N}\supset\mathfrak{K}$ (vgl. Abb. 8).

Bemerkung. Es ist leicht einzusehen, daß der von $\mathfrak{M}$ erzeugte Ring genau die Mengen enthält, die entweder in $\mathfrak{M}$ liegen oder die man aus den Mengen der Klasse $\mathfrak{M}$ durch eine endliche Anzahl von Operationen der Form $A\cup B$ und $A\setminus B$ erhält.

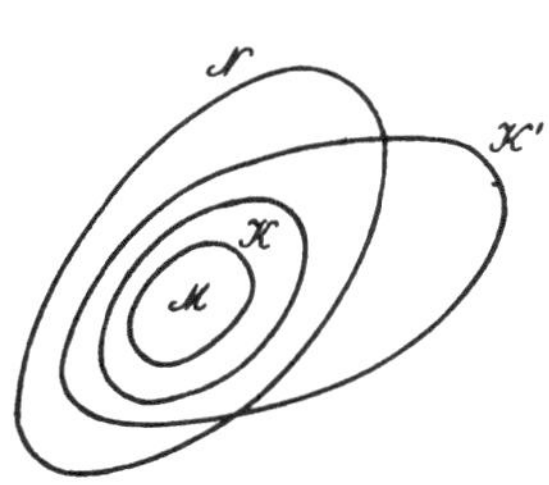

Abb. 8

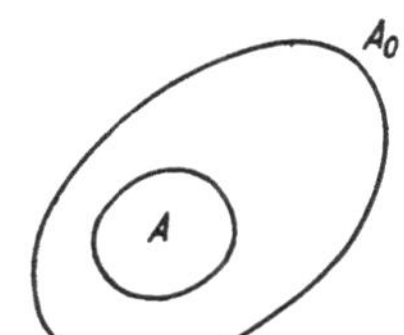

Abb. 9

Sei $\mathfrak{M}$ eine nichtleere Klasse von Mengen und $A_0=\bigcup_{A\in\mathfrak{M}} A$ die Vereinigung aller Mengen aus $\mathfrak{M}$. Liegt A_0 in $\mathfrak{M}$, dann heißt A_0 *Einheit* der Klasse $\mathfrak{M}$, und $\mathfrak{M}$ heißt eine *Klasse mit Einheit*. Für eine Klasse $\mathfrak{M}$ mit Einheit gilt $A\cap A_0=A$ für beliebige $A\in\mathfrak{M}$ (vgl. Abb. 9). Diese Eigenschaft ist der Grund für die Bezeichnung Einheit.

Ein Ring mit Einheit heißt *Algebra*.

Die Klassen $\mathcal{H}$ in den oben angeführten Beispielen 1 bis 3 sind Algebren. In Beispiel 1 ist die Einheit die leere Menge, in den Beispielen 2 und 3 ist es die Menge E. In den Beispielen 4 bis 6 ist jeweils $\mathcal{H}$ genau dann eine Algebra, wenn E endlich (Beispiel 4), endlich oder abzählbar unendlich (Beispiel 5) bzw. beschränkt (Beispiel 6) ist. Werden in Beispiel 7 nur endliche Intervalle betrachtet, so ist $\mathcal{H}$ keine Algebra. Werden auch unendliche Intervalle einbezogen, so ist $\mathcal{H}$ eine Algebra mit der Einheit $(-\infty,\infty)$.

Der Leser kläre zur Übung selbst, in welchen Fällen bei den Beispielen 8 bis 10 eine Algebra vorliegt.

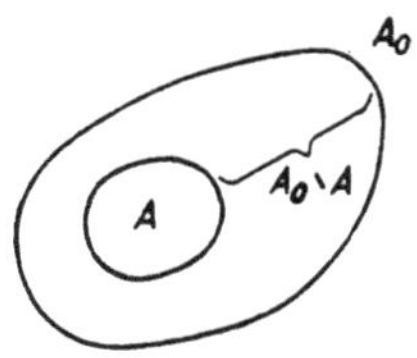

Abb. 10

Aussage 6. *Ist $\mathcal{H}$ eine Algebra mit der Einheit A_0, dann enthält $\mathcal{H}$ mit jeder Menge A auch ihr Komplement $A_0\setminus A$* (vgl. Abb. 10).[1])

Beweis: Auf Grund der Voraussetzungen ist $A\in\mathcal{H}$, $A_0\in\mathcal{H}$ und damit nach Definition des Ringes $A_0\setminus A\in\mathcal{H}$ ●

1.2. Halbringe

Man sagt, daß durch eine Gleichung der Art $E=\bigcup\limits_n E_n$ eine *Zerlegung* von E gegeben ist, wenn die Mengen E_n paarweise disjunkt sind. Die Zerlegung heißt *endlich* oder *abzählbar* usw. je nachdem, ob die Menge, die der Index n durchläuft, endlich, abzählbar usw. ist.

Eine nichtleere Klasse $\mathcal{H}$ von Mengen heißt ein *Halbring*, wenn aus

$$A\in\mathcal{H},\quad B\in\mathcal{H} \tag{1}$$

stets folgt:

(i) $$A\cap B\in\mathcal{H}\,, \tag{2}$$

(ii) die Differenz $A\setminus B$ gestattet eine endliche Zerlegung der Form

$$A\setminus B=\bigcup_{j=1}^{n} A_j\,,\quad A_j\in\mathcal{H}\ (j=1,2,\ldots,n)\,. \tag{3}$$

(Die Zahl n kann bei jeder Zerlegung der Art (3) eine andere sein.)

Jeder Ring ist offenbar ein Halbring. Das Umgekehrte ist – wie wir sehen werden – i. a. nicht der Fall.

Beispiel 1. Die Klasse aller endlichen (oder sämtlicher – endlicher wie unendlicher –) Intervalle der Zahlengeraden, die in einer Menge E (wobei der Fall $E=(-\infty,\infty)$ nicht

---

[1]) Hier wird A_0 natürlicherweise als diejenige Grundmenge angesehen, aus der die Mengen der Algebra stammen. In diesem Sinne wird vom Komplement der Menge A (bez. der Grundmenge A_0) gesprochen.

ausgeschlossen ist) enthalten sind, ist ein Halbring aber kein Ring (die Differenz zweier Intervalle ist i. a. kein Intervall; sie kann in zwei Intervalle zerfallen, vgl. Abb. 11).

Abb. 11

Abb. 12

Von besonderer Bedeutung für das Weitere ist

Beispiel 2. Die Klasse $\mathcal{H}$ aller rechtsoffenen Intervalle $[\alpha, \beta)$ der Zahlengeraden, die in einer festen Menge E enthalten sind (vgl. Abb. 12), ist ein Halbring (aber kein Ring). Das gleiche gilt für die linksoffenen Intervalle der Art $(\alpha, \beta]$.

Wir geben nun einfache Eigenschaften von Halbringen an.

Aussage 1. *Jeder Halbring $\mathcal{H}$ enthält die leere Menge $\emptyset$.*

Beweis: Da $\mathcal{H}$ nicht leer ist, gibt es ein $A \in \mathcal{H}$. Nach Definition $\big((1) \Rightarrow (3)\big)$ existiert eine Zerlegung der Art

$$A \setminus A = \bigcup_{i=1}^{n} A_i, \quad A_i \in \mathcal{H} \; (i = 1, 2, \ldots, n), \tag{3'}$$

was nur für $A_i = \emptyset$ $(i = 1, 2, \ldots, n)$ möglich ist, d. h., es gilt $\emptyset \in \mathcal{H}$. ●

Aussage 2. *Ein Halbring ist abgeschlossen bezüglich endlicher Durchschnittsbildung.*

Der Beweis ergibt sich unmittelbar aus $(1) \Rightarrow (2)$.

Aussage 3. *Ist $\mathcal{H}$ ein Halbring, so ist der von $\mathcal{H}$ erzeugte Ring die Klasse $\mathfrak{H}$ aller Mengen E, die eine endliche Zerlegung der Art*

$$E = \bigcup_{i=1}^{n} A_i, \quad A_i \in \mathcal{H} \; (i = 1, 2, \ldots, n), \tag{4}$$

gestatten.

Beweis: Wir zeigen, daß $\mathfrak{H}$ ein Ring ist. Seien $E \in \mathfrak{H}$ und $D \in \mathfrak{H}$. Dann gibt es Zerlegungen der Art (4):

$$E = \bigcup_{i=1}^{n} A_i, \quad A_i \in \mathcal{H}; \quad D = \bigcup_{j=1}^{m} B_j, \quad B_j \in \mathcal{H}. \tag{5}$$

(i) Zunächst folgt

$$E \cap D = \left(\bigcup_{i=1}^{n} A_i\right) \cap \left(\bigcup_{j=1}^{m} B_j\right) = \bigcup_{i=1}^{n} \bigcup_{j=1}^{m} (A_i \cap B_j),$$

d. h., $E \cap D$ besitzt eine endliche Zerlegung in Mengen der Form $A_i \cap B_j \in \mathcal{H}$ (vgl. $(1) \Rightarrow (2)\big)$, also gilt $E \cap D \in \mathfrak{H}$. Die Klasse $\mathfrak{H}$ ist daher abgeschlossen bezüglich endlicher Durchschnittsbildung.

(ii) Weiterhin folgt

$$E\backslash D = \bigcup_{i=1}^{n} A_i \backslash \bigcup_{j=1}^{m} B_j = \bigcup_{i=1}^{n} \bigcap_{j=1}^{m} (A_i \backslash B_j)\,.$$ [1]

$E\backslash D$ besitzt also eine endliche Zerlegung in Mengen der Art $\bigcap_{j=1}^{m} (A_i\backslash B_j)$ $(i=1, 2, \ldots, n)$. Nach (5) ist $A_i \in \mathcal{H}$, $B_j \in \mathcal{H}$, und wegen (1)⇒(3) folgt $A_i\backslash B_j \in \mathfrak{K}$, nach Beweisschritt (i) also $\bigcap_{j=1}^{m} (A_i\backslash B_j) \in \mathfrak{K}$. $E\backslash D$ ist damit eine endliche Vereinigung von endlichen Vereinigungen disjunkter Mengen aus $\mathcal{H}$, d. h., es gilt $E\backslash D \in \mathfrak{K}$.

(iii) Durch $E \cup D = (E\backslash D) \cup D$ ist eine Zerlegung von $E \cup D$ in zwei Mengen $E\backslash D \in \mathfrak{K}$ und $D \in \mathfrak{K}$ gegeben (vgl. Abb. 13). $E \cup D$ ist damit eine endliche Vereinigung von disjunkten Mengen aus $\mathcal{H}$, d. h. $E \cup D \in \mathfrak{K}$.

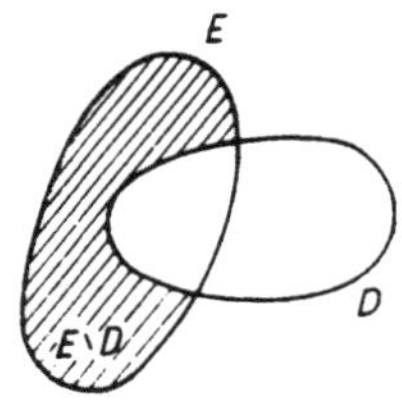

Abb. 13

Wegen (ii) und (iii) ist $\mathfrak{K}$ ein Ring. Offenbar enthält jeder Ring $\mathfrak{K}'$, der $\mathcal{H}$ enthält, auch alle Mengen der Art (4), $\mathfrak{K}$ ist also der von $\mathcal{H}$ erzeugte Ring ●

Betrachten wir noch einmal den Halbring $\mathcal{H}$ aller halboffenen Intervalle der Art $[\alpha, \beta)$ der Zahlengeraden, die in einer festen Menge E enthalten sind (vgl. Beispiel 2). Gemäß Aussage 3 ist der von $\mathcal{H}$ erzeugte Ring $\mathfrak{K}$ gerade die Klasse, die aus allen rechtsoffenen Intervallen und den endlichen Vereinigungen disjunkter derartiger Intervalle besteht. Dieser Ring wurde in Beispiel 10 in 1.1 betrachtet.

1.3. σ-Ringe. σ-Algebren. δ-Ringe. Borel-Mengen

Ein Ring $\mathfrak{K}$ heißt *Borel-Ring*[2] oder *σ-Ring*, wenn er abgeschlossen ist bezüglich abzählbarer Vereinigungsbildung, d. h. wenn aus

$$A_n \in \mathfrak{K} \ (n=1, 2, \ldots) \tag{1}$$

stets folgt

$$\bigcup_n A_n \in \mathfrak{K}.\text{[3]} \tag{2}$$

Entsprechend heißt ein σ-Ring mit Einheit *σ-Algebra* oder *Borel-Algebra*. In den Beispielen aus 1.1 handelt es sich bei den Beispielen 1 bis 3 um σ-Algebren und bei

[1]) Die Gleichung $\bigcup_i A_i\backslash \bigcup_j B_j = \bigcup_i \bigcap_j (A_i\backslash B_j)$ läßt sich leicht beweisen und gilt für beliebige Indexmengen von i und j. Überdies gelten folgende Gleichungen: $\bigcap_i A_i\backslash \bigcap_j B_j = \bigcap_i \bigcup_j (A_i\backslash B_j)$, $\bigcup_i A_i\backslash \bigcap_j B_j = \bigcup_i \bigcup_j (A_i\backslash B_j)$, $\bigcap_i A_i\backslash \bigcup_j B_j = \bigcap_i \bigcap_j (A_i\backslash B_j)$.

[2]) Benannt nach dem französischen Mathematiker Émile Borel (1871–1956).

[3]) Anstelle von $\bigcup_{n=1}^{\infty} A_n$ steht hier $\bigcup_n A_n$. Entsprechende Abkürzungen werden wir gelegentlich auch später verwenden, solange dies nicht zu Irrtümern führen kann.

Beispiel 5 um einen σ-Ring. Die Ringe in den Beispielen 4, 5 bzw. 6 werden σ-Ringe und sogar σ-Algebren, falls entsprechend E endlich, höchstens abzählbar bzw. beschränkt ist. Die Ringe in den Beispielen 7 bis 10 sind keine σ-Ringe.

Wir geben nun einfache Eigenschaften von σ-Ringen an.

Aussage 1. *Ein σ-Ring ist abgeschlossen bezüglich abzählbarer Durchschnittsbildung, d. h., aus* (1) *folgt*

$$\bigcap_{n=1}^{\infty} A_n \in \mathcal{K} . \tag{3}$$

Beweis: Wir setzen $\bigcup_{n=1}^{\infty} A_n = A$. Dann ist $\bigcap_{n=1}^{\infty} A_n = A \setminus \bigcup_{n=1}^{\infty} (A \setminus A_n)$. Nach Voraussetzung ist $A_n \in \mathcal{K}$. Nach Definition des σ-Ringes gilt $A \in \mathcal{K}$, folglich $\bigcup_{n=1}^{\infty} (A \setminus A_n) \in \mathcal{K}$ und $A \setminus \bigcup_{n=1}^{\infty} (A \setminus A_n) \in \mathcal{K}$, also (3) ●

Aussage 2. *Der Durchschnitt $\mathcal{K} = \bigcap_{\mathfrak{L} \in \mathfrak{C}} \mathfrak{L}$ einer beliebigen Menge $\mathfrak{C}$ von σ-Ringen ist wieder ein σ-Ring.*

Der Beweis verläuft analog dem von Aussage 4 in 1.1.

Aussage 3. *Zu einer beliebigen nichtleeren Klasse $\mathcal{M}$ von Mengen existiert ein σ-Ring $\mathcal{K} \supset \mathcal{M}$, der in allen σ-Ringen $\mathcal{K}' \supset \mathcal{M}$ enthalten ist. Dieser σ-Ring ist eindeutig bestimmt und heißt der von $\mathcal{M}$ erzeugte σ-Ring* (*oder auch Borel-Abschließung der Menge* $\mathcal{M}$).

Der Beweis verläuft analog dem von Aussage 5 in 1.1.

Bemerkung. Der von einer Klasse $\mathcal{M}$ erzeugte σ-Ring enthält genau diejenigen Mengen, die entweder in $\mathcal{M}$ liegen oder die – ausgehend von Mengen der Klasse $\mathcal{M}$ – über jeweils höchstens abzählbar viele Anwendungen der folgenden beiden Operationen entstehen: (i) höchstens abzählbare Vereinigungsbildung: $A_1 \cup A_2 \cup \ldots$; (ii) Differenzbildung: $A_1 \setminus A_2$. Dem Leser wird empfohlen, über diesen Sachverhalt nachzudenken.[1])

Ein Ring $\mathcal{K}$ heißt *δ-Ring*, wenn er abgeschlossen ist bezüglich abzählbarer Durchschnittsbildung.

Aus Aussage 1 folgt, daß jeder σ-Ring auch ein δ-Ring ist. Das Umgekehrte gilt i. a. nicht. Ist beispielsweise $\mathcal{K}$ die Klasse aller beschränkten Mengen im $\mathbb{R}^n$, so ist $\mathcal{K}$ offenbar ein δ-Ring aber kein σ-Ring, weil die abzählbare Vereinigung beschränkter Mengen nicht beschränkt zu sein braucht. Dagegen kann man zeigen:

Aussage 4. *Ein δ-Ring mit Einheit ist ein σ-Ring* (*und damit eine σ-Algebra*).

Beweis: Sei A_0 die Einheit des betrachteten δ-Ringes $\mathcal{K}$ und $A_n \in \mathcal{K}$ $(n = 1, 2, \ldots)$. Dann folgt aus $\bigcup_{n=1}^{\infty} A_n = A_0 \setminus \bigcap_{n=1}^{\infty} (A_0 \setminus A_n)$ nach Definition des δ-Ringes auch $\bigcup_{n=1}^{\infty} A_n \in \mathcal{K}$, d. h., $\mathcal{K}$ ist ein σ-Ring ●

[1]) Im Zusammenhang mit diesen Fragen verweist der Autor interessierte Leser auf die Ergänzung IV von N. N. LUSIN zu H. LEBESGUE: Интегрирование и отыскание примитивных функции, Москва 1934. An deutschsprachiger Literatur sei z. B. empfohlen H. MICHEL: Maß- und Integrationstheorie I, Berlin 1978 (Anm. d. Hrsgb.).

Aussage 5. *Der Durchschnitt* $\mathcal{H} = \bigcap\limits_{\mathfrak{L} \in \mathfrak{S}} \mathfrak{L}$ *einer beliebigen Menge* $\mathfrak{S}$ *von* δ*-Ringen ist ein* δ*-Ring.*

Der Beweis verläuft analog dem von Aussage 4 in 1.1.

Sei $\mathfrak{F}$ die Klasse aller abgeschlossenen Mengen des n-dimensionalen euklidischen Raumes $\mathbb{R}^n$ (allgemeiner kann statt des euklidischen Raumes ein beliebiger metrischer Raum betrachtet werden), $\mathfrak{B}$ sei die Borel-Abschließung der Klasse $\mathfrak{F}$, d. h. der von $\mathfrak{F}$ erzeugte σ-Ring. Da der Raum $\mathbb{R}^n$ selbst abgeschlossen ist, ist $\mathfrak{B}$ eine σ-Algebra. Die Mengen der Klasse $\mathfrak{B}$ nennt man *Borel-Mengen* oder $\mathfrak{B}$*-Mengen* des $\mathbb{R}^n$. Man zeigt leicht, daß $\mathfrak{B}$ gleichzeitig die Borel-Abschließung der Klasse $\mathfrak{G}$ aller offenen Mengen G des betrachteten Raumes ist: Bezeichnet nämlich $\mathfrak{B}'$ die Borel-Abschließung der Klasse $\mathfrak{G}$, dann gilt $\mathfrak{B}' \supset \mathfrak{G}$. Da $\mathfrak{B}'$ ein Ring ist, enthält $\mathfrak{B}'$ auch die Differenz zweier offener Mengen. Jede beliebige abgeschlossene Menge F läßt sich aber als Differenz $F = \mathbb{R}^n \backslash G$ zweier offener Mengen darstellen. Es gilt also $\mathfrak{B}' \ni F$ und damit $\mathfrak{B}' \supset \mathfrak{F}$. Da $\mathfrak{B}$ die kleinste $\mathfrak{F}$ umfassende σ-Algebra war, gilt $\mathfrak{B}' \supset \mathfrak{B}$. Völlig analog ergibt sich $\mathfrak{B} \supset \mathfrak{B}'$ und damit $\mathfrak{B}' = \mathfrak{B}$.

Bei der Definition der Klasse der Borel-Mengen kann also sowohl von den offenen als auch von den abgeschlossenen Mengen ausgegangen werden. Offensichtlich sind insbesondere die endlichen oder unendlichen Intervalle $[\alpha, \beta]$, (α, β), $[\alpha, \beta)$ usw. sowie die Zahlengerade selbst Borel-Mengen.

Wir betrachten einige Beispiele, die im folgenden nützlich sind. Es sei $\mathcal{M}_1$ die Klasse aller Intervalle $[\alpha, \beta]$ der Zahlengeraden, $\mathcal{M}_2$ die Klasse aller Intervalle (α, β), $\mathcal{M}_3$ die Klasse aller halboffenen Intervalle $[\alpha, \beta)$ (oder $(\alpha, \beta]$), $\mathcal{M}_4$ die Klasse aller Intervalle $[\alpha, \infty)$ (oder (α, ∞)), $\mathcal{M}_5$ die Klasse aller Intervalle $(-\infty, \beta)$ (oder $(-\infty, \beta]$). Man kann zeigen, daß die Borel-Abschließung jeder dieser 5 Klassen von Mengen die Klasse $\mathfrak{B}$ der Borel-Mengen der Zahlengeraden ergibt.

Wir zeigen dies z. B. für die Klasse $\mathcal{M}_1$ (und überlassen den Beweis in den anderen Fällen dem Leser). Sei $\mathfrak{B}_1$ die Borel-Abschließung dieser Klasse. Ist $\alpha < \beta$, so gilt $(\alpha, \beta) = \bigcup\limits_{n=1}^{\infty} \left[\alpha + \frac{\beta - \alpha}{2n}, \beta - \frac{\beta - \alpha}{2n}\right]$ (vgl. Abb. 14) und damit $(\alpha, \beta) \in \mathfrak{B}_1$, weil $\mathfrak{B}_1$ ein σ-Ring ist. Dann enthält aber $\mathfrak{B}_1$ auch jede beliebige offene Menge der Zahlengeraden (weil

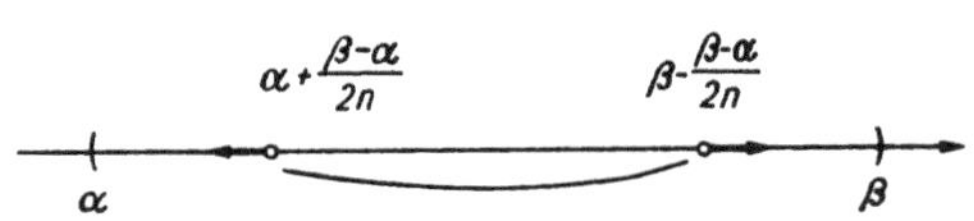

Abb. 14

sie eine höchstens abzählbare Vereinigung endlicher Intervalle ist[1])). Es gilt also $\mathfrak{B}_1 \supset \mathfrak{G}$. Da $\mathfrak{B}$ der kleinste σ-Ring mit dieser Eigenschaft war, gilt $\mathfrak{B}_1 \supset \mathfrak{B}$. Nach Definition ist offensichtlich $\mathfrak{B} \supset \mathcal{M}_1$, also $\mathfrak{B} \supset \mathfrak{B}_1$ und somit $\mathfrak{B}_1 = \mathfrak{B}$.

Wenn man jede der oben beschriebenen Klassen $\mathcal{M}_1$ bis $\mathcal{M}_5$ noch durch die Forderung einschränkt, daß die Mengen in einem festen Intervall I enthalten sein sollen, so wird die Borel-Abschließung einer jeden solchen Klasse gerade die Klasse der Borel-Mengen, die in I enthalten sind. (Der Beweis sei dem Leser zur Übung überlassen.)

---

[1]) Man kann jeden Punkt einer offenen Menge G in ein Intervall mit rationalen Koeffizienten einschließen, das ganz in G liegt; solche Intervalle gibt es aber höchstens abzählbar viele.

1.4. Mengenfolgen und ihre Limites

Es sei

$$A_1, A_2, \ldots, A_n, \ldots \tag{1}$$

eine Folge von Mengen. Mit dem Symbol

$$\overline{\lim_{n\to\infty}}\, A_n \text{ (oder kürzer } \overline{\lim}\, A_n)\,^{1)} \tag{2}$$

bezeichnen wir die Menge aller Elemente x, die für unendlich viele (nicht notwendig aufeinanderfolgende) Indizes n in den Mengen der Folge (1) liegen; die Menge (2) heißt *oberer Limes* oder *limes superior* der Folge (1).

Wir bezeichnen mit dem Symbol

$$\underline{\lim}_{n\to\infty}\, A_n \text{ (oder kürzer } \underline{\lim}\, A_n)\,^{2)} \tag{3}$$

die Menge aller Elemente x, die von einem gewissen Index an (der i. a. von x abhängt) in allen Mengen der Folge (1) liegen. Die Menge (3) heißt *unterer Limes* oder *limes inferior* der Folge (1).

Unmittelbar aus den Definitionen folgt

Aussage 1. *Es gelten*

$$\underline{\lim}\, A_n \subset \overline{\lim}\, A_n\,,$$

$$\overline{\lim}\, A_n = \bigcap_{n=1}^{\infty} \bigcup_{k=n}^{\infty} A_k\,, \tag{4}$$

$$\underline{\lim}\, A_n = \bigcup_{n=1}^{\infty} \bigcap_{k=n}^{\infty} A_k\,. \tag{5}$$

Fallen die Mengen (2) und (3) zusammen, so nennt man die Folge (1) *konvergent* und bezeichnet als ihren Limes die Menge

$$\lim A_n = \overline{\lim}\, A_n = \underline{\lim}\, A_n\,. \tag{6}$$

Aussage 2. *Monotone Mengenfolgen sind konvergent. Für eine monoton wachsende Mengenfolge, d. h. für* $A_1 \subset A_2 \subset \ldots \subset A_n \subset \ldots$, *gilt*

$$\lim A_n = \bigcup_{n=1}^{\infty} A_n\,, \tag{7}$$

für eine monoton fallende Mengenfolge, d. h. für $A_1 \supset A_2 \supset \ldots \supset A_n \supset \ldots$, *ist*

$$\lim A_n = \bigcap_{n=1}^{\infty} A_n\,. \tag{8}$$

Die für den Beweis zu zeigende Gleichheit der Mengen $\underline{\lim}\, A_n$ und $\overline{\lim}\, A_n$ ergibt sich unmittelbar aus deren Definition oder auch mit Hilfe der Darstellungen (4) und (5).

Bemerkung. Anstelle von $\lim A_n = A$ schreiben wir für monoton wachsende bzw. fallende Mengenfolgen auch $A_n \uparrow A$ bzw. $A_n \downarrow A$.

---

1) Andere gebräuchliche Bezeichnung: lim sup A_n.

2) Andere gebräuchliche Bezeichnung: lim inf A_n.

Beispiel 1. $A_n = \left[0, \frac{n-1}{n}\right]$, $n = 1, 2, \ldots$ Wegen $A_1 \subset A_2 \subset \ldots \subset A_n \subset \ldots$ folgt aus (7)

$$\lim A_n = \bigcup_{n=1}^{\infty} \left[0, \frac{n-1}{n}\right] = [0, 1)$$

(vgl. Abb. 15).

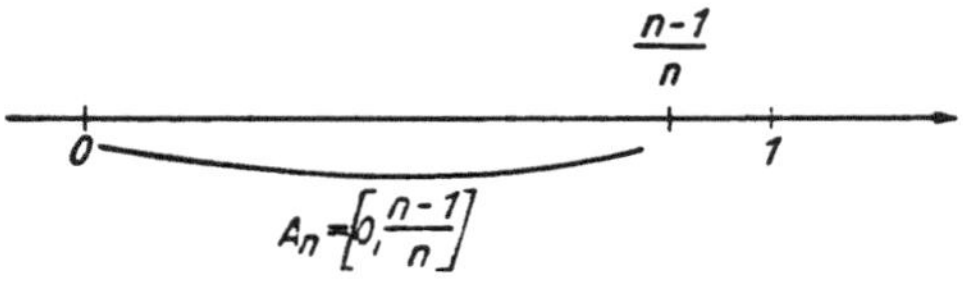

Abb. 15

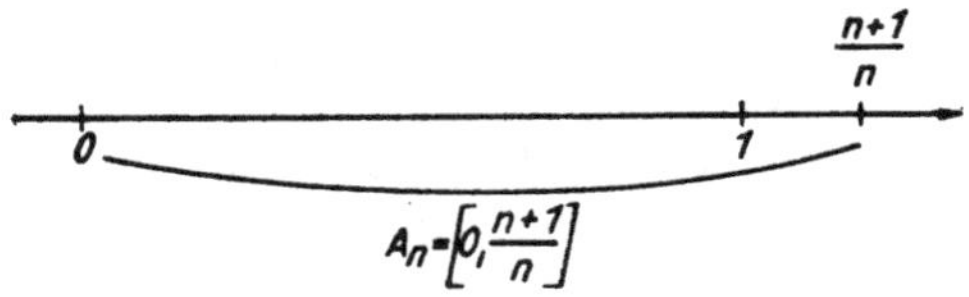

Abb. 16

Beispiel 2. $A_n = \left[0, \frac{n+1}{n}\right]$, $n = 1, 2, \ldots$ Wegen $A_1 \supset A_2 \supset \ldots \supset A_n \supset \ldots$ folgt aus (8).

$$\lim A_n = \bigcap_{n=1}^{\infty} \left[0, \frac{n+1}{n}\right] = [0, 1]$$

(vgl. Abb. 16).

Beispiel 3. $A_n = \left[0, 1 + (-1)^n \frac{1}{n}\right]$, $n = 1, 2, \ldots$ Die ersten Glieder dieser Folge haben die Gestalt

$$[0, 0], \quad \left[0, \frac{3}{2}\right], \quad \left[0, \frac{2}{3}\right], \quad \left[0, \frac{5}{4}\right], \ldots$$

(vgl. Abb. 17). Es gilt $\overline{\lim}\, A_n = [0, 1]$ und $\underline{\lim}\, A_n = [0, 1)$, diese Folge besitzt also keinen Limes.

Beispiel 4. Für die Mengenfolge

$$[0, 1], \quad [0, 2], \quad [0, 1], \quad \left[0, \frac{3}{2}\right], \ldots, [0, 1], \quad \left[0, \frac{n+1}{n}\right], \ldots$$

(vgl. Abb. 18) gilt

$$\overline{\lim}\, A_n = \underline{\lim}\, A_n = [0, 1],$$

d. h., sie konvergiert zum Limes $\lim A_n = [0, 1]$.

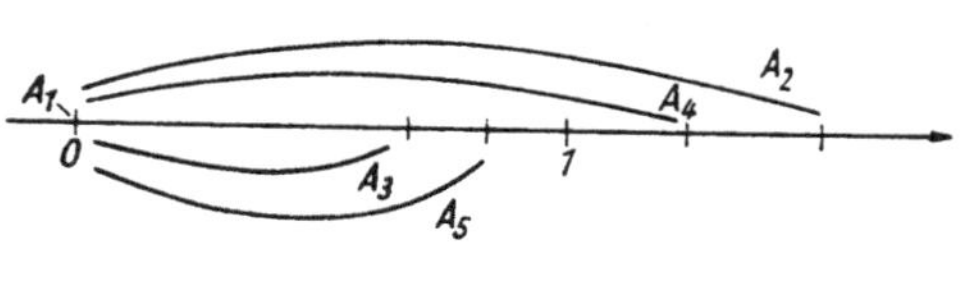

Abb. 17

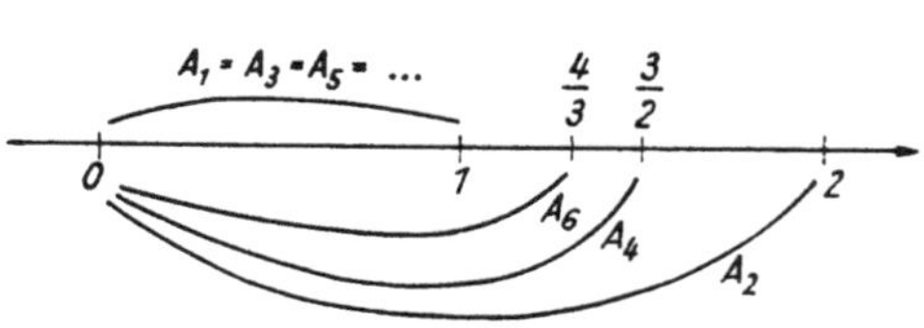

Abb. 18

Als Übung sei dem Leser der Beweis folgender zwei Eigenschaften von Limites überlassen:

Aussage 3. *Läßt man in der Mengenfolge* (1) *eine beliebige endliche Anzahl von Mengen weg, so ändern sich die Mengen* (2) *und* (3) *nicht.*

Aussage 4. *Konvergiert die Mengenfolge* (1) *zum Limes* $A = \lim A_n$, *so konvergiert auch jede Teilfolge von* (1) *zu eben diesem Limes.*

Einen einfachen, aber für das Folgende wichtigen Sachverhalt, der sich unmittelbar aus den Formeln (4) und (5) ergibt, enthält

Aussage 5. *Ist $\mathcal{H}$ ein σ-Ring und gilt $A_n \in \mathcal{H}$, $n = 1, 2, \ldots$, so gelten $\underline{\lim}\, A_n \in \mathcal{H}$ und $\overline{\lim}\, A_n \in \mathcal{H}$.*

1.5. Mengenfunktionen. Endliche Additivität. σ-Additivität

Eine Funktion, deren Definitionsbereich eine Klasse von Mengen ist, heißt *Mengenfunktion.*

Sei nun F eine auf einer Klasse $\mathcal{H}$ definierte reellwertige Mengenfunktion, d. h., für jede Menge $E \in \mathcal{H}$ sei der Funktionswert $F(E)$ eine reelle Zahl. Im folgenden sollen nur noch solche Mengenfunktionen betrachtet werden. Wir geben dafür einige Beispiele an.

Beispiel 1. Die Funktion F ordne jedem Intervall $E \in \mathcal{H}$ seine Länge zu, d. h. $F(E) = \beta - \alpha$, wobei α und β den linken bzw. rechten Endpunkt des Intervalls E bezeichnen (vgl. Abb. 19).[1]

Beispiel 2. Ein Stab aus irgendwelchem Material sei durch die Punkte a und b der x-Achse begrenzt. $\mathcal{H}$ sei die Klasse aller Intervalle $E \subset [a, b]$. Bezeichnen wir mit $F(E)$ die Masse desjenigen Stabstückes, das dem Intervall $E \subset [a, b]$ entspricht, dann ist F eine Mengenfunktion auf der Klasse $\mathcal{H}$ (vgl. Abb. 20).

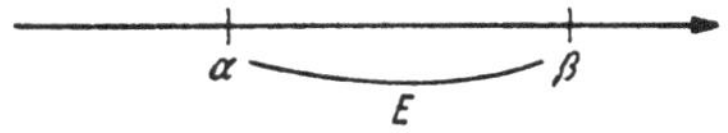

Abb. 19

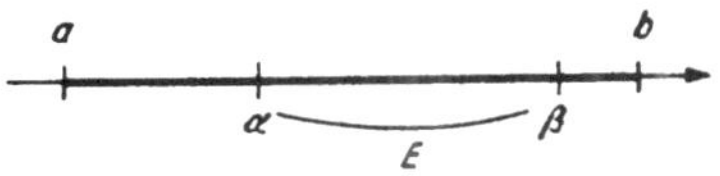

Abb. 20

Beispiel 3. Es sei f irgendeine (stetige oder unstetige) reellwertige Funktion einer reellen Veränderlichen auf einem Intervall I der Zahlengeraden (oder auch auf der ganzen Zahlengeraden). Wir setzen für $E = [\alpha, \beta)$ mit $\alpha \in I$, $\beta \in I$

$$F(E) = f(\beta) - f(\alpha)\,.$$

Dann ist F eine Mengenfunktion auf der Klasse $\mathcal{H}$ aller endlichen rechtsoffenen Intervalle mit den Endpunkten in I (vgl. Abb. 21).[2]

Beispiel 4. Es sei $\mathcal{H}$ die Klasse aller Rechtecke E in der x, y-Ebene. F wird auf $\mathcal{H}$ definiert durch die Gleichung

$$F(E) = \text{Fläche von } E\,.$$

Beispiel 5. In der x, y-Ebene liege auf dem Gebiet D eine Scheibe aus irgendwelchem (i. a. inhomogenem) Material. $\mathcal{H}$ sei die Klasse aller möglichen Gebiete $E \subset D$. Mit $F(E)$ bezeichnen wir die zum Gebiet $E \subset D$ gehörende Masse der Scheibe. Dann ist F eine auf $\mathcal{H}$ definierte Mengenfunktion (vgl. Abb. 22).

---

[1] Der Fall $\alpha = \beta$ ist nicht ausgeschlossen.

[2] Man kann hier auch Intervalle anderer Art betrachten.

Beispiel 6. Wenn eine Flüssigkeit oder ein Gas auf das Gebiet D der x, y-Ebene drückt und $F(E)$ den Druck auf das Gebiet $E \subset D$ bezeichnet, so ist dadurch eine Mengenfunktion F auf der gleichen Klasse wie in Beispiel 5 definiert.

Beispiel 7. Ist T ein (i. a. inhomogener) Körper aus irgendwelchem Material und $F(E)$ die Masse des Teiles, der dem Gebiet $E \subset T$ des Körpers entspricht, dann ist

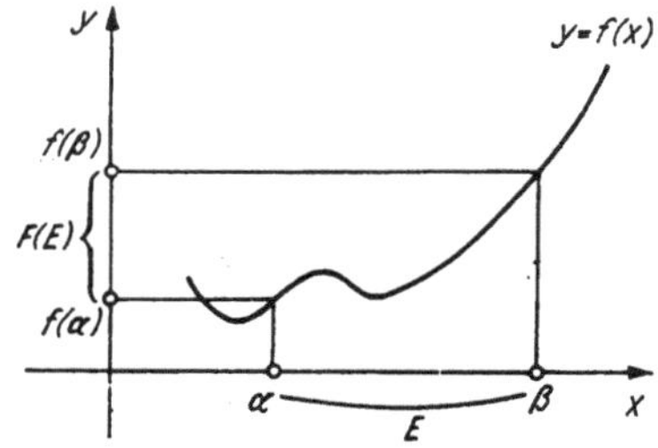

Abb. 21

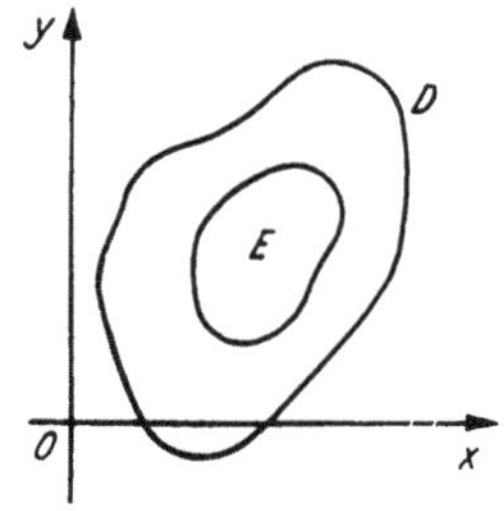

Abb. 22

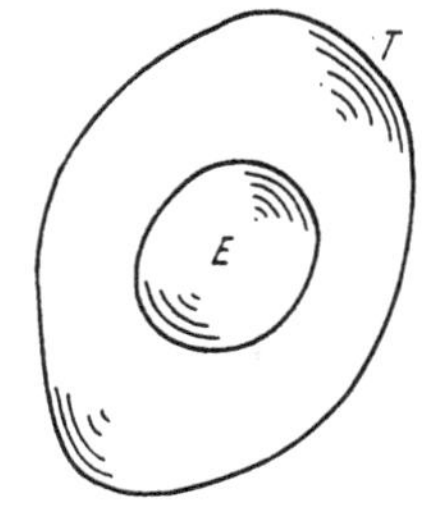

Abb. 23

$F(E)$ eine Mengenfunktion auf der Klasse $\mathfrak{H}$ aller möglichen Gebiete $E \subset T$ (vgl. Abb. 23).

Sind die Mengen der Klasse $\mathfrak{H}$ Intervalle der Zahlengeraden, dann benutzt man anstelle des Begriffes Mengenfunktion auch den Begriff *Intervallfunktion*. In gleicher Weise sprechen wir von einer *Gebietsfunktion*, wenn die Klasse $\mathfrak{H}$ aus Gebieten besteht usw. Bei den Beispielen 1 bis 3 handelt es sich also in diesem Sinne um Intervallfunktionen, bei den Beispielen 5 bis 7 um Gebietsfunktionen und im Beispiel 4 um eine *Rechteckfunktion*.

Eine Funktion F heißt *additiv* oder genauer *endlich-additiv*, wenn für jede endliche Zerlegung einer Menge $E \in \mathfrak{H}$ der Form

$$E = \bigcup_{i=1}^{n} E_i\,, \quad E_i \in \mathfrak{H}\,^{1)}$$

gilt (vgl. Abb. 24)

$$F(E) = \sum_{i=1}^{n} F(E_i)\,.$$

Die Mengenfunktionen in den Beispielen 1 bis 7 sind, wie man leicht zeigt, alle endlich-additiv. Natürlich gibt es auch n i c h t endlich-additive Mengenfunktionen. Ist beispielsweise $\lambda(E)$ der Durchmesser einer Menge E (im euklidischen Raum irgendeiner Dimension), dann gilt i. a.

$$\lambda\,(E_1 \cup E_2) \neq \lambda(E_1) + \lambda(E_2)\,.$$

Oder ist die Mengenfunktion das Quadrat der Länge l eines Intervalls oder das Quadrat der Fläche eines Rechtecks, dann gilt i. a.

$$[l\,(E_1 \cup E_2)]^2 \neq [l(E_1)]^2 + [l(E_2)]^2.$$

Dabei soll in allen diesen Fällen $E_1 \cap E_2 = \emptyset$ erfüllt sein (vgl. Abb. 25).

Wir geben nun einfache Eigenschaften additiver Mengenfunktionen auf einer Klasse $\mathfrak{H}$ an.

[1]) Wir erinnern daran, daß nach Definition die zu einer Zerlegung gehörenden Mengen paarweise disjunkt sind: $E_j \cap E_k = \emptyset$ $(j \neq k)$.

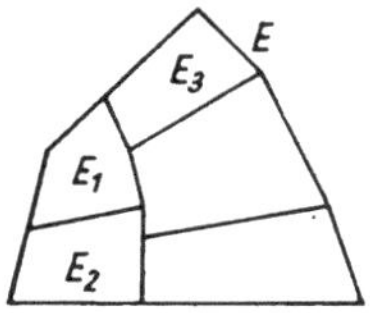

Abb. 24

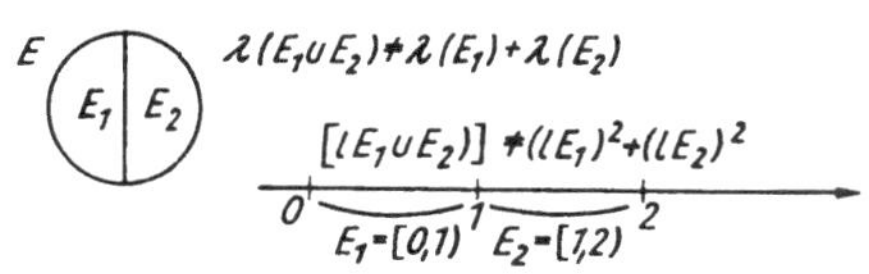

Abb. 25

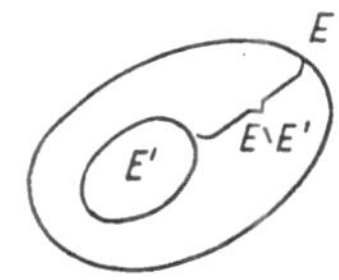

Abb. 26

Aussage 1. *Gilt $\emptyset \in \mathcal{H}$ (d. h. enthält die Klasse $\mathcal{H}$, auf der F definiert ist, die leere Menge), so gilt $F(\emptyset)=0$. Insbesondere ist dies der Fall, wenn $\mathcal{H}$ ein Ring oder ein Halbring ist.*

Beweis: Da durch $\emptyset=\emptyset \cup \emptyset$ eine Zerlegung von $\emptyset$ gegeben ist (die zu dieser Zerlegung gehörenden Teilmengen haben tatsächlich keine gemeinsamen Elemente!), gilt $F(\emptyset)=F(\emptyset)+F(\emptyset)$, also $F(\emptyset)=0$ ●

Aussage 2. *Ist $E \supset E'$, $E \in \mathcal{H}$, $E' \in \mathcal{H}$ und $E \setminus E' \in \mathcal{H}$ (vgl. Abb. 26), so gilt*

$$F(E \setminus E')=F(E)-F(E') .$$

Insbesondere ist dies der Fall, wenn $\mathcal{H}$ ein Ring ist und die Beziehungen $E \supset E'$, $E \in \mathcal{H}$, $E' \in \mathcal{H}$ gelten.

Beweis: E besitzt eine durch $E=(E \setminus E') \cup E'$ gegebene Zerlegung. Daher ist $F(E)=F(E \setminus E')+F(E')$, also gilt die Behauptung ●

Folgerung. *Ist $\mathcal{H}$ ein Ring, so gelten*

$$F(E \cup E')=F(E)+F(E')-F(E \cap E') ,$$

$$F(E \setminus E')=F(E)-F(E')+F(E' \setminus E) .$$

Beweis: Es gilt $E \cup E'=E \cup (E' \setminus E)$, und durch diese Gleichung ist eine Zerlegung der Menge $E \cup E'$ gegeben. Weiterhin gilt $E' \setminus E=E' \setminus (E \cap E')$, wobei $E' \supset (E \cap E')$ ist. Alle aufgeführten Mengen liegen im Ring $\mathcal{H}$. Dabei gilt

$$F(E \cup E')=F(E)+F(E' \setminus E)=F(E)+\big(F(E')-F(E \cap E')\big) .$$

Entsprechend folgt aus

$$E \setminus E'=E \setminus (E' \cap E), \quad E \cap E'=E' \setminus (E' \setminus E)$$

die Beziehung

$$F(E \setminus E')=F(E)-F(E' \cap E)=F(E)-\big(F(E')-F(E' \setminus E)\big)$$

$$=F(E)-F(E')+F(E' \setminus E) \quad ●$$

Aussage 3. *Sind F und G additiv und auf ein und derselben Klasse $\mathcal{H}$ definiert, so sind die auf $\mathcal{H}$ definierten Mengenfunktionen cF ($c=$const) und $F \pm G$ ebenfalls additiv.*

Beweis: Ist durch $E=\bigcup_{i=1}^{n} E_i$ eine endliche Zerlegung von $E \in \mathcal{H}$ in Mengen $E_i \in \mathcal{H}$ gegeben, so ist

$$cF(E)=c \sum_{i=1}^{n} F(E_i)=\sum_{i=1}^{n} cF(E_i) ,$$

$$F(E) \pm G(E)=\sum_{i=1}^{n} F(E_i) \pm \sum_{i=1}^{n} G(E_i)=\sum_{i=1}^{n} \big(F(E_i) \pm G(E_i)\big) \quad ●$$

Bemerkung. Das Produkt additiver Mengenfunktionen ist i. a. keine additive Mengenfunktion (vgl. das oben über die Quadrate von Strecken oder Flächen Gesagte).

Aussage 4. *Ist $\mathcal{K}$ ein Ring, so genügt es zur Definition der endlichen Additivität, nur die Additivität für zwei Summanden zu fordern. Daraus folgt die Richtigkeit der Bedingung* (1) *für eine beliebige endliche Anzahl von Summanden.*

Beweis: Ist durch $E = \bigcup_{n=1}^{m} E_n$ eine Zerlegung von E in Mengen $E_n \in \mathcal{K}$ gegeben, so gilt

$$F(E) = F(E_1) + F\left(\bigcup_{n=2}^{m} E_n\right) = F(E_1) + F(E_2) + F\left(\bigcup_{n=3}^{m} E_n\right) = \ldots = \sum_{n=1}^{m} F(E_n) \quad \bullet$$

Eine Mengenfunktion F heißt *σ-additiv* (oder *abzählbar additiv*), wenn für jede höchstens abzählbare Zerlegung einer Menge $E \in \mathcal{K}$, die durch $E = \bigcup_n E_n$, $E_n \in \mathcal{K}$, gegeben ist, gilt

$$F(E) = \sum_n F(E_n)\,. \tag{2}$$

Nach Definition konvergiert die in (2) stehende Reihe und zwar offenbar bei beliebiger Umordnung der Summanden gegen denselben Wert $F(E)$; d. h., diese Reihe ist sogar absolut konvergent.

Ein triviales Beispiel einer σ-additiven Mengenfunktion auf einer beliebigen Klasse $\mathcal{K}$ ist durch $F(E) = 0$ für alle $E \in \mathcal{K}$ gegeben. Weitere Beispiele σ-additiver Mengenfunktionen sind die Länge von Intervallen und die Fläche von Rechtecken (vgl. Beispiele 1 und 4). Dies folgt aus der in Kapitel 2 dargelegten Theorie. Wir wollen deshalb hier auf Beweise dieser Aussagen verzichten (zumal sie schon in diesen einfachen Fällen mit einigen Schwierigkeiten verbunden sind).

Aus der Definition ist zu ersehen, daß jede σ-additive Mengenfunktion F auch endlich-additiv ist. Das Umgekehrte gilt i. a. nicht (vgl. Abschnitt 2.4).

Die Aussagen 1 bis 3 können offenbar auf den Fall σ-additiver Mengenfunktionen übertragen werden.

1.6. Die Stetigkeit einer auf einem Ring definierten σ-additiven Funktion

Die Mengenfunktion F sei auf einem Ring $\mathcal{K}$ definiert und σ-additiv.

Aussage 1. *Gelten* $E_1 \subset E_2 \subset \ldots \subset E_n \subset \ldots$ *und* $E = \bigcup_n E_n$ (*kurz* $E_n \uparrow E$), $E_n \in \mathcal{K}$ ($n = 1, 2, \ldots$), $E \in \mathcal{K}$, *so ist*

$$\lim_{n \to \infty} F(E_n) = F(E)\,. \tag{1}$$

Beweis: Man zeigt leicht

$$E = E_1 \cup (E_2 \setminus E_1) \cup (E_3 \setminus E_2) \cup \ldots \cup (E_n \setminus E_{n-1}) \cup \ldots,$$

$$E_n = E_1 \cup (E_2 \setminus E_1) \cup (E_3 \setminus E_2) \cup \ldots \cup (E_n \setminus E_{n-1})$$

(vgl. Abb. 27). Hierbei handelt es sich um Zerlegungen, wobei die rechts auftretenden Mengen alle im Ring $\mathcal{K}$ liegen[1]). Dabei gilt auf Grund der σ-Additivität von F

$$F(E)=F(E_1)+F(E_2\backslash E_1)+F(E_3\backslash E_2)+\dots \tag{2}$$

(wobei die Reihe rechts konvergiert!) und

$$F(E_n)=F(E_1)+F(E_2\backslash E_1)+F(E_3\backslash E_2)+\dots+F(E_n\backslash E_{n-1}) . \tag{3}$$

Die Summe (3) ist die n-te Teilsumme der Reihe (2), also gilt Gleichung (1) ●

Folgerung. *Ist* $E_n\in\mathcal{K}$ $(n=1, 2, \dots)$ *und* $E=\bigcup\limits_n E_n\in\mathcal{K}$, *so gilt*

$$\lim_{n\to\infty} F\left(\bigcup_{k=1}^{n} E_k\right)=F(E) .^{2)} \tag{1'}$$

Beweis: Setzen wir $E_1'=E_1$, $E_2'=E_1\cup E_2, \dots, E_n'=E_1\cup E_2\cup\dots\cup E_n, \dots$, so gelten

$$E_1'\subset E_2'\subset\dots\subset E_n'\subset\dots \quad \text{und} \quad E=\bigcup_n E_n' ,$$

wobei alle diese Mengen in $\mathcal{K}$ liegen. Wir brauchen jetzt nur Aussage 1 anzuwenden ●

Aussage 2. *Gelten* $E_1\supset E_2\supset\dots\supset E_n\supset\dots$ *und* $E=\bigcap\limits_n E_n$ *(kurz* $E_n\downarrow E$), $E_n\in\mathcal{K}$ $(n=1, 2, \dots)$, $E\in\mathcal{K}$, *so ist*

$$\lim_{n\to\infty} F(E_n)=F(E) . \tag{4}$$

Beweis: Man kann nachrechnen, daß

$$E_1=E\cup(E_1\backslash E_2)\cup(E_2\backslash E_3)\cup\dots\cup(E_n\backslash E_{n+1})\cup\dots$$

und

$$E_n=E\cup(E_n\backslash E_{n+1})\cup(E_{n+1}\backslash E_{n+2})\cup\dots$$

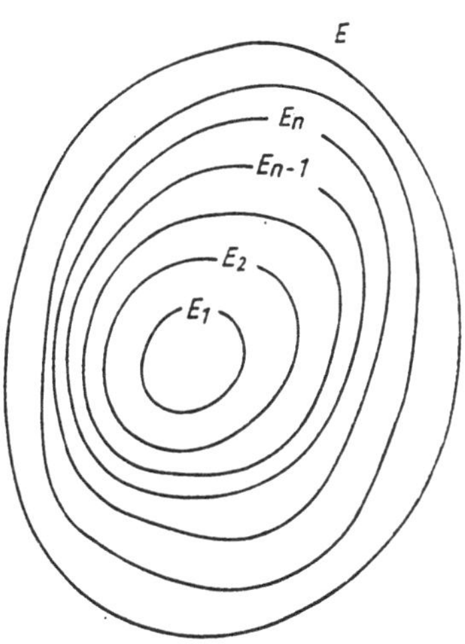

Abb. 27

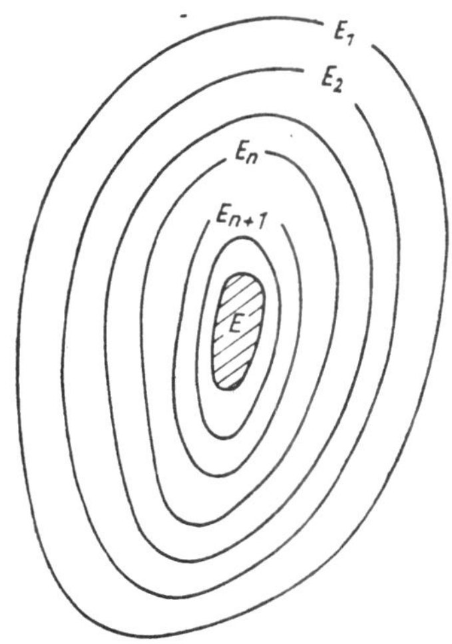

Abb. 28

1) Wir erinnern daran, daß die Differenz zweier Mengen eines Ringes stets wieder im Ring liegt.

2) Im Unterschied zu Aussage 1 fehlt hier die Bedingung $E_1\subset E_2\subset\dots\subset E_n\subset\dots$

gelten (vgl. Abb. 28). Hierbei handelt es sich um Zerlegungen, wobei die Mengen auf der rechten Seite im Ring $\mathcal{K}$ liegen. Damit gilt auf Grund der σ-Additivität von F

$$F(E_1) = F(E) + F(E_1 \setminus E_2) + F(E_2 \setminus E_3) + \ldots, \tag{5}$$

$$F(E_n) = F(E) + \{F(E_n \setminus E_{n+1}) + F(E_{n+1} \setminus E_{n+2}) + \ldots\}. \tag{6}$$

Die Reihe in den geschweiften Klammern der Gleichung (6) ist der n-te Rest der Reihe (5), daher konvergiert ihre Summe für $n \to \infty$ gegen Null. Aus (6) folgt damit (4) ●

Folgerung. *Ist* $E_n \in \mathcal{K}$ $(n = 1, 2, \ldots)$ *und* $E = \bigcap_n E_n \in \mathcal{K}$, *so gilt*

$$\lim_{n \to \infty} F\left(\bigcap_{k=1}^{n} E_k\right) = F(E).^{1)} \tag{4'}$$

Beweis: Wir setzen $E'_1 = E_1$, $E'_2 = E_1 \cap E_2, \ldots, E'_n = E_1 \cap E_2 \cap \ldots \cap E_n, \ldots$ Dann ist $E'_1 \supset E'_2 \supset \ldots \supset E'_n \supset \ldots$ und $E = \bigcap_n E'_n$. Nun brauchen wir nur noch Aussage 2 anzuwenden ●

Die in den Aussagen 1 und 2 formulierten Eigenschaften werden als *Stetigkeit* von F bezeichnet. In diesem Sinne ist also eine σ-additive, auf einem Ring definierte Mengenfunktion stetig (und man sieht leicht, daß umgekehrt jede additive und stetige auf einem Ring definierte Mengenfunktion σ-additiv ist).

Für das Weitere wichtig ist noch folgende

Bemerkung. Aus dem Beweisgang der Aussagen 1 und 2 und ihren Folgerungen ist ersichtlich, daß diese Aussagen auch dann gelten, wenn F auf einer beliebigen Klasse $\mathcal{K}'$ definiert ist, wenn nur ein Ring $\mathcal{K}$ mit $\mathcal{K}' \supset \mathcal{K}$ existiert, wobei $E_n \in \mathcal{K}$ und $E \in \mathcal{K}'$ ist.

1.7. Umordnung von Gliedern einer positiven Reihe[2])

In der Maßtheorie benutzt man häufig folgenden

Satz. *Aus den Gliedern der Reihe*

$$\sum_{n=1}^{\infty} u_n \tag{1}$$

mit $u_n \geqq 0$ $(n = 1, 2, \ldots)$ *werde eine abzählbare Anzahl von Reihen*

$$\left.\begin{array}{l} u_{\alpha_1} + u_{\alpha_2} + \ldots + u_{\alpha_k} + \ldots \\ u_{\beta_1} + u_{\beta_2} + \ldots + u_{\beta_k} + \ldots \\ \ldots\ldots\ldots\ldots\ldots \\ u_{\mu_1} + u_{\mu_2} + \ldots + u_{\mu_k} + \ldots \\ \ldots\ldots\ldots\ldots\ldots \end{array}\right\} \tag{2}$$

gebildet (wobei sich die Indizes $\alpha_1, \alpha_2, \ldots, \beta_1, \beta_2, \ldots, \mu_1, \mu_2, \ldots$ *nicht wiederholen und ihre Gesamtheit gerade die Menge der natürlichen Zahlen bilden mögen). Konvergiert*

---

1) Im Unterschied zu Aussage 2 fehlt hier die Bedingung $E_1 \supset E_2 \supset \ldots \supset E_n \supset \ldots$

2) Dieser Abschnitt enthält im wesentlichen die Aussagen des großen Umordnungssatzes (bzw. CAUCHYschen Doppelreihensatzes) (Anm. d. Hrsgb.).

dann die Reihe (1), *so konvergiert jede der Reihen* (2), *und es gilt*

$$\sum_{n=1}^{\infty} u_n = \sum_{k=1}^{\infty} u_{\alpha_k} + \sum_{k=1}^{\infty} u_{\beta_k} + \ldots \tag{3}$$

Konvergieren umgekehrt die Reihen (2) *und konvergiert die Reihe ihrer Summen, dann konvergiert die Reihe* (1), *und es gilt* (3).

Beweis: Die Reihe (1) konvergiere, habe die Summe s und s_n sei ihre n-te Teilsumme. Wir betrachten die erste der Reihen (2):

$$u_{\alpha_1} + u_{\alpha_2} + \ldots + u_{\alpha_k} + \ldots \tag{4}$$

Für ihre k-te Teilsumme σ_k gilt bei hinreichend großem n offenbar $\sigma_k \leqq s_n$, also $\sigma_k \leqq$ $\leqq s = \text{const}$ für alle k. Daraus folgt die Konvergenz der Reihe (4). Ebenso erhält man die Konvergenz aller übrigen Reihen aus (2). Wir beweisen (3) und setzen

$$\left.\begin{array}{l} t_1 = u_{\alpha_1} + u_{\alpha_2} + \ldots + u_{\alpha_k} + \ldots \\ t_2 = u_{\beta_1} + u_{\beta_2} + \ldots + u_{\beta_k} + \ldots \\ \ldots\ldots\ldots\ldots\ldots\ldots \\ t_n = u_{\mu_1} + u_{\mu_2} + \ldots + u_{\mu_k} + \ldots \\ \ldots\ldots\ldots\ldots\ldots\ldots \end{array}\right\} \tag{5}$$

Dann ist

$$\begin{aligned} \sum_{i=1}^{n} t_i &= \lim_{k\to\infty} \sum_{i=1}^{k} u_{\alpha_i} + \lim_{k\to\infty} \sum_{i=1}^{k} u_{\beta_i} + \ldots + \lim_{k\to\infty} \sum_{i=1}^{k} u_{\mu_i} \\ &= \lim_{k\to\infty} \left(\sum_{i=1}^{k} u_{\alpha_i} + \sum_{i=1}^{k} u_{\beta_i} + \ldots + \sum_{i=1}^{k} u_{\mu_i} \right). \end{aligned} \tag{6}$$

Die Summe in den Klammern – wir bezeichnen sie mit τ_k – enthält endlich viele Glieder der Reihe (1). Für hinreichend großes m gilt damit $\tau_k \leqq s_m$, folglich $\tau_k \leqq s =$ $= \text{const}$ für alle k. Schließlich gilt für beliebiges n die Ungleichung $\sum_{i=1}^{n} t_i \leqq s$. Die Reihe

$$t_1 + t_2 + \ldots + t_n + \ldots \tag{7}$$

konvergiert also, und für ihre Summe t gilt $t \leqq s$.

Betrachten wir andererseits eine beliebige Teilsumme s_m der Reihe (1). Ist n hinreichend groß, dann enthalten die ersten n Reihen aus (5) alle diejenigen Glieder der Reihe (1), die in s_m vorkommen. Mit (6) folgt also

$$\sum_{i=1}^{n} t_i \geqq s_m\,, \tag{8}$$

daher $t \geqq s_m$ und schließlich $t \geqq s$. Somit ist $s = t$, und es gilt (3).

Konvergieren nun umgekehrt die Reihen (2) und die aus ihren Summen bestehende Reihe (7) – ihre Summe sei mit t bezeichnet –, so erhalten wir wie oben für jede Teilsumme s_m der Reihe (1) die Ungleichung (8) (mit geeignetem n). Es gilt also $s_m \leqq t = \text{const}$ für alle m. Folglich konvergiert die Reihe (1) (und aus dem ersten Teil des Beweises erhalten wir die Gültigkeit der Gleichung (3)) ●

Bemerkung 1. Der Satz bleibt offenbar richtig, wenn in (2) anstelle der unendlichen Reihen endliche Summen oder auch teils Reihen und teils Summen betrachtet werden. Dies ergibt sich aus dem obigen Beweis, wenn man die endlichen Summen durch Hinzufügen von Summanden Null in unendliche Reihen verwandelt.

Der Satz bleibt auch richtig, wenn in (2) nur eine endliche Anzahl von Reihen steht. In diesem Fall vereinfacht sich lediglich der Beweis (vgl. (6) und weiter).

Den obigen Satz kann man auch folgendermaßen umformulieren: *Konvergiert die aus nichtnegativen Gliedern bestehende Reihe* (1) *für irgendeine Umordnung ihrer Glieder, dann konvergiert sie auch bei einer beliebigen anderen Umordnung, wobei die Summe der Reihe unverändert bleibt.*

Bemerkung 2. Wir haben nebenbei folgende Tatsache gezeigt: Konvergiert die Reihe (1), so konvergiert auch jede Reihe, die nur aus einem Teil ihrer Glieder besteht (vgl. den Beweis der Konvergenz der Reihe (4)).

2. Das Maß – Grundlagen

2.1. Allgemeine Eigenschaften des Maßes. Das Wahrscheinlichkeitsmaß

Eine auf irgendeiner Klasse $\mathfrak{M}$ von Mengen definierte reellwertige Funktion μ heißt ein *Maß*, wenn sie nichtnegativ, additiv und monoton ist. Dabei verstehen wir unter *Monotonie* folgende Eigenschaft: aus $E \in \mathfrak{M}$, $E' \in \mathfrak{M}$ und $E \subset E'$ folgt $\mu(E) \leqq \leqq \mu(E')$.

Beispiele für Maße sind die Mengenfunktionen der Beispiele 1 und 2 sowie 4 bis 7 in 1.5 (die Länge eines Intervalls, die Masse eines Stabes, die Fläche eines Rechtecks, der Druck auf eine Fläche, die Masse einer Scheibe, die Masse eines Körpers). Die Funktion F aus Beispiel 3 in 1.5 wird offensichtlich dann und nur dann ein Maß, wenn die entsprechende Funktion f monoton wachsend ist. Maße sind nämlich nach Definition nichtnegativ, und dies bedeutet hier, daß für beliebige $\alpha \leqq \beta$ mit $E = [\alpha, \beta)$ die Beziehung

$$F(E) = f(\beta) - f(\alpha) \geqq 0$$

gilt (vgl. Abb. 29). Mehr über solche Maße findet man in Abschnitt 4.

Wir betrachten noch einige weitere Beispiele:

Beispiel 1. Ein trivialer Fall: $\mathfrak{M}$ ist eine beliebige Klasse von Mengen, und es gilt $\mu(E) = 0$ für beliebiges $E \in \mathfrak{M}$. Die Funktion μ ist ein auf $\mathfrak{M}$ definiertes Maß, das σ-additiv ist.

Beispiel 2. Sei E_0 eine beliebige nichtleere Menge und $x_0 \in E_0$. Wir betrachten die σ-Algebra $\mathfrak{M}$ aller Teilmengen von E_0 (siehe Abschnitt 1.3) und setzen für beliebige Mengen $E \in \mathfrak{M}$

$$\mu(E) = \begin{cases} 1, & \text{falls} \quad x_0 \in E\,, \\ 0 & \text{sonst} \end{cases}$$

(vgl. Abb. 30). Die Funktion μ ist offenbar ein σ-additives Maß auf der σ-Algebra $\mathfrak{M}$ mit $\mu(E_0) = 1$ (E_0 ist die Einheit der Algebra $\mathfrak{M}$).

Beispiel 3. E_0 sei wieder eine beliebige nichtleere Menge, $x_1, x_2, x_3, \ldots$ seien höchstens abzählbar viele (verschiedene) Elemente von E_0. Jedem Element x_n ordnen wir eine positive Zahl p_n zu, wobei wir lediglich fordern, daß die Reihe $\sum_n p_n$ konvergiert. Wir betrachten wieder die σ-Algebra $\mathfrak{M}$ aller Teilmengen von E_0 und definieren für eine beliebige Menge $E \in \mathfrak{M}$

$$\mu(E) = \begin{cases} \sum\limits_{x_n \in E} p_n, & \text{wenn ein } x_n \in E \text{ existiert,}^{1)} \\ 0 & \text{sonst} \end{cases}$$

(vgl. Abb. 31). Es läßt sich leicht zeigen, daß diese Funktion μ ein σ-additives Maß auf der σ-Algebra $\mathfrak{M}$ mit

$$\mu(E_0) = \sum_n p_n$$

ist. Offenbar besitzt in diesem Beispiel jede einelementige Menge $\{x_n\}$ das positive Maß p_n. Interpretiert man die Elemente x_n als Punkte (auf einer Geraden, in einer Ebene oder im Raum) und die Zahlen p_n als in diesen Punkten konzentrierte Massen, so ist $\mu(E)$ die Gesamtmasse aller in E liegenden Massepunkte.

Von besonderer Bedeutung ist die folgende

Bemerkung. Ist die Klasse $\mathfrak{M}$, auf der μ definiert ist, ein Halbring (oder speziell ein Ring), so genügt es, für die Definition eines Maßes die Nichtnegativität und die Additivität zu fordern, weil sich in diesem Fall die Monotonie aus der folgenden

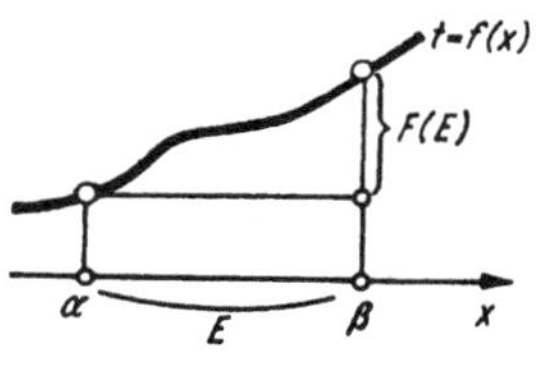

Abb. 29

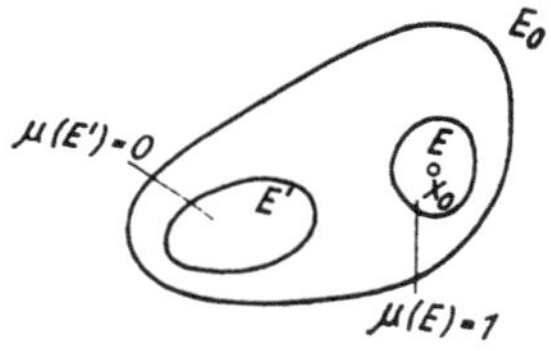

Abb. 30

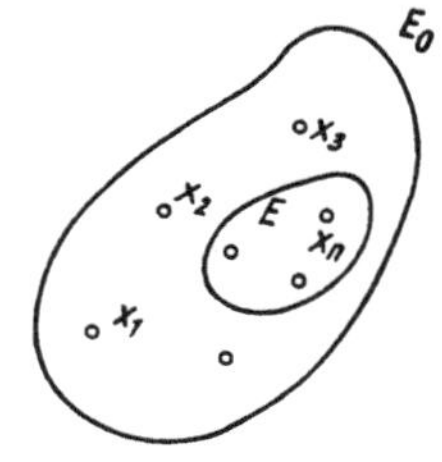

Abb. 31

Abb. 32

Überlegung ergibt: Sei $\mathfrak{M}$ ein Halbring und $E \in \mathfrak{M}$, $E' \in \mathfrak{M}$ sowie $E \subset E'$. Dann ist durch $E' = (E' \setminus E) \cup E$ eine Zerlegung von E' gegeben (vgl. Abb. 32). Nach Definition des Halbrings existiert eine Zerlegung der Art

$$E' \setminus E = \bigcup_{i=1}^{n} E_i, \quad E_i \in \mathfrak{M}.$$

Durch $E' = \bigcup\limits_{i=1}^{n} E_i \cup E$ ist dann eine Zerlegung von E' in die Mengen E_i und E gegeben, die alle im Halbring $\mathfrak{M}$ liegen. Aus der Additivität des Maßes folgt

$$\mu(E') = \sum_{i=1}^{n} \mu(E_i) + \mu(E),$$

und aus der Nichtnegativität des Maßes erhalten wir

$$\mu(E') \geqq \mu(E),$$

d. h., die Funktion μ ist monoton.

---

1) Die Bezeichnung besagt, daß nur über diejenigen Werte p_n summiert wird, für die $x_n \in E$ gilt. Die Endlichkeit der Funktion μ und ihre σ-Additivität (s. u.) folgen aus dem Satz in 1.7 (über die Umordnung von Gliedern einer Reihe) und den zugehörigen Bemerkungen.

Wir geben jetzt einige Eigenschaften eines auf einem Ring definierten Maßes μ an:

Aussage 1. *Für die leere Menge* $\emptyset$ *gilt stets* $\mu(\emptyset)=0$ (*vgl. Aussage* 1 *in* 1.5).

Aussage 2. *Aus* $E\in\mathfrak{M}$, $E'\in\mathfrak{M}$ *und* $E'\subset E$ *folgt*

$$\mu(E\setminus E')=\mu(E)-\mu(E');$$

das Maß einer Differenz ist gleich der Differenz der Maße (*vgl. Aussage* 2 *in* 1.5).

Folgerung. *Aus* $E\in\mathfrak{M}$, $E'\in\mathfrak{M}$ *folgt*

$$\mu(E\cup E')=\mu(E)+\mu(E')-\mu(E\cap E'),$$
$$\mu(E\setminus E')=\mu(E)-\mu(E')+\mu(E'\setminus E)$$

(*vgl. Aussage* 2 *in* 1.5, *Folgerung*).

Aussage 3. *Ist* $E\subset\bigcup_{n=1}^{m}E_n$ *mit* $E\in\mathfrak{M}$, $E_n\in\mathfrak{M}$ $(n=1,2,\ldots,m)$, *so gilt*

$$\mu(E)\leqq\sum_{n=1}^{m}\mu(E_n)\,. \tag{1}$$

Beweis: Ist $E'=\bigcup_{n=1}^{m}E_n$, dann gilt $E\subset E'$. Wir setzen

$$\begin{aligned} A_1&=E_1,\\ A_2&=E_2\setminus E_1,\\ A_3&=E_3\setminus(E_1\cup E_2),\\ &\ \vdots\\ A_m&=E_m\setminus(E_1\cup E_2\cup\ldots\cup E_{m-1})\,. \end{aligned} \tag{2}$$

Alle Mengen A_n liegen im Ring $\mathfrak{M}$ und sind paarweise disjunkt. Weiter ist $A_n\subset E_n$ $(n=1,2,\ldots,m)$ und

$$E'=\bigcup_{n=1}^{m}A_n\,.$$

Durch

$$E=E'\cap E=\left(\bigcup_{n=1}^{m}A_n\right)\cap E=\bigcup_{n=1}^{m}(A_n\cap E)$$

ist also eine Zerlegung von E in Mengen $A_n\cap E\in\mathfrak{M}$ $(n=1,2,\ldots,m)$ gegeben, und es gilt

$$\mu(E)=\sum_{n=1}^{m}\mu(A_n\cap E)\leqq\sum_{n=1}^{m}\mu(A_n)\leqq\sum_{n=1}^{m}\mu(E_n)\,,$$

also (1) ●

Folgerung. *Aus* $E=\bigcup_{n=1}^{m}E_n$, $E_n\in\mathfrak{M}$, $\mu(E_n)=0$ $(n=1,2,\ldots,m)$ *folgen* $E\in\mathfrak{M}$ *und* $\mu(E)=0$.

Beweis: Da E eine endliche Vereinigung von Mengen aus $\mathfrak{M}$ ist, gilt $E\in\mathfrak{M}$. Aus der Ungleichung (1) und der Nichtnegativität des Maßes folgt die Behauptung ●

Aussage 4. *Gilt* $\bigcup_n E_n \subset E$ *und ist* $\bigcup_n E_n$ *eine endliche oder abzählbare Vereinigung paarweise disjunkter Mengen* $E_n \in \mathfrak{M}$ $(n=1, 2, \ldots)$ *und* $E \in \mathfrak{M}$, *dann gilt*

$$\sum_n \mu(E_n) \leqq \mu(E)\,[1]\,. \tag{3}$$

Beweis: Für beliebige n gilt

$$\bigcup_{k=1}^{n} E_k \subset E, \quad \bigcup_{k=1}^{n} E_k \in \mathfrak{M}\,,$$

(da $\mathfrak{M}$ ein Ring ist). Aus der Monotonie des Maßes folgt

$$\mu\left(\bigcup_{k=1}^{n} E_k\right) \leqq \mu(E)$$

und aus der Additivität

$$\sum_{k=1}^{n} \mu(E_k) \leqq \mu(E)\,. \tag{4}$$

Ist $\bigcup_k E_k$ eine endliche Vereinigung, dann ist (3) bereits gezeigt. Ist $\bigcup_k E_k$ eine abzählbare Vereinigung, dann folgt aus (4) die Konvergenz der Reihe $\sum_k \mu(E_k)$ und damit wieder die Ungleichung (3) ●

Aussage 5. *Ist* μ *σ-additiv,* $E \subset \bigcup_n E_n$, $E \in \mathfrak{M}$, $E_n \in \mathfrak{M}$ $(n=1, 2, \ldots)$, *dann gilt*

$$\mu(E) \leqq \sum_n \mu(E_n)\,.[2] \tag{5}$$

Der Beweis verläuft wie der zu Aussage 3, lediglich bei den Mengen der Art (2) sind nicht endlich sondern abzählbar viele Mengen zu nehmen.

Bemerkung. Ist das Maß μ nicht σ-additiv, dann gilt Aussage 5 nicht. Ist nämlich $E \in \mathfrak{M}$ und ist $E_1, E_2, \ldots$ eine Folge paarweise disjunkter Mengen aus $\mathfrak{M}$ mit $E = \bigcup_n E_n$, dann gilt (3). Würde nun (5) gelten, so folgte daraus bereits die σ-Additivität von μ.

Die für ein beliebiges, auf einem Ring definiertes Maß bewiesene Aussage 3 ist dementsprechend i. a. nicht auf den Fall einer Überdeckung der Menge E mit abzählbar vielen Mengen aus E übertragbar. Als Beispiel für das Fehlen solcher Eigenschaft kann jedes beliebige nicht σ-additive Maß dienen (insbesondere nicht σ-additive STIELTJES-Maße, die in Abschnitt 2.4 behandelt werden).

Folgerung. *Ist unter den Bedingungen von Aussage* 5

$$\mu(E_n) = 0 \ (n=1, 2, \ldots), \quad \textit{so folgt } \mu(E) = 0\,.$$

Das ergibt sich aus (5) und der Nichtnegativität des Maßes.

---

[1]) Ist $\bigcup_n E_n$ eine abzählbare Vereinigung, dann beinhaltet die Ungleichung (3) insbesondere die Konvergenz der Reihe $\sum_n \mu(E_n)$.

[2]) Divergiert die positive Reihe $\sum_n \mu(E_n)$, so setzt man ihre Summe, wie üblich, gleich ∞, und die Ungleichung (5) ist trivialerweise erfüllt.

Aussage 6. *Ist μ σ-additiv, dann ist μ auch stetig im Sinne von Abschnitt* 1.6, *d. h. für*

$$E_1 \subset E_2 \subset \ldots \subset E_n \subset \ldots, \quad E = \bigcup_n E_n$$

oder

$$E_1 \supset E_2 \supset \ldots \supset E_n \supset \ldots, \quad E = \bigcap_n E_n$$

mit $E_n \in \mathfrak{M}$ $(n = 1, 2, \ldots)$, $E \in \mathfrak{M}$, *gilt stets*

$$\lim_{n \to \infty} \mu(E_n) = \mu(E) .$$

Folgerung 1. *Ist* $E_n \in \mathfrak{M}$ $(n = 1, 2, \ldots)$, $E = \bigcup_n E_n \in \mathfrak{M}$, *dann gilt*

$$\lim_{n \to \infty} \mu\left(\bigcup_{k=1}^{n} E_k\right) = \mu(E) .$$

Folgerung 2. *Ist* $E_n \in \mathfrak{M}$ $(n = 1, 2, \ldots)$, $E = \bigcap_n E_n \in \mathfrak{M}$, *dann gilt*

$$\lim_{n \to \infty} \mu\left(\bigcap_{k=1}^{n} E_k\right) = \mu(E) .$$

Von besonderer Bedeutung ist folgende

Bemerkung. In 2.2 und 2.3 werden wir zeigen, daß ein beliebiges auf einem Halbring $\mathcal{H}$ definiertes Maß μ auf den von H erzeugten Ring $\mathfrak{M}$ erweitert werden kann. Folglich läßt sich ein solches Maß μ auch als ein auf einem Ring definiertes Maß ansehen. Die Aussagen 1 bis 6 sind demnach auch für auf einem Halbring definierte Maße richtig.

Abschließend verweisen wir auf ein besonders wichtiges

Beispiel. Der Maßbegriff ist die Grundlage der modernen *Wahrscheinlichkeitstheorie,* was auch in der dort verwendeten Terminologie seinen Ausdruck findet. *Wahrscheinlichkeitsmaß* heißt jedes σ-additive Maß μ, das auf einer σ-Algebra definiert ist und auf der Einheit E_0 dieser Algebra den Wert 1 annimmt: $\mu(E_0) = 1$.

In der Wahrscheinlichkeitstheorie ist E_0 der sogenannte *Raum der Elementarereignisse* (die konkrete Gestalt der Elementarereignisse spielt dabei keine Rolle). Die Mengen $E \in \mathfrak{M}$ heißen *zufällige Ereignisse,* E_0 speziell wird das *sichere Ereignis,* $\emptyset$ das *unmögliche Ereignis* genannt. Der Wert $\mu(E)$ des Wahrscheinlichkeitsmaßes μ heißt *Wahrscheinlichkeit* des zufälligen Ereignisses E. Die Wahrscheinlichkeit $\mu(E_0)$ des sicheren Ereignisses ist 1, die Wahrscheinlichkeit $\mu(\emptyset)$ des unmöglichen Ereignisses ist Null. Allgemein gilt $0 \leqq \mu(E) \leqq 1$. Die Wahrscheinlichkeit kann also als Spezialfall des Maßes aufgefaßt werden.

Die Maße im obigen Beispiel 2 sind Wahrscheinlichkeitsmaße. Das Maß in Beispiel 3 ist offenbar genau dann ein Wahrscheinlichkeitsmaß, wenn $\sum_n p_n = 1$ gilt. Dabei ist p_n die Wahrscheinlichkeit des Ereignisses $\{x_n\}$ oder eines beliebigen Ereignisses $E \ni x_n$ mit $E \not\ni x_k$ für alle $k \neq n$.

2.2. Erweiterung von Maßen – Aufgabenstellung

Daß Maß m sei auf einer Klasse $\mathcal{H}$ von Mengen definiert, die in einer größeren Klasse $\mathfrak{M}$ enthalten sind. Das Maß μ heißt *Erweiterung* (oder auch *Fortsetzung*) des Maßes m von der Klasse $\mathcal{H}$ auf die Klasse $\mathfrak{M}$, wenn μ auf $\mathfrak{M}$ definiert ist und $\mu(E)=m(E)$ für alle $E\in\mathcal{H}$ gilt.

Das Problem der Erweiterung von Maßen spielt in der Maßtheorie eine zentrale Rolle. Im Grunde genommen beschäftigt sich bereits die Elementargeometrie mit solchen Problemen, wo der zunächst für Rechtecke eingeführte Begriff der Fläche auf Vielecke und schließlich auf kompliziertere Flächen (wie z. B. Kreis, Kreissektor und Kreissegment) erweitert wird; analog verhält es sich mit dem Volumen von Körpern.

Das *Lebesgue-Maß*[1]), das wir in Kapitel 3 behandeln werden, ist eine sehr weitreichende Verallgemeinerung der Begriffe Länge, Fläche bzw. Volumen. So ist das lineare LEBESGUE-Maß eine Erweiterung des elementaren linearen Maßes, der Länge einer Strecke. Das ebene LEBESGUE-Maß ist eine Erweiterung des elementaren ebenen Maßes, der Fläche eines Rechtecks. Das räumliche LEBESGUE-Maß ist eine Erweiterung des elementaren räumlichen Maßes, des Volumens eines Quaders.

Zunächst ergeben sich zwei Fragen:

1. Ist es stets möglich, ein auf einer beliebigen Klasse $\mathcal{H}$ definiertes Maß auf den von $\mathcal{H}$ erzeugten Ring zu erweitern?
2. Falls eine solche Erweiterung möglich ist, ist sie dann eindeutig?

Bereits einfache Beispiele zeigen, daß im allgemeinen Fall die beiden Fragen negativ beantwortet werden müssen. Besteht z. B. die Klasse $\mathcal{H}$ aus drei beliebigen nichtleeren Mengen A, B und C, für die $A\subset C$, $B\subset C$ und $A\cap B=\emptyset$, $A\cup B\neq C$ gelten (vgl. Abb. 33) und setzen wir $m(A)=m(B)=m(C)=1$, so ist m offensichtlich ein Maß. Der von $\mathcal{H}$ erzeugte Ring müßte die Menge $A\cup B$ enthalten. Für diese Menge ergäbe die uns interessierende Erweiterung

$$\mu\,(A\cup B)=\mu(A)+\mu(B)=m(A)+m(B)=2$$

und

$$\mu\,(A\cup B)\leqq\mu(C)=m(C)=1\ ,$$

was nicht möglich ist.

Die Klasse $\mathcal{H}$ soll nun aus zwei Mengen A und B bestehen, für die $A\cap B\neq\emptyset$,

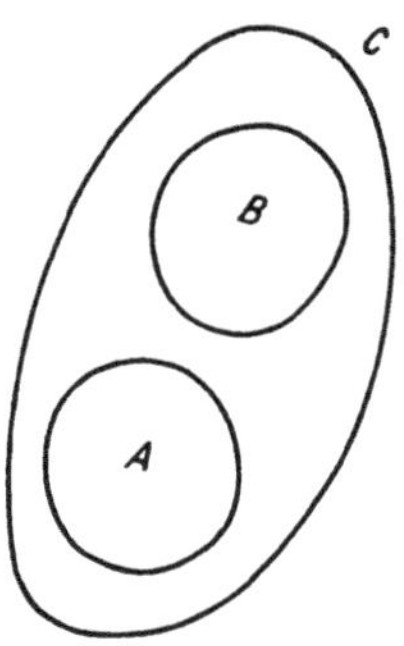

Abb. 33

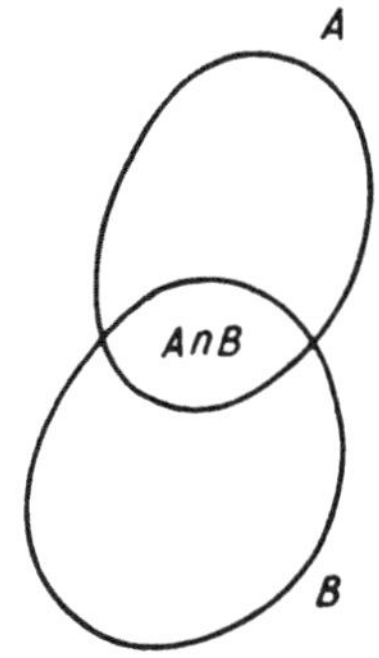

Abb. 34

[1]) H. LEBESGUE (1875–1941) war ein bedeutender französischer Mathematiker und gehört zu den Begründern der Maßtheorie.

$A \setminus B \neq \emptyset$ und $B \setminus A \neq \emptyset$ gelten mögen (vgl. Abb. 34). Wir setzen $m(A) = m(B) = 1$. Dann ist m offensichtlich ein Maß. Der von $\mathcal{H}$ erzeugte Ring besteht aus den Mengen

$$\emptyset,\ A,\ B,\ A \cup B,\ A \cap B,\ A \setminus B,\ B \setminus A,\ (A \setminus B) \cup (B \setminus A)\,.$$

Wir setzen

$$\mu(E) = \begin{cases} 0 & \text{für } E = \emptyset, \\ 1 & \text{für } E = A \quad \text{oder} \quad E = B, \\ \alpha & \text{für } E = A \cap B, \\ 2-\alpha & \text{für } E = A \cup B, \\ 1-\alpha & \text{für } E = A \setminus B \quad \text{oder} \quad E = B \setminus A, \\ 2-2\alpha & \text{für } E = (A \setminus B) \cup (B \setminus A)\,, \end{cases}$$

wobei α eine beliebige reelle Zahl ist, die lediglich der Bedingung $0 \leqq \alpha \leqq 1$ genügt. Es ist leicht zu zeigen, daß μ ein Maß ist, das offenbar eine Erweiterung von m darstellt. Für verschiedene Werte von α erhalten wir dann verschiedene Erweiterungen.

Im folgenden Abschnitt werden wir zeigen, daß die Erweiterung eines Maßes von einem Halbring auf den von ihm erzeugten Ring stets möglich und eindeutig ist. Gerade dieser Fall aber ist für die Anwendungen von besonderem Interesse.

Man kann schließlich darüber hinaus fragen, ob es möglich ist, ein auf einem Ring $\mathfrak{M}$ definiertes Maß auf eine größere Klasse von Mengen zu erweitern, z. B. auf die in Abschnitt 2.8 definierten Klassen $\sigma(\mathfrak{M})$ und $\delta(\mathfrak{M})$ oder auf die Borel-Abschließung des Ringes $\mathfrak{M}$ o. ä. Derartige Fragen werden wir in Kapitel 3 behandeln.

2.3. Die Erweiterung eines Maßes von einem Halbring auf einen Ring

Das Maß m sei auf einem Halbring $\mathcal{H}$ definiert, und $\mathfrak{M}$ sei der von $\mathcal{H}$ erzeugte Ring.

Lemma. *Sind durch*

$$E = \bigcup_{i=1}^{p} A_i = \bigcup_{j=1}^{q} B_j$$

mit $A_i \in \mathcal{H}$ $(i = 1, 2, \ldots, p)$, $B_j \in \mathcal{H}$ $(j = 1, 2, \ldots, q)$ *zwei endliche Zerlegungen der Menge E gegeben, dann gilt*

$$\sum_{i=1}^{p} m(A_i) = \sum_{j=1}^{q} m(B_j)\,.$$

Beweis: Offensichtlich ist

$$A_i = A_i \cap E = A_i \cap \left(\bigcup_{j=1}^{q} B_j \right) = \bigcup_{j=1}^{q} (A_i \cap B_j), \quad i = 1, 2, \ldots, p,$$

$$B_j = E \cap B_j = \left(\bigcup_{i=1}^{p} A_i \right) \cap B_j = \bigcup_{i=1}^{p} (A_i \cap B_j), \quad j = 1, 2, \ldots, q\,.$$

Hierbei handelt es sich um Zerlegungen von A_i bzw. B_j mit $A_i \cap B_j \in \mathcal{H}$. Es gilt also

$$\sum_{i=1}^{p} m(A_i) = \sum_{i=1}^{p} \sum_{j=1}^{q} m\,(A_i \cap B_j) = \sum_{j=1}^{q} \sum_{i=1}^{p} m\,(A_i \cap B_j) = \sum_{j=1}^{q} m(B_j) \quad \bullet$$

Wir definieren jetzt eine Erweiterung μ des Maßes m vom Halbring $\mathcal{H}$ auf den von $\mathcal{H}$ erzeugten Ring $\mathfrak{M}$ in folgender Weise: Sei $E \in \mathfrak{M}$ eine beliebige Menge, dann existiert nach Abschnitt 1.2 eine endliche Zerlegung von E der Gestalt

$$E = \bigcup_{i=1}^{p} A_i \tag{1}$$

mit $A_i \in \mathcal{H}$ $(i = 1, 2, \ldots, p)$, und wir setzen

$$\mu(E) = \sum_{i=1}^{p} m(A_i) \,. \tag{2}$$

Ist speziell $E \in \mathcal{H}$, so gilt offenbar $\mu(E) = m(E)$. Auf Grund des Lemmas ist die Definition des Maßes μ eindeutig (d. h. unabhängig von der speziell in (1) gewählten Zerlegung der Menge E in Mengen aus $\mathcal{H}$).

Die auf dem Ring definierte Funktion μ ist nichtnegativ. Wir zeigen ihre Additivität. Sei $E = E' \cup E''$, $E' \cap E'' = \emptyset$ und $E \in \mathfrak{M}$, $E' \in \mathfrak{M}$, $E'' \in \mathfrak{M}$. Dann existieren endliche Zerlegungen von E' und E'' der Gestalt

$$E' = \bigcup_{i=1}^{p} A'_i \,, \quad E'' = \bigcup_{j=1}^{q} A''_j$$

mit $A'_i \in \mathcal{H}$ $(i = 1, 2, \ldots, p)$, $A''_j \in \mathcal{H}$ $(j = 1, 2, \ldots, q)$, wobei durch

$$E = \bigcup_{i=1}^{p} A'_i \cup \bigcup_{j=1}^{q} A''_j$$

offenbar eine endliche Zerlegung der Art (1) gegeben ist. Wegen (2) gilt dann

$$\mu(E) = \sum_{i=1}^{p} m(A'_i) + \sum_{j=1}^{q} m(A''_j) = \mu(E') + \mu(E'') \,.$$

Ergebnis: μ ist ein Maß, und zwar eine Erweiterung des auf dem Halbring $\mathcal{H}$ definierten Maßes m auf den von $\mathcal{H}$ erzeugten Ring $\mathfrak{M}$.

Satz 1. *Es sei $\tilde{\mu}$ eine beliebige Erweiterung des auf dem Halbring $\mathcal{H}$ definierten Maßes m auf eine Klasse $\tilde{\mathfrak{M}} \supset \mathcal{H}$. $\mathfrak{M}$ sei der von $\mathcal{H}$ erzeugte Ring. Ist $E \in \mathfrak{M} \cap \tilde{\mathfrak{M}}$, dann gilt $\tilde{\mu}(E) = \mu(E)$ (Eindeutigkeit der Erweiterung innerhalb des Ringes $\mathfrak{M}$).*

Beweis: Wegen $E \in \mathfrak{M}$ besitzt E eine Zerlegung der Art (1). Da E in $\tilde{\mathfrak{M}}$ liegt und $\tilde{\mu}$ eine Erweiterung des auf dem Halbring $\mathcal{H}$ definierten Maßes m ist, gilt

$$\tilde{\mu}(E) = \sum_i \tilde{\mu}(A_i) = \sum_i m(A_i) = \mu(E)$$

(vgl. (2)) ●

Satz 2. *Ist das auf dem Halbring $\mathcal{H}$ definierte Maß m σ-additiv, so ist auch seine Erweiterung μ von $\mathcal{H}$ auf den von $\mathcal{H}$ erzeugten Ring $\mathfrak{M}$ σ-additiv.*

Beweis: Durch $E = \bigcup_n E_n$ sei eine abzählbare Zerlegung von $E \in \mathfrak{M}$ in Mengen $E_n \in \mathfrak{M}$ $(n = 1, 2, \ldots)$ gegeben. Zu zeigen ist

$$\mu(E) = \sum_n \mu(E_n) \,. \tag{3}$$

Es existieren endliche Zerlegungen von E bzw. E_n der Gestalt

$$\begin{aligned} E &= \bigcup_{i=1}^{p} A_i, \quad A_i \in \mathcal{H} \; (i=1, 2, \ldots, p), \\ E_n &= \bigcup_{j=1}^{p_n} B_{nj}, \quad B_{nj} \in \mathcal{H} \; (j=1, 2, \ldots, p_n). \end{aligned} \tag{4}$$

Hieraus erhalten wir eine abzählbare Zerlegung von E der Gestalt

$$E = \bigcup_{n=1}^{\infty} \bigcup_{j=1}^{p_n} B_{nj} = \bigcup_{n,j} B_{nj}. \tag{5}$$

Durch die Gleichungen

$$\begin{aligned} A_i &= A_i \cap E = \bigcup_{n,j} (A_i \cap B_{nj}), \quad i=1, 2, \ldots, p, \\ B_{nj} &= E \cap B_{nj} = \bigcup_{i=1}^{p_n} (A_i \cap B_{nj}), \quad n=1, 2, \ldots; j=1, 2, \ldots, p_n, \end{aligned} \tag{6}$$

sind Zerlegungen von A_i bzw. B_{nj} gegeben, wobei $A_i \cap B_{nj} \in \mathcal{H}$ gilt. Nach Definition der Erweiterung folgt aus (4) bis (6)

$$\begin{aligned} \mu(E) &= \sum_{i=1}^{p} m(A_i) = \sum_{i=1}^{p} \sum_{n,j} m\,(A_i \cap B_{nj}) \\ &= \sum_{n,j} \sum_{i=1}^{p} m\,(A_i \cap B_{nj}) = \sum_{n,j} m(B_{nj}) \\ &= \sum_{n} \sum_{j} m(B_{nj}) = \sum_{n} \mu(E_n), \end{aligned} \tag{7}$$

d. h., die Gleichung (3) ist gezeigt ●

Bemerkung. Man kann natürlich auch von Erweiterungen einer beliebigen additiven Mengenfunktion F (nicht nur von der eines Maßes) sprechen. Es läßt sich dann leicht zeigen, daß alle Aussagen dieses Abschnittes auf diesen Fall übertragbar sind.[1])

2.4. Stieltjes-Maße auf der Geraden. Kriterium für σ-Additivität

Stieltjes-Maß[2]) *auf der Geraden* (oder *lineares Stieltjes-Maß*) nennt man jedes auf irgendeiner Klasse $\mathcal{H}$ von Intervallen der Zahlengeraden definiertes Maß. Wir betrachten hier nur einen möglichen Fall eines solchen Maßes.

Sei I irgendein Intervall der Zahlengeraden[3]), $\mathcal{H}$ die Klasse (genauer der Halbring, vgl. 1.2) aller möglichen rechtsoffenen Intervalle $E=[\alpha, \beta)$ mit $\alpha \in I$ und $\beta \in I$ sowie φ eine auf I definierte monoton wachsende Funktion (d. h. $\varphi(x_1) \leqq \varphi(x_2)$ für alle $x_1 \leqq x_2$).

---

1) Die in (7) benutzte Möglichkeit der beliebigen Umordnung von Gliedern einer positiven Reihe ist natürlich auch für absolut konvergente Reihen richtig. Die Summe der Reihe, die in der Definition der σ-Additivität auftritt, hängt aber nicht von der Reihenfolge ihrer Glieder ab, sie muß also notwendigerweise absolut konvergieren.

2) T. STIELTJES (1856–1894) war ein holländischer Mathematiker.

3) Der Fall $I=(-\infty, \infty)$ wird nicht ausgeschlossen.

Wir setzen

$$\mu(E)=\varphi(\beta)-\varphi(\alpha) \tag{1}$$

(vgl. Abb. 35). Offenbar gilt $\mu(E)\geqq 0$. Die Funktion μ ist additiv, weil aus der Gleichung

$$E=E_1\cup E_2\cup\ldots\cup E_{n-1}\cup E_n$$

mit $E_1=[\alpha,\gamma_1)$, $E_2=[\gamma_1,\gamma_2)$, ..., $E_{n-1}=[\gamma_{n-2},\gamma_{n-1})$, $E_n=[\gamma_{n-1},\beta)$, $\alpha<\gamma_1<\gamma_2<\ldots<\gamma_{n-1}<\beta$ (vgl. Abb. 36) stets folgt

$$\mu(E)=\varphi(\beta)-\varphi(\alpha)=[\varphi(\gamma_1)-\varphi(\alpha)]+[\varphi(\gamma_2)-\varphi(\gamma_1)]+\ldots+[\varphi(\beta)-\varphi(\gamma_{n-1})]$$
$$=\sum_{k=1}^{n}\mu(E_k)\,.$$

Als eine auf einem Halbring definierte nichtnegative additive Mengenfunktion ist μ somit ein Maß (vgl. Bemerkung nach Beispiel 3 in 2.1).

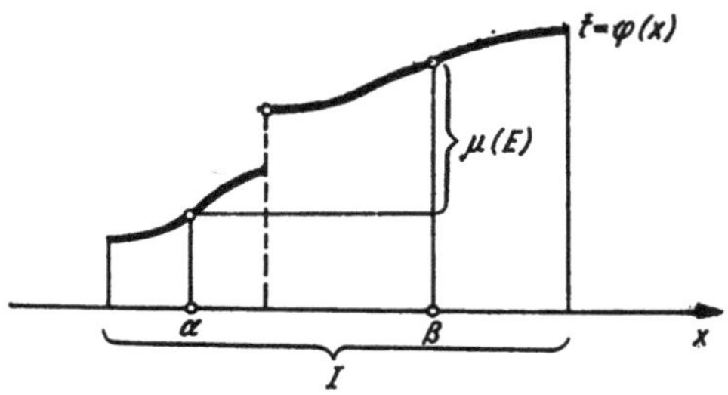

Abb. 35

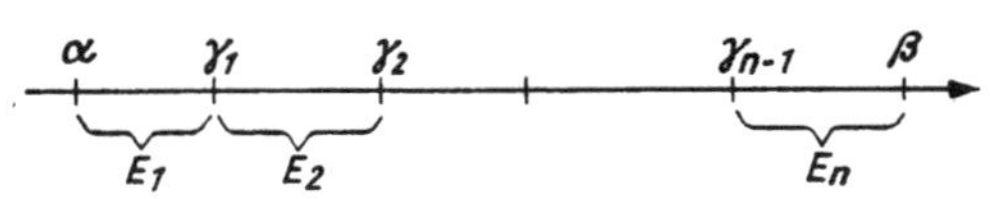

Abb. 36

Das durch (1) definierte Maß μ heißt *von der Funktion φ erzeugtes Stieltjes-Maß*, und die Funktion φ heißt *erzeugende Funktion* des Maßes μ.

Die Funktionen φ und $\varphi+C$ ($C=\text{const}$) erzeugen offenbar einunddasselbe Maß (vgl. (1)). Außerdem ist jede das Maß erzeugende Funktion von der Form $\varphi+C$. Seien nämlich φ und ψ zwei Funktionen, die das Maß μ in (1) erzeugen. Zu einem festen Wert $x_0\in I$ betrachten wir beliebige $x\in I$. Ist $x_0\leqq x$, so ergibt sich für das Intervall $E=[x_0,x)$ nach (1)

$$\mu(E)=\varphi(x)-\varphi(x_0)=\psi(x)-\psi(x_0)$$

und folglich

$$\psi(x)-\varphi(x)=\psi(x_0)-\varphi(x_0)\,. \tag{2}$$

Ist andererseits $x<x_0$, so ergibt sich entsprechend für $E=[x,x_0)$ die Beziehung

$$\mu(E)=\varphi(x_0)-\varphi(x)=\psi(x_0)-\psi(x)$$

und folglich wieder die Gleichung (2). Setzt man $\psi(x_0)-\varphi(x_0)=C$, so folgt $\psi(x)==\varphi(x)+C$ für alle $x\in I$, was behauptet wurde.

Setzt man $\varphi(x)=x$ oder $\varphi(x)=x+C$, so geht (1) in

$$\mu(E)=\beta-\alpha$$

über, d. h., als Maß ergibt sich die *Länge* des Intervalls $[\alpha,\beta)$.

Satz. *Die Funktion φ sei auf der gesamten Zahlengeraden definiert, dort monoton wachsend, und es sei μ das durch*

$$\mu(E)=\varphi(\beta)-\varphi(\alpha) \tag{3}$$

auf dem Halbring $\mathcal{H}$ aller endlichen Intervalle $E=[\alpha, \beta)$ definierte Stieltjes-Maß. Dann ist für die σ-Additivität des Maßes μ notwendig und hinreichend, daß die erzeugende Funktion φ überall von links stetig ist, d. h. daß für beliebige x_0 die Beziehung

$$\lim_{\substack{x\to x_0\\ x<x_0}} \varphi(x)=\varphi(x_0) \tag{4}$$

erfüllt ist oder, anders geschrieben, $\varphi(x_0-0)=\varphi(x_0)$ gilt (vgl. Abb. 37).

Beweis: Wir zeigen die Notwendigkeit der Bedingung (4). Sei das Maß μ σ-additiv, und die Bedingung (4) in einem Punkte x_0 verletzt. Da φ monoton wachsend ist, existiert der Grenzwert

$$\lim_{\substack{x\to x_0\\ x<x_0}} \varphi(x)=\varphi(x_0-0),$$

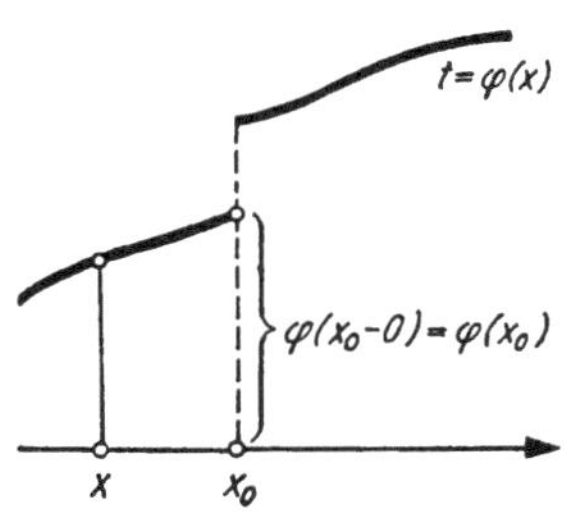

Abb. 37

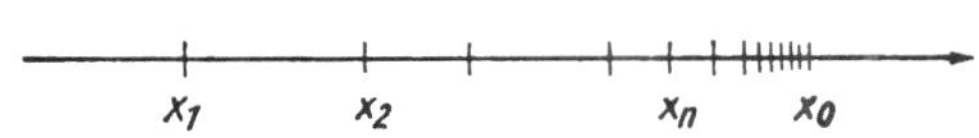

Abb. 38

und auf Grund unserer Annahme gilt $\varphi(x_0-0)\neq\varphi(x_0)$. Sei nun $x_1<x_2<\ldots<x_n<\ldots<x_0$, $x_n\to x_0$ (vgl. Abb. 38). Dann ist

$$\lim_{n\to\infty} \varphi(x_n)=\varphi(x_0-0)\neq\varphi(x_0)\,. \tag{5}$$

Offenbar gilt

$$[x_1, x_2)\subset[x_1, x_3)\subset\ldots\subset[x_1, x_n)\subset\ldots,$$

$$[x_1, x_0)=\bigcup_n [x_1, x_n)$$

und infolge der Stetigkeit des σ-additiven Maßes (vgl. 2.1) ergibt sich

$$\lim_{n\to\infty} \mu[x_1, x_n)=\mu[x_1, x_0)^{1)}$$

bzw.

$$\lim_{n\to\infty} \varphi(x_n)-\varphi(x_1)=\varphi(x_0)-\varphi(x_1)$$

und daher

$$\lim_{n\to\infty} \varphi(x_n)=\varphi(x_0)$$

im Widerspruch zu (5).

---

[1]) Wir schreiben hier und später statt $\mu([\alpha, \beta))$ kurz $\mu[\alpha, \beta)$ u. ä. (Anm. d. Hrsgb.).

Wir zeigen nun, daß die Bedingung (4) hinreichend ist. Sei (4) für alle x_0 erfüllt, d. h., φ sei überall von links stetig. Wir haben dann zu zeigen, daß für eine beliebige abzählbare Zerlegung der Art

$$E = \bigcup_{n=1}^{\infty} E_n\,,\; E \in \mathcal{H},\; E_n \in \mathcal{H} \quad (n = 1, 2, \ldots)$$

gilt

$$\mu(E) = \sum_{n=1}^{\infty} \mu(E_n)\,. \tag{6}$$

Nach den Eigenschaften eines beliebigen auf einem Halbring definierten Maßes (vgl. Aussage 4 in 2.1) gilt

$$\mu(E) \geqq \sum_{n=1}^{\infty} \mu(E_n)\,.$$

Wir brauchen also nur noch die Ungleichung

$$\mu(E) \leqq \sum_{n=1}^{\infty} \mu(E_n) \tag{7}$$

zu zeigen. Dazu setzen wir $E = [\alpha, \beta)$, $E_n = [\alpha_n, \beta_n)$, $n = 1, 2, \ldots$; und (7) erhält die Gestalt

$$\varphi(\beta) - \varphi(\alpha) \leqq \sum_{n=1}^{\infty} [\varphi(\beta_n) - \varphi(\alpha_n)]\,, \tag{7'}$$

wobei die rechts stehende Reihe konvergiert. Für $\alpha = \beta$, also $E = \emptyset$, ist die Ungleichung (7′) trivial. Im Falle $\alpha < \beta$ gibt es ein β' mit

$$\alpha < \beta' < \beta \tag{8}$$

(vgl. Abb. 39). Für jedes beliebige $\varepsilon > 0$ und jedes natürliche n existiert wegen (4) ein $\alpha_n' < \alpha_n$ mit $\varphi(\alpha_n) - \varphi(\alpha_n') < \frac{\varepsilon}{2^n}$ und damit

$$\varphi(\beta_n) - \varphi(\alpha_n') < \varphi(\beta_n) - \varphi(\alpha_n) + \frac{\varepsilon}{2^n} \tag{9}$$

$$(\alpha_n', \beta_n) \supset [\alpha_n, \beta_n)$$

(vgl. Abb. 40). Das abgeschlossene Intervall $[\alpha, \beta']$, das in $[\alpha, \beta)$ enthalten ist, wird von dem abzählbaren System der Intervalle (α_n', β_n) überdeckt. Nach dem bekannten HEINE-BORELschen Überdeckungssatz wird dann das Intervall $[\alpha, \beta']$ bereits von einem endlichen System $(\alpha_{n_k}', \beta_{n_k})$ $(k = 1, 2, \ldots, m)$ dieser Intervalle und somit erst

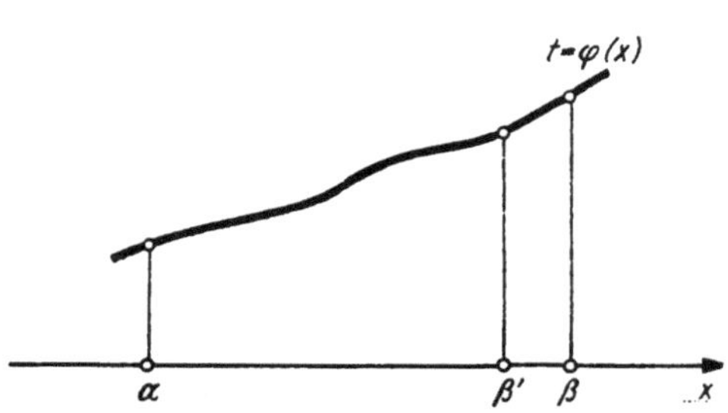

Abb. 39

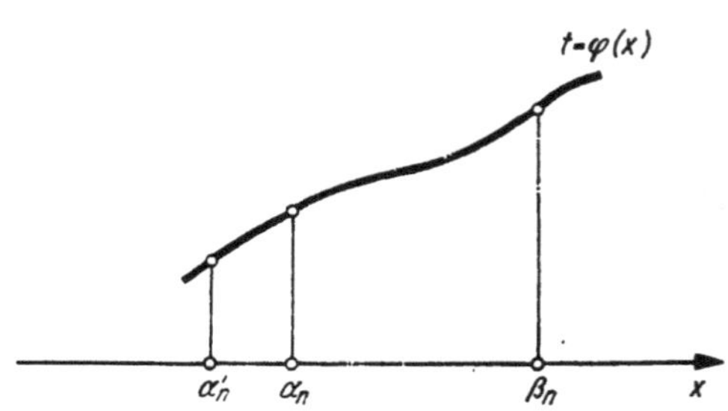

Abb. 40

recht durch die rechtsoffenen Intervalle $[\alpha'_{n_k}, \beta_{n_k})$ $(k = 1, 2, \ldots, m)$ überdeckt. Nach den Eigenschaften eines beliebigen Maßes auf einem Halbring gilt dann [1])

$$\mu[\alpha, \beta') \leqq \sum_{k=1}^{m} \mu[\alpha'_{n_k}, \beta_{n_k})$$

bzw.

$$\varphi(\beta') - \varphi(\alpha) \leqq \sum_{k=1}^{m} [\varphi(\beta_{n_k}) - \varphi(\alpha'_{n_k})] ,$$

und damit erst recht

$$\varphi(\beta') - \varphi(\alpha) \leqq \sum_{n=1}^{\infty} [\varphi(\beta_n) - \varphi(\alpha'_n)] < \sum_{n=1}^{\infty} [\varphi(\beta_n) - \varphi(\alpha_n)] + \varepsilon$$

(vgl. (9)). Da $\varepsilon > 0$ beliebig vorgegeben war, folgt

$$\varphi(\beta') - \varphi(\alpha) \leqq \sum_{n=1}^{\infty} [\varphi(\beta_n) - \varphi(\alpha_n)] . \tag{10}$$

Läßt man jetzt β' gegen β streben (vgl. (8)), dann folgt $\varphi(\beta') \to \varphi(\beta)$, da φ überall von links stetig ist. Daher folgt aus (10) die Ungleichung (7') ●

Als wichtige Schlußfolgerung ergibt sich: Die Bedingung (4) wird von jeder stetigen Funktion $\varphi(x)$, also speziell von $\varphi(x) = x$ erfüllt. Die Formel (3) ergibt dann für $E = [\alpha, \beta)$

$$\mu(E) = \beta - \alpha ,$$

die **Länge** eines rechtsoffenen Intervalls. Wir haben also auf diese Weise auch die *σ-Additivität der Länge von rechtsoffenen Intervallen* gezeigt.

Der Satz gilt natürlich auch, wenn

1. φ nicht auf der gesamten Zahlengeraden, sondern nur auf einem Teilintervall I definiert ist und
2. $\mathcal{H}$ der Halbring aller rechtsoffenen Intervalle mit Endpunkten in I ist.

Der Beweis ändert sich dabei fast nicht. (Wir empfehlen aber dem Leser, den Beweis für diesen Fall selbst zu führen).

Schließlich gelten alle oben angestellten Überlegungen auch, wenn wir statt der rechtsoffenen Intervalle $[\alpha, \beta)$ linksoffene Intervalle $(\alpha, \beta]$ betrachten. Es muß dazu lediglich im Satz statt der Stetigkeit der Funktion von links die Stetigkeit von rechts gefordert werden.

2.5. Die Verteilungsfunktion eines Maßes auf der Geraden [2])

Das Maß μ sei auf einer Klasse $\mathfrak{M}$ von Mengen der Zahlengeraden gegeben, die alle Intervalle der Art $(-\infty, \beta)$ enthält (aber möglicherweise nicht nur diese). Wir definieren eine reelle Funktion durch die Beziehung

$$\Phi(x) = \mu(-\infty, x) . \tag{1}$$

Diese Funktion Φ heißt *Verteilungsfunktion* des Maßes μ [3]).

---

[1]) Vgl. Aussage 3 in 2.1 zusammen mit der Bemerkung gegen Ende des Abschnittes 2.1.

[2]) Diesen Abschnitt kann man überschlagen, er wird im weiteren nahezu nicht benötigt.

[3]) Diese Bezeichnung ist nicht überall gebräuchlich.

Aus den Eigenschaften der Nichtnegativität und der Monotonie des Maßes folgt, daß Φ nichtnegativ und monoton wachsend auf der gesamten Zahlengeraden ist, woraus auch die Existenz des endlichen Grenzwertes

$$\Phi(-\infty) = \lim_{x \to -\infty} \Phi(x) \geqq 0 \tag{2}$$

und des endlichen oder unendlichen Grenzwertes

$$\Phi(\infty) = \lim_{x \to \infty} \Phi(x) \geqq 0$$

folgt (vgl. Abb. 41).

Enthält die Klasse $\mathfrak{M}$, auf der μ definiert ist, den Halbring $\mathcal{H}$ aller rechtsoffenen Intervalle $[\alpha, \beta)$, so ist Φ eine der erzeugenden Funktionen des Maßes μ, betrachtet auf $\mathcal{H}$. Das folgt sofort aus den Gleichungen

$$[\alpha, \beta) = (-\infty, \beta) \setminus (-\infty, \alpha), \quad \mu[\alpha, \beta) = \mu(-\infty, \beta) - \mu(-\infty, \alpha),$$

also

$$\mu[\alpha, \beta) = \Phi(\beta) - \Phi(\alpha),$$

was zu zeigen war (vgl. Abb. 42). Ist also bekannt, daß μ σ-additiv ist, so muß Φ überall von links stetig sein (vgl. 2.4).

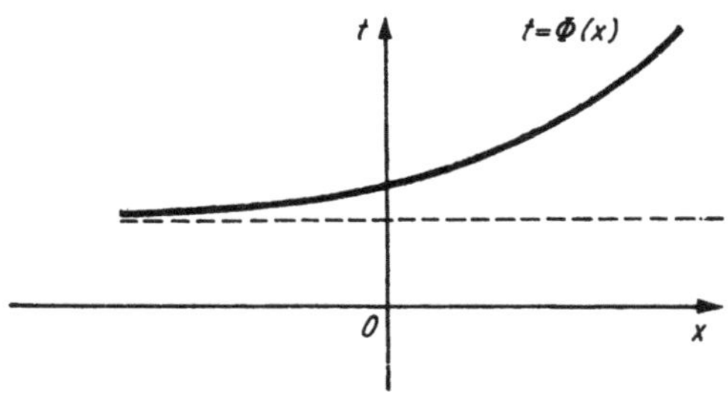

Abb. 41

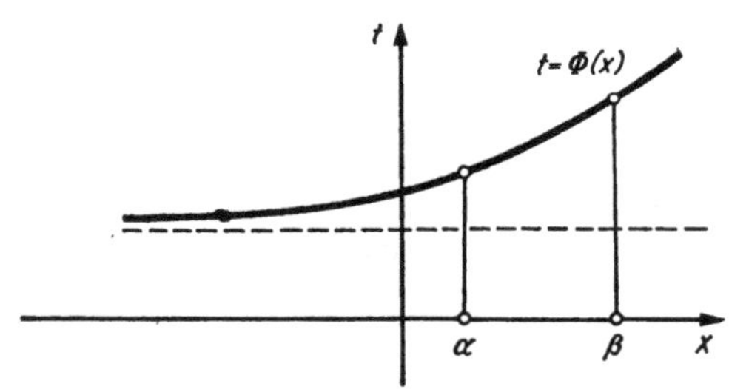

Abb. 42

Man kann zeigen, daß jede nichtnegative monoton wachsende Funktion Φ, die auf der gesamten Zahlengeraden definiert ist, eine Verteilungsfunktion irgendeines Maßes μ darstellt, das auf dem Halbring $\mathfrak{M}$ aller Intervalle der Art $(-\infty, \beta)$, $[\alpha, \beta)$ oder auf einer umfassenderen Klasse gegeben ist (der Leser zeige, daß $\mathfrak{M}$ wirklich ein Halbring ist). Zum Beweis setze man einfach

$$\mu(E) = \begin{cases} \Phi(\beta) - \Phi(\alpha) & \text{für} \quad E = [\alpha, \beta), \\ \Phi(\beta) & \text{für} \quad E = (-\infty, \beta). \end{cases}$$

Der Begriff der Verteilungsfunktion ist nicht notwendig an das gesamte unendliche Intervall $I = (-\infty, \infty)$ gebunden, sondern kann in ähnlicher Weise auch für beliebige Intervalle der Zahlengeraden, d. h. für Intervalle der Form $(-\infty, b)$, $(-\infty, b]$, (a, ∞), (a, b), $(a, b]$, $[a, \infty)$, $[a, b)$, $[a, b]$ eingeführt werden, wobei a und b irgendwelche reellen Zahlen $(a < b)$ sind. Dabei wird jeweils vorausgesetzt, daß μ im ersten Fall für alle Intervalle der Art $(-\infty, \beta)$, $\beta < b$, im zweiten für die Intervalle der Art $(-\infty, \beta)$, $\beta \leqq b$, im dritten für die Intervalle der Art (a, β), $\beta \geqq a$ usw. gegeben ist. Die Verteilungsfunktion wird entsprechend durch

$$\Phi(x) = \mu(-\infty, x), \quad x < b,$$

$$\Phi(x) = \mu(-\infty, x), \quad x \leqq b,$$

bzw.

$$\Phi(x) = \mu(a, x), \qquad x \geqq a,$$

usw. (vgl. Abb. 43) definiert.

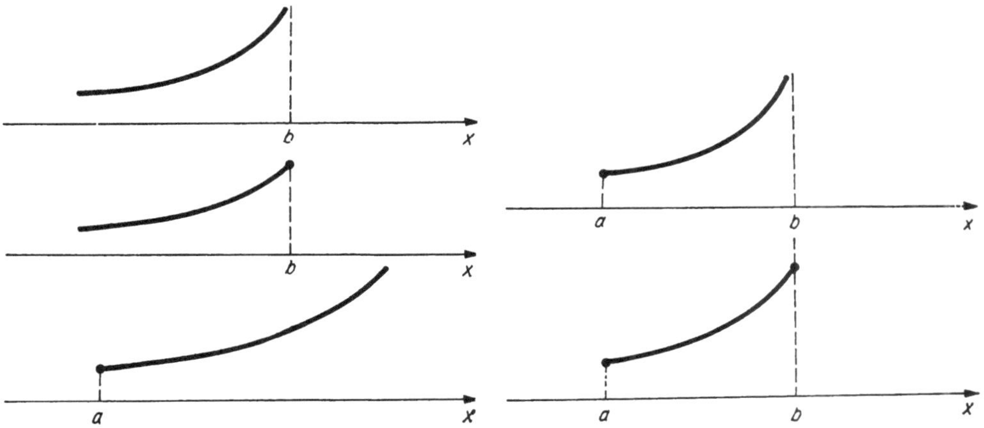

Abb. 43

Das oben über die Funktion (1) Gesagte kann mit entsprechenden Korrekturen auf diese Fälle übertragen werden (die Ausführung dieser Formulierung überlassen wir dem Leser als Übung).

2.6. Stieltjes-Maße auf der Ebene und im n-dimensionalen Raum

Stieltjes-Maß im n-dimensionalen Euklidischen Raum nennt man jedes Maß, das auf irgendeiner Klasse n-dimensionaler (achsenparalleler) Quader der Art

$$E = \{(x, y, \ldots, w) : x \in I_1, y \in I_2, \ldots, w \in I_n\} \tag{1}$$

definiert ist, wobei die $I_1, I_2, \ldots, I_n$ zu irgendeiner Klasse von Intervallen der Zahlengeraden gehören.

Im Falle $n = 2$ spricht man vom *Stieltjes-Maß auf der Ebene*. Die Quader (1) sind dann Rechtecke

$$E = \{(x, y) : x \in I_1, y \in I_2\} \tag{2}$$

der einen oder anderen Art (vgl. Abb. 44a–c)[1].

Wir betrachten nun einige mögliche Fälle von STIELTJES-Maßen.

1. Sei $\mathcal{H}$ die Klasse aller n-dimensionalen Quader der Form

$$E = \{(x, y, \ldots, w) : \alpha_1 \leqq x < \beta_1; \alpha_2 \leqq y < \beta_2, \ldots, \alpha_n \leqq w < \beta_n\} \tag{3}$$

($\alpha_1 \leqq \beta_1, \alpha_2 \leqq \beta_2, \ldots, \alpha_n \leqq \beta_n$ reelle Zahlen) und seien

$$\varphi_1, \varphi_2, \ldots, \varphi_n \tag{4}$$

[1]) Die nicht zum Rechteck gehörenden Teile des Randes werden hier und im folgenden gestrichelt gezeichnet.

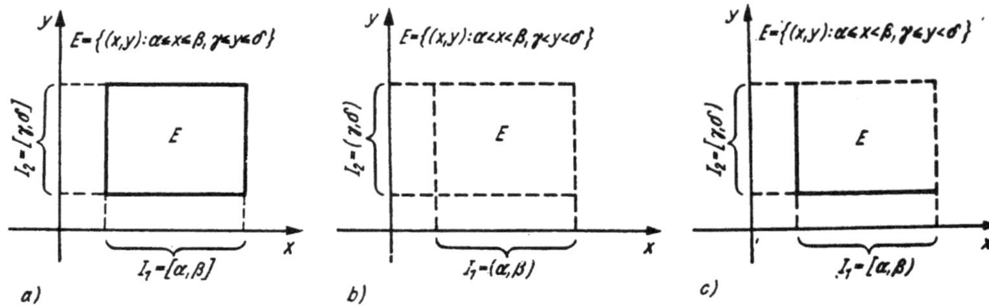

Abb. 44

n auf der ganzen Zahlengeraden gegebene monoton wachsende Funktionen. Unter diesen Bedingungen definieren wir auf $\mathcal{H}$ die Funktion μ durch die Gleichung

$$\mu(E) = [\varphi_1(\beta_1) - \varphi_1(\alpha_1)]\,[\varphi_2(\beta_2) - \varphi_2(\alpha_2)] \ldots [\varphi_n(\beta_n) - \varphi_n(\alpha_n)]; \tag{5}$$

μ ist dann eine monotone und nichtnegative Mengenfunktion. Aus den allgemeinen Sätzen in Kapitel 5 wird folgen, daß

1. $\mathcal{H}$ ein Halbring ist,
2. die Funktion μ additiv ist,
3. aus der Stetigkeit von links aller Funktionen φ_i in (4) die σ-Additivität von μ folgt.

Dies werden wir demzufolge jetzt nicht beweisen.

μ ist also ein Maß, und falls alle Funktionen in (4) von links stetig oder insbesondere sogar stetig sind, dann ist μ darüberhinaus σ-additiv.

Gilt speziell $\varphi_1(x) = \varphi_2(x) = \ldots = \varphi_n(x) = x$, so geht (5) in

$$\mu(E) = (\beta_1 - \alpha_1)\,(\beta_2 - \alpha_2) \ldots (\beta_n - \alpha_n) \tag{5'}$$

über, d. h. in das n-dimensionale Volumen! Wegen der Stetigkeit dieser speziellen Funktionen φ ist das n-dimensionale Volumen eines Quaders der Art (3) sogar eine σ-additive Funktion. Insbesondere ist also die Fläche

$$\mu(E) = (\beta - \alpha)\,(\delta - \gamma)$$

von Rechtecken der Gestalt $E = \{(x, y) \colon \alpha \leqq x < \beta,\ \gamma \leqq y < \delta\}$ σ-additiv (vgl. Abb. 44c).

Das über die Funktion (5) Gesagte läßt sich auf den Fall übertragen, wo

a) $\mathcal{H}$ die Klasse derjenigen Quader der Art (3) ist, deren Abschließung $\bar{E}$ in einem vorgegebenen Quader

$$R = \{(x, y, \ldots, w) \colon x \in I_1,\ y \in I_2, \ldots, w \in I_n\}$$

der einen oder anderen Art liegt (vgl. Abb. 45) und

b) die Funktionen (4) auf den entsprechenden Intervallen $I_1, I_2, \ldots, I_n$ definiert und monoton wachsend sind.

Bemerkung. Da die Klasse aller Quader der Art (3) ein Halbring ist (siehe oben), folgt leicht, daß die Klasse derjenigen Quader der Art (3), deren Abschließung in einer beliebigen festen Menge E liegen, auch ein Halbring ist (der Leser möge dies beweisen). Insbesondere ist also die unter a) beschriebene Klasse ein Halbring.

2. Wir geben zunächst einige Aussagen über Differenzen endlicher Ordnung an.

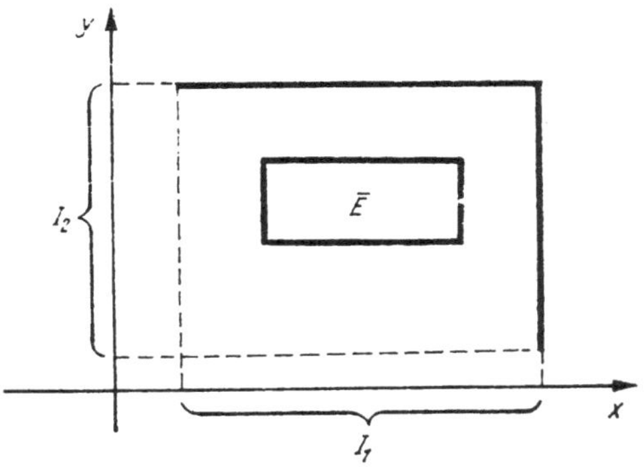

Abb. 45

Sei φ eine beliebige Funktion von n Veränderlichen $x, y, \ldots$ $(n > 1)$, die auf dem ganzen n-dimensionalen Raum definiert ist. Wir setzen

$$\Delta_x\big(\varphi(x, y, \ldots); \alpha, \beta\big) = \varphi(\beta, y, \ldots) - \varphi(\alpha, y, \ldots), \tag{6}$$

wobei α und β irgendwelche reellen Zahlen sind (und alle Veränderlichen außer x unverändert bleiben). Die Größe (6) heißt *Differenz erster Ordnung* oder kurz *erste Differenz* bezüglich x der Funktion φ beim Übergang der Veränderlichen x vom Wert α zum Wert β. Natürlich kann man die Rollen der Veränderlichen vertauschen und z. B. die erste Differenz bezüglich y betrachten:

$$\Delta_y\big(\varphi(x, y, \ldots); \gamma, \delta\big) = \varphi(x, \delta, \ldots) - \varphi(x, \gamma, \ldots) \tag{7}$$

usw.

Aussage 1. *Seien* $\alpha_0 = \alpha$, $\alpha_n = \beta$ *und* $\alpha_1, \alpha_2, \ldots, \alpha_{n-1}$ *irgendwelche reellen Zahlen. Dann ist*

$$\Delta_x(\varphi; \alpha, \beta) = \sum_{k=1}^{n} \Delta_x(\varphi; \alpha_{k-1}, \alpha_k)^{1)}$$

(*vgl.* (6)). *Eine analoge Eigenschaft gilt für* Δ_y.

Wir definieren weiter

$$\begin{aligned}\Delta_{xy}(\varphi; \alpha, \beta; \gamma, \delta) &= \Delta_y\big(\Delta_x(\varphi; \alpha, \beta); \gamma, \delta\big) = \Delta_y\big(\varphi(\beta, y, \ldots) - \varphi(\alpha, y, \ldots); \gamma, \delta\big) \\ &= \big(\varphi(\beta, \delta, \ldots) - \varphi(\alpha, \delta, \ldots)\big) - \big(\varphi(\beta, \gamma, \ldots) - \varphi(\alpha, \gamma, \ldots)\big),\end{aligned} \tag{8}$$

die sogenannte *zweite gemischte Differenz bezüglich x und y* (in dieser Reihenfolge). Analog erhalten wir

$$\begin{aligned}\Delta_{yx}(\varphi; \alpha, \beta; \gamma, \delta) &= \Delta_x\big(\Delta_y(\varphi; \alpha, \beta); \gamma, \delta\big) \\ &= \big(\varphi(\beta, \delta, \ldots) - \varphi(\beta, \gamma, \ldots)\big) - \big(\varphi(\alpha, \delta, \ldots) - \varphi(\alpha, \gamma, \ldots)\big),\end{aligned} \tag{9}$$

die *zweite gemischte Differenz bezüglich y und x*. Aus (8) und (9) folgt

Aussage 2. *Es gilt*

$$\Delta_{xy}(\varphi; \alpha, \beta; \gamma, \delta) = \Delta_{yx}(\varphi; \alpha, \beta; \gamma, \delta). \tag{10}$$

---

[1]) Die Argumente bei φ werden wir hier und im folgenden gelegentlich weglassen.

Aussage 3. *Seien* $\alpha_0=\alpha$, $\alpha_n=\beta$ *und* $\alpha_1, \alpha_2, \ldots, \alpha_{n-1}$ *irgendwelche reellen Zahlen. Dann gilt*

$$\begin{aligned}\Delta_{xy}(\varphi;\alpha,\beta;\gamma,\delta) &= \Delta_{yx}(\varphi;\alpha,\beta;\gamma,\delta)\\ &= \Delta_x\big(\varphi(x,\delta,\ldots)-\varphi(x,\gamma,\ldots);\alpha,\beta\big)\\ &= \sum_{k=1}^{n}\Delta_x\big(\varphi(x,\delta,\ldots)-\varphi(x,\gamma,\ldots);\alpha_{k-1},\alpha_k\big)\\ &= \sum_{k=1}^{n}\Delta_{yx}(\varphi;\alpha_{k-1},\alpha_k;\gamma,\delta)=\sum_{k=1}^{n}\Delta_{xy}(\varphi;\alpha_{k-1},\alpha_k;\gamma,\delta)\,.\end{aligned}$$

Entsprechend kann man die Rollen von x und y vertauschen. In ähnlicher Weise lassen sich auch gemischte Differenzen dritter Ordnung usw. einführen.

Wir betrachten jetzt irgendeine reelle Funktion φ zweier Veränderlicher x und y, die auf der ganzen Ebene definiert ist. Auf dem Halbring $\mathcal{H}$ aller möglichen Rechtecke

$$E=\{(x,y):\alpha\leqq x<\beta;\ \gamma\leqq y<\delta\} \tag{11}$$

(vgl. Abb. 44c) definieren wir eine Funktion F durch die Gleichung

$$F(E)=\Delta_{xy}(\varphi;\alpha,\beta;\gamma,\delta) \tag{12}$$

oder ausführlicher geschrieben

$$F(E)=\varphi(\beta,\delta)-\varphi(\alpha,\delta)-\varphi(\beta,\gamma)+\varphi(\alpha,\gamma)$$

bzw. in abkürzender Symbolik

$$F(E)=\Delta_{xy}(\varphi;E)\,.$$

Wir zeigen, daß F a d d i t i v ist. Das folgt sofort aus Aussage 3, wenn E aus paarweise disjunkten Rechtecken $E_1, E_2, \ldots, E_n$ so besteht, wie dies in Abb. 46a–c dargestellt ist[1]). Für $\alpha=\beta$ oder $\gamma=\delta$ ist die Additivität trivial, weil dann $E=\emptyset$ sowie $E_k=\emptyset$ und damit $F(E)=0$ und $F(E_k)=0$ gelten $(k=1, 2, \ldots, n)$.

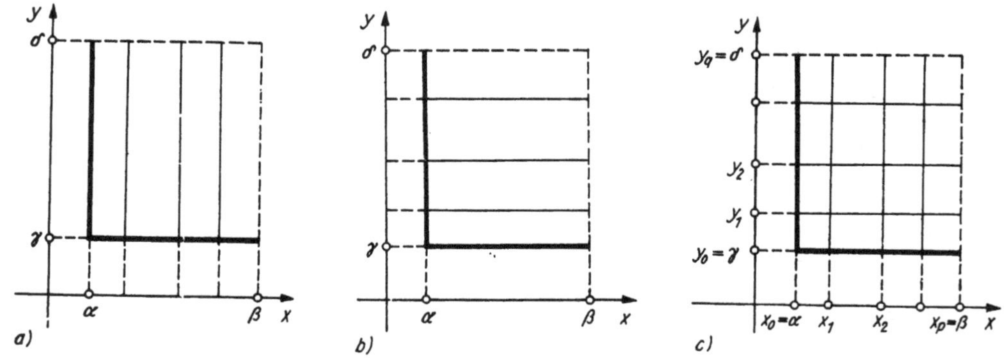

Abb. 46

[1]) Im Fall von Abb. 46c ist

$$\begin{aligned}F(E)=\Delta_{xy}(\varphi;\alpha,\beta;\gamma,\delta) &= \sum_{i=1}^{p}\Delta_{xy}(\varphi;x_{i-1},x_i;\gamma,\delta)\\ &= \sum_{i=1}^{p}\sum_{j=1}^{q}\Delta_{xy}(\varphi;x_{i-1},x_i;y_{j-1},y_j)=\sum_{i,j}F(E_{ij})\,.\end{aligned}$$

Im allgemeinen Fall schließen wir folgendermaßen: Sei durch $E=\bigcup_k E_k$ mit $E_k=\{(x, y): \alpha_k \leqq x < \beta_k, \gamma_k \leqq y < \delta_k\}$ $(k=1, 2, \ldots, n)$ eine Zerlegung von E gegeben. Wir betrachten die Menge aller Punkte α_k und β_k der x-Achse und ordnen sie in wachsender Reihenfolge:

$$x_0 < x_1 < x_2 < \ldots < x_p ,$$

wobei $p \leqq 2n-1$ ist (im Fall $p > 2n-1$ fallen irgendwelche der Zahlen α_k und β_k zusammen). Offenbar ist $x_0=\alpha$, $x_p=\beta$. Analog verfahren wir mit den Zahlen γ_k, δ_k auf der y-Achse; das führt zu den Punkten

$$y_0 < y_1 < y_2 < \ldots < y_q$$

mit $y_0=\gamma$, $y_q=\delta$ (vgl. Abb. 47).

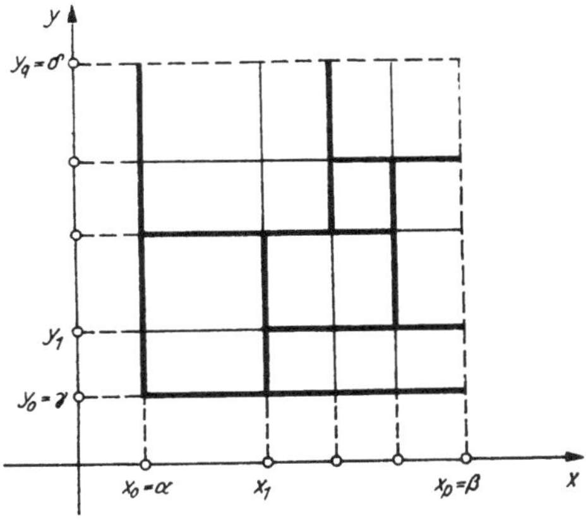

Abb. 47

Wir setzen $E_{ij}=\{(x, y): x_{i-1} \leqq x < x_i, y_{j-1} \leqq y < y_j\}$, $i=1, 2, \ldots, p$; $j=1, 2, \ldots, q$. Dabei ist durch

$$E=\bigcup_{i,j} E_{ij}=\bigcup_k \bigcup_{E_{ij}\subset E_k} E_{ij}$$

eine Zerlegung von E gegeben (das Zeichen $E_{ij}\subset E_k$ unter dem letzten Vereinigungszeichen deutet an, daß über alle $E_{ij}\subset E_k$ vereinigt werden soll). Nach Aussage 3 ist

$$F(E_k)=\sum_{E_{ij}\subset E_k} F(E_{ij}) ,$$

$$F(E)=\sum_{i,j} F(E_{ij})=\sum_k \sum_{E_{ij}\subset E_k} F(E_{ij})=\sum_k F(E_k) ,$$

womit die Additivität von F gezeigt ist.

Manchmal ist folgende Aussage nützlich:

Aussage 4. *Besitzt φ eine überall stetige zweite partielle Ableitung $\varphi_{xy}=\frac{\partial^2\varphi}{\partial x\partial y}$, dann ist*

$$\Delta_{xy}(\varphi; E)=\int_\alpha^\beta dx \int_\gamma^\delta \varphi_{xy}(x, y)\, dy . \tag{12}$$

Beweis: Es gilt

$$\int_\gamma^\delta \varphi_{xy}(x, y)\, dy=\varphi_x(x, \delta)-\varphi_x(x, \gamma)$$

und daher

$$\int_\alpha^\beta dx \int_\gamma^\delta \varphi_{xy}(x, y)\, dy = \varphi(x, \delta)\,|_{x=\alpha}^\beta - \varphi(x, y)|_{x=\alpha}^\beta$$
$$= \varphi(\beta, \delta) - \varphi(\alpha, \delta) - \varphi(\beta, \gamma) + \varphi(\alpha, \gamma) = \Delta_{xy}(\varphi; E) \quad \bullet$$

Wir fordern jetzt, daß die Funktion φ für beliebige Rechtecke (11) der Bedingung

$$\Delta_{xy}(\varphi; \alpha, \beta; \gamma, \delta) \geqq 0 \tag{13}$$

oder kürzer

$$\Delta_{xy}(\varphi; E) \geqq 0$$

genügt. Dann ist die Funktion aus (12) ein auf dem Halbring $\mathcal{H}$ definiertes Maß:

$$\mu(E) = \Delta_{xy}(\varphi; E) \, . \tag{14}$$

Dieses Maß μ heißt *durch die Funktion* φ *erzeugtes ebenes* (oder *zweidimensionales*) *Stieltjes-Maß*, und φ heißt die *erzeugende Funktion* des Maßes μ.

Wir bemerken, daß hier die Bedingung (13) dieselbe Rolle spielt wie beim STIELTJES-Maß auf der Geraden die Forderung an φ, monoton wachsend zu sein.

Aussage 5. *Die Bedingung* (13) *ist für jede Funktion erfüllt, deren zweite partielle Ableitung* φ_{xy} *überall existiert und die Eigenschaft*

$$\varphi_{xy}(x, y) \geqq 0 \tag{15}$$

besitzt.

Beweis: Nach Aussage 2 gilt

$$\Delta_{xy}(\varphi; \alpha, \beta; \gamma, \delta) = \big(\varphi(\beta, \delta) - \varphi(\beta, \gamma)\big) - \big(\varphi(\alpha, \delta) - \varphi(\alpha, \gamma)\big) \, . \tag{16}$$

Ist $\alpha = \beta$ oder $\gamma = \delta$, so wird die rechte Seite von (16) gleich Null. Andernfalls steht rechts in (16) der Zuwachs bezüglich x der Funktion

$$\varphi(x, \delta) - \varphi(x, \gamma) \, .$$

Nach dem Mittelwertsatz der Differentialrechnung ist

$$\Delta_{xy}(\varphi; \alpha, \beta; \gamma, \delta) = [\varphi_x(\xi, \delta) - \varphi_x(\xi, \gamma)]\,(\beta - \alpha) \, ,$$
$$\alpha < \xi < \beta \, .$$

Wendet man auf die Funktion in den eckigen Klammern noch einmal den Mittelwertsatz (bezüglich y) an, so erhält man

$$\Delta_{xy}(\varphi; \alpha, \beta; \gamma, \delta) = \varphi_{xy}(\xi, \eta)\,(\beta - \alpha)\,(\delta - \gamma) \, ,$$
$$\gamma < \eta < \delta \, ,$$

und daraus folgt mit (15) die Bedingung (13) $\bullet$

Aussage 6. *Die Bedingung* (13) *wird von jeder Funktion der Art*

$$\varphi(x, y) = f(x)\, g(y)$$

erfüllt, falls f *und* g *monoton wachsend sind.*

Beweis: Nach Aussage 2 gilt

$$\Delta_{xy}(\varphi; \alpha, \beta; \gamma, \delta) = [f(\beta)\, g(\delta) - f(\alpha)\, g(\delta)] - [f(\beta)\, g(\gamma) - f(\alpha)\, g(\gamma)]$$
$$= \big(f(\beta) - f(\alpha)\big)\,\big(g(\delta) - g(\gamma)\big) \geqq 0 \quad \bullet$$

Aus der letzten Beziehung ergibt sich gemäß (14)

$$\mu(E) = \big(f(\beta) - f(\alpha)\big)\,\big(g(\delta) - g(\gamma)\big)\,.$$

Bei dem in Aussage 6 betrachteten Fall erhalten wir also (in der Ebene) die in Punkt 1 dieses Abschnittes behandelten Maße, die demzufolge Spezialfälle von Maßen der Gestalt (14) sind.

Bemerkung 1. Wir betrachten eine Funktion der Art

$$\varphi(x, y) + f(x) + g(y)\,. \tag{17}$$

Mittels (8) erhält man leicht

$$\Delta_{xy}(\varphi;\, \alpha, \beta;\, \gamma, \delta) = \Delta_{xy}\,(\varphi + f + g;\, \alpha, \beta;\, \gamma, \delta)$$

für beliebige Rechtecke (11). Die Funktionen der in (17) angegebenen Art erfüllen bzw. verletzen die Bedingung (13) also für beliebige Funktionen f und g gleichzeitig, und im ersteren Fall erzeugen sie stets einunddasselbe Maß (14).

Wir empfehlen dem Leser folgendes als Übung zu zeigen: Ist μ ein von der Funktion φ gemäß (14) erzeugtes Maß, so sind umgekehrt alle übrigen Funktionen, die ebenfalls dieses Maß μ entsprechend (14) erzeugen, von der in (17) angegebenen Form[1]).

Bemerkung 2. Auf Grund von Bemerkung 1 wird deutlich, daß eine ein Maß der Art (14) erzeugende Funktion nicht monoton in x bzw. y zu sein braucht; sie kann auch in jedem Punkt der Ebene unstetig sein (denn ein „gutes“ $\varphi(x, y)$ läßt sich durch Addition geeigneter $f(x)$ und $g(y)$ stets in entsprechender Weise „zerstören“).

Andererseits gibt es unter den Funktionen der Gestalt (17), die einunddasselbe Maß erzeugen, immer eine Funktion $\varphi(x, y)$, die für jedes feste y monoton in x und für jedes feste x monoton in y ist. Es genügt dazu

$$\bar{\varphi}(x, y) = \Delta_{xy}(\varphi;\, a, x;\, c, y) = \varphi(x, y) - \varphi(x, c) - \varphi(a, y) + \varphi(a, c)$$

(vgl. (8)) zu setzen, wobei (a, c) ein beliebiger fester Punkt der Ebene sei (die Zahlen x und y unterliegen hier keiner Bedingung wie etwa $a \leqq x$, $c \leqq y$). Wir erhalten damit eine Funktion der Art (17), die für $x = a$ und $y = c$ Null wird (vgl. Abb. 48).

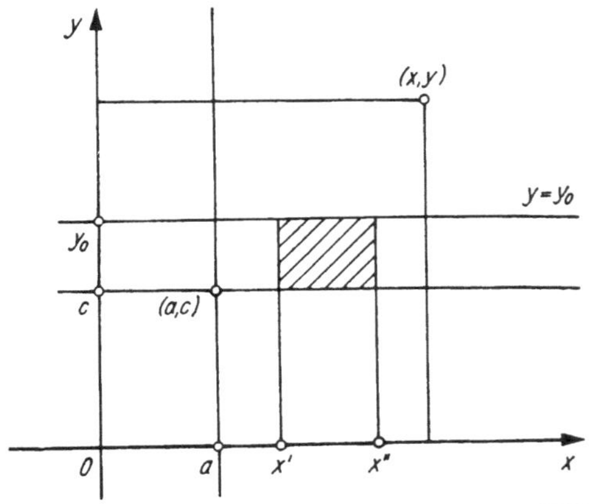

Abb. 48

[1]) Man benutzt dabei folgendes Lemma: Gilt $\psi(\beta) - \psi(\alpha) = 0$ für alle $\alpha \leqq \beta$, dann ist $\psi(x) = \text{const}$ (dieses Lemma wurde praktisch an analoger Stelle in 2.4 gezeigt).

Ist dann $y=y_0=\text{const}>c$, $x'<x''$ (vgl. Abb. 48), so gilt für das Rechteck $E=\{(x, y): x'\leqq x<x'', c\leqq y<y_0\}$ die Beziehung

$$\mu(E)=\Delta_{xy}(\bar{\varphi}; x', x''; c, y_0)=\bar{\varphi}(x'', y_0)-\bar{\varphi}(x', y_0)-\underbrace{\bar{\varphi}(x'', c)}_{=0}+\underbrace{\bar{\varphi}(x', c)}_{=0}\geqq 0\,,$$

da ein Maß nach Voraussetzung nichtnegativ ist. Also ist $\bar{\varphi}(x, y_0)$ in x monoton wachsend. Den Fall $y=y_0=\text{const}<c$ betrachtet man analog, $\bar{\varphi}(x, y_0)$ wird dann monoton fallend. Damit ist $\bar{\varphi}(x, y)$ für beliebige y monoton in x. Schließlich kann man die Rollen von x und y vertauschen, und wir erhalten als Ergebnis: *Die erzeugende Funktion $\varphi(x, y)$ eines beliebigen Stieltjes-Maßes* (14) *kann stets als monoton in jeder einzelnen Veränderlichen x bzw. y vorausgesetzt werden.*

Der folgende Satz gibt ein Kriterium für die σ-Additivität des STIELTJES-Maßes auf der Ebene an.

Satz 1. *Sei φ eine auf der ganzen Ebene definierte Funktion, und für jedes Rechteck $E=\{(x, y): \alpha\leqq x<\beta, \gamma\leqq y<\delta\}$, $\alpha\leqq\beta$, $\gamma\leqq\delta$, gelte die Beziehung*

$$\Delta_{xy}(\varphi; \alpha, \beta; \gamma, \delta)\geqq 0; \tag{13}$$

μ bezeichne das durch φ mittels

$$\mu(E)=\Delta_{xy}(\varphi; \alpha, \beta; \gamma, \delta) \tag{14}$$

auf dem Halbring $\mathcal{H}$ aller Rechtecke der Art (11) *erzeugte Stieltjes-Maß. Dann ist für die σ-Additivität des Maßes notwendig und hinreichend, daß für jeden Punkt (x_0, y_0) und für beliebige $\alpha<x_0$, $\gamma<y_0$ die Bedingung*

$$\lim_{\substack{x\to x_0, \alpha<x\leqq x_0\\ y\to y_0, \gamma<y\leqq y_0}} \Delta_{xy}(\varphi; \alpha, x; \gamma, y)=\Delta_{xy}(\varphi; \alpha, x_0; \gamma, y_0) \tag{18}$$

erfüllt ist (*vgl. Abb.* 49).

Vergleicht man diesen Satz mit dem Kriterium für die σ-Additivität des STIELTJES-Maßes auf der Geraden (vgl. 2.4), so stellt man fest, daß die Bedingung (13) der Forderung „$\varphi(x)$ ist monoton wachsend" (mit anderen Worten $\Delta_x(\varphi; \alpha, \beta)=\varphi(\beta)-\varphi(\alpha)\geqq 0$ für $\alpha\leqq\beta$) entspricht. Die Bedingung (18) entspricht der Forderung $\lim\limits_{\substack{x\to x_0,\\ x\leqq x_0}}\varphi(x)=\varphi(x_0)$ (mit anderen Worten:

$$\lim_{\substack{x\to x_0,\\ \alpha<x\leqq x_0}} \Delta_x(\varphi; \alpha, x)=\Delta_x(\varphi; \alpha, x_0),$$

weil $\Delta_x(\varphi; \alpha, x)=\varphi(x)-\varphi(\alpha)$ und $\Delta_x(\varphi; \alpha, x_0)=\varphi(x_0)-\varphi(\alpha)$ ist).

Zum Beweis des Satzes benutzen wir folgendes

Lemma. *Gilt $x_n\to x_0$, $x_n\leqq x_0$ und $y_n\to y_0$, $y_n\leqq y_0$ für $n\to\infty$ $(n=1, 2, \ldots)$, so existieren monoton wachsende Teilfolgen mit $x_{n_k}\to x_0$, $y_{n_k}\to y_0$.*

Beweis: Nach unseren Voraussetzungen wird der Wert $\inf\{x_n, n=1, 2, \ldots\}$ offenbar für gewisse n angenommen. Der kleinste dieser Werte n sei m_1. Ebenso wird der Wert $\inf\{x_n: n>m_1\}$ für irgendwelche Werte n angenommen, der kleinste davon sei m_2 usw. Wir erhalten schließlich eine nichtfallende Folge x_{m_k}. Nun betrachten wir die entsprechende Folge y_{m_k} und wählen aus ihr nach dem eben benutzten Verfahren eine nichtfallende Folge y_{n_k} aus. Die Folgen x_{n_k} und y_{n_k} besitzen dann die geforderten Eigenschaften ●

Den **B e w e i s** des Satzes kann man jetzt nach dem gleichen Schema wie den Beweis des Kriteriums für die σ-Additivität des STIELTJES-Maßes auf der Geraden führen. Wir zeigen zunächst die Notwendigkeit der Bedingung (18). Sei das Maß in (14) σ-additiv und die Bedingung (18) in irgendeinem Punkt (x_0, y_0) und für ein Paar von Zahlen $\alpha < x_0$, $\gamma < y_0$ verletzt. Wegen der Monotonie des Maßes gilt für $\alpha < x \leqq x_0$, $\gamma < y \leqq y_0$ stets

$$\Delta_{xy}(\varphi; \alpha, x; \gamma, y) \leqq \Delta_{xy}(\varphi; \alpha, x_0; \gamma, y_0),$$

d. h., die Größe auf der linken Seite ist beschränkt. Da (18) verletzt ist, existiert also eine Folge $(x_n, y_n) \to (x_0, y_0)$, $\alpha < x_n \leqq x_0$, $\gamma < y_n \leqq y_0$, mit

$$\Delta_{xy}(\varphi; \alpha, x_n; \gamma, y_n) \to A \neq \Delta_{xy}(\varphi; \alpha, x_0; \gamma, y_0). \tag{19}$$

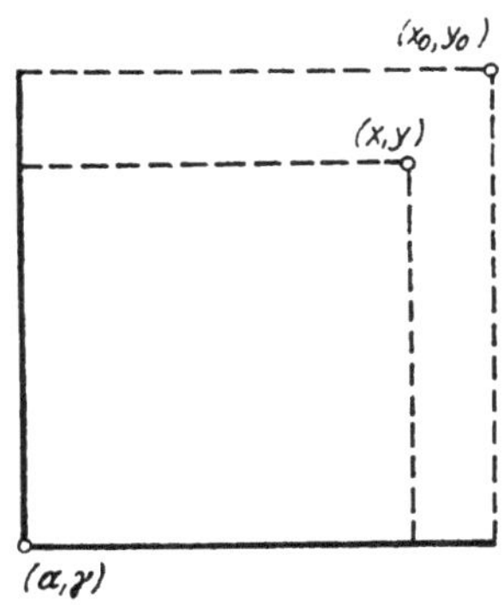

Abb. 49

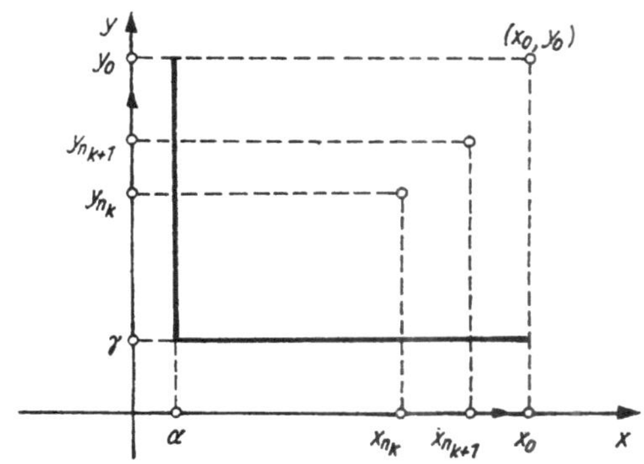

Abb. 50

Mit Hilfe des Lemmas konstruieren wir eine Folge (x_{n_k}, y_{n_k}), wobei die x_{n_k} und y_{n_k} monoton wachsende Folgen sein mögen (vgl. Abb. 50). Offenbar ist dann

$$E_{n_k} = \{(x, y): \alpha \leqq x < x_{n_k}, \gamma \leqq y < y_{n_k}\}$$

eine monoton wachsende Mengenfolge mit $\bigcup_k E_{n_k} = \{(x, y): \alpha \leqq x < x_0, \gamma \leqq y < y_0\}$, so daß auf Grund der Stetigkeit des Maßes für die entsprechenden Maßwerte der Rechtecke

$$\Delta_{xy}(\varphi; \alpha, x_{n_k}; \gamma, y_{n_k}) \to \Delta_{xy}(\varphi; \alpha, x_0; \gamma, y_0)$$

gilt, was der Beziehung (19) widerspricht.

Wir zeigen nun, daß (18) hinreichend ist. Sei (18) erfüllt. Dann ist zu beweisen, daß für jede abzählbare Zerlegung der Art $E = \bigcup_n E_n$, $E \in \mathcal{H}$, $E_n \in \mathcal{H}$ $(n = 1, 2, \ldots)$ die Gleichung

$$\mu(E) = \sum_n \mu(E_n)$$

gilt. Nach Aussage 4 in 2.1 ist für **b e l i e b i g e** Maße $\mu(E) \geqq \sum_n \mu(E_n)$, wir müssen also nur

$$\mu(E) \leqq \sum_n \mu(E_n) \tag{20}$$

zeigen. Sei E ein Rechteck der Art (11) und $E_n = \{(x, y): \alpha_n \leqq x < \beta_n, \gamma_n \leqq y < \delta_n\}$ $(n = 1, 2, \ldots)$. Dann bekommt (20) die Gestalt

$$\Delta_{xy}(\varphi; \alpha, \beta; \gamma, \delta) = \sum_n \Delta_{xy}(\varphi; \alpha_n, \beta_n; \gamma_n, \delta_n). \tag{20'}$$

Ist $\alpha=\beta$ oder $\gamma=\delta$, dann ist $E=\emptyset$ und (20') trivial. Für $\alpha<\beta$ und $\gamma<\delta$ existieren Zahlen β' und δ' mit

$$\alpha<\beta'<\beta, \quad \gamma<\delta'<\delta$$

(vgl. Abb. 51). Sei $\varepsilon>0$ beliebig gegeben. Auf Grund von (18) existieren für jede natürliche Zahl n Zahlen $\alpha_n'<\alpha_n$ und $\gamma_n'<\gamma_n$ mit

$$\Delta_{xy}(\varphi;\alpha_n',\beta_n;\gamma_n',\delta_n)<\Delta_{xy}(\varphi;\alpha_n,\beta_n;\gamma_n,\delta_n)+\frac{\varepsilon}{2^n} \tag{21}$$

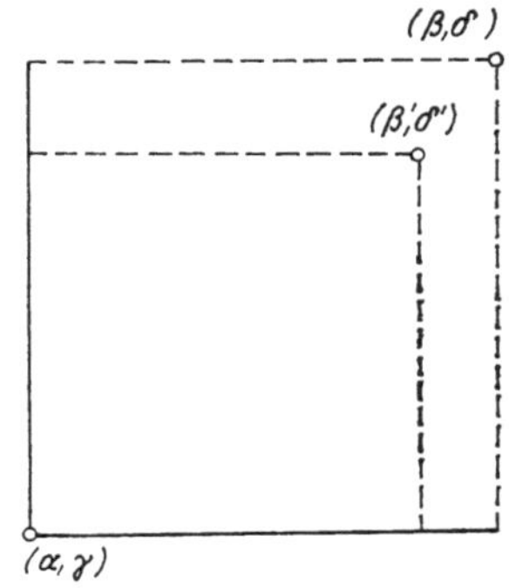

Abb. 51

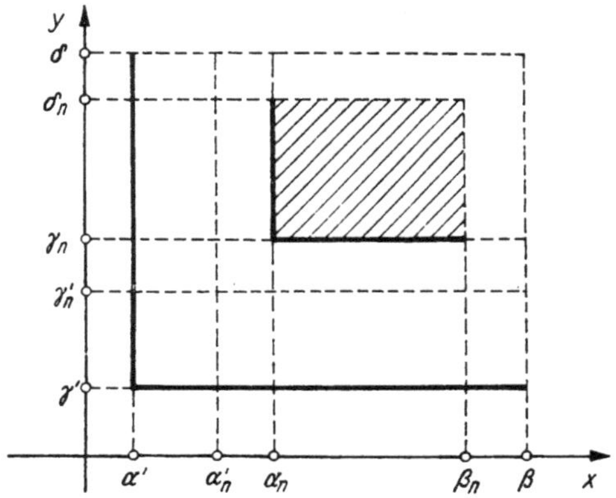

Abb. 52

(vgl. Abb. 52). Ist nämlich $\alpha'=\text{const}<\alpha$, $\gamma'=\text{const}<\gamma$, dann gibt es wegen $\alpha\leqq\alpha_n$, $\gamma\leqq\gamma_n$ Zahlen α_n' und γ_n' mit $\alpha'<\alpha_n'<\alpha_n$, $\gamma'<v_n'<\gamma_n$. Man erhält auf Grund der Eigenschaften eines Maßes

$$\begin{aligned}0 &\leqq \Delta_{xy}(\varphi;\alpha_n',\beta_n;\gamma_n',\delta_n)-\Delta_{xy}(\varphi;\alpha_n,\beta_n;\gamma_n,\delta_n)\\ &\leqq \Delta_{xy}(\varphi;\alpha_n',\alpha_n;\gamma',\delta)+\Delta_{xy}(\varphi;\alpha',\beta;\gamma_n',\gamma_n)\\ &=[\Delta_{xy}(\varphi;\alpha',\alpha_n;\gamma',\delta)-\Delta_{xy}(\varphi;\alpha',\alpha_n';\gamma',\delta)]\\ &\quad+[\Delta_{xy}(\varphi;\alpha',\beta;\gamma',\gamma_n)-\Delta_{xy}(\varphi;\alpha',\beta;\gamma',\gamma_n')]\to 0\end{aligned}$$

für $\alpha_n'\to\alpha_n$, $\gamma_n'\to\gamma_n$, was aus (18) folgt (vgl. Abb. 52). Damit gilt (21).

Nach Konstruktion der Zahlen α_n' und γ_n' wird das abgeschlossene Rechteck $R=\{(x,y):\alpha\leqq x\leqq\beta', \gamma\leqq y\leqq\delta'\}$, das in E enthalten ist, durch das abzählbare System von offenen Rechtecken $R_n=\{(x,y):\alpha_n'<x<\beta_n, \gamma_n'<y<\delta_n\}$ überdeckt. Nach dem Heine-Borelschen Überdeckungssatz reicht bereits eine endliche Anzahl von Rechtecken R_{n_k} $(k=1,2,\ldots,m)$ zur Überdeckung von R aus. Damit überdecken die Rechtecke $E_{n_k}'=\{(x,y):\alpha_{n_k}'\leqq x<\beta_{n_k}, \gamma_{n_k}'\leqq y<\delta_{n_k}\}$ das Rechteck $E'=\{(x,y):\alpha\leqq\leqq x<\beta', \gamma\leqq y<\delta'\}$. Auf Grund der Eigenschaften eines beliebigen Maßes auf einem Halbring folgt

$$\mu(E')\leqq\sum_{k=1}^{m}\mu(E_{n_k}')$$

und nach (21)

$$\mu(E')\leqq\sum_{n}\mu(E_n)+\varepsilon$$

für beliebige $\varepsilon > 0$, also

$$\mu(E') \leqq \sum_n \mu(E_n) .$$

Mit Hilfe von (18) erhalten wir (20), und der Satz ist bewiesen ●

Folgerung. *Für die σ-Additivität des Maßes in* (14) *ist hinreichend, daß in jedem Punkt* (x_0, y_0) *der Ebene gilt*

$$\lim_{\substack{x \to x_0, x \leqq x_0 \\ y \to y_0, y \leqq y_0}} \varphi(x, y) = \varphi(x_0, y_0) .$$

Diese Bedingung erfüllt insbesondere jede überall stetige Funktion.

Die Darlegungen in Punkt 2 dieses Abschnittes wurden so formuliert, daß sie auf den Fall übertragen werden können, in dem φ nicht auf der ganzen Ebene sondern lediglich auf einem Quader der Gestalt (1) definiert ist oder speziell im Fall des ebenen STIELTJES-Maßes auf einem Rechteck R der Gestalt (2). Im letzteren Fall besteht der Halbring $\mathcal{H}$ aus allen Rechtecken E, für deren Abschließung $\bar{E}$ die Beziehung $\bar{E} \subset R$ gilt.

3. Nun soll das über ebene STIELTJES-Maße Gesagte auf den n-dimensionalen Fall übertragen werden.

Sei φ eine auf dem ganzen Raum definierte reelle Funktion von n Veränderlichen $x, y, \ldots, w$ und $\mathcal{H}$ der Halbring aller Quader

$$E = \{(x, y, \ldots, w) : \alpha_1 \leqq x < \beta_1, \alpha_2 \leqq y < \beta_2, \ldots, \alpha_n \leqq w < \beta_n\} . \tag{11'}$$

Die für alle $E \in \mathcal{H}$ durch

$$F(E) = \Delta_{xy\ldots w}(\varphi; \alpha_1, \beta_1; \alpha_2, \beta_2; \ldots; \alpha_n, \beta_n) = \Delta_{xy\ldots w}(\varphi; E) \tag{12'}$$

definierte Funktion F (wobei mit $\Delta_{xy\ldots w}$ n-te gemischte Differenzen bezeichnet werden) erweist sich als a d d i t i v. Existiert die n-te partielle Ableitung $\varphi_{xy\ldots w}$ und ist diese überall stetig, so gilt analog zu $(\overline{12})$

$$\Delta_{xy\ldots w}(\varphi; E) = \int_{\alpha_1}^{\beta_1} \mathrm{d}x \int_{\alpha_2}^{\beta_2} \mathrm{d}y \ldots \int_{\alpha_n}^{\beta_n} \varphi_{xy\ldots w}(x, y, \ldots, w)\, \mathrm{d}w .$$

Ist für jeden beliebigen Quader der Form (11′) die Bedingung

$$\Delta_{xy\ldots w}(\varphi; E) \geqq 0 \tag{13'}$$

erfüllt, so wird die durch (12′) definierte Funktion ein Maß auf dem Halbring $\mathcal{H}$:

$$\mu(E) = \Delta_{xy\ldots w}(\varphi; E) . \tag{14'}$$

Dieses Maß heißt *von der Funktion* φ *erzeugtes n-dimensionales Stieltjes-Maß*, und die Funktion φ heißt *erzeugende Funktion* für das Maß (14′).

Die Bedingung (13′) wird von allen Funktionen φ erfüllt, deren n-te partielle Ableitung $\varphi_{xy\ldots w}$ existiert und die Eigenschaft

$$\varphi_{xy\ldots w}(x, y, \ldots, w) \geqq 0$$

besitzt. Ebenso erfüllen alle Funktionen der Gestalt

$$\varphi(x, y, \ldots, w) = f(x)\, g(y) \ldots h(w) ,$$

in der $f, g, \ldots, h$ monoton wachsende Funktionen sind, diese Bedingung.

Für eine Funktion φ (von n Veränderlichen $x, y, \ldots, w$) und die Funktionen

$$\varphi+\varphi_1+\varphi_2+\cdots+\varphi_m, \tag{17'}$$

worin $\varphi_1, \varphi_2, \ldots, \varphi_m$ jeweils von nicht mehr als $n-1$ dieser Veränderlichen abhängen, gilt stets

$$\Delta_{xy\ldots w}(\varphi; E)=\Delta_{xy\ldots w}(\varphi+\varphi_1+\cdots+\varphi_m; E),$$

und sie erfüllen bzw. verletzen damit gleichzeitig die Bedingung (13'), wobei sie im ersteren Falle stets ein und dasselbe Maß (14') erzeugen. Alle erzeugenden Funktionen eines Maßes (14') können umgekehrt in der Form (17') dargestellt werden (falls φ irgendeine erzeugende Funktion dieses Maßes ist).

Satz 2. *φ sei auf dem gesamten n-dimensionalen Raum definiert, und für beliebige Quader der Form* (11') *sei die Bedingung* (13') *erfüllt. Dann ist für die σ-Additivität des Maßes* (14') *notwendig und hinreichend, daß für jeden Punkt $(x_0, y_0, \ldots, w_0)$ und beliebige $\alpha_1<x_0, \alpha_2<y_0, \ldots, \alpha_n<w_0$ die Bedingung*

$$\lim_{\substack{x\to x_0,\ \alpha_1<x\leqq x_0\\ y\to y_0,\ \alpha_2<y\leqq y_0\\ \vdots\\ w\to w_0,\ \alpha_n<w\leqq w_0}} \Delta_{xy\ldots w}(\varphi; \alpha_1, x; \alpha_2, y; \ldots; \alpha_n, w) \tag{18'}$$

$$= \Delta_{xy\ldots w}(\varphi; \alpha_1, x_0; \alpha_2, y_0; \ldots; \alpha_n, w_0)$$

erfüllt ist.

Folgerung. *Für die σ-Additivität des Maßes* (14') *ist hinreichend, daß für jeden Punkt $(x_0, y_0, \ldots, w_0)$ die Beziehung*

$$\lim_{\substack{x\to x_0,\ x\leqq x_0\\ y\to y_0,\ y\leqq y_0\\ \vdots\\ w\to w_0,\ w\leqq w_0}} \varphi(x, y, \ldots, w)=\varphi(x_0, y_0, \ldots, w_0) \tag{22'}$$

erfüllt ist, die insbesondere für jede stetige Funktion φ gilt.

Die voranstehenden Ausführungen über das durch eine Funktion φ von n Veränderlichen erzeugte STIELTJES-Maß lassen sich auf den Fall übertragen, wo φ lediglich auf einem Quader R der Gestalt (1) definiert ist. Der Halbring $\mathcal{H}$ besteht dann aus allen Quadern E, deren Abschließung $\bar{E}$ in R liegt. Die entsprechenden Beweise für den n-dimensionalen Fall übergehen wir. Sie bringen grundsätzlich nichts Neues und werden nach dem Schema des Falles $n=2$ unter Benutzung der Methode der vollständigen Induktion geführt.

Zum Schluß geben wir noch eine manchmal nützliche Formel für die n-ten gemischten Differenzen einer Funktion φ von n Veränderlichen $x_1, x_2, \ldots, x_n$ in bezug auf den Quader $E=\{(x_1, x_2, \ldots, x_n): \alpha_1\leqq x_1<\beta_1, \alpha_2\leqq x_2<\beta_2, \ldots, \alpha_n\leqq x_n<\beta_n\}$ an. Bezeichnet $\varphi_{ij\ldots l}$ den Wert der Funktion φ für $x_i=\alpha_i$, $x_j=\alpha_j, \ldots, x_l=\alpha_l$ und $x_m=\beta_m$ für die restlichen Indizes, d. h. für alle $m\neq i, m\neq j, \ldots, m\neq l$, wobei $1\leqq i<j<\ldots<l\leqq n$ sei, dann gilt die Beziehung

$$\Delta_{x_1x_2\ldots x_n}(\varphi; E)=\varphi(\beta_1, \beta_2, \ldots, \beta_n)-\sum_i \varphi_i+\sum_{i<j}\varphi_{ij}$$

$$-\sum_{i<j<k}\varphi_{ijk}+\cdots+(-1)^n\varphi(\alpha_1, \alpha_2, \ldots, \alpha_n).$$

Man beweist diese Formel durch vollständige Induktion (für $n=2$ ist sie leicht zu zeigen).

2.7. Verteilungsfunktionen für Maße auf der Ebene und im n-dimensionalen Raum

Sei μ ein Maß auf einer Klasse $\mathfrak{M}$ ebener Mengen, die alle Mengen der Gestalt

$$\{(\xi, \eta): \xi < \beta, \eta < \delta\} \tag{1}$$

(aber möglicherweise nicht nur diese) enthält. Die reelle Funktion Φ, die für beliebige x und y durch die Gleichung

$$\Phi(x, y) = \mu\{(\xi, \eta): \xi < x, \eta < y\}^{1)} \tag{2}$$

definiert ist, heißt *Verteilungsfunktion* des Maßes (vgl. Abb. 53). Aus der Nichtnegativität und der Monotonie des Maßes folgt, daß Φ nichtnegativ ist und für $x \leqq x_0$, $y \leqq y_0$ stets

$$\Phi(x, y) \leqq \Phi(x_0, y_0) \tag{3}$$

gilt. Insbesondere ist also Φ monoton wachsend in x bei festem y und umgekehrt. Daher existieren der endliche Grenzwert

$$\lim_{x \to -\infty} \Phi(x, y) \geqq 0$$

und der endliche oder unendliche Grenzwert $\lim\limits_{x \to \infty} \Phi(x, y) \geqq 0$ für jedes feste y. Analog verhält es sich für $y \to -\infty$ bzw. $y \to \infty$ bei festem x.

Enthält die Klasse $\mathfrak{M}$, auf der das Maß definiert ist, neben den Mengen der Gestalt (1) auch alle Rechtecke der Art

$$E = \{(\xi, \eta): \alpha \leqq \xi < \beta, \gamma \leqq \eta < \delta\} \tag{4}$$

sowie die Mengen der Gestalt

$$\{(\xi, \eta): \alpha \leqq \xi < \beta, \eta < \delta\}, \tag{5}$$

$$\{(\xi, \eta): \xi < \beta, \gamma \leqq \eta < \delta\}, ^{2)} \tag{6}$$

dann ist Φ eine der erzeugenden Funktionen des Maßes auf dem Halbring $\mathcal{H}$ aller Rechtecke der Art (4). Es gilt nämlich

$$\begin{aligned} \Delta_{xy}(\Phi; E) &= [\Phi(\beta, \delta) - \Phi(\alpha, \delta)] - [\Phi(\beta, \gamma) - \Phi(\alpha, \gamma)] \\ &= \mu\{(\xi, \eta): \alpha \leqq \xi < \beta, \eta < \delta\} - \mu\{(\xi, \eta): \alpha \leqq \xi < \beta, \eta < \gamma\} = \mu(E) \end{aligned}$$

(vgl. Abb. 54), was zu zeigen war.

Wir stellen weiter fest, daß eine beliebige nichtnegative Funktion $\Phi(x, y)$, die auf der ganzen Ebene definiert und monoton wachsend in x für festes y sowie monoton wachsend in y für festes x ist und der Bedingung

$$\Delta_{xy}(\Phi; E) \geqq 0$$

für jedes Rechteck E der Art (4) genügt, als Verteilungsfunktion eines gewissen Maßes μ aufgefaßt werden kann, das auf dem Halbring $\mathfrak{M}$ aller Mengen der Art (1), (4), (5) und (6) (in diesem Fall ist, wie man leicht sieht, $\mathfrak{M}$ tatsächlich ein Halb-

---

[1]) Hier und im folgenden schreiben wir abkürzend $\mu\{(\xi, \eta): \ldots\}$ anstelle von $\mu(\{(\xi, \eta): \ldots\})$ usw.

[2]) Diese Eigenschaft besitzt $\mathfrak{M}$ stets, falls $\mathfrak{M}$ ein Ring ist (vgl. Abb. 54).

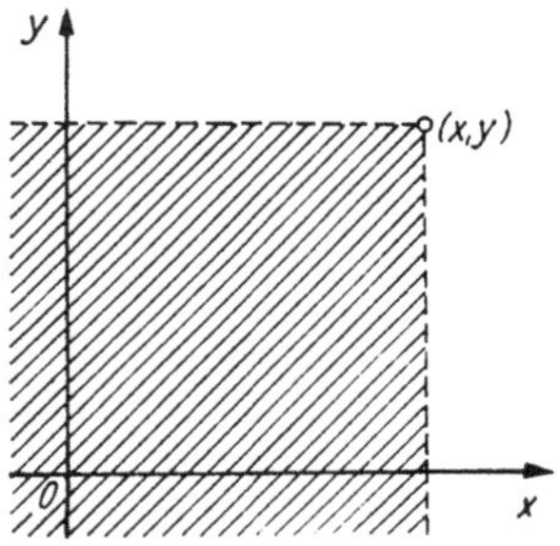

Abb. 53

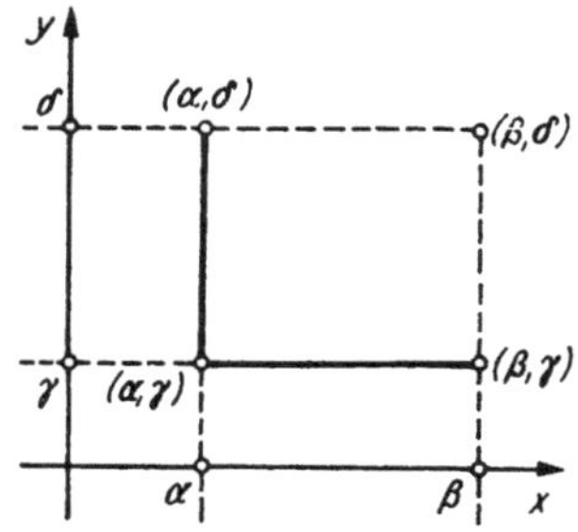

Abb. 54

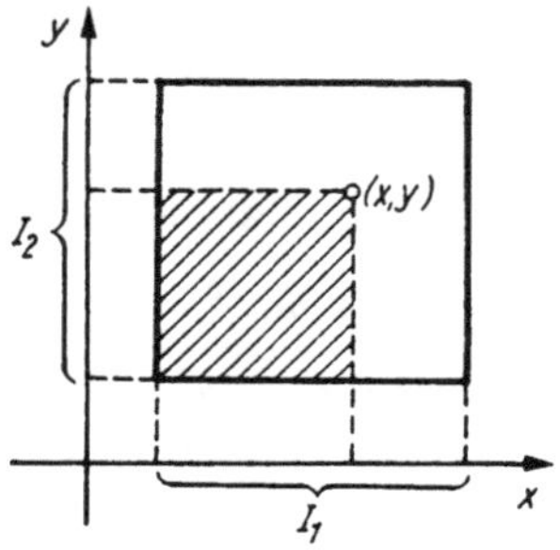

Abb. 55

ring) oder auf einer umfassenderen Klasse von Mengen definiert ist. Es genügt dazu

$$\mu(E)=\begin{cases}\Delta_{xy}(\Phi, E) & \text{für } E \text{ von der Gestalt (4)}\,,\\ \Phi(\beta,\delta)-\Phi(\alpha,\delta) & \text{für } E \text{ von der Gestalt (5)}\,,\\ \Phi(\beta,\delta)-\Phi(\beta,\gamma) & \text{für } E \text{ von der Gestalt (6)}\,,\\ \Phi(\beta,\delta) & \text{für } E \text{ von der Gestalt (1)}\end{cases}$$

zu setzen.

Die Verteilungsfunktion (2) war auf der gesamten Ebene definiert. Man kann aber auch andere Fälle betrachten. Sei etwa

$$R=\{(\xi,\eta):\xi\in I_1,\ \eta\in I_2\}\,,$$

wobei I_1 und I_2 irgendwelche (endlichen oder unendlichen) Intervalle sind. Das Maß μ sei definiert auf einer Klasse $\mathfrak{M}$ von Mengen, die alle Mengen der Art

$$R_{xy}=\{(\xi,\eta):\xi<x,\ \eta<y,\ (\xi,\eta)\in R\},\quad (x,y)\in R\,, \tag{8}$$

(und möglicherweise auch noch andere) enthält (vgl. Abb. 55). In diesem Falle wird die Verteilungsfunktion Φ des Maßes μ auf der Menge R (vgl. (7)) durch

$$\Phi(x,y)=\mu(R_{xy}) \tag{9}$$

definiert. Das über die Funktion (2) Gesagte läßt sich auf diesen Fall übertragen (natürlich mit einigen notwendigen Umformulierungen).

Das eben Dargelegte läßt sich nun auf den n-dimensionalen Fall übertragen. Sei jetzt μ ein Maß, definiert auf einer Klasse $\mathfrak{M}$ von Mengen, die die Mengen der Art

$$R_{xy\ldots w}=\{(\xi,\eta,\ldots,\omega):\xi<x,\ \eta<y,\ldots,\omega<w\} \tag{1'}$$

(und möglicherweise nicht nur diese) enthält. Dann bezeichnet man als *Verteilungsfunktion des Maßes* μ die durch die Gleichung

$$\Phi(x,y,\ldots,w)=\mu(R_{xy\ldots w}) \tag{2'}$$

auf dem gesamten n-dimensionalen Raum definierte Funktion Φ. Dabei ist für $x\leqq x_0$, $y\leqq y_0,\ldots, w\leqq w_0$ stets

$$\Phi(x,y,\ldots,w)\leqq\Phi(x_0,y_0,\ldots,w_0)\,. \tag{3'}$$

Insbesondere ist also Φ monoton wachsend für jede Veränderliche bei festen Werten der übrigen Veränderlichen. Daher existieren der endliche Grenzwert

$$\lim_{x\to-\infty}\Phi(x,y,\ldots,w)\geqq 0$$

und der endliche oder unendliche Grenzwert

$$\lim_{x\to\infty} \Phi(x, y, \ldots, w) \geqq 0$$

für beliebige feste Werte der übrigen Veränderlichen. Analoges gilt für $y \to -\infty$, $y \to \infty$ usw.

Ist $\mathfrak{M}$ ein Ring, so gehört Φ zu den erzeugenden Funktionen des Maßes μ auf dem Halbring $\mathcal{H}$ aller Quader der Art

$$\{(x, y, \ldots, w): \alpha_1 \leqq x < \beta_1, \alpha_2 \leqq y < \beta_2, \ldots, \alpha_n \leqq w < \beta_n\}.$$

Man kann schließlich in völliger Analogie zum ebenen Fall Verteilungsfunktionen betrachten, die nicht auf dem gesamten Raum definiert sind. Man beachte dazu die Ausführungen im Zusammenhang mit den Formeln (7) bis (9). Die entsprechenden Bezeichnungen möge sich der Leser selbst überlegen.

2.8. Die Klassen $\sigma(\mathfrak{M})$ und $\delta(\mathfrak{M})$. μ-Meßbarkeit

Sei $\mathfrak{M}$ eine nichtleere Klasse irgendwelcher Mengen. Wir führen die folgenden Bezeichnungen ein:

$\sigma(\mathfrak{M})$ sei die Klasse aller abzählbaren Vereinigungen der Art

$$\bigcup_{n=1}^{\infty} A_n, \quad A_n \in \mathfrak{M} \ (n=1, 2, \ldots);$$

$\delta(\mathfrak{M})$ sei die Klasse aller abzählbaren Durchschnitte der Art

$$\bigcap_{n=1}^{\infty} A_n, \quad A_n \in \mathfrak{M} \ (n=1, 2, \ldots).$$

In der weiteren Theorie spielen diese Klassen $\sigma(\mathfrak{M})$ und $\delta(\mathfrak{M})$ eine wichtige Rolle. Mengen aus diesen Klassen werden wir manchmal auch *σ-Mengen* bzw. *δ-Mengen* nennen. Erstere bezeichnen wir im allgemeinen mit dem Buchstaben Q, letztere mit P (möglicherweise mit irgendwelchen Indizes oder Strichen). Im folgenden werden einige Eigenschaften der Klassen $\sigma(\mathfrak{M})$ und $\delta(\mathfrak{M})$ angegeben.

Aussage 1. *Die Klasse $\sigma(\mathfrak{M})$ enthält alle endlichen Vereinigungen von Mengen aus $\mathfrak{M}$, die Klasse $\delta(\mathfrak{M})$ alle endlichen Durchschnitte von Mengen aus $\mathfrak{M}$, insbesondere gilt*

$$\sigma(\mathfrak{M}) \supset \mathfrak{M}, \quad \delta(\mathfrak{M}) \supset \mathfrak{M}.$$

Beweis: Ist $E = \bigcup_{n=1}^{m} A_n$ oder $E = \bigcap_{n=1}^{m} A_n$ mit $A_n \in \mathfrak{M}$, so setzen wir $A_n = A_m$ für $n \geqq m$. Dann gilt offenbar $E = \bigcup_{n=1}^{\infty} A_n$ bzw. $E = \bigcap_{n=1}^{\infty} A_n$ ●

Unmittelbar aus der Definition ergibt sich

Aussage 2. *Jede höchstens abzählbare Vereinigung von σ-Mengen ist eine σ-Menge; jeder höchstens abzählbare Durchschnitt von δ-Mengen ist eine δ-Menge.*

Aussage 3. *Ist $\mathfrak{M}$ ein Ring, so ist jeder endliche Durchschnitt von σ-Mengen eine σ-Menge und jede endliche Vereinigung von δ-Mengen eine δ-Menge.*

Beweis: Es genügt, die Behauptung für den Fall zweier Mengen zu zeigen. Ist $Q \in \sigma(\mathfrak{M})$, $Q' \in \sigma(\mathfrak{M})$, dann gibt es abzählbar viele Mengen $A_i \in \mathfrak{M}$ $(i=1, 2, \ldots)$ bzw. $A'_j \in \mathfrak{M}$ $(j=1, 2, \ldots)$ mit $Q = \bigcup_i A_i$ und $Q' = \bigcup_j A_j$. Folglich ist

$$Q \cap Q' = (\bigcup_i A_i) \cap (\bigcup_j A'_j) = \bigcup_{i,j} (A_i \cap A'_j)\,^{1)}$$

eine abzählbare Vereinigung von Mengen $A_i \cap A'_j \in \mathfrak{M}$ (man beachte, daß $\mathfrak{M}$ ein Ring ist). Also gilt $Q \cap Q' \in \sigma(\mathfrak{M})$.

Ist $P \in \delta(\mathfrak{M})$, $P' \in \delta(\mathfrak{M})$, dann gibt es entsprechend Darstellungen $P = \bigcap_i A_i$ und $P' = \bigcap_j A'_j$ als abzählbare Durchschnitte von Mengen $A_i \in \mathfrak{M}$ $(i=1, 2, \ldots)$ bzw. $A'_j \in \mathfrak{M}$ $(j=1, 2, \ldots)$. Folglich ist

$$P \cup P' = (\bigcap_i A_i) \cup (\bigcap_j A'_j) = \bigcap_{i,j} (A_i \cup A'_j)$$

ein abzählbarer Durchschnitt von Mengen $A_i \cup A'_j \in \mathfrak{M}$. Also gilt $P \cup P' \in \delta(\mathfrak{M})$ ●

Bemerkung. Unter den Bedingungen der Aussage 3 ist der abzählbare Durchschnitt von σ-Mengen möglicherweise keine σ-Menge und die abzählbare Vereinigung von δ-Mengen möglicherweise keine δ-Menge.

Sei $\mathfrak{M}$ z. B. der Ring aller endlichen rechtsoffenen Intervalle $[\alpha, \beta)$ der Zahlengeraden sowie der endlichen Vereinigungen disjunkter solcher Intervalle (derartige Ringe wurden in Kapitel 1 betrachtet). Jede einpunktige Menge $\{\alpha\}$ der Zahlengeraden kann man offenbar als abzählbaren Durchschnitt aller α enthaltenden rechtsoffenen Intervallen $\left[\alpha, \alpha + \frac{1}{n}\right)$ $(n=1, 2, \ldots)$ erhalten, die sämtlich Elemente des Ringes $\mathfrak{M}$ und somit σ-Mengen sind. Jedoch ist die Menge $\{\alpha\}$ offensichtlich keine σ-Menge.

Ebenso kann man die gesamte Zahlengerade offenbar als abzählbare Vereinigung der Intervalle $[-n, n)$ $(n=1, 2, \ldots)$ erhalten, die sämtlich Elemente von $\mathfrak{M}$ und somit δ-Mengen sind. Die Zahlengerade ist aber unter unseren Voraussetzungen offenbar keine δ-Menge.

Unsere Beispiele zeigen nebenbei, daß δ-Mengen i. a. keine σ-Mengen sind und umgekehrt.

Aussage 4. *Sei $\mathfrak{M}$ ein Ring, Q eine σ-Menge und P eine δ-Menge. Dann ist $Q \setminus P$ eine σ-Menge und $P \setminus Q$ eine δ-Menge.*

Beweis: Nach Definition gibt es abzählbar viele Mengen $A_i \in \mathfrak{M}$ $(i=1, 2, \ldots)$ bzw. $A'_j \in \mathfrak{M}$ $(j=1, 2, \ldots)$ mit $Q = \bigcup_i A_i$ und $P = \bigcap_j A'_j$. Daher ist

$$Q \setminus P = \bigcup_i A_i \setminus \bigcap_j A'_j = \bigcup_i \bigcup_j (A_i \setminus A'_j)\,^{2)}$$

eine abzählbare Vereinigung von Mengen $A_i \setminus A'_j \in \mathfrak{M}$, also $Q \setminus P \in \sigma(\mathfrak{M})$. Andererseits ist

$$P \setminus Q = \bigcap_j A'_j \setminus \bigcup_i A_i = \bigcap_j \bigcap_i (A'_l \setminus A_i)\,^{2)}$$

ein abzählbarer Durchschnitt von Mengen $A'_j \setminus A_i \in \mathfrak{M}$, also $P \setminus Q \in \delta(\mathfrak{M})$ ●

---

[1]) Die Vereinigung geht über die Mengen $A_i \cap A'_j$ für alle Paare von Indizes i, j.

[2]) Siehe Fußnote 1 Seite 18.

Aussage 5. *Ist* $\mathfrak{M} \subset \mathfrak{M}'$, *so gilt* $\sigma(\mathfrak{M}) \subset \sigma(\mathfrak{M}')$, $\delta(\mathfrak{M}) \subset \delta(\mathfrak{M}')$.
Diese Aussage ist offensichtlich.

Aussage 6. *Ist* $\mathfrak{M}$ *ein Ring, dann gilt:*
(i) *Jedes* $Q \in \sigma(\mathfrak{M})$ *besitzt eine abzählbare Zerlegung der Form* $Q = \bigcup_n A_n$ *in (paarweise disjunkte) Mengen* $A_n \in \mathfrak{M}$ $(n = 1, 2, \ldots)$.
(ii) *Jedes* $Q \in \sigma(\mathfrak{M})$ *läßt sich in der Form*

$$Q = \bigcup_n A_n \quad mit \quad A_1 \subset A_2 \subset \ldots \subset A_n \subset \ldots, \quad A_n \in \mathfrak{M} \quad (n = 1, 2, \ldots)$$

$(n = 1, 2, \ldots)$, *darstellen.*
(iii) *Jedes* $P \in \delta(\mathfrak{M})$ *läßt sich in der Form*

$$P = \bigcap_n A_n \quad mit \quad A_1 \supset A_2 \supset \ldots \supset A_n \supset \ldots, \quad A_n \in \mathfrak{M} \quad (n = 1, 2, \ldots)$$

$(n = 1, 2, \ldots)$, *darstellen.*

Beweis: (i) Die σ-Menge Q besitzt nach Definition eine Darstellung $Q = \bigcup_n B_n$, $B_n \in \mathfrak{M}$ $(n = 1, 2, \ldots)$. Wir setzen

$$A_1 = B_1, \quad A_2 = B_2 \setminus B_1, \quad A_3 = B_3 \setminus (B_1 \cup B_2)$$
$$\ldots\ldots\ldots\ldots\ldots\ldots\ldots$$
$$A_n = B_n \setminus (B_1 \cup B_2 \cup \ldots \cup B_{n-1}) .$$

Dann ist offenbar $Q = \bigcup_n A_n$, $A_n \in \mathfrak{M}$ $(n = 1, 2, \ldots)$ und $A_n \cap A_m = \emptyset$ für $n \neq m$ $(n, m = 1, 2, \ldots)$.

(ii) Ist $Q = \bigcup_n B_n$, $B_n \in \mathfrak{M}$ $(n = 1, 2, \ldots)$, so brauchen wir lediglich $A_n = \bigcup_{k=1}^{n} B_k$ zu setzen.

(iii) Für $P = \bigcap_n B_n$, $B_n \in \mathfrak{M}$ $(n = 1, 2, \ldots)$ setzen wir $A_n = \bigcap_{k=1}^{n} B_k$ ●

Aussage 7. *Ist* $\mathcal{H}$ *ein Halbring und* $\mathfrak{M}$ *der von* $\mathcal{H}$ *erzeugte Ring, so gilt* $\sigma(\mathcal{H}) = \sigma(\mathfrak{M})$.

Beweis: Ist $E \in \sigma(\mathfrak{M})$, so gilt $E = \bigcup_{n=1}^{\infty} A_n$, $A_n \in \mathfrak{M}$ $(n = 1, 2, \ldots)$, $A_n = \bigcup_{k=1}^{m_n} B_{nk}$, $B_{nk} \in \mathcal{H}$ $(k = 1, 2, \ldots, m_n)$ (vgl. 1.2). Daher ist

$$E = \bigcup_{n=1}^{\infty} \bigcup_{k=1}^{m_n} B_{nk}$$

eine abzählbare Vereinigung von Mengen aus $\mathcal{H}$, d. h. $E \in \sigma(\mathcal{H})$, also $\sigma(\mathfrak{M}) \subset \sigma(\mathcal{H})$. Nach Aussage 5 gilt auch die umgekehrte Inklusion, also ist $\sigma(\mathcal{H}) = \sigma(\mathfrak{M})$ ●

Bemerkung. Es ist i. a. $\delta(\mathcal{H}) \neq \delta(\mathfrak{M})$. Um das zu sehen, betrachten wir den Halbring $\mathcal{H}$ aller endlichen Intervalle $[\alpha, \beta)$ der Zahlengeraden und den entsprechenden von $\mathcal{H}$ erzeugten Ring $\mathfrak{M}$ (der bereits in dem Beispiel der vorangegangenen Bemerkung benutzt wurde). Die aus zwei verschiedenen Punkten α und β der Zahlengeraden bestehende Menge $\{\alpha, \beta\}$ gehört offenbar zu $\delta(\mathfrak{M})$, aber nicht zu $\delta(\mathcal{H})$.
Aus den Eigenschaften eines σ-Ringes ergibt sich unmittelbar

Aussage 8. *Ist* $\mathfrak{M}$ *ein* σ-*Ring, so gilt* $\mathfrak{M} = \sigma(\mathfrak{M}) = \delta(\mathfrak{M})$.

Aussage 9. *Sei $\mathfrak{M}$ ein δ-Ring, d. h. $\mathfrak{M}=\delta(\mathfrak{M})$. Dann ist $\sigma(\mathfrak{M})$ ein σ-Ring (und damit der von $\mathfrak{M}$ erzeugte σ-Ring).*

Beweis: Nach Aussage 2 ist $\sigma(\mathfrak{M})$ abgeschlossen bez. endlicher und abzählbarer Vereinigungsbildung. Seien nun E und E' zwei Mengen aus $\sigma(\mathfrak{M})$, d. h. abzählbare Vereinigungen von Mengen aus $\mathfrak{M}$ der Gestalt $E=\bigcup_i A_i$, $E'=\bigcup_j A'_j$. Dann gilt

$$E\backslash E'=\bigcup_i A_i\backslash\bigcup_j A'_j=\bigcup_i\bigcap_j (A_i\backslash A'_j)\,.^{1)} \tag{1}$$

Weiterhin ist $A_i\backslash A'_j\in\mathfrak{M}$ und nach Voraussetzung

$$\bigcap_j (A_i\backslash A'_j)\in\delta(\mathfrak{M})=\mathfrak{M}\,.$$

Damit gilt wegen (1) $E\backslash E'\in\sigma(\mathfrak{M})$. Also ist $\sigma(\mathfrak{M})$ auch bezüglich der Differenzbildung abgeschlossen und somit ein σ-Ring. Außerdem ist $\sigma(\mathfrak{M})$ der von $\mathfrak{M}$ erzeugte σ-Ring, weil alle $\mathfrak{M}$ enthaltenden Ringe auch $\sigma(\mathfrak{M})$ enthalten müssen ●

Wir machen noch auf folgendes aufmerksam. Falls $\mathfrak{M}$ ein Ring ist, zeigen die Aussagen 1 bis 4 eine auffallende Analogie zu entsprechenden Aussagen über abgeschlossene und offene Mengen eines metrischen (topologischen) Raumes: Vereinigungen oder endliche Durchschnitte offener Mengen sind wieder offene Mengen, Durchschnitte oder endliche Vereinigungen abgeschlossener Mengen sind wieder abgeschlossene Mengen; die Differenz zwischen einer offenen und einer abgeschlossenen Menge ist eine offene Menge, die Differenz zwischen einer abgeschlossenen und einer offenen Menge ist wieder eine abgeschlossene Menge. Die Klasse $\mathfrak{M}'=\sigma(\mathfrak{M})\cup\delta(\mathfrak{M})$ ist also in gewissem Sinne ein Analogon zur Klasse aller offenen und abgeschlossenen Mengen eines metrischen (topologischen) Raumes.

Sei nun $\mathfrak{M}$ eine Klasse irgendwelcher Mengen und μ ein auf $\mathfrak{M}$ definiertes Maß.

Definition. Ist $E\in\sigma(\mathfrak{M})$, d. h. erhält man E als höchstens abzählbare Vereinigung von Mengen aus $\mathfrak{M}$, dann heißt die Menge E *μ-meßbar* oder auch *σ-endlich bezüglich μ*[2]). Ist hierbei speziell $E\in\mathfrak{M}$, so heißt E auch *endlich bezüglich μ*.

Aus dieser Definition folgt sofort, daß eine höchstens abzählbare Vereinigung μ-meßbarer Mengen wieder μ-meßbar ist (vgl. Aussage 2). Aus Aussage 8 folgt

Aussage 10. *Ist das Maß μ auf einem σ-Ring $\mathfrak{M}$ definiert, so sind die μ-meßbaren Mengen genau die Mengen aus $\mathfrak{M}$ (d. h. die bez. μ endlichen Mengen).*

2.9. Lusin-Maße

Ein σ-additives Maß μ, das auf einem δ-Ring $\mathfrak{M}$ definiert ist, nennen wir *Lusin-Maß* (oder auch *Lusinsches Maß*)[3]). Lusin-Maße bilden die Grundlage der ab Kapitel 6 behandelten Integrationstheorie. Beispiele für Lusin-Maße sind die Lebesgue-Maße

---

1) Siehe Fußnote 1 Seite 18.

2) In der Literatur ist es oft üblich, lediglich die Mengen $E\in\mathfrak{M}$ μ-meßbar zu nennen. Für die im weiteren behandelte Integrationstheorie ist jedoch die hier eingeführte Definition günstiger.

3) Zur Erinnerung an den hervorragenden sowjetischen Mathematiker N. N. Lusin (1883—1950). Die Bezeichnung Lusin-Maß ist nicht allgemein üblich.

und die Lebesgue-Stieltjes-Maße, die uns bald begegnen werden und für die Anwendung besonders wichtig sind.

Wir geben zunächst einige einfache Eigenschaften von Lusin-Maßen an. Dabei sei μ ein auf dem δ-Ring $\mathfrak{M}$ definiertes Lusin-Maß.

Aussage 1. *Die Klasse aller μ-meßbaren Mengen ist ein σ-Ring.*

Der Beweis folgt sofort aus Aussage 9 in 2.8.

Aussage 2. *Ist $E \subset E'$, $E \in \sigma(\mathfrak{M})$, $E' \in \mathfrak{M}$, so folgt $E \in \mathfrak{M}$, d. h., eine μ-meßbare Menge, die in einer bereits zu $\mathfrak{M}$ gehörenden (d. h. bez. μ endlichen) Menge enthalten ist, gehört selbst zu $\mathfrak{M}$ (d. h. ist bez. μ endlich).*

Beweis: Ist $E = \bigcup\limits_n E_n$ eine abzählbare Vereinigung von Mengen $E_n \in \mathfrak{M}$, dann ist $E = \bigcup\limits_n E_n = E' \setminus \bigcap\limits_n (E' \setminus E_n)$, wobei $E' \setminus E_n \in \mathfrak{M}$ gilt, da $\mathfrak{M}$ ein Ring ist. Weiter ist $\bigcap\limits_n (E \setminus E_n) \in \mathfrak{M}$, da $\mathfrak{M}$ nach Voraussetzung ein δ-Ring ist. Also liegt E als Differenz von Mengen aus $\mathfrak{M}$ selbst in $\mathfrak{M}$ ●

Folgerung. *Alle μ-meßbaren Teilmengen einer Menge aus $\mathfrak{M}$ gehören wieder zu $\mathfrak{M}$ und bilden eine σ-Algebra.*

Ist insbesondere $\mathfrak{M}$ eine Algebra, so sind alle μ-meßbaren Mengen Teilmengen der Einheit von $\mathfrak{M}$, und wir erhalten

Aussage 3. *Ist der δ-Ring $\mathfrak{M}$ eine Algebra, so fällt die Klasse aller μ-meßbaren Mengen mit $\mathfrak{M}$ zusammen und ist eine σ-Algebra.*

2.10. Borel-Maße. Vollständige Maße

Wir nennen ein Maß μ, das auf irgendeiner Klasse $\mathfrak{M}$ von Mengen definiert ist, ein *Borel-Maß*[1]) (oder auch *Borelsches Maß*), wenn folgende 2 Bedingungen erfüllt sind:

(i) $\mathfrak{M}$ ist ein Ring;

(ii) für jede Folge paarweise disjunkter Mengen $E_n \in \mathfrak{M}$ $(n = 1, 2, \ldots)$ mit der Eigenschaft, daß die Reihe $\sum\limits_n \mu(E_n)$ konvergiert, gilt $E = \bigcup\limits_n E_n \in \mathfrak{M}$ und $\mu(E) = \sum\limits_n \mu(E_n)$.

Jedes σ-additive Maß auf einem σ-Ring – speziell also jedes Wahrscheinlichkeitsmaß – ist offenbar ein Borel-Maß. Die Klasse der Borel-Maße ist jedoch wesentlich umfassender. So sind das Lebesgue-Maß und viele Lebesgue-Stieltjes-Maße (vgl. 3.7–3.11) Borel-Maße, deren Definitionsbereiche keine σ-Ringe sind. In Kapitel 3 wird gezeigt, daß jedes σ-additive Maß auf einem Ring (oder sogar auf einem Halbring) so erweitert werden kann, daß es ein Borel-Maß wird. Man kann daher auch solche Maße als Borel-Maße ansehen.

Bemerkung. In der obigen Definition des Borel-Maßes kann man die Bedingung (i) durch die Forderung

(i′) $\mathfrak{M}$ ist ein Halbring

ersetzen. Ist nämlich $\mathfrak{M}$ ein Halbring, $E \in \mathfrak{M}$, $D \in \mathfrak{M}$, so erhält man mit (ii) leicht $E \setminus D \in \mathfrak{M}$ und $E \cup D = E \cup (D \setminus E) \in \mathfrak{M}$. Die genaue Ausführung sei dem Leser überlassen.

[1]) Häufig wird die Bezeichnung Borel-Maß in anderer Weise, und zwar im Zusammenhang mit Maßen in topologischen Räumen verwendet (Anm. d. Hrsgb.).

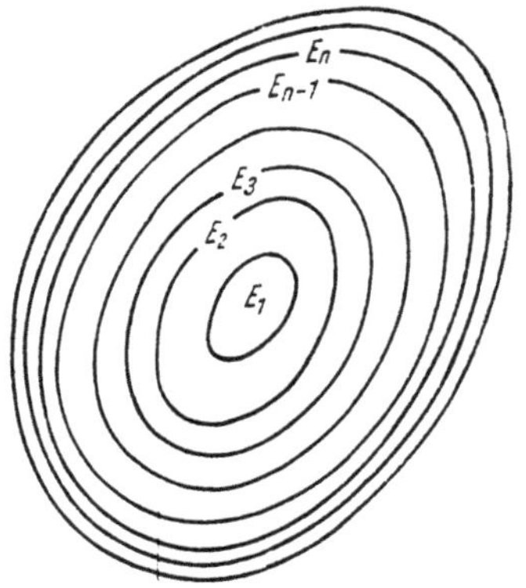

Abb. 56

Wir geben jetzt einige einfache Eigenschaften eines Borel-Maßes μ an:

Aussage 1. *Das Maß μ ist σ-additiv.*

Beweis: Sei durch $E = \bigcup_n E_n$ eine Zerlegung von $E \in \mathfrak{M}$ in Mengen $E_n \in \mathfrak{M}$ ($n = 1, 2, \ldots$) gegeben. Nach Aussage 4 in 2.1 (die für beliebige auf einem Ring definierte Maße gilt) konvergiert die Reihe $\sum_n \mu(E_n)$. Nach (ii) der Definition gilt also $\mu(E) = \sum_n \mu(E_n)$ ●

Aussage 2. *Ist $E_1 \subset E_2 \subset \ldots \subset E_n \subset \ldots$, $E = \bigcup_n E_n$, $E_n \in \mathfrak{M}$ ($n = 1, 2, \ldots$) und existiert der (endliche) Grenzwert*

$$\lim_{n \to \infty} \mu(E_n)\,, \tag{1}$$

so gilt $E \in \mathfrak{M}$ und

$$\mu(E) = \lim_{n \to \infty} \mu(E_n)\,. \tag{2}$$

Beweis: Durch die Gleichungen

$$\left.\begin{aligned} E &= E_1 \cup (E_2 \backslash E_1) \cup (E_3 \backslash E_2) \cup \ldots \cup (E_n \backslash E_{n-1}) \cup \ldots \\ E_n &= E_1 \cup (E_2 \backslash E_1) \cup (E_3 \backslash E_2) \cup \ldots \cup (E_n \backslash E_{n-1}) \end{aligned}\right\} \tag{3}$$

sind Zerlegungen von E bzw. E_n in Mengen aus $\mathfrak{M}$ gegeben. Wir betrachten die Reihe

$$\mu(E_1) + \mu\,(E_2 \backslash E_1) + \mu\,(E_3 \backslash E_2) + \ldots + \mu\,(E_n \backslash E_{n-1}) + \ldots \tag{4}$$

und die Summe

$$\mu(E_n) = \mu(E_1) + \mu\,(E_2 \backslash E_1) + \mu\,(E_3 \backslash E_2) + \ldots + \mu\,(E_n \backslash E_{n-1})\,. \tag{5}$$

Wegen $E_n \in \mathfrak{M}$ folgt die letzte Gleichung aus der Additivität des Maßes. Die Summe (5) ist die n-te Teilsumme der Reihe (4). Daher folgt aus der Existenz des (endlichen) Grenzwertes (1) die Konvergenz der Reihe (4) und die Gleichung

$$s = \lim_{n \to \infty} \mu(E_n)$$

für ihre Summe s. Auf Grund von (3) und der Eigenschaft (ii) von Borel-Maßen ergibt sich $E \in \mathfrak{M}$ und schließlich (2) ●

Folgerung 1. *Ist* $E = \bigcup_n E_n$, $E_n \in \mathfrak{M}$ $(n = 1, 2, \ldots)$ *und existiert der (endliche) Grenzwert*

$$\lim_{n\to\infty} \mu\left(\bigcup_{k=1}^{n} E_k\right), \tag{1'}$$

so ist $E \in \mathfrak{M}$ *und*

$$\mu(E) = \lim_{n\to\infty} \mu\left(\bigcup_{k=1}^{n} E_k\right). \tag{2'}$$

Zum Beweis genügt es, $E'_1 = E_1$, $E'_2 = E_1 \cup E_2, \ldots, E'_n = E_1 \cup E_2 \cup \ldots \cup E_n$, zu setzen und Aussage 2 anzuwenden.

Folgerung 2. *Die abzählbare Vereinigung* $E = \bigcup_n E_n$ *von Mengen* $E_n \in \mathfrak{M}$ $(n = 1, 2, \ldots)$ *liegt genau dann in* $\mathfrak{M}$ *(d. h. ist eine bez.* μ *endliche Menge), wenn der (endliche) Grenzwert* (1′) *existiert.*

Der Beweis ergibt sich aus Folgerung 1 und der Stetigkeit eines σ-additiven Maßes.

Da unter dem Grenzwertzeichen in (1) und (1′) stets in n nichtfallende Größen stehen, kann die Forderung der Existenz des (endlichen) Grenzwertes auch durch die Forderung der Beschränktheit dieser Größen ersetzt werden. Man erhält somit

Folgerung 3. *Ist* $E_n \subset E'$, $E_n \in \mathfrak{M}$ $(n = 1, 2, \ldots)$, $E' \in \mathfrak{M}$, *so gilt* $E = \bigcup_n E_n \in \mathfrak{M}$.

Auf Grund der Monotonie des Maßes ist nämlich für beliebiges n

$$\mu\left(\bigcup_{k=1}^{n} E_k\right) \leqq \mu(E') = \text{const},$$

und man braucht jetzt nur das oben Gesagte zu beachten.

Aussage 3. *Ist* $E \subset E'$, $E \in \sigma(\mathfrak{M})$, $E' \in \mathfrak{M}$, *so folgt* $E \in \mathfrak{M}$, *d. h., eine* μ*-meßbare Menge* E, *die in einer bez.* μ *endlichen Menge enthalten ist, ist selbst eine bez.* μ *endliche Menge.*

Beweis: Wegen $E \in \sigma(\mathfrak{M})$ ist $E = \bigcup_n E_n$ eine abzählbare Vereinigung von Mengen $E_n \in \mathfrak{M}$. Offenbar gilt $E_n \subset E'$ $(n = 1, 2, \ldots)$, und wir brauchen nur Folgerung 3 von Aussage 2 anzuwenden ●

Aussage 4 (Überdeckungssatz). *Ist* E μ*-meßbar und* $E \subset \bigcup_n E_n$, $E_n \in \mathfrak{M}$ $(n = 1, 2, \ldots)$ *und konvergiert die Reihe* $\sum_n \mu(E_n)$, *dann ist* $E \in \mathfrak{M}$ *und*

$$\mu(E) \leqq \sum_n \mu(E_n) \tag{6}$$

(d. h., E *ist eine bez.* μ *endliche Menge).*

Beweis: Sei $E' = \bigcup_n E_n$. Dann ist E' μ-meßbar und $E \subset E'$. Wir setzen (wie in Aussage 3 in 2.1)

$$A_1 = E_1, \quad A_2 = E_2 \setminus E_1, \quad A_3 = E_3 \setminus (E_1 \cup E_2),$$
$$\cdots\cdots\cdots\cdots\cdots\cdots$$
$$A_n = E_n \setminus (E_1 \cup E_2 \cup \ldots \cup E_{n-1}),$$
$$\cdots\cdots\cdots\cdots\cdots\cdots$$

Dann ist durch $E' = \bigcup_n A_n$ eine Zerlegung von E' in Mengen $A_n \in \mathfrak{M}$, $A_n \subset E_n$ gegeben, wobei $\mu(A_n) \leqq \mu(E_n)$ gilt und somit die Reihe $\sum_n \mu(A_n)$ konvergiert. Nach (ii) der Definition eines BOREL-Maßes ist $E' \in \mathfrak{M}$ und nach Aussage 3 dann auch $E \in \mathfrak{M}$. Aus den Eigenschaften eines beliebigen σ-additiven Maßes ergibt sich schließlich $\mu(E) \leqq \leqq \sum_n \mu(E_n)$ (vgl. Aussage 5 in 2.1), womit (6) bewiesen ist ●

Besonders wichtig ist nachstehende

Folgerung. *Endliche oder abzählbare Vereinigungen von μ-Nullmengen (d. h. Mengen aus $\mathfrak{M}$, auf denen das Maß μ den Wert Null annimmt) sind wieder μ-Nullmengen.*

Aussage 5. *Der Ring $\mathfrak{M}$ ist ein δ-Ring, d. h. $\mathfrak{M} = \delta(\mathfrak{M})$.*

Beweis: Sei $E_n \in \mathfrak{M}$ $(n = 1, 2, \ldots)$. Dann ist

$$\bigcap_n E_n = E_1 \setminus \bigcup_n (E_1 \setminus E_n)\,^{1)}$$

mit $E_1 \setminus E_n \in \mathfrak{M}$, $E_1 \setminus E_n \subset E_1$, $\bigcup_n (E_1 \setminus E_n) \subset E_1$. Nach Aussage 3 ist $\bigcup_n (E_1 \setminus E_n) \in \mathfrak{M}$ und daher $\bigcap_n E_n \in \mathfrak{M}$ als Differenz zweier Mengen des Ringes $\mathfrak{M}$ ●

Der Ring $\mathfrak{M}$ ist also abgeschlossen bezüglich abzählbarer Durchschnittsbildung.

Aus den Aussagen 1 und 5 ergibt sich die wichtige

Folgerung. *Jedes Borel-Maß ist auch ein Lusin-Maß* (*vgl.* 2.9).

Das Umgekehrte ist i. a. nicht richtig. Definieren wir z. B. auf dem δ-Ring $\mathfrak{M}$ aller beschränkten Mengen der Zahlengeraden ein Maß μ durch $\mu(E) = 0$ für alle $E \in \mathfrak{M}$, so ist μ offenbar ein LUSIN-Maß, aber kein BOREL-Maß.

Aus obiger Folgerung und Aussage 1 in 2.9 erhält man

Aussage 6. *Die Klasse aller μ-meßbaren Mengen ist ein σ-Ring.*

Im Falle eines BOREL-Maßes nennt man die bez. μ σ-endlichen Mengen, die keine bez. μ endlichen Mengen sind, auch bez. μ *unendliche Mengen*. Für diese Mengen sind Grenzwerte der Art (1′) offenbar unendlich.

Wir führen nun noch für beliebige Maße den Begriff der *Vollständigkeit* ein. Es sei μ ein auf einer Klasse $\mathfrak{M}$ definiertes Maß. Eine Menge $E \in \mathfrak{M}$ wird *Nullmenge des Maßes* μ oder kurz μ-*Nullmenge* genannt, wenn $\mu(E) = 0$ gilt. Das Maß μ heißt *vollständig*, wenn aus $E \subset E'$, $E' \in \mathfrak{M}$, $\mu(E') = 0$ stets die Beziehung $E \in \mathfrak{M}$ und damit auf Grund der Monotonie des Maßes $\mu(E) = 0$ folgt. Mit anderen Worten, das Maß μ ist vollständig, wenn jede in einer μ-Nullmenge enthaltene Menge selbst eine μ-Nullmenge ist.

Zu Beginn des Abschnittes über LEBESGUE- bzw. LEBESGUE-STIELTJES-Maße werden wir sehen, daß diese nicht nur BOREL-Maße sondern auch vollständige Maße sind. Im Kapitel 3 beweisen wir, daß jedes beliebige auf einem Ring (oder auf einem Halbring) definierte σ-additive Maß nicht nur zu einem BOREL-Maß erweitert werden kann (darauf wurde bereits hingewiesen) sondern sogar zu einem vollständigen BOREL-Maß.

---

1) Das kann man aus den Formeln in der Fußnote 1 auf S. 18 erhalten.

Maße, die BOREL-Maße und gleichzeitig vollständige Maße sind, erweisen sich in gewissem Sinne als optimal. So ist einerseits jede Menge E „meßbar“, die sich derart in disjunkte „meßbare“ Teile zerlegen läßt, daß die Summe s der Maße dieser Einzelteile endlich ist; das Maß von E fällt dann mit dieser Summe s zusammen (vgl. den Anfang dieses Abschnittes). Andererseits ist jede Teilmenge einer „meßbaren“ Menge, die das Maß Null hat, selbst „meßbar“ mit dem Maßwert Null.

3. Erweiterung von Maßen. Lebesgue-Maß und Lebesgue-Stieltjes-Maß

3.1. Äußeres und inneres Maß. Klassische Erweiterung von Maßen

Es sei A_0 irgendeine (fest vorgegebene) Menge, $\mathcal{K}$ eine Klasse von Teilmengen von A_0 und μ ein auf $\mathcal{K}$ definiertes Maß. Die Menge A_0 (aus der die Mengen der Klasse $\mathcal{K}$ stammen) wollen wir in diesem Zusammenhang auch *Raum* nennen. Weiterhin wird vorausgesetzt, daß $\mathcal{K}$ die leere Menge $\emptyset$ enthält (was in besonders wichtigen Fällen, sagen wir im Falle eines Ringes, erfüllt ist).

Für eine beliebige Menge $E \subset A_0$ setzen wir

$$\mu_i(E) = \sup \{\mu(A) : A \in \mathcal{K}, A \subset E\} \tag{1}$$

(vgl. Abb. 57). Dann ist durch (1) eine nichtnegative Funktion auf allen Teilmengen des Raumes A_0 definiert[1]), wenn wir in diesem Falle auch ∞ als möglichen Funktionswert zulassen. Die Funktion μ_i aus (1) heißt *vom Maß μ erzeugtes inneres Maß* der Menge E.

Wir betrachten nun die Klasse K aller Mengen E, für die ein $B \in \mathcal{K}$ mit $B \supset E$ existiert; die Mengen der Klasse K heißen *$\mathcal{K}$-majorisierbar*. Auf der Klasse K definieren wir die Funktion

$$\mu_e(E) = \inf \{\mu(E) : B \in \mathcal{K}, B \supset E\} \tag{2}$$

(vgl. Abb. 58). Die Funktion μ_e heißt *vom Maß μ erzeugtes äußeres Maß* der Menge E[2]). Unter unseren Voraussetzungen nimmt die Funktion μ_e nur endliche und nichtnegative Werte an. Außerhalb der Klasse K hat der Begriff des äußeren Maßes keinen Sinn.

Gilt $A_0 \in \mathcal{K}$ (z. B. wenn $\mathcal{K}$ eine Algebra mit der Einheit A_0 ist), dann fällt K mit der Klasse aller Teilmengen des Raumes A_0 zusammen.

Wir geben jetzt einige einfache Eigenschaften von inneren und äußeren Maßen an:

Aussage 1. *Es ist stets $\mu_e(E) \geqq 0$, $\mu_i(E) \geqq 0$.*
Das folgt unmittelbar aus der Definition.

Aussage 2. *Für $E \in$ K ist $\mu_i(E) \leqq \mu_e(E)$, auf der Klasse K sind also beide Maße endlich.*

Beweis: Aus $A \subset E \subset B$, $A \in \mathcal{K}$, $B \in \mathcal{K}$ folgt bei festem B und variablem A stets $\mu(A) \leqq \mu(B)$ wegen der Monotonie des Maßes, also $\mu_i(E) \leqq \mu(B)$ (vgl. (1)). Variiert man nun B, so erhält man (vgl. (2)) $\mu_i(E) \leqq \mu_e(E)$ ●

---

1) Da jede beliebige Menge E die leere Menge enthält, hat die Definition (1) stets einen Sinn.

2) Die Bezeichnungen e und i stammen aus dem französischen: extérieur – äußere, intérieur – innere.

Folgerung. *Aus* $\mu_e(E)=0$ *folgt* $\mu_i(E)=0$.

Aussage 3. *Aus* $E'\subset E$ *und* $E, E'\in\mathsf{K}$ *folgt* $\mu_e(E')\leqq\mu_e(E)$, *das äußere Maß ist also monoton.*

Beweis: Für alle $B\in\mathfrak{H}$ und $E'\subset E\subset B$ (vgl. Abb. 59) gilt $\mu_e(E')\leqq\mu(B)$ wegen (2). Folglich ist nach (2) auch $\mu_e(E')\leqq\mu_e(E)$ ●

Aussage 4. *Aus* $E'\subset E$ *folgt* $\mu_i(E')\leqq\mu_i(E)$, *das innere Maß ist also monoton.*

Beweis: Für alle $A\in\mathfrak{H}$ mit $A\subset E'\subset E$ (vgl. Abb. 60) gilt $\mu(A)\leqq\mu_i(E)$ wegen (1) und daher wieder wegen (1) $\mu_i(E')\leqq\mu_i(E)$ ●

Bemerkung. Inneres und äußeres Maß sind, wie wir gesehen haben, nichtnegativ und monoton. Sie sind aber i. a. nicht additiv (sogar wenn man sie nur auf der Klasse K betrachtet, wo sie beide endlich sind). Mit anderen Worten: Inneres und äußeres Maß sind i. a. keine Maße im Sinne unserer früheren Definition. Ein Beispiel dafür findet man in Abschnitt 3.7.

Aussage 5. *Ist* $E\in\mathsf{K}$, *so gilt* $\mu(E)=\mu_i(E)=\mu_e(E)$.
Das folgt unmittelbar aus den Definitionen (1) und (2).

Aussage 6. *Es sei* $\tilde{\mu}$ *eine beliebige Erweiterung des auf der Klasse* $\mathfrak{H}$ *definierten Maßes* μ *auf eine Klasse* $\tilde{\mathfrak{H}}$. *Gilt dann* $E\in\mathsf{K}\cap\tilde{\mathfrak{H}}$, *so ist*

$$\mu_i(E)\leqq\tilde{\mu}(E)\leqq\mu_e(E)\ . \tag{3}$$

Beweis: Ist $E\in\mathsf{K}$, so gibt es Mengen $A\in\mathfrak{H}$ und $B\in\mathfrak{H}$ mit $A\subset E\subset B$. Da E in $\tilde{\mathfrak{H}}$ liegt, gilt für beliebige solche A und B

$$\tilde{\mu}(A)\leqq\tilde{\mu}(E)\leqq\tilde{\mu}(B)$$

(wegen $\tilde{\mathfrak{H}}\supset\mathfrak{H}$). Weil $\tilde{\mu}$ eine Erweiterung des Maßes μ von der Klasse $\mathfrak{H}$ auf $\tilde{\mathfrak{H}}$ ist, gilt somit

$$\mu(A)\leqq\tilde{\mu}(E)\leqq\mu(B)\ ,$$

wegen (1) und (2) folgt daher (3) ●

Bleiben wir also in der Klasse K, so liegen die Werte einer beliebigen Erweiterung $\tilde{\mu}$ des auf $\mathfrak{H}$ definierten Maßes μ (falls eine solche Erweiterung existiert) immer in den in (3) angegebenen Grenzen.

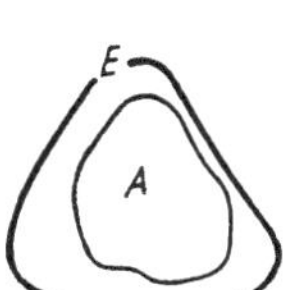

Abb. 57

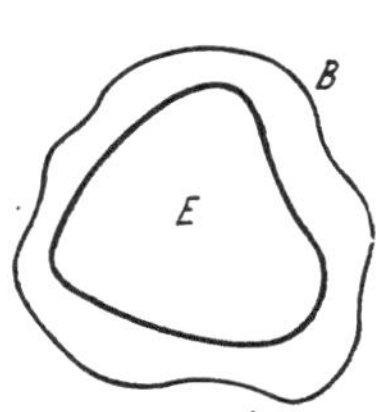

Abb. 58

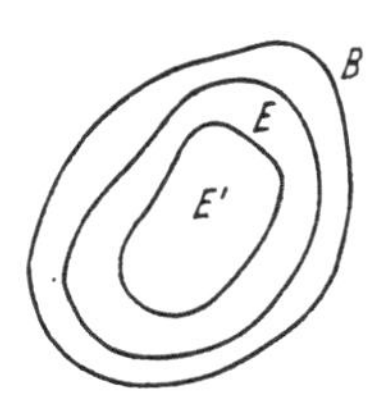

Abb. 59

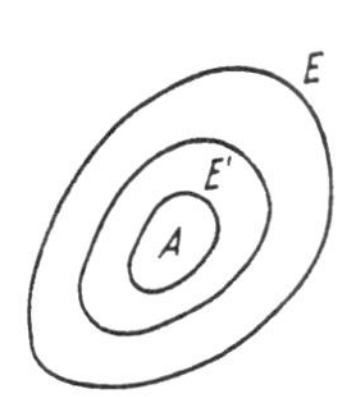

Abb. 60

Abb. 61

Wir stellen uns jetzt vor, daß $E \in \mathsf{K}$, aber $E \notin \mathcal{H}$ gilt (d. h., das Maß μ ist für E **nicht** definiert). Es gelte jedoch

$$\mu_i(E) = \mu_e(E) . \tag{4}$$

Dann ist es ganz natürlich, der Menge E diesen gemeinsamen Wert (4) als Maßwert zuzuordnen bzw.

$$\bar{\mu}(E) = \mu_i(E) = \mu_e(E) \tag{5}$$

zu setzen. Auf diese Weise entsteht eine **Erweiterung** $\bar{\mu}$ (vgl. Aussage 5) von der Klasse $\mathcal{H}$ auf die Klasse $\bar{\mathcal{H}}$ aller Mengen E, die der Bedingung (4) genügen (natürlich muß noch gezeigt werden, daß $\bar{\mu}$ wirklich ein Maß im Sinne obiger Definition ist; dies werden wir später für die uns interessierenden Fälle tun).

Eine solche Erweiterung $\bar{\mu}$ des Maßes μ wollen wir *Erweiterung nach dem Prinzip der alten Griechen* oder kurz *klassische Erweiterung* nennen.

Satz 1. *Die Bedingung* (4) *ist zu folgender Bedingung äquivalent: Für jedes* $\varepsilon > 0$ *existieren ein* $A \in \mathcal{H}$ *und ein* $B \in \mathcal{H}$ *mit*

$$A \subset E \subset B \quad \textit{und} \quad \mu(B) - \mu(A) < \varepsilon \tag{6}$$

(*oder* $\mu(B \setminus A) < \varepsilon$, *falls* $\mathcal{H}$ *ein Ring ist*).

Beweis: Sei (4) erfüllt. Nach (1) und (2) gibt es dann Mengen $A \in \mathcal{H}$ und $B \in \mathcal{H}$ mit $A \subset E \subset B$ und

$$\mu_i(E) - \frac{\varepsilon}{2} < \mu(A) \leqq \mu(B) < \mu_e(E) + \frac{\varepsilon}{2} .$$

Wegen (4) folgt daraus (6). Ist umgekehrt (6) erfüllt, so gilt nach (1) und (2)

$$\mu(A) \leqq \mu_i(E) \leqq \mu_e(E) \leqq \mu(B) ,$$

also $0 \leqq \mu_e(E) - \mu_i(E) < \varepsilon$ für beliebige $\varepsilon > 0$, d. h., es gilt (4) ●

Die Idee, gewisse Objekte dadurch zu messen, daß man sie von innen und außen durch Objekte mit bekanntem Maß approximiert (vgl. (6) sowie Abb. 61) stammt bereits aus der Antike, und zwar von griechischen Mathematikern, daher auch die Bezeichnung Erweiterung nach dem Prinzip der alten Griechen bzw. klassische Erweiterung.

Als unmittelbare Folgerung aus Aussage 6 erhalten wir

Satz 2. *Ist* $\tilde{\mu}$ *eine beliebige Erweiterung des auf der Klasse* $\mathcal{H}$ *definierten Maßes* μ *auf eine Klasse* $\tilde{\mathcal{H}}$, *so folgt aus* $E \in \tilde{\mathcal{H}} \cap \bar{\mathcal{H}}$ *stets* $\tilde{\mu}(E) = \bar{\mu}(E)$ (*Eindeutigkeit der Erweiterung des Maßes* μ *innerhalb der Klasse* $\bar{\mathcal{H}}$).

Es ergibt sich nun die Frage, wie groß die Klasse $\bar{\mathcal{H}}$ in bezug auf die Ausgangsklasse $\mathcal{H}$ ist. Hierzu muß man sagen, daß dies völlig von der Struktur der Klasse $\mathcal{H}$ abhängt. Es gibt Fälle, in denen die Klasse $\mathcal{H}$ in irgendeinem Sinne so arm an Mengen oder umgekehrt so reichhaltig ist, daß die Klassen $\mathcal{H}$ und $\bar{\mathcal{H}}$ sogar zusammenfallen (d. h., die klassische Erweiterung bringt dann nichts Neues).

Der erste Fall liegt z. B., wie man leicht sehen kann, dann vor, wenn $\mathcal{H}$ der Halbring aller Intervalle der Zahlengeraden ist. Der zweite Fall tritt bei den Klassen der sog. JORDAN-meßbaren und der LEBESGUE-meßbaren Mengen ein, die uns später begegnen werden. In vielen wichtigen Fällen von Halbringen führt zwar das klassische Prinzip der alten Griechen zu einer gewissen Erweiterung, die jedoch praktisch keine Bedeutung besitzt (wie etwa beim Halbring aller rechtsoffenen Intervalle $[\alpha, \beta)$ der Zahlengeraden, was sich der Leser klar machen möge). Aus diesen Gründen wendet man das klassische Prinzip, falls μ ein Maß auf einem Halbring $\mathcal{H}$ ist, nicht auf das Maß μ selbst an, sondern erst auf die Erweiterung von μ zu einem Maß μ' auf dem von $\mathcal{H}$ erzeugten Ring $\mathcal{H}'$ oder eine noch größere Klasse von Mengen – über eine solche Erweiterung μ' wurde bereits in den Abschnitten 2.2 und 2.3 gesprochen.

Satz 3. *Ist $\mathcal{H}$ ein Ring, so ist auch $\overline{\mathcal{H}}$ ein Ring.*

Beweis: Sei $E \in \overline{\mathcal{H}}$ und $D \in \overline{\mathcal{H}}$. Nach Satz 1 gibt es für jedes $\varepsilon > 0$ im Ring $\mathcal{H}$ Mengen A', B', A'' und B'' mit

$$A' \subset E \subset B', \quad A'' \subset D \subset B'',$$

$$\mu(B' \setminus A') < \varepsilon/2, \quad \mu(B'' \setminus A'') < \varepsilon/2 .$$

Dann ist

$$\left.\begin{array}{l} A' \cup A'' \subset E \cup D \subset B' \cup B'' , \\ A' \setminus B'' \subset E \setminus D \subset B' \setminus A'' . \end{array}\right\} \tag{7}$$

Weiter gilt

$$(B' \cup B'') \setminus (A' \cup A'') \subset (B' \setminus A') \cup (B'' \setminus A'') ,$$

$$(B' \setminus A'') \setminus (A' \setminus B'') \subset (B' \setminus A') \cup (B'' \setminus A'') .$$

Daher ist

$$\mu[(B' \cup B'') \setminus (A' \cup A'')] \leqq \mu(B' \setminus A') + \mu(B'' \setminus A'') < \varepsilon ,$$

$$\mu[(B' \setminus A'') \setminus (A' \setminus B'')] \leqq \mu(B' \setminus A') + \mu(B'' \setminus A'') < \varepsilon ,$$

woraus wegen (7) und Satz 1 folgt

$$E \cup D \in \overline{\mathcal{H}}, \quad E \setminus D \in \overline{\mathcal{H}} \quad \bullet$$

Bemerkung. Ist $\mathcal{H}$ kein Ring, aber alle im Beweis benutzten Mengen ($B' \setminus A'$, $B'' \setminus A''$ usw.) außer E und D liegen in $\mathcal{H}$, dann bleiben die Schlüsse im Beweis richtig und $\overline{\mathcal{H}}$ ist ein Ring.

3.2. Jordansche Erweiterung von Maßen

In diesem Abschnitt sei folgendes vorausgesetzt:

(i) μ ist ein auf einem Ring $\mathcal{M}$ definiertes Maß;

(ii) $\bar{\mu}$ ist die (im Sinne von 3.1) klassische Erweiterung des Maßes μ von $\mathcal{M}$ auf den Ring $\overline{\mathcal{M}}$[1]) (daß $\bar{\mu}$ tatsächlich ein Maß ist, wurde noch nicht gezeigt; wir verweisen dazu auf die Bemerkung zu Aussage 3 in 3.6). Wir nennen dann $\bar{\mu}$ die *Jordansche Erweiterung*[2]) des Maßes μ vom Ring $\mathcal{M}$ auf den Ring $\overline{\mathcal{M}}$. Nach Satz 2 in 3.1 ist diese Erweiterung auf $\overline{\mathcal{M}}$ eindeutig.

---

[1]) $\overline{\mathcal{M}}$ ist tatsächlich ein Ring (vgl. Satz 3 in 3.1).

[2]) C. JORDAN (1838–1922) war ein bekannter französischer Mathematiker.

Bemerkung 1. Die Eindeutigkeit der Erweiterung des Maßes gilt nicht außerhalb von $\overline{\mathfrak{M}}$ (sogar nicht für $E \in \sigma(\mathfrak{M})$). Dazu folgendes

Beispiel. Sei $\mathfrak{M}$ der Ring aller endlichen Vereinigungen disjunkter Intervalle der Zahlengeraden von der Form $[\alpha, \beta)$ mit Endpunkten in $A_0 = [0, 1)$ und $\mu \equiv 0$ auf $\mathfrak{M}$. In diesem Fall gehört die Menge E genau dann zu M (M sei die Klasse aller $\mathfrak{M}$-majorisierbaren Mengen), wenn eine Zahl a mit $0 < a < 1$ und $E \subset [0, a)$ existiert (vgl. Abb. 62). Man zeigt leicht, daß in diesem Fall

$$\bar{\mu}(E) = \mu_i(E) = \mu_e(E) = 0$$

für beliebige $E \in \mathsf{M}$ gilt (vgl. 3.1). Mit anderen Worten, es ist $\overline{\mathfrak{M}} = \mathsf{M}$ und $\bar{\mu} \equiv 0$ auf $\overline{\mathfrak{M}}$. Dabei gilt $A_0 = [0, 1) \notin \overline{\mathfrak{M}}$. Wir setzen

$$\varphi(x) = \begin{cases} 0 & \text{für} \quad 0 \leqq x < 1\,, \\ \gamma & \text{für} \quad x = 1 \end{cases}$$

mit irgendeiner Zahl $\gamma > 0$ (vgl. Abb. 63). Diese Funktion erzeugt ein STIELTJES-Maß $\tilde{\mu}$ auf dem Ring $\tilde{\mathfrak{M}}$ aller Vereinigungen disjunkter rechtsoffener Intervalle $[\alpha, \beta)$ mit den Endpunkten im abgeschlossenen Intervall $[0, 1]$, wobei

$$\tilde{\mu}[\alpha, \beta) = \varphi(\beta) - \varphi(\alpha)$$

und speziell

$$\tilde{\mu}[0, 1) = \gamma > 0 \tag{2}$$

gilt. Offenbar ist $\tilde{\mu}$ eine Erweiterung des Maßes μ von $\mathfrak{M}$ auf den Ring $\tilde{\mathfrak{M}}$, die über die Klasse $\overline{\mathfrak{M}}$ hinausgeht ($[0, 1) \notin \overline{\mathfrak{M}}$ aber $[0, 1) \in \tilde{\mathfrak{M}}$, $[0, 1) \in \sigma(\mathfrak{M})$). Wegen (2) ist eine solche Erweiterung nicht eindeutig.

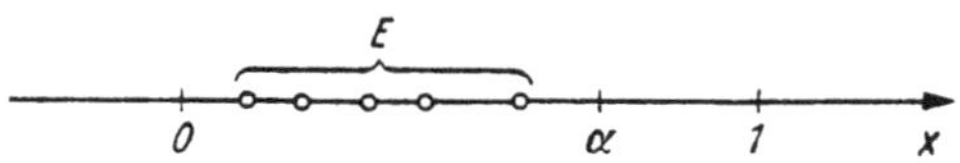

Abb. 62

Abb. 63

Bemerkung 2. Wir werden später folgendes sehen: Ist μ σ-additiv und soll es (von einem Ring $\mathfrak{M}$) unter Erhaltung der σ-Additivität erweitert werden, so existiert ein Ring $\mathfrak{L} \supset \overline{\mathfrak{M}}$, der $\overline{\mathfrak{M}}$ i. a. echt umfaßt und in dessen Grenzen die Erweiterung wieder eindeutig bleibt. (Der Leser vergleiche dies mit der Bemerkung 1.)

Zur Illustration der JORDANschen Erweiterung von Maßen betrachten wir in der x, y-Ebene den Halbring $\mathcal{H}$ aller Rechtecke der Form

$$R = \{(x, y): \alpha \leqq x < \beta,\ \gamma \leqq y < \delta\}\,.$$

Bezeichnet $m(R) = (\beta - \alpha)\ (\delta - \gamma)$ den Flächeninhalt des Rechtecks R, so ist die dadurch auf $\mathcal{H}$ definierte Funktion m ein Maß. Sei weiter μ die Erweiterung des Maßes m von $\mathcal{H}$ auf den von $\mathcal{H}$ erzeugten Ring $\mathfrak{M}$ (die Elemente von $\mathfrak{M}$ sind die sog. ebenen Figuren, d. h. Mengen, die aus endlich vielen disjunkten Rechtecken von der Art R bestehen). Die JORDANsche Erweiterung $\bar{\mu}$ von μ heißt ebenes JORDAN-*Maß*[1]). Die Klasse $\overline{\mathfrak{M}}$

[1]) Andere Bezeichnungen: RIEMANNscher, JORDANscher oder PEANO-JORDANscher Inhalt; für Einzelheiten vgl. z. B. H. v. MANGOLDT, K. KNOPP: Einführung in die Höhere Mathematik, Bd. III, DVW Berlin, 1976 (Anm. d. Hrsgb.).

ebener Mengen, für die dieses Maß definiert ist, erweist sich als hinreichend groß. Sie wird durch folgende Aussage charakterisiert: *Eine ebene Menge E liegt genau dann in $\overline{\mathfrak{M}}$, wenn sie beschränkt ist und ihr Rand das äußere Maß Null besitzt, d. h. wenn ihr Rand in $\overline{\mathfrak{M}}$ liegt und eine $\bar{\mu}$-Nullmenge ist.*

Wir werden diese Aussage nicht beweisen (obwohl es nicht schwer ist und der Leser sich, falls er will, dies selbst überlegen kann), denn das JORDAN-Maß ist lediglich eine Zwischenetappe; es wird von dem LEBESGUE-Maß umfaßt, das wir später betrachten. Trotzdem möchten wir noch einmal darauf hinweisen, daß die Klasse $\overline{\mathfrak{M}}$ im Vergleich zur Klasse $\mathcal{H}$ der Rechtecke sehr groß ist und praktisch alle in der Elementargeometrie betrachteten Flächen enthält (Vielecke, Kreise, Kreisteile usw.). Anderderseits enthält sie sehr viele sehr einfache Mengen nicht, so z. B. die ebene Menge E aller Punkte des Quadrates $Q=\{(x, y): 0\leqq x\leqq 1, 0\leqq y\leqq 1\}$ mit rationalen Koordinaten, die offensichtlich nicht in der Klasse $\overline{\mathfrak{M}}$ liegt, weil für sie $\mu_i(E)=0$, $\mu_e(E)=1$[1]) gilt.

Analog kann man lineare, räumliche und n-dimensionale JORDAN-Maße einführen. Das über das ebene JORDAN-Maß Gesagte läßt sich entsprechend auf diese Fälle übertragen.

3.3. Erweiterung σ-additiver Maße von einem Ring $\mathfrak{M}$ auf die Klassen $\sigma(\mathfrak{M})$ und $\delta(\mathfrak{M})$

Es sei $\mathfrak{M}$ ein Ring und m ein auf $\mathfrak{M}$ definiertes σ-additives Maß. Im weiteren interessiert uns der Fall, daß $\mathfrak{M}$ kein σ-Ring ist, d. h. $\sigma(\mathfrak{M})\neq\mathfrak{M}$.

Lemma 1. *Ist $Q\in\sigma(\mathfrak{M})$ und sind durch $Q=\bigcup_i A_i=\bigcup_j B_j$ abzählbare Zerlegungen von Q mit $A_i\in\mathfrak{M}$ $(i=1, 2, \ldots)$ und $B_j\in\mathfrak{M}$ $(j=1, 2, \ldots)$ gegeben, dann gilt*

$$\sum_i m(A_i)=\sum_j m(B_j)\,, \tag{1}$$

wobei aus der Konvergenz einer dieser Reihen die Konvergenz der anderen Reihe folgt.

Beweis:[2]) Durch die Gleichungen

$$A_i=A_i\cap Q=A_i\cap(\bigcup_j B_j)=\bigcup_j (A_i\cap B_j)\ (i=1, 2, \ldots)$$

und

$$B_j=Q\cap B_j=(\bigcup_i A_i)\cap B_j=\bigcup_i (A_i\cap B_j)\ (j=1, 2, \ldots)$$

mit $A_i\cap B_j\in\mathfrak{M}$ sind Zerlegungen von A_i bzw. B_j gegeben. Konvergiert nun die linke Reihe in (1), so ist

$$\sum_i m(A_i)=\sum_i\sum_j m\,(A_i\cap B_j)=\sum_j\sum_i m\,(A_i\cap B_j)=\sum_j m(B_j)\,,$$

d. h., auch die rechte Seite in (1) konvergiert und die Summe beider Reihen ist gleich. Entsprechendes gilt umgekehrt ●

[1]) $E\notin\overline{\mathfrak{M}}$ folgt auch aus der oben eingeführten Charakterisierung der Klasse $\overline{\mathfrak{M}}$ im Zusammenhang mit dem Maß des Randes der Menge E. In unserem Fall ist der Rand von E gleich Q, das Maß dieses Randes ist also 1 und nicht 0.

[2]) Das Beweisprinzip ist das gleiche wie beim Lemma in 2.3.

Folgerung. *Divergiert die Reihe* $\sum_i m(A_i)$ *für irgendeine Zerlegung der Art* $Q = \bigcup_i A_i$, *so divergiert die entsprechende Reihe auch für jede andere Zerlegung von* Q.

Definition 1. Sei $Q \in \sigma(\mathfrak{M})$. Existiert eine abzählbare Zerlegung von Q der Gestalt $Q = \bigcup_n A_n$, $A_n \in \mathfrak{M}$ $(n = 1, 2, \ldots)$, so daß die Reihe

$$\sum_n m(A_n) \tag{2}$$

konvergiert, dann setzen wir

$$\mu(Q) = \sum_n m(A_n) . \tag{3}$$

Nach Lemma 1 ist diese Definition korrekt, d. h., sie hängt nicht von der Art der Zerlegung von Q in Mengen aus dem Ring $\mathfrak{M}$ ab. Die Funktion μ ist offensichtlich nichtnegativ und auf einer Klasse $\tilde{\sigma}(\mathfrak{M}) \subset \sigma(\mathfrak{M})$ definiert. Aus dem Weiteren wird folgen, daß μ ein Maß ist. Gilt speziell $Q \in \mathfrak{M}$, so erhalten wir auf Grund der σ-Additivität von m

$$m(Q) = \sum_n m(A_n) .$$

Ein Vergleich mit (3) zeigt, daß μ *eine Erweiterung des Maßes* m *vom Ring* $\mathfrak{M}$ *auf die Klasse* $\tilde{\sigma}(\mathfrak{M})$ *ist.* Divergiert die Reihe (2) für ein $Q \in \sigma(\mathfrak{M})$ (vgl. Folgerung zu Lemma 1), dann ist es zweckmäßig, $\mu(Q) = \infty$ zu setzen. So wird jedem $Q \in \sigma(\mathfrak{M})$ ein Wert $\mu(Q)$ zugeordnet, der im Falle $Q \in \tilde{\sigma}(\mathfrak{M})$ endlich und für $Q \in \sigma(\mathfrak{M}) \setminus \tilde{\sigma}(\mathfrak{M})$ unendlich ist.

Wir stellen weiter fest, daß eine Erweiterung (auf endliche Weise) des Maßes m vom Ring $\mathfrak{M}$ auf Mengen Q aus $\sigma(\mathfrak{M}) \setminus \tilde{\sigma}(\mathfrak{M})$ nicht möglich ist (weil sonst die Reihe (2) notwendigerweise konvergieren müßte und damit $Q \in \tilde{\sigma}(\mathfrak{M})$ gelten würde, was gerade nicht der Fall sein sollte).

Aus der Definition ergeben sich einige Folgerungen:

Aussage 1. *Sei* $Q \in \sigma(\mathfrak{M})$ *und* $Q = \bigcup_n A_n$ *mit* $A_1 \subset A_2 \subset \ldots \subset A_n \subset \ldots$, $A_n \in \mathfrak{M}$ $(n = 1, 2, \ldots)$. *Der Wert von* $\mu(Q)$ *ist genau dann endlich, wenn für die monoton wachsende Folge der Zahlen* $m(A_n)$ $(n = 1, 2, \ldots)$ *der Grenzwert*

$$\lim_{n \to \infty} m(A_n) \tag{4}$$

endlich[1]) *ist, und es gilt stets (d. h. sowohl für* $\mu(Q) < \infty$ *als auch für* $\mu(Q) = \infty$)

$$\mu(Q) = \lim_{n \to \infty} m(A_n) . \tag{5}$$

Beweis: Sei $\mu(Q) < \infty$. Offenbar ist durch

$$Q = A_1 \cup (A_2 \setminus A_1) \cup (A_3 \setminus A_2) \cup \ldots \cup (A_n \setminus A_{n-1}) \cup \ldots$$

---

[1]) Für eine monoton wachsende Zahlenfolge $a_1, a_2, \ldots, a_n, \ldots$ soll im folgenden anstelle von „die Folge konvergiert" auch gesagt werden „der Grenzwert der Folge ist endlich" (in Zeichen: $\lim_{n \to \infty} a_n < \infty$); andernfalls (d. h. bei Divergenz) schreiben wir $\lim_{n \to \infty} a_n = \infty$ und sagen „der Grenzwert der Folge ist unendlich". Analoge Bezeichnungen werden später gelegentlich auch für monoton fallende Folgen und allgemeiner für monotone Funktionen verwendet (Anm. d. Hrsgb.).

eine Zerlegung von Q gegeben, wobei die an der Vereinigung beteiligten Mengen im Ring $\mathfrak{M}$ liegen. Daher gilt nach Definition 1

$$\mu(Q) = m(A_1) + m\,(A_2 \backslash A_1) + m\,(A_3 \backslash A_2) + \ldots + m\,(A_n \backslash A_{n-1}) + \ldots \tag{6}$$

Die Zahl $m(A_n)$ ist offensichtlich die n-te Teilsumme der Reihe (6), es gilt also

$$\mu(Q) = \lim_{n \to \infty} m(A_n)\,,$$

d. h., der Grenzwert (4) ist endlich und gleich dem Wert $\mu(Q)$.

Falls umgekehrt der Grenzwert (4) endlich ist, dann konvergiert die Reihe auf der rechten Seite von (6). Nach Definition 1 ist sie gleich $\mu(Q)$, d. h., (5) ist richtig. Die Gültigkeit von (5) für den Fall $\mu(Q) = \infty$ folgt aus dem bereits bewiesenen Teil der Aussage ●

Aussage 2. *Sei $Q \in \sigma(\mathfrak{M})$ und $Q = \bigcup_n A_n$ eine abzählbare Vereinigung von Mengen $A_n \in \mathfrak{M}$ $(n = 1, 2, \ldots)$. Der Wert $\mu(Q)$ ist genau dann endlich, wenn für die monoton wachsende Folge der Zahlen $m\left(\bigcup_{k=1}^{n} A_k\right)$ $(n = 1, 2, \ldots)$ der Grenzwert*

$$\lim_{n \to \infty} m\left(\bigcup_{k=1}^{n} A_k\right) \tag{4'}$$

endlich ist, und es gilt stets

$$\mu(Q) = \lim_{n \to \infty} m\left(\bigcup_{k=1}^{n} A_k\right). \tag{5}$$

Beweis: Wir setzen $\bigcup_{k=1}^{n} A_k = A_n'$ und wenden Aussage 1 an ●

Definition 1 ist damit äquivalent zu

Definition 1'. Sei $Q \in \sigma(\mathfrak{M})$. Ist $Q = \bigcup_n A_n$, $A_n \in \mathfrak{M}$ $(n = 1, 2, \ldots)$ und ist für die monoton wachsende Folge der Zahlen $m\left(\bigcup_{k=1}^{n} A_k\right)$ $(n = 1, 2, \ldots)$ der Grenzwert

$$\lim_{n \to \infty} m\left(\bigcup_{k=1}^{n} A_k\right), \tag{2'}$$

endlich, so setzen wir

$$\mu(Q) = \lim_{n \to \infty} m\left(\bigcup_{k=1}^{n} A_k\right). \tag{3'}$$

Aussage 3. *Ist $Q \in \sigma(\mathfrak{M})$ und $Q \subset E \in \mathfrak{M}$, dann ist der Wert von $\mu(Q)$ endlich (vgl. Abb. 64).*

Beweis: Es sei $Q = \bigcup_n A_n$ $(n = 1, 2, \ldots)$. Für beliebiges n ist $\bigcup_{k=1}^{n} A_k \subset E$, also $m\left(\bigcup_{k=1}^{n} A_k\right) \leqq m(E) = \text{const}$. Die in (4') auftretende monoton wachsende Zahlenfolge ist also beschränkt, d. h., der Grenzwert (4') ist endlich. Nach Aussage 2 ist auch $\mu(Q)$ endlich ●

Aussage 4. *Ist $\mathfrak{M}$ eine Algebra, so gilt $\tilde{\sigma}(\mathfrak{M}) = \sigma(\mathfrak{M})$, d. h., für alle $Q \in \sigma(\mathfrak{M})$ ist der Wert $\mu(Q)$ endlich.*

Das folgt unmittelbar aus der Aussage 3.

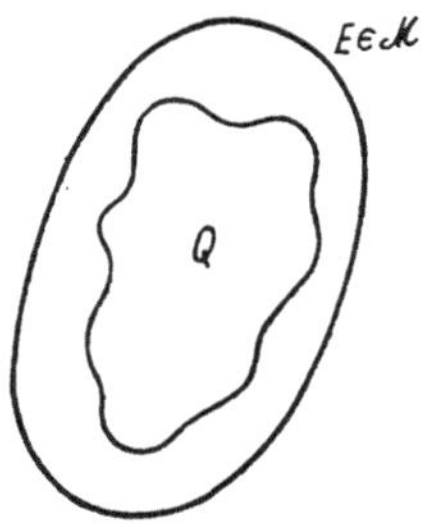

Abb. 64

Satz 1. *Sei $\tilde{\mu}$ eine beliebige σ-additive Erweiterung des Maßes m vom Ring $\mathfrak{M}$ auf eine gewisse Klasse $\tilde{\mathfrak{M}}$. Dann gilt für $Q \in \tilde{\mathfrak{M}} \cap \tilde{\sigma}(\mathfrak{M})$ stets $\tilde{\mu}(Q) = \mu(Q)$ (d. h., die σ-additive Erweiterung ist innerhalb der Klasse $\tilde{\sigma}(\mathfrak{M})$ eindeutig).*

Beweis: Sei durch $Q = \bigcup_n A_n$ eine abzählbare Zerlegung von Q in Mengen $A_n \in \mathfrak{M}$ $(n = 1, 2, \ldots)$ gegeben. Dann gilt nach Voraussetzung des Satzes

$$\mu(Q) = \sum_n m(A_n) = \tilde{\mu}(Q)$$

(vgl. (3)), d. h. $\mu(Q) = \tilde{\mu}(Q)$ ●

Lemma 2. *Sei $P \in \delta(\mathfrak{M})$, $P = \bigcap_n A_n = \bigcap_n B_n$ mit $A_1 \supset A_2 \supset \ldots \supset A_n \supset \ldots$; $B_1 \supset B_2 \supset \ldots \supset B_n \supset \ldots$; $A_n \in \mathfrak{M}$, $B_n \in \mathfrak{M}$ $(n = 1, 2, \ldots)$. Dann gilt stets*

$$\lim_{n\to\infty} m(A_n) = \lim_{n\to\infty} m(B_n)\,. \tag{7}$$

Beweis: Wir setzen $A = A_1 \cup B_1$. Dann ist

$$A \backslash P = \bigcup_n (A \backslash A_n) = \bigcup_n (A \backslash B_n)\,,$$[1]

dabei gilt

$$A \backslash A_1 \subset A \backslash A_2 \subset \ldots \subset A \backslash A_n \subset \ldots,$$
$$A \backslash B_1 \subset A \backslash B_2 \subset \ldots \subset A \backslash B_n \subset \ldots,$$

und alle diese Mengen liegen im Ring $\mathfrak{M}$. Also gilt $A \backslash P \in \sigma(\mathfrak{M})$, und wegen $A \backslash P \subset A \in \mathfrak{M}$ ist nach Aussage 3 der Wert $\mu(A \backslash P)$ endlich. Nach Aussage 1 ergibt sich

$$\mu(A \backslash P) = \lim_{n\to\infty} m(A \backslash A_n) = \lim_{n\to\infty} m(A \backslash B_n)\,,$$

woraus wegen

$$m(A_n) = m\big(A \backslash (A \backslash A_n)\big) = m(A) - m(A \backslash A_n)\,,$$
$$m(B_n) = m\big(A \backslash (A \backslash B_n)\big) = m(A) - m(A \backslash B_n)$$

Gleichung (7) folgt ●

Folgerung. *Ist $P \in \delta(\mathfrak{M})$, $P = \bigcap_n A_n = \bigcap_n B_n$ mit $A_n \in \mathfrak{M}$, $B_n \in \mathfrak{M}$ $(n = 1, 2, \ldots)$, dann gilt*

$$\lim_{n\to\infty} m\left(\bigcap_{k=1}^{n} A_k\right) = \lim_{n\to\infty} m\left(\bigcap_{k=1}^{n} B_k\right). \tag{7'}$$

[1] Wir benutzen die Eigenschaft, daß das Komplement der Durchschnitte gleich der Vereinigung der Komplemente ist.

Beweis: Setzen wir

$$\bigcap_{k=1}^{n} A_k = A'_n\,, \quad \bigcap_{k=1}^{n} B_k = B'_k\,,$$

so sind die Voraussetzungen von Lemma 2 erfüllt, und (7′) folgt aus (7) ●

Definition 2. Sei $P \in \delta(\mathfrak{M})$. Ist $P = \bigcap_n A_n$, $A_n \in \mathfrak{M}$ $(n = 1, 2, \ldots)$, dann setzen wir

$$\mu(P) = \lim_{n\to\infty} m\left(\bigcap_{k=1}^{n} A_k\right). \tag{8}$$

Diese Definition ist korrekt. Zunächst existiert der Grenzwert in (8) stets und ist endlich (weil der Ausdruck unter dem Grenzwertzeichen monoton fallend und nach unten durch Null beschränkt ist). Außerdem hängt der Wert dieses Limes nicht von der Darstellung der Menge P in der speziellen Form $P = \bigcap_n A_n$, $A_n \in \mathfrak{M}$ ab, was aus Lemma 2 folgt.

Die Funktion in (8) ist offensichtlich nichtnegativ und auf der gesamten Klasse $\delta(\mathfrak{M})$ definiert (im Unterschied zur Funktion in (3), die als endliche Funktion i. a. nur auf einer Teilklasse der Klasse $\sigma(\mathfrak{M})$, nämlich auf $\tilde{\sigma}(\mathfrak{M})$, definiert ist). Aus dem Weiteren wird folgen, daß die Funktion (8) ein Maß ist. Für $P \in \mathfrak{M}$ folgt wegen der Stetigkeit des σ-additiven Maßes m

$$m(P) = \lim_{n\to\infty} m\left(\bigcap_{k=1}^{n} A_k\right).$$

Ein Vergleich mit (8) zeigt, daß *das Maß* (8) *eine Erweiterung des Maßes m vom Ring* $\mathfrak{M}$ *auf die Klasse* $\delta(\mathfrak{M})$ *ist.*

Aus der Definition 2 ergibt sich die

Folgerung. *Ist* $P \in \delta(\mathfrak{M})$, $P = \bigcap_n A_n$ *mit* $A_1 \supset A_2 \supset \ldots \supset A_n \supset \ldots$; $A_n \in \mathfrak{M}$ $(n = 1, 2, \ldots)$, *dann gilt*

$$\mu(P) = \lim_{n\to\infty} m(A_n). \tag{8'}$$

In diesem Fall ist nämlich $\bigcap_{k=1}^{n} A_k = A_n$.

Satz 2. *Sei* $\tilde{\mu}$ *eine beliebige* σ*-additive Erweiterung des Maßes m vom Ring* $\mathfrak{M}$ *auf eine gewisse Klasse* $\tilde{\mathfrak{M}}$. *Ist* $P \in \tilde{\mathfrak{M}} \cap \delta(\mathfrak{M})$, *dann ist* $\tilde{\mu}(P) = \mu(P)$ (*d. h., die* σ*-additive Erweiterung ist innerhalb von* $\delta(\mathfrak{M})$ *eindeutig*).

Beweis: Ist $P = \bigcap_n A_n$, $A_n \in \mathfrak{M}$ $(n = 1, 2, \ldots)$, dann gilt nach den Voraussetzungen des Satzes

$$\mu(P) = \lim_{n\to\infty} m\left(\bigcap_{k=1}^{n} A_k\right) = \tilde{\mu}(P)$$

(vgl. (8) und die Bemerkung am Ende von 1.6) ●

Wir geben nun einige Eigenschaften der Funktionen aus (3) und (8) an. Eigentlich müßte man für diese Funktionen unterschiedliche Bezeichnungen einführen (wir haben bisher nur einen Buchstaben μ benutzt). Im folgenden werden wir aber sehen, daß dies nicht nötig ist. Wenn wir von Mengen $Q \in \sigma(\mathfrak{M})$ reden, dann sei μ durch (3) definiert, wenn es um Mengen $P \in \delta(\mathfrak{M})$ geht, sei μ durch (8) definiert.

Aussage 5. *Ist $Q \in \sigma(\mathfrak{M})$*[1] *und $P \in \delta(\mathfrak{M})$ sowie $Q \supset P$, dann gilt $\mu(Q) \geqq \mu(P)$.*

Beweis: Es genügt, den Beweis für endliches $\mu(Q)$ zu führen. Sei dazu

$$Q = \bigcup_n A_n, \quad A_1 \subset A_2 \subset \ldots \subset A_n \subset \ldots; \; A_n \in \mathfrak{M},$$

$$P = \bigcap_n B_n, \quad B_1 \supset B_1 \supset B_2 \supset \ldots \supset B_n \supset \ldots; \; B_n \in \mathfrak{M}$$

(vgl. Abb. 65), dann gilt

$$\lim_{n\to\infty} m(A_n) = \mu(Q), \quad \lim_{n\to\infty} m(B_n) = \mu(P) \tag{9}$$

(vgl. 2.8, Aussage 6 sowie (5) und (8′)). Dabei ist

$$A_1 \setminus B_1 \subset A_2 \setminus B_2 \subset \ldots \subset A_n \setminus B_n \in \mathfrak{M},$$

$$B_1 \setminus A_1 \supset B_2 \setminus A_2 \supset \ldots \supset B_n \setminus A_n \in \mathfrak{M},$$

und es läßt sich unschwer zeigen

$$\bigcup_n (A_n \setminus B_n) = Q \setminus P \in \sigma(\mathfrak{M}); \; \bigcap_n (B_n \setminus A_n) = \emptyset. \tag{10}$$

Also gilt

$$\left.\begin{aligned} \lim_{n\to\infty} m\,(A_n \setminus B_n) &= \mu\,(Q \setminus P),\\ \lim_{n\to\infty} m\,(B_n \setminus A_n) &= 0. \end{aligned}\right\} \tag{11}$$

Nun ist aber nach der Folgerung zu Aussage 2 in 2.1

$$m\,(A_n \setminus B_n) = m(A_n) - m(B_n) + m\,(B_n \setminus A_n)$$

(vgl. Abb. 66) und daher für $n \to \infty$ wegen (9) und (11)

$$\mu\,(Q \setminus P) = \mu(Q) - \mu(P). \tag{12}$$

Da $\mu\,(Q \setminus P) \geqq 0$ ist, folgt aus (12) die Behauptung ●

Aussage 6. *Aus $Q \in \sigma(\mathfrak{M})$, $P \in \delta(\mathfrak{M})$ und $P \supset Q$ folgt $\mu(P) \geqq \mu(Q)$.*

Beweis: Der Beweis verläuft im Prinzip wie der Beweis von Aussage 5. Anstelle von (10) genügt es, die Beziehung

$$\bigcap_n (B_n \setminus A_n) = P \setminus Q \in \delta(\mathfrak{M})$$

zu betrachten. Es gilt

$$\lim_{n\to\infty} m\,(B_n \setminus A_n) = \mu\,(P \setminus Q)$$

bzw.

$$\lim_{n\to\infty} m(B_n) - \lim_{n\to\infty} m(A_n) = \mu\,(P \setminus Q),$$

denn wegen $B_n \supset P \supset Q \supset A_n$ ist $m\,(B_n \setminus A_n) = m(B_n) - m(A_n)$ (vgl. Abb. 67). Wegen (9) bedeutet dies

$$\mu(P) - \mu(Q) = \mu\,(P \setminus Q) \geqq 0 \quad ● \tag{12'}$$

[1] Hier und im weiteren schreiben wir in den Fällen, wo die betrachteten Eigenschaften auch für den Fall $\mu(Q) = \infty$ gelten, anstelle von $Q \in \bar{\sigma}(\mathfrak{M})$ einfach $Q \in \sigma(\mathfrak{M})$.

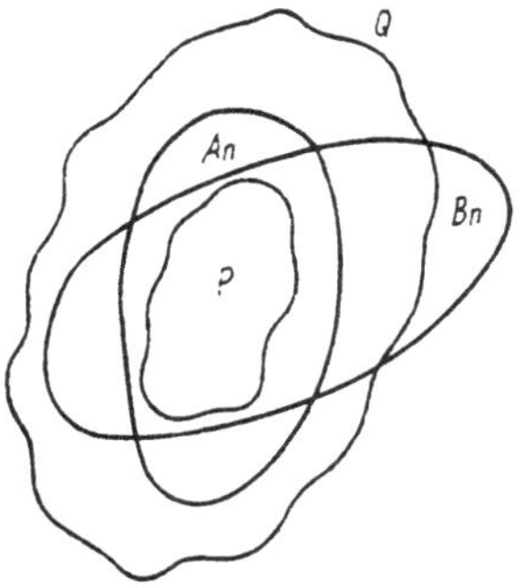

Abb. 65

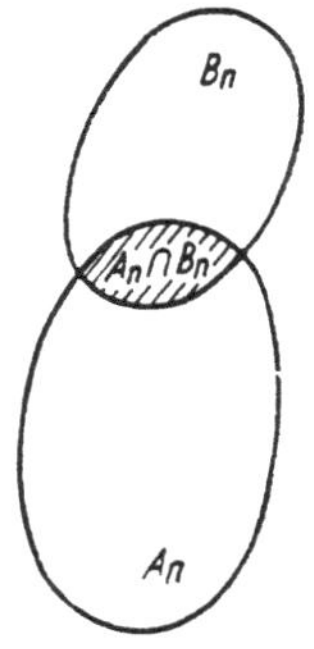

Abb. 66

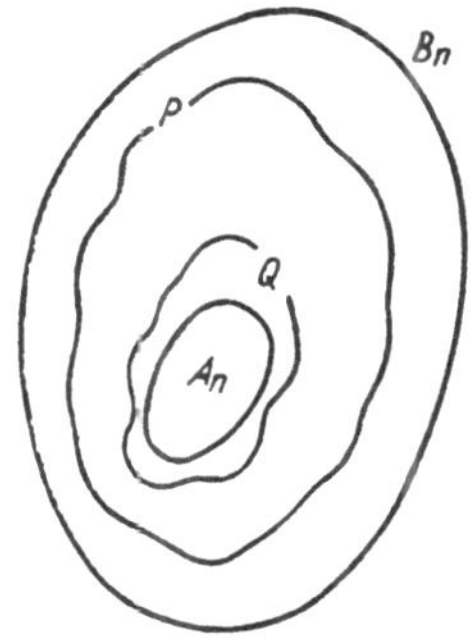

Abb. 67

Bemerkung. Gilt gleichzeitig $E \in \sigma(\mathfrak{M})$ und $E \in \delta(\mathfrak{M})$, so folgt aus den Aussagen 5 und 6 für $E = P = Q$ die Gleichheit $\mu(Q) = \mu(P)$, d. h., für $E \in \sigma(\mathfrak{M}) \cap \delta(\mathfrak{M})$ ergeben die Definitionen 1 und 2 dasselbe Maß. Daher waren auch keine unterschiedlichen Bezeichnungen erforderlich. Wir erhalten also als Ergebnis: *Die nach Definition 1 auf $\tilde{\sigma}(\mathfrak{M})$ und nach Definition 2 auf $\delta(\mathfrak{M})$ definierte Funktion μ ist eine Erweiterung des Maßes m vom Ring $\mathfrak{M}$ auf die Klasse $\tilde{\sigma}(\mathfrak{M}) \cup \delta(\mathfrak{M})$* (oder sogar auf die Klasse $\sigma(\mathfrak{M}) \cup \cup \delta(\mathfrak{M})$, falls wir auch unendliche Werte von μ zulassen). Wir werden im folgenden von dem Maß μ in diesem Sinne sprechen (daß es ein Maß ist, haben wir noch nicht gezeigt!).

Aus den Sätzen 1 und 2 folgt nun

Satz 3. *Ist $\tilde{\mu}$ eine beliebige σ-additive Erweiterung des Maßes m vom Ring $\mathfrak{M}$ auf eine Klasse $\tilde{\mathfrak{M}}$ und ist $E \in \tilde{\mathfrak{M}} \cap [\tilde{\sigma}(\mathfrak{M}) \cup \delta(\mathfrak{M})]$, dann gilt $\tilde{\mu}(E) = \mu(E)$ (d. h., die σ-additive Erweiterung ist innerhalb der Klasse $\tilde{\sigma}(\mathfrak{M}) \cup \delta(\mathfrak{M})$ eindeutig).*

Aussage 7. *Aus $Q, Q' \in \sigma(\mathfrak{M})$ und $Q \supset Q'$ folgt $\mu(Q) \geqq \mu(Q')$.*

Beweis: Es sei

$$Q = \bigcup_n A_n, \quad A_1 \subset A_2 \subset \ldots \subset A_n \subset \ldots; \; A_n \in \mathfrak{M},$$
$$Q' = \bigcup_n A'_n, \quad A'_1 \subset A'_2 \subset \ldots \subset A'_n \subset \ldots; \; A'_n \in \mathfrak{M}.$$

Man zeigt dann leicht

$$Q' = \bigcup_n (A_n \cap A'_n), \quad A_1 \cap A'_1 \subset A_2 \cap A'_2 \subset \ldots \subset A_n \cap A'_n \subset \ldots$$

und folglich

$$\mu(Q') = \lim_{n \to \infty} m\,(A_n \cap A'_n) \leqq \lim_{n \to \infty} m(A_n) = \mu(Q) \qquad \bullet$$

Übrigens folgt Aussage 7 auch aus Aussage 9.

Aussage 8. *Aus $P, P' \in \delta(\mathfrak{M})$ und $P \supset P'$ folgt $\mu(P) \geqq \mu(P')$.*

Beweis: Es sei

$$P = \bigcap_n B_n, \quad B_1 \supset B_2 \supset \ldots \supset B_n \supset \ldots; \; B_n \in \mathfrak{M}, \tag{13}$$
$$P' = \bigcap_n B'_n, \quad B'_1 \supset B'_2 \supset \ldots \supset B'_n \supset \ldots; \; B'_n \in \mathfrak{M}.$$

Dann ist

$$P' = \bigcap_n (B_n \cap B'_n), \quad B_1 \cap B'_1 \supset B_2 \cap B'_2 \supset \ldots \supset B_n \cap B'_n \supset \ldots$$

und folglich

$$\mu(P') = \lim_{n\to\infty} m\,(B_n \cap B'_n) \leqq \lim_{n\to\infty} m(B_n) = \mu(P) \quad \bullet$$

Aussage 9. *Aus* $Q, Q_n \in \sigma(\mathfrak{M})$ $(n = 1, 2, \ldots)$ *und* $Q \subset \bigcup_n Q_n$ *folgt* $\mu(Q) \leqq \sum_n \mu(Q_n)$ [1].

Beweis: Hier interessiert nur der Fall, daß die Glieder der Reihe $\sum_n \mu(Q_n)$ endlich sind und die Reihe konvergiert (siehe Fußnote). Es sei

$$Q = \bigcup_k A_k, \quad A_1 \subset A_2 \subset \ldots \subset A_k \subset \ldots; \; A_k \in \mathfrak{M}.$$

Durch $Q_n = \bigcup_i A_{ni}$ seien Zerlegungen der Mengen Q_n in Mengen $A_{ni} \in \mathfrak{M}$ $(i = 1, 2, \ldots;$ $n = 1, 2, \ldots)$ gegeben. Dann gilt

$$\mu(Q) = \lim_{k\to\infty} m(A_k), \quad \mu(Q_n) = \sum_i m(A_{ni}).$$

Für beliebiges k ist $A_k \subset Q \subset \bigcup_n Q_n = \bigcup_{n,i} A_{ni}$ und daher auf Grund der σ-Additivität des Maßes (siehe Aussage 5 in 2.1)

$$m(A_k) \leqq \sum_{n,i} m(A_{ni}) = \sum_n \mu(Q_n),$$

woraus sich für $k \to \infty$ die Behauptung ergibt $\bullet$

Aussage 9 ist natürlich auch für endliche Vereinigungen richtig, man braucht nur von einem gewissen Index n ab $Q_n = \emptyset$ zu setzen.

Aussage 10. *Ist für* $Q \in \sigma(\mathfrak{M})$ *durch* $Q = \bigcup_n Q_n$ *eine Zerlegung von* Q *in Mengen* $Q_n \in \sigma(\mathfrak{M})$ $(n = 1, 2, \ldots)$ *gegeben, so gilt*

$$\mu(Q) = \sum_n \mu(Q_n).$$

Beweis: Wieder interessiert nur der Fall $\mu(Q) < \infty$ (vgl. Aussage 9). Mit den Bezeichnungen im Beweis der Aussage 9 ist durch $Q = \bigcup_n Q_n = \bigcup_{n,i} A_{ni}$ eine Zerlegung von Q in Mengen A_{ni} gegeben, wobei die Reihe $\mu(Q) = \sum_{n,i} m(A_{ni})$ konvergiert (vgl. Definition 1 und Folgerung zu Lemma 1). Nun ist aber $\sum_{n,i} m(A_{ni}) = \sum_n \sum_i m(A_{ni}) = \sum_n \mu(Q_n)$, woraus die Behauptung folgt $\bullet$

Die Aussage 10 bleibt selbstverständlich auch für endliche Zerlegungen von Q richtig.

Aussage 11. *Aus* $P, P' \in \delta(\mathfrak{M})$ *und* $P \cap P' = \emptyset$ *folgt*

$$\mu\,(P \cup P') = \mu(P) + \mu(P').$$

---

[1]) Sind die Glieder der Reihe $\sum_n \mu(Q_n)$ endlich, aber die Reihe divergiert, oder ist ein Glied der Reihe unendlich, so setzen wir $\sum_n \mu(Q_n) = \infty$. In diesem Fall wird Aussage 9 trivial.

Beweis: Mit den Bezeichnungen in (13) ist, wie man leicht bestätigt,

$$B_1 \cup B_1' \supset B_2 \cup B_2' \supset \ldots \supset B_n \cup B_n' \supset \ldots ,$$
$$B_1 \cap B_1' \supset B_2 \cap B_2' \supset \ldots \supset B_n \cap B_n' \supset \ldots ,$$
$$\bigcap_n (B_n \cup B_n') = P \cup P' \in \delta(\mathfrak{M}) ,$$
$$\bigcap_n (B_n \cap B_n') = \emptyset$$

und folglich

$$\lim_{n\to\infty} m(B_n \cup B_n') = \mu(P \cup P') ,$$
$$\lim_{n\to\infty} m(B_n \cap B_n') = 0 .$$

Nun ist aber nach der Folgerung aus Aussage 2 in 2.1

$$m(B_n \cup B_n') = m(B_n) + m(B_n') - m(B_n \cap B_n')$$

(vgl. Abb. 68), und man erhält für $n \to \infty$

$$\mu(P \cup P') = \mu(P) + \mu(P') \quad \bullet$$

Eine entsprechende Aussage gilt selbstverständlich auch für endlich viele Summanden.

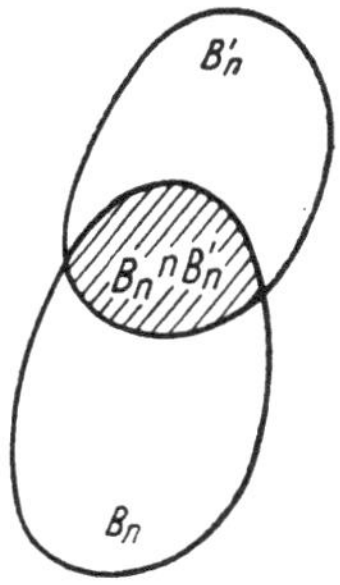

Abb. 68

Ergebnis: Aus den Aussagen 10 und 11 sowie aus (12) und (12′) folgt, daß die Funktion μ, betrachtet auf der Klasse $\mathfrak{K} = \tilde{\sigma}(\mathfrak{M}) \cup \delta(\mathfrak{M})$ endlich-additiv und folglich wirklich ein Maß ist (wie wir schon oben behauptet haben). Dies läßt sich übrigens auch als einfache Folgerung aus dem Inhalt von Abschnitt 3.6 herleiten.

3.4. Erweiterung eines σ-additiven Maßes von einem δ-Ring $\mathfrak{M}$ auf die Klasse $\sigma(\mathfrak{M})$

Es sei $\mathfrak{M}$ ein δ-Ring und m ein auf $\mathfrak{M}$ definiertes σ-additives Maß (mit anderen Worten: m sei ein LUSIN-Maß). Dann ist $\mathfrak{M} = \delta(\mathfrak{M})$. Weiterhin sei μ die Erweiterung des Maßes m vom Ring $\mathfrak{M}$ auf die Klasse $\tilde{\sigma}(\mathfrak{M})$ im Sinne von Abschnitt 3.3. Unter diesen Voraussetzungen zeigen wir

Aussage 1. *$\tilde{\sigma}(\mathfrak{M})$ ist ein Ring.*

Beweis: Seien $Q, Q' \in \tilde{\sigma}(\mathfrak{M})$. Dann ist
(i) $Q \cup Q' \in \tilde{\sigma}(\mathfrak{M})$ nach Aussage 9 in 3.3;

(ii) $Q \setminus Q' \in \tilde{\sigma}(\mathfrak{M})$ nach Aussage 9 in 2.8;
und wegen $Q \setminus Q' \subset Q$ gilt $Q \setminus Q' \in \tilde{\sigma}(\mathfrak{M})$ (vgl. Aussage 7 in 3.3). Somit ist $\tilde{\sigma}(\mathfrak{M})$ ein Ring ●

Aussage 2. *μ ist ein Borel-Maß.*

Beweis: Es seien $Q_n \in \tilde{\sigma}(\mathfrak{M})$ $(n=1, 2, \ldots)$ paarweise disjunkte Mengen, und es konvergiere die Reihe $\sum_n \mu(Q_n)$. Dann gilt für $Q = \bigcup_n Q_n$ die Beziehung $Q \in \sigma(\mathfrak{M})$, und nach Aussage 10 in 3.3 ergibt sich $\mu(Q) = \sum_n \mu(Q_n)$. Also ist $Q \in \tilde{\sigma}(\mathfrak{M})$ und damit μ ein Borel-Maß ●

Ergebnis: *Ein auf einem δ-Ring definiertes σ-additives Maß, d. h. ein beliebiges Lusin-Maß, läßt sich immer zu einem Borel-Maß erweitern* [1]). *Diese Erweiterung ist die auf der Klasse $\tilde{\sigma}(\mathfrak{M}) \subset \sigma(\mathfrak{M})$ definierte Funktion μ aus* 3.3.

Man sieht leicht, daß dann die Klasse der μ-meßbaren Mengen und die Klasse der m-meßbaren Mengen gleich sind (vgl. Aussage 2 in 2.8).

3.5. Lebesguesche Erweiterung σ-additiver Maße. Inneres und äußeres Lebesgue-Maß

Die folgenden Ausführungen sind (bis auf wenige Ausnahmen) nur für den Fall von Interesse, daß das betrachtete Maß μ kein vollständiges Borel-Maß ist. Sei μ ein σ-additives Maß, definiert auf einem Halbring $\mathcal{H}$. Wir erweitern das Maß auf den von $\mathcal{H}$ erzeugten Ring $\mathfrak{M}$ und dann gemäß 3.3 auf die Klasse $\mathfrak{K} = \tilde{\sigma}(\mathfrak{M}) \cup \delta(\mathfrak{M})$. Für diese Erweiterungen benutzen wir stets den Buchstaben μ. Mit $\bar{\mu}$ bezeichnen wir schließlich die klassische Erweiterung des Maßes von der Klasse $\mathfrak{K}$ auf die Klasse $\bar{\mathcal{H}}$ (vgl. 3.1). Man sagt dann, daß $\bar{\mu}$ die *Erweiterung des Maßes μ nach dem Lebesgueschen Prinzip* vom Halbring $\mathcal{H}$ auf die Klasse $\bar{\mathcal{H}}$ ist, oder nennt kurz $\bar{\mu}$ die *Lebesguesche Erweiterung* des Maßes μ. Die Klasse $\bar{\mathcal{H}}$ heißt *Lebesguesche μ-Erweiterung* des Halbrings $\mathcal{H}$.

Bemerkung. Ist $\mathcal{H}$ bereits ein Ring oder $\mathfrak{M}$ ein σ-Ring, dann entfallen beim Lebesgueschen Erweiterungsprinzip entsprechende Schritte.

In 3.6 wird gezeigt werden, daß
- $\bar{\mathcal{H}}$ ein Ring
- $\bar{\mu}$ ein vollständiges Borel-Maß und
- die σ-additive Erweiterung des Maßes μ vom Halbring $\mathcal{H}$ innerhalb von $\bar{\mathcal{H}}$ eindeutig ist.

Auf der Klasse K aller $\mathfrak{K}$-majorisierbaren Mengen [2]) betrachten wir das durch μ induzierte innere und äußere Maß (vgl. 3.1)

$$\mu_i(E) = \sup \{\mu(A) \colon A \in \mathfrak{K},\ A \subseteq E\}\,, \tag{1}$$

$$\mu_e(E) = \inf \{\mu(B) \colon B \in \mathfrak{K},\ B \supset E\}\,. \tag{2}$$

---

[1]) Diese Aussage folgt auch aus der allgemeinen Theorie, die später behandelt wird. Aber hier ergibt sie sich auf ganz elementarem Wege.

[2]) Offenbar gilt $E \in \mathsf{K}$ genau dann, wenn eine bez. μ endliche Menge $Q \in \sigma(\mathfrak{M})$, d. h. $Q \in \tilde{\sigma}(\mathfrak{M})$ mit $Q \supset E$ existiert (da jedes $P \in \delta(\mathfrak{M})$ in einer gewissen Menge $A \in \mathfrak{M} \subset \tilde{\sigma}(\mathfrak{M})$ enthalten ist).

Die Funktionen (1) und (2) heißen in diesem Fall auch *inneres* und *äußeres Lebesguesches Maß* (induziert durch das auf dem Halbring $\mathcal{H}$ definierte Maß μ).

Wir geben einige Eigenschaften des inneren und äußeren LEBESGUEschen Maßes (auf der Klasse K) an:[1])

Aussage 1. *Es ist (vgl. Abb.* 69)

$$\mu_i(E) = \sup\,\{\mu(P) : P \in \delta(\mathfrak{M}),\ P \subset E\}\,, \tag{1'}$$

$$\mu_e(E) = \inf\,\{\mu(Q) : Q \in \sigma(\mathfrak{M}),\ Q \supset E\}\,. \tag{2'}$$

Mit anderen Worten: Man braucht hier in der Gleichung (1) zur Bestimmung des inneren Maßes nicht alle Mengen $A \subset E$ aus der Klasse $\mathcal{H}$ zu betrachten, sondern nur die aus $\delta(\mathfrak{M})$. Ähnlich braucht man in der Gleichung (2) zur Bestimmung des äußeren Maßes nur die Mengen aus $\sigma(\mathfrak{M})$ zu betrachten. Demzufolge stellen die Beziehungen (1′) und (2′) eine andere Form der Definition von innerem und äußerem LEBESGUEschen Maß dar.

Beweis: (1′): Wir können annehmen, daß unter den in E enthaltenen Mengen aus $\mathcal{H}$ eine Menge $Q \in \tilde{\sigma}(\mathfrak{M}) \backslash \delta(\mathfrak{M})$ existiert (vgl. Abb. 70a). Andernfalls wären nämlich die rechten Seiten in (1) und (1′) bereits identisch. Wir bezeichnen die rechte Seite der Gleichung (1′) der Einfachheit halber mit $\mu_i'(E)$. Offenbar ist

$$\mu_i(E) \geqq \mu_i'(E) \tag{3}$$

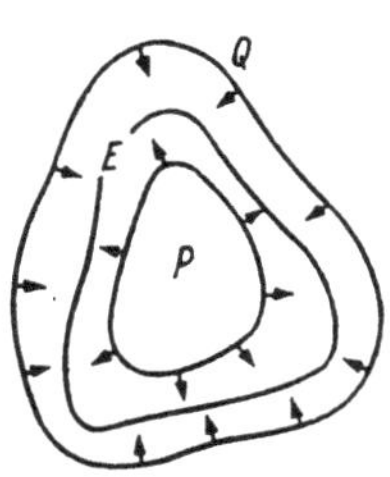

Abb. 69

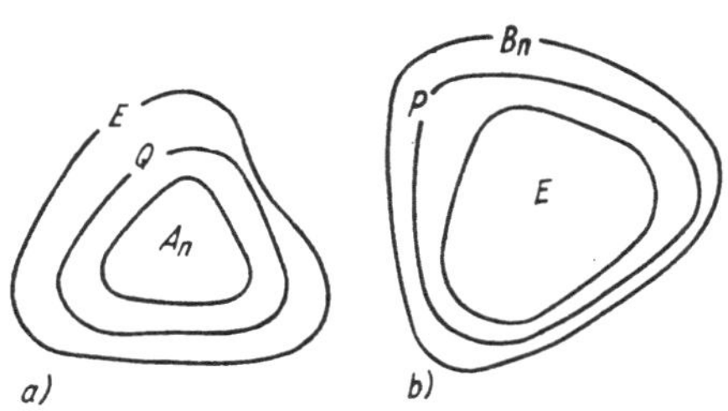

Abb. 70

Abb. 71

(durch Verkleinerung einer Zahlenmenge kann sich ihr Supremum höchstens verkleinern und ihr Infimum höchstens vergrößern, vgl. Abb 71). Jedes so angenommene Q kann in folgender Form dargestellt werden:

$$Q = \bigcup_n A_n \quad \text{mit} \quad A_1 \subset A_2 \subset \ldots \subset A_n \subset \ldots,$$

$$A_n \in \mathfrak{M} \subset \delta(\mathfrak{M}) \quad \text{mit} \quad \mu(A_n) \to \mu(Q), \quad \mu(Q) < \infty.$$

Dann ist $A_n \subset Q \subset E$ und daher für beliebiges n

$$\mu(A_n) \leqq \mu_i'(E)\,,$$

woraus für $n \to \infty$

$$\mu(Q) \leqq \mu_i'(E) \tag{4}$$

folgt. Andererseits ergibt sich aus $P \in \delta(\mathfrak{M})$, $P \subset E$, offensichtlich

$$\mu(P) \leqq \mu_i'(E)\,. \tag{5}$$

Wegen (4) und (5) erhält man $\mu_i(E) \leqq \mu_i'(E)$, woraus mit (3) schließlich (1′) folgt.

[1]) Auf der Klasse K sind die Werte von μ_i und μ_e endlich (vgl. 3.1).

Der Beweis von (2') verläuft analog. In der Menge aller $B \in \mathcal{H}$ mit $E \subset B$ existiere eine Menge $P \in \delta(\mathfrak{M}) \setminus \sigma(\mathfrak{M})$ (vgl. Abb. 70b). Offenbar gilt

$$\mu_e(E) \leqq \mu_e'(E) , \tag{3'}$$

wobei $\mu_e'(E)$ die rechte Seite der Gleichung (2') bezeichnet. Jedes solche P besitzt die Form $P = \bigcap_n B_n$ mit $B_1 \supset B_2 \supset \ldots \supset B_n \supset \ldots$; $B_n \in \mathfrak{M} \subset \sigma(\mathfrak{M})$, wobei $\mu(B_n) \to \mu(P)$ gilt. Damit ist $B_n \supset P \supset E$ und folglich $\mu(B_n) \geqq \mu_e'(E)$, $\mu(P) \geqq \mu_e'(E)$, $\mu_e(E) \geqq \mu_e'(E)$, woraus mit (3') schließlich (2') folgt ●

Aussage 2. *Sei $E \in \mathsf{K}$. Ist durch $E = \bigcup_{n=1}^{\infty} E_n$ eine Zerlegung von E gegeben, so gilt*

$$\mu_i(E) \geqq \sum_n \mu_i(E_n) . \tag{6}$$

Beweis: Aus der Endlichkeit von $\mu_i(E)$ folgt die Endlichkeit aller $\mu_i(E_n)$, $n = 1, 2, \ldots$ Nach Aussage 1 existieren zu jedem $\varepsilon > 0$ Mengen $P_n \in \delta(\mathfrak{M})$ mit $P_n \subset E_n$, $\mu(P_n) > \mu_i(E_n) - \frac{\varepsilon}{2^n}$, $n = 1, 2, \ldots$ Dabei ist $E \supset \bigcup_n P_n$, $P_i \cap P_j = \emptyset$ für $i \neq j$ und folglich

$$\mu_i(E) \geqq \mu\left(\bigcup_{k=1}^{n} P_k\right) = \sum_{k=1}^{n} \mu(P_k) > \sum_{k=1}^{n} \mu_i(E_k) - \varepsilon ,$$

(wobei wir Aussage 11 in 3.3 ausgenutzt haben). Für $n \to \infty$ folgt

$$\mu_i(E) \geqq \sum_n \mu_i(E_n) - \varepsilon .$$

Da $\varepsilon > 0$ beliebig war, folgt daraus (6) ●

Aussage 3. *Ist $E = \bigcup_{n=1}^{\infty} E_n$ und $\sum_n \mu_e(E_n) < \infty$, dann gilt $E \in \mathsf{K}$ und*

$$\mu_e(E) \leqq \sum_n \mu_e(E_n) . \tag{7}$$

Beweis: Nach Voraussetzung gilt $\mu_e(E_n) < \infty$ für alle n, wegen Aussage 1 existiert für jedes $\varepsilon > 0$ ein $Q_n \in \sigma(\mathfrak{M})$ mit $Q_n \supset E_n$ und $\mu(Q_n) < \mu_e(E_n) + \frac{\varepsilon}{2^n}$, $n = 1, 2, \ldots$ Nun ist $E \subset \bigcup_n Q_n$, und nach Aussage 9 in 3.3 gilt

$$\mu_e(E) \leqq \mu(\bigcup_n Q_n) \leqq \sum_n \mu(Q_n) < \sum_n \mu_e(E_n) + \varepsilon .$$

Da $\varepsilon > 0$ beliebig war, folgt daraus (7) ●

Bemerkung. Die Aussagen 2 und 3 gelten natürlich auch für endliche Vereinigungen (man braucht dann nur alle E_n von einem gewissen n ab gleich der leeren Menge zu setzen).

Aussage 4. *Sei $\tilde{\mu}$ eine beliebige σ-additive Erweiterung des Maßes μ vom Halbring $\mathcal{H}$ auf einen Halbring $\tilde{\mathcal{H}}$. Ist dann $E \in \tilde{\mathcal{H}} \cap \mathsf{K}$, so gilt*

$$\mu_i(E) \leqq \tilde{\mu}(E) \leqq \mu_e(E) . \tag{8}$$

Beweis: Wir können annehmen, daß $\mathcal{H}$ ein Ring ist, weil man sonst stets μ auf den von $\mathcal{H}$ erzeugten Ring erweitern könnte. Wie schon zu Beginn dieses Abschnittes

wollen wir annehmen, daß das Maß μ unter Beibehaltung der σ-Additivität bereits von $\mathcal{H}$ auf den von $\mathcal{H}$ erzeugten Ring $\mathfrak{M}$ und anschließend auf die Klasse $\mathcal{K}=\sigma(\mathfrak{M})\cup\delta(\mathfrak{M})$ erweitert wurde (dies ist nach den Aussagen 1 bis 4 in 3.6 stets möglich; vgl. Abb. 72a).

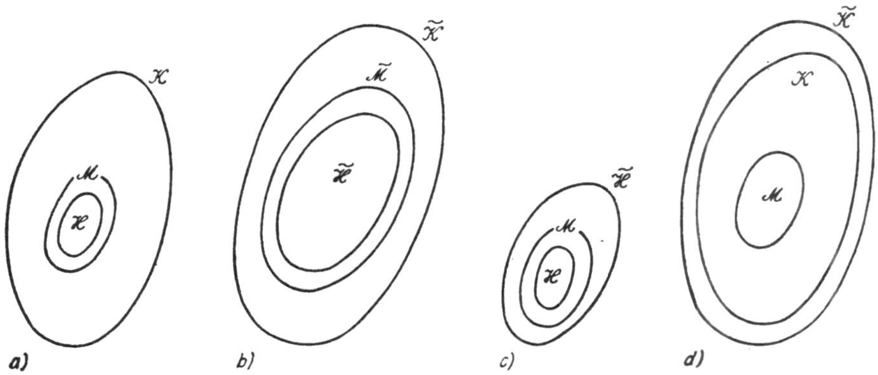

Abb. 72

Analog sei das Maß $\tilde{\mu}$ erweitert (vgl. Abb. 72b). Aus $\mathcal{H}\subset\tilde{\mathcal{H}}$ folgt $\mathfrak{M}\subset\tilde{\mathcal{H}}$, da $\mathfrak{M}$ der von $\mathcal{H}$ erzeugte Ring ist. Auf $\mathfrak{M}$ gilt $\tilde{\mu}=\mu$ (wegen der Eindeutigkeit der Erweiterung eines Maßes vom Halbring auf den von ihm erzeugten Ring (vgl. Abb. 72c)). Offenbar ist $\mathcal{K}\subset\tilde{\mathcal{K}}$ und $\tilde{\mu}=\mu$ auf $\mathcal{K}$ (wegen der Eindeutigkeit der σ-additiven Erweiterung eines Maßes vom Ring $\mathfrak{M}$ auf die Klasse $\mathcal{K}$; vgl. Abb. 72d). Infolge $E\in\mathsf{K}$ existieren Mengen $A\in\mathcal{K}$, $B\in\mathcal{K}$ mit $A\subset E\subset B$. Da für beliebige solche Mengen A und B die Beziehungen

$$\tilde{\mu}(A)\leqq\tilde{\mu}(E)\leqq\tilde{\mu}(B)$$

und somit

$$\mu(A)\leqq\tilde{\mu}(E)\leqq\mu(B)$$

gelten, ergibt sich daraus leicht (8) ●

3.6. Eigenschaften der Lebesgueschen Erweiterung. Borelsche Erweiterung σ-additiver Maße

Wir behalten die Bezeichnungen aus 3.5 bei und betrachten die Klasse $\overline{\mathcal{H}}\subset\mathsf{K}$ aller Mengen E, für die $\mu_i(E)=\mu_e(E)$ gilt, und auf ihr die Funktion

$$\bar{\mu}(E)=\mu_i(E)=\mu_e(E)\,, \tag{1}$$

die wir in 3.5 LEBESGUEsche Erweiterung des Maßes μ vom Halbring $\mathcal{H}$ auf die Klasse $\overline{\mathcal{H}}$ genannt haben.

Wir geben nun einige Eigenschaften der Funktion $\bar{\mu}$ an:

Aussage 1. *$\bar{\mu}$ ist nichtnegativ, monoton und fällt auf der Klasse $\mathcal{K}$ mit μ zusammen.* Dies folgt aus den Aussagen 1 bis 5 in 3.1.

Aussage 2. *$E\in\overline{\mathcal{H}}$ gilt genau dann, wenn für jedes $\varepsilon>0$ ein $P\in\delta(\mathfrak{M})$ und ein $Q\in\sigma(\mathfrak{M})$ mit*

$$P\subset E\subset Q \quad \text{und} \quad \mu(Q)-\mu(P)<\varepsilon$$

existieren.

Der Beweis verläuft ebenso wie der Beweis von Satz 1 in 3.1, man braucht dort nur die Buchstaben A und B durch P und Q zu ersetzen und Aussage 1 in 3.5 anzuwenden.

Aussage 3. *Ist durch $E = \bigcup_n E_n$ eine endliche oder abzählbare Zerlegung von E in Mengen $E_n \in \mathcal{H}$ $(n = 1, 2, \ldots)$ gegeben und gilt $\sum_n \mu(E_n) < \infty$, dann ist $E \in \overline{\mathcal{H}}$ und*

$$\bar{\mu}(E) = \sum_n \bar{\mu}(E_n)\,. \tag{2}$$

Beweis: Nach Voraussetzung ist $\bar{\mu}(E_n) = \mu_i(E_n) = \mu_e(E_n)$ $(n = 1, 2, \ldots)$, und nach den Aussagen 2 und 3 in 3.5 gilt

$$\sum_n \mu_e(E_n) \geqq \mu_e(E) \geqq \mu_i(E) \geqq \sum_n \mu_i(E_n)$$

und daher

$$\mu_e(E) = \mu_i(E) = \sum_n \mu(E_n) \quad \bullet$$

Bemerkung. Ist μ ein endlich-additives Maß auf einem Ring $\mathfrak{M}$, so bleiben in diesem Falle die Aussagen 2 und 3 in 3.5, auf die sich der Beweis von (2) stützt, offenbar richtig, falls nur endliche Vereinigungen betrachtet werden. Wir erhalten also folgendes

Ergebnis: *Die in 3.2 betrachtete Jordansche Erweiterung $\bar{\mu}$ des Maßes μ vom Ring $\mathfrak{M}$ auf einen Ring $\overline{\mathfrak{M}}$ ist endlich-additiv und somit wirklich ein Maß.*

Aussage 4. *$\overline{\mathcal{H}}$ ist ein Ring.*

Der Beweis verläuft wie der Beweis zu Satz 3 in 3.1, man braucht dort nur die Buchstaben A und B durch P und Q zu ersetzen und Aussage 1 in 3.5 anzuwenden.

Die Aussage 3 und 4 besagen zusammen: *Die Funktion $\bar{\mu}$ ist ein Borel-Maß.*

Aussage 5. *$\bar{\mu}$ ist ein vollständiges Maß.*

Beweis: Gilt $E' \subset E$ und $\mu(E) = 0$, dann ist nach den Eigenschaften des inneren und äußeren Maßes

$$\mu_i(E') \leqq \mu_e(E') \leqq \mu_e(E) = \bar{\mu}(E) = 0$$

also

$$\mu_i(E') = \mu_e(E') = 0, \quad \text{d. h.} \quad E' \in \overline{\mathcal{H}} \quad \text{und} \quad \bar{\mu}(E') = 0 \quad \bullet$$

Aussage 6. *Sei $\tilde{\mu}$ eine beliebige σ-additive Erweiterung des Maßes μ vom Halbring $\mathcal{H}$ auf einen Halbring $\tilde{\mathcal{H}}$. Für jedes $E \in \tilde{\mathcal{H}} \cap \overline{\mathcal{H}}$ gilt dann $\tilde{\mu}(E) = \bar{\mu}(E)$ (d. h., die σ-additive Erweiterung des Maßes μ ist innerhalb von $\overline{\mathcal{H}}$ eindeutig).*

Dies folgt sofort aus Aussage 6 in 3.5.

Aussage 7. *Ist μ ein vollständiges Borel-Maß auf einem Ring $\mathfrak{M}$, dann gilt $\overline{\mathfrak{M}} = \mathfrak{M}$ und $\bar{\mu} = \mu$.*[1])

---

[1]) In diesem Fall spielt der Ring $\mathfrak{M}$ die Rolle des Ausgangshalbringes $\mathcal{H}$ (vgl. den Beginn von 3.5).

Beweis: Nach Konstruktion ist $\mathcal{M}\subset\overline{\mathcal{M}}$ und $\bar{\mu}=\mu$ auf $\mathcal{M}$. Wir brauchen nur zu zeigen, daß aus $E\in\overline{\mathcal{M}}$ stets $E\in\mathcal{M}$ folgt. Da μ ein BOREL-Maß ist, gilt $\mathcal{M}=\delta(\mathcal{M})=\bar{\sigma}(\mathcal{M})$ (vgl. 2.10). Nach Aussage 2 existieren für jede natürliche Zahl n Mengen P_n und Q_n aus $\mathcal{M}$, für die

$$P_n\subset E\subset Q_n, \quad \mu(Q_n)-\mu(P_n)<\frac{1}{n}$$

gilt. Daraus ergibt sich

$$\bigcup_n P_n\subset E\subset \bigcap_n Q_n, \quad \bigcup_n P_n\in\mathcal{M}, \quad \bigcap_n Q_n\in\mathcal{M}.$$

und

$$\mu\,(\bigcap_n Q_n\setminus\bigcup_n P_n)\leqq\mu\,(Q_n\setminus P_n)<\frac{1}{n} \quad (n=1, 2, \ldots),$$

also

$$\mu\,(\bigcap_n Q_n\setminus\bigcup_n P_n)=0\,.$$

Nun ist aber

$$E\setminus\bigcup_n P_n\subset\bigcap_n Q_n\setminus\bigcup_n P_n$$

und wegen der Eigenschaft der Vollständigkeit folgt

$$E\setminus\bigcup_n P_n\in\mathcal{M}, \quad E=(E\setminus\bigcup_n P_n)\cup\bigcup_n P_n\in\mathcal{M}$$

(vgl. Abb. 73), was zu zeigen war ●

Aussage 8. *Ist das Maß μ' eine Erweiterung des Maßes μ vom Halbring $\mathcal{H}$ auf den Halbring $\mathcal{H}'$, so gilt für die entsprechenden Lebesgueschen (μ- bzw. μ'-) Erweiterungen $\overline{\mathcal{H}}\subset\overline{\mathcal{H}}'$.*

Mit anderen Worten: Wird der Ausgangshalbring $\mathcal{H}$ reicher an Elementen, dann kann auch die Klasse $\overline{\mathcal{H}}$ der Mengen, für die (1) gilt, höchstens umfangreicher werden (vgl. (1) und (2) in 3.5); und dies ist unmittelbar einzusehen.

Aussage 9. *Ist $\mathcal{H}'$ ein Halbring mit $\mathcal{H}'\subset\overline{\mathcal{H}}$ und $\mu'=\bar{\mu}$ auf $\mathcal{H}'$, dann gilt $\overline{\mathcal{H}}'\subset\overline{\mathcal{H}}$ und $\overline{\mu'}=\bar{\mu}$ auf $\overline{\mathcal{H}}'$ (vgl. Abb. 74).*

Beweis: Nach Aussage 8 ist $\overline{\mathcal{H}}'\subset\overline{\overline{\mathcal{H}}}$. Wegen Aussage 7 gilt $\overline{\overline{\mathcal{H}}}=\overline{\mathcal{H}}$ und daher $\overline{\mathcal{H}}'\subset\overline{\mathcal{H}}$. Auf Grund von Aussage 6 ist die σ-additive Erweiterung des Maßes μ' innerhalb von $\overline{\mathcal{H}}'$ eindeutig, darum gilt $\overline{\mu'}=\bar{\mu}$ (vgl. Abb. 74) ●

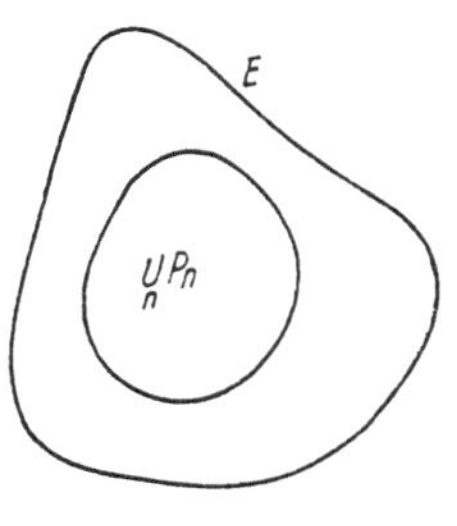

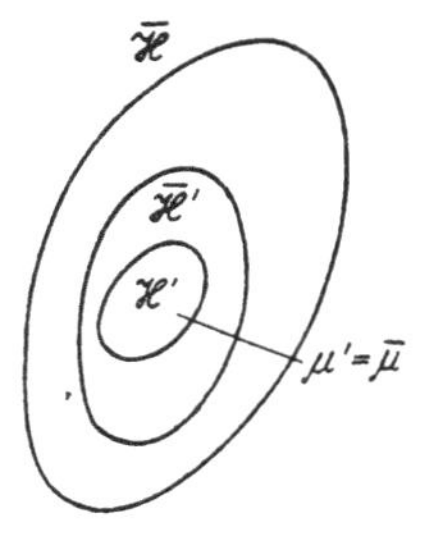

Abb. 73
Abb. 74

Aussage 10. *Ist $\mathcal{H}'$ ein Halbring mit $\mathcal{H}\subset\mathcal{H}'\subset\bar{\mathcal{H}}$ und $\mu'=\bar{\mu}$ auf $\mathcal{H}'$, dann ist $\bar{\mathcal{H}}'=\bar{\mathcal{H}}$ und $\bar{\mu}'=\bar{\mu}$.*

Beweis: Auf Grund der Aussagen 8 und 9 ist $\bar{\mathcal{H}}\subset\bar{\mathcal{H}}'\subset\bar{\mathcal{H}}$, also $\bar{\mathcal{H}}'=\bar{\mathcal{H}}$ und $\bar{\mu}'=\bar{\mu}$ auf $\bar{\mathcal{H}}$ ●

Wir kommen nun zum Begriff der Borelschen Erweiterung des Maßes μ und erinnern zunächst daran, daß – wie für jedes Borel-Maß – die Klasse der $\bar{\mu}$-meßbaren Mengen, d. h. die Klasse $\sigma(\bar{\mathcal{H}})\supset\mathcal{H}$ ein σ-Ring ist (vgl. Aussage 6 in 2.10). Weiter betrachten wir den von $\mathcal{H}$ erzeugten σ-Ring $\mathcal{B}$. Da $\mathcal{B}$ der kleinste $\mathcal{H}$ enthaltende σ-Ring ist, gilt $\mathcal{B}\subset\sigma(\bar{\mathcal{H}})$. $\mathcal{B}$ besteht also nur aus $\bar{\mu}$-meßbaren Mengen. Wir setzen $\hat{\mathcal{H}}=\bar{\mathcal{H}}\cap\mathcal{B}$, mit anderen Worten: $\hat{\mathcal{H}}$ ist die Klasse aller Mengen E aus $\mathcal{B}$, die endlich bez. $\bar{\mu}$ sind. $\hat{\mathcal{H}}$ ist dann als Durchschnitt zweier Ringe selbst ein Ring.

Die durch $\hat{\mu}=\bar{\mu}$ auf $\hat{\mathcal{H}}$ definierte Funktion heißt *Borelsche Erweiterung* des Maßes μ vom Halbring $\mathcal{H}$ auf den Ring $\hat{\mathcal{H}}$. Das heißt, die Borelsche Erweiterung $\hat{\mu}$ von μ entsteht dadurch, daß die Lebesguesche Erweiterung $\bar{\mu}$ von μ lediglich auf dem Ring $\hat{\mathcal{H}}\subset\bar{\mathcal{H}}$ betrachtet wird. Man sieht leicht, daß $\hat{\mu}$ ein Borel-Maß ist (der Leser beweise dies), jedoch ist $\hat{\mu}$ i. a. nicht vollständig.

Die Funktion $\hat{\mu}$ stellt in gewissem Sinne das minimale Borel-Maß dar, das durch Erweiterung des Maßes μ vom Halbring $\mathcal{H}$ entsteht. Die Klasse aller $\hat{\mu}$-meßbaren Mengen, d. h. die Klasse $\sigma(\hat{\mathcal{H}})$, ist nämlich gleich $\mathcal{B}$. Zum Beweis sei $E\in\sigma(\hat{\mathcal{H}})$ und folglich $E=\bigcup\limits_n E_n$ mit $E_n\in\hat{\mathcal{H}}$ $(n=1, 2, \ldots)$. Wegen $\hat{\mathcal{H}}=\bar{\mathcal{H}}\cap\mathcal{B}$ gilt $E_n\in\mathcal{B}$, $E\in\mathcal{B}$ und daher $\sigma(\hat{\mathcal{H}})\subset\mathcal{B}$. Nun ist aber $\sigma(\hat{\mathcal{H}})$ ein σ-Ring, weil $\hat{\mu}$ ein Borel-Maß ist. Auf Grund von $\sigma(\hat{\mathcal{H}})\supset\mathcal{H}$ folgt somit $\sigma(\hat{\mathcal{H}})\supset\mathcal{B}$ (nach Definition von $\mathcal{B}$). Also ist $\sigma(\hat{\mathcal{H}})=\mathcal{B}$.

3.7. Das Lebesgue-Maß auf der Geraden

Es sei $\mathcal{H}$ der Halbring aller endlichen rechtsoffenen Intervalle $E=[\alpha, \beta)$ der Zahlengeraden. Auf $\mathcal{H}$ sei ein Maß μ durch

$$\mu(E)=\beta-\alpha\,, \tag{1}$$

d. h. die Länge des Intervalls E, definiert. Dieses Maß μ ist, wie wir wissen, σ-additiv (vgl. 2.4).

Die Lebesguesche Erweiterung $\bar{\mu}$ des Maßes μ vom Halbring $\mathcal{H}$ auf den entsprechenden Ring $\bar{\mathcal{H}}$ heißt *lineares* (bzw. *eindimensionales*) *Lebesgue-Maß* oder *Lebesgue-Maß auf der Geraden*. Es wurde in 3.6 gezeigt, daß $\bar{\mu}$ ein vollständiges Borel-Maß ist. Die $\bar{\mu}$-meßbaren Mengen, d. h. die Mengen, die in der Klasse $\mathfrak{L}=\sigma(\bar{\mathcal{H}})$ liegen, heißen *Lebesgue-meßbare Mengen* (bez. des linearen Lebesgue-Maßes). Ist $X\in\bar{\mathcal{H}}$, so sagt man, daß X eine *bez. des (linearen) Lebesgue-Maßes endliche* Menge ist, oder kurz, daß X *endliches Lebesgue-Maß besitzt*. Gilt $X\in\mathfrak{L}\setminus\bar{\mathcal{H}}$, so nennt man X eine *bez. des (linearen) Lebesgue-Maßes unendliche* (bzw. auch *σ-endliche*) *Menge* oder sagt kurz, *X besitzt unendliches Lebesgue-Maß*.[1])

[1]) Diese Terminologie steht mit den entsprechenden vorn eingeführten Begriffen (Ende von 2.8) im Einklang. Zum Verständnis der Bezeichnung „unendlich" vgl. die Ausführungen im Anschluß an Aussage 6 in 2.10 (Anm. d. Hrsgb.).

In unserem Falle ist der von $\mathcal{H}$ erzeugte Ring gerade die Menge aller Vereinigungen der Gestalt

$$A = \bigcup_{k=1}^{n} [\alpha_k, \beta_k)$$

von paarweise disjunkten rechtsoffenen Intervallen mit beliebiger natürlicher Zahl n. Die entsprechende Erweiterung des Maßes (1) ist durch

$$\mu(A) = \sum_{k=1}^{n} (\beta_k - \alpha_k) \tag{2}$$

definiert (vgl. Abb. 75).

Die Klasse $\sigma(\mathfrak{M}) = \sigma(\mathcal{H})$ (vgl. Aussage 7 in 2.8) besteht aus allen abzählbaren Vereinigungen

$$Q = \bigcup_{n=1}^{\infty} [\alpha_n, \beta_n) , \tag{3}$$

die Klasse $\delta(\mathfrak{M})$ aus allen möglichen Mengen

$$P = \bigcap_{n=1}^{\infty} \bigcup_{i=1}^{p_n} [\alpha_{ni}, \beta_{ni}) , \tag{4}$$

wobei $[\alpha_{ni}, \beta_{ni})$ für alle n paarweise disjunkte Intervalle sind ($i = 1, 2, \ldots, p_n$).

Man kann nun zeigen

Aussage 1. *Die Klasse $\sigma(\mathfrak{M})$ enthält alle offenen Mengen der Zahlengeraden.*

Beweis: Für jedes Intervall (α, β) $(\alpha < \beta)$ gilt

$$(\alpha, \beta) = \bigcup_{n=1}^{\infty} \left[\alpha + \frac{\beta - \alpha}{2n}, \beta\right)$$

(vgl. Abb. 76) und daher $(\alpha, \beta) \in \sigma(\mathfrak{M})$ nach (3). Da jede offene Menge der Zahlengeraden aus höchstens abzählbar vielen offenen Intervallen besteht[1]), liegen alle offenen Mengen in $\sigma(\mathfrak{M})$ ●

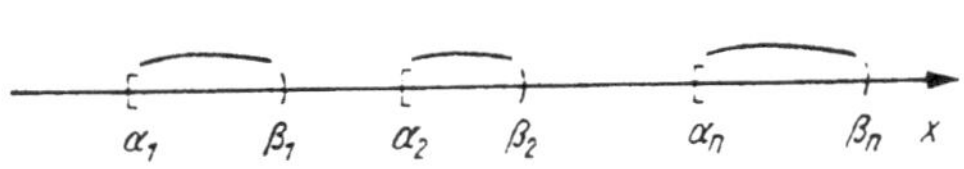

Abb. 75

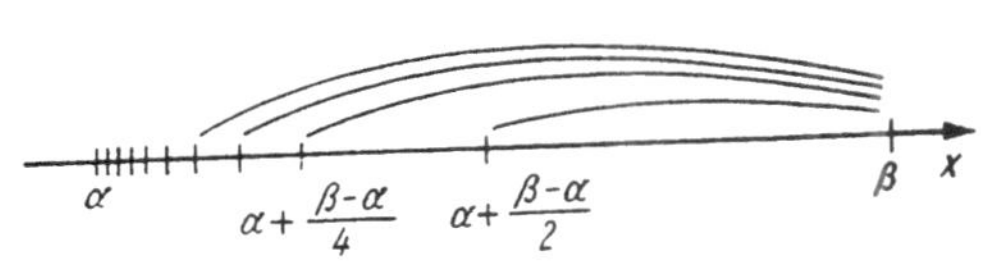

Abb. 76

Aussage 2. *Die Klasse $\delta(\mathfrak{M})$ enthält alle beschränkten abgeschlossenen Mengen der Zahlengeraden.*

Beweis: Sei X_0 die gesamte Zahlengerade. Bekanntlich ist jede abgeschlossene Menge F das Komplement einer gewissen offenen Menge G, d. h., es gilt $F = X_0 \setminus G$, wobei G gemäß Aussage 1 eine höchstens abzählbare Vereinigung von Mengen $A_n \in \mathfrak{M}$ ist: $G = \bigcup_n A_n$. Damit gilt $F = X_0 \setminus \bigcup_n A_n$. Uns interessiert nur der Fall, daß F abgeschlossen und beschränkt ist. Dann existiert ein Intervall $A = [\alpha, \beta) \supset F$, und man zeigt leicht $F = A \setminus \bigcup_n A_n = \bigcap_n (A \setminus A_n)$ mit $A \setminus A_n \in \mathfrak{M}$, d. h. $F \in \delta(\mathfrak{M})$ ●

[1]) Siehe Fußnote S. 20.

Aussage 3. *Die Klasse* $\mathfrak{L}=\sigma(\overline{\mathcal{H}})$, *d. h. die Klasse aller Lebesgue-meßbaren Mengen der Zahlengeraden, ist eine* σ-*Algebra mit der Einheit* $X_0=(-\infty,\infty)$.

Beweis: Bereits in 3.6 und davor wurde festgestellt, daß $\mathfrak{L}$ stets ein σ-Ring ist. Die offene Menge X_0 liegt nach Aussage 1 in $\sigma(\mathfrak{M})$, d. h. $X_0\in\sigma(\mathfrak{M})\subset\sigma(\overline{\mathcal{H}})$ ●

Als unmittelbare Folgerung von Aussage 3 ergibt sich

Aussage 4. *Das Komplement einer Lebesgue-meßbaren Menge ist wieder Lebesgue-meßbar.*

Aussage 5. *Die Klasse* $\mathfrak{L}$ *enthält alle Borel-Mengen der Zahlengeraden.*

Beweis: Die Klasse $\mathfrak{B}$ aller Borel-Mengen der Zahlengeraden ist ein σ-Ring der von der Klasse aller offenen Mengen erzeugt wird. Auf Grund von Aussage 1 folgt die Behauptung. ●

Aussage 6. *Alle beschränkten Borel-Mengen der Zahlengeraden* (*aber nicht nur diese*) *besitzen ein endliches Lebesgue-Maß.*

Beweis: Jede Borel-Menge ist Lebesgue-meßbar und liegt, falls sie beschränkt ist, in einem endlichen rechtsoffenen Intervall, d. h. in einer Menge von endlichem Lebesgue-Maß. Daraus folgt die Behauptung ●

Endliches Lebesgue-Maß besitzen beispielsweise die folgenden Mengen: Jede einelementige Menge $\{\alpha\}$, alle Intervalle der Form $[\alpha,\beta]$, (α,β) und $(\alpha,\beta]$ (natürlich auch der Form $[\alpha,\beta)$, aber diese liegen schon in $\mathcal{H}$, also erst recht in $\overline{\mathcal{H}}$). Wir berechnen das Lebesgue-Maß dieser einfachen Mengen.

Für jede natürliche Zahl n gilt

$$\{\alpha\}\subset\left[\alpha,\alpha+\frac{1}{n}\right),$$

auf Grund der Monotonie des Maßes folgt

$$\bar{\mu}\{\alpha\}\leqq\bar{\mu}\left[\alpha,\alpha+\frac{1}{n}\right)=\mu\left[\alpha,\alpha+\frac{1}{n}\right)=\frac{1}{n}$$

(vgl. (1)), also

$$\bar{\mu}\{\alpha\}=0\,. \tag{5}$$

Das Lebesgue-Maß jeder einelementigen Menge ist also gleich Null. Daraus folgt daß auch jede endliche oder abzählbare Menge von Punkten das Lebesgue-Maß, Null besitzt (das Lebesgue-Maß ist ein Borel-Maß!). Insbesondere ist also das Lebesgue-Maß der Menge aller rationalen Zahlen gleich Null.

Aus den Gleichungen

$$[\alpha,\beta]=[\alpha,\beta)\cup\{\beta\},\quad (\alpha,\beta)=[\alpha,\beta)\setminus\{\alpha\}\,,\quad (\alpha,\beta]=[\alpha,\beta]\setminus\{\alpha\}$$

folgt wegen (1) und (5)

$$\bar{\mu}[\alpha,\beta]=(\beta-\alpha)+0=\beta-\alpha,\quad \bar{\mu}(\alpha,\beta)=(\beta-\alpha)-0=\beta-\alpha\,,$$

$$\bar{\mu}(\alpha,\beta]=(\beta-\alpha)-0=\beta-\alpha\,.$$

Also ist das LEBESGUE-Maß jedes Intervalls mit den Endpunkten α und β ($\alpha \leqq \beta$) (unabhängig davon, ob die Endpunkte zum Intervall gehören oder nicht) stets gleich $\beta - \alpha$, d. h. gleich der Länge des Intervalls.

Daraus folgt nun, daß auch das LEBESGUE-Maß der Menge J aller irrationalen Zahlen, die in einem vorgegebenen Intervall liegen, gleich der Länge dieses Intervalles ist. Die Menge J liegt nämlich in $\overline{\mathcal{H}}$, weil sie die Differenz zweier Mengen aus $\overline{\mathcal{H}}$ ist; außerdem haben Mengen rationaler Zahlen – wie oben ausgeführt – stets das LEBESGUE-Maß Null.

Wir wollen diese Überlegungen zusammenfassen: Das LEBESGUE-Maß auf der Geraden erweitert den Begriff der Länge eines Intervalls auf eine Klasse $\overline{\mathcal{H}}$ von Mengen komplizierterer Art, die alle beschränkten BOREL-Mengen (aber nicht nur diese) enthält. Wird von allen LEBESGUE-meßbaren Mengen gesprochen (d. h. sowohl von den bez. des LEBESGUE-Maßes endlichen als auch von den unendlichen Mengen), dann gehören dazu alle BOREL-Mengen der Zahlengeraden.

Natürlich entsteht an dieser Stelle die Frage, ob es überhaupt nicht LEBESGUE-meßbare Teilmengen der Zahlengeraden gibt. Die Antwort darauf ist positiv, selbst wenn man sich nur auf beschränkte Mengen bezieht. Es gilt nämlich folgende

Aussage 7. *Jede Lesbesgue-meßbare Menge positiven Maßes enthält eine nicht Lebesgue-meßbare Teilmenge.*

Bevor Aussage 7 bewiesen wird, betrachten wir zu einer Menge E der Zahlengeraden deren Verschiebung um r:

$$E_r = \{x : x + r \in E,\ r = \text{const}\}\ . \tag{6}$$

$r < 0$ ergibt eine Verschiebung nach rechts, für $r = 0$ ist $E = E_r$, d. h., die Menge wird nicht verschoben, für $r > 0$ ergibt sich eine Verschiebung nach links (vgl. Abb. 77).

Abb. 77 $r > 0$ $r < 0$

Wir zeigen nun folgendes

Lemma. *Ist* $E \in \overline{\mathcal{H}}$, *so gilt* $E_r \in \overline{\mathcal{H}}$ *und* $\bar{\mu}(E) = \bar{\mu}(E_r)$.

Beweis: Wir verzichten bei diesem Beweis auf Einzelheiten und geben lediglich folgende Hinweise: Ist $E = [\alpha, \beta)$, so ist $E_r = [\alpha - r, \beta - r)$ und $\mu(E) = \beta - \alpha = \mu(E_r)$. Bezeichnet $\mathfrak{M}$ den von $\mathcal{H}$ erzeugten Ring und ist $E = \bigcup_{k=1}^{n} [\alpha_k, \beta_k) \in \mathfrak{M}$, so gilt $E_r = \bigcup_{k=1}^{n} [\alpha_k - r, \beta_k - r)$ und $\mu(E) = \sum_{k=1}^{n} (\beta_k - \alpha_k) = \mu(E_r)$. Ist $E \in \sigma(\mathfrak{M})$, so folgt analog $E_r \in \sigma(\mathfrak{M})$ und $\bar{\mu}(E) = \bar{\mu}(E_r)$; entsprechendes gilt für $E \in \delta(\mathfrak{M})$ usw. Auf diese Weise ergibt sich in jedem Schritt beim LEBESGUEschen Erweiterungsprozeß des Maßes (1) für die Menge E und ihre Verschiebung E_r dasselbe Resultat. Das führt schließlich auf die Behauptung ●

Beweis von Aussage 7: Offenbar genügt es hierbei, nur beschränkte Mengen zu betrachten. Sei A eine beliebige LEBESGUE-meßbare Menge positiven Maßes, die in dem abgeschlossenen Intervall $[a, b]$ der Länge h enthalten ist. Zu jedem $u \in A$ definieren wir die Menge

$$K_u = \{v \in A: v = u + r,\ r \text{ rational}\}\,.$$

Dann fallen für zwei beliebige Elemente x und y aus A die Mengen K_x und K_y entweder zusammen (falls ihre Differenz eine rationale Zahl ist) oder sie sind disjunkt (falls ihre Differenz eine irrationale Zahl ist). Die Menge A kann also in Teilmengen solcher Art zerlegt werden, wobei x und y genau dann ein und derselben Teilmenge angehören, wenn ihre Differenz rational ist. Da jede solche Teilmenge nur abzählbar viele Elemente enthält, gibt es offenbar überabzählbar viele disjunkte solche Teilmengen (denn das LEBESGUE-Maß der Menge A ist positiv). Aus jeder Teilmenge wählen wir ein Element aus und bezeichnen die Menge dieser ausgewählten Elemente mit E[1]). Wir zeigen nun, daß E keine LEBESGUE-meßbare Menge ist.

Dazu nehmen wir an, E sei doch LEBESGUE-meßbar. Das führt dann in folgender Weise zu einem Widerspruch: Die (abzählbar vielen) rationalen Zahlen aus dem abgeschlossenen Intervall $[-h, h]$ seien durchnumeriert und mit $r_1, r_2, \ldots, r_n, \ldots$ bezeichnet. Wir betrachten alle möglichen Verschiebungen E_{r_n} der Menge E. Dann gilt

(i) $E_{r_k} = E$ für $r_k = 0$, $\bar{\mu}(E_{r_n}) = \bar{\mu}(E)$ für $n = 1, 2, \ldots$ nach obigem Lemma;

(ii) Ist $x \in A$, so liegt x in einer der Teilmengen, in die wir A zerlegt hatten. Sei x_0 der Repräsentant dieser Teilmenge in der Menge E, d. h. das Element dieser Teilmenge, das wir zur Konstruktion der Menge E ausgewählt hatten. Dann ist $x - x_0$ nach Konstruktion eine rationale Zahl aus dem Intervall $[-h, h]$ (vgl. Abb. 78). Sei $x - x_0 = r_n$; dann gilt wegen $x = x_0 + r_n$ offenbar $x \in E_{r_n}$ (vgl. (6)). Da jedes $x \in A$ in einer Menge E_{r_n} liegt, ist $A \subset \bigcup_n E_{r_n}$.

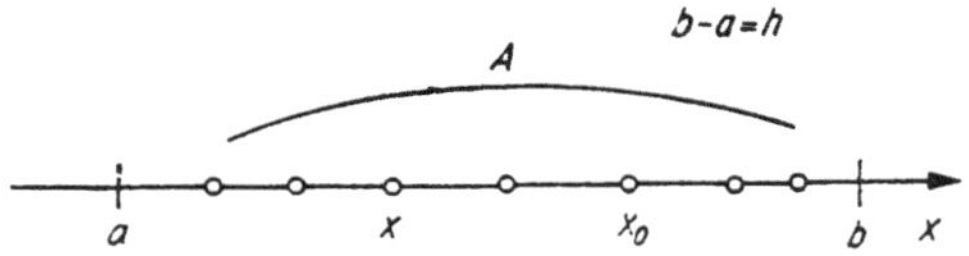

Abb. 78

(iii) Es gilt $E_{r_k} \cap E_{r_i} = \emptyset$ für $k \neq i$, denn aus $x \in E_{r_k} \cap E_{r_i}$ folgt $x + r_k \in E$ und $x + r_i \in E$ nach (6), was nicht möglich ist, da $(x + r_k) - (x + r_i) = r_k - r_i$ eine rationale Zahl ist (und nach Konstruktion von E zwei Elemente der Menge E keine rationale Differenz haben können). Das heißt $\bigcup_n E_{r_n}$ ist eine Vereinigung disjunkter Mengen.

(iv) Es gilt $A \subset \bigcup_n E_{r_n} \subset [a - h, b + h]$, das LEBESGUE-Maß der Menge $\bigcup_n E_{r_n}$ ist also endlich, und man erhält

$$0 < \bar{\mu}(A) \leqq \sum_n \bar{\mu}(E_{r_n}) \leqq 3h\,. \tag{7}$$

Der letzte Teil dieser Ungleichung ergibt wegen (i) die Beziehung $\bar{\mu}(E_{r_n}) = \bar{\mu}(E) = 0$ $(n = 1, 2, \ldots)$ im Widerspruch zum ersten Teil von (7) ●

Bemerkung. Eine zu dem oben angegebenen Lemma analoge Aussage kann auch für das innere bzw. äußere LEBESGUEsche Maß bewiesen werden. In Analogie zu Punkt (i) des Beweises gilt dann $\mu_i(E_{r_k}) = \mu_i(E)$ und $\mu_e(E_{r_k}) = \mu_e(E)$. Anstelle von (7)

[1]) Der Leser, der mit der Problematik des Auswahlaxioms vertraut ist, sei darauf hingewiesen, daß diese Stelle des Beweises auf dem Auswahlaxiom beruht (Anm. d. Hrsgb.).

erhält man schließlich

$$0 < \bar{\mu}(A) = \sum_n \mu_e(E_{r_n}), \quad \sum_n \mu_i(E_{r_n}) \leqq 3h ,$$

also gilt

$$\mu_e(E) > 0, \quad \mu_i(E) = 0 . \tag{8}$$

Betrachten wir nun die Menge $E_0 = \bigcup_n E_{r_n}$, die durch die Mengen E_{r_n} in abzählbar viele Mengen zerlegt wird (s. o.). Dann gelten wegen $A \subset E_0 \subset [a-h, b+h]$ die Beziehungen

$$0 < \bar{\mu}(A) \leqq \mu_i(E_0) \quad \text{und} \quad \mu_e(E_0) \leqq 3h .$$

Mit Hilfe von (8) erhält man daraus leicht, daß die Funktion μ_i nicht σ-additiv und die Funktion μ_e nicht einmal endlich-additiv ist (das letztere läßt sich aber auch für μ_i zeigen).

3.8. Lebesgue-Stieltjes-Maße auf der Geraden

Es sei φ eine auf der ganzen Zahlengeraden definierte Funktion, die monoton wachsend und von links stetig ist. Diese Funktion erzeugt, wie wir wissen, durch

$$\mu(E) = \varphi(\beta) - \varphi(\alpha) \tag{1}$$

ein σ-additives STIELTJES-Maß, das auf dem Halbring $\mathcal{H}$ aller endlichen rechtsoffenen Intervalle $E = [\alpha, \beta)$ definiert ist (vgl. 2.4).

Die LEBESGUEsche Erweiterung $\bar{\mu}$ dieses Maßes μ vom Halbring $\mathcal{H}$ auf den entsprechenden Ring $\overline{\mathcal{H}}$ heißt *durch die Funktion φ erzeugtes lineares* bzw. *eindimensionales Lebesgue-Stieltjes-Maß* (oder *Lebesgue-Stieltjes-Maß auf der Geraden*). Die Funktion φ heißt ähnlich wie beim STIELTJES-Maß die *erzeugende Funktion* von $\bar{\mu}$. Das Maß $\bar{\mu}$ ist ein vollständiges BOREL-Maß (vgl. 3.6).

Der von $\mathcal{H}$ erzeugte Ring $\mathfrak{M}$ besteht, wie im vorigen Abschnitt, aus allen Vereinigungen disjunkter Intervalle der Art

$$A = \bigcup_{k=1}^{n} [\alpha_k, \beta_k) ,$$

mit beliebiger natürlicher Zahl n. Die entsprechende Erweiterung des Maßes (1) auf den Ring $\mathfrak{M}$ ist gegeben durch die Formel

$$\mu(A) = \sum_{k=1}^{n} [\varphi(\beta_k) - \varphi(\alpha_k)] .$$

Die Klassen $\sigma(\mathfrak{M}) = \sigma(\mathcal{H})$ und $\delta(\mathfrak{M})$ sind die gleichen wie im vorangegangenen Abschnitt (vgl. (3) und (4)).

Setzen wir für die Klasse der $\bar{\mu}$-meßbaren Mengen wieder $\mathfrak{L} = \sigma(\overline{\mathcal{H}})$, dann lassen sich die Aussagen 1 bis 6 des letzten Abschnittes vollständig auf den Fall eines beliebigen LEBESGUE-STIELTJES-Maßes übertragen. D. h., alle BOREL-Mengen der Zahlengeraden sind meßbar bezüglich eines beliebigen linearen LEBESGUE-STIELTJES-Maßes; alle beschränkten BOREL-Mengen (und nicht nur diese) haben stets ein endliches LEBESGUE-STIELTJES-Maß (bei beliebiger auf der ganzen Zahlengeraden definierter erzeugender Funktion φ).

Wir wenden uns nun den Unterschieden zwischen dem LEBESGUE-Maß (das ein spezielles LEBESGUE-STIELTJES-Maß mit $\varphi(x) = x$ ist) und allgemeinen LEBESGUE-STIELTJES-Maßen zu.

1. Der Ring $\overline{\mathcal{H}}$, auf dem das durch φ erzeugte LEBESGUE-STIELTJES-Maß $\bar{\mu}$ definiert ist, ändert sich i. a. mit der Funktion φ und fällt daher i. a. nicht mit dem Ring der bez. des LEBESGUE-Maßes endlichen Mengen zusammen.

Setzen wir z. B. $\varphi(x) = 0$ für alle x, so ist offensichtlich das zugehörige LEBESGUE-STIELTJES-Maß eine auf allen Mengen der Zahlengeraden definierte Funktion, die identisch gleich Null ist (man braucht sich dabei nur an die einzelnen Schritte des LEBESGUEschen Erweiterungsprozesses zu erinnern). Ist also $\varphi(x) \equiv 0$, so ist $\overline{\mathcal{H}}$ die Klasse aller Teilmengen der Zahlengeraden. Wir wissen, daß dies für das LEBESGUE-Maß nicht gilt.

2. Wir betrachten eine einelementige Menge $\{\alpha\}$. Aus

$$\{\alpha\} = \bigcap_{n=1}^{\infty} \left[\alpha, \alpha + \frac{1}{n}\right)$$

und der Stetigkeit eines σ-additiven Maßes folgt

$$\bar{\mu}\{\alpha\} = \lim_{n \to \infty} \left[\alpha, \alpha + \frac{1}{n}\right) = \lim_{n \to \infty} \varphi\left(\alpha + \frac{1}{n}\right) - \varphi(\alpha) = \varphi\,(\alpha + 0) - \varphi(\alpha)\,. \tag{2}$$

Damit ist das LEBESGUE-STIELTJES-Maß für einelementige Mengen – im Unterschied zum LEBESGUE-Maß – nicht notwendig gleich Null. Es ist genau dann Null wenn die Funktion im Punkt α nicht nur von links, sondern auch von rechts stetig ist (vgl. (2)), d. h. wenn φ in α stetig ist.

Die voranstehenden Überlegungen lassen sich folgendermaßen zusammenfassen: Die erzeugende Funktion φ ist im Punkt α genau dann unstetig, wenn

$$\bar{\mu}\{\alpha\} \neq 0$$

ist, d. h., sie ist genau in den Punkten positiven Maßes unstetig, wobei sich das Maß der entsprechenden einelementigen Menge aus der Formel (2) ergibt, also mit der Höhe des Sprunges der Funktion φ im Punkt α zusammenfällt (vgl. Abb. 79).

Aus den Gleichungen

$$[\alpha, \beta] = [\alpha, \beta) \cup \{\beta\}, \quad (\alpha, \beta) = [\alpha, \beta) \setminus \{\alpha\}, \quad (\alpha, \beta] = [\alpha, \beta] \setminus \{\alpha\}$$

folgt mit Hilfe von (1) und (2)

$$\bar{\mu}[\alpha, \beta] = \varphi\,(\beta + 0) - \varphi(\alpha), \quad \bar{\mu}(\alpha, \beta) = \varphi(\beta) - \varphi\,(\alpha + 0),$$
$$\bar{\mu}(\alpha, \beta] = \varphi\,(\beta + 0) - \varphi\,(\alpha + 0)\,.$$

Im Unterschied zum LEBESGUE-Maß können hier also verschiedene Intervalle mit denselben Endpunkten α und β verschiedene Maßwerte haben, und zwar in Abhängigkeit davon, ob die Endpunkte zum Intervall gehören oder nicht.

3. Wir nehmen an, daß die Grenzwerte

$$\varphi(-\infty) = \lim_{x \to -\infty} \varphi(x), \quad \varphi(\infty) = \lim_{x \to \infty} \varphi(x) \tag{3}$$

endlich sind (vgl. Abb. 80). Wegen

$$[-1, 1) \subset [-2, 2) \subset \ldots \subset [-n, n) \subset \ldots$$

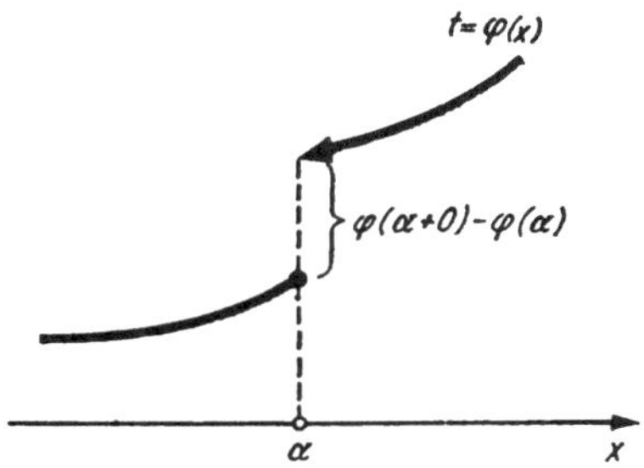

Abb. 79

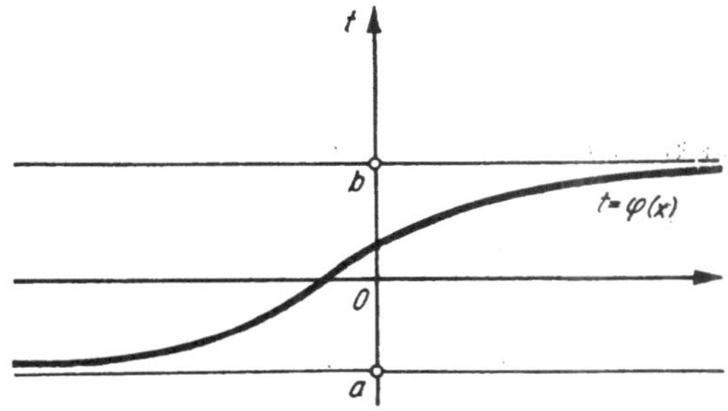

Abb. 80

und $\bigcup_n [-n, n) = (-\infty, \infty)$ gilt

$$\lim_{n\to\infty} \bar{\mu}[-n, n) = \lim_{n\to\infty} [\varphi(n) - \varphi(-n)] = \varphi(\infty) - \varphi(-\infty) .$$

Nach den Eigenschaften von Borel-Maßen ist $(-\infty, \infty) \in \bar{\mathcal{H}}$ und

$$\bar{\mu}(-\infty, \infty) = \varphi(\infty) - \varphi(-\infty) . \tag{4}$$

Wir sehen, daß im Unterschied zum Lebesgue-Maß die Zahlengerade ein endliches Lebesgue-Stieltjes-Maß haben kann (in Abhängigkeit von der Endlichkeit der Grenzwerte in (3)). In diesem Fall hat der σ-Ring $\bar{\mathcal{H}}$ die Einheit $E_0 = (-\infty, \infty)$ und ist somit eine σ-Algebra (vgl. 1.3). Dies bedeutet, daß in diesem Fall alle $\bar{\mu}$-meßbaren Mengen, und damit alle Borel-Mengen der Zahlengeraden, bezüglich $\bar{\mu}$ endlich sind.

Wir sagten bereits, daß verschiedene Lebesgue-Stieltjes-Maße auf der Geraden i. a. auf verschiedenen Ringen definiert sind. Dagegen sind sie alle – wie speziell auch das Lebesgue-Maß – offensichtlich mindestens auf der Klasse $\mathfrak{B}'$ aller beschränkten Borel-Mengen definiert, die, wie man leicht zeigt, einen δ-Ring bilden. Somit sind auf dem δ-Ring $\mathfrak{B}'$ alle Lebesgue-Stieltjes-Maße auch Lusin-Maße.

Schließlich lassen sich die obigen Darlegungen auch auf den Fall übertragen, wo

(i) φ nicht auf der ganzen Zahlengeraden, sondern nur auf einem Intervall I definiert ist und

(ii) $\mathcal{H}$ der Halbring aller endlichen Intervalle $[\alpha, \beta)$ ist, deren Endpunkte in I liegen.

Man kann natürlich anstelle der rechtsoffenen Intervalle $[\alpha, \beta)$ auch linksoffene Intervalle $(\alpha, \beta]$ betrachten. Die entsprechenden Formeln bedürfen dann gewisser Korrekturen, die wir dem Leser überlassen.

3.9. Verteilungsfunktionen σ-additiver Maße auf der Zahlengeraden

Für die Anwendungen in der Wahrscheinlichkeitstheorie sind Verteilungsfunktionen solcher σ-additiven Maße von besonderem Interesse, die auf der Klasse $\mathfrak{B}$ aller Borel-Mengen der Zahlengeraden definiert sind[1]). Sei μ ein solches Maß. Seine Verteilungsfunktion

$$\Phi(x) = \mu(-\infty, x)$$

ist offenbar für alle x definiert. Dabei gilt

[1]) Oder auf einer umfassenderen Klasse.

Aussage 1. *Φ ist nichtnegativ, monoton wachsend und überall von links stetig.*
Der Beweis folgt aus Aussage 1 in 2.5.

Aussage 2. *Es ist*

$$\Phi(-\infty) = \lim_{x \to -\infty} \Phi(x) = 0$$

und

$$\Phi(\infty) = \lim_{x \to \infty} \Phi(x) < \infty .$$

Beweis: $\mathfrak{B}$ ist ein σ-Ring und somit μ ein BOREL-Maß. Aus den Gleichungen

$$\emptyset = \bigcap_{n=1}^{\infty} (-\infty, -n) ,$$

$$(-\infty, \infty) = \bigcup_{n=1}^{\infty} (-\infty, n)$$

folgt daher

$$\Phi(-\infty) = \lim_{n \to \infty} \Phi(-n) = \lim_{n \to \infty} \mu\,(-\infty, -n) = 0 ,$$

$$\Phi(\infty) = \lim_{n \to \infty} \Phi(n) = \lim_{n \to \infty} \mu\,(-\infty, n) = \mu\,(-\infty, \infty) < \infty .$$

Hierbei wurde benutzt, daß μ auf allen BOREL-Mengen der Zahlengeraden und damit auch auf $(-\infty, \infty)$ definiert ist ●

Es gilt auch die umgekehrte

Aussage 3. *Besitzt die Funktion Φ die in den Aussagen 1 und 2 angegebenen Eigenschaften, so ist sie die Verteilungsfunktion eines gewissen σ-additiven Maßes, das für alle Borel-Mengen der Zahlengeraden definiert ist.*[1])

Beweis: Da Φ monoton wachsend ist, kann man Φ als erzeugende Funktion für das auf dem Halbring $\mathcal{H}$ aller endlichen Intervalle $E = [\alpha, \beta)$ durch

$$m(E) = \Phi(\beta) - \Phi(\alpha) \tag{1}$$

definierte STIELTJES-Maß ansehen (vgl. 2.5). Da weiterhin Φ von links stetig ist, wird das Maß (1) σ-additiv, man kann es also mit Hilfe des LEBESGUEschen Erweiterungsprozesses zu einem BOREL-Maß $\mu = \bar{m}$ (d. h. zu dem durch Φ erzeugten LEBESGUE-STIELTJES-Maß) auf einem gewissen Ring $\bar{\mathcal{H}}$ erweitern. Weil für Φ die Aussage 2 gilt, ist $\bar{\mathcal{H}}$ eine σ-Algebra (vgl. Punkt 3 in 3.8). Daher sind alle μ-meßbaren Mengen, also auch alle BOREL-Mengen der Zahlengeraden bez. μ endliche Mengen.

Für jedes x sei k eine natürliche Zahl mit $-k < x$. Dann ist $(-\infty, x) = \bigcup_{n=k}^{\infty} [-n, x)$ und nach den Eigenschaften eines BOREL-Maßes gilt

$$\mu\,(-\infty, x) = \lim_{n \to \infty} \mu\,(-n, x) = \lim_{n \to \infty} [\Phi(x) - \Phi\,(-n)] = \Phi(x) - \Phi\,(-\infty) = \Phi(x)$$

(vgl. Aussage 2). Φ ist also die Verteilungsfunktion des σ-additiven Maßes μ, das offenbar auf allen BOREL-Mengen der Zahlengeraden definiert ist ●

---

[1]) Oder sogar auf einer umfassenderen Klasse von Mengen (vgl. weiter unten).

Satz. *Die Verteilungsfunktion eines auf allen Borel-Mengen der Zahlengeraden definierten σ-additiven Maßes μ legt dieses Maß eindeutig fest.*

Beweis: Für $E=[\alpha, \beta)$ gilt

$$E=(-\infty, \beta)\setminus(-\infty, \alpha), \quad \mu(E)=\mu(-\infty, \beta)-\mu(-\infty, \alpha),$$

d. h.

$$\mu(E)=\Phi(\beta)-\Phi(\alpha). \tag{2}$$

Auf dem Halbring $\mathfrak{H}$ aller endlichen Intervalle $E=[\alpha, \beta)$ hat das σ-additive Maß μ also den durch (2) definierten Wert. Seine σ-additive Erweiterung ist innerhalb von $\overline{\mathfrak{H}}$ eindeutig (vgl. Aussage 6 in 3.6). Daraus folgt die Aussage des Satzes ●

Analoge Resultate kann man auch für Verteilungsfunktionen von Maßen erhalten, die nur auf den in einem gewissen Intervall I enthaltenen BOREL-Mengen definiert sind.

3.10. Das Lebesgue-Maß auf der Ebene und im n-dimensionalen Raum

Sei $\mathfrak{H}$ der Halbring aller endlichen Rechtecke der Art

$$E=\{(x, y): \alpha \leqq x<\beta, \gamma \leqq y<\delta\} \tag{1}$$

($\alpha \leqq \beta$, $\gamma \leqq \delta$). Auf $\mathfrak{H}$ sei ein Maß μ durch

$$\mu(E)=(\beta-\alpha)(\delta-\gamma), \tag{2}$$

d. h. durch den Flächeninhalt der Rechtecke (1) definiert (vgl. Abb. 81). In 2.6 wurde bewiesen, daß solch ein Maß σ-additiv ist.

Die LEBESGUEsche Erweiterung $\bar{\mu}$ des Maßes μ vom Halbring $\mathfrak{H}$ auf den entsprechenden Ring $\overline{\mathfrak{H}}$ heißt *ebenes* (bzw. *zweidimensionales*) *Lebesgue-Maß* oder *Lebesgue-Maß auf der Ebene*. In 3.6 wurde gezeigt, daß $\bar{\mu}$ ein vollständiges BOREL-Maß ist. Die $\bar{\mu}$-meßbaren Mengen, d. h. die Mengen im Ring $\mathfrak{L}=\sigma(\overline{\mathfrak{H}})$, heißen *Lebesgue-meßbar* (oder *meßbar bez. des ebenen Lebesgue-Maßes*). Ist $Z\in\overline{\mathfrak{H}}$, so sagen wir, daß Z eine *bez. des ebenen Lebesgue-Maßes endliche Menge* ist oder kurz, daß Z *endliches Lebesgue-Maß besitzt*. Gilt $Z\in\mathfrak{L}\setminus\overline{\mathfrak{H}}$, so nennen wir Z eine *bez. des Lebesgue-Maßes unendliche* (bzw. auch *σ-endliche*) *Menge* oder sagen kurz, *Z besitzt unendliches Lebesgue-Maß*.[1])

In dem von uns betrachteten Fall besteht der von $\mathfrak{H}$ erzeugte Ring $\mathfrak{M}$ aus allen Vereinigungen der Art

$$A=\bigcup_{k=1}^{n} E_k \tag{3}$$

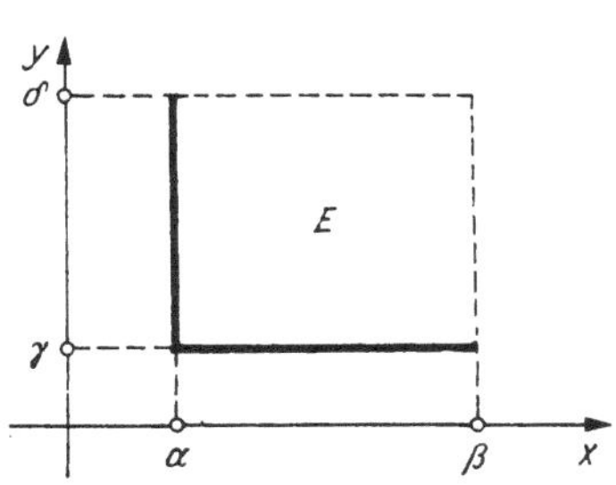

Abb. 81

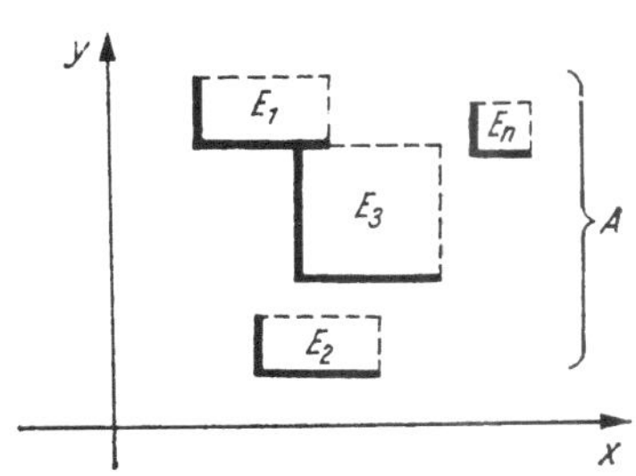

Abb. 82

[1]) Vgl. Fußnote auf S. 88.

von paarweise disjunkten Rechtecken $E_k \in \mathcal{H}$, wobei n eine beliebige natürliche Zahl ist (vgl. Abb. 82). Für die entsprechende Erweiterung des Maßes (2) gilt

$$\mu(A) = \sum_{k=1}^{n} \mu(E_k), \tag{4}$$

d. h., $\mu(A)$ ist die Summe aller Flächeninhalte derjenigen Rechtecke, aus denen A besteht.

Die Klasse $\sigma(\mathfrak{M}) = \sigma(\mathcal{H})$ (vgl. Aussage 7 in 2.8) besteht aus allen abzählbaren Vereinigungen der Art

$$Q = \bigcup_{n=1}^{\infty} E_n, \quad E_n \in \mathcal{H}, \tag{5}$$

und die Klasse $\delta(\mathfrak{M})$ aus allen Mengen der Art

$$P = \bigcap_{n=1}^{\infty} \bigcup_{i=1}^{p_n} E_{ni}, \tag{6}$$

wobei $E_{ni} \in \mathcal{H}$ gilt und für jedes n die Mengen E_{ni} $(i = 1, 2, \ldots, p_n)$ paarweise disjunkt sind.

Analog zu den Aussagen 1 bis 6 in 3.7 gelten (jetzt allerdings für ebene Mengen):

Aussage 1. *Die Klasse $\sigma(\mathfrak{M}) = \sigma(\mathcal{H})$ enthält alle offenen Mengen.*

Aussage 2. *Die Klasse $\delta(\mathfrak{M})$ enthält alle beschränkten abgeschlossenen Mengen.*

Aussage 3. *Die Klasse $\mathfrak{L} = \sigma(\overline{\mathcal{H}})$, d. h. die Klasse aller Lebesgue-meßbaren Mengen, ist eine σ-Algebra mit der ganzen Ebene Z_0 als Einheit.*

Aussage 4. *Das Komplement einer beliebigen Lebesgue-meßbaren Menge ist wieder Lebesgue-meßbar.*

Aussage 5. *Die Klasse $\mathfrak{L}$ enthält alle Borel-Mengen der Ebene.*

Aussage 6. *Alle beschränkten Borel-Mengen (aber nicht nur diese) besitzen endliches Lebesgue-Maß.*

Es ist günstig, für den Beweis dieser Aussagen den auch für andere Zwecke nützlichen Begriff des *dyadischen Netzes* vom Rang r einzuführen. Sei dazu r eine natürliche Zahl. Wir betrachten alle möglichen Quadrate der Art

$$\left\{(x, y) : \frac{i}{2^r} \leqq x < \frac{i+1}{2^r}, \frac{j}{2^r} \leqq y < \frac{j+1}{2^r}\right\} \quad (i, j = 0, \pm 1, \pm 2, \ldots)$$

und nennen sie *Quadrate vom Rang r*. Diese Quadrate vom Rang r sind paarweise disjunkt und überdecken die gesamte Ebene. Man sagt in diesem Zusammenhang, daß sie ein dyadisches Netz vom Rang r bilden.

Beweis von Aussage 1: Wir betrachten eine beliebige offene Menge G der Ebene und bezeichnen mit A_r die Vereinigung aller Quadrate vom Rang r, die in G liegen (vgl. Abb. 83). Dabei ist offenbar

$$A_1 \subset A_2 \subset \ldots \subset A_r \subset \ldots \subset G. \tag{8}$$

Wir zeigen

$$G = \bigcup_r A_r \,. \tag{9}$$

Nach (8) gilt $G \supset \bigcup_r A_r$, wir brauchen also nur noch die umgekehrte Inklusion zu zeigen. Jeder Punkt $P \in G$ besitzt eine gewisse Umgebung, die ganz in G liegt. Daher existiert stets ein Quadrat hinreichend großen Ranges r, das P enthält und ebenfalls in G liegt. Für hinreichend großes r gilt also $P \in A_r$, d. h. $G \subset \bigcup_r A_r$. Damit gilt (9) und wegen $A_r \in \sigma(\mathfrak{M})$ ist auch $G \in \sigma(\mathfrak{M})$ ●

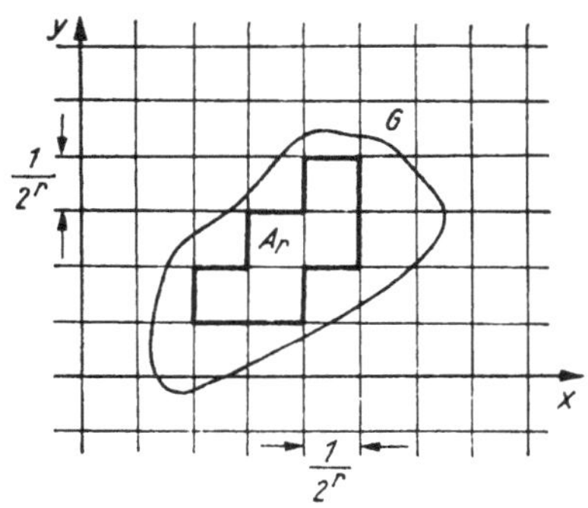

Abb. 83

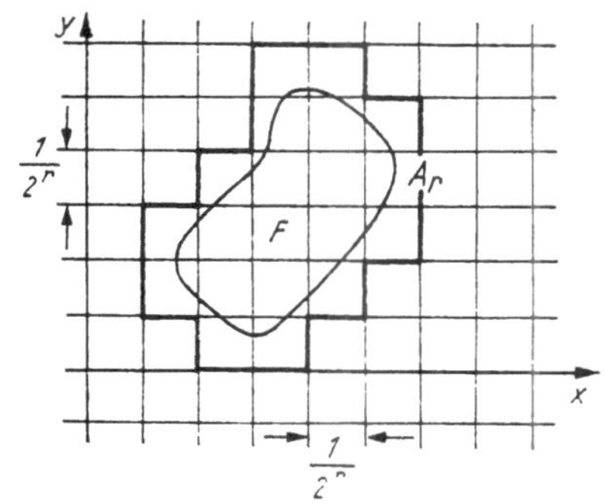

Abb. 84

Beweis von Aussage 2: Den Beweis kann man analog zum Beweis von Aussage 2 in 3.7 führen. Wir wollen allerdings einen etwas anderen Weg gehen (weil dies für das Weitere nützlich ist). Sei F eine beliebige beschränkte abgeschlossene Menge der Ebene. Wir bezeichnen mit A_r die Vereinigung aller Quadrate vom Range r, die mit F wenigstens einen Punkt gemeinsam haben (vgl. Abb. 84). Dann ist offensichtlich

$$A_1 \supset A_2 \supset \ldots \supset A_r \supset \ldots \supset F \,. \tag{10}$$

Wir zeigen

$$F = \bigcap_r A_r \,. \tag{11}$$

Nach (10) gilt $F \subset \bigcap_r A_r$. Andererseits befinden sich nach Konstruktion in jeder Umgebung eines Punktes $P \in \bigcap_r A_r$ auch Punkte aus F. Das bedeutet $P \in F$ (da F abgeschlossen ist). Also gilt $\bigcap_r A_r \subset F$ und somit (11). Da $A_r \in \mathfrak{M}$ ist, folgt aus (11) die Behauptung ●

Die Beweise der Aussagen 3 bis 6 werden hier nicht ausgeführt, da sie den entsprechenden Beweisen in 3.7 völlig analog sind.

Aus den Formeln (8) bis (11) kann man nun Formeln für das ebene LEBESGUE-Maß offener und beschränkter abgeschlossener Mengen erhalten. Es gilt

$$\bar{\mu}(G) = \lim_{r \to \infty} \mu(A_r)^{1)} \,, \tag{12}$$

[1] Besitzt für irgendein r_0 die Menge A_{r_0} unendliches LEBESGUE-Maß, so hat auch G unendliches LEBESGUE-Maß. Setzt man dann $\mu(A_{r_0}) = \infty$, $\mu(G) = \infty$ und wie üblich $\lim_{r \to \infty} \mu(A_r) = \infty$, so ist dieser Fall in Formel (12) einbezogen.

wobei A_r die Vereinigung aller Quadrate vom Rang r ist, die in G enthalten sind (vgl. Abb. 83), und

$$\bar{\mu}(F) = \lim_{r\to\infty} \mu(A_r) , \tag{13}$$

wobei A_r die Vereinigung aller Quadrate vom Rang r ist, die F überdecken (d. h. mit F wenigstens einen gemeinsamen Punkt haben; vgl. Abb. 84).

Aus den Aussagen 1 bis 6 ergeben sich einige Folgerungen.

1. Endliches (ebenes) LEBESGUE-Maß besitzen alle einelementigen Mengen, jedes der Rechtecke

$$R = \{(x, y) : \alpha \leqq x \leqq \beta,\ \gamma \leqq y \leqq \delta\} ,$$

$$R' = \{(x, y) : \alpha < x < \beta,\ \gamma < y < \delta\}, \quad R'' = \{(x, y) : \alpha < x \leqq \beta,\ \gamma < y \leqq \delta\} .$$

usw. (z. B. auch alle beschränkten BOREL-Mengen). Es ist nicht schwer, das LEBESGUE-Maß solcher Rechtecke zu berechnen. Betrachten wir zunächst die entarteten Rechtecke

$$P = \{(x, y) : \alpha \leqq x < \beta,\ y = \gamma = \text{const}\}$$

und

$$Q = \{(x, y) : x = \alpha = \text{const},\ \gamma \leqq y < \delta\} ,$$

die beschränkte BOREL-Mengen sind. Für beliebiges n gilt stets

$$P \subset \left\{(x, y) : \alpha \leqq x < \beta,\ \gamma \leqq y < \gamma + \frac{1}{n}\right\}$$

(vgl. Abb. 85a) und daher

$$\bar{\mu}(P) \leqq \mu \left\{(x, y) : \alpha \leqq x < \beta,\ \gamma \leqq y < \gamma + \frac{1}{n}\right\} = (\beta - \alpha)\ \frac{1}{n}$$

(vgl. (1) und (2)), d. h. aber $\bar{\mu}(P) = 0$. Analog erhält man $\bar{\mu}(Q) = 0$ (vgl. Abb. 85b).

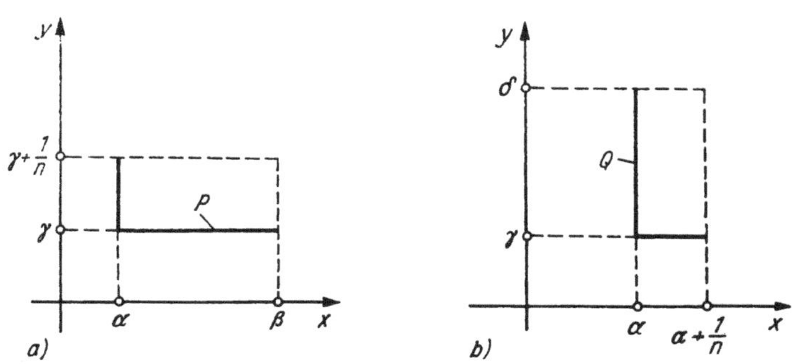

Abb. 85

Hieraus ergibt sich leicht, daß die Menge der Punkte einer jeden Geraden der Art $y = \text{const}$ oder $x = \text{const}$ ebenfalls das LEBESGUE-Maß Null hat. Wegen der Vollständigkeit des LEBESGUE-Maßes besitzen dann auch alle Teilmengen von Geraden des eben beschriebenen Typs das LEBESGUE-Maß Null. Jede einelementige Menge und damit auch jede endliche Menge hat somit das LEBESGUE-Maß Null. Mit Hilfe der Additivität des Maßes erhält man daraus weiter

$$\bar{\mu}(R) = \bar{\mu}(R') = \bar{\mu}(R'') = \ldots = (\beta - \alpha)\ (\delta - \gamma) , \tag{14}$$

also den gleichen Wert wie in (2) für das Rechteck (1)!

Mit anderen Worten: *Jedes achsenparallel gelegene Rechteck – abgeschlossen oder nicht – besitzt stets als Lebesgue-Maß das Produkt der Längen seiner Seiten.*

2. Aus den Aussagen 1 und 2 und aus Aussage 1 in 3.5 folgt für das innere bzw. äußere LEBESGUE-Maß (auf der Klasse K aller $\mathfrak{K}$-majorisierbaren Mengen, vgl. 3.5)

$$\mu_i(E) = \sup \{\mu(P) : P \in \delta(\mathfrak{M}), P \subset E\} \geqq \sup \{\mu(F) : F \subset E\} \tag{15}$$

und

$$\mu_e(E) = \inf \{\mu(Q) : Q \in \sigma(\mathfrak{M}), Q \supset E\} \leqq \inf \{\mu(G) : G \supset E\}, \tag{16}$$

wobei F alle abgeschlossenen beschränkten Teilmengen und G alle offenen Obermengen von E durchläuft (bei Verkleinerung einer Zahlenmenge kann sich deren Supremum höchstens verkleinern und deren Infimum höchstens vergrößern; vgl. Abb. 71).[1]

Wir zeigen, daß in (15) und (16) anstelle des Ungleichheitszeichens sogar das Gleichheitszeichen richtig ist. Sei $P \in \delta(\mathfrak{M})$ und $P \subset E$. Die Menge P hat dann die Gestalt (6) bzw. $P = \bigcap_{n=1}^{\infty} A_n$ mit $A_n = \bigcup_{i=1}^{p_n} E_{ni}$. In jedes Rechteck E_{ni} kann ein abgeschlossenes Rechteck F_{ni} einbeschrieben werden (vgl. Abb. 86). Die Menge $F_n = \bigcup_{i=1}^{p_n} F_{ni}$ ist dann abgeschlossen. Sei $\varepsilon > 0$ beliebig vorgegeben. Weil das LEBESGUE-Maß (als BOREL-Maß) stetig ist, kann man stets erreichen, daß $\mu(F_n) \geqq \mu(A_n) - \frac{\varepsilon}{2^n}$ gilt. Offenbar ist $F = \bigcap_{n=1}^{\infty} F_n \subset P \subset E$, wobei F eine abgeschlossene Menge ist (als Durchschnitt abgeschlossener Mengen). Damit gilt $P \setminus F \subset \bigcup_n (A_n \setminus F_n)$ und

$$\mu(P) - \mu(F) \leqq \sum_n \mu(A_n \setminus F_n) < \varepsilon .$$

Wir erhalten daraus

$$\mu(F) \geqq \mu(P) - \varepsilon, \quad \sup \{\mu(F) : F \subset E\} \geqq \mu(P) - \varepsilon ,$$

also

$$\sup \{\mu(F) : F \subset E\} \geqq \mu_i(E) .$$

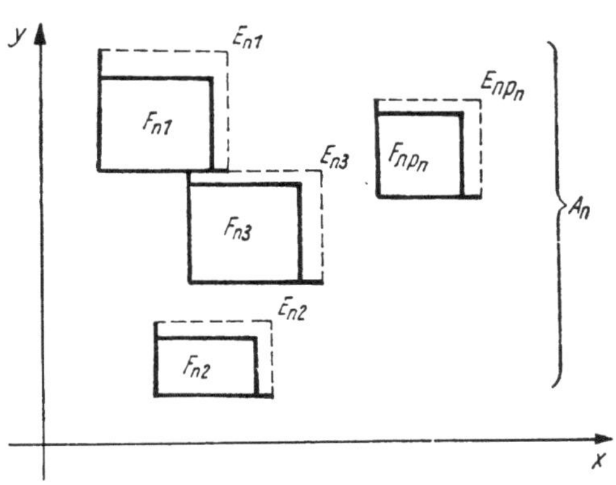

Abb. 86

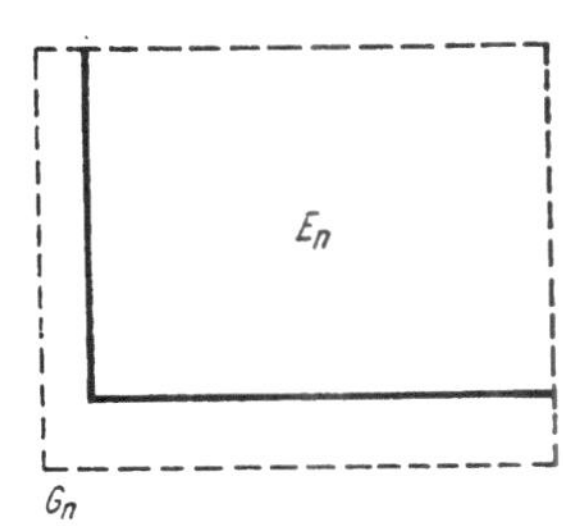

Abb. 87

[1]) Wie in 3.5 bezeichnen wir mit μ nicht nur das Ausgangsmaß (das auf dem Halbring $\mathfrak{H}$ definiert ist), sondern auch das Ergebnis der σ-additiven Erweiterung auf die Klasse $\mathfrak{K}$.

Auf Grund von (15) ergibt sich für das innere LEBESGUE-Maß die behauptete Gleichung.

Sei nun $Q \in \sigma(\mathfrak{M})$, $Q \supset E$; Q habe die Gestalt (5), und es sei $\mu(Q) < \infty$. Wir schließen jedes E_n in ein offenes Rechteck G_n ein (vgl. Abb. 87). Dann ist die Menge $G = \bigcup_n G_n$ offen (als Vereinigung offener Mengen). Sei nun $\varepsilon > 0$ beliebig vorgegeben. Auf Grund der Stetigkeit des LEBESGUE-Maßes kann man erreichen, daß

$$\mu(G_n) \leqq \mu(E_n) + \frac{\varepsilon}{2^n}$$

ist. Dann gilt $G \supset Q \supset E$ und

$$G \backslash Q \subset \bigcup_n (G_n \backslash E_n),$$

$$\mu(G) - \mu(Q) \leqq \sum_n \mu(G_n \backslash E_n) < \varepsilon,$$

also

$$\mu(G) \leqq \mu(Q) + \varepsilon, \quad \inf\{\mu(G): G \supset E\} \leqq \mu(Q) + \varepsilon,$$

und

$$\inf\{\mu(G): G \supset E\} \leqq \mu_e(E).$$

Mit (16) folgt daraus die behauptete Gleichung für das äußere Maß. Es gilt also

$$\mu_i(E) = \sup\{\mu(F),\ F \subset E,\ F \text{ abgeschlossen und beschränkt}\}, \tag{17}$$

$$\mu_e(E) = \inf\{\mu(G),\ G \supset E,\ G \text{ offen mit endlichem Maß}\}. \tag{18}$$

Mit anderen Worten: *Im Falle des Lebesgue-Maßes braucht man in den Gleichungen* (1) *und* (2) *bzw.* (1') *und* (2') *in* 3.5 *zur Definition des inneren bzw. äußeren Maßes nur die beschränkten und abgeschlossenen Mengen für* $\mu_i(E)$ *bzw. nur die offenen Mengen endlichen Maßes für* $\mu_e(E)$ *zu betrachten.*

Bemerkung. Manchmal ist auch folgende Aussage nützlich: *Für jede Lebesgue-meßbare Menge E gibt es Borel-Mengen B_1 und B_2 mit*

$$B_1 \subset E \subset B_2, \quad \mu(B_2 \backslash B_1) = 0. \tag{19}$$

Den Beweis dieser Aussage überlassen wir dem Leser.

Alle bisherigen Betrachtungen dieses Abschnittes lassen sich auf den Fall des n-dimensionalen Raumes übertragen. Dazu betrachten wir den Halbring $\mathcal{H}$ aller endlichen n-dimensionalen Quader der Art

$$E = \{(x, y, \ldots, w): \alpha_1 \leqq x < \beta_1,\ \alpha_2 \leqq y < \beta_2, \ldots, \alpha_n \leqq w < \beta_n\} \tag{1'}$$

mit dem auf $\mathcal{H}$ definierten Maß

$$\mu(E) = (\beta_1 - \alpha_1)(\beta_2 - \alpha_2) \ldots (\beta_n - \alpha_n), \tag{2'}$$

d. h. dem n-dimensionalen Volumen. In 2.6 haben wir gezeigt, daß dieses Maß σ-additiv ist.

Die LEBESGUEsche Erweiterung $\bar{\mu}$ des Maßes μ vom Halbring $\mathcal{H}$ auf den entsprechenden Ring $\bar{\mathcal{H}}$ heißt *n-dimensionales Lebesgue-Maß* usw. Schritt für Schritt kann man mit unbedeutenden Änderungen alle Überlegungen im Zusammenhang mit den Beziehungen (3) bis (18) wiederholen. Dabei sind dann Quadrate vom Rang r (vgl. (7))

durch sog. *n-dimensionale Würfel vom Rang r,* d. h. durch Würfel folgender Gestalt zu ersetzen:

$$\left\{(x, y, \ldots, w): \frac{i}{2^r} \leqq x < \frac{i+1}{2^r}, \frac{j}{2^r} \leqq y < \frac{j+1}{2^r}, \ldots, \frac{m}{2^r} \leqq w < \frac{m+1}{2^r}\right\} \tag{7}$$

$(i, j, \ldots, m = 0, \pm 1, \pm 2, \ldots)$;

Geraden der Art $x = \text{const}$, $y = \text{const}$, ..., $w = \text{const}$ werden durch $(n-1)$-dimensionale Hyperebenen ersetzt. Wir vermerken weiter, daß das n-dimensionale LEBESGUE-Maß eines jeden achsenparallelen Quaders – abgeschlossen oder nicht – stets gleich dem Produkt der Längen seiner Kanten ist.

Schließlich sei darauf hingewiesen, daß die Überlegungen dieses Abschnittes natürlich auch den Fall $n = 1$ einschließen und sich dann einige in 3.7 noch nicht enthaltene Aussagen über das lineare LEBESGUE-Maß ergeben, so z. B. die in (12) und (13) sowie (17) bis (19) enthaltenen Eigenschaften.

Die Existenz von Mengen, die bez. des n-dimensionalen LEBESGUE-Maßes nicht meßbar sind, ist eine einfache Folgerung aus den Ausführungen in 3.7 über nicht LEBESGUE-meßbare Mengen auf der Geraden, wenn man etwa den Satz von FUBINI benutzt, der in Kapitel 9 behandelt wird.

3.11. Lebesgue-Stieltjes-Maße auf der Ebene und im n-dimensionalen Raum

Es sei $\mathcal{H}$ der Halbring aller endlichen Rechtecke der Art

$$E = \{(x, y): \alpha \leqq x < \beta, \gamma \leqq y < \delta\} \tag{1}$$

$(\alpha \leqq \beta, \gamma \leqq \delta)$ und μ ein auf $\mathcal{H}$ definiertes σ-additives STIELTJES-Maß (vgl. 2.6).

Die LEBESGUEsche Erweiterung $\bar{\mu}$ des Maßes μ vom Halbring $\mathcal{H}$ auf den entsprechenden Ring $\bar{\mathcal{H}}$ heißt *ebenes Lebesgue-Stieltjes-Maß* (oder *Lebesgue-Stieltjes-Maß auf der Ebene*), das durch das STIELTJES-Maß μ erzeugt wird. Das Maß μ nennen wir dabei das *Ausgangsmaß* für $\bar{\mu}$. Das Maß $\bar{\mu}$ ist ein vollständiges BOREL-Maß (vgl. 2.6).

Der von $\mathcal{H}$ erzeugte Ring $\mathfrak{M}$ besteht, wie bereits im vorangegangenen Abschnitt, aus allen endlichen Vereinigungen der Art

$$A = \bigcup_{k=1}^{n} E_k$$

von paarweise disjunkten Mengen $E_k \in \mathcal{H}$ mit beliebiger natürlicher Zahl n (vgl. Abb. 82). Die entsprechende Erweiterung des Maßes μ von $\mathcal{H}$ auf $\mathfrak{M}$ hat dann die Gestalt

$$\mu(A) = \sum_{k=1}^{n} \mu(E_k) .$$

Die Klassen $\sigma(\mathfrak{M}) = \sigma(\mathcal{H})$ und $\delta(\mathfrak{M})$ ergeben sich ebenfalls wie im vorigen Abschnitt (vgl. dort (5) und (6)). Die dort angegebenen Aussagen 1 bis 6 lassen sich leicht auf den Fall eines b e l i e b i g e n ebenen LEBESGUE-STIELTJES-Maßes übertragen (d. h. auf den Fall eines Maßes, das durch ein beliebiges σ-additives STIELTJES-Maß, definiert auf dem Halbring $\mathcal{H}$ aller Rechtecke der Art (1), erzeugt wird). Auch die Formeln (12) und (13) für das Maß offener und abgeschlossener Mengen gelten ebenso wie die

Formeln (17) und (18) für das innere und äußere Maß. Schließlich bleibt auch die Bemerkung im Zusammenhang mit (19) richtig.

Das ebene LEBESGUE-Maß ergibt sich als ein spezielles LEBESGUE-STIELTJES-Maß, wenn wir $\mu(E) = (\beta - \alpha)\,(\delta - \gamma)$ setzen, d. h. das Maß von E dem Flächeninhalt dieses Rechteckes gleich ist (vgl. (1)). Im folgenden machen wir auf einige allgemeine Eigenschaften des LEBESGUE-STIELTJES-Maßes aufmerksam[1]).

1. Der Ring $\mathcal{H}$, auf dem das vom Maß μ erzeugte ebene LEBESGUE-STIELTJES-Maß $\bar{\mu}$ definiert ist, verändert sich i. a. mit μ und fällt daher i. a. nicht mit dem Ring der bez. des ebenen LEBESGUE-Maßes endlichen Mengen zusammen.

2. Die einelementigen Mengen der Ebene und die Mengen von Punkten, die auf einer Geraden liegen, können im Unterschied zum ebenen LEBESGUE-Maß auch ein von Null verschiedenes LEBESGUE-STIELTJES-Maß besitzen.

Beispiel. Wir betrachten das auf $\mathcal{H}$ durch

$$\mu(E) = \begin{cases} 1, & \text{wenn} \quad E \ni (0, 0)\ , \\ 0 & \text{sonst} \end{cases}$$

definierte STIELTJES-Maß (vgl. Abb. 88). Dann enthält der Ring $\bar{\mathcal{H}}$ offenbar alle Teilmengen Z der Ebene, wobei

$$\bar{\mu}(Z) = \begin{cases} 1, & \text{wenn} \quad Z \ni (0, 0) \\ 0 & \text{sonst} \end{cases}$$

gilt. Für die einelementige Menge $\{(0, 0)\}$ ergibt sich dann offenbar $\bar{\mu}\{(0, 0)\} = 1$. Ist Z die Menge aller Punkte einer Geraden, die durch den Punkt $(0, 0)$ geht, dann gilt $\bar{\mu}(Z) = 1$.

3. Im Unterschied zum ebenen LEBESGUE-Maß kann die ganze Ebene ein endliches LEBESGUE-STIELTJES-Maß besitzen. Dafür ist, wie man leicht sieht, notwendig und hinreichend, daß für sein Ausgangsmaß μ der Grenzwert

$$\lim_{n \to \infty} \mu \,\{(x, y) \colon -n \leqq x < n, -n \leqq y < n\} \tag{2}$$

endlich ist (vgl. Abb. 89). Der Leser möge dies als Übung zeigen.

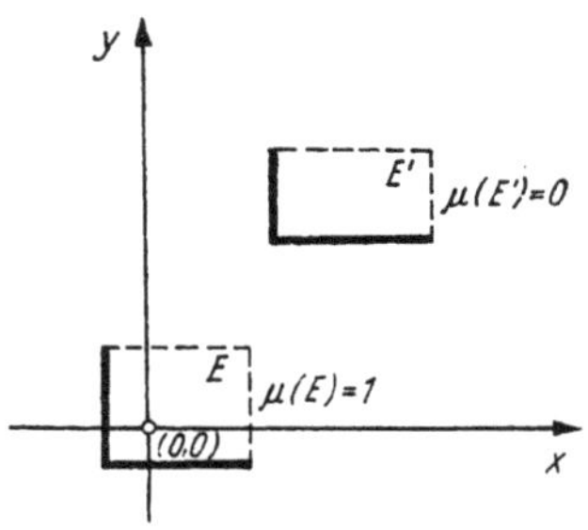

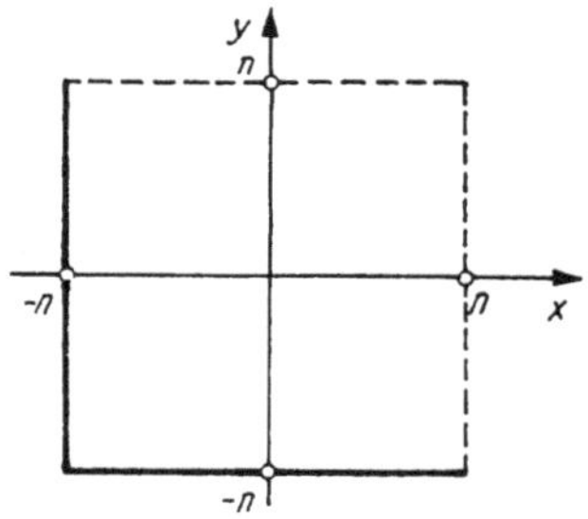

Abb. 88

Abb. 89

Ist der Grenzwert (2) endlich, dann ist der Ring $\bar{\mathcal{H}}$ eine σ-Algebra, die als Einheit die gesamte Ebene Z_0 hat. In diesem Falle sind alle $\bar{\mu}$-meßbaren Mengen und damit alle BOREL-Mengen der Ebene bez. $\bar{\mu}$ endliche Mengen.

[1]) Dem Leser sei ein Vergleich mit Abschnitt 3.8 empfohlen.

Folgendes sei besonders hervorgehoben: Wie auch im eindimensionalen Fall sind verschiedene LEBESGUE-STIELTJES-Maße i. a. auf verschiedenen Ringen definiert; aber alle einschließlich des LEBESGUE-Maßes sind mindestens auf dem δ-Ring aller beschränkten BOREL-Mengen der Ebene definiert. Auf diesem Ring sind solche Maße stets LUSIN-Maße.

Das oben Gesagte läßt sich auch auf den Fall übertragen, in dem das Ausgangsmaß μ nicht für den Halbring aller endlichen Rechtecke der Art (1), sondern nur für solche Rechtecke definiert ist, die in einer bestimmten (z. B. offenen) Menge E der Ebene enthalten sind. Die entsprechenden Formulierungen sind dann natürlich etwas zu verändern – dies sei aber dem Leser überlassen.

Ist das Ausgangsmaß μ durch eine erzeugende Funktion φ definiert (vgl. 2.6), so heißt diese Funktion auch *erzeugende Funktion des entsprechenden Lebesgue-Stieltjes-Maßes* $\bar{\mu}$ bzw. man sagt, daß $\bar{\mu}$ durch die Funktion φ erzeugt wird.

Alle vorangegangenen Darlegungen dieses Abschnittes können nun schließlich auf den Fall des n-dimensionalen Raumes übertragen werden. Man betrachtet dann ein σ-additives STIELTJES-Maß μ auf dem Halbring $\mathfrak{H}$ aller Quader der Art

$$E = \{(x, y, \ldots, w) : \alpha_1 \leqq x < \beta_1, \alpha_2 \leqq y < \beta_2, \ldots, \alpha_n \leqq w < \beta_n\}. \tag{1'}$$

Die LEBESGUEsche Erweiterung $\bar{\mu}$ des Maßes μ vom Halbring $\mathfrak{H}$ auf den entsprechenden Ring $\bar{\mathfrak{H}}$ heißt *durch das Stieltjes-Maß* μ *erzeugtes n-dimensionales Lebesgue-Stieltjes-Maß* usw. (alles weitere analog zum ebenen Fall).

3.12. Verteilungsfunktionen σ-additiver Maße auf der Ebene und im n-dimensionalen Raum

Es sei μ ein σ-additives Maß, das auf der Klasse $\mathfrak{B}^2$ aller BOREL-Mengen der Ebene definiert ist[1]), und es sei Φ die für alle Werte x und y durch

$$\Phi(x, y) = \mu\, \{(\xi, \eta) : \xi < x, \eta < y\} \tag{1}$$

(vgl. Abb. 90) definierte Verteilungsfunktion von μ (vgl. 2.7). Dann gilt

Aussage 1. *Die Funktion* $\Phi(x, y)$ *ist nichtnegativ, in* x *monoton wachsend und stetig von links für jedes feste* y *und in* y *monoton wachsend und stetig von links für jedes feste* x.

Aussage 2. *Für jedes endliche Rechteck*

$$A = \{(x, y) : \alpha \leqq x < \beta, \gamma \leqq y < \delta\} \quad (\alpha \leqq \beta, \gamma \leqq \delta)$$

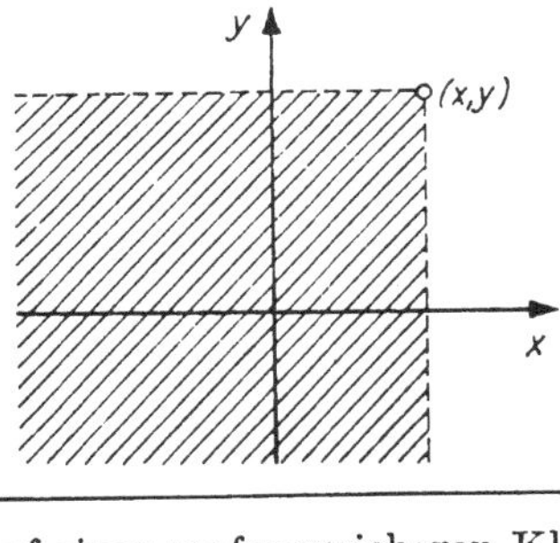

Abb. 90

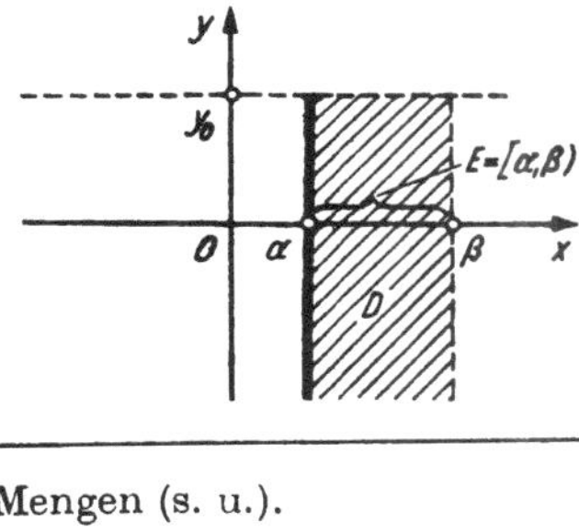

Abb. 91

[1]) Oder auf einer umfangreicheren Klasse von Mengen (s. u.).

gilt

$$\Delta_{xy}(\Phi, A) \geqq 0 .$$

Zum Beweis der Aussagen 1 und 2 zeigen wir nur, daß $\Phi(x, y)$ für jedes feste y in x von links stetig ist (aus Symmetriegründen kann man dann die Rollen von x und y vertauschen). Die übrigen Behauptungen, die in den Aussagen enthalten sind, ergeben sich als einfache Folgerungen aus den Aussagen des Abschnittes 2.7.

Für festes $y = y_0$ und für alle Mengen der Art

$$D = \{(x, y): \alpha \leqq x < \beta, y < y_0\} \tag{2}$$

(vgl. Abb. 91) betrachten wir die entsprechenden Werte $\mu(D)$. Wir setzen $E = [\alpha, \beta)$ und definieren für alle derartigen E die Funktion m durch die Gleichung

$$m(E) = \mu(D) .$$

Die Funktion m ist, wie man leicht zeigt, ein σ-additives lineares Stieltjes-Maß (definiert auf dem Halbring aller Intervalle $E = [\alpha, \beta)$), und $\Phi(x, y_0)$ ist die Verteilungsfunktion des Maßes m. Damit ist $\Phi(x, y_0)$ monoton wachsend und von links stetig (vgl. 2.5).

Aussage 3. *Es gilt*

$$\lim_{\substack{x \to -\infty \\ y = \text{const}}} \Phi(x, y) = 0, \qquad \lim_{\substack{x = \text{const} \\ y \to -\infty}} \Phi(x, y) = 0$$

und

$$\lim_{\substack{x \to \infty \\ y \to \infty}} \Phi(x, y) < \infty .$$

Beweis: $\mathfrak{B}^2$ ist ein σ-Ring und folglich ist μ ein Borel-Maß. Daher ergibt sich aus der Gleichung

$$\emptyset = \bigcap_{n=1}^{\infty} \{(x, y): x < -n, y < y_0\}, \quad y_0 = \text{const} ,$$

(vgl. Abb. 92) wegen der Stetigkeit des Maßes

$$\lim_{x \to -\infty} \Phi(x, y_0) = \lim_{n \to \infty} \Phi(-n, y_0) = \lim_{n \to \infty} \mu \{(x, y): x < -n, y < y_0\} = \mu(\emptyset) = 0 .$$

Die erste Beziehung von Aussage 3 ist also gezeigt. Die zweite Behauptung ist symmetrisch dazu, also braucht man nur noch die dritte zu zeigen. Gelte dazu $x_n \to \infty$ und $y_n \to \infty$, wobei man $x_n \leqq x_{n+1}$ und $y_n \leqq y_{n+1}$ $(n = 1, 2, \ldots)$ annehmen kann[1]) (vgl.

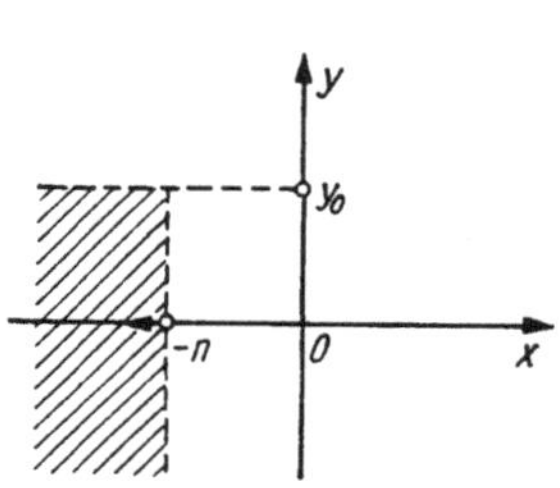

Abb. 92

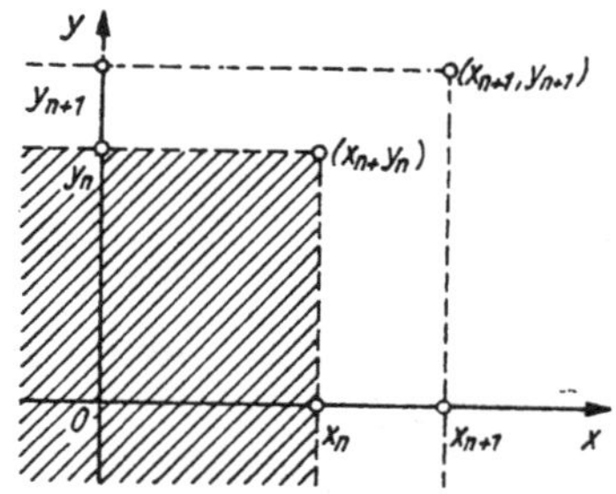

Abb. 93

[1]) Der Leser überlege sich dies selbst (vgl. das Lemma auf Seite 52).

Abb. 93). Bezeichnet Z_0 die gesamte Ebene, dann ist offenbar

$$Z_0 = \bigcup_{n=1}^{\infty} \{(x, y): x < x_n, y < y_n\},$$

wobei $\{(x, y): x < x_n, y < y_n\} \uparrow Z_0$ gilt. Auf Grund der Stetigkeit des Maßes μ erhält man

$$\lim_{n\to\infty} \Phi(x_n, y_n) = \lim_{n\to\infty} \mu \{(x, y): x < x_n, y < y_n\} = \mu(Z_0), \tag{3}$$

also

$$\lim_{\substack{x\to\infty\\ y\to\infty}} \Phi(x, y) < \infty \quad \bullet$$

Folgerung. *Unter unseren Voraussetzungen ist* (*vgl.* (3))

$$\lim_{\substack{x\to\infty\\ y\to\infty}} \Phi(x, y) = \mu(Z_0). \tag{4}$$

Auf ähnliche Weise kann man zeigen

$$\lim_{\substack{x\to-\infty\\ y\to-\infty}} \Phi(x, y) = 0 \tag{4'}$$

(letzteres sei dem Leser überlassen).

Bisher wurde gezeigt, daß die durch (1) definierte Funktion Φ die in den Aussagen 1 bis 3 angegebenen Eigenschaften besitzt. Es gilt aber auch das Umgekehrte:

Aussage 4. *Ist Φ eine auf der gesamten Ebene definierte Funktion, die alle in den Aussagen 1 bis 3 angegebenen Eigenschaften besitzt, dann ist Φ die Verteilungsfunktion eines gewissen σ-additiven Maßes, das auf allen Borel-Mengen der Ebene*[1]) *definiert ist.*

Beweis: Nach der in Aussage 2 formulierten Eigenschaft kann man Φ als erzeugende Funktion eines STIELTJES-Maßes m ansehen, das auf dem Halbring $\mathcal{H}$ aller endlichen Rechtecke der Gestalt $E = \{(x, y): \alpha \leqq x < \beta, \gamma \leqq y < \delta\}$ durch

$$m(E) = \Delta_{xy}(\Phi, E)$$

definiert ist (vgl. 2.7). Wir zeigen, daß Φ überall von unten stetig ist, d. h. daß stets gilt

$$\lim_{\substack{x\to x_0, x \leqq x_0\\ y\to y_0, y \leqq y_0}} \Phi(x, y) = \Phi(x_0, y_0),$$

und haben damit bewiesen, daß das Maß m σ-additiv ist (vgl. 2.6). Sei $x \leqq x_0$, $y \leqq y_0$. Wir setzen

$$E_{xy} = \{(\xi, \eta): x \leqq \xi < x_0, y \leqq \eta < y_0\}$$

(vgl. Abb. 94). Dann gilt

$$m(E_{xy}) = \Phi(x_0, y_0) - \Phi(x, y_0) - [\Phi(x_0, y) - \Phi(x, y)] \geqq 0$$

und folglich

$$\begin{aligned}0 \leqq \Phi(x_0, y_0) - \Phi(x, y) &\leqq \Phi(x_0, y_0) - \Phi(x, y) + m(E_{xy})\\ &= [\Phi(x_0, y_0) - \Phi(x, y_0)] + [\Phi(x_0, y_0) - \Phi(x_0, y)];\end{aligned}$$

1) Oder sogar auf einer umfangreicheren Klasse von Mengen (s. u.).

also folgt für $x \to x_0$ und $y \to y_0$ die Beziehung

$$\Phi(x, y) \to \Phi(x_0, y_0) .$$

Das Maß m ist daher σ-additiv. Man kann es also mit Hilfe des LEBESGUEschen Erweiterungsprozesses zu einem BOREL-Maß $\mu = \overline{m}$ (d. h. zu dem von Φ erzeugten LEBESGUE-STIELTJES-Maß) fortsetzen, das auf einem entsprechenden Ring $\overline{\mathfrak{H}}$ definiert ist. Wir zeigen nun, daß für beliebige Werte x und y die Beziehung

$$\mu \{(\xi, \eta) : \xi < x, \eta < y\} = \Phi(x, y) \tag{5}$$

gilt. Sei hierzu k eine natürliche Zahl mit $-k < x, -k < y$. Dann gilt

$$\{(\xi, \eta) : \xi < x, \eta < y\} = \bigcup_{n=k}^{\infty} \{(\xi, \eta) : -n \leqq \xi < x, -n \leqq \eta < y\}$$

(vgl. Abb. 95). Aus den Eigenschaften von Φ folgt zunächst $\lim\limits_{n\to\infty} \Phi(x, -n) = \lim\limits_{n\to\infty} \Phi(-n, y) = 0$ und auf Grund von

$$0 \leqq \Phi(-n, -n) \leqq \Phi(-n, y) \quad (n \geqq k)$$

überdies $\lim\limits_{n\to\infty} \Phi(-n, -n) = 0$. Also gilt

$$\lim_{n\to\infty} \mu \{(\xi, \eta) : -n \leqq \xi < x, -n \leqq \eta < y\}$$
$$= \lim_{n\to\infty} [\Phi(x, y) - \Phi(-n, y)] - [\Phi(x, -n) - \Phi(-n, -n)] = \Phi(x, y) .$$

Infolge der Eigenschaft eines BOREL-Maßes ergibt sich daraus

$$\{(\xi, \eta) : \xi < x, \eta < y\} = \bigcup_{n=k}^{\infty} \{(\xi, \eta) : -n \leqq \xi < x, -n \leqq \eta < y\} \in \overline{\mathfrak{H}}$$

und die behauptete Beziehung (5).

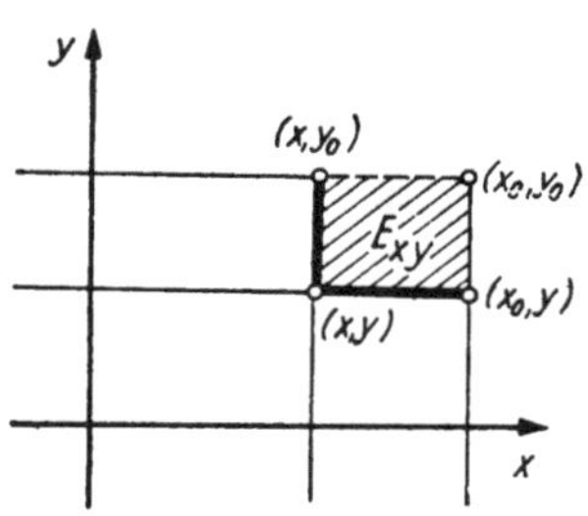

Abb. 94

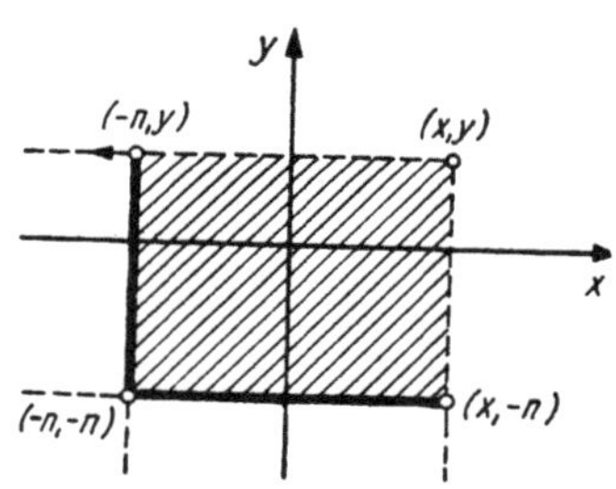

Abb. 95

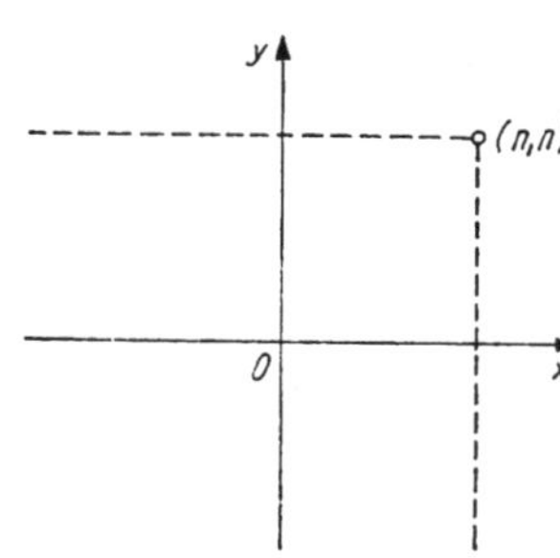

Abb. 96

Nun gilt $Z_0 = \bigcup\limits_{n=1}^{\infty} \{(x, y) : x < n, y < n\}$ (vgl. Abb. 96) und wegen (5) auf Grund der Eigenschaften von Φ

$$\lim_{n\to\infty} \mu \{(x, y) : x < n, y < n\} = \lim_{n\to\infty} \Phi(n, n) = \lim_{\substack{x\to\infty \\ y\to\infty}} \Phi(x, y) < \infty .$$

Somit ist $Z_0 \in \overline{\mathfrak{H}}$ und $\mu(Z_0) = \lim\limits_{\substack{x\to\infty \\ y\to\infty}} \Phi(x, y)$.

Hieraus folgt, daß $\overline{\mathfrak{H}}$ eine σ-Algebra mit der Einheit Z_0 ist (und daher alle BOREL-Mengen der Ebene enthält) ●

Zusammenfassend ergibt sich also, daß Φ die Verteilungsfunktion des σ-additiven Maßes μ ist (vgl. (5)), das (mindestens) auf allen BOREL-Mengen der Ebene definiert ist.

Satz. *Die Verteilungsfunktion Φ eines σ-additiven Maßes μ, das für alle Borel-Mengen der Ebene definiert ist, bestimmt dieses Maß eindeutig.*

Beweis: Auf Grund von Abschnitt 2.7 ist die Funktion Φ erzeugende Funktion des Maßes μ, betrachtet auf dem Halbring $\mathfrak{H}$ aller endlichen Rechtecke der Art

$$E = \{(x, y): \alpha \leqq x < \beta,\ \gamma \leqq y < \delta\},$$

d. h., es ist

$$\mu(E) = \Delta_{xy}(\Phi, E) \tag{6}$$

für alle $E \in \mathfrak{H}$. Die σ-additive Fortsetzung des Maßes (6) ist innerhalb des Ringes $\overline{\mathfrak{H}}$ eindeutig (vgl. 3.6). Daraus folgt die Richtigkeit des Satzes ●

Bemerkung. Zu den obigen Resultaten analoge Ergebnisse erhält man auch, wenn die Verteilungsfunktion des Maßes nur auf allen BOREL-Mengen definiert ist, die in einem gewissen Rechteck $R = \{(x, y): x \in I_1, y \in I_2\}$ enthalten sind, wobei I_1 und I_2 irgendwelche Intervalle der Zahlengeraden sind.

Alles in diesem Abschnitt Gesagte läßt sich schließlich auf den Fall des n-dimensionalen Raumes übertragen. Ist ein σ-additives Maß μ auf der Klasse $\mathfrak{B}^n$ aller BOREL-Mengen des n-dimensionalen Raumes definiert, so gelten für die Verteilungsfunktionen

$$\Phi(x, y, \ldots, w) = \mu\,\{(\xi, \eta, \ldots, \omega): \xi < x, \eta < y, \ldots, \omega < w\}$$

folgende Aussagen:

Aussage 1'. $\Phi(x, y, \ldots, w)$ *ist nichtnegativ und für jede Veränderliche monoton wachsend und von links stetig (bei festen Werten der anderen Veränderlichen).*

Aussage 2'. *Für alle n-dimensionalen Quader*

$$E = \{(x, y, \ldots, w): \alpha_1 \leqq x < \beta_1, \alpha_2 \leqq y < \beta_2, \ldots, \alpha_n \leqq w < \beta_n\}$$

gilt

$$\Delta_{xy\ldots w}(\Phi; E) \geqq 0\,.$$

Aussage 3'. *Es ist* $\lim \Phi(x, y, \ldots, w) = 0$, *falls eine der Veränderlichen gegen* $-\infty$ *strebt (und die restlichen unverändert bleiben), und es gilt*

$$\lim_{\substack{x \to \infty \\ y \to \infty \\ \vdots \\ w \to \infty}} \Phi(x, y, \ldots, w) < \infty.$$

Weiterhin erhält man

$$\lim_{\substack{x \to \infty \\ y \to \infty \\ \vdots \\ w \to \infty}} \Phi(x, y, \ldots, w) = \mu(Z_0)\,,$$

wobei Z_0 den ganzen Raum bezeichnet, und

$$\lim_{\substack{x \to -\infty \\ y \to -\infty \\ \vdots \\ w \to -\infty}} \Phi(x, y, \ldots, w) = 0$$

(*vgl.* (4) *und* (4')).

Jede Funktion, die die in den Aussagen 1' bis 3' angegebenen Eigenschaften besitzt, ist die Verteilungsfunktion eines σ-additiven Maßes, das auf allen BOREL-Mengen des n-dimensionalen Raumes definiert ist. Alle oben angegebenen Sätze, Bemerkungen und Beweise lassen sich analog auf den n-dimensionalen Fall übertragen.

4. Meßbare Funktionen

4.1. $\mathfrak{K}$-meßbare Funktionen. Einfachste Eigenschaften. Borel-meßbare und Lebesgue-meßbare Funktionen

$\mathfrak{K}$ sei irgendeine Klasse von Mengen. Eine reelle (endlichwertige) Funktion f heißt *$\mathfrak{K}$-meßbar auf der Menge E*, wenn
(i) der Definitionsbereich von f die Menge E enthält und
(ii) für jede reelle Zahl c die Menge

$$X = \{x: x \in E, f(x) < c\} \tag{1}$$

zu $\mathfrak{K}$ gehört (vgl. Abb. 97).

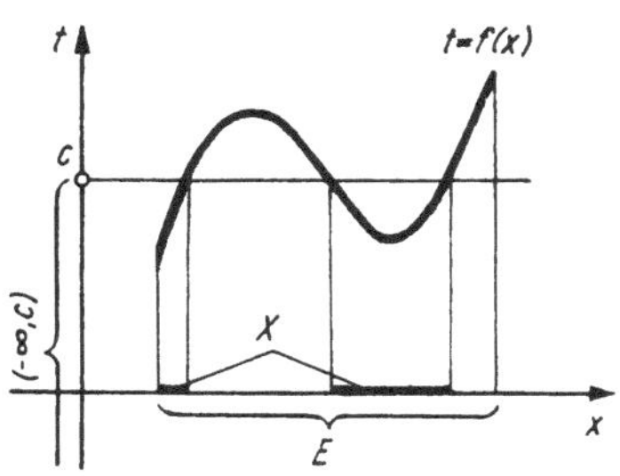

Abb. 97

Wenn wir hier den Begriff meßbar benutzen, so bedeutet das nicht, daß die Klasse $\mathfrak{K}$ bereits etwas mit einem Maß zu tun haben muß. Im folgenden werden wir für alle betrachteten Funktionen voraussetzen, daß sie nur (endliche) reelle Werte annehmen. Wir beginnen mit einigen wichtigen Beispielen.

Beispiel 1. Sei $\mathbb{R}^n$ der n-dimensionalen Euklidische Raum und $\mathfrak{K} = \mathfrak{B}^n$ die Klasse aller BOREL-Mengen dieses Raumes. Bekanntlich ist $\mathfrak{B}^n$ ein σ-Ring (und sogar eine σ-Algebra). Die $\mathfrak{B}^n$-meßbaren Funktionen auf E sind dann alle diejenigen Funktionen, für die die Menge (1) eine BOREL-Menge ist. Diese Funktionen werden auch *Borel-meßbare Funktionen* (oder *$\mathfrak{B}^n$-Funktionen* oder auch *Bairesche Funktionen*) genannt.

Zum Beispiel ist jede auf einer BOREL-Menge E definierte Funktion, die auch auf E stetig ist, BOREL-meßbar. Wir beweisen dies:

Auf Grund der Stetigkeit von f existiert zu jedem $x \in X$ (vgl. (1)) eine gewisse Umgebung U_x von x mit $f(\xi) < c$ für alle $\xi \in U_x \cap E$. Also ist $\bigcup_{x \in X} U_x = G$ eine offene Menge, die keine ξ mit $f(\xi) \geqq c$ enthält und die Eigenschaft $G \supset X$ besitzt. Daher gilt $X = E \cap G$. X ist als Durchschnitt zweier BOREL-Mengen wieder eine BOREL-Menge, d. h., f ist eine BOREL-meßbare Funktion.

Folgerung. *Die sogenannten Grundfunktionen, d. h.* $f(x) = \text{const}$, x^n, $\sqrt[n]{x}$ *(n natürliche Zahl),* a^x, $\log_a x$ $(a = \text{const} > 0,\ a \neq 1)$, $\sin x$, $\cos x$, $\tan x$, $\cot x$, $\arcsin x$, $\arccos x$, $\arctan x$, $\operatorname{arccot} x, \ldots$ *sind Borel-meßbare Funktionen.* Ihre Definitionsbereiche sind nämlich BOREL-Mengen (Intervalle oder abzählbare Vereinigungen von Intervallen), und jede dieser Funktionen ist innerhalb ihres Definitionsbereiches stetig.

Beispiel 2. Sei wieder $\mathbb{R}^n$ der n-dimensionale Euklidische Raum, aber $\mathcal{H}$ der σ-Ring (und sogar die σ-Algebra) aller LEBESGUE-meßbaren Mengen des $\mathbb{R}^n$. Dann ist jede Funktion $\mathcal{H}$-meßbar auf E, für die die Menge (1) stets LEBESGUE-meßbar ist. Solche Funktionen nennt man *Lebesgue-meßbar.*

Insbesondere sind alle BOREL-meßbaren Funktionen auch LEBESGUE-meßbar, weil jede BOREL-Menge eine LEBESGUE-meßbare Menge ist.

In diesem Kapitel soll von jetzt an stets vorausgesetzt werden, daß die betrachtete Klasse $\mathcal{H}$ ein σ-Ring ist, falls nicht ausdrücklich etwas anderes gesagt wird. $\mathcal{H}$-meßbare Funktionen werden wir häufig auch einfach meßbar nennen (falls keine Mißverständnisse möglich sind).

Wir beweisen folgende Aussagen:

Aussage 1. *Ist die Funktion f meßbar auf E, so gilt* $E \in \mathcal{H}$.

Beweis: Offenbar gilt

$$E = \bigcup_{n=1}^{\infty} \{x;\ x \in E,\ f(x) < n\},$$

wobei jede Menge, die an dieser Vereinigung beteiligt ist, zum σ-Ring $\mathcal{H}$ gehört und somit auch E als abzählbare Vereinigung von Mengen aus $\mathcal{H}$ selbst zu $\mathcal{H}$ gehört ●

Aussage 2. *Ist f meßbar auf E und* $E' \subset E$, $E' \in \mathcal{H}$, *so ist f auch meßbar auf* E'.

Beweis: Die Behauptung folgt aus der Beziehung

$$\{x\colon x \in E',\ f(x) < c\} = X \cap E' \in \mathcal{H},$$

wobei X die Menge in (1) bezeichnet ●

Aussage 3. *Ist f auf jeder der höchstens abzählbar vielen Mengen* $E_1, E_2, \ldots$ *meßbar, dann ist f auch auf den Mengen* $\bigcap_n E_n$ *und* $E_1 \setminus E_2$ *meßbar.*

Beweis: Die Behauptung folgt aus der Aussage 2, da $\bigcap_n E_n$ und $E_1 \setminus E_2$ zum σ-Ring $\mathcal{H}$ gehören und Teilmengen von E_1 sind ●

Aussage 4. *Ist f auf jeder der höchstens abzählbar vielen Mengen* $E_1, E_2, \ldots$ *meßbar, dann ist f auch auf* $\bigcup_n E_n$ *meßbar.*

Beweis: Es gilt

$$\{x\colon x \in \bigcup_n E_n,\ f(x) < c\} = \bigcup_n \{x\colon x \in E_n,\ f(x) < c\},$$

wobei jede der an dieser Vereinigung beteiligten Mengen zum σ-Ring $\mathcal{H}$ gehört und somit auch die Vereinigung selbst zu $\mathcal{H}$ gehört[1]) ●

Aussage 5. *f sei meßbar auf E und B sei eine beliebige Borel-Menge der Zahlengeraden. Dann gehört die Menge*

$$\{x\colon x \in E,\ f(x) \in B\} \tag{2}$$

zum σ-Ring $\mathcal{H}$.

Beweis: Die Menge in (1) kann man offenbar in der Form

$$X = \{x\colon x \in E,\ f(x) \in (-\infty, c)\} \tag{1'}$$

schreiben (vgl. Abb. 97). Nun gilt für beliebige, höchstens abzählbar viele Teilmengen $T_1, T_2, \ldots$ der Zahlengeraden

$$\begin{gathered}\{x\colon x \in E,\ f(x) \in T_1 \cup T_2 \cup \ldots\} = \{x\colon x \in E,\ f(x) \in T_1\} \\ \cup \{x\colon x \in E,\ f(x) \in T_2\} \cup \ldots, \\ \{x\colon x \in E,\ f(x) \in T_1 \setminus T_2\} = \{x\colon x \in E,\ f(x) \in T_1\} \setminus \{x\colon x \in E,\ f(x) \in T_2\}\,.\end{gathered} \tag{3}$$

Wenn also die Mengen auf der rechten Seite der Gleichungen (3) zum σ-Ring $\mathcal{H}$ gehören, dann auch die Mengen auf der linken Seite. Daher ist die Klasse $\mathfrak{T}$ aller Mengen T der Zahlengeraden, für die $\{x\colon x \in E,\ f(x) \in T\} \in \mathcal{H}$ gilt, wieder ein σ-Ring. Nun enthält aber $\mathfrak{T}$ die Klasse aller Intervalle der Art $(-\infty, c)$, weil $X \in \mathcal{H}$ ist und (1') gilt. Also enthält $\mathfrak{T}$ die Klasse $\mathfrak{G}$ aller offenen Mengen, denn es ist

$$[\alpha, \beta) = (-\infty, \beta) \setminus (-\infty, \alpha) \in \mathfrak{T}, \quad (\alpha, \beta) = \bigcup_{n=1}^{\infty} \left[\alpha + \frac{\beta - \alpha}{n}, \beta\right) \in \mathfrak{T}$$

(vgl. Abb. 98), und jede offene Menge ist eine höchstens abzählbare Vereinigung gewisser endlicher offener Intervalle. Da aber $\mathfrak{B}$ die von $\mathfrak{G}$ erzeugte σ-Algebra ist, muß $\mathfrak{T} \supset \mathfrak{B}$ gelten.

Abb. 98

Folgerung 1 (Kriterium der $\mathcal{H}$-Meßbarkeit). *Die Funktion f ist genau dann $\mathcal{H}$-meßbar auf E, wenn für jede Borel-Menge B der Zahlengeraden*

$$\{x\colon x \in E,\ f(x) \in B\} \in \mathcal{H} \tag{4}$$

gilt.

Bemerkung. In der Definition der Meßbarkeit kann man die Bedingung $f(x) < c$ (oder $f(x) \in (-\infty, c)$) durch eine der folgenden Bedingungen ersetzen: $f(x) \leqq c$ (bzw. $f(x) \in (-\infty, c]$), $f(x) > c$ (bzw. $f(x) \in (c, \infty)$), $f(x) \geqq c$ (bzw. $f(x) \in [c, \infty)$), $a \leqq f(x) < b$ (bzw. $f(x) \in [a, b)$), $a < f(x) \leqq b$ (bzw. $f(x) \in (a, b]$) usw.[2]), wobei a, b, c beliebige reelle Zahlen

[1]) Die Aussagen 2 bis 4 bleiben auch im Falle eines beliebigen Ringes $\mathcal{H}$, der kein σ-Ring ist, richtig, wenn man dabei nur endliche Durchschnitte und Vereinigungen von Mengen zuläßt.

[2]) Die Bedingung $f(x) = c$ darf hier nicht verwendet werden!

sind. Dies liegt daran, daß mit jeder so abgeänderten Meßbarkeitsdefinition die Aussage 5, wie man leicht sieht, richtig bleibt (der entsprechende Beweis ändert sich dabei fast nicht). Demzufolge bleibt auch das Meßbarkeitskriterium in Folgerung 1 erhalten.

Folgerung 2. *Ist f meßbar auf E, dann gilt*

$$\{x\colon x \in E, f(x) = c = \text{const}\} \in \mathcal{H}\,.$$

Die einelementige Menge $\{c\}$ ist eine Borel-Menge, die Behauptung folgt also aus Aussage 5.

Folgerung 3. *Ist f Borel-meßbar auf E, so sind die Mengen* (2) *stets Borel-Mengen.*

Aussage 6. *Sind die Funktionen $f_1, f_2, \ldots, f_n, \ldots$ meßbar auf E und gilt $f_n(x) \to f(x)$ überall auf E, dann ist auch f meßbar auf E.*

Beweis: Wir setzen für beliebige natürliche Zahlen m und n

$$X_{mn} = \left\{x\colon x \in E, f_n(x) < c - \frac{1}{m}\right\}, \quad X_m = \varliminf_{n\to\infty} X_{mn}\,.$$

Dann gilt für die Menge in (1) offenbar

$$X = \bigcup_m X_m\,.$$

Nach Voraussetzung ist $X_{mn} \in \mathcal{H}$ und somit $X_m \in \mathcal{H}$, also gilt auch $X \in \mathcal{H}$ ●

Folgerung. *Jede Funktion, die man aus Borel-meßbaren Funktionen durch Grenzübergang erhält, ist wieder Borel-meßbar. Insbesondere ist jede Funktion auf einem gewissen Intervall Borel-meßbar, die man durch höchstens abzählbar viele Grenzübergänge aus Funktionen erhält, die auf eben diesem Intervall stetig sind.*

Jede Funktion, die man als Limes Lebesgue-meßbarer Funktionen erhält, ist wieder Lebesgue-meßbar (*vgl. Beispiel* 1 *und* 2).

4.2. Charakteristische Funktionen. Treppenfunktionen

Sei E irgendeine Teilmenge einer Menge X_0. Für jede solche Menge E definieren wir auf ganz X_0 die Funktion $\mathbf{1}_E$ durch

$$\mathbf{1}_E(x) = \begin{cases} 1 & \text{für} \quad x \in E \\ 0 & \text{für} \quad x \in X_0 \setminus E\,, \end{cases} \tag{1}$$

die *charakteristische Funktion* oder auch *Indikatorfunktion* der Menge E genannt wird (vgl. Abb. 99).

Die folgenden Eigenschaften charakteristischer Funktionen sind offensichtlich:

Aussage 1. *Ist $E \cap E' \neq \emptyset$, so gilt* (*vgl. Abb.* 100)

$$\mathbf{1}_{E\cup E'}(x) = \mathbf{1}_E(x) + \mathbf{1}_{E'}(x), \quad x \in X_0\,.$$

Aussage 2. *Es gilt stets* (*vgl. Abb.* 101)

$$\mathbf{1}_{E\cap E'}(x) = \mathbf{1}_E(x)\,\mathbf{1}_{E'}(x), \quad x \in X_0\,.$$

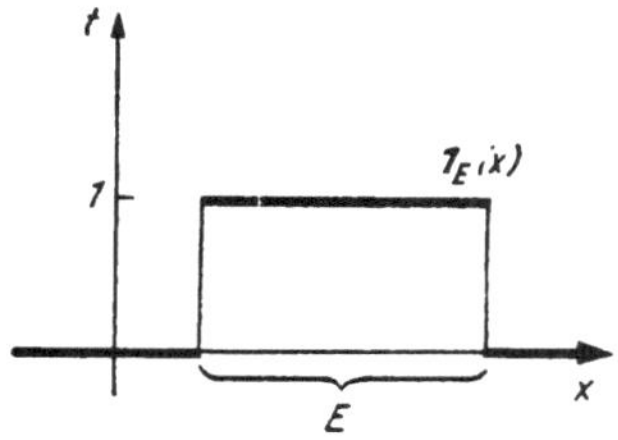

Abb. 99

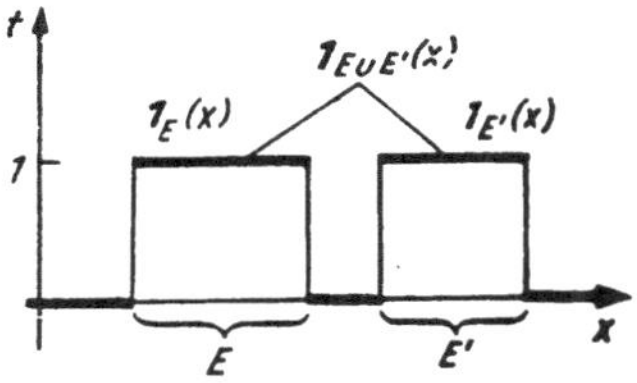

Abb. 100

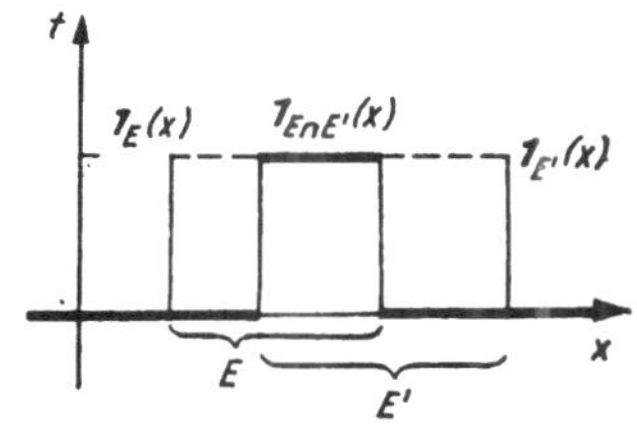

Abb. 101

Folgerung. *$E \cap E' = \emptyset$ gilt genau dann, wenn*

$$\mathbf{1}_E(x)\,\mathbf{1}_{E'}(x) = 0, \quad x \in X_0 .$$

Aussage 3. *Für $E \supset E'$ gelten die Beziehungen* (*vgl. Abb.* 102)

$$\mathbf{1}_E(x) \geqq \mathbf{1}_{E'}(x), \quad x \in X_0 ,$$

$$\mathbf{1}_{E \setminus E'}(x) = \mathbf{1}_E(x) - \mathbf{1}_{E'}(x), \quad x \in X_0 .$$

Aussage 4. *Ist durch $E = \bigcup\limits_n E_n$ eine endliche oder abzählbare Zerlegung von E gegeben, so gilt* (*vgl. Abb.* 103)

$$\mathbf{1}_E(x) = \sum_n \mathbf{1}_{E_n}(x), \quad x \in X_0 .$$

(Dies ist eine Verallgemeinerung von Aussage 1.)

Aussage 5. *Gilt $E_1 \subset E_2 \subset \ldots \subset E_n \subset \ldots$, dann folgt* (*vgl. Abb.* 104)

$$\mathbf{1}_{E_n}(x) \uparrow \mathbf{1}_{\bigcup\limits_n E_n}(x)\,[1], \quad x \in X_0 .$$

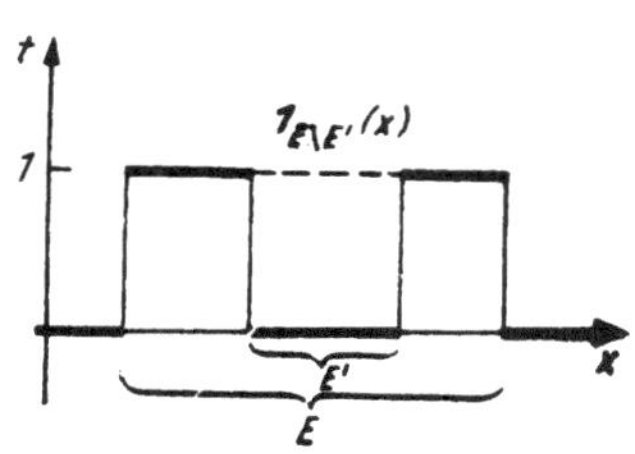

Abb. 102

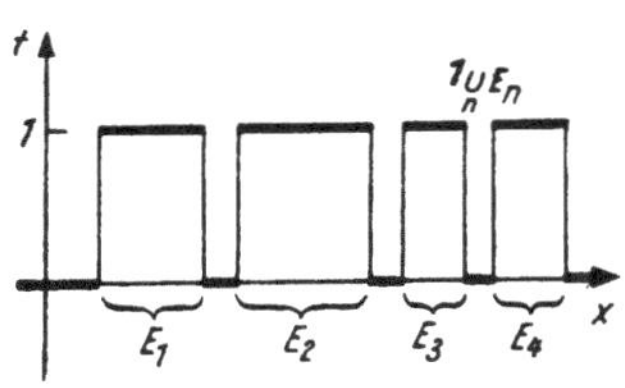

Abb. 103

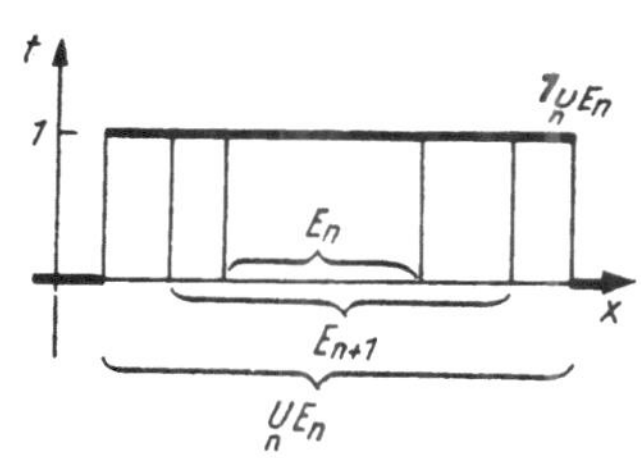

Abb. 104

Aussage 6. *Gilt $E_1 \supset E_2 \supset \ldots \supset E_n \supset \ldots$, dann folgt* (*vgl. Abb.* 105)

$$\mathbf{1}_{E_n}(x) \downarrow \mathbf{1}_{\bigcap\limits_n E_n}(x), \quad x \in X_0 .$$

Aussage 7. *Ist $E \in \mathcal{H}$, dann ist die Funktion $\mathbf{1}_E$ $\mathcal{H}$-meßbar auf allen Mengen $E' \in \mathcal{H}$.*

Beweis: Die Funktion $\mathbf{1}_E(x)$ ist offensichtlich $\mathcal{H}$-meßbar auf den Mengen $E' \cap E$ und $E' \setminus E$. Daher ist sie auch $\mathcal{H}$-meßbar auf

$$E' = (E' \cap E) \cup (E' \setminus E)$$

(vgl. Abb. 106) ●

---

[1]) Wir schreiben hier und im folgenden $f_n(x) \uparrow f(x)$, wenn $f_1(x) \leqq f_2(x) \leqq \ldots$ und $f_n(x) \to f(x)$ für $n \to \infty$ gilt. Analog schreiben wir $f_n(x) \downarrow f(x)$, falls $f_1(x) \geqq f_2(x) \geqq \ldots$ und $f_n(x) \to f(x)$ für $n \to \infty$ gilt.

Wir nennen jede Funktion, die nur endlich oder abzählbar viele Werte annimmt, eine *Treppenfunktion* (oder *Elementarfunktion*). Offenbar kann man den Definitionsbereich E einer Treppenfunktion f stets als endliche oder abzählbare Vereinigung paarweise disjunkter Mengen X_i darstellen, wobei f auf X_i dann jeweils nur einen festen Wert t_i $(i=1, 2, \ldots)$ annimmt, d. h., durch $E=\bigcup\limits_i X_i$ ist eine Zerlegung von E gegeben, wobei $f(x)=t_i$ für alle $x\in X_i$ gilt (vgl. Abb. 107). Offensichtlich ist dann

$$f(x)=\sum_i t_i \mathbf{1}_{X_i}(x), \quad x\in E. \tag{2}$$

Speziell ist jede charakteristische Funktion eine Treppenfunktion. Man überlegt sich leicht, daß Funktionen, die mittels arithmetischer Operationen aus Treppenfunktionen gebildet werden, wieder Treppenfunktionen sind. Weiterhin ist jede mittelbare Funktion $\varphi(f)$ eine Treppenfunktion, falls die innere Funktion f eine Treppenfunktion ist.

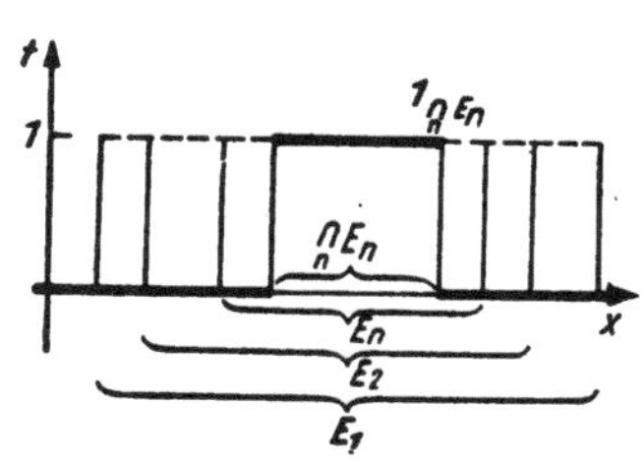
Abb. 105

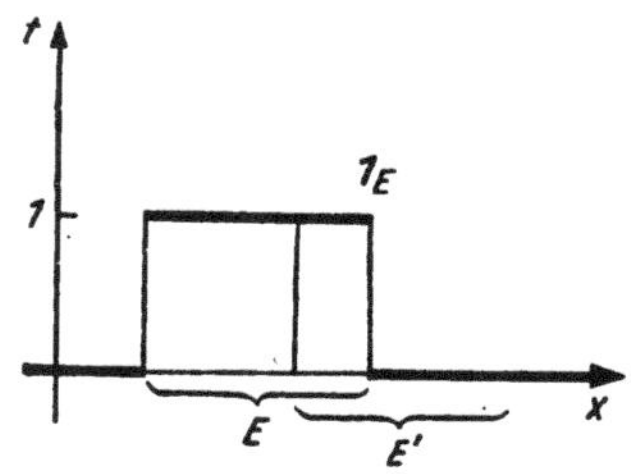
Abb. 106

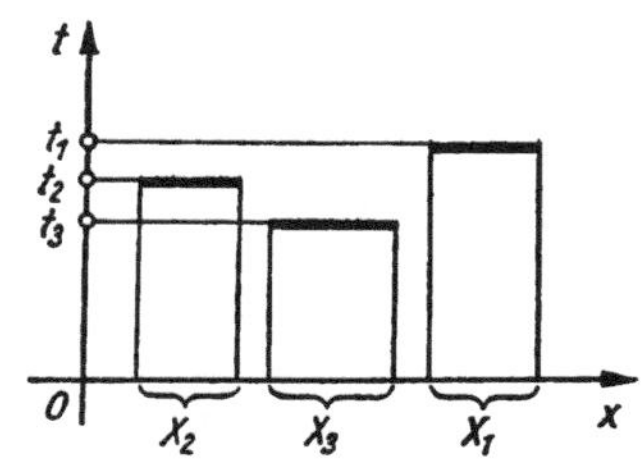
Abb. 107

Aussage 8. *Gilt für die durch* (2) *dargestellte Treppenfunktion* $X_i\in\mathcal{H}$ $(i=1, 2, \ldots)$, *dann ist* f $\mathcal{H}$*-meßbar auf* E.[1])

Beweis: Offenbar gilt

$$\{x\colon x\in E,\ f(x)<c\}=\bigcup_{t_i<c} X_i$$

(vereinigt werden hier alle X_i, für die $t_i<c$ gilt). Rechts steht eine höchstens abzählbare Vereinigung von Mengen aus $\mathcal{H}$, die folglich selbst im σ-Ring $\mathcal{H}$ liegt ●

Aussage 9. *Für jede auf der Menge* E $\mathcal{H}$*-meßbare Funktion* f *existiert eine Folge von* $\mathcal{H}$*-meßbaren Treppenfunktionen* f_n $(n=1, 2, \ldots)$ *der Art* (2) *mit* $X_i\in\mathcal{H}$ $(i=1, 2, \ldots)$, *für die* $f_n(x)\uparrow f(x)$ *auf ganz* E *gilt.*

Beweis: Für jede natürliche Zahl n setzen wir

$$X_i^{(n)}=\left\{x\colon x\in E,\ \frac{i-1}{2^n}\leqq f(x)<\frac{i}{2^n}\right\} \tag{3}$$
$$i=0, \pm 1, \pm 2, \ldots$$

Alle $X_i^{(n)}$ gehören nach Aussage 5 in 4.1 zu $\mathcal{H}$. Durch $E=\bigcup\limits_i X_i^{(n)}$ ist eine höchstens abzählbare Zerlegung von E in die Mengen $X_i^{(n)}\in\mathcal{H}$ gegeben. Wir setzen nun für alle $x\in E$

$$f_n(x)=\frac{i-1}{2^n}, \quad \text{falls} \quad x\in X_i^{(n)}, \quad i=0, \pm 1, \pm 2, \ldots$$

---

1) Wie bereits in 4.1 gesagt, setzen wir im weiteren stets voraus, daß $\mathcal{H}$ ein σ-Ring ist.

ist (vgl. Abb. 108). Nach Aussage 8 ist f_n meßbar, denn es gilt

$$f_n(x) = \sum_i \frac{i-1}{2^n} \mathbf{1}_{X_i^{(n)}}(x), \quad X_i^{(n)} \in \mathcal{H}. \tag{4}$$

Für beliebige $x \in E$ ergibt sich nun nach Konstruktion

$$f_n(x) \leqq f_{n+1}(x), \quad 0 \leqq f(x) - f_n(x) < \frac{1}{2^n} \tag{5}$$

(vgl. Abb. 108) ●

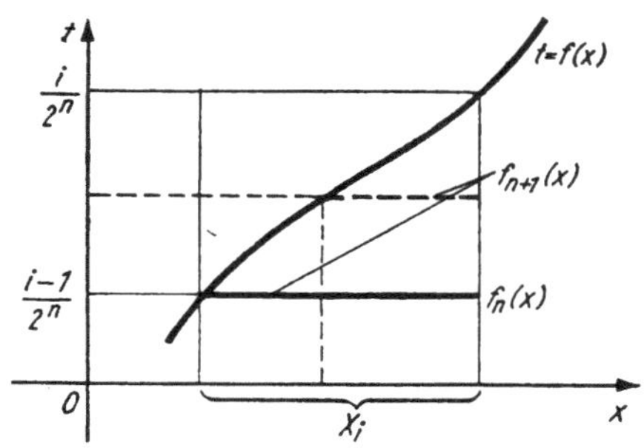

Abb. 108

Bemerkung 1. Aus (5) ist zu erkennen, daß die Konvergenz $f_n(x) \uparrow f(x)$ sogar gleichmäßig ist.

Bemerkung 2. In Aussage 9 läßt sich die Forderung $f_n(x) \uparrow f(x)$ durch $f_n(x) \downarrow f(x)$ ersetzen. Der Beweis braucht dabei kaum verändert zu werden.

Bemerkung 3. Ist $f(x) \geqq 0$ für alle x, so kann man auch $f_n(x) \geqq 0$ für alle x voraussetzen (vgl. (3)).

Bemerkung 4. Im weiteren (ab Kapitel 5) begegnet uns oft der Fall $\mathcal{H} = \sigma(\mathfrak{M})$ wobei $\mathfrak{M}$ ein δ-Ring ist (und $\mathcal{H}$ dann offenbar ein σ-Ring, vgl. Aussage 9 in 2.8). In diesem Fall existiert für jedes $X_i^{(n)} \in \mathcal{H}$ eine endliche oder abzählbare Zerlegung von $X_i^{(n)}$ in Mengen $X'_j \in \mathfrak{M}$:

$$X_i^{(n)} = \bigcup_j X'_j, \quad X'_j \in \mathfrak{M}.$$

Von den in Aussage 9 auftretenden Treppenfunktionen können wir dann also annehmen, daß sie anstelle von (4) die Gestalt

$$f_n(x) = \sum_i t_i \mathbf{1}_{Y_i^{(n)}}(x)$$

haben, wobei $E = \bigcup_i Y_i^{(n)}$, $Y_i^{(n)} \cap Y_j^{(n)} = \emptyset$ für $i \neq j$, mit $Y_i^{(n)} \in \mathfrak{M}$ gilt und mit t_i reelle Konstanten bezeichnet sind.

4.3. Verknüpfungen meßbarer Funktionen

Aussage 1. *Sind die Funktionen f und g auf E meßbar, so ist auch $f+g$ auf E meßbar.*

Beweis: Seien zunächst f und g auf E meßbare Treppenfunktionen:

$$f(x)=\sum_i t_i \mathbf{1}_{X_i}(x)\,,$$

$$g(x)=\sum_j s_j \mathbf{1}_{Y_j}(x)\,,$$

wobei $E=\bigcup_i X_i$ bzw. $E=\bigcup_j Y_j$ jeweils Zerlegungen von E darstellen. (Wir erinnern daran, daß Meßbarkeit im Sinne der $\mathcal{H}$-Meßbarkeit bez. eines σ-Ringes $\mathcal{H}$ zu verstehen ist.) Dann ist durch

$$E=\bigcup_{i,j} X_i\cap Y_j$$

eine Zerlegung von E in Mengen $X_i\cap Y_j$ gegeben, wobei

$$f(x)+g(x)=t_i+s_j \quad \text{für} \quad x\in X_i\cap Y_j\in\mathcal{H}$$

gilt. Damit ist $f+g$ eine auf E meßbare Treppenfunktion (die auf der Menge $X_i\cap Y^j$ den Wert t_i+s_j annimmt, falls dieser Durchschnitt nicht leer ist).

Im allgemeinen Fall benutzen wir die Aussage 9 in 4.2 und konstruieren Folgen auf E meßbarer Treppenfunktionen f_n und g_n mit $f_n(x)\uparrow f(x)$ und $g_n(x)\uparrow g(x)$. Dann sind f_n+g_n, wie eben gezeigt wurde, auf E meßbare Treppenfunktionen, wobei offenbar

$$f_n(x)+g_n(x)\uparrow f(x)+g(x)$$

für alle $x\in E$ gilt. Nach Aussage 6 in 4.1 folgt die Behauptung ●

Aussage 2. *Sei f eine auf E meßbare Funktion und φ eine auf einer Menge F reeller Zahlen definierte Borel-meßbare Funktion. Dann ist die mittelbare Funktion $\varphi(f)$ meßbar auf E', wobei E' den in E gelegenen Teil des Definitionsbereiches von $\varphi(f)$ bezeichnet, d. h. $E'=\{x\colon x\in E,\, f(x)\in F\}$ (vgl. Abb. 109).*

Beweis: Es sei

$$T=\{t\colon t\in F,\, \varphi(t)<c\}\,. \tag{1}$$

Wegen der Borel-Meßbarkeit von φ ist T eine Borel-Menge. Dann gilt offenbar

$$\{x\colon x\in E',\, \varphi(f(x))<c\}=\{x\colon x\in E',\, f(x)\in T\}=\{x\colon x\in E,\, f(x)\in T\}\in\mathcal{H}\,.$$

(nach Aussage 5 in 4.1). Damit ist $\varphi(f)$ $\mathcal{H}$-meßbar auf E' ●

Es ergeben sich einige wichtige Folgerungen:

Folgerung 1. *Ist f meßbar auf E, dann haben auch die Funktionen cf und f^n diese Eigenschaften (wobei c eine reelle Konstante und n eine natürliche Zahl sei).*

Beweis: Im ersten Fall setzt man $\varphi(t)=ct$, im zweiten Fall $\varphi(t)=t^n$ und wendet Aussage 2 an ●

Folgerung 2. *Sind die Funktionen f und g auf E meßbar, so ist auch die Funktion fg auf E meßbar.*

Beweis: Es gilt

$$f(x)\,g(x) = \frac{[f(x)+g(x)]^2 - [f(x)-g(x)]^2}{4}.$$

Man braucht also nur Aussage 1 und Folgerung 1 anzuwenden ●

Folgerung 3. *Ist f meßbar auf E, so ist $1/f$ meßbar auf der Menge E' aller $x \in E$, für die $f(x) \neq 0$ gilt.*

Beweis: Wir setzen $\varphi(t) = 1/t$. φ ist auf einer BOREL-Menge definiert und dort stetig; φ ist also BOREL-meßbar, und man kann Aussage 2 anwenden ●

Folgerung 4. *Ist f meßbar auf E, dann ist auch $|f|$ meßbar auf E.*

Beweis: Es gilt $|f(x)| = \sqrt{f^2(x)}$. f^2 ist meßbar nach Folgerung 1. Wir brauchen nur noch Aussage 2 für $\varphi(t) = \sqrt{t}$ anzuwenden ●

Folgerung 5. *Die aus zwei Borel-meßbaren Funktionen φ und f gebildete mittelbare Funktion $\varphi(f)$ ist wieder Borel-meßbar.*

Der Beweis folgt unmittelbar aus Aussage 2.

Folgerung 6. *Jede elementare Funktion ist auf ihrem Definitionsbereich Borel-meßbar.*[1]

Beweis: In 4.1 haben wir gezeigt, daß dies für die Grundfunktionen der Fall ist. Mit Hilfe von Aussage 2 und mit den Folgerungen 1 bis 5 überträgt sich dies auf alle elementaren Funktionen ●

Im Zusammenhang mit Aussage 2 und Folgerung 5 ergibt sich folgende Frage: Ist die aus zwei $\mathcal{H}$-meßbaren Funktionen gebildete mittelbare Funktion (falls eine solche Bildung Sinn hat) stets wieder $\mathcal{H}$-meßbar? Das folgende Beispiel zeigt, daß diese Frage i. a. verneint werden muß.

Es sei f eine auf der Menge E aller irrationalen Zahlen des Intervalls $[0, 1]$ definierte Funktion, die streng monoton wachsend ist und als Wertebereich eine Menge F

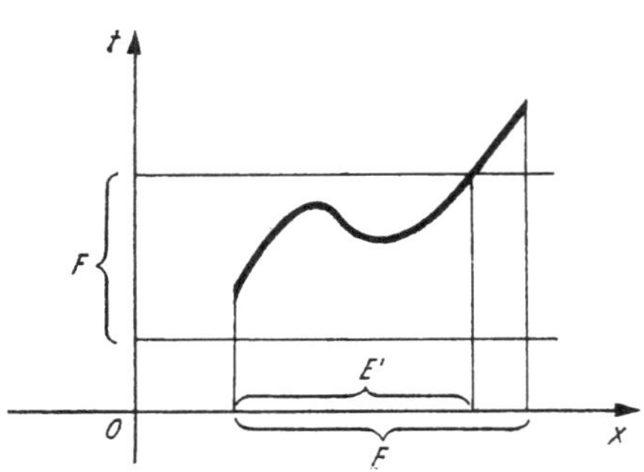

Abb. 109

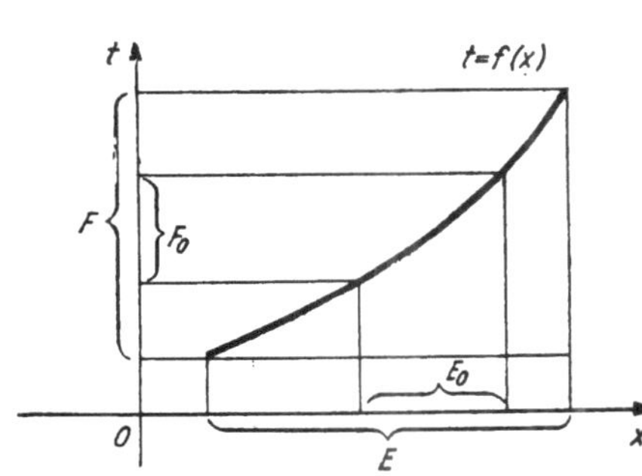

Abb. 110

[1]) Wir erinnern daran, daß als *elementare Funktionen* alle Funktionen bezeichnet werden, die man aus den Grundfunktionen (vgl. S. 112) mit Hilfe endlich vieler arithmetischer Operationen und Bildungen mittelbarer Funktionen erhält. (Hierbei können elementare Funktionen einer beliebigen (endlichen) Anzahl von Veränderlichen betrachtet werden.)

[2]) Solch eine Funktion kann man leicht mit Hilfe der sogenannten CANTORschen Funktion konstruieren (vgl. Beispiel 2 in 11.7).

vom LEBESGUE-Maß Null besitzt.[2]) E_0 sei irgendeine nicht LEBESGUE-meßbare Teilmenge von E.[1]) F_0 sei das Bild der Menge E_0 bez. der Funktion f. Dabei gilt $F_0 \subset F$, also ist F_0 eine Nullmenge bez. des LEBESGUE-Maßes. Wir setzen

$$\varphi(t) = \begin{cases} 1 & \text{für} \quad t \in F_0, \\ 0 & \text{für} \quad t \notin F_0. \end{cases}$$

f und φ sind LEBESGUE-meßbare Funktionen auf E bzw. auf $(-\infty, \infty)$ (f ist sogar BOREL-meßbar). Nun gilt

$$\varphi(f(x)) = \begin{cases} 1 & \text{für} \quad x \in E_0 \\ 0 & \text{für} \quad x \in E \setminus E_0, \end{cases}$$

und damit ist die mittelbare Funktion $\varphi(f)$ nicht LEBESGUE-meßbar auf E, weil z. B. $\{x : x \in E, \varphi(f(x)) = 1\} = E_0$ nach Konstruktion nicht LEBESGUE-meßbar ist (vgl. Abb. 110).

4.4. μ-meßbare Funktionen. Der Begriff „fast überall“

Es sei μ irgendein Maß, definiert auf einer Klasse $\mathfrak{M}$ von Mengen. $\mathfrak{H}$ sei die Klasse aller μ-meßbaren Mengen[2]). Dann nennt man die $\mathfrak{H}$-meßbaren Funktionen auch *μ-meßbar* (oder *meßbar bezüglich* μ). Der Einfachheit halber werden wir ähnlich wie oben μ-meßbare Funktionen einfach meßbar nennen, falls keine Mißverständnisse möglich sind.

Satz 1. *Ist μ irgendein vollständiges Maß und gilt $\mu(E) = 0$, dann ist jede auf E definierte Funktion f meßbar auf E.*

Beweis: Für $X = \{x : x \in E, f(x) < c\}$ gilt $X \subset E$. Wegen der Vollständigkeit von μ ergibt sich hieraus $X \in \mathfrak{M} \subset \mathfrak{H}$ (und $\mu(X) = 0$), also ist f meßbar auf E ●

Bemerkung 1. Die Forderung der Vollständigkeit von μ in Satz 1 ist wesentlich. Sei z. B. $\mathfrak{M}$ der σ-Ring, der aus den beiden Teilmengen $\emptyset$ und $E = [0, 1]$ der Zahlengeraden besteht, und $\mu(F) = 0$ ($F \in \mathfrak{M}$). Offenbar ist μ ein BOREL-Maß, und es gilt $\mathfrak{H} = \sigma(\mathfrak{M}) = \mathfrak{M}$. Sei weiter A eine Teilmenge von E mit $A \neq \emptyset$, $A \neq E$, und φ eine durch

$$\varphi(x) = \begin{cases} 1 & \text{für} \quad x \in A \\ 0 & \text{für} \quad x \in E \setminus A \end{cases} \tag{1}$$

auf E definierte Funktion (vgl. Abb. 111). Dann ist φ nicht μ-meßbar auf E, weil $\{x : x \in E, \varphi(x) = 1\} = A \notin \mathfrak{H}$. Dies gilt, obwohl $\mu(E) = 0$ ist.

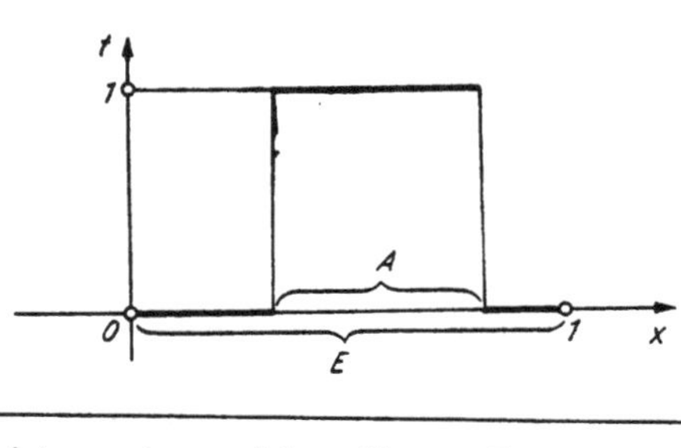

Abb. 111

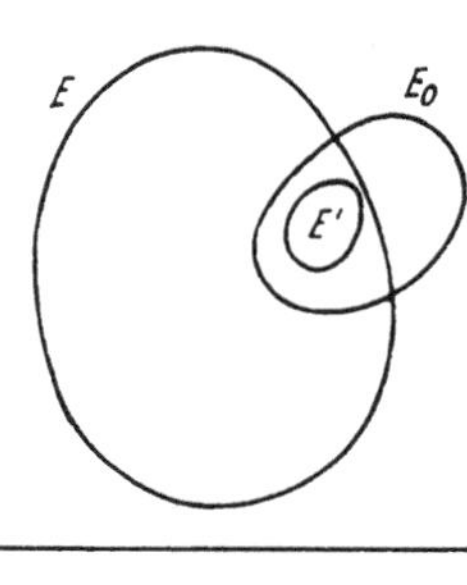

Abb. 112

[1]) Die Existenz einer solchen Menge E_0 wurde in 3.7 bewiesen.

[2]) Nach unserer Terminologie ist $\mathfrak{H} = \sigma(\mathfrak{M})$ die Klasse aller abzählbaren Vereinigungen von Mengen aus $\mathfrak{M}$ (vgl. 2.8). Daher ist die Klasse $\mathfrak{H}$ aller μ-meßbaren Mengen i. a. umfassender als die Klasse $\mathfrak{M}$.

Definition. Man sagt, daß eine gewisse Aussage auf E *fast überall bez. des Maßes* μ oder *μ-fast-überall* gilt, wenn die Menge E' aller $x \in E$, für die diese Aussage nicht gilt, Teilmenge einer μ-Nullmenge E_0 ist (vgl. Abb. 112).

Ist die in dieser Definition auftretende Menge E' meßbar, so kann man die dort formulierte Forderung „$E' \subset E_0$ mit $\mu(E_0) = 0$" durch die Forderung „$\mu(E') = 0$" ersetzen. (Gilt nämlich $\mu(E') = 0$, so braucht man in dieser Definition nur $E_0 = E'$ zu setzen; umgekehrt folgt für meßbares E' aus $E' \subset E_0$ und $\mu(E_0) = 0$ bekanntlich $\mu(E') = 0$).

Als Beispiel betrachten wir eine reelle Funktion f, die auf dem Intervall $[0, 1]$ definiert ist, wobei die Menge ihrer Unstetigkeitsstellen das LEBESGUE-Maß Null besitze. Dann kann man sagen, daß f bez. des LEBESGUE-Maßes fast überall (oder kurz: *Lebesgue-fast-überall*) stetig ist.

Als weiteres Beispiel sei

$$f(x) = \begin{cases} 0 & \text{für alle irrationalen Punkte des Intervalls } [0, 1]\,, \\ 1 & \text{für alle rationalen Punkte des Intervalls } [0, 1] \end{cases}$$

(sog. *Dirichletsche Funktion*). Dann kann man sagen, daß f bez. des LEBESGUE-Maßes fast überall Null ist.

Der Begriff „überall" kann als Spezialfall des Begriffes „fast überall" angesehen werden (für $E' = \emptyset$).

Bemerkung 2. Ist μ vollständig, dann ist der oben eingeführte Begriff „fast überall" mit folgendem gleichbedeutend: Man sagt, daß eine Aussage bzw. Eigenschaft auf E μ-fast-überall erfüllt ist, wenn die Menge E' (s. o.) eine μ-Nullmenge ist.

Dies folgt wegen der Vollständigkeit von μ unmittelbar aus den Anmerkungen im Anschluß an die obige Definition.

Für nicht vollständige Maße sind die beiden Definitionen nicht gleichbedeutend. Sei z. B. μ ein nicht vollständiges Maß. Dann existiert eine μ-Nullmenge E, die eine Menge E' mit $E' \notin \mathfrak{M}$ enthält. Wir betrachten die Funktion

$$\varphi(x) = \begin{cases} 1 & \text{für} \quad x \in E' \\ 0 & \text{für} \quad x \in E \setminus E'. \end{cases}$$

(vgl. Abb. 113). Nach der ersten Definition kann man sagen, daß $\varphi(x) = 0$ μ-fast überall auf E gilt, man kann dazu nämlich $E = E_0$ wählen. Benutzt man die zweite Definition, so kann man dies nicht sagen, weil die Menge aller $x \in E$ mit $\varphi(x) \neq 0$ gerade E' ist, wegen $E' \notin \mathfrak{M}$ aber nicht $\mu(E') = 0$ erfüllt ist.

$\mathfrak{H}$ soll, wie bereits im vorangegangenen Abschnitt, auch im folgenden ein σ-Ring sein. Dies ist z. B. für LUSIN-Maße und speziell für BOREL-Maße (vgl. 2.9 und 2.10) erfüllt. Wir werden anstelle von μ-fast-überall im weiteren auch oft nur „*fast überall*" sagen.

Satz 2. *Es gelte*

(i) *μ ist ein vollständiges Maß;*

(ii) *f und g sind auf E definiert;*

(iii) *$f(x) = g(x)$ fast überall auf E;*

(iv) *f ist meßbar auf E.*

Dann ist auch g meßbar auf E.

Beweis: Sei $E' = \{x : x \in E, f(x) \neq g(x)\}$. Nach Voraussetzung gilt $\mu(E') = 0$. Daher ist nach Satz 1 g meßbar auf E'. g ist aber auch meßbar auf $E \setminus E'$, weil dort g und f

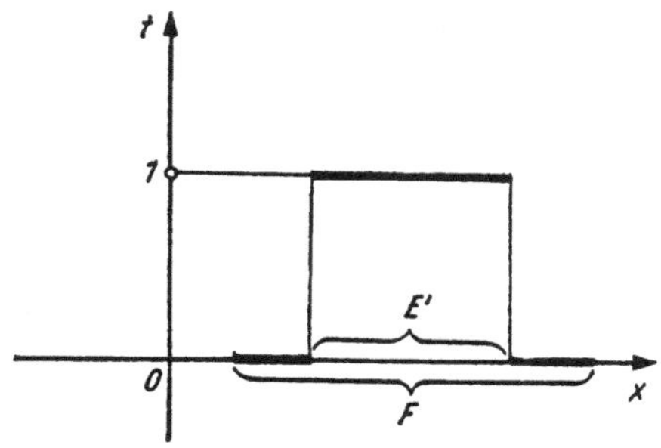

Abb. 113

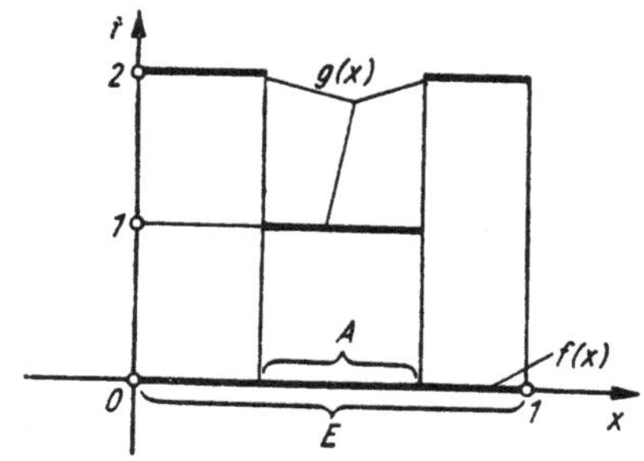

Abb. 114

zusammenfallen (f ist meßbar auf E und damit auch meßbar auf $E \setminus E' \in \mathcal{K}$). Also ist g meßbar auf $E = E' \cup (E \setminus E')$ ●

Auch hier ist die Vollständigkeit des Maßes wesentlich. Seien z. B. μ, E und A wie bei (1) definiert. Wir setzen

$$f(x) = 0 \quad \text{auf} \quad E, \quad g(x) = \begin{cases} 1 & \text{für} \quad x \in A\,, \\ 2 & \text{für} \quad x \in E \setminus A \end{cases}$$

(vgl. Abb. 114). Hier ist $f(x) = g(x)$ fast überall auf E (gleichgültig nach welcher Definition von „fast überall"). Aber g ist nicht meßbar auf E.

Im weiteren werden wir den Begriff „fast überall" stets im Sinne der ersten Definition gebrauchen. Das ist insofern günstig, als man nicht die μ-Meßbarkeit der Menge E' zu fordern braucht, die alle $x \in E$ enthält, für die die Eigenschaft oder Aussage verletzt ist. Man braucht lediglich zu fordern, daß sie in eine μ-Nullmenge eingeschlossen werden kann. Dadurch vereinfachen sich insbesondere einige Beweise.

4.5. Konvergenz fast überall. Maßkonvergenz

Wie im Abschnitt 4.4 sei wieder μ ein Maß, definiert auf einer Klasse $\mathcal{M}$ von Mengen und $\mathcal{K} = \sigma(\mathcal{M})$ die Klasse der μ-meßbaren Mengen.

Satz 1. *Es gelte*
(i) *μ ist ein vollständiges Maß;*
(ii) *die Funktionen f_n sind meßbar auf E $(n = 1, 2, \ldots)$;*
(iii) *f ist auf E definiert;*
(iv) *es gilt $f_n(x) \to f(x)$ fast überall auf E.*
Dann ist f meßbar auf E.

Beweis: Sei E' die Menge aller $x \in E$, für die $f_n(x)$ nicht gegen $f(x)$ konvergiert. Nach Voraussetzung ist $\mu(E') = 0$. Die Funktionen f_n sind meßbar auf $E \setminus E'$, und es gilt $f_n(x) \to f(x)$ überall auf $E \setminus E'$. Damit ist f nach Aussage 6 in 4.1 auf $E \setminus E'$ meßbar. Da f nach Satz 1 in 4.4 auf E' meßbar ist, ist f auch auf ganz E meßbar ●

Bemerkung. Die Vollständigkeit des Maßes μ ist hier wesentlich. Sind z. B. wieder μ, E und A wie bei (1) in 4.4 definiert, dann setze man

$$f_n(x) = 0 \quad \text{auf} \quad E \ (n = 1, 2, \ldots)$$

$$f(x) = \begin{cases} 1 & \text{für} \quad x \in A\,, \\ 2 & \text{für} \quad x \in E \setminus A \end{cases}$$

(vgl. Abb. 115). Offenbar sind die f_n meßbar auf E, und es gilt $f_n(x) \to f(x)$ fast überall auf E. f ist aber auf E nicht meßbar.

Definition. Es seien f_n $(n=1, 2, \ldots)$ und f auf einer Menge E definierte Funktionen, und für jedes $\varepsilon > 0$ gelte

$$E_n = \{x: x \in E, |f_n(x) - f(x)| \geqq \varepsilon\} \in \mathfrak{M}^{1)} \tag{1}$$

und

$$\lim_{n\to\infty} \mu(E_n) = 0 . \tag{2}$$

Man nennt dann die Folge der Funktionen f_n auf E *dem Maße* μ *nach konvergent* oder (bez. μ) *maßkonvergent* gegen f und schreibt dafür

$$f_n(x) \to f(x) \quad \text{auf } E \text{ dem Maße } \mu \text{ nach} .$$

Satz 2. *Es gelte*

(i) μ *ist ein Lusin-Maß (oder speziell ein Borel-Maß);*

(ii) *die Funktionen* f_n $(n=1, 2, \ldots)$ *sind meßbar auf einer bez.* μ *endlichen Menge* E *(d. h.* $E \in \mathfrak{M}$*);*

(iii) $f_n(x) \to f(x)$ *für alle* $x \in E$.

Dann gilt $f_n(x) \to f(x)$ *auf* E *dem Maße* μ *nach.*

Beweis: Für beliebiges $\varepsilon > 0$ betrachten wir die in (1) definierten Mengen E_n. Infolge der Meßbarkeit von f und f_n (vgl. Aussage 6 in 4.1) gilt $E_n \in \mathfrak{K} = \sigma(\mathfrak{M})$ und wegen $E_n \subset E \in \mathfrak{M}$ nach den Eigenschaften eines LUSIN-Maßes (vgl. Aussage 2 in 2.9) sogar $E_n \in \mathfrak{M}$ $(n=1, 2, \ldots)$. Wir setzen

$$E' = \overline{\lim_{n\to\infty}}\, E_n = \bigcap_{n=1}^{\infty} \bigcup_{k=n}^{\infty} E_k .$$

Da $f_n(x) \to f(x)$ für alle $x \in E$ gilt, ist die Menge E' leer, also gilt $\mu(E') = 0$.

Nun ist aber

$$\bigcup_{k=1}^{\infty} E_k \supset \bigcup_{k=2}^{\infty} E_k \supset \ldots \supset \bigcup_{k=n}^{\infty} E_k \supset \ldots ,$$

und alle diese Mengen sind meßbar (d. h., sie gehören zu $\sigma(\mathfrak{M})$). Da sie alle in $E \in \mathfrak{M}$ liegen, gehören sie sogar zu $\mathfrak{M}$ (wieder nach den Eigenschaften eines LUSIN-Maßes). Auf Grund der Stetigkeit σ-additiver Maße folgt

$$\lim_{n\to\infty} \mu\left(\bigcup_{k=n}^{\infty} E_k\right) = \mu(E') = 0 .$$

Daraus ergibt sich (2) ●

Bemerkung 1. Die in (ii) geforderte Endlichkeit von E bez. μ ist wesentlich. Sei z. B. μ das lineare LEBESGUE-Maß, $E = (-\infty, \infty)$ und

$$f_n(x) = \begin{cases} 0 & \text{für } x < n, \\ 1 & \text{für } x \geqq n \end{cases} \quad (n=1, 2, \ldots)$$

---

1) Wir erinnern daran, daß $\mathfrak{M}$ diejenige Klasse von Mengen ist, auf der das Maß μ definiert ist.

(vgl. Abb. 116). Dann gilt offenbar $f_n(x) \to 0$ auf E. Andererseits ist für $0 < \varepsilon < 1$

$$E_n = \{x \colon x \in E,\ |f_n(x) - 0| \geqq \varepsilon\} = [n, \infty)\ ,$$

also $\mu(E_n) = \infty$, und folglich ist (2) nicht erfüllt.

Bemerkung 2. Die Voraussetzung „$f_n(x) \to f(x)$ für alle $x \in E$“ in Satz 2 kann durch „$f_n(x) \to f(x)$ μ-fast-überall auf E“ ersetzt werden, wenn die Funktion f auf E meßbar ist (dies gilt z. B. nach Satz 1, falls μ vollständig ist). Im allgemeinen Fall kann man diese Voraussetzungen allerdings nicht austauschen. Sind nämlich μ, E und A wie in (1) aus 4.4 definiert und setzen wir

$$f_n(x) = 0 \quad \text{auf} \quad E\ (n = 1, 2, \ldots)\ ,$$

$$f(x) = \begin{cases} 1 & \text{für} \quad x \in A\ , \\ 0 & \text{für} \quad x \in E \setminus A \end{cases}$$

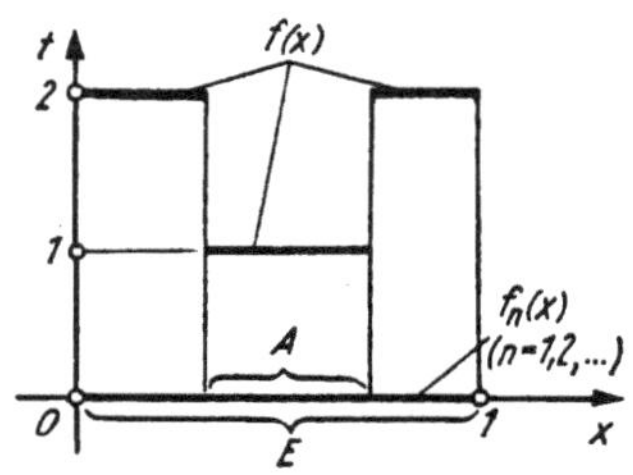

Abb. 115

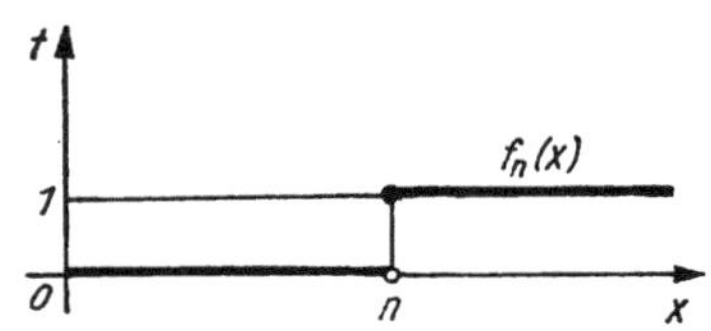

Abb. 116

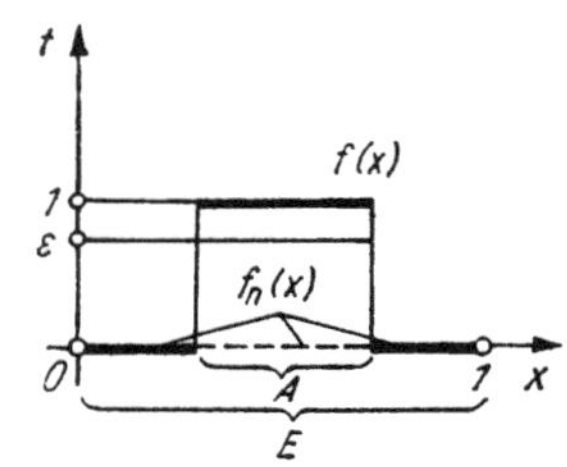

Abb. 117

(vgl. Abb. 117), dann ist μ ein Borel-Maß, die f_n sind meßbar auf E, es gilt $f_n(x) \to f(x)$ μ-fast-überall auf E, aber für $0 < \varepsilon < 1$ ist

$$E_n = \{x \colon x \in E,\ |f_n(x) - f(x)| \geqq \varepsilon\} = \{x \colon x \in E,\ f(x) \geqq \varepsilon\} = A \notin \mathfrak{M}\ ,$$

d. h., die Bedingung (1) ist nicht erfüllt.

Bemerkung 3. Eine Folge von Funktionen kann auf E dem Maße μ nach konvergieren und gleichzeitig für jedes $x \in E$ im gewöhnlichen Sinne divergieren. Ein triviales Beispiel dafür sind die im Falle $E \neq \emptyset$ und $\mu(E) = 0$ durch $f_n(x) = (-1)^n$ $(n = 1, 2, \ldots)$ und $f(x) = 0$ für alle $x \in E$ definierten Funktionen. Dann ist nämlich $E_n = \emptyset$ oder $E_n = E$ und folglich stets $\mu(E_n) = \mu(E) = 0$.

Interessanter ist das folgende Beispiel: Sei μ das lineare LEBESGUE-Maß und $E = [0, 1)$. Für jede natürliche Zahl m teilen wir das Intervall $[0, 1)$ in m Teile

$$\left[0, \frac{1}{m}\right), \left[\frac{1}{m}, \frac{2}{m}\right), \ldots, \left[\frac{k-1}{m}, \frac{k}{m}\right), \ldots, \left[\frac{m-1}{m}, 1\right)$$

und setzen

$$f_k^{(m)}(x) = \begin{cases} 1 & \text{für} \quad x \in \left[\dfrac{k-1}{m}, \dfrac{k}{m}\right), \\ 0 & \text{für} \quad x \in E \setminus \left[\dfrac{k-1}{m}, \dfrac{k}{m}\right) \end{cases} \quad (k = 1, 2, \ldots, m)\ .$$

Für jedes m erhalten wir damit m Funktionen

$$f_1^{(m)}, f_2^{(m)}, \ldots, f_m^{(m)}, \tag{3}$$

von denen jede nur in einem Intervall der Länge $\frac{1}{m}$ von Null verschieden ist. Eine dieser Funktionen ist in Abb. 118 dargestellt. Schreibt man diese Funktionen nacheinander für $m=1, 2, \ldots$ auf, so entsteht eine Folge $f_1, f_2, \ldots$, die offenbar in jedem Punkte des Intervalls $[0, 1)$ divergiert (in jedem Punkt dieses Intervalls nehmen diese Funktionen unendlich oft den Wert 0 und unendlich oft den Wert 1 an). Andererseits konvergiert, wie man leicht nachprüft, diese Folge auf $[0, 1)$ dem Maße μ nach gegen Null. Gehört nämlich f_n zu den Funktionen der Art (3), dann gilt

$$\mu\,\{x\colon x\in[0, 1),\ |f_n(x)-0|\geqq\varepsilon\}\leqq\frac{1}{m}$$

für jedes $\varepsilon>0$. Mit $n\to\infty$ gilt aber auch $m\to\infty$, d. h., die Folge konvergiert dem Maße nach gegen Null.

Aus Satz 2 ergibt sich die

Folgerung. *Unter den Voraussetzungen von Satz 2 gilt für beliebiges* $\varepsilon>0$

$$\lim_{n\to\infty}\mu\,\{x\colon x\in E,\ |f_n(x)-f(x)|<\varepsilon\}=\mu(E)\,. \tag{2'}$$

Beweis: Es gilt

$$E=\{x\colon x\in E,\ |f_n(x)-f(x)|\geqq\varepsilon\}\cup\{x\colon x\in E,\ |f_n(x)-f(x)|<\varepsilon\}$$

und damit folgt aus (1) und (2) unmittelbar (2′) ●

Satz 3. *Es gelte*

(i) *μ ist ein Lusin-Maß (oder speziell ein Borel-Maß);*
(ii) *f_n $(n=1, 2, \ldots)$, f und g sind meßbar auf E;*
(iii) *$f_n(x)\to f(x)$ auf E dem Maße μ nach;*
(iv) *$f(x)=g(x)$ fast überall auf E.*

Dann gilt $f_n(x)\to g(x)$ auf E dem Maße μ nach.

Beweis: Nach Voraussetzung existiert eine μ-Nullmenge E_0 mit

$$\{x\colon x\in E,\ f(x)\neq g(x)\}\subset E_0\,.$$

Damit gilt

$$\begin{aligned}E_n&=\{x\colon x\in E,\ |f_n(x)-g(x)|\geqq\varepsilon\}\\&=\{x\colon x\in E\setminus E_0,\ |f_n(x)-f(x)|\geqq\varepsilon\}\cup\{x\colon x\in E_0,\ |f_n(x)-g(x)|\geqq\varepsilon\}\,.\end{aligned}$$

Die erste Menge auf der rechten Seite der Gleichung ist meßbar (d. h. aus $\sigma(\mathfrak{M})$) und nach Definition der Maßkonvergenz in der zu $\mathfrak{M}$ gehörenden Menge

$$\{x\colon x\in E,\ |f_n(x)-f(x)|\geqq\varepsilon\}$$

enthalten. Also gehört sie ebenfalls zu $\mathfrak{M}$, und ihr Maßwert konvergiert für $n\to\infty$ wegen (iii) gegen Null. Die zweite Menge ist wegen Voraussetzung (ii) meßbar, nach Definition in E_0 enthalten und folglich eine μ-Nullmenge. Somit gilt $\mu(E_n)\to 0$ ●

Satz 4. *Es gelte*

(i) *μ ist ein Borel-Maß;*
(ii) *f_n $(n=1, 2, \ldots)$, f und g sind meßbar auf E;*
(iii) *$f_n(x)\to f(x)$ und $f_n(x)\to g(x)$ auf E dem Maße μ nach.*

Dann gilt $f(x)=g(x)$ μ-fast-überall auf E.

Beweis: Für beliebiges $\varepsilon > 0$ und jede natürliche Zahl n gilt

$$\begin{aligned} E_\varepsilon &= \{x\colon x \in E,\ |f(x) - g(x)| \geqq \varepsilon\} \\ &\subset \{x\colon x \in E,\ |f(x) - f_n(x)| \geqq \varepsilon/2\} \cup \{x\colon x \in E,\ |f_n(x) - g(x)| \geqq \varepsilon/2\}\,. \end{aligned}$$

Alle hier angegebenen Mengen sind meßbar (nach Bedingung (ii) des Satzes). Die Maßwerte der beiden letzten Mengen konvergieren für $n \to \infty$ gegen Null (nach (iii)). Damit ist $\mu(E_\varepsilon) = 0$.

Nun gilt aber

$$E' = \{x\colon x \in E,\ |f(x) - g(x)| > 0\} = \bigcup_{n=1}^{\infty} \{x\colon x \in E,\ |f(x) - g(x)| > 1/n\}\,.$$

Alle in der rechten Vereinigung stehenden Mengen sind, wie wir eben gezeigt haben, μ-Nullmengen, also gilt auch $\mu(E') = 0$ ●

Aus den Sätzen 2 bis 4 (siehe auch Bemerkung 3) erkennt man, daß die Maßkonvergenz eine echte Verallgemeinerung der gewöhnlichen Konvergenz ist. Aus der gewöhnlichen Konvergenz (auf einer Menge endlichen Maßes) folgt die Maßkonvergenz. Das Umgekehrte ist i. a. nicht der Fall; jedoch besteht auch in der umgekehrten Richtung zwischen beiden Konvergenzarten ein gewisser Zusammenhang, der im folgenden Satz formuliert wird.

Satz 5. *Es gelte*

(i) *μ ist ein Borel-Maß;*

(ii) *f_n ($n = 1, 2, \ldots$) und f sind auf E definiert;*

(iii) *$f_n(x) \to f(x)$ auf E dem Maße μ nach.*

Dann existiert eine Teilfolge von Funktionen f_{n_k}, für die $f_{n_k}(x) \to f(x)$ fast überall auf E gilt.

Beweis: Nach (iii) existiert eine natürliche Zahl n_1 mit

$$\mu\,\{x\colon x \in E,\ |f_{n_1}(x) - f(x)| \geqq 1/2\} < 1/2;$$

ebenso existiert eine Zahl $n_2 > n_1$ mit

$$\mu\,\{x\colon x \in E,\ |f_{n_2}(x) - f(x)| \geqq 1/2^2\} < 1/2^2$$

usw. Für jede natürliche Zahl k existiert entsprechend ein $n_k > n_{k-1}$ mit

$$\mu\,\{x\colon x \in E,\ |f_{n_k}(x) - f(x)| \geqq 1/2^k\} < 1/2^k. \tag{4}$$

Diese Folge der f_{n_k} besitzt nun die geforderte Eigenschaft. Ist nämlich

$$E_k = \{x\colon x \in E,\ |f_{n_k}(x) - f(x)| \geqq 1/2^k\}\,, \tag{5}$$

so setzen wir

$$E_0 = \overline{\lim_{k\to\infty}}\, E_k = \bigcap_{k=1}^{\infty} \bigcup_{i=k}^{\infty} E_i\,, \tag{6}$$

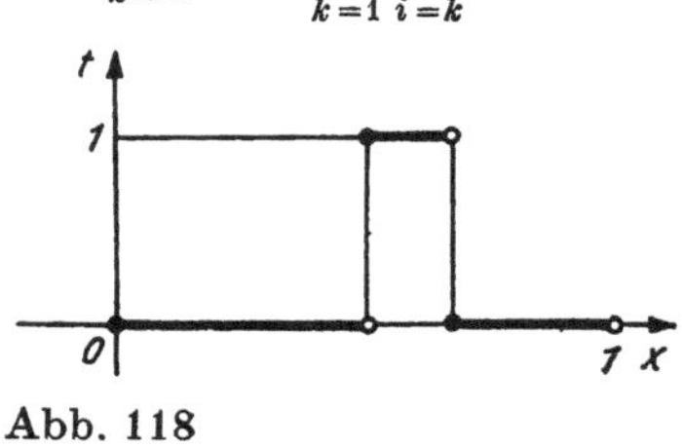

Abb. 118

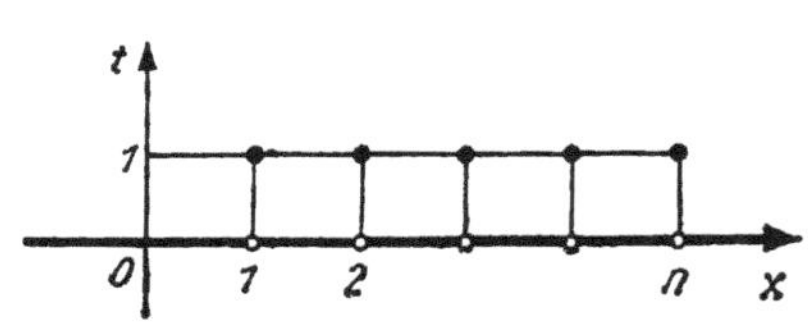

Abb. 119

wobei

$$\bigcup_{i=1}^{\infty} E_i \supset \bigcup_{i=2}^{\infty} E_i \supset \ldots \supset \bigcup_{i=k}^{\infty} E_i \supset \ldots$$

gilt. Da μ ein BOREL-Maß ist, folgt

$$\mu\left(\bigcup_{i=k}^{\infty} E_i\right) \leqq \mu(E_k) + \mu(E_{k+1}) + \ldots \leqq \frac{1}{2^k} + \frac{1}{2^{k+1}} + \ldots = \frac{1}{2^{k-1}}$$

(vgl. (4) und (5)). Daher ist $\mu(E_0) = \lim_{k\to\infty} \mu\left(\bigcup_{i=k}^{\infty} E_i\right) = 0$. Für alle $x \in E \setminus E_0$ gilt aber wegen (5) und (6) von einem gewissen k an

$$|f_{n_k}(x) - f(x)| < 1/2^k, \quad \text{d. h.} \quad f_{n_k}(x) \to f(x) .$$

Wegen $\mu(E_0) = 0$ gilt also $f_{n_k}(x) \to f(x)$ fast überall ●

Bemerkung. In Satz 5 ist die Voraussetzung wesentlich, daß μ ein BOREL-Maß ist. Sei nämlich beispielsweise μ auf dem δ-Ring $\mathfrak{M}$ aller beschränkten Mengen der Zahlengeraden $\mathbb{R}$ durch $\mu(E) = 0$ für alle $E \in \mathfrak{M}$ definiert. Dieses Maß ist offensichtlich ein (sogar vollständiges) LUSIN-Maß, aber kein BOREL-Maß. Setzt man für jede natürliche Zahl n

$$f_n(x) = \begin{cases} 1 & \text{für} \quad x = 1, 2, \ldots, n \\ 0 & \text{sonst} \end{cases}$$

(vgl. Abb. 119), dann konvergiert die Folge der f_n auf $\mathbb{R}$ offenbar dem Maße nach gegen die Funktion f_0 mit $f_0(x) = 0$ für alle $x \in \mathbb{R}$, da die Mengen

$$E_n = \{x \colon x \in \mathbb{R},\ |f_n(x) - f_0(x)| \geqq \varepsilon > 0\}$$

stets aus einer endlichen Anzahl von Punkten bestehen und somit stets $\mu(E_n) = 0$ gilt. Eine beliebige Teilfolge $f_{n_k}(x)$ $(k = 1, 2, \ldots)$ konvergiert allerdings in den Punkten $x = 1, 2, \ldots, n, \ldots$, also auf einer unbeschränkten Menge nicht gegen f_0. Damit konvergiert keine Teilfolge der f_n μ-fast-überall auf $\mathbb{R}$ gegen f_0.

4.6. Der Satz von Egorov

Als *Satz von Egorov*[1]) bezeichnet man den folgenden bemerkenswerten

Satz. *Es sei*

(i) *μ ein Lusin-Maß;*

(ii) *f_n $(n = 1, 2, \ldots)$ meßbar auf einer bez. μ endlichen Menge E;*

(iii) *$f_n(x) \to f(x)$ μ-fast-überall auf E.*

Dann existiert für jedes $\delta > 0$ eine Menge $E_\delta \subset E$ mit

a) *$\mu(E_\delta) < \delta$;*

b) *$f_n(x) \to f(x)$ gleichmäßig auf $E \setminus E_\delta$.*

---

[1]) D. F. EGOROV (1869–1931) war ein sowjetischer Mathematiker. Ausgehend von seinen Arbeiten und den Arbeiten seiner Schüler (insbesondere sei N. N. LUSIN genannt) entwickelte sich die sowjetische Schule der Theorie reeller Funktionen.

Beweis: Nach (iii) existiert eine Menge $E_0 \subset E$ mit $\mu(E_0)=0$ und $f_n(x) \to f(x)$ für alle $x \in A = E \setminus E_0$[1]), wobei A eine bez. μ endliche Menge ist (d. h., A gehört zu dem δ-Ring $\mathfrak{M}$, auf dem μ definiert ist). Die Funktionen f_n und f sind auf der Menge A meßbar. Für beliebige natürliche Zahlen k und n setzen wir

$$E_{kn} = \{x\colon x \in A,\ |f_n(x) - f(x)| \geqq 1/k\}\ , \tag{1}$$

$$E_k = \overline{\lim_{n\to\infty}}\, E_{kn} = \bigcap_{n=1}^{\infty} \bigcup_{i=n}^{\infty} E_{ki}\ ,$$

wobei alle hier auftretenden Mengen meßbar sind. Da $f_n(x) \to f(x)$ für alle $x \in A$ gilt, ist $E_k = \emptyset$ für jedes k und damit $\mu(E_k)=0$. Nun gilt

$$\bigcup_{i=1}^{\infty} E_{ki} \supset \bigcup_{i=2}^{\infty} E_{ki} \supset \ldots \supset \bigcup_{i=n}^{\infty} E_{ki} \supset \ldots\ ,$$

und alle diese Mengen sind in A enthalten. Sie sind daher bez. μ endliche Mengen, und auf Grund der Stetigkeit eines σ-additiven Maßes folgt

$$\lim_{n\to\infty} \mu\left(\bigcup_{i=n}^{\infty} E_{ki}\right) = \mu(E_k) = 0\,^{2)}\ .$$

Für jedes k gibt es also eine natürliche Zahl n_k mit

$$\mu\left(\bigcup_{i=n_k}^{\infty} E_{ki}\right) < \delta/2^k\ . \tag{2}$$

Wir setzen nun

$$E = E_0 \cup \left(\bigcup_{k=1}^{\infty} \bigcup_{i=n_k}^{\infty} E_{ki}\right) \tag{3}$$

und zeigen, daß dies die gesuchte Menge ist. Nach Konstruktion gilt $\mu(E_0)=0$, und die Mengen $\bigcup_{k=1}^{\infty} \bigcup_{i=n_k}^{\infty} E_{ki}$ sind bez. μ endlich, weil sie meßbar sind und in A liegen. Aus (2) und (3) folgt also die Gleichung

$$\mu(E_\delta) < \sum_{k=1}^{\infty} \frac{\delta}{2^k} = \delta\ ,$$

d. h., a) ist erfüllt. Wir zeigen nun b):

Zu jedem $\varepsilon > 0$ wählen wir eine natürliche Zahl l mit $1/l < \varepsilon$. Ist nun $x \in E \setminus E_\delta$, so gilt

$$x \in A, \quad x \notin \bigcup_{k=1}^{\infty} \bigcup_{i=n_k}^{\infty} E_{ki}\ ,$$

insbesondere also

$$x \notin \bigcup_{i=n_l}^{\infty} E_{li}\ .$$

1) Aus der Definition des Begriffes „fast überall" folgt i. a. nicht, daß für die entsprechende Menge E_0 die Beziehung $E_0 \subset E$ gilt. In unserem Falle kann man dies voraussetzen. Andernfalls würde man anstelle von E_0 die Menge $E \cap E_0$ betrachten.

2) Um dies zu beweisen, muß man im wesentlichen die Betrachtungen im Beweis von Satz 2 in 4.5 wiederholen und lediglich A anstelle von E, $1/n$ anstelle von ε und E_k anstelle von E' setzen.

Das bedeutet aber

$$x \notin E_{l n_l}, \quad x \notin E_{l,n_l+1}, \quad x \notin E_{l,n_l+2}, \dots$$

also gilt für alle $n \geqq n_l$

$$|f_n(x) - f(x)| < 1/l < \varepsilon$$

(vgl. (1)). Die Konvergenz auf $E \backslash E_\delta$ ist also gleichmäßig ●

Wir betonen, daß der Satz von EGOROV also erlaubt, den allgemeinen Fall der Konvergenz von Funktionenfolgen auf den für die Analysis besonders wichtigen Fall der gleichmäßigen Konvergenz zurückzuführen, wobei lediglich eine Menge beliebig kleinen Maßes ausgeschlossen werden muß.

Bemerkung. Die Endlichkeit bez. μ von E ist wesentlich. Wir betrachten dazu das Beispiel aus der Bemerkung 1 in 4.5. Dort war

$$f_n(x) = \begin{cases} 0 & \text{für} \quad x < n, \\ 1 & \text{für} \quad x \geqq n, \end{cases} \quad n = 1, 2, \dots,$$

(vgl. Abb. 116). Wir nehmen an, daß μ das lineare LEBESGUE-Maß und $E = \mathbf{R}$ ist. Dann gilt $f_n(x) \to 0$ für alle $x \in E$ und $\mu(E) = \infty$. Für beliebiges n und jede beliebige bez. μ endliche Menge $E_\delta \subset E$ findet man aber Punkte $x \in E \backslash E_\delta$ mit $|f_n(x) - 0| = f_n(x) > 1/2$, die Konvergenz von $f_n(x)$ gegen 0 ist also auf $E \backslash E_\delta$ nicht gleichmäßig. D. h., der Satz von EGOROV ist hier nicht anwendbar.

4.7. Der Satz von Lusin

Ähnlich bemerkenswert wie der Satz von EGOROV ist der folgende *Satz von Lusin.*

Satz. *Es sei*

(i) *μ ein m-dimensionales Lebesgue-Stieltjes-Maß;*

(ii) *f μ-meßbar auf der Menge E*[1]);

Dann existiert für jedes $\delta > 0$ eine Menge $E_\delta \subset E$ mit den Eigenschaften

a) $\mu(E_\delta) < \delta$;

b) *die Einschränkung von f auf $E \backslash E_\delta$ ist stetig*[2]).

Dem Beweis schicken wir einige Bemerkungen voraus:

1. Ist f auf der Menge A stetig, dann ist f auch auf jeder Teilmenge $B \subset A$ stetig.
2. Gilt $f_n(x) \to f(x)$ gleichmäßig auf der Menge A, dann gilt $f_n(x) \to f(x)$ auch gleichmäßig auf jeder Teilmenge $B \subset A$.
3. Ist f auf jeder der endlich vielen paarweise disjunkten abgeschlossenen Mengen $F_1, F_2, \dots, F_n$ stetig, dann ist f auch auf der Vereinigung $F = \bigcup_{k=1}^{n} F_k$ stetig.

Die Behauptungen 1 und 2 sind offensichtlich, die Behauptung 3 braucht man offenbar nur für zwei abgeschlossene Mengen zu zeigen. Sei $F = F_1 \cup F_2$, $x_n \in F$ ($n = 1, 2, \dots$), $x \in F$ und $x_n \to x$. Wir müssen dann $f(x_n) \to f(x)$ zeigen. Da F_1 und F_2

---

[1]) Die Menge E ist eine Teilmenge des m-dimensionalen Euklidischen Raumes. Die Elemente dieses Raumes bezeichnen wir im weiteren mit x.

[2]) Mit anderen Worten: Aus $x_0 \in E \backslash E_\delta$, $x \in E \backslash E_\delta$ und $x \to x_0$ folgt $f(x) \to f(x_0)$. Im folgenden sagen wir dafür kurz: f ist auf $E \backslash E_\delta$ stetig.

disjunkt sind, liegt x nur in einer dieser Mengen, etwa in F_1. Da F_2 abgeschlossen ist, existiert eine ε-Umgebung von x, die keine Punkte von F_2 enthält (vgl. Abb. 120). Wegen $x_n \to x$ liegen die x_n von einem gewissen n ab in dieser ε-Umgebung und damit also in F_1. Da f auf F_1 stetig ist, folgt daraus $f(x_n) \to f(x)$.

Für die eben bewiesene Behauptung 3 ist die Abgeschlossenheit der Mengen F_i wesentlich. Dagegen kann man darauf verzichten, sie als paarweise disjunkt vorauszusetzen (der Leser möge sich dies überlegen).

Beweis des Satzes. Wir setzen zunächst $\mu(E) < \infty$ voraus und betrachten eine Folge meßbarer Treppenfunktionen f_n, für die $f_n(x) \to f(x)$ gleichmäßig auf E gilt (eine solche Folge existiert nach Aussage 9 in 4.2, vgl. Bemerkung 1). Für ein fest gewähltes n betrachten wir die Funktionen f_n und bezeichnen ihre höchstens abzählbar vielen verschiedenen Werte mit $t_1, t_2, \ldots, t_k, \ldots$ Nun setzen wir

$$E_k = \{x\colon x \in E, f_n(x) = t_k\}, \quad k = 1, 2, \ldots$$

Diese Mengen sind alle meßbar und sogar bez. μ endlich, weil sie in E enthalten sind. Durch $E = \bigcup_k E_k$ ist eine Zerlegung von E gegeben, so daß $\mu(E) = \sum_k \mu(E_k)$ gilt. Wegen der Konvergenz dieser Reihe existiert ein l mit

$$\sum_{k=l+1}^{\infty} \mu(E_k) < \frac{\delta}{2^{n+1}}. \tag{1}$$

Sei nun F_k eine abgeschlossene Menge mit den Eigenschaften

$$F_k \subset E_k, \quad \mu\,(E_k \setminus F_k) < \frac{\delta}{l \cdot 2^{n+1}} \tag{2}$$

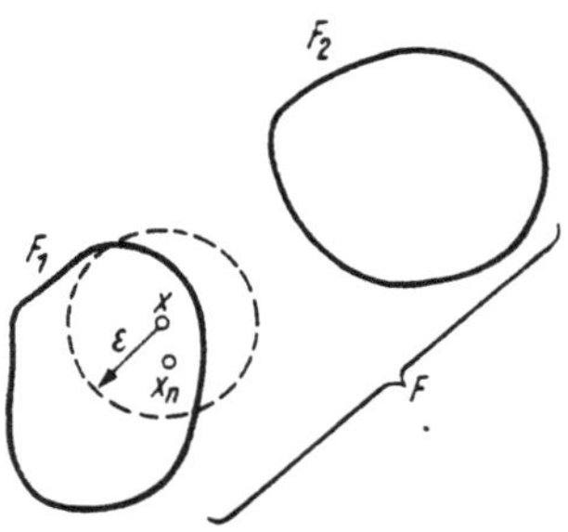

Abb. 120

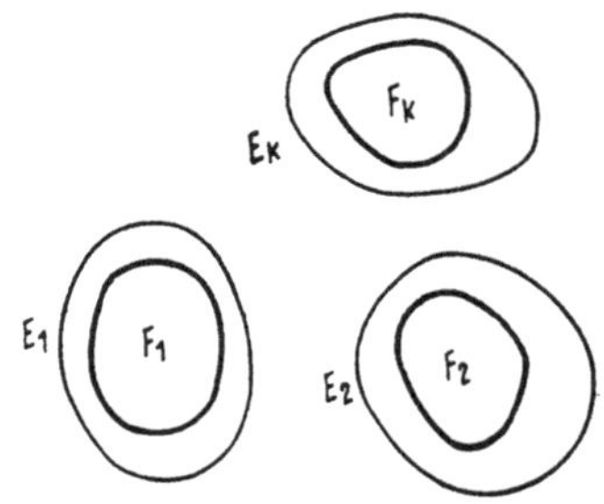

Abb. 121

(daß eine solche Menge existiert, folgt aus der Theorie des Lebesgue-Stieltjes-Maßes). Die Mengen F_k sind offenbar paarweise disjunkt (da sie in den entsprechenden paarweise disjunkten Mengen E_k liegen). Dann gilt

$$E = \bigcup_{k=1}^{l} E_k \cup \bigcup_{k=l+1}^{\infty} E_k = \bigcup_{k=1}^{l} F_k \cup \bigcup_{k=1}^{l} (E_k \setminus F_k) \cup \bigcup_{k=l+1}^{\infty} E_k \tag{3}$$

(vgl. Abb. 121), wobei f_n auf den Mengen F_k jeweils konstant und damit stetig ist. Wir beachten jetzt, daß die Mengen E_k und F_k sowie die Zahl l von dem zuvor gewählten Index n abhängen, und setzen

$$A_n = \bigcup_{k=1}^{l} F_k, \quad B_n = \bigcup_{k=1}^{l} (E_k \setminus F_k) \cup \bigcup_{k=l+1}^{\infty} E_k$$

$(n=1, 2, \ldots)$ und

$$E_\delta = \bigcup_n B_n \subset E .$$

Nach (3) gilt dann für jedes $n=1, 2, \ldots$

$$E = A_n \cup B_n, \quad A_n \cap B_n = \emptyset . \tag{4}$$

Aus (1) und (2) folgt

$$\mu(E_\delta) \leqq \sum_n \mu(B_n) \leqq \sum_n \left(\sum_{k=1}^{l} \mu\,(E_k \backslash F_k) + \sum_{k=l+1}^{\infty} \mu(E_k) \right)$$
$$< \sum_n \left(\frac{\delta}{2^{n+1}} + \frac{\delta}{2^{n+1}} \right) = \delta \sum_n 2^{-n} = \delta ,$$

d. h., a) ist erfüllt.

Wir zeigen, daß auch b) gilt. Wegen Vorbemerkung 3 ist f_n auf A_n stetig (weil es auf jedem F_k stetig ist). Nun gilt aber wegen (4)

$$E \backslash E_\delta = E \backslash \bigcup_n B_n = \bigcap_n (E \backslash B_n) = \bigcap_n A_n \text{ }^{1)} ,$$

also $E \backslash E_\delta \subset A_n$ für alle n. Nach Vorbemerkung 1 ist f_n auf $E \backslash E_\delta$ stetig für jedes n. Da $f_n(x) \to f(x)$ gleichmäßig auf E gilt, ist nach Vorbemerkung 2 auch $f_n(x) \to f(x)$ gleichmäßig auf $E \backslash E_\delta$. Daher ist f stetig auf $E \backslash E_\delta$ und die Aussage des Satzes ist für $\mu(E) < \infty$ bewiesen.

Wir machen darauf aufmerksam, daß die Mengen A_n abgeschlossen waren (als endliche Vereinigungen $A_n = \bigcup_{k=1}^{n} F_k$ abgeschlossener Mengen). Damit ist auch ihr Durchschnitt $E \backslash E_\delta = \bigcap_n A_n$ eine abgeschlossene Menge.

Wir betrachten nun den Fall $\mu(E) = \infty$ und beschränken den Beweis auf den besonders interessanten Fall, wo jeder Quader bzw. jede Kugel bez. des betrachteten LEBESGUE-STIELTJES-Maßes endlich ist, wie z. B. beim LEBESGUE-Maß.

Sei $\varrho(x)$ der Abstand des Punktes x vom Koordinatenursprung. Dann kann man den ganzen Raum $\mathbb{R}^m$ zerlegen in paarweise disjunkte Kugelschalen

$$S_n = \{x : n-1 \leqq \varrho(x) < n\}, \quad n = 1, 2, \ldots ,$$
$$\mathbb{R}^m = \bigcup_n S_n$$

(vgl. Abb. 122). Jede dieser Schalen ist entweder eine offene Kugel (für $n=1$) oder die Differenz zweier offener Kugeln (für $n>1$), d. h., alle Mengen sind meßbar und endlich bez. μ. In der durch

$$E = \bigcup_n (E \cap S_n)$$

gegebenen Zerlegung von E ist daher auch jede der Mengen $E \cap S_n$ endlich bez. μ. Nach dem oben Bewiesenen existieren Mengen $E_n \subset E \cap S_n$ mit

(i) $\mu(E_n) < \delta/2^n$,
(ii) f ist stetig auf $(E \cap S_n) \backslash E_n$,
(iii) die Mengen $D_n = (E \cap S_n) \backslash E_n$ sind abgeschlossen

---

[1]) Wir benutzen die bekannte Eigenschaft, daß das Komplement einer Vereinigung gleich dem Durchschnitt der einzelnen Komplemente ist.

(vgl. Abb. 122). Wir setzen $E_\delta = \bigcup_n E_n$ und erhalten damit

$$\mu(E_\delta) = \sum_n \mu(E_n) < \delta ,$$

$$E \setminus E_\delta = \bigcup_n (E \cap S_n) \setminus \bigcup_n E_n = \bigcap_n D_n$$

(vgl. Abb. 122). Man sieht leicht, daß die Menge $E \setminus E_\delta$ abgeschlossen ist und f auf dieser Menge stetig ist (letzteres folgt analog zum Beweis der Vorbemerkung 3). Die Behauptungen a) und b) sind also wieder bewiesen ●

Der Satz von LUSIN gestattet es, den allgemeinen Fall der (bez. eines gewissen LEBESGUE-STIELTJES-Maßes) meßbaren Funktionen auf den Fall stetiger Funktionen zurückzuführen, wobei lediglich eine Menge beliebig kleinen Maßes ausgenommen werden muß.

Bemerkung 1. Im Verlaufe des Beweises wurde bereits darauf hingewiesen, daß die hier konstruierte Menge $E \setminus E_\delta$ sogar abgeschlossen ist.

Bemerkung 2. Der Inhalt des Satzes von LUSIN legt die Frage nahe, ob über diesen Satz hinaus gezeigt werden kann, daß sogar eine Menge $E_0 \subset E$ mit folgenden Eigenschaften existiert:

a) $\mu(E_0) = 0$,

b) f ist stetig auf $E \setminus E_0$.

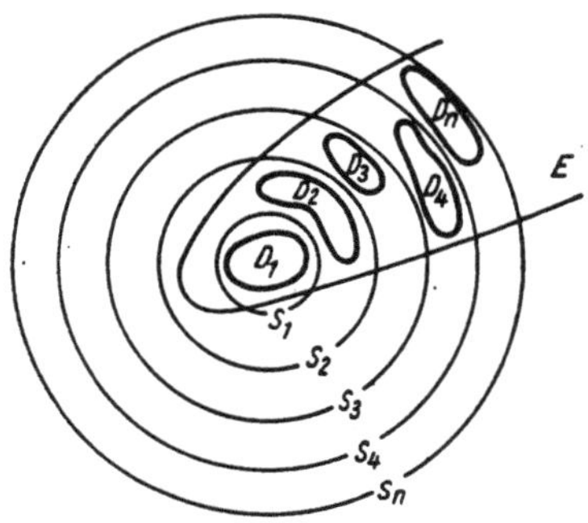

Abb. 122

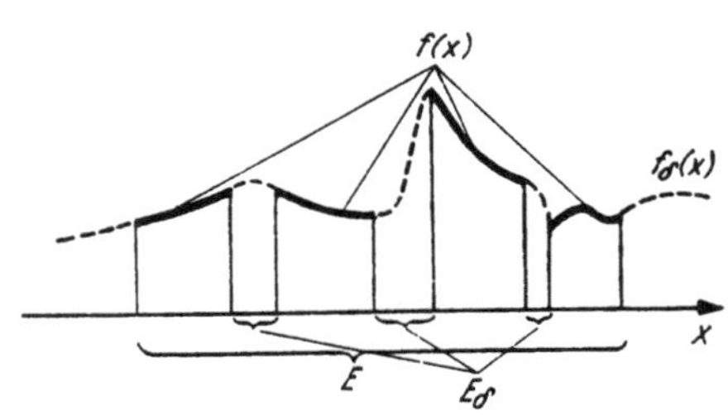

Abb. 123

Die Antwort ist i. a. negativ. Sei z. B. μ das lineare LEBESGUE-Maß, D irgendeine meßbare nirgends dichte Menge positiven Maßes im Intervall $[0, 1]$[1]) und f die charakteristische Funktion dieser Menge. Diese Funktion f ist dann auf $E = [0, 1]$ LEBESGUE-meßbar; und es ist offenbar nicht möglich, eine Teilmenge E_0 von $[0, 1]$ mit dem Maß Null so zu finden, daß f auf $[0, 1] \setminus E_0$ stetig ist.

In einigen Spezialfällen gibt es aber eine solche Menge E_0, z. B. wird die DIRICHLETsche Funktion

$$f(x) = \begin{cases} 0 & \text{für alle irrationalen} \quad x \in [0, 1] , \\ 1 & \text{für alle rationalen} \quad x \in [0, 1] \end{cases}$$

1) Solch eine Teilmenge des Intervalls [0, 1] kann man erhalten, indem man ähnlich wie bei der Konstruktion der bekannten CANTORschen Menge aus [0, 1] eine abzählbare Anzahl von paarweise disjunkten Intervallen entfernt, deren Länge aber insgesamt kleiner als 1 ist (vgl. I. P. NATANSON, Theorie der Funktionen einer reellen Veränderlichen, Berlin 1981, Kap. II, § 5).

eine stetige Funktion, wenn man von $[0, 1]$ die Menge aller rationalen Zahlen entfernt, die bekanntlich das LEBESGUE-Maß Null hat.

Bemerkung 3. Wir zitieren zunächst folgenden Sachverhalt[1]: Ist f auf einer abgeschlossenen Menge F des m-dimensionalen Raumes $\mathbb{R}^m$ definiert und dort stetig, dann existiert eine Funktion $\bar{f}$, die auf dem ganzen Raum $\mathbb{R}^m$ definiert und stetig ist sowie auf F mit f zusammenfällt. Daraus ergibt sich, daß in dem von uns betrachteten Fall (vgl. Bemerkung 1) der Satz von LUSIN folgendermaßen umformuliert werden kann:

Gilt

(i) *μ ist ein m-dimensionales Lebesgue-Stieltjes-Maß,*

(ii) *f ist μ-meßbar auf E,*

dann existieren für jedes $\delta > 0$ eine Menge $E_\delta \subset E$ und eine Funktion f_δ, die auf dem ganzen Raum definiert und stetig ist, so daß gilt

a) $\mu(E_\delta) < \delta$;

b) $f(x) = f_\delta(x)$ *für* $x \in E \setminus E_\delta$

(*vgl. Abb.* 123).

Bemerkung 4. Die in der Behauptung des Satzes von LUSIN formulierte Eigenschaft der Funktion f (d. h. daß zu jedem $\delta > 0$ ein $E_\delta \subset E$ mit a) und b) existiert), nannte N. N. LUSIN *C-Eigenschaft* (franz. continuité – Stetigkeit). Man kann leicht zeigen, daß aus der C-Eigenschaft einer Funktion f deren μ-Meßbarkeit folgt. Die Begriffe der Stetigkeit und der Meßbarkeit sind im Euklidischen Raum also eng miteinander verbunden. Die C-Eigenschaft wird manchmal sogar zur Definition der Meßbarkeit von Funktionen benutzt.[2]

---

[1] Siehe z. B. I. P. NATANSON, Theorie der Funktionen einer reellen Veränderlichen, Berlin 1981, Kapitel XII, § 1).

[2] Wie beispielsweise im Buch П. С. Александров и. А.Н. Колмогоров, Введение в теорию функций действительного переменного, Москва 1938.

5. Produktmaße

5.1. Das Integral von Treppenfunktionen

Der im folgenden eingeführte Begriff des *Integrals einer Treppenfunktion* wird von uns lediglich als Hilfsmittel benutzt und ordnet sich vollständig dem später behandelten allgemeinen Integralbegriff unter. Er wird hier gesondert betrachtet, da es sich in diesem Kapitel als nützlich erweist, einen solchen Begriff bereits zur Verfügung zu haben. Allerdings beschränken wir dementsprechend in diesem Abschnitt unsere Ausführungen auf das im folgenden benötigte Minimum.

Sei μ ein LUSIN-Maß (bzw. speziell ein BOREL-Maß), definiert auf einem gewissen Ring $\mathfrak{M}$ von Teilmengen einer Menge X_0, und sei f eine auf der Menge X definierte nichtnegative Treppenfunktion der Gestalt

$$f(x) = \sum_k t_k \mathbf{1}_{X_k}(x) , \tag{1}$$

wobei $X = \bigcup_k X_k$ eine endliche oder abzählbare Zerlegung von X in Mengen $X_k \in \mathfrak{M}$ darstellt und $t_k \geqq 0$ $(k=1, 2, \ldots)$ gilt (dann ist f auf X μ-meßbar). Wir setzen

$$\int_X f(x)\, \mathrm{d}\mu = \sum_k t_k \mu(X_k) , \tag{2}$$

falls die Reihe auf der rechten Seite konvergiert, und nennen diese Zahl das *μ-Integral der Treppenfunktion f* über der Menge X (vgl. Abb. 124). Von der Funktion f werden wir sagen, daß sie μ-integrierbar auf X ist. Die Summe (2) kann man als Fläche der treppenförmigen Figur ansehen, die aus den „Rechtecken" mit den „Grundlinien" X_k und den „Höhen" t_k besteht. Die Zahl $\mu(X_k)$ stellt die „Länge" der Grundlinie dar.

Daß diese Definition des Integrals korrekt ist, ergibt sich aus dem folgenden

Lemma. *Gilt für $f(x)$ außer* (1) *auch*

$$f(x) = \sum_i s_i \mathbf{1}_{Y_i}(x) , \tag{1'}$$

wobei $X = \bigcup_i Y_i$ eine endliche oder abzählbare Zerlegung von X in Mengen $Y_i \in \mathfrak{M}$ darstellt und $s_i \geqq 0$ $(i=1, 2, \ldots)$ gilt, dann ist

$$\sum_k t_k \mu(X_k) = \sum_i s_i \mu(Y_i) , \tag{3}$$

wobei aus der Konvergenz einer dieser Reihen die Konvergenz der anderen folgt.

Beweis. Durch die Gleichungen

$$X_k = \bigcup_i (X_k \cap Y_i) \quad \text{und} \quad Y_i = \bigcup_k (X_k \cap Y_i)$$

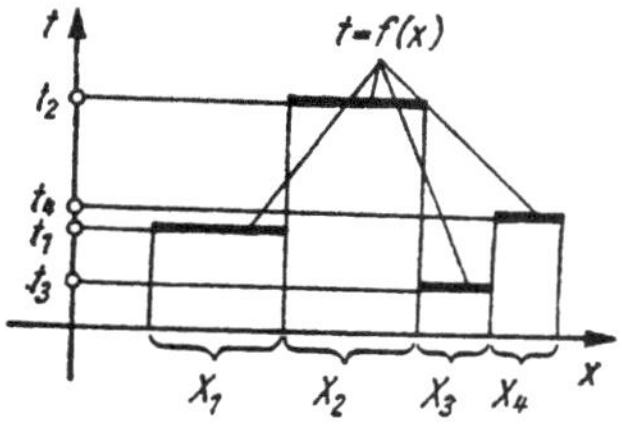

Abb. 124

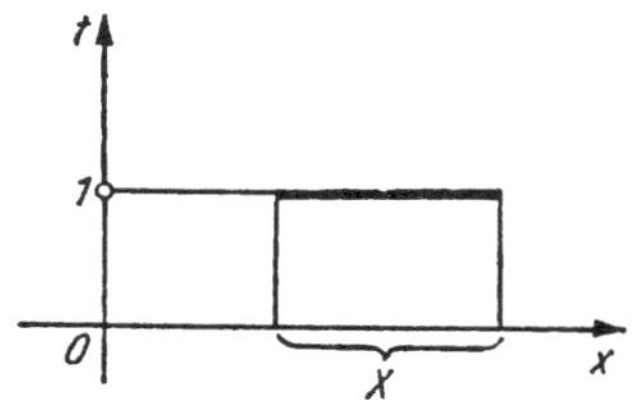

Abb. 125

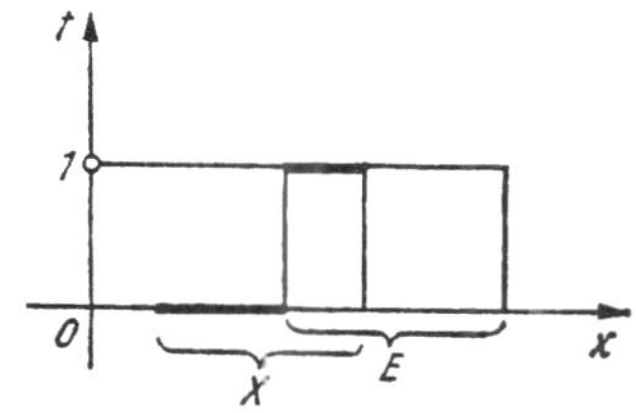

Abb. 126

sind Zerlegungen von X_k bzw. Y_i gegeben, wobei auf $X_k \cap Y_i$ nach (1) und (1′) offenbar $t_k = s_i$ gilt oder $X_k \cap Y_i = \emptyset$ ist. Konvergiert nun etwa die erste Summe in (3), so gilt

$$\sum_k t_k \mu(X_k) = \sum_k \sum_i t_k \mu\,(X_k \cap Y_i) = \sum_i \sum_k s_i \mu\,(X_k \cap Y_i) = \sum_i s_i \mu(Y_i) \quad \bullet$$

Wir geben nun einige einfache Eigenschaften des Integrals von (nichtnegativen) Treppenfunktionen an:

Aussage 1. *Für beliebige Mengen $X \in \mathfrak{M}$ ist*

$$\int_X \mathbf{1}\, \mathrm{d}\mu = \int_X \mathrm{d}\mu = \mu(X)\,.$$

Beweis: Die Zerlegung $X = \bigcup_k X_k$ in (1) bzw. (2) besteht nur aus einer Menge X, für die $t = 1$ ist. Damit ergibt sich die Behauptung aus (2) (vgl. Abb. 125) ●

Aussage 2. *Für beliebige $X \in \mathfrak{M}$, $E \in \mathfrak{M}$ ist*

$$\int_X \mathbf{1}_E(x)\, \mathrm{d}\mu = \mu\,(X \cap E)\,.$$

Beweis: Es gilt

$$\mathbf{1}_E(x) = \begin{cases} 1 & \text{für} \quad x \in X \cap E\,, \\ 0 & \text{für} \quad x \in X \setminus E \end{cases}$$

(vgl. Abb. 126). Nach (2) erhält man

$$\int_X \mathbf{1}_E(x)\, \mathrm{d}\mu = 1 \cdot \mu\,(X \cap E) + 0 \cdot \mu\,(X \setminus E) \quad \bullet$$

Ist speziell $X \supset E$, dann gilt

$$\int_X \mathbf{1}_E(x)\, \mathrm{d}\mu = \mu(E)\,.$$

Wir setzen nun voraus, daß f und g nichtnegative, auf X μ-integrierbare Treppenfunktionen sind. Dann gilt

Aussage 3.

$$\int_X f(x)\, \mathrm{d}\mu \geqq 0\,.$$

Das ist eine unmittelbare Folgerung aus (1) und (2).

Aussage 4. *Es ist*

$$\int_X cf(x)\,\mathrm{d}\mu = c\int_X f(x)\,\mathrm{d}\mu$$

für jede Konstante $c \geqq 0$.

Beweis: Ist f durch die Gleichung (1) definiert, wobei dann die Reihe in (2) konvergiert, so gilt

$$cf(x) = \sum_k ct_k \mathbf{1}_{X_k}(x)\,,$$

d. h., cf ist eine Treppenfunktion, und es gilt

$$c\int_X f(x)\,\mathrm{d}\mu = c\sum_k t\;\mu(X_k) = \sum_k ct_k\mu(X_k) = \int_X cf(x)\,\mathrm{d}\mu \quad \bullet^{1)}$$

Aussage 5. *Es ist*

$$\int_X [f(x)+g(x)]\,\mathrm{d}\mu = \int_X f(x)\,\mathrm{d}\mu + \int_X g(x)\,\mathrm{d}\mu\,.$$

Beweis: Sei f durch (1) definiert und

$$g(x) = \sum_i s_i \mathbf{1}_{Y_i}(x)\,, \tag{4}$$

wobei $X = \bigcup_i Y_i$ eine endliche oder abzählbare Zerlegung von X in Mengen $Y_i \in \mathfrak{M}$ darstellt und $s_i \geqq 0$ $(i=1, 2, \ldots)$ gilt. Dann ist $f+g$ eine Treppenfunktion, die auf den Mengen $X_k \cap Y_i \in \mathfrak{M}$ den Wert t_k+s_i annimmt $(k=1, 2, \ldots;\; i=1, 2, \ldots)$, falls nicht $X_k \cap Y_i = \emptyset$ ist. Somit gilt

$$\begin{aligned} \int_X f(x)\,\mathrm{d}\mu + \int_X g(x)\,\mathrm{d}\mu &= \sum_k t_k\mu(X_k) + \sum_i s_i\mu(Y_i) \\ &= \sum_k\sum_i t_k\mu\,(X_k \cap Y_i) + \sum_i\sum_k s_i\mu(X_k \cap Y_i) \\ &= \sum_k\sum_i (t_k+s_i)\,\mu\,(X_k \cap Y_i) = \int_X [f(x)+g(x)]\,\mathrm{d}\mu \quad \bullet^{2)} \end{aligned} \tag{5}$$

Aussage 6. *Ist* $f(x) \geqq g(x)$ *auf* X, *dann gilt*

$$\int_X f(x)\,\mathrm{d}\mu \geqq \int_X g(x)\,\mathrm{d}\mu\,.$$

Beweis: f und g seien durch die Gleichungen (1) und (4) definiert. Wegen $f(x) \geqq g(x)$ ist dann auf jeder Menge $X_k \cap Y_i$, für die nicht $X_k \cap Y_i = \emptyset$ gilt, $t_k \geqq s_i$. Analog zum Beweis von Aussage 5 erhalten wir

$$\int_X f(x)\,\mathrm{d}\mu - \int_X g(x)\,\mathrm{d}\mu = \int_X [f(x)-g(x)]\,\mathrm{d}\mu$$

(vgl. (5)). Auf Grund von Aussage 3 ist das letzte Integral positiv, d. h., es gilt Aussage 6 ●

---

[1]) Die letzte Gleichung folgt aus der Konvergenz der Reihe $\sum_k ct_k\mu(X_k)$ und der Definition des Integrals einer Treppenfunktion.

[2]) Die letzte Gleichung folgt aus der Konvergenz der Reihe

$$\sum_k\sum_i (t_k+s_i)\,\mu\,(X_k \cap Y_i)\,.$$

Aussage 7. *Ist $X' \subset X$ und $X' \in \sigma(\mathfrak{M})$, dann ist f auf X' μ-integrierbar, und es gilt*

$$\int_{X'} f(x)\, d\mu \leqq \int_X f(x)\, d\mu .$$

Beweis: Ist f auf X durch die Gleichung (1) definiert, dann gilt für alle $x \in X'$

$$f(x) = \sum_k t_k \mathbf{1}_{X_k \cap X'}(x) ,$$

wobei $X' = \bigcup_k (X_k \cap X')$ eine endliche oder abzählbare Zerlegung von X' in Mengen $X_k \cap X' \in \mathfrak{M}$ darstellt, auf denen $t_k \geqq 0$ gilt (vgl. Abb. 127). Wegen $\mu(X_k) \geqq \mu\,(X_k \cap X')$ folgt die Ungleichung

$$\sum_k t_k \mu\,(X_k \cap X') \leqq \sum_k t_k \mu(X_k)$$

und somit aus der Konvergenz der Reihe auf der rechten Seite auch die Konvergenz der Reihe auf der linken Seite ●

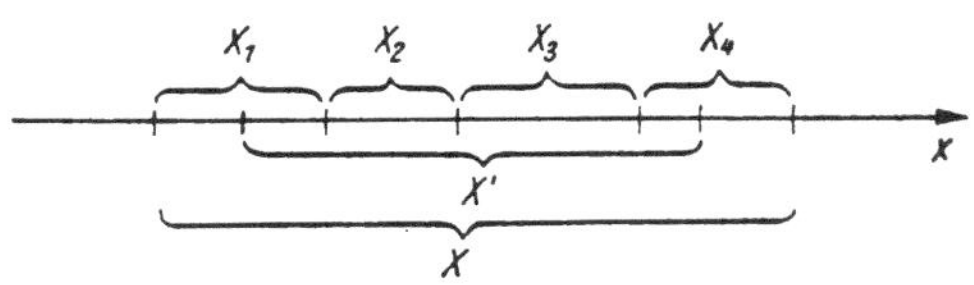

Abb. 127

Bemerkung 1. Das Integral einer Treppenfunktion kann auch ohne die Bedingung $f(x) \geqq 0$, d. h. ohne die Forderung $t_k \geqq 0$ $(k = 1, 2, \ldots)$ betrachtet werden. Dabei muß in (2) die absolute Konvergenz der Reihe gefordert werden. Die Aussagen 4 bis 7 lassen sich dann (mit Ausnahme der Ungleichung (6)) auf diesen Fall übertragen, wobei die Beweise nur unbedeutend verändert werden müssen.

Bemerkung 2. Das Integral einer Treppenfunktion kann auch für ein Maß μ definiert werden, das nicht σ-additiv ist, falls man Treppenfunktionen nur für endliche Zerlegungen $X = \bigcup_{k=1}^{n} X_k$ betrachtet. Man zeigt leicht, daß dann die Aussagen 1 bis 7 erhalten bleiben.

5.2. Das kartesische Produkt von Mengen und Mengenklassen

Als *kartesisches Produkt zweier Mengen* X und Y bezeichnet man die Menge Z aller Paare (x, y) mit $x \in X$, $y \in Y$ und schreibt dafür

$$Z = X \times Y . \tag{1}$$

Beispiel 1. Das abgeschlossene Rechteck $Q = \{(x, y) : \alpha \leqq x \leqq \beta,\ \gamma \leqq y \leqq \delta\}$ der x, y-Ebene ist das kartesische Produkt der abgeschlossenen Intervalle $[\alpha, \beta]$ und $[\gamma, \delta]$:

$$Q = [\alpha, \beta] \times [\gamma, \delta]$$

(vgl. Abb. 128a). Ähnlich gilt für das Rechteck $R = \{(x, y) : \alpha \leqq x < \beta,\ \gamma \leqq y < \delta\}$ die Beziehung $R = [\alpha, \beta) \times [\gamma, \delta)$ (vgl. Abb. 128b).

Beispiel 2. Die x, y-Ebene ist das kartesische Produkt der Zahlengeraden mit sich selbst: $(-\infty, \infty) \times (-\infty, \infty)$.

Mengen der Art (1) werden oft auch in abstrakteren Fällen Rechtecke genannt und in Skizzen in der Art eines gewöhnlichen Rechtecks dargestellt, obwohl selbst für Mengen X und Y von Zahlen die entsprechende Menge Z wenig Ähnlichkeit mit einem üblichen Rechteck haben muß.

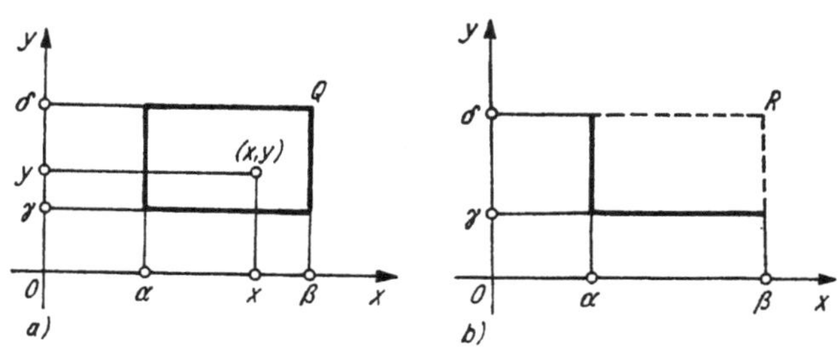

Abb. 128

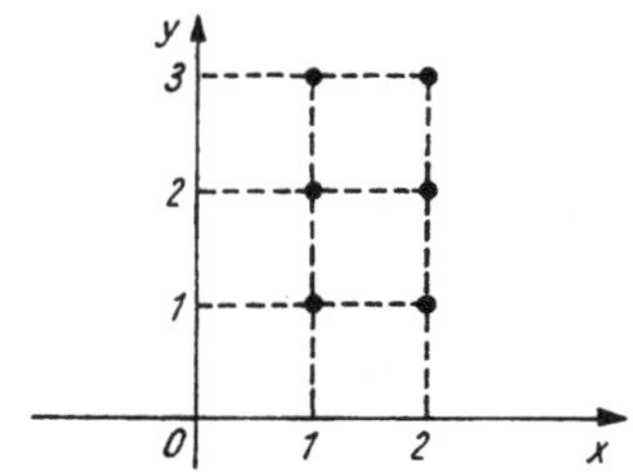

Abb. 129

Beispiel 3. X bestehe aus den Zahlen 1 und 2, Y aus den Zahlen 1, 2, 3. Dann besteht Z aus den 6 in Abb. 129 dargestellten Punkten der x, y-Ebene.

Ist $X = Y$, so heißt Z das *kartesische Quadrat* der Menge X, und wir schreiben $Z = X^2$ in Übereinstimmung mit (1). Die x, y-Ebene ist also das kartesische Quadrat der Zahlengeraden $(-\infty,\infty)^2 = \mathbb{R}^2$.

Gilt $X = \emptyset$ oder $Y = \emptyset$, dann ist $Z = \emptyset$, d. h., es gilt stets

$$X \times \emptyset = \emptyset \times Y = \emptyset .$$

Wir geben nun einige Eigenschaften des kartesischen Produktes von Mengen an:

Aussage 1. *$X \times Y = \emptyset$ gilt genau dann, wenn $X = \emptyset$ oder $Y = \emptyset$ ist.*

Beweis: Ist $X = \emptyset$ oder $Y = \emptyset$, dann gilt nach Definition $X \times Y = \emptyset$. Sei nun $X \times Y = \emptyset$. Wir nehmen an, daß ein $x \in X$ und ein $y \in Y$ existieren, d. h. beide Mengen nicht leer sind. Dann gilt $(x, y) \in X \times Y$, also ist $X \times Y$ nicht leer im Widerspruch zur Annahme ●

Aussage 2. *Für nichtleere Rechtecke gilt $X \times Y \subset X' \times Y'$ genau dann, wenn $X \subset X'$ und $Y \subset Y'$ ist.*

Beweis: Ist $X \subset X'$ und $Y \subset Y'$, dann folgt aus $x \in X$ und $y \in Y$ stets $x \in X'$ und $y \in Y'$. Dabei ist $(x, y) \in X' \times Y'$ und somit $X \times Y \subset X' \times Y'$.

Gilt umgekehrt diese Inklusion, so betrachten wir ein beliebiges $x \in X$ und ein beliebiges $y \in Y$ (solche Elemente existieren wegen $X \times Y \neq \emptyset$ nach Aussage 1). Dann folgt $(x, y) \in X' \times Y'$ und nach Definition des kartesischen Produktes $x \in X'$ und $y \in Y'$, also ist $X \subset X'$ und $Y \subset Y'$ ●

Aussage 3. *Aus $X \times Y = X' \times Y' \neq \emptyset$ folgt $X = X'$ und $Y = Y'$.*

Beweis: Dies folgt unmittelbar aus Aussage 2 ●

Bemerkung 1. In den Aussagen 2 und 3 ist die Forderung, daß die Rechtecke nicht leer sind, wesentlich. Z. B. gilt $X \times \emptyset = \emptyset \times \emptyset = \emptyset$ auch im Falle $X \neq \emptyset$.

Als *kartesisches Produkt zweier Klassen* $\mathfrak{M}$ *und* $\mathfrak{N}$ *von Mengen* bezeichnet man die Klasse $\mathcal{H}$ aller Mengen der Art $X \times Y$ mit $X \in \mathfrak{M}$, $Y \in \mathfrak{N}$ und schreibt dafür

$$\mathcal{H} = \mathfrak{M} \times \mathfrak{N} \tag{2}$$

sowie im Falle von $\mathfrak{M} = \mathfrak{N}$ auch $\mathcal{H} = \mathfrak{M}^2$.

Beispiel 4. Ist $\mathfrak{M} = \mathfrak{N}$ die Klasse aller abgeschlossenen Intervalle $[\alpha, \beta]$ reeller Zahlen, dann ist $\mathcal{H} = \mathfrak{M}^2$ die Klasse aller abgeschlossenen Rechtecke

$$[\alpha, \beta] \times [\gamma, \delta] = \{(x, y) : \alpha \leqq x \leqq \beta, \gamma \leqq y \leqq \delta\};$$

ist $\mathfrak{M} = \mathfrak{N}$ der Halbring aller Intervalle der Art $[\alpha, \beta)$, dann ist $\mathcal{H} = \mathfrak{M}^2$ die Klasse aller Rechtecke der Art

$$[\alpha, \beta) \times [\gamma, \delta) = \{(x, y) : \alpha \leqq x < \beta, \gamma \leqq y < \delta\}$$

(vgl. Beispiel 1).

Die Definition des kartesischen Produktes läßt sich auch auf den Fall mehrerer Mengen oder Mengenklassen erweitern. So ist

$$Z = X_1 \times X_2 \times \ldots \times X_n = \mathop{\times}_{k=1}^{n} X_k$$

die Menge aller geordneten n-Tupel $(x_1, x_2, \ldots, x_n)$ mit $x_k \in X_k$ $(k = 1, 2, \ldots, n)$. Gilt für eine der Mengen $X_k = \emptyset$, so ist $Z = \emptyset$. Gilt $X_1 = X_2 = \ldots = X_n = X$, so heißt Z die *n-te Potenz* der Menge $X : Z = X^n$.

Beispiel 5. Der dreidimensionale Quader

$$Q = \{(x, y, z) : \alpha \leqq x < \beta, \gamma \leqq y < \delta, \xi \leqq z < \eta\}$$

ist das kartesische Produkt der rechtsoffenen Intervalle

$$Q = [\alpha, \beta) \times [\gamma, \delta) \times [\xi, \eta) .$$

Beispiel 6. Der n-dimensionale Euklidische Raum ist die n-te Potenz der Zahlengeraden:

$$\mathbb{R}^n = (-\infty, \infty)^n.$$

Sind $\mathfrak{M}_1, \mathfrak{M}_2, \ldots, \mathfrak{M}_n$ irgendwelche Klassen von Mengen, so ist

$$\mathcal{H} = \mathfrak{M}_1 \times \mathfrak{M}_2 \times \ldots \times \mathfrak{M}_n = \mathop{\times}_{k=1}^{n} \mathfrak{M}_k$$

die Klasse aller Mengen der Art

$$Z = X_1 \times X_2 \times \ldots \times X_n = \mathop{\times}_{k=1}^{n} X_k$$

mit $X_k \in \mathfrak{M}_k$ $(k = 1, 2, \ldots, n)$. Für $\mathfrak{M}_1 = \mathfrak{M}_2 = \ldots = \mathfrak{M}_n = \mathfrak{M}$ schreiben wir auch $\mathcal{H} = \mathfrak{M}^n$.

Beispiel 7. Ist $\mathfrak{M}_1 = \mathfrak{M}_2 = \mathfrak{M}_3 = \mathfrak{M}$ der Halbring aller rechtsoffenen Intervalle der Art $[\alpha, \beta)$, dann ist $\mathcal{H} = \mathfrak{M}^3$ die Klasse aller dreidimensionalen Quader

$$[\alpha, \beta) \times [\gamma, \delta) \times [\xi, \eta) = \{(x, y, z) : \alpha \leqq x < \beta, \gamma \leqq y < \delta, \xi \leqq z < \eta\}$$

(vgl. Beispiel 5). Analoges gilt für den n-dimensionalen Raum.

Bemerkung 2. Wir betrachten die kartesischen Produkte

$$X_1 \times X_2 \times X_3, \quad (X_1 \times X_2) \times X_3, \quad X_1 \times (X_2 \times X_3) . \tag{3}$$

Ihre Elemente haben die Gestalt

$$(x_1, x_2, x_3), \quad ((x_1, x_2), x_3), \quad (x_1, (x_2, x_3)) . \tag{4}$$

Das sind an und für sich verschiedene Objekte. Im Rahmen unserer Betrachtungen ist es allerdings zweckmäßig, die Objekte in (4) und damit auch die Produkte in (3) als identisch anzusehen. Analog verfahren wir auch im Fall des Produktes von Mengenklassen.

Satz. *Sind die Klassen $\mathfrak{M}_1, \mathfrak{M}_2, \ldots, \mathfrak{M}_n$ von Mengen Halbringe, ist so auch die Klasse $\mathcal{H} = \mathfrak{M}_1 \times \mathfrak{M}_2 \times \ldots \times \mathfrak{M}_n$ ein Halbring.*

Beweis: Wir beschränken uns auf den Fall $n=2$, da der Beweis für beliebiges n völlig analog verläuft. Wir betrachten also die Klasse $\mathcal{H}$ aller Mengen der Art $Z = X \times Y$ mit $X \in \mathfrak{M}$, $Y \in \mathfrak{N}$, wobei $\mathfrak{M}$ und $\mathfrak{N}$ Halbringe sind, und haben zu zeigen, daß aus $Z \in \mathcal{H}$ und $Z' \in \mathcal{H}$ stets folgt

(i) $Z \cap Z' \in \mathcal{H}$;

(ii) $Z \setminus Z' = \bigcup\limits_k Z_k$, wobei dies eine endliche Zerlegung von $Z \setminus Z'$ in Mengen $Z_k \in \mathcal{H}$ darstellt.

Sei $Z = X \times Y$, $X \in \mathfrak{M}$, $Y \in \mathfrak{N}$, $Z' = X' \times Y'$, $X' \in \mathfrak{M}$, $Y' \in \mathfrak{N}$. Wir beweisen (i): Offenbar ist

$$Z \cap Z' = (X \times Y) \cap (X' \times Y') = (X \cap X') \times (Y \cap Y')$$

(vgl. Abb. 130). Da $\mathfrak{M}$ und $\mathfrak{N}$ Halbringe sind, gilt $X \cap X' \in \mathfrak{M}$ und $Y \cap Y' \in \mathfrak{N}$, woraus (i) folgt.

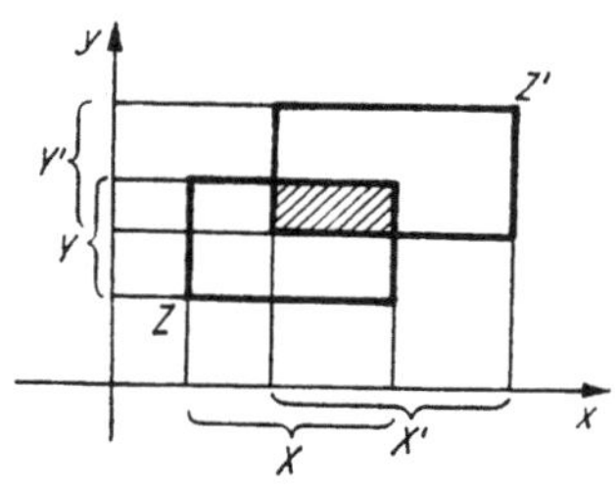

Abb. 130

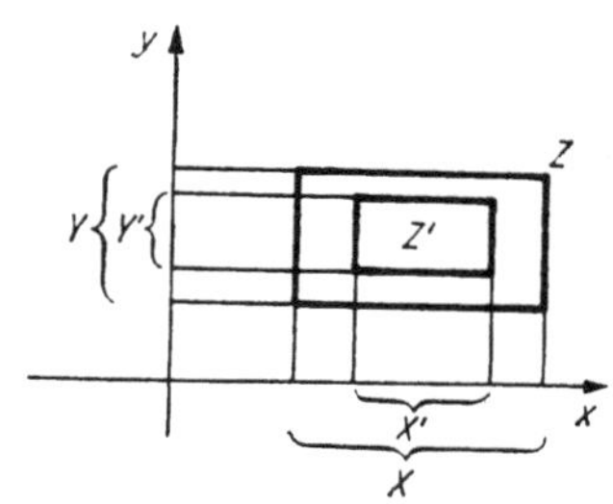

Abb. 131

Wir beweisen nun (ii): Offenbar ist $Z \setminus Z' = Z \setminus (Z \cap Z')$ (vgl. Abb. 130), wobei wir $Z \cap Z' \in \mathcal{H}$ bereits gezeigt haben. Wir können also $Z \supset Z'$ annehmen (vgl. Abb. 131). Ist $Z' = \emptyset$, dann gilt $Z \setminus Z' = Z \in \mathcal{H}$ und der Beweis ist beendet. Gilt $Z \neq \emptyset$, dann ist nach Aussage 2 $X \supset X'$, $Y \supset Y'$ und auf Grund der Eigenschaft eines Halbringes existieren endliche Zerlegungen von $X \setminus X'$ und $Y \setminus Y'$ der Gestalt

$$X \setminus X' = \bigcup_{i=1}^{n} X_i, \quad X_i \in \mathfrak{M}, \quad Y \setminus Y' = \bigcup_{j=1}^{m} Y_j, \quad Y_j \in \mathfrak{N}.$$

Mit $X'_i = X_i$ $(i = 1, 2, \ldots, n)$, $Y'_j = Y_j$ $(j = 1, 2, \ldots, m)$ und $X'_{n+1} = X'$, $Y'_{m+1} = Y'$ erhält man dann endliche Zerlegungen der folgenden Gestalt

$$X = \bigcup_{i=1}^{n+1} X'_i, \quad X'_i \in \mathfrak{M}; \quad Y = \bigcup_{j=1}^{m+1} Y'_j, \quad Y'_j \in \mathfrak{N};$$

$$Z = X \times Y = \bigcup_{i=1}^{n+1} \bigcup_{j=1}^{m+1} (X'_i \times Y'_j); \quad X'_i \times Y'_j \in \mathcal{H},$$

also gilt für $Z \setminus Z' = Z \setminus (X'_{n+1} \times Y'_{m+1})$ die Eigenschaft (ii) ●

Bemerkung 3. Sind $\mathfrak{M}_1, \mathfrak{M}_2, \ldots, \mathfrak{M}_n$ Ringe (und nicht nur Halbringe, wie in Satz 1), dann folgt daraus i. a. nicht, daß auch $\mathcal{H}$ ein Ring ist. Sei z. B. $\mathfrak{M} = \mathfrak{N}$ der Ring aller endlichen Vereinigungen paarweise disjunkter rechtsoffener Intervalle

$$E = \bigcup_k \, [\alpha_k, \beta_k) \, .$$

Dann enthält die Klasse $\mathcal{H} = \mathfrak{M} \times \mathfrak{N}$ offenbar die Quadrate

$$\{(x, y): 0 \leqq x < 1, 0 \leqq y < 1\} \quad \text{und} \quad \{(x, y): -1 \leqq x < 0, -1 \leqq y < 0\} ,$$

aber nicht deren Vereinigung (vgl. Abb. 132).

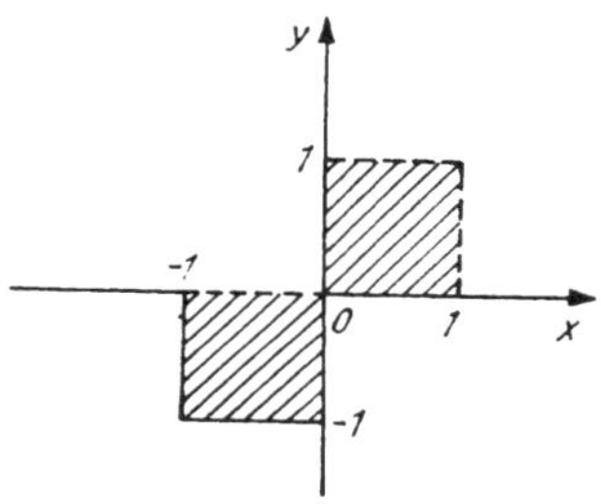

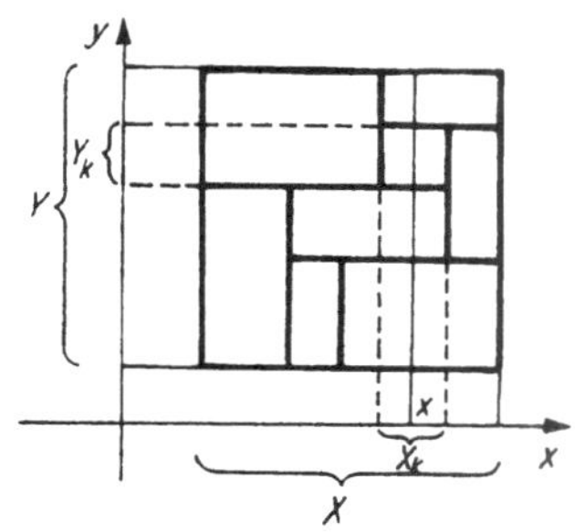

Abb. 132

Abb. 133

Folgerung. *Ist* $\mathfrak{M}_1 = \mathfrak{M}_2 = \ldots = \mathfrak{M}_n = \mathfrak{M}$ *der Halbring aller rechtsoffenen Intervalle* $X = [\alpha, \beta)$, *so ist die Klasse* $\mathcal{H} = \mathfrak{M}^n$ *aller n-dimensionalen Quader der Art*

$$R = \{(x_1, x_2, \ldots, x_n): \alpha_1 \leqq x_1 < \beta_1, \alpha_2 \leqq x_2 < \beta_2, \ldots, \alpha_n \leqq x_n < \beta_n\}$$

auch ein Halbring (*vgl. Beispiel* 7)[1]).

Insbesondere ist die Klasse aller Rechtecke der Art

$$R = \{(x, y): \alpha \leqq x < \beta, \gamma \leqq y < \delta\}$$

ein Halbring (*vgl. Abb.* 128b).

5.3. Das Produkt von Maßen auf Halbringen

Es seien $\mu_1, \mu_2, \ldots, \mu_n$ Maße, die entsprechend auf den Halbringen $\mathfrak{M}_1, \mathfrak{M}_2, \ldots, \mathfrak{M}_n$ definiert sind. Auf dem Halbring $H = \mathfrak{M}_1 \times \mathfrak{M}_2 \times \ldots \times \mathfrak{M}_n$ aller Mengen der Art

$$Z = X_1 \times X_2 \times \ldots \times X_n$$

mit $X_k \in \mathfrak{M}_k$ $(k = 1, 2, \ldots, n)$[2]) definieren wir die Funktion

$$\eta = \mu_1 \times \mu_2 \times \ldots \times \mu_n \tag{1}$$

durch die Gleichung

$$\eta(Z) = \mu_1(X_1) \, \mu_2(X_2) \ldots \mu_n(X_n) \, . \tag{2}$$

Diese Funktion heißt *Produkt der Maße* $\mu_1, \mu_2, \ldots, \mu_n$. Für ein solches Produkt gilt offenbar das Assoziativgesetz.

[1]) Davon war schon in Abschnitt 2.6 die Rede.

[2]) Vgl. den Satz in 5.2.

Satz 1. *Die Funktion η in* (1) *ist ein Maß.*

Beweis: Offenbar ist $\eta(Z) \geqq 0$, also bleibt noch die Additivität von η zu zeigen. Wir benutzen dazu die Methode der vollständigen Induktion und beweisen die Additivität zunächst für das Produkt zweier Maße, d. h.

$$\eta\,(X \times Y) = \mu(X)\,\nu(Y)\,, \tag{2'}$$

wobei μ und ν auf den Halbringen $\mathfrak{M}$ bzw. $\mathfrak{N}$ definiert seien. Durch

$$X \times Y = \bigcup_{k=1}^{m} (X_k \times Y_k) \tag{3}$$

sei eine Zerlegung von $X \times Y$ ($X \in \mathfrak{M}$, $Y \in \mathfrak{N}$) in Mengen $X_k \times Y_k$ ($X_k \in \mathfrak{M}$, $Y_k \in \mathfrak{N}$, $k = 1, 2, \ldots, m$) gegeben (vgl. Abb. 133). Wir müssen die Gleichung

$$\eta\,(X \times Y) = \sum_{k=1}^{m} \eta\,(X_k \times Y_k)\,,$$

d. h.

$$\mu(X)\,\nu(Y) = \sum_{k=1}^{m} \mu(X_k)\,\nu(Y_k)\,, \tag{4}$$

beweisen, die offenbar für $X \times Y = \emptyset$ gilt, weil dann alle Mengen $X_k \times Y_k$ leer sind und nach Aussage 1 in 5.2 in jedem der Produkte $X \times Y$ und $X_k \times Y_k$ dann wenigstens ein Faktor die leere Menge ist. Damit wird dann sowohl die rechte als auch die linke Seite in (4) Null.

Ist nun $X \times Y \neq \emptyset$, dann gilt $X \neq \emptyset$ und $Y \neq \emptyset$. Wir können außerdem $X_k \times Y_k \neq \emptyset$ ($k = 1, 2, \ldots, m$) annehmen, weil wir sonst diese Menge in der Vereinigung (3) einfach weglassen könnten, ohne die Summe in (4) zu ändern. Damit ist $X_k \neq \emptyset$ und $Y_k \neq \emptyset$ ($k = 1, 2, \ldots, n$). Wir definieren auf X die Treppenfunktionen

$$f_k(x) = \begin{cases} \nu(Y_k) & \text{für} \quad x \in X_k, \\ 0 & \text{für} \quad x \notin X_k, \end{cases} \quad (k = 1, 2, \ldots, m)\,. \tag{5}$$

Nach Voraussetzung gilt für alle $x \in X$

$$\sum_k f_k(x) = \nu(Y) = \text{const} \tag{6}$$

(vgl. Abb. 133). Ist nämlich x_0 ein festes Element von X, dann gilt für jedes $y \in Y$ die Beziehung $(x_0, y) \in X \times Y$, also $(x_0, y) \in X_k \times Y_k$ für ein gewisses k (vgl. (3)). Seien nun $X_p \times Y_p$, $X_q \times Y_q$, ... sämtliche Mengen aus (3), in denen Punkte (x_0, z) für irgendwelche $z \in Y$ liegen (wobei $p, q, \ldots$ verschiedene Zahlen seien). Dann gilt für jedes $y \in Y$ entweder $(x_0, y) \in X_p \times Y_p$ oder $(x_0, y) \in X_q \times Y_q, \ldots$, d. h. entweder $y \in Y_p$ oder $y \in Y_q, \ldots$, d. h. $y \in Y_p \cup Y_q \cup \ldots$ und damit $Y \subset Y_p \cup Y_q \cup \ldots$ Da andererseits Y alle Mengen Y_k enthält (vgl. Aussage 2 in 5.2) gilt also

$$Y = Y_p \cup Y_q \cup \ldots, \tag{7}$$

wobei durch (7) eine Zerlegung von Y gegeben ist. Wäre nämlich $Y_p \cap Y_q \neq \emptyset$, so folgte

$$(X_p \times Y_p) \cap (X_q \times Y_q) = (X_p \cap X_q) \times (Y_p \cap Y_q) \neq \emptyset\,, \tag{8}$$

weil X_p und X_q das Element x_0 gemeinsam haben. (8) kann aber nicht gelten, da nach Voraussetzung die Mengen $X_k \times Y_k$ ($k = 1, 2, \ldots, m$) disjunkt waren. Nach (7) ist damit

$$\nu(Y) = \nu(Y_p) + \nu(Y_q) + \ldots,$$

woraus mit (5) für das betrachtete x_0 folgt

$$\sum_k f_k(x_0) = \nu(Y_p) + \nu(Y_q) + \ldots = \nu(Y).$$

Damit ist (6) für alle $x \in X$ gezeigt.

Auf Grund der Eigenschaften des μ-Integrals einer Treppenfunktion (vgl. Bemerkung 2 in 5.1) erhalten wir

$$\sum_k \int_X f_k(x)\, d\mu = \int_X \nu(Y)\, d\mu$$

und daraus mit (5) die Gleichung (4):

$$\sum_k \nu(Y_k)\, \mu(X_k) = \nu(Y)\, \mu(X).$$

Der Satz ist also für $n = 2$ gezeigt.

Angenommen, der Satz sei für $n = k - 1$ richtig, d. h., die für

$$Z' = X_1 \times X_2 \times \ldots \times X_{k-1}$$

durch

$$\eta'(Z') = \mu_1(X_1)\, \mu_2(X_2) \ldots \mu_{k-1}(X_{k-1})$$

definierte Funktion η' sei ein Maß. Wegen

$$Z = (X_1 \times X_2 \times \ldots \times X_{k-1}) \times X_k = Z' \times X_k \text{[1]}$$

$$\eta(Z) = \mu_1(X_1)\, \mu_2(X_2) \ldots \mu_k(X_k) = \eta'(Z')\, \mu_k(X_k)$$

ergibt die Anwendung des Satzes für $n = 2$ die Behauptung des Satzes für $n = k$ ●

Satz 2. *Sind die Maße $\mu_1, \mu_2, \ldots, \mu_n$ σ-additiv, so ist auch das Maß $\eta = \mu_1 \times \mu_2 \times \times \ldots \times \mu_n$ σ-additiv.*

Beweis: Wir führen den Beweis wie bei Satz 1 mittels vollständiger Induktion und betrachten zunächst das Produkt zweier Maße, d. h., es gelte (2'). Durch

$$X \times Y = \bigcup_{k=1}^{\infty} (X_k \times Y_k) \tag{3'}$$

sei eine abzählbare Zerlegung von $X \times Y$ ($X \in \mathfrak{M}$, $Y \in \mathfrak{N}$) in die Mengen $X_k \times Y_k$ ($X_k \in \in \mathfrak{M}$, $Y_k \in \mathfrak{N}$, $k = 1, 2, \ldots$) gegeben (vgl. Abb. 133). Wir müssen dann

$$\mu(X)\, \nu(Y) = \sum_{k=1}^{\infty} \mu(X_k)\, \nu(Y_k) \tag{4'}$$

zeigen. Wie im Beweis von Satz 1 führen wir analog zu (5) Treppenfunktionen f_k ein, die dann der Gleichung (6) genügen, wobei der einzige Unterschied darin besteht, daß k jetzt eine abzählbare Menge durchläuft. Die Gültigkeit von (6) bedeutet, daß

$$\varphi_m(x) = \sum_{k=1}^{m} f_k(x) \uparrow \nu(Y) = \text{const} \quad (m \to \infty) \tag{8}$$

[1]) Vgl. Bemerkung 2 in 5.2.

für alle $x \in X$ gilt. Die Funktionen φ_m sind für alle m μ-meßbare Treppenfunktionen auf X. Da μ ein auf einem Halbring definiertes σ-additives Maß ist, kann man annehmen, daß es zu einem BOREL-Maß erweitert wurde. Damit folgt aus (8) $\varphi_m(X) \to \nu(Y)$ auf X dem Maße μ nach (vgl. 4.5). Ist also ε eine beliebige positive Zahl und

$$X_\varepsilon = \{x\colon x \in X,\ \nu(Y) - \varphi_m(x) < \varepsilon\} = \{x\colon x \in X,\ \varphi_m(x) > \nu(Y) - \varepsilon\}\,,$$

dann gilt $\mu(X_\varepsilon) \to \mu(X)$ für $m \to \infty$ (vgl. Abb. 134). Damit folgt aus den Eigenschaften des μ-Integrals von Treppenfunktionen (für ein BOREL-Maß)

$$\int_X \nu(Y)\,\mathrm{d}\mu \geqq \int_X \varphi_m(x)\,\mathrm{d}\mu \geqq \int_{X_\varepsilon} \varphi_m(x)\,\mathrm{d}\mu \geqq \int_{X_\varepsilon} [\nu(Y) - \varepsilon]\,\mathrm{d}\mu$$

oder

$$\nu(Y)\,\mu(X) \geqq \sum_{k=1}^{m} \int_X f_k(x)\,\mathrm{d}\mu = \sum_{k=1}^{m} \nu(Y_k)\,\mu(X_k) \geqq [\nu(Y) - \varepsilon]\,\mu(X_\varepsilon)$$

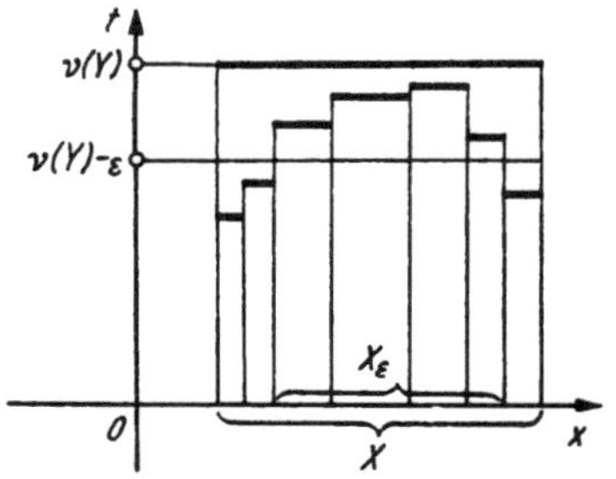

Abb. 134

für beliebiges m. Also konvergiert die Reihe $\sum_{k=1}^{\infty} \mu(X_k)\,\nu(Y_k)$, und es gilt

$$\mu(X)\,\nu(Y) \geqq \sum_{k=1}^{\infty} \mu(X_k)\,\nu(Y_k) \geqq \mu(X)\,[\nu(Y) - \varepsilon]$$

für beliebiges $\varepsilon > 0$. Daher gilt (4′), und der Satz ist für $n = 2$ bewiesen. Der Schluß von $n-1$ auf n verläuft ebenso wie bei Satz 1 ●

Wir vermerken eine wichtige

Folgerung. *$\mathfrak{M}$ sei der Halbring aller rechtsoffenen Intervalle $X = [\alpha, \beta)$; φ_k seien auf der gesamten x-Achse*[1]) *definierte monoton wachsende und von links stetige Funktionen* $(k = 1, 2, \ldots, n)$; *μ_k seien die durch die Funktionen φ_k vermittels $\mu_k(X) = \varphi_k(\beta) - \varphi_k(\alpha)$ erzeugten σ-additiven Maße* $(k = 1, 2, \ldots, n)$; *$\mathcal{H} = \mathfrak{M}^n$ sei der Halbring aller n-dimensionalen Quader*

$$R = [\alpha_1, \beta_2) \times [\alpha_2, \beta_2) \times \ldots \times [\alpha_n, \beta_n)$$
$$= \{(x_1, x_2, \ldots, x_n)\colon \alpha_1 \leqq x_1 < \beta_1,\ \alpha_2 \leqq x_2 < \beta_2, \ldots, \alpha_n \leqq x_n < \beta_n\}\,.$$

Dann ist das auf $\mathcal{H}$ definierte Stieltjes-Maß

$$\eta(R) = [\varphi_1(\beta_1) - \varphi_1(\alpha_1)]\,[\varphi_2(\beta_2) - \varphi_2(\alpha_2)] \ldots [\varphi_n(\beta_n) - \varphi_n(\alpha_n)]$$

σ-additiv.[2])

---

[1]) Man kann auch Funktionen φ_k betrachten, die nur auf einem gewissen Intervall definiert sind. Dann muß der Quader R (s. u.) in einem gewissen festen n-dimensionalen Quader enthalten sein.

[2]) Davon war schon in Abschnitt 2.6 die Rede.

Ist speziell $\varphi_1(x) = \varphi_2(x) = \ldots = \varphi_n(x) = x$, *dann ist*

$$\eta(R) = (\beta_1 - \alpha_1)(\beta_2 - \alpha_2) \ldots (\beta_n - \alpha_n)$$

ein n-dimensionales Volumen (das n-dimensionale Lebesgue-Maß).

Mit Satz 2 folgt also aus der σ-Additivität des Länge die σ-Additivität des n-dimensionalen Volumens, speziell also auch der Fläche.

5.4. Lebesguesche und Borelsche Produktmaße

Auf den Halbringen $\mathfrak{M}_1, \mathfrak{M}_2, \ldots, \mathfrak{M}_n$ seien jeweils σ-additive Maße

$$\mu_1, \mu_2, \ldots, \mu_n \tag{1}$$

definiert. Nach den Abschnitten 5.2 und 5.3 ist das Maß

$$\eta = \mu_1 \times \mu_2 \times \ldots \times \mu_n \tag{2}$$

auf dem Halbring

$$\mathcal{H} = \mathfrak{M}_1 \times \mathfrak{M}_2 \times \ldots \times \mathfrak{M}_n \tag{3}$$

definiert und ebenfalls σ-additiv. Das Maß η gestattet eine LEBESGUEsche Erweiterung

$$\xi = \bar{\eta} = \overline{\mu_1 \times \mu_2 \times \ldots \times \mu_n} \tag{4}$$

vom Halbring $\mathcal{H}$ auf einen gewissen Ring

$$\mathfrak{K} = \bar{\mathcal{H}} = \overline{\mathfrak{M}_1 \times \mathfrak{M}_2 \times \ldots \times \mathfrak{M}_n}\,, \tag{5}$$

die sogenannte *Lebesguesche Erweiterung* des Halbringes $\mathcal{H}$. Das Maß ξ mit dem Definitionsbereich $\mathfrak{K}$ heißt das *Lebesguesche Produkt* der Maße $\mu_1, \mu_2, \ldots, \mu_n$. Als LEBESGUEsche Erweiterung ist das Maß ξ ein vollständiges BOREL-Maß. Man verwendet für das Maß ξ auch die Bezeichnung

$$\xi = \mu_1 \mu_2 \ldots \mu_n\,. \tag{6}$$

Da ξ eine Erweiterung des Maßes η (vom Halbring $\mathcal{H}$ auf den Ring $\mathfrak{K}$) ist, gilt: *Aus* $X_1 \in \mathfrak{M}_1, X_2 \in \mathfrak{M}_2, \ldots, X_n \in \mathfrak{M}_n$ *und damit*

$$X_1 \times X_2 \times \ldots \times X_n \in \mathfrak{M}_1 \times \mathfrak{M}_2 \times \ldots \times \mathfrak{M}_n = \mathcal{H}$$

folgt

$$\xi\,(X_1 \times X_2 \times \ldots \times X_n) = \mu_1(X_1)\,\mu_2(X_2) \ldots \mu_n(X_n)\,. \tag{6'}$$

Satz 1. *Sind auf den Halbringen* $\mathfrak{M}$ *und* $\mathfrak{N}$ *die* σ*-additiven Maßes* μ *bzw.* ν *gegeben, dann ist*

$$\overline{\mathfrak{M} \times \mathfrak{N}} = \overline{\bar{\mathfrak{M}} \times \mathfrak{N}}, \quad \overline{\mu \times \nu} = \overline{\bar{\mu} \times \nu}\,. \qquad (7) \quad (8)$$

Beweis: Wir setzen $\eta = \mu \times \nu$ auf dem Halbring $\mathcal{H} = \mathfrak{M} \times \mathfrak{N}$ und $\eta' = \bar{\mu} \times \nu$ auf dem Halbring $\mathcal{H}' = \bar{\mathfrak{M}} \times \mathfrak{N}$, $\xi = \bar{\eta} = \mu\nu$ sei das LEBESGUEsche Produkt der Maße μ und ν. Wir wählen nun ein festes $Y \in \mathfrak{N}$ und betrachten alle möglichen Mengen der Art

$$Z = X \times Y \quad \text{mit} \quad X \in \mathfrak{M}\,. \tag{9}$$

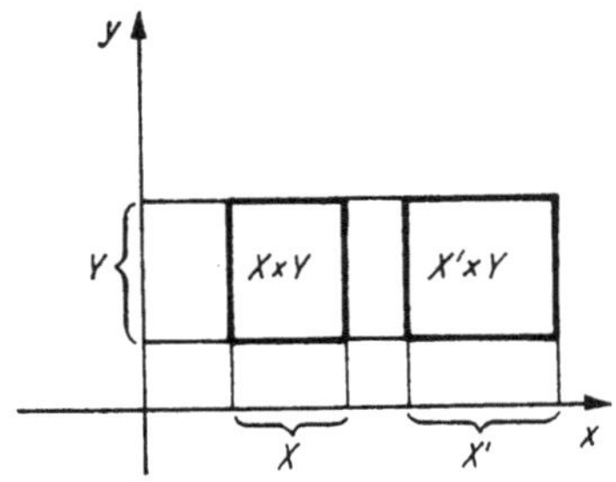

Abb. 135

(in Z ist nur X variabel; vgl. Abb. 135). Die Mengen der Art (9) bilden den Halbring

$$\mathfrak{L}_Y = \mathfrak{M} \times \{\emptyset, Y\},^{1)}$$

auf dem ein σ-additives Maß λ durch

$$\lambda(Z) = \mu(X)\nu(Y) = \eta(Z), \quad \nu(Y) = \text{const} \tag{10}$$

definiert ist. Wir betrachten nun alle möglichen Mengen der Art

$$Z = X \times Y \quad \text{mit} \quad X \in \overline{\mathfrak{M}} \tag{9'}$$

wobei wiederum Y fest gewählt ist. Diese Mengen bilden den Halbring $\mathfrak{L}'_Y = \overline{\mathfrak{M}} \times \times \{\emptyset, Y\}$, auf dem ein σ-additives Maß λ' durch

$$\lambda'(Z) = \bar{\mu}(X)\nu(Y) = \eta'(Z), \quad \nu(Y) = \text{const} \tag{10'}$$

definiert ist. Sei $\bar{\lambda}$ die Lebesguesche Erweiterung des Maßes λ und $\overline{\mathfrak{L}_Y}$ die entsprechende Lebesguesche Erweiterung des Halbringes $\mathfrak{L}_Y$. Dann kann man leicht zeigen, daß aus $Z \in \mathfrak{L}'_Y$ folgt $Z \in \overline{\mathfrak{L}_Y}$ (dazu genügt es, angewandt auf unseren Fall, Schritt für Schritt durchzugehen, was im Kapitel 3 beim Lebesgueschen Erweiterungsprozeß gesagt wurde; die konstanten Faktoren Y und $\nu(Y)$ in (9) und (10') ändern an den dortigen Überlegungen nichts). Es ist also $\mathfrak{L}'_Y \subset \overline{\mathfrak{L}_Y}$.

Nach Konstruktion ist $\mathfrak{L}_Y \subset \mathfrak{M} \times \mathfrak{N}$, und das Maß η ist eine Erweiterung von λ (vgl. (10)). Darum gilt $\mathfrak{L}'_Y \subset \overline{\mathfrak{L}_Y} \subset \overline{\mathfrak{M} \times \mathfrak{N}}$ für jedes feste $Y \in \mathfrak{N}$ und folglich

$$\bigcup_{Y \in \mathfrak{N}} \mathfrak{L}'_Y = \overline{\mathfrak{M}} \times \mathfrak{N} \subset \overline{\mathfrak{M} \times \mathfrak{N}}.$$

Hieraus folgt

$$\mathfrak{M} \times \mathfrak{N} \subset \overline{\mathfrak{M}} \times \mathfrak{N} \subset \overline{\mathfrak{M} \times \mathfrak{N}},$$

wobei $\eta' = \bar{\eta}$ auf $\overline{\mathfrak{M}} \times \mathfrak{N}$ ist[2]). Auf Grund der Eigenschaften einer Lebesgueschen Erweiterung (vgl. 3.6) folgen die Gleichungen (7) und (8) ●

Bemerkung. Aus Symmetriegründen können in (7) und (8) $\mathfrak{M}$ und $\mathfrak{N}$ vertauscht werden, so daß auch gilt

$$\overline{\mathfrak{M} \times \mathfrak{N}} = \overline{\mathfrak{M} \times \overline{\mathfrak{N}}}, \quad \overline{\mu \times \nu} = \overline{\mu \times \bar{\nu}}.$$

---

1) Die aus den zwei Elementen $\emptyset$ und Y bestehende Klasse $\{\emptyset, Y\}$ ist ein Ring, also auch ein Halbring. $\mathfrak{M}$ ist ein Halbring und das kartesische Produkt von Halbringen ist wieder ein Halbring (vgl. 5.2).

2) Da die σ-additive Erweiterung innerhalb des Ringes $\overline{\mathfrak{M} \times \mathfrak{N}}$ eindeutig ist.

Folgerung. *Aus Satz 1 und der Bemerkung folgt*

$$\overline{\mathfrak{M}\times\mathfrak{N}}=\overline{\overline{\mathfrak{M}}\times\mathfrak{N}}=\overline{\mathfrak{M}\times\overline{\mathfrak{N}}}=\overline{\overline{\mathfrak{M}}\times\overline{\mathfrak{N}}} \tag{11}$$

$$\overline{\mu\times\nu}=\overline{\bar{\mu}\times\nu}=\overline{\mu\times\bar{\nu}}=\overline{\bar{\mu}\times\bar{\nu}} \tag{12}$$

bzw. (*vgl.* (6))

$$\xi=\mu\nu=\bar{\mu}\nu=\mu\bar{\nu}=\bar{\mu}\bar{\nu}\,. \tag{13}$$

Als weitere Folgerung aus Satz 1 erhält man

Satz 2. *Sind auf den Halbringen $\mathfrak{M}$, $\mathfrak{N}$ und $\mathfrak{L}$ entsprechend die σ-additiven Maße μ, ν und λ definiert, so gilt*

$$\overline{\mathfrak{M}\times\mathfrak{N}\times\mathfrak{L}}=\overline{\overline{\mathfrak{M}\times\mathfrak{N}}\times\mathfrak{L}}=\overline{\mathfrak{M}\times\overline{\mathfrak{N}\times\mathfrak{L}}}\,,$$

$$\overline{\mu\times\nu\times\lambda}=\overline{\overline{\mu\times\nu}\times\lambda}=\overline{\mu\times\overline{\nu\times\lambda}}$$

bzw.

$$\mu\nu\lambda=(\mu\nu)\,\lambda=\mu(\nu\lambda)\,, \tag{14}$$

d. h. das Assoziativgesetz des Lebesgueschen Produktes von Maßen.

Beweis: Es gilt

$$\mathfrak{M}\times\mathfrak{N}\times\mathfrak{L}=(\mathfrak{M}\times\mathfrak{N})\times\mathfrak{L}=\mathfrak{M}\times(\mathfrak{N}\times\mathfrak{L})\,,$$

$$\mu\times\nu\times\lambda=(\mu\times\nu)\times\lambda=\mu\times(\nu\times\lambda)\,.$$

Man braucht nun nur noch die Gleichungen (11) und (12) anzuwenden ●

Satz 3. *Das Assoziativgesetz gilt allgemeiner für Lebesguesche Produkte endlich vieler Maße $\mu_1, \mu_2, \ldots, \mu_n$.*

Beweis: Wir beweisen den Satz durch vollständige Induktion. Der Satz ist für $n=3$ (vgl. Satz 2) richtig. Er sei nun richtig für alle Produkte mit weniger als n Faktoren. Dann teilen wir zunächst im Produkt in (2) eine Gruppe mit mehr als einem und weniger als n Gliedern ab

$$\mu_k\times\mu_{k+1}\times\ldots\times\mu_l, \quad k\geqq 1, \quad l\leqq n \tag{15}$$

und betrachten folgende Fälle:

Fall 1: $k=1$
Nach Induktionsvoraussetzung gilt

$$\begin{aligned}\overline{\mu_1\times\mu_2\times\ldots\times\mu_l\times\mu_{l+1}\times\ldots\times\mu_n}&=\overline{(\mu_1\times\mu_2\times\ldots\times\mu_l)\times\mu_{l+1}\times\ldots\times\mu_n}\\&=\overline{\overline{\mu_1\times\mu_2\times\ldots\times\mu_l}\times\mu_{l+1}\times\ldots\times\mu_n}\end{aligned}$$

d. h.

$$\mu_1\mu_2\ldots\mu_l\mu_{l+1}\ldots\mu_n=(\mu_1\mu_2\ldots\mu_l)\,\mu_{l+1}\ldots\mu_n\,.$$

Fall 2: $l=n$
Dieser Fall ist symmetrisch zum ersten Fall.

Fall 3: $1<k, l<n$.
Es gilt

$$\overline{\mu_1\times\mu_2\times\dots\times\mu_{k-1}\times\mu_k\times\mu_{k+1}\times\dots\times\mu_l\times\mu_{l+1}\times\dots\times\mu_n}$$
$$=\overline{\mu_1\times\dots\times\mu_{k-1}\times(\mu_k\times\mu_{k+1}\times\dots\times\mu_l)\times\mu_{l+1}\times\dots\times\mu_n}$$
$$=\overline{\mu_1\times\dots\times\mu_{k-1}\times\overline{\mu_k\times\mu_{k+1}\times\dots\times\mu_l}\times\mu_{l+1}\times\dots\times\mu_n}\,,$$

d. h.

$$\mu_1\mu_2\dots\mu_{k-1}\mu_k\mu_{k+1}\dots\mu_l\mu_{l+1}\dots\mu_n=\mu_1\mu_2\dots\mu_{k-1}(\mu_k\mu_{k+1}\dots\mu_l)\,\mu_{l+1}\dots\mu_n$$

was zu beweisen war. Werden in (3) mehrere Gruppen der Art (15) abgetrennt, dann erhält man durch wiederholte Anwendung des eben (für eine Gruppe) gezeigten die Richtigkeit des Assoziativgesetzes für n Maße auch im allgemeinen Fall ●

Bemerkung 1. Die eben gezeigte Assoziativität gilt auch für die entsprechenden Halbringe $\mathfrak{M}_1, \mathfrak{M}_2, \dots, \mathfrak{M}_n$.

Bemerkung 2. Für $\mu_1=\mu_2=\dots=\mu_n=\mu$ schreibt man (6) auch in der Form $\xi=\mu^n$.

Satz 4. *Das Produkt in* (6) *ändert sich nicht, wenn teilweise* (*oder sämtliche*) *Faktoren von* μ_k *in* $\bar{\mu}_k$ *geändert werden.*

Beweis: Der Beweis braucht nur für einen Faktor μ_k geführt zu werden. Ist $k=n$, so gilt nach Satz 3 und (13)

$$\mu_1\mu_2\dots\mu_n=(\mu_1\mu_2\dots\mu_{n-1})\,\mu_n=(\mu_1\mu_2\dots\mu_{n-1})\,\bar{\mu}_n=\mu_1\mu_2\dots\mu_{n-1}\bar{\mu}_n\,.$$

Ist $k<n$, dann gilt

$$\mu_1\mu_2\dots\mu_n=(\mu_1\mu_2\dots\mu_k)\,(\mu_{k+1}\dots\mu_n)=(\mu_1\mu_2\dots\mu_{k+1}\bar{\mu}_k)\,(\mu_{k+1}\dots\mu_n)$$
$$=\mu_1\mu_2\dots\mu_{k-1}\bar{\mu}_k\mu_{k+1}\dots\mu_n \quad ●$$

Bemerkung. Die analoge Eigenschaft gilt natürlich auch für die entsprechenden Halbringe, z. B.

$$\overline{\mathfrak{M}_1\times\mathfrak{M}_2\times\dots\times\mathfrak{M}_n}=\overline{\mathfrak{M}_1\times\mathfrak{M}_2\times\dots\times\mathfrak{M}_{k-1}\times\overline{\mathfrak{M}}_k\times\mathfrak{M}_{k-1}\times\dots\times\mathfrak{M}_n}\,.$$

Wir betrachten nun einige Beispiele. Ist $\mathfrak{M}$ der Halbring aller rechtsoffenen Intervalle $X=[\alpha, \beta)$ $(\alpha\leqq\beta)$ der Zahlengeraden und μ das durch

$$\mu(X)=\beta-\alpha\,,$$

d. h. die Länge des Intervalls, definierte Maß auf $\mathfrak{M}$, dann ist bekanntlich $\bar{\mu}$ das lineare Lebesgue-Maß und $\overline{\mathfrak{M}}$ der Ring, auf dem $\bar{\mu}$ definiert ist (d. h. die Klasse aller bez. des Lebesgue-Maßes endlichen Mengen).

1. Sei $\mathcal{H}=\mathfrak{M}^2$ der Halbring aller Rechtecke der Art

$$R=\{(x, y): \alpha_1\leqq x<\beta_1, \alpha_2\leqq y<\beta_2\}=[\alpha_1, \beta_2)\times[\alpha_2, \beta_2) \tag{16}$$

mit dem Maß

$$\eta(R)=(\beta_1-\alpha_1)\,(\beta_2-\alpha_2)=\mu[\alpha_1, \beta_1)\,\mu[\alpha_2, \beta_2)$$

(vgl. Ende von 5.3). Dann ist $\xi=\bar{\eta}$ das ebene Lebesgue-Maß (im oben definierten Sinne).

Unter unseren Voraussetzungen gilt $\eta=\mu\times\mu$ und daher $\xi=\overline{\mu\times\mu}=\mu^2=\bar{\mu}^2$ (vgl. (6) und (13)) und $\mathcal{K}=\overline{\mathfrak{M}^2}$. Nach (11) ist

$$\mathcal{K}=\overline{\mathfrak{M}^2}=\overline{\mathfrak{M}\times\overline{\mathfrak{M}}}=\overline{\overline{\mathfrak{M}}\times\mathfrak{M}}=\overline{\overline{\mathfrak{M}}\times\overline{\mathfrak{M}}}\,.$$

Dies bedeutet, daß man das ebene LEBESGUE-Maß nicht nur ausgehend vom Halbring $\mathfrak{M}^2$ aller Rechtecke der Art (16) (mit Hilfe des LEBESGUEschen Erweiterungsprozesses) erhält, sondern auch ausgehend von den Halbringen

$$\mathfrak{M}\times\overline{\mathfrak{M}}=\{[\alpha,\beta)\times X:\ [\alpha,\beta)\in\mathfrak{M},\ X\in\overline{\mathfrak{M}}\}$$

mit dem Maß $(\beta-\alpha)\,\bar{\mu}(X)$,

$$\overline{\mathfrak{M}}\times\mathfrak{M}=\{X\times[\alpha,\beta):\ X\times\overline{\mathfrak{M}},\ [\alpha,\beta)\in\mathfrak{M}\}$$

mit dem Maß $\bar{\mu}(X)\,(\beta-\alpha)$,

$$\overline{\mathfrak{M}}\times\overline{\mathfrak{M}}=\{X\times Y:\ X\in\overline{\mathfrak{M}},\ Y\in\overline{\mathfrak{M}}\}$$

mit dem Maß $\bar{\mu}(X)\bar{\mu}(Y)$.

Hieraus ergibt sich z. B., daß für $X\in\overline{\mathfrak{M}}$ und $Y\in\overline{\mathfrak{M}}$ gilt

$$\xi\,(X\times Y)=\bar{\mu}(X)\,\bar{\mu}(Y) \tag{17}$$

(vgl. (6′)), d. h., das ebene LEBESGUE-Maß eines kartesischen Produktes von zwei bez. des linearen LEBESGUE-Maßes endlichen Mengen X und Y ist gleich dem Produkt dieser linearen Maße.

2. Sei $\mathcal{H}=\mathfrak{M}^3$ der Halbring aller Quader der Art

$$R=\{(x,y,z):\ \alpha_1\leqq x<\beta_1,\ \alpha_2\leqq y<\beta_2,\ \alpha_3\leqq z<\beta_3\}=[\alpha_1\,\beta_1)\times[\alpha_2,\beta_2)\times[\alpha_3,\beta_3)$$

mit dem Maß

$$\eta(R)=(\beta_1-\alpha_1)\,(\beta_2-\alpha_2)\,(\beta_3-\alpha_3)=\mu[\alpha_1,\beta_1)\,\mu[\alpha_2,\beta_2)\,\mu[\alpha_3,\beta_3)\,.$$

Dann ist $\zeta=\bar{\eta}$ das dreidimensionale LEBESGUE-Maß (im oben definierten Sinne). Unter diesen Voraussetzungen ist $\eta=\mu\times\mu\times\mu$ und folglich $\zeta=\overline{\mu\times\mu\times\mu}=\mu^3=\bar{\mu}^3$ (vgl. (6) und Satz 4) und $\mathcal{K}=\overline{\mathfrak{M}^3}$.

Sei $T=\{(x,y,z):\ (x,y)\in E,\ z\in Z\}$ mit $E\in\overline{\mathfrak{M}^2}$ (d. h. E ist eine bez. des ebenen LEBESGUE-Maßes endliche Menge), und $Z\in\overline{\mathfrak{M}}$. Nach den Sätzen 2 und 4 gilt dann $\zeta=\mu^2\mu=\xi\bar{\mu}$ [1]) und daher

$$\zeta(T)=\xi(E)\,\bar{\mu}(Z) \tag{18}$$

(vgl. (6′)). Ist speziell $E=X\times Y$ mit $X\in\overline{\mathfrak{M}}$, $Y\in\overline{\mathfrak{M}}$, dann gilt

$$\zeta\,(X\times Y\times Z)=\bar{\mu}(X)\,\bar{\mu}(Y)\,\bar{\mu}(Z) \tag{19}$$

analog zu (17). Ist $Z=[a,a+h]$, dann gilt

$$\zeta(T)=\xi(E)\cdot h\,, \tag{20}$$

[1]) Dies bedeutet insbesondere, daß man das dreidimensionale LEBESGUE-Maß nicht nur erhält, wenn man von gewöhnlichen Quadern ausgeht, sondern auch dann, wenn man von Zylindern der Gestalt $E\times Z$ ausgeht, wobei E bezüglich des ebenen und Z bezüglich des linearen LEBESGUE-Maßes endliche Mengen sind.

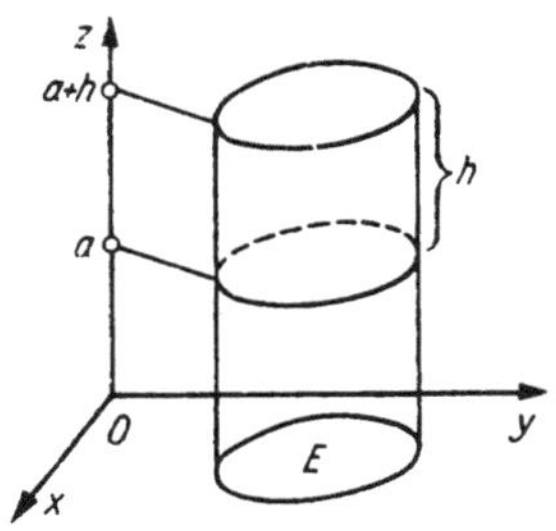

Abb. 136

d. h., das Volumen eines Zylinders ist das Produkt des ebenen Maßes der Grundfläche und der Länge der Höhe (vgl. Abb. 136).

Für das n-dimensionale LEBESGUE-Maß gilt

$$\zeta = \overline{\mu \times \mu \times \ldots \times \mu} = \mu^n = \bar{\mu}^n;$$

man erhält für beliebiges n zu (18) und (19) analoge Formeln.

Wir betrachten nun noch einmal die Maße aus (1) und dazu die BORELsche Erweiterung des Maßes (2)

$$\xi = \widehat{\mu_1 \times \mu_2 \times \ldots \times \mu_n} \tag{4'}$$

vom Halbring (3) auf den entsprechenden Ring

$$\mathcal{K} = \widehat{\mathfrak{M}_1 \times \mathfrak{M}_2 \times \ldots \times \mathfrak{M}_n}$$

(die BORELsche Erweiterung des Halbringes in (3)). Dieses Maß ξ heißt *Borelsches Produkt* der Maße $\mu_1, \mu_2, \ldots, \mu_n$. Nach Konstruktion der BORELschen Erweiterung eines Maßes ist das Maß (4), eingeschränkt auf die BORELsche Abschließung $\mathfrak{B}$ des Halbringes $\mathfrak{M}_1 \times \mathfrak{M}_2 \times \ldots \times \mathfrak{M}_n$, mit dem Maß (4′) identisch. Das Maß (4′) ist ein BOREL-Maß, das aber i. a. nicht vollständig ist. Wir wollen für das Maß (4′) die Bezeichnung (6) beibehalten (und sagen, falls es nötig ist, dazu, ob es sich um das LEBESGUEsche oder das BORELsche Produkt handelt). Es ist leicht einzusehen, daß sich alle Ausführungen über das LEBESGUEsche Produkt auf den Fall des BORELschen Produktes übertragen lassen. In den Formeln sind lediglich Querstriche in Bögen zu ändern (man überzeugt sich davon, wenn man noch einmal Schritt für Schritt alle notwendigen Überlegungen durchgeht).

6. Das Integral bezüglich eines Lusin-Maßes (für nichtnegative Funktionen)

6.1. Ordinatenmengen

Sei f eine auf einer Menge X definierte reellwertige, nichtnegative Funktion. Wir führen folgende Bezeichnungen ein:

$$[X, f] = \{(x, t) : x \in X,\ 0 \leqq t \leqq f(x)\}\ , \tag{1}$$

$$(X, f) = \{(x, t) : x \in X,\ 0 \leqq t < f(x)\}\ , \tag{2}$$

$$\{X, f\} = \{(x, t) : x \in X,\ t = f(x)\}\ . \tag{3}$$

Die Mengen (1) und (2) heißen *Ordinatenmengen* der Funktion f für $x \in X$, die Menge (3) heißt *Graph* der Funktion f für $x \in X$. Diese Mengen haben eine sehr einfache geometrische Interpretation, wenn X ein Intervall der Zahlengerade und f eine (der Einfachheit halber stetige) Funktion auf diesem Intervall ist (vgl. Abb. 137). Die Mengen (1) und (2) sind dann „krummlinige Trapeze", die Menge (3) ein Kurvenstück (das in der Menge (1) enthalten ist, in der Menge (2) dagegen nicht).

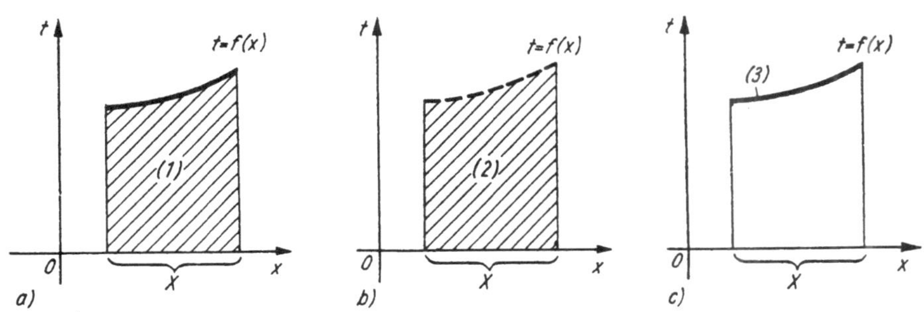

Abb. 137

Eine ähnlich einfache Interpretation ist möglich, wenn X eine ebene Menge ist (vgl. Abb. 138). Hier sind (1) und (2) „Zylindroide", (3) ein Flächenstück.

Graphischer Darstellungen in der Art der Abbildung 137 werden wir uns im folgenden auch bedienen, um abstraktere Sachverhalte zu veranschaulichen.

In diesem Kapitel sollen stets folgende Voraussetzungen erfüllt sein:

(i) μ sei ein Lusin-Maß, definiert auf einem Ring $\mathfrak{M}$ von Teilmengen einer Menge X_0[1];

[1] Zur Erinnerung: Ein Lusin-Maß ist ein σ-additives Maß, das auf einem δ-Ring definiert ist. Für ein Lusin-Maß μ ist die Klasse aller μ-meßbaren Mengen ein σ-Ring (vgl. 2.9).

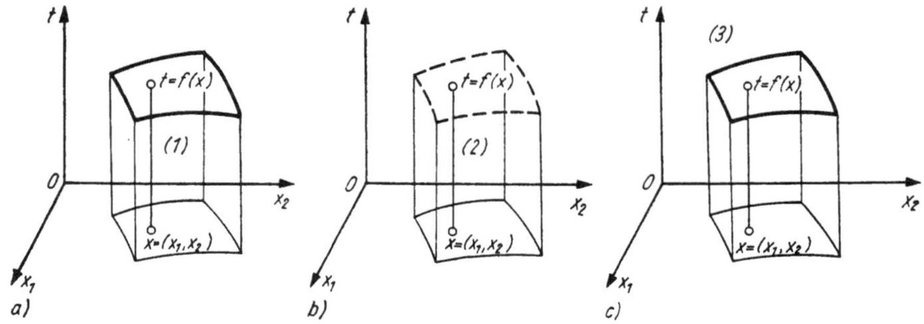

Abb. 138

(ii) es sei λ das lineare LEBESGUE-Maß und $\mathfrak{L}$ der Ring, auf dem λ definiert ist (d. h., $\mathfrak{L}$ ist die Klasse aller bez. des linearen LEBESGUE-Maßes endlichen Mengen);

(iii) es sei $\xi=\overline{\mu\times\lambda}=\mu\lambda$ das LEBESGUEsche Produkt der Maße μ und λ und $\mathfrak{K}$ der Ring, auf dem dieses Produkt definiert ist (nach der Definition des LEBESGUEschen Produktes ist ξ ein vollständiges BOREL-Maß);

(iv) f sei eine reellwertige, μ-meßbare und nichtnegative Funktion auf X.

Aussage 1. *Die Menge* (1) *ist ξ-meßbar (d. h. gehört zur Klasse $\sigma(\mathfrak{K})$).*

Beweis: Offensichtlich ist die Menge (1) ξ-meßbar, wenn $f(x)=\text{const}$ für alle $x\in X$ ($X\in\mathfrak{M}$) gilt (vgl. Abb. 139) oder wenn f eine Treppenfunktion der Gestalt

$$f(x)=\sum_i t_i \mathbf{1}_{X_i}(x)$$ [1]

ist, wobei $X=\bigcup_i X_i$, $X_i\in\mathfrak{M}$ $(i=1,2,\ldots)$ eine endliche oder abzählbare Zerlegung von X darstellt (vgl. Abb. 140). Im allgemeinen Fall betrachten wir eine Folge μ-meßbarer Treppenfunktionen f_n $(n=1,2,\ldots)$ der obigen Form mit $f_n(x)\downarrow f(x)$ für alle $x\in X$ (vgl. 4.2). Man überzeugt sich dann leicht, daß

$$[X,f]=\bigcap_n [X,f_n]$$

gilt (vgl. Abb. 141). Da alle Mengen auf der rechten Seite ξ-meßbar sind, ist auch $[X,f]$ ξ-meßbar ●

Aussage 2. *Die Menge* (3) *ist ξ-meßbar mit $\xi\{X,f\}=0$* [2].

Beweis: Sei zunächst $X\in\mathfrak{M}$ und für jede natürliche Zahl n

$$X_{nk}=\left\{x: x\in X, \frac{k-1}{n}\le f(x)<\frac{k}{n}\right\} \quad (k=1,2,\ldots).$$

Offenbar ist durch $X=\bigcup_{k=1}^{\infty} X_{nk}$ eine Zerlegung von X in Mengen $X_{nk}\in\mathfrak{M}$ $(k=1,2,\ldots)$ gegeben. Damit gilt

$$\{X,f\}=\bigcup_{k=1}^{\infty}\{X_{nk},f\}\subset\bigcup_{k=1}^{\infty}\left\{(x,t): x\in X_{nk}, \frac{k-1}{n}\le t<\frac{k}{n}\right\}=\bigcup_{k=1}^{\infty}\left(X_{nk}\times\left[\frac{k-1}{n},\frac{k}{n}\right)\right)$$

---

[1] $\mathbf{1}_{X_i}(x)$ ist die charakteristische Funktion der Menge X_i (vgl. 4.2).

[2] Hier und im folgenden wird anstelle von $\xi(\{X,f\})$, $\xi([X,f])$ usw. kurz $\xi\{X,f\}$, $\xi[X,f]$ u. ä. geschrieben (Anm. d. Hrsgb.).

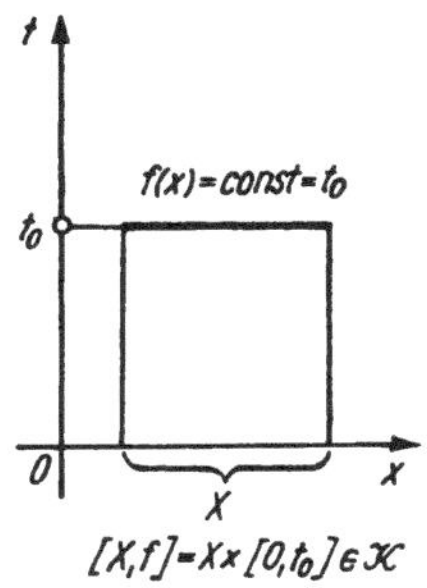

Abb. 139

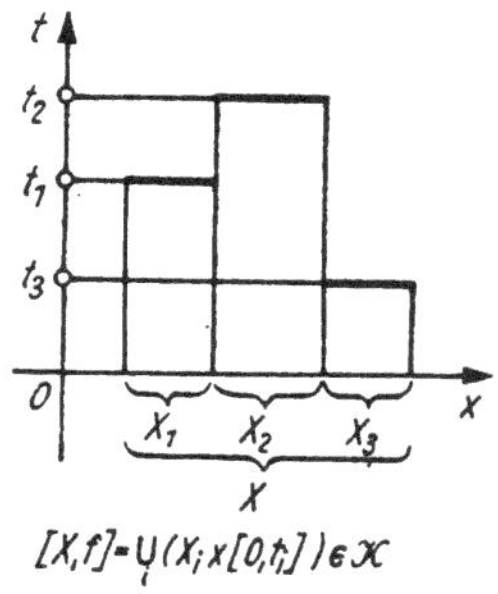

Abb. 140

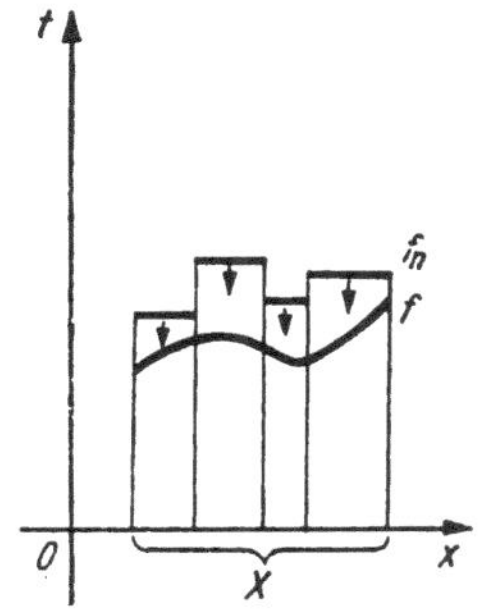
Abb. 141

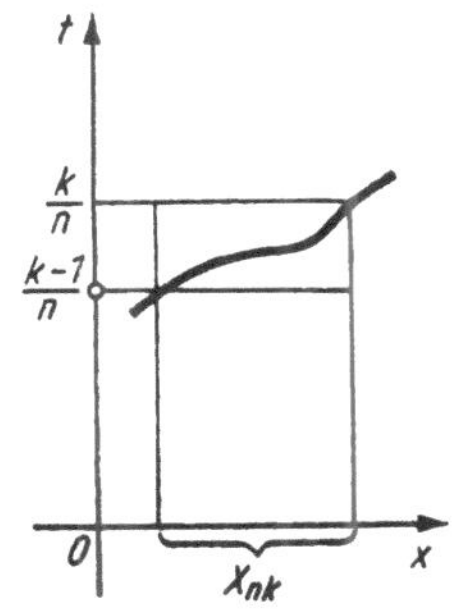
Abb. 142

für beliebiges n (vgl. Abb. 142), d. h.

$$\{X, f\} \subset \bigcap_{n=1}^{\infty} \bigcup_{k=1}^{\infty} \left(X_{nk} \times \left[\frac{k-1}{n}, \frac{k}{n}\right)\right).$$

Die jeweils rechts stehenden Mengen sind ξ-meßbar mit

$$\xi\left(\bigcup_{k=1}^{\infty} \left(X_{nk} \times \left[\frac{k-1}{n}, \frac{k}{n}\right)\right)\right) = \sum_{k=1}^{\infty} \mu(X_{nk}) \cdot \frac{1}{n} = \frac{1}{n}\, \mu(X)\,,$$

folglich gilt

$$\xi\left(\bigcap_{n=1}^{\infty} \bigcup_{k=1}^{\infty} \left(X_{nk} \times \left[\frac{k-1}{n}, \frac{k}{n}\right)\right)\right) = 0\,.$$

Wegen der Vollständigkeit von ξ ist $\{X, f\}$ also ξ-meßbar mit $\xi\{X, f\} = 0$.

Für $X \in \sigma(\mathfrak{M}) \setminus \mathfrak{M}$ stellen wir X in der Form $X = \bigcup_{n=1}^{\infty} X_n$, $X_n \in \mathfrak{M}$ $(n = 1, 2, \ldots)$ dar, so daß

$$\{X, f\} = \bigcup_{n=1}^{\infty} \{X_n, f\}$$

und folglich $\xi\{X, f\} = 0$ gilt (eine abzählbare Vereinigung von Nullmengen ist wieder eine Nullmenge) ●

Aussage 3. *Unter den angegebenen Bedingungen sind die Mengen* (1) *und* (2) *stets ξ-meßbar. Ist eine der beiden Mengen endlich bez. ξ, so auch die andere, und es gilt*

$$\xi[X, f] = \xi(X, f)\,.$$

Beweis: Die Meßbarkeit der Menge (2) folgt unmittelbar aus den Aussagen 1 und 2. Die behauptete Gleichheit ergibt sich wegen Aussage 2 aus der offensichtlichen Beziehung

$$[X, f] = (X, f) \cup \{X, f\} \quad ●$$

Bemerkung. Ist X_0 die Zahlengerade und $\mu = \lambda$ das lineare Lebesgue-Maß, so ist das Maß ξ das ebene Lebesgue-Maß (d. h. der Flächeninhalt). Ist X_0 die Ebene und μ das ebene Lebesgue-Maß, so ist ξ das dreidimensionale Lebesgue-Maß (d. h. das Volumen). In diesen einfachen Fällen erhält die Aussage 3 eine sehr anschauliche geometrische Interpretation (vgl. Abb. 137 und 138).

6.2. Das Integral einer nichtnegativen Funktion – Definition und einfache Eigenschaften

Im folgenden wird vorausgesetzt:
(i) die Funktion f sei μ-meßbar und nichtnegativ auf X;
(ii) die Menge $[X, f]$ bzw. (X, f) sei bez. ξ endlich[1]).
Unter diesen Bedingungen setzen wir

$$\int_X f(x)\, d\mu = \xi[X, f] = \xi(X, f)\,, \tag{1}$$

(vgl. 6.1), nennen diese nichtnegative Zahl das *Integral der Funktion f über der Menge X bezüglich des Maßes μ* oder das *μ-Integral von f über der Menge X* (vgl. Abb. 143) und sagen dann, daß f auf X (bez. μ) *integrierbar* ist.

Wenn X_0 die Zahlengerade und μ das lineare LEBESGUE-Maß ist, dann stellt das Integral (1) gerade das ebene LEBESGUE-Maß der zugehörigen Ordinatenmenge dar (d. h. den Flächeninhalt des zugehörigen „krummlinigen Trapezes", vgl. Abb. 137a und 137b). Ist X_0 die Ebene und μ das ebene LEBESGUE-Maß, so stellt das Integral (1) das dreidimensionale LEBESGUE-Maß der Menge $[X, f]$ bzw. (X, f) dar (d. h. das Volumen des zugehörigen „Zylindroids", vgl. Abb. 138a und 138b). Auf diese Weise läßt sich das μ-Integral in den einfachsten Fällen geometrisch deuten.

Weiterhin bemerken wir folgendes: Ist f eine nichtnegative Treppenfunktion, die auf der Menge X im Sinne des in Abschnitt 5.1 eingeführten Integrals für Treppenfunktionen integrierbar ist, dann ist f auch im Sinne des eben eingeführten μ-Integrals (1) integrierbar, und die Werte der Integrale stimmen überein[2]). Sei nämlich

$$f(x) = \sum_k t_k \, \mathbf{1}_{X_k}(x)\,,$$

wobei durch $X = \bigcup_k X_k$ eine endliche oder abzählbare Zerlegung von X in die Mengen $X_k \in \mathfrak{M}$ gegeben ist und $t_k \geqq 0$ $(k = 1, 2, \ldots)$ gilt. Integrierbarkeit von f im Sinne des Integrals einer Treppenfunktion bedeutet, daß die Reihe

$$\sum_k t_k \mu(X_k) \tag{2}$$

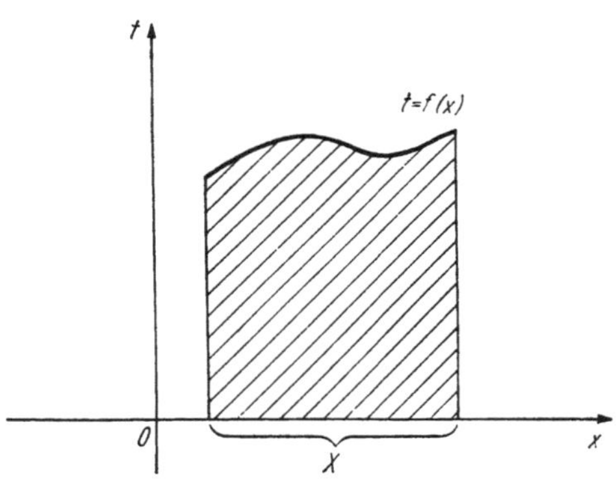

Abb. 143

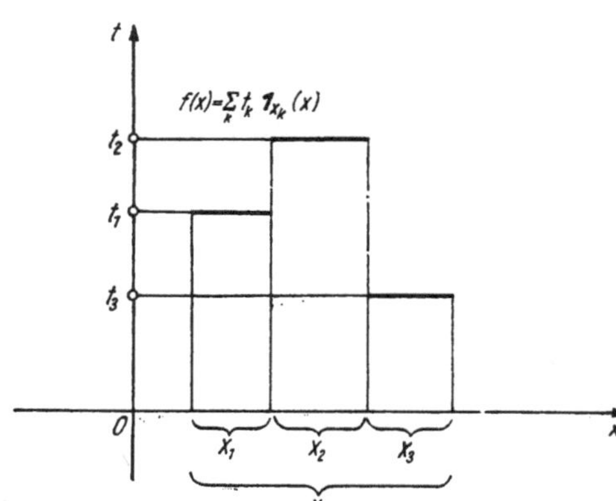

Abb. 144

1) Es sei daran erinnert, daß überall in diesem Kapitel die Voraussetzungen (i)–(iv) aus 6.1 erfüllt sein sollen.
2) Wie man sich leicht überzeugt, gilt auch die umgekehrte Behauptung.

konvergiert, wobei nach Definition

$$\text{(T)-}\int_X f(x)\,\mathrm{d}\mu = \sum_k t_k \mu(X_k)\,^{1)} \tag{3}$$

gesetzt wird. Die Funktion f ist nach Voraussetzung μ-meßbar auf jeder Menge X_k, folglich auch auf X.

Für die Ordinatenmenge ist durch $[X, f] = \bigcup_k (X_k \times [0, t_k])$ eine Zerlegung gegeben (vgl. Abb. 144). Da jede an dieser Zerlegung beteiligte Menge bez. ξ endlich ist, das Maß $\xi\,(X_k \times [0, t_k]) = \mu(X_k)\,t_k$ besitzt und die Reihe (2) nach Voraussetzung konvergiert, so ist nach den Eigenschaften eines Borel-Maßes die Menge $[X, f]$ ξ-meßbar, bez. ξ endlich und besitzt das Maß

$$\xi[X, f] = \sum_k \xi\,(X_k \times [0, t_k]) = \sum_k t_k \mu(X_k)\,. \tag{4}$$

Die Funktion f ist also μ-integrierbar auf X im Sinne von (1) und wegen (3) und (4) gilt

$$\text{(T)-}\int_X f(x)\,\mathrm{d}\mu = \int_X f(x)\,\mathrm{d}\mu$$

(das rechte Integral versteht sich im Sinne von (1)).

Aus dem soeben Bewiesenen folgt, daß alle Aussagen, die im Zusammenhang mit der Integration von Treppenfunktionen in Abschnitt 5.1 getroffen worden sind, auch für die Integration im Sinne von (1) gelten. Davon wird im folgenden Gebrauch gemacht.

Wir geben nun einige einfache Eigenschaften des eben eingeführten Integrals (vorerst für nichtnegative Funktionen[2]) an:

Aussage 1. *Wenn* $f(x) = c = \text{const}$ $(c \geqq 0)$ *auf einer bez.* μ *endlichen Menge* X *gilt, dann ist* f *integrierbar auf* X, *und es gilt*

$$\int_X c\,\mathrm{d}\mu = c\mu(X)\,.$$

Beweis: Nach den Eigenschaften des Integrals einer Treppenfunktion gilt

$$\int_X c\,\mathrm{d}\mu = c\int_X \mathbf{1}\,\mathrm{d}\mu = c\mu(X) \quad \bullet$$

Aussage 2. *Wenn* $f(x) = 0$ *auf einer* μ*-meßbaren (nicht notwendig bez.* μ *endlichen) Menge* X *gilt, dann ist* f *auf* X *integrierbar, und es gilt*

$$\int_X 0\,\mathrm{d}\mu = 0\,.$$

Beweis: Im vorliegenden Fall gilt $[X, f] = \{X, f\}$ (vgl. Abb. 145). Die Behauptung folgt dann sofort aus der Aussage 2 in 6.1 ●

Aussage 3. *Gilt* $\mu(X) = 0$, *so ist jede auf* X μ*-meßbare (nichtnegative) Funktion* f *integrierbar auf* X, *und es gilt*

$$\int_X f(x)\,\mathrm{d}\mu = 0\,. \tag{4'}$$

---

1) Das Symbol $(T)\text{-}\int_X f(x)\,\mathrm{d}\mu$ unterscheidet sich von den in Abschnitt 5.1 eingeführten Bezeichnungen und wird nur hier im Interesse einer besseren Unterscheidung von der Definition (1) benutzt (Anm. d. Hrsgb.).

2) In Kapitel 7 werden wir diese Einschränkung fallen lassen.

Beweis: Wegen

$$[X, f] \subset X \times [0, \infty) = \bigcup_{n=1}^{\infty} (X \times [0, n])$$

und

$$\xi\,(X \times [0, n]) = \mu(X)\, n = 0$$

ist $[X, f]$ Teilmenge einer ξ-Nullmenge. Also gilt $\xi[X, f] = 0$ ●

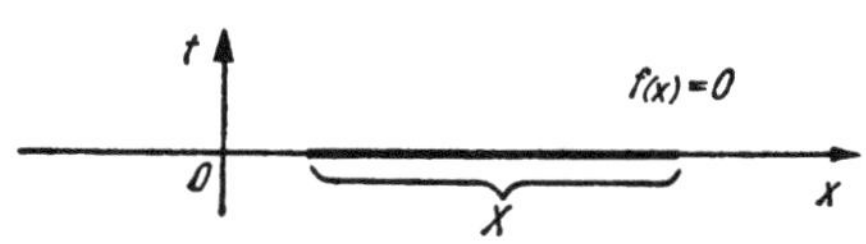

Abb. 145

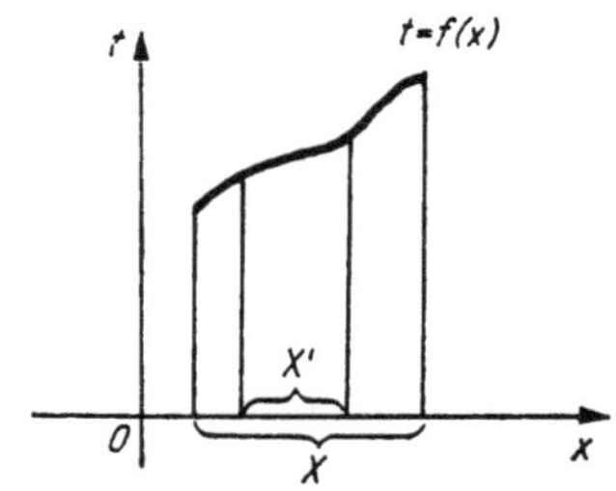

Abb. 146

Bemerkung. Ist μ ein vollständiges Maß und $\mu(X) = 0$, so ist jede Funktion f μ-meßbar auf X und folglich auch integrierbar auf X.

Aussage 4. *Eine auf der Menge X integrierbare Funktion f ist auch integrierbar auf jeder μ-meßbaren Teilmenge $X' \subset X$.*

Beweis: Als integrierbare Funktion ist f μ-meßbar auf X, also auch auf X'. Damit ist die Menge $[X', f]$ aber ξ-meßbar und wegen $[X', f] \subset [X, f]$ (vgl. Abb. 146) sogar bez. ξ endlich; f ist also integrierbar auf X' ●

Aussage 5. *Ist die Funktion f auf jeder der Mengen $X_1, X_2, \ldots, X_m$ integrierbar, so ist sie auch auf deren (endlicher!) Vereinigung X integrierbar.*

Beweis: Nach Voraussetzung ist f μ-meßbar auf jedem X_n, also auch auf deren Vereinigung. Anderderseits gilt

$$[X, f] = \bigcup_{n=1}^{m} [X_n, f]\,.$$

Da jede der Mengen auf der rechten Seite dem Ring $\mathcal{K}$ angehört ($\mathcal{K}$ ist der Ring, auf dem das Maß ξ definiert ist), gilt auch $[X, f] \in \mathcal{K}$, d. h., $[X, f]$ ist bez. ξ endlich ●

Aussage 6 (σ-Additivität des Integrals). *Ist f integrierbar auf X und X_n $(n = 1, 2, \ldots)$, wobei $X = \bigcup\limits_n X_n$ eine endliche oder abzählbare Zerlegung darstellt, so gilt*

$$\int_X f(x)\, \mathrm{d}\mu = \sum_n \int_{X_n} f(x)\, \mathrm{d}\mu\,. \tag{5}$$

Beweis: Durch $[X, f] = \bigcup\limits_n [X_n, f]$ ist eine Zerlegung gegeben, deren Elemente sämtlich dem Ring $\mathcal{K}$ angehören (vgl. Abb. 147). Wegen der σ-Additivität des Maßes

ξ gilt

$$\xi[X, f] = \sum_n \xi[X_n, f]$$

und somit (5) ●

Aussage 7. *Ist f integrierbar auf X und X_n $(n = 1, 2, \ldots)$, wobei $X = \bigcup_n X_n$ mit $X_1 \subset X_2 \subset \ldots \subset X_n \subset \ldots$ sei, so gilt*

$$\int_X f(x)\,\mathrm{d}\mu = \lim_{n\to\infty} \int_{X_n} f(x)\,\mathrm{d}\mu\,. \tag{6}$$

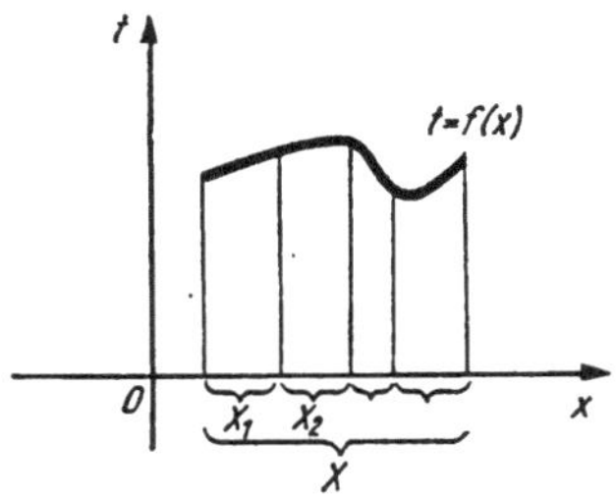

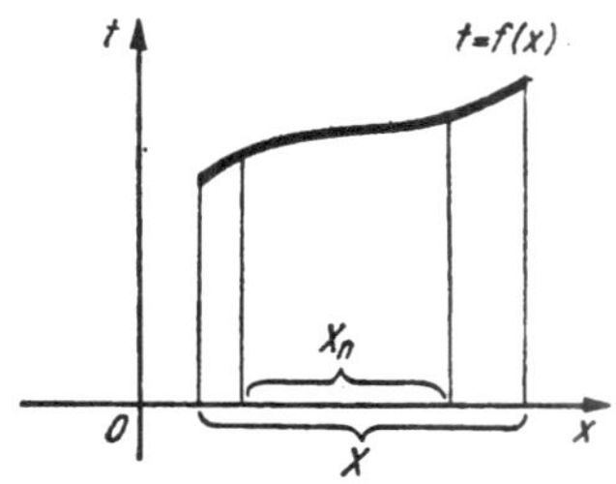

Abb. 147

Abb. 148

Beweis: Es gilt $[X, f] = \bigcup_n [X_n, f]$ und $[X_1, f] \subset [X_2, f] \subset \ldots$ (vgl. Abb. 148). Wegen der σ-Additivität von ξ ergibt sich

$$\xi[X, f] = \lim_{n\to\infty} \xi[X_n, f]$$

und damit die Behauptung ●

Aussage 8. *Ist f integrierbar auf X, g μ-meßbar auf X und $f(x) = g(x)$ μ-fast überall auf X, dann ist g integrierbar auf X, und es gilt*

$$\int_X g(x)\,\mathrm{d}\mu = \int_X f(x)\,\mathrm{d}\mu\,. \tag{7}$$

Beweis: Sei $E = \{x : x \in X,\, f(x) \neq g(x)\}$. Offensichtlich gilt $E = X \setminus \{x : x \in X,\, f(x) - g(x) = 0\} \in \sigma(\mathfrak{M})$, d. h., E ist μ-meßbar. Wegen $f(x) = g(x)$ μ-fast überall existiert eine Menge E_0 mit $E_0 \supset E$ und $\mu(E_0) = 0$, also ist E bez. μ endlich, und es gilt $\mu(E) = 0$. Nun ist die Funktion f auf X integrierbar, nach Aussage 4 also auch auf der Teilmenge $X \setminus E$, und wegen $f(x) = g(x)$ für $x \notin E$ gilt

$$\int_{X\setminus E} f(x)\,\mathrm{d}\mu = \int_{X\setminus E} g(x)\,\mathrm{d}\mu\,. \tag{8}$$

Infolge $\mu(E) = 0$ und Aussage 3 gilt aber auch

$$\int_E f(x)\,\mathrm{d}\mu = 0 = \int_E g(x)\,\mathrm{d}\mu\,. \tag{9}$$

Nach Aussage 5 ist g damit integrierbar auf X, und aus der Additivität des Integrals (Aussage 6) folgt die behauptete Gleichheit (7) ●

Es sei angemerkt, daß für ein vollständiges Maß μ auf die Forderung der μ-Meßbarkeit von g auf X verzichtet werden kann (vgl. Satz 2 in 4.4).

In Kapitel 7 werden wir keine Einschränkungen hinsichtlich des Vorzeichens der Funktionen mehr erheben und werden dann sehen, daß die bisher bewiesenen Eigenschaften des Integrals gültig bleiben. Im folgenden Abschnitt wollen wir uns nun gerade solchen Eigenschaften zuwenden, die für Integrale nichtnegativer Funktionen charakteristisch sind (d. h., die sich nicht auf Funktionen beliebigen Vorzeichens ausdehnen lassen).

6.3. Einfache Eigenschaften des Integrals, die wesentlich auf der Nichtnegativität der betrachteten Funktion beruhen

Aus der Definition des Integrals ergeben sich unmittelbar die beiden folgenden Aussagen:

Aussage 1. *Ist die nichtnegative Funktion f auf X integrierbar, so gilt stets*

$$\int_X f(x)\, \mathrm{d}\mu \geqq 0 .$$

Aussage 2. *Ist die nichtnegative Funktion f auf X und $X' \subset X$ integrierbar, so gilt*

$$\int_{X'} f(x)\, \mathrm{d}\mu \leqq \int_X f(x)\, \mathrm{d}\mu\,^{1)} .$$

(*vgl. Abb.* 146).

Aussage 3 (Majorantenkriterium). *Es gelte $0 \leqq g(x) \leqq f(x)$ für alle $x \in X$, f sei auf X integrierbar, g auf X μ-meßbar. Dann ist g auf X integrierbar, und es gilt*

$$\int_X g(x)\, \mathrm{d}\mu \leqq \int_X f(x)\, \mathrm{d}\mu . \qquad (1)$$

Beweis: Die Menge $[X, g]$ ist ξ-meßbar, und wegen $[X, g] \subset [X, f]$ folgt

$$\xi[X, g] \leqq \xi[X, f]$$

(vgl. Abb. 149), d. h., es gilt (1) ●

Bemerkung. Die Ungleichung (1) gilt offenbar auch dann, wenn statt der μ-Meßbarkeit die Integrierbarkeit von g auf X vorausgesetzt wird.

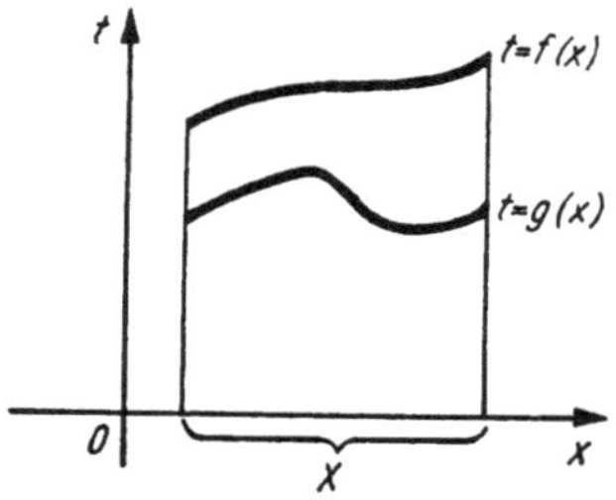

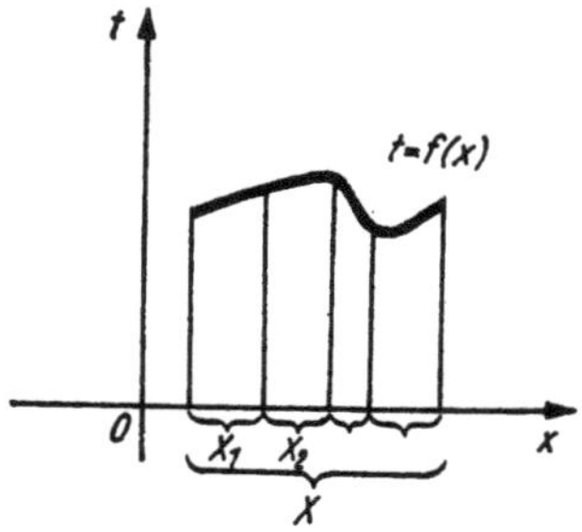

Abb. 149

Abb. 150

Aussage 4. *Durch $X = \bigcup_{n=1}^{\infty} X_n$ sei eine Zerlegung von X gegeben, f sei nichtnegativ, auf jedem X_n integrierbar, und die Reihe $\sum_{n=1}^{\infty} \int_{X_n} f(x)\, \mathrm{d}\mu$ konvergiere. Dann ist f integrierbar*

---

[1]) Diese Eigenschaft gilt i. a. bereits für elementare Integrale nicht mehr, sobald die Funktionen wechselndes Vorzeichen haben.

auf X (vgl. Abb. 150), und es gilt

$$\int_X f(x)\,\mathrm{d}\mu = \sum_{n=1}^{\infty} \int_{X_n} f(x)\,\mathrm{d}\mu\,^{1)}\,.$$

Beweis: f ist μ-meßbar auf X. $[X, f] = \bigcup_{n=1}^{\infty} [X_n, f]$ stellt eine Zerlegung dar und die Reihe $\sum_{n=1}^{\infty} \xi[X_n, f]$ konvergiert. Nach den Eigenschaften der Borel-Maße ist dann $[X, f]$ endlich bez. ξ, d. h., f ist integrierbar auf X, und die behauptete Gleichheit folgt sofort aus Aussage 6 in 6.2 ●

Aussage 5. *Es sei* $X = \bigcup_{n=1}^{\infty} X_n$, $X_1 \subset X_2 \subset \ldots \subset X_n \subset \ldots$, *$f$ nichtnegativ, auf jedem X_n integrierbar, und es existiere* $\lim_{n\to\infty} \int_{X_n} f(x)\,\mathrm{d}\mu\ (<\infty)$. *Dann ist f integrierbar auf X, und es gilt*

$$\int_X f(x)\,\mathrm{d}\mu = \lim_{n\to\infty} \int_{X_n} f(x)\,\mathrm{d}\mu\,^{1)}\,.$$

Beweis: f ist μ-meßbar auf X, und es gilt $[X, f] = \bigcup_n [X_n, f]$, $[X_1, f] \subset [X_2, f] \subset \ldots \subset [X_n, f] \subset \ldots$ Aus $\lim_{n\to\infty} \xi[X_n, f] < \infty$ folgt wegen der Eigenschaften von Borel-Maßen, daß $[X, f]$ endlich bez. ξ und somit f auf X integrierbar ist ●

Aussage 6 (Tschebyschewsche Ungleichung[2]). *f sei nichtnegativ und integrierbar auf einer bez. μ endlichen Menge X. Dann gilt für jede beliebige Konstante $c > 0$*

$$\mu\,\{x : x \in X,\ f(x) \geqq c\} \leqq \frac{1}{c} \int_X f(x)\,\mathrm{d}\mu\,. \tag{2}$$

Beweis: (vgl. Abb. 151) Wir bezeichnen die Menge auf der linken Seite von (2) mit X_c. Dann gilt unter Verwendung der Aussagen 2 und 3 sowie der Aussage 1 in 6.2

$$\int_X f(x)\,\mathrm{d}\mu \geqq \int_{X_c} f(x)\,\mathrm{d}\mu \geqq \int_{X_c} c\,\mathrm{d}\mu = c\mu(X_c) \quad ● \tag{3}$$

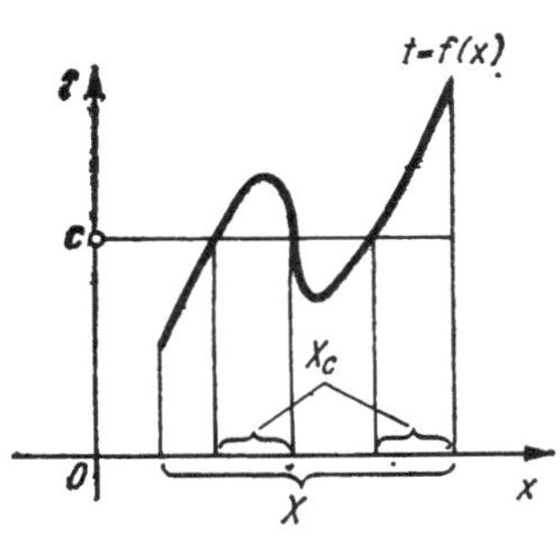

Abb. 151

1) Vgl. Fußnote auf S. 158.

2) Benannt nach dem hervorragenden russischen Mathematiker P. L. Tschebyschew (1821–1894).

Aussage 7. *Gilt für eine nichtnegative Funktion f*

$$\int_X f(x)\,\mathrm{d}\mu = 0$$

*und ist X eine bez. μ endliche Menge, so gilt f(x) = 0 μ-fast überall auf X*¹).

Beweis: Wir setzen $X_n = \left\{x \colon x \in X,\, f(x) \geqq \frac{1}{n}\right\}$. Für jede natürliche Zahl n folgt aus der TSCHEBYSCHEWschen Ungleichung

$$\mu(X_n) \leqq n \int_X f(x)\,\mathrm{d}\mu \,.$$

Nach Voraussetzung ergibt sich daraus $\mu(X_n) = 0$ und weiter

$$\mu\,\{x \colon x \in X,\, f(x) > 0\} = \mu\left(\bigcup_{n=1}^{\infty} X_n\right) = 0 \quad \bullet$$

Bemerkung 1. In den Aussagen 6 und 7 ist die Forderung, daß X eine bez. μ endliche Menge sei, wesentlich. Betrachten wir z. B. auf dem δ-Ring aller beschränkten Mengen der Zahlengeraden $\mathbb{R}$ das Maß μ, das dort identisch den Wert Null annimmt, dann ist dieses Maß ein (sogar vollständiges) LUSIN-Maß (aber kein BOREL-Maß). Für die Funktion $f(x) = 1$ $(x \in \mathbb{R})$ gilt

$$\int_{[x', x'+1)} f(x)\,\mathrm{d}\mu = 0$$

mit beliebigem x' und folglich nach Aussage 4

$$\int_{\mathbb{R}} f(x)\,\mathrm{d}\mu = 0 \,. \tag{4}$$

Nun ist aber $\left\{x \colon x \in R,\, f(x) > \frac{1}{2}\right\} = \mathbb{R}$ keine bez. μ endliche Menge, da $\mathbb{R}$ nicht beschränkt ist. Also gilt (2) nicht. Ebenso ist auch Aussage 7 nicht gültig, denn trotz Gleichung (4) gilt offenbar nicht $f(x) = 0$ μ-fast überall auf $\mathbb{R}$, da $\mathbb{R}$ in keiner beschränkten Menge enthalten ist.

Bemerkung 2. Die Aussagen 6 und 7 gelten offenbar für jede μ-meßbar Menge X, wenn μ auf einem σ-Ring definiert ist (insbesondere also, wenn μ ein Wahrscheinlichkeitsmaß ist), denn dann ist jede μ-meßbare Menge zugleich endlich bez. μ.

Bemerkung 3. Die Aussagen 6 und 7 gelten weiterhin für jede μ-meßbare Menge X, wenn μ ein BOREL-Maß ist (z. B. das LEBESGUE- oder LEBESGUE-STIELTJES-Maß). Ist nämlich f nichtnegativ und integrierbar auf X und μ ein BOREL-Maß, so gilt wie oben

$$\int_X f(x)\,\mathrm{d}\mu \geqq \int_{X_c} f(x)\,\mathrm{d}\mu \geqq \int_{X_c} c\,\mathrm{d}\mu \geqq 0 \,,$$

und das letzte Integral existiert also. Dies ist aber nur dann der Fall, wenn X_c bez. μ endlich ist. Andernfalls ließe sich nämlich X_c in der folgenden Weise darstellen: $X_c = \bigcup_{n=1}^{\infty} X_n$ mit $X_1 \subset X_2 \subset \ldots \subset X_n \subset \ldots$, wobei die X_n $(n = 1, 2, \ldots)$ jeweils bez. μ endliche Mengen sind und $\lim_{n\to\infty} \mu(X_n) = \infty$ gilt (im Falle $\lim_{n\to\infty} \mu(X_n) < \infty$ wäre X_c nach

¹) Vgl. Fußnote auf S. 158.

den Eigenschaften von Borel-Maßen bez. μ endlich). Das widerspricht aber der für alle natürlichen n gültigen Ungleichung

$$\int_{X_c} c\,\mathrm{d}\mu = \xi\,(X_c \times [0, c]) \geqq \xi\,(X_n \times [0, c]) = \mu(X_n)\, c\,^{1)}\,.$$

X_c ist also bez. μ endlich, und es gilt (3), woraus (2) folgt. Die Aussage 7 wird analog oben aus Aussage 6 bewiesen.

6.4. Integration einer Folge nichtnegativer Funktionen

Im folgenden wird stets vorausgesetzt, daß die Funktionen f_n $(n = 1, 2, \ldots)$ nichtnegativ und μ-integrierbar auf X seien.

Aussage 1. *Sei* $f_1(x) \geqq f_2(x) \geqq \ldots \geqq f_n(x) \geqq \ldots \geqq 0$. *Dann gilt*

$$\lim_{n\to\infty} \int_X f_n(x)\,\mathrm{d}\mu = \int_X \lim_{n\to\infty} f_n(x)\,\mathrm{d}\mu\,. \tag{1}$$

Beweis: Da die Werte $f_n(x)$ mit n monoton fallen und nach unten beschränkt sind, existiert für jedes $x \in X$ der (endliche) Grenzwert $f(x) = \lim_{n\to\infty} f_n(x)$, und f ist μ-meßbar auf X (vgl. Abb. 152). Nun ist $[X, f] = \bigcap_{n=1}^{\infty} [X, f_n]$ mit $[X, f_1] \supset [X, f_2] \supset \ldots$, wobei die Mengen $[X, f_n]$ für alle n bez. ξ endlich sind. Nach den Eigenschaften von Borel-Maßen ist dann auch $[X, f]$ endlich bez. ξ, und es gilt

$$\lim_{n\to\infty} \xi[X, f_n] = \xi[X, f] \quad \bullet$$

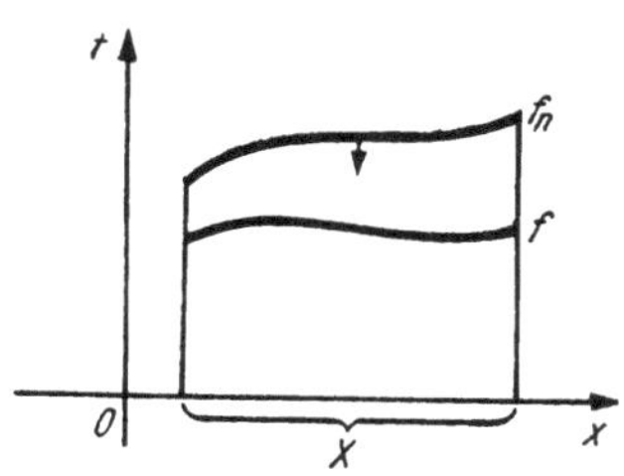

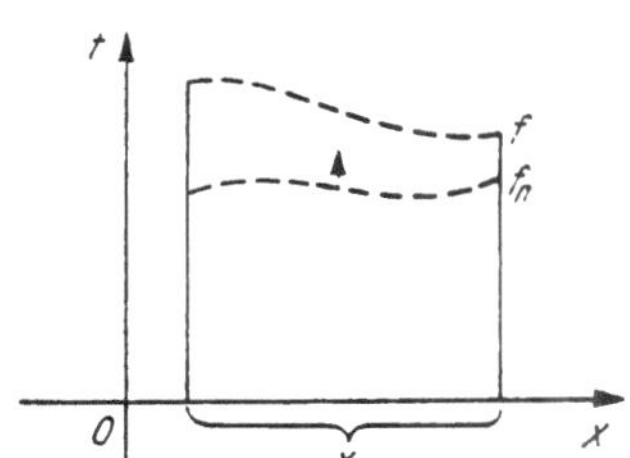

Abb. 152

Abb. 153

Aussage 2. *Es gelte* $0 \leqq f_1(x) \leqq f_2(x) \leqq \ldots \leqq f_n(x) \leqq \ldots$, $f_n(x) \to f(x)$ $(< \infty)$ *für* $n \to \infty$ *überall auf* X, *und es existiere*

$$\lim_{n\to\infty} \int_X f_n(x)\,\mathrm{d}\mu \; (< \infty)\,. \tag{2}$$

Dann ist f integrierbar auf X, und es gilt

$$\lim_{n\to\infty} \int_X f_n(x)\,\mathrm{d}\mu = \int_X f(x)\,\mathrm{d}\mu \tag{3}$$

(*d. h., es gilt wieder* (1)).

---

1) Wir haben damit bewiesen, daß allgemein für ein Borel-Maß μ und eine Konstante $c > 0$ das Integral $\int_X c\,\mathrm{d}\mu$ nur dann existiert, wenn X bez. μ endlich ist.

Beweis: Als Grenzfunktion einer überall konvergenten Folge μ-meßbarer Funktionen ist f μ-meßbar. Andererseits gilt (vgl. Abb. 153)

$$(X, f) = \bigcup_{n=1}^{\infty} (X, f_n) \quad \text{mit} \quad (X, f_1) \subset (X, f_2) \subset \ldots {}^{1)},$$

wobei die Mengen (X, f_n) endlich bez. μ sind. Außerdem existiert

$$\lim_{n\to\infty} \xi(X, f_n)$$

(vgl. (2)). Nach den Eigenschaften von BOREL-Maßen ist dann auch (X, f) endlich bez. μ und es gilt

$$\lim_{n\to\infty} \xi(X, f_n) = \xi(X, f) \quad \bullet$$

Bemerkung 1. Die Forderung der Endlichkeit des Grenzwertes (2) ist wesentlich. Es sei z. B. μ das eindimensionale LEBESGUE-Maß, $X = (0, 1)$,

$$f(x) = n\,(n+1) \quad \text{für} \quad \frac{1}{n+1} \leqq x \leqq \frac{1}{n} \quad (n = 1, 2, \ldots)$$

und

$$f_n(x) = \begin{cases} f(x) & \text{für} \quad x \geqq \dfrac{1}{n+1}, \\ 0 & \text{für} \quad x < \dfrac{1}{n+1} \end{cases} \quad (n = 1, 2, \ldots)$$

(vgl. Abb. 154). Offensichtlich gilt $f_n(x) \uparrow f(x)$ für alle $x \in X$, jedes f_n ist integrierbar auf X mit $\int_X f_n(x)\, \mathrm{d}\mu = n$ (wie man leicht ausrechnet), während f auf X nicht integrierbar ist, denn andernfalls wäre wegen der σ-Additivität des Integrals

$$\int_X f(x)\, \mathrm{d}\mu = \sum_{k=1}^{\infty} k\,(k+1) \left(\frac{1}{k} - \frac{1}{k+1}\right),$$

aber diese Reihe divergiert, da ihre Glieder sämtlich gleich 1 sind.

Bemerkung 2. Da unter den Bedingungen von Aussage 2 die Folge der Integrale von f_n mit n monoton wächst, ist die Forderung der Endlichkeit des Grenzwertes (2) äquivalent zu der Forderung, daß es eine Konstante C mit

$$\int_X f_n(x)\, \mathrm{d}\mu \leqq C \quad (n = 1, 2, \ldots) \tag{2'}$$

gibt. Diese Forderung ist offenbar stets dann erfüllt, wenn von vornherein die Integrierbarkeit von f auf X bekannt ist. Dann gilt nämlich

$$\int_X f_n(x)\, \mathrm{d}\mu \leqq \int_X f(x)\, \mathrm{d}\mu .$$

Bemerkung 3. Ist $f_1(x) \leqq f_2(x) \leqq \ldots \leqq f_n(x) \leqq \ldots$ auf X, so gilt bekanntlich für jedes $x \in X$, daß die Folge der $f_n(x)$ entweder konvergiert oder (gegen $+\infty$) bestimmt divergiert (wir schreiben dann jeweils $\lim_{n\to\infty} f_n(x) < \infty$ bzw. $\lim_{n\to\infty} f_n(x) = \infty$)[2]). Setzt man nun in

[1]) Man beachte, daß hier im Gegensatz zu oben die Ordinatenmengen (X, f) bzw. (X, f_n) statt $[X, f]$ bzw. $[X, f_n]$ betrachtet werden.

[2]) Vgl. Fußnote auf S. 74.

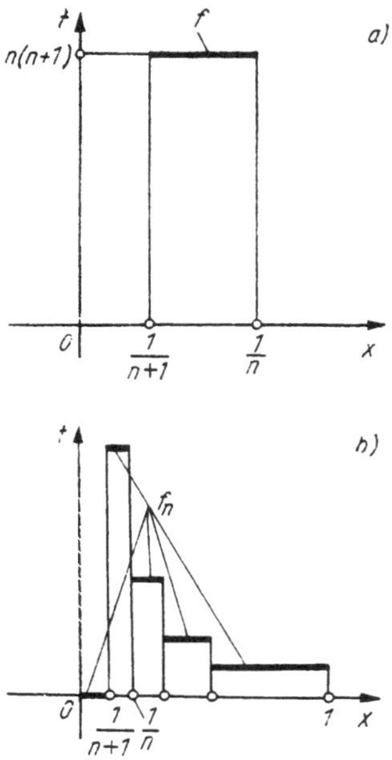

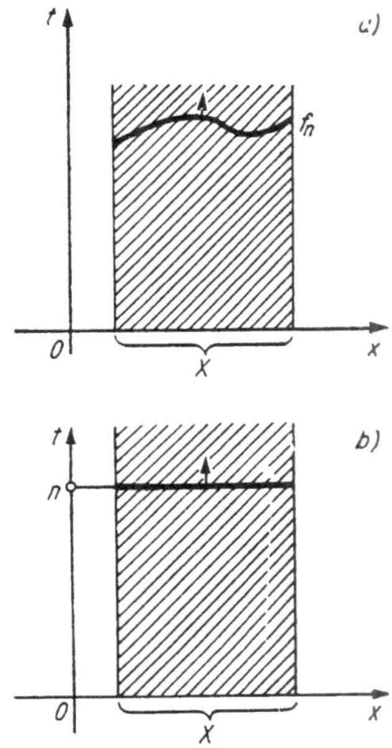

Abb. 154

Abb. 155

diesem Sinne

$$f(x) = \lim_{n\to\infty} f_n(x) , \tag{4}$$

so ist dadurch eine Funktion f auf X definiert, die auch ∞ als Wert annehmen kann. Wir betrachten die Menge

$$E = \{x\colon x \in X\,,\ \lim_{n\to\infty} f_n(x) = \infty\}$$

und erhalten damit

Aussage 3.[1] *Es gelte* $0 \leqq f_1(x) \leqq f_2(x) \leqq \ldots \leqq f_n(x) \leqq \ldots$ *für alle* $x \in X$, X *sei bez.* μ *endlich und es existiere der (endliche) Grenzwert* (2). *Dann gilt* $\mu(E) = 0$, *die Funktion* f *(vgl.* (4)*) ist integrierbar auf* $X \setminus E$, *und es gilt*

$$\int_{X\setminus E} f(x)\, \mathrm{d}\mu = \lim_{n\to\infty} \int_X f_n(x)\, \mathrm{d}\mu \,. \tag{5}$$

Beweis: Es gilt $E = \bigcap_{k=1}^{\infty} \bigcup_{n=1}^{\infty} \{x\colon x \in X, f_n(x) > k\} \subset X$, d. h., E ist μ-meßbar und als Teilmenge einer bez. μ endlichen Menge selbst endlich bez. μ. Wir zeigen $\mu(E) = 0$. Jede Funktion f_n ist als integrierbare Funktion auf X auch integrierbar auf E, und es gilt

$$\int_E f_n(x)\, \mathrm{d}\mu \leqq \int_X f_n(x)\, \mathrm{d}\mu \leqq C \,,$$

wobei C den Grenzwert aus (2) bezeichnet. Dann existiert auch der Grenzwert

$$\lim_{n\to\infty} \int_X f_n(x)\, \mathrm{d}\mu = c \quad \text{bzw.} \quad \lim_{n\to\infty} \xi[E, f_n] = c \,.$$

---

[1] Häufig als Satz von der monotonen Konvergenz oder Satz von B. Levi bezeichnet (Anm. d. Hrsg.).

Wegen

$$[E, f_1] \subset [E, f_2] \subset \ldots \subset [E, f_n] \subset \ldots$$

und

$$\bigcup_{n=1}^{\infty} [E, f_n] = E \times [0, \infty)$$

(vgl. Abb. 155a) ist nach den Eigenschaften von BOREL-Maßen $E \times [0, \infty)$ bez. ξ endlich mit

$$\xi\,(E \times [0, \infty)) = c\,.$$

Nun ist aber

$$E \times [0, \infty) = \bigcup_{n=1}^{\infty} (E \times [0, n])$$

(vgl. Abb. 155b), d. h. $c \geqq \mu(E)n$ für beliebiges n, also folgt

$$\mu(E) = 0\,.$$

Nach den Eigenschaften des Integrals einer nichtnegativen Funktion gilt

$$\int_{X \setminus E} f_n(x)\, \mathrm{d}\mu = \int_X f_n(x)\, \mathrm{d}\mu \leqq C$$

und nach Aussage 2

$$\int_{X \setminus E} f(x)\, \mathrm{d}\mu = \lim_{n \to \infty} \int_{X \setminus E} f_n(x)\, \mathrm{d}\mu\,.$$

Berücksichtigen wir hier $\mu(E) = 0$, folgt sofort (5) ●

Die Bemerkung 2 trifft entsprechend auch für Aussage 3 zu.

Bemerkung 4. Die Gleichung (5) kann durch eine Gleichung der Gestalt (3) ersetzt werden, indem man die (unendlichen) Werte der Funktion f auf E willkürlich in endliche Werte so abändert, daß die Funktion auf E meßbar bleibt (man setze z. B. $f(x) = 0$ für alle $x \in E$). Wegen $\mu(E) = 0$ gilt dann nämlich

$$\int_{X \setminus E} f(x)\, \mathrm{d}\mu = \int_X f(x)\, \mathrm{d}\mu\,.$$

Wenn μ *vollständig* ist, wird dabei die Forderung der μ-Meßbarkeit von f auf E gegenstandslos, denn dann ist *jede* Funktion f auf einer μ-Nullmenge μ-meßbar.

Bemerkung 5. In Aussage 3 ist die Forderung, daß X eine bez. μ endliche Menge sei, wesentlich. Sei z. B. μ das auf dem δ-Ring aller beschränkten Mengen der Zahlengeraden $\mathbb{R}$ definierte Maß, das dort identisch den Wert Null annimmt. Dieses Maß ist ein (sogar vollständiges) LUSIN-Maß (aber kein BOREL-Maß). Weiter sei $f_n(x) = n$ $(n = 1, 2, \ldots)$ für alle $x \in \mathbb{R}$. Dann gilt für beliebiges $x' \in \mathbb{R}$

$$\int_{[x', x'+1)} f_n(x)\, \mathrm{d}\mu = 0$$

und folglich

$$\int_{\mathbb{R}} f_n(x)\, \mathrm{d}\mu = 0 \quad (n = 1, 2, \ldots)$$

(vgl. Aussage 4 in 6.3). Die Menge $\mathbb{R}$ ist offenbar μ-meßbar, jedoch nicht endlich bez. μ, weil sie nicht beschränkt ist. Alle übrigen Voraussetzungen für Aussage 3 sind mit $X=\mathbb{R}$ erfüllt. Für alle $x\in\mathbb{R}$ gilt $f(x)=\lim_{n\to\infty} f_n(x)=\infty$, d. h. $E=\mathbb{R}$, aber $\mathbb{R}$ ist keine μ-Nullmenge.

Bemerkung 6. Aussage 3 gilt für jede μ-meßbare Menge X, wenn μ auf einem σ-Ring definiert ist (insbesondere also, wenn μ ein Wahrscheinlichkeitsmaß ist), da dann alle μ-meßbaren Mengen zugleich endlich bez. μ sind.

Bemerkung 7. Aussage 3 gilt weiterhin für jede μ-meßbare Menge X, wenn μ ein BOREL-Maß ist (z. B. das LEBESGUE- oder ein LEBESGUE-STIELTJES-Maß). Wir zeigen dafür zunächst wie im Beweis von Aussage 3, daß E μ-meßbar und $E\times[0,\infty)$ bez. ξ endlich mit $\xi\,(E\times[0,\infty))=c$ ist. Hieraus folgt dann, daß E bez. μ endlich ist, und der Beweis wird wie im Fall von Aussage 3 zu Ende geführt. Wäre nämlich E nicht endlich bez. μ, könnte man E in der Form $E=\bigcup_{n=1}^{\infty} E_n$ mit $E_1\subset E_2\subset\ldots\subset E_n\subset\ldots$ darstellen, wobei die Mengen E_n $(n=1,2,\ldots)$ endlich bez. μ sind und $\lim_{n\to\infty}\mu(E_n)=\infty$ gilt (im Falle $\lim_{n\to\infty}\mu(E_n)<\infty$ wäre nach den Eigenschaften von BOREL-Maßen E endlich bez. μ mit $\lim_{n\to\infty}\mu(E_n)=\mu(E)$). Das widerspräche aber der für alle $n=1,2,\ldots$ gültigen Ungleichung

$$c=\xi(E\times[0,\infty))\geqq\xi\,(E_n\times[0,n])=\mu(E_n)\,n\,.$$

Aussage 4 (Satz von FATOU). *Es gelte* $f_n(x)\geqq 0$ $(n=1,2,\ldots)$, $f_n(x)\to f(x)$ *für alle* $x\in X$, *und es existiere eine Konstante* C *mit*

$$\int_X f_n(x)\,\mathrm{d}\mu\leqq C\quad(n=1,2,\ldots)\,. \tag{6}$$

Dann ist f *integrierbar auf* X, *und es gilt*

$$\int_X f(x)\,\mathrm{d}\mu\leqq C\,.$$

Beweis: Die Funktion f ist μ-meßbar. Man überzeugt sich leicht, daß

$$(X,f)\subset E=\varliminf_{n\to\infty}(X,f_n)=\bigcup_{n=1}^{\infty}\bigcap_{k=n}^{\infty}(X,f_k)$$

gilt (vgl. Abb. 156; wegen $f_n(x)\to f(x)$ für alle $x\in X$ gehört jeder unterhalb des Graphen der Funktion f liegende Punkt (x,t) von einem gewissen n_0 ab zu allen Mengen (X,f_n)). Dabei gilt

$$\bigcap_{k=1}^{\infty}(X,f_k)\subset\bigcap_{k=2}^{\infty}(X,f_k)\subset\ldots\subset\bigcap_{k=n}^{\infty}(X,f_k)\subset\ldots,$$

$$\bigcap_{k=n}^{\infty}(X,f_k)\subset(X,f_n)\quad(n=1,2,\ldots),$$

$$\xi\left(\bigcap_{k=n}^{\infty}(X,f_k)\right)\leqq\xi(X,f_n)\leqq C\quad(n=1,2,\ldots)$$

(vgl. (6)), d. h., es existiert

$$\lim_{n\to\infty}\xi\left(\bigcap_{k=n}^{\infty}(X,f_k)\right)\leqq C<\infty.$$

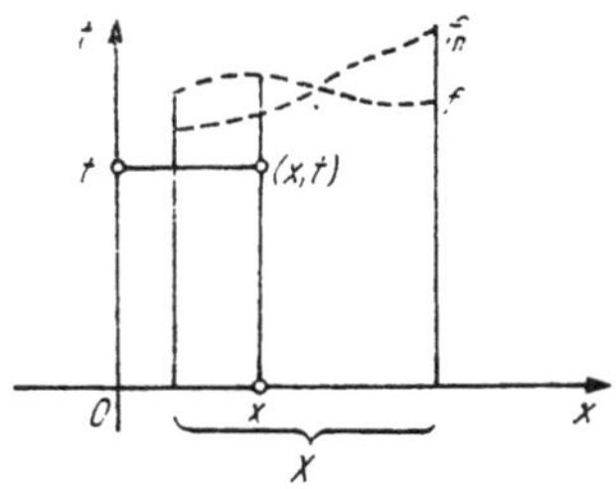

Abb. 156

Nach den Eigenschaften von BOREL-Maßen ist dann E und somit (X, f) endlich bez. ξ, es gilt $\xi(E)=\lim_{n\to\infty} \xi\left(\bigcap_{k=n}^{\infty} (X, f_k)\right) \leqq C$ und folglich $\xi(X, f) \leqq C$ ●

Bemerkung. Die Voraussetzung (6) ist wesentlich, vgl. dazu die Bemerkung 1 zu Aussage 2.

6.5. Linearität des Integrals

Aussage. *Die Funktionen f und g seien nichtnegativ und integrierbar auf X. Dann gilt*

(i) $\int_X cf(x)\,\mathrm{d}\mu = c\int_X f(x)\,\mathrm{d}\mu, \quad c \geqq 0\,,$

(ii) $\int_X [f(x)+g(x)]\,\mathrm{d}\mu = \int_X f(x)\,\mathrm{d}\mu + \int_X g(x)\,\mathrm{d}\mu\,.$

(Die Gleichungen sind so zu verstehen, daß aus der Existenz der Integrale auf den rechten Seiten die Existenz der Integrale auf den linken Seiten folgt.)

Beweis: In Abschnitt 5.1 wurde diese Aussage bereits für Treppenfunktionen bewiesen (vgl. dazu auch den Anfang von Abschnitt 6.2)

(i) Seien f_n $(n=1, 2, \ldots)$ nichtnegative, auf X μ-meßbare Treppenfunktionen mit $f_n(x) \uparrow f(x)$ für alle $x \in X$[1]) (vgl. Abb. 157). Da nach Voraussetzung $0 \leqq f_n(x) \leqq f(x)$ für

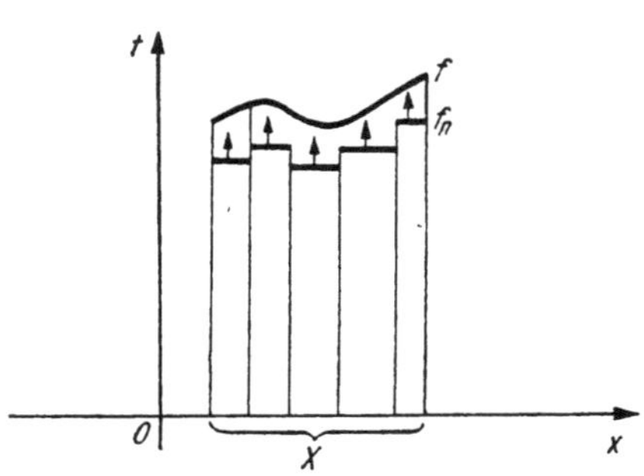

Abb. 157

alle $x \in X$ gilt, ist nach dem Majorantenkriterium (Aussage 3 in 6.3) jede der Funktionen f_n auf X integrierbar. Für Treppenfunktionen wurde bereits die Gültigkeit von

$$\int_X cf_n(x)\,\mathrm{d}\mu = c\int_X f_n(x)\,\mathrm{d}\mu \tag{1}$$

[1]) Vgl. Aussage 9 in 4.2.

bewiesen. Weiter gilt $cf_n(x)\uparrow cf(x)$ und mit $C=\int_X f(x)\,d\mu$ die Ungleichung

$$\int_X f_n(x)\,d\mu \leqq C$$

und folglich wegen (1)

$$\int_X cf_n(x)\,d\mu \leqq cC\ .$$

Damit sind für die beiden Folgen der f_n und cf_n $(n=1, 2, \ldots)$ die Voraussetzungen von Aussage 2 in 6.4 (vgl. dort Bemerkung 2) erfüllt, und wegen (1) folgt die Behauptung (i).

(ii) Es seien f_n und g_n $(n=1, 2, \ldots)$ nichtnegative und auf X μ-meßbare Treppenfunktionen mit $f_n(x)\uparrow f(x)$ und $g_n(x)\uparrow g(x)$. Nach dem Majorantenkriterium sind f_n und g_n auf X integrierbar. Die Gültigkeit von

$$\int_X [f_n(x)+g_n(x)]\,d\mu = \int_X f_n(x)\,d\mu + \int_X g_n(x)\,d\mu \tag{2}$$

wurde für Treppenfunktionen bereits oben bewiesen. Unter unseren Voraussetzungen gilt

$$f_n(x)+g_n(x)\uparrow f(x)+g(x)\ ,$$

$$\int_X f_n(x)\,d\mu \leqq \int_X f(x)\,d\mu = C\ ,$$

$$\int_X g_n(x)\,d\mu \leqq \int_X g(x)\,d\mu = D$$

und wegen (2) schließlich

$$\int_X [f_n(x)+g_n(x)]\,d\mu \leqq C+D\ .$$

Für jede der Funktionen f_n, g_n und f_n+g_n sind also die Voraussetzungen von Aussage 2 in 6.4 (Bemerkung 2) erfüllt. Die Behauptung folgt dann aus (2) ●

6.6. Integration positiver Reihen

Satz 1. *Es gelte*

(i) *Die Funktionen* φ_n $(n=1, 2, \ldots)$ *sind nichtnegativ und auf* X *integrierbar;*

(ii) *die Reihe* $\sum_{n=1}^{\infty} \varphi_n(x)$ *konvergiert für jedes* $x\in X$ *und es ist*

$$f(x)=\sum_{n=1}^{\infty} \varphi_n(x) \quad (x\in X); \tag{1}$$

(iii) *die Reihe* $\sum_{n=1}^{\infty} \int_X \varphi_n(x)\,d\mu$ *konvergiert.* (2)

Dann ist die Funktion f *integrierbar auf* X, *und es gilt*

$$\int_X f(x)\,d\mu = \sum_{n=1}^{\infty} \int_X \varphi_n(x)\,d\mu\ , \tag{3}$$

d. h., die Reihe (1) *ist gliedweise integrierbar.*

Beweis: Sei $f_n(x)=\sum_{k=1}^{n}\varphi_k(x)$ $(x\in X)$ die n-te Teilsumme der Reihe (1), C bezeichne die Summe der Reihe (2). Offenbar ist $0\leqq f_1(x)\leqq f_2(x)\leqq\ldots\leqq f_n(x)\leqq\ldots$ und $f_n(x)\to f(x)$ für alle $x\in X$. Nach 6.5 gilt

$$\int_X f_n(x)\,\mathrm{d}\mu=\sum_{k=1}^{n}\int_X\varphi_k(x)\,\mathrm{d}\mu\leqq C\,, \tag{4}$$

so daß auf die Folge der f_n wieder Aussage 2 aus 6.4 angewendet werden kann:

$$\int_X f(x)\,\mathrm{d}\mu=\lim_{n\to\infty}\int_X f_n(x)\,\mathrm{d}\mu=\sum_{n=1}^{\infty}\int_X\varphi_n(x)\,\mathrm{d}\mu \quad \bullet$$

Bemerkung 1. Die Gleichung (3) gilt selbstverständlich auch dann, wenn anstelle der Konvergenzforderung (2) von vornherein die Integrierbarkeit von f auf X vorausgesetzt wird. Dann folgt nämlich aus

$$f_n(x)=\sum_{k=1}^{n}\varphi_k(x)\leqq f(x)\quad\text{für alle}\quad x\in X$$

sofort

$$\sum_{k=1}^{n}\int_X\varphi_k(x)\,\mathrm{d}\mu\leqq\int_X f(x)\,\mathrm{d}\mu\,,$$

mithin die Konvergenz der Reihe (2) und damit auch (3).

Bemerkung 2. Die Konvergenzforderung (2) kann i. a. nicht durch die Forderung der Konvergenz der Reihe (1) allein ersetzt werden. Man nehme z. B. für μ das lineare LEBESGUE-Maß und setze $X=(0,1)$ sowie

$$\varphi_n(x)=\begin{cases}n\,(n+1) & \text{für}\quad \dfrac{1}{n+1}\leqq x<\dfrac{1}{n}\quad(n=1,2,\ldots)\,,\\ 0 & \text{sonst}\end{cases}$$

(vgl. Abb. 158). Offensichtlich konvergiert in diesem Fall die Reihe (1) für jedes $x\in X$ und ihre Summe $f(x)$ stimmt für $x\in\left[\dfrac{1}{n+1},\dfrac{1}{n}\right)$ $(n=1,2,\ldots)$ mit $\varphi_n(x)$ überein. Die Reihe (2) dagegen divergiert, da jeder Summand den Wert

$$\int_X\varphi_n(x)\,\mathrm{d}\mu=1$$

hat. Damit verliert die Gleichung (3) ihren Sinn. Die Funktion f ist in diesem Fall natürlich nicht integrierbar auf X (dies ist unmittelbar oder auch anhand von Bemerkung 1 zu sehen).

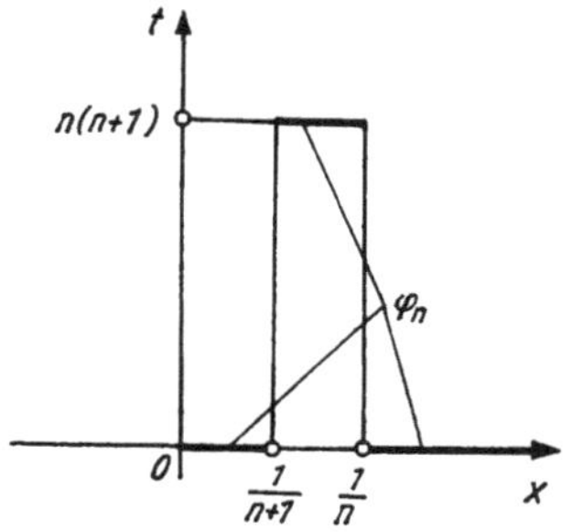

Abb. 158

Bemerkung 3. Für Funktionen φ_n $(n=1, 2, \ldots)$, die auf der Menge X nichtnegativ sind, gilt bekanntlich, daß die Reihe $\sum_{n=1}^{\infty} \varphi_n(x)$ auf X entweder konvergiert oder (gegen ∞) bestimmt divergiert $\left(\text{wir schreiben dann jeweils } \sum_{n=1}^{\infty} \varphi_n(x) < \infty \text{ bzw. } \sum_{n=1}^{\infty} \varphi_n(x) = \infty\right)$. In diesem Sinne setzen wir für alle $x \in X$

$$f(x) = \sum_{n=1}^{\infty} \varphi_n(x) , \tag{5}$$

betrachten die Menge $E = \{x: x \in X, f(x) = \infty\}$ und erhalten damit

Satz 2. *Es seien* φ_n $(n=1, 2, \ldots)$ *nichtnegative und auf* X *integrierbare Funktionen,* X *bez.* μ *endlich und die Reihe* (2) *konvergent. Dann ist* $\mu(E) = 0$, *die Funktion* f (*vgl.* (5)) *ist integrierbar auf* $X \setminus E$, *und es gilt*

$$\int_{X \setminus E} f(x)\, \mathrm{d}\mu = \sum_{n=1}^{\infty} \int_X \varphi_n(x)\, \mathrm{d}\mu . \tag{6}$$

Beweis: Analog zum Beweis von Satz 1 erhalten wir die Beziehung (4). Damit sind die Voraussetzungen von Aussage 3 in 6.4 erfüllt, und es gilt

$$\int_{X \setminus E} f(x)\, \mathrm{d}\mu = \lim_{n \to \infty} \int_X f_n(x)\, \mathrm{d}\mu = \sum_{n=1}^{\infty} \int_X \varphi_n(x)\, \mathrm{d}\mu \quad \bullet$$

Man kann nun zu Satz 2 Bemerkungen formulieren, die den Bemerkungen 4–7 zu Aussage 3 in 6.4 analog sind; dies bleibe aber dem Leser überlassen.

7. Das Integral bezüglich eines Lusin-Maßes (für Funktionen beliebigen Vorzeichens)

7.1. Definition

Wie bereits in Kapitel 6 sei auch in diesem Kapitel, wenn nicht ausdrücklich anders vermerkt, μ stets ein LUSIN-Maß, das auf einem Ring $\mathfrak{M}$ von Teilmengen einer Menge X_0 definiert ist. $\boldsymbol{L}^+$ bezeichne die Klasse aller im Sinne von Kapitel 6 auf X μ-integrierbaren nichtnegativen Funktionen.

Lemma. *Für alle $x \in X$ sei*

$$f(x) = u(x) - v(x) = u_1(x) - v_1(x) , \tag{1}$$

wobei u, v, u_1 und v_1 sämtlich der Klasse $\boldsymbol{L}^+$ angehören. Dann gilt für die im Sinne von Kapitel 6 verstandenen Integrale

$$\int_X u(x)\,\mathrm{d}\mu - \int_X v(x)\,\mathrm{d}\mu = \int_X u_1(x)\,\mathrm{d}\mu - \int_X v_1(x)\,\mathrm{d}\mu . \tag{2}$$

Beweis: Aus (1) folgt

$$u + v_1 = u_1 + v \in \boldsymbol{L}^+, \quad \int_X [u(x) + v_1(x)]\,\mathrm{d}\mu = \int_X [u_1(x) + v(x)]\,\mathrm{d}\mu$$

und wegen der Linearität des Integrals schließlich

$$\int_X u(x)\,\mathrm{d}\mu + \int_X v_1(x)\,\mathrm{d}\mu = \int_X u_1(x)\,\mathrm{d}\mu + \int_X v(x)\,\mathrm{d}\mu \quad \bullet$$

Mit Hilfe dieses Lemmas ist es möglich, die Definition des μ-Integrals über die Klasse $\boldsymbol{L}^+$ hinaus zu erweitern. Wir nennen jede reelle Funktion f, die sich als Differenz

$$f(x) = u(x) - v(x) \quad (x \in X) \tag{3}$$

zweier Funktionen u und v aus der Klasse $\boldsymbol{L}^+$ darstellen läßt, *integrierbar auf der Menge X bezüglich des Maßes μ* (kurz: *μ-integrierbar auf X*). Die Zahl

$$\int_X f(x)\,\mathrm{d}\mu = \int_X u(x)\,\mathrm{d}\mu - \int_X v(x)\,\mathrm{d}\mu \tag{4}$$

(die Integrale auf der rechten Seite sind im Sinne von Kapitel 6 zu verstehen) heißt dann das *Integral von f über der Menge X bez. des Maßes μ* (kurz: *μ-Integral von f über X*).

Die Definition des Integrals von f durch Gleichung (4) ist wegen des obigen Lemmas eindeutig (d. h. unabhängig von der speziellen Art der Darstellung von f als Differenz zweier Funktionen aus $\boldsymbol{L}^+$). Die Definition (4) widerspricht auch nicht der Definition des Integrales einer nichtnegativen Funktion im Sinne von Kapitel 6. Denn jede nichtnegative, auf X im Sinne von Kapitel 6 integrierbare Funktion läßt sich in der Form $f=f-0$ als Differenz zweier Funktionen aus $\boldsymbol{L}^+$ darstellen. Damit ist f im Sinne der neuen Definition gleichfalls integrierbar, und wir erhalten für dieses Integral

$$\int_X f(x)\,\mathrm{d}\mu = \int_X f(x)\,\mathrm{d}\mu - \int_X 0\,\mathrm{d}\mu\,,$$

wobei die Integrale rechts wieder im Sinne von Kapitel 6 zu verstehen sind.

Ist umgekehrt die nichtnegative Funktion f integrierbar auf X im Sinne der neuen Definition (4), so gilt $0 \leqq f(x) \leqq u(x)$ für alle $x \in X$; außerdem ist f als Differenz zweier μ-meßbarer Funktionen selbst μ-meßbar auf X. Nach dem Majorantenkriterium (vgl. Aussage 3 in 6.3) ist f dann auch im Sinne von Kapitel 6 integrierbar auf X, und nach dem oben Gesagten stimmen die Werte der beiden Integrale überein.

Die neue Integraldefinition umfaßt also die frühere; die Klasse der integrierbaren Funktionen ist wesentlich erweitert – z. B. gehört zu dieser Klasse offenbar jede Funktion der Art $(-f), f \in \boldsymbol{L}^+$, weil sie die Darstellung $(-f)=0-f$ als Differenz zweier Funktionen aus $\boldsymbol{L}^+$ erlaubt. Weiterhin gehören viele Funktionen mit wechselndem Vorzeichen zu dieser Klasse, z. B. alle auf X μ-meßbaren und beschränkten Funktionen, sofern X eine bez. μ endliche Menge ist. Auch viele unbeschränkte Funktionen gehören zu dieser Klasse, wie wir später sehen werden.

Das Integral (4) heißt *Lebesgue-Integral* (oder *Integral im Lebesgueschen Sinne*), wenn μ das LEBESGUE-Maß ist. Die Funktion f heißt dann *Lebesgue-integrierbar* (oder *integrierbar im Lebesgueschen Sinne*). Insbesondere heißt das Integral (4) *lineares* (oder *eindimensionales*) *Lebesgue-Integral*, wenn μ das lineare LEBESGUE-Maß ist; es heißt *ebenes* (oder *zweidimensionales*) *Lebesgue-Integral*, wenn μ das ebene LEBESGUE-Maß ist. Allgemein heißt das Integral (4) *n-dimensionales Lebesgue-Integral*, wenn μ das n-dimensionale LEBESGUE-Maß ist.

Die geometrische Bedeutung des LEBESGUE-Integrals nichtnegativer Funktionen ist in den Abschnitten 6.1 und 6.2 behandelt worden.

Analog zum Vorangehenden heißt das Integral (4) *Lebesgue-Stieltjes-Integral* und die Funktion f *Lebesgue-Stieltjes-integrierbar* bez. μ, wenn μ ein LEBESGUE-STIELTJES-Maß ist. Insbesondere heißt (4) ein *lineares* (oder *eindimensionales*) *Lebesgue-Stieltjes-Integral*, wenn μ ein eindimensionales LEBESGUE-STIELTJES-Maß ist usw.

7.2. Einfache Eigenschaften des Integrals. Satz von Lebesgue

Zuerst vermerken wir, daß sich die Aussagen 1–8 in 6.2, die dort für nichtnegative Funktionen bewiesen wurden, vollständig auf den allgemeinen Fall übertragen lassen. Die zugehörigen Beweise erhält man durch einfache Anwendung der Definition (d. h. (3) und (4) aus 7.1). Wir beweisen als Beispiel

Aussage 1. *Sei $f(x)=c=\text{const}$ auf der bez. μ endlichen Menge X. Dann ist f integrierbar auf X, und es gilt*

$$\int_X c\,\mathrm{d}\mu = c\mu(X)\,.$$

Beweis: Der Fall $c \geqq 0$ wurde bereits bewiesen. Für $c<0$ ist $c=0-(-c)$ die Differenz zweier Funktionen aus $\boldsymbol{L}^+$. Also ist $f=c$ integrierbar auf X, und nach Definition gilt

$$\int_X c\,\mathrm{d}\mu = \int_X 0\,\mathrm{d}\mu - \int_X (-c)\,\mathrm{d}\mu = -(-c)\,\mu(X) = c\mu(X) \quad \bullet$$

Auf ähnliche Weise verfährt man auch beim Beweis der übrigen Aussagen 2–8 aus 6.2. Wir werden nun noch einige weitere grundlegende Eigenschaften des in 7.1 definierten Integrals angeben.

Aussage 9. *Für jede reelle Konstante c gilt*

$$\int_X cf(x)\,\mathrm{d}\mu = c \int_X f(x)\,\mathrm{d}\mu\,,$$

wobei aus der Existenz des Integrals auf der rechten Seite die Existenz des Integrals auf der linken Seite folgt.

Beweis: Sei f integrierbar auf X, d. h., f sei darstellbar als $f = u - v$, $u \in \boldsymbol{L}^+$, $v \in \boldsymbol{L}^+$. Für $c \geqq 0$ gilt $cf = cu - cv$, $cu \in \boldsymbol{L}^+$, $cv \in \boldsymbol{L}^+$. Also ist cf integrierbar auf X, und es gilt

$$\int_X cf(x)\,\mathrm{d}\mu = \int_X cu(x)\,\mathrm{d}\mu - \int_X cv(x)\,\mathrm{d}\mu = c\,[\int_X u(x)\,\mathrm{d}\mu - \int_X v(x)\,\mathrm{d}\mu] = c \int_X f(x)\,\mathrm{d}\mu\,.$$

Für $c < 0$ ergibt sich $cf = cu - cv = (-cv) - (-cu)$, $-cv \in \boldsymbol{L}^+$, $-cu \in \boldsymbol{L}^+$. Also ist cf auch in diesem Fall integrierbar, und es gilt

$$\int_X cf(x)\,\mathrm{d}\mu = \int_X [-cv(x)]\,\mathrm{d}\mu - \int_X [-cu(x)]\,\mathrm{d}\mu = (-c) \int_X v(x)\,\mathrm{d}\mu - (-c) \int_X u(x)\,\mathrm{d}\mu$$
$$= c\,[\int_X u(x)\,\mathrm{d}\mu - \int_X v(x)\,\mathrm{d}\mu] = c \int_X f(x)\,\mathrm{d}\mu \quad \bullet$$

Aussage 10. *Es gilt*

$$\int_X [f(x) + g(x)]\,\mathrm{d}\mu = \int_X f(x)\,\mathrm{d}\mu + \int_X g(x)\,\mathrm{d}\mu\,,$$

wobei aus der Existenz der Integrale auf der rechten Seite die Existenz des Integrals auf der linken Seite folgt.

Beweis: Die Funktionen f und g seien integrierbar auf X, d. h. darstellbar in der Form

$$f = u_1 - v_1, \quad u_1 \in \boldsymbol{L}^+, \quad v_1 \in \boldsymbol{L}^+, \quad g = u_2 - v_2, \quad u_2 \in \boldsymbol{L}^+, \quad v_2 \in \boldsymbol{L}^+. \tag{1}$$

Folglich ist

$$f + g = [u_1 + u_2] - [v_1 + v_2]$$

mit

$$u_1 + u_2 \in \boldsymbol{L}^+, \quad v_1 + v_2 \in \boldsymbol{L}^+,$$

d. h., $f + g$ ist integrierbar auf X, und es gilt

$$\int_X [f(x) + g(x)]\,\mathrm{d}\mu = \int_X [u_1(x) + u_2(x)]\,\mathrm{d}\mu - \int_X [v_1(x) + v_2(x)]\,\mathrm{d}\mu$$
$$= [\int_X u_1(x)\,\mathrm{d}\mu - \int_X v_1(x)\,\mathrm{d}\mu] + [\int_X u_2(x)\,\mathrm{d}\mu - \int_X v_2(x)\,\mathrm{d}\mu]$$
$$= \int_X f(x)\,\mathrm{d}\mu + \int_X g(x)\,\mathrm{d}\mu \quad \bullet$$

Folgerung. *Die Differenz integrierbarer Funktionen ist integrierbar, und das Integral der Differenz ist gleich der Differenz der Integrale.*

Aussage 11. *Jede auf einer bez. μ endlichen Menge X beschränkte und μ-meßbare Funktion f ist μ-integrierbar auf X.*

Beweis: Nach Voraussetzung existiert ein $k > 0$, so daß für jedes $x \in X$ die Ungleichung $|f(x)| \leqq k$ und somit $0 \leqq f(x) + k \leqq 2k$ gilt. Hierbei ist die Funktion $f+k$ μ-meßbar auf X und die Funktion $2k$ integrierbar auf X. Nach dem Majorantenkriterium (vgl. Aussage 3 in 6.3) ist dann auch die Funktion $f+k$ integrierbar auf X. Schließlich ist f in der Form $f = (f+k) - k$ als Differenz zweier integrierbarer Funktionen darstellbar, ist also selbst integrierbar auf X ●

Bemerkung. Die Voraussetzung der Endlichkeit von X bez. μ ist wesentlich. Setzen wir beispielsweise $f(x) = 1$ für jedes $x \in X = [0, \infty)$ und nehmen als Maß μ das lineare LEBESGUE-Maß, so ist f offenbar auf X nicht integrierbar. Der Leser möge das als Übungsaufgabe zeigen.

Die Aussage 11 macht deutlich, daß der hier eingeführte Integralbegriff sehr allgemein ist. Angewandt auf den einfachsten Fall einer reellen Funktion einer Veränderlichen ergibt sich zum Beispiel, daß eine beliebige beschränkte Funktion stets integrierbar ist, wenn sie nur meßbar ist, selbst wenn sie in jedem Punkt unstetig sein sollte.

Beispiel. Es sei μ das lineare LEBESGUE-Maß, $X = [0, 1]$, E' die Menge aller irrationalen Zahlen aus X und f die bekannte DIRICHLET-Funktion, d. h.

$$f(x) = \begin{cases} 0 & \text{für } x \in E', \\ 1 & \text{für } x \in X \setminus E', \end{cases}$$

die beschränkt, aber in jedem Punkt unstetig ist. Damit ist f offensichtlich im elementaren Sinne nicht integrierbar. Dagegen ist f LEBESGUE-meßbar[1]), und es gilt

$$\int_{[0,1]} f(x)\, d\mu = \int_{E'} 0\, d\mu + \int_{X \setminus E'} 1\, d\mu = 0 .$$

Aussage 12. *Ist die Funktion f integrierbar auf X, so ist auch die Funktion $|f|$ integrierbar auf X.*

Beweis: Als integrierbare Funktion läßt sich f in der Form (1) darstellen. Dann folgt $|f| = |u_1 - v_1| \leqq u_1 + v_1$, wobei $u_1 + v_1$ integrierbar auf X und $|f|$ μ-meßbar auf X ist. Nach dem Majorantenkriterium ist dann $|f|$ integrierbar auf X ●

Die Aussage 12 bedeutet, daß alle μ-integrierbaren Funktionen auch absolut integrierbar sind. Für elementar integrierbare Funktionen einer Veränderlichen gilt das bekanntlich nicht. Auf diese Weise kommt das μ-Integral ungeachtet seines hohen Allgemeinheitsgrades dem elementaren Integralbegriff in einigem nicht ganz gleich.

Aussage 13. *Eine μ-meßbare Funktion f, für die $|f|$ integrierbar auf X ist, ist selbst integrierbar auf X.*

Beweis: Offenbar gilt $0 \leqq f(x) + |f(x)| \leqq 2\,|f(x)|$ für alle $x \in X$. Die Funktion $2\,|f|$ ist integrierbar auf X und $f + |f|$ μ-meßbar auf X. Nach dem Majorantenkriterium ist dann $f + |f|$ und damit schließlich auch die Funktion $f = (f + |f|) - |f|$ integrierbar auf X ●

---

[1]) f ist sogar BOREL-meßbar.

Bemerkung. Die Voraussetzung der μ-Meßbarkeit von f ist wesentlich. Sei z. B. μ das lineare LEBESGUE-Maß, $X=[0, 1]$, $E\subset X$ eine nicht LEBESGUE-meßbare Menge und

$$f(x)=\begin{cases} 1 & \text{für} \quad x\in E \\ -1 & \text{für} \quad x\notin E\,. \end{cases}$$

Dann ist $|f(x)|=1$ $(x\in X)$, d. h., $|f|$ ist integrierbar auf $[0, 1]$, aber f selbst ist als nicht meßbare Funktion auch nicht integrierbar.

Die voranstehenden Aussagen führen auf eine nützliche

Folgerung. *Sei f integrierbar auf X und g beschränkt und μ-meßbar auf X. Dann ist die Funktion $f\cdot g$ integrierbar auf X.*

Beweis: Die Funktion f ist μ-meßbar auf X, folglich sind es auch die Funktionen $f\cdot g$ und $|f\cdot g|$. Nach Voraussetzung gibt es eine solche Konstante c, daß $|g(x)|\leqq c$ und folglich auch $|f(x)\cdot g(x)|\leqq c\,|f(x)|$ für alle $x\in X$ gilt. Wegen der Aussagen 9 und 12 ist $c\,|f|$ integrierbar auf X, nach dem Majorantenkriterium also auch $|f\cdot g|$. Mit Aussage 13 folgt dann die Behauptung ●

Bemerkung. Die Voraussetzung der Beschränktheit von g kann hier i. a. nicht durch die Voraussetzung der Integrierbarkeit auf X ersetzt werden. Mit anderen Worten: Das Produkt zweier auf X integrierbarer Funktionen kann eine nicht integrierbare Funktion sein. Beispiele dafür gibt es selbst im Bereich der elementaren uneigentlichen Integrale. Sei nämlich

$$f(x)=g(x)=\frac{1}{\sqrt{x}}\,,$$

dann existiert

$$\int_0^1 f(x)\,\mathrm{d}x=\int_0^1 \frac{\mathrm{d}x}{\sqrt{x}}\,,$$

aber

$$\int_0^1 f^2(x)\,\mathrm{d}x=\int_0^1 \frac{\mathrm{d}x}{x}$$

existiert nicht. (Zu den Beziehungen zwischen LEBESGUE-Integral und elementarem Integral vgl. Abschnitt 8.1).

Aussage 14. *Sind f und g integrierbar auf X und ist $f(x)\leqq g(x)$ für alle $x\in X$, dann gilt*

$$\int_X f(x)\,\mathrm{d}\mu\leqq \int_X g(x)\,\mathrm{d}\mu\,. \tag{2}$$

Beweis: Die Funktion $g-f$ ist nichtnegativ und integrierbar auf X. Folglich gilt

$$\int_X [g(x)-f(x)]\,\mathrm{d}\mu\geqq 0$$

und wegen der Aussagen 9 und 10

$$\int_X g(x)\,\mathrm{d}\mu-\int_X f(x)\,\mathrm{d}\mu\geqq 0 \quad ●$$

Aussage 15. *Sei f integrierbar auf der bez. μ endlichen Menge X, ferner seien c und C zwei Konstanten.*

(i) *Aus $f(x) \leqq C$ für alle $x \in X$ folgt*

$$\int_X f(x)\, d\mu \leqq C\mu(X)\,.$$

(ii) *Aus $f(x) \geqq c$ für alle $x \in X$ folgt*

$$\int_X f(x)\, d\mu \geqq c\mu(X)\,.$$

(iii) *Aus $c \leqq f(x) \leqq C$ für alle $x \in X$ folgt*

$$c\mu(X) \leqq \int_X f(x)\, d\mu \leqq C\mu(X)$$

(*Mittelwertsatz*).

Beweis: Die Behauptung ergibt sich durch Integration der Ungleichungen $f(x) \leqq C$, $f(x) \geqq c$ und $c \leqq f(x) \leqq C$ mit nachfolgender Anwendung der Aussagen 1 und 14 ●

Aussage 16. *Für eine auf X integrierbare Funktion f gilt stets*

$$\left| \int_X f(x)\, d\mu \right| \leqq \int_X |f(x)|\, d\mu\,. \tag{3}$$

Beweis: Für alle $x \in X$ gilt offenbar

$$-|f(x)| \leqq f(x) \leqq |f(x)|\,,$$

wobei $|f|$ wegen Aussage 12 integrierbar auf X ist. Nach Aussage 14 gilt dann

$$-\int_X |f(x)|\, d\mu \leqq \int_X f(x)\, d\mu \leqq \int_X |f(x)|\, d\mu \quad ●$$

Aussage 17. *Sei $f_1(x) \leqq f_2(x) \leqq \ldots \leqq f_n(x) \leqq \ldots$, $f_n(x) \to f(x)$ $(<\infty)$ für alle $x \in X$, und es existiere*

$$\lim_{n\to\infty} \int_X f_n(x)\, d\mu (<\infty)\,. \tag{4}$$

Dann ist f integrierbar auf X, und es gilt

$$\lim_{n\to\infty} \int_X f_n(x)\, d\mu = \int_X f(x)\, d\mu\,. \tag{5}$$

Beweis: Der Unterschied zur Aussage 2 in 6.4 besteht lediglich darin, daß hier die Voraussetzung $f_n(x) \geqq 0$ $(n = 1, 2, \ldots)$ fehlt. Wir können aber auf den bereits bekannten Fall zurückgreifen, wenn wir anstelle der Folge f_n die Folge $g_n = f_n - f_1$ $(n = 1, 2, \ldots)$ betrachten. Für diese Folge gilt $0 \leqq g_1(x) \leqq g_2(x) \leqq \ldots \leqq g_n(x) \leqq \ldots$, $g_n(x) \to g(x) = f(x) - f_1(x)$ für alle $x \in X$ und

$$\lim_{n\to\infty} \int_X g_n(x)\, d\mu = \lim_{n\to\infty} \int_X f_n(x)\, d\mu - \int_X f_1(x)\, d\mu\,.$$

Nach Aussage 2 in 6.4 folgt dann

$$\lim_{n\to\infty} \int_X g_n(x)\, d\mu = \int_X g(x)\, d\mu$$

bzw.

$$\lim_{n\to\infty} \int_X [f_n(x) - f_1(x)]\, d\mu = \int_X [f(x) - f_1(x)]\, d\mu ,$$

woraus sich leicht die Integrierbarkeit von f und die Gleichheit (5) ergeben ●

Bemerkung. Da die Folge der Integrale $\int_X f_n(x)\, d\mu$ monoton wachsend ist, ergibt sich aus der Existenz einer Konstanten C mit

$$\int_X f_n(x)\, d\mu \leqq C \quad (n=1, 2, \ldots) \tag{6}$$

bereits die Existenz des Grenzwertes (4). Die Gleichheit (5) gilt also stets dann, wenn die Bedingung (6) erfüllt ist. Dies wiederum ist augenscheinlich dann der Fall, wenn von vornherein die Integrierbarkeit von f auf X vorausgesetzt werden kann da dann mit $f_n \uparrow f$ sofort

$$\int_X f_n(x)\, d\mu \leqq \int_X f(x)\, d\mu$$

folgt.

Abschließend sei bemerkt, daß auf die Voraussetzung $f_n(x) \geqq 0$ $(n=1, 2, \ldots)$ auch in Aussage 3 aus 6.4 verzichtet werden kann. Der Beweis verläuft nach dem gleichen Prinzip wie für Aussage 17. Auch die Bemerkungen 3–7 aus 6.4 behalten ihre Gültigkeit.

Aussage 18 (Satz von LEBESGUE). *Es gelte:*

(i) *Die Funktionen* f_n $(n=1, 2, \ldots)$ *sind auf* X *integrierbar mit* $f_n(x) \to f(x)$ *für alle* $x \in X$ *(wobei auch* f *eine endliche Funktion sei),*

(ii) $|f_n(x)| \leqq g(x)$ $(n=1, 2, \ldots)$ *für alle* $x \in X$,

(iii) g *ist integrierbar auf* X.

Dann ist f *integrierbar auf* X, *und es gilt*

$$\lim_{n\to\infty} \int_X f_n(x)\, d\mu = \int_X f(x)\, d\mu . \tag{7}$$

Beweis: Wir führen den Beweis zuerst für den Spezialfall $0 \leqq f_n(x) \leqq g(x)$ und $f_n(x) \to 0$ $(x \in X)$. Dabei setzen wir für alle $x \in X$

$$\varphi_n(x) = \sup \{f_k(x) : k \geqq n\} \tag{8}$$

(vgl. Abb. 159). Dann gilt auf X

$$0 \leqq f_n(x) \leqq \varphi_n(x) \leqq g(x) . \tag{9}$$

Die Funktionen φ_n $(n=1, 2, \ldots)$ sind μ-meßbar auf X, denn für jede Konstante c ist

$$\{x : x \in X, \varphi_n(x) < c\} = \bigcap_{k \geqq n} \{x : x \in X, f_k(x) < c\} ;$$

und nach dem Majorantenkriterium sind sie wegen der Gültigkeit von (9) sogar μ-integrierbar auf X. Man überzeugt sich nun noch leicht, daß $\varphi_1(x) \geqq \varphi_2(x) \geqq \ldots \geqq \varphi_n(x) \geqq \ldots$ sowie $\varphi_n(x) \to 0$ für alle $x \in X$ gilt. Nach Aussage 1 in 6.4 folgt dann

$$\lim_{n\to\infty} \int_X \varphi_n(x)\, d\mu = 0 ,$$

erst recht also (wegen (9))

$$\lim_{n\to\infty} \int_X f_n(x)\, d\mu = 0 .$$

Im allgemeinen Fall stellen wir zunächst fest, daß wegen der Voraussetzungen (i) und (ii) f auf X μ-meßbar ist und $|f(x)| \leqq g(x)$ für alle $x \in X$ gilt. Nach dem Majorantenkriterium folgt daraus die Integrierbarkeit von $|f|$ auf X und weiter mit Aussage 13 die Integrierbarkeit von f. Nun gilt offenbar

$$\left|\int_X f(x)\, d\mu - \int_X f_n(x)\, d\mu\right| = \left|\int_X [f(x) - f_n(x)]\, d\mu\right| \leqq \int_X |f(x) - f_n(x)|\, d\mu \tag{10}$$

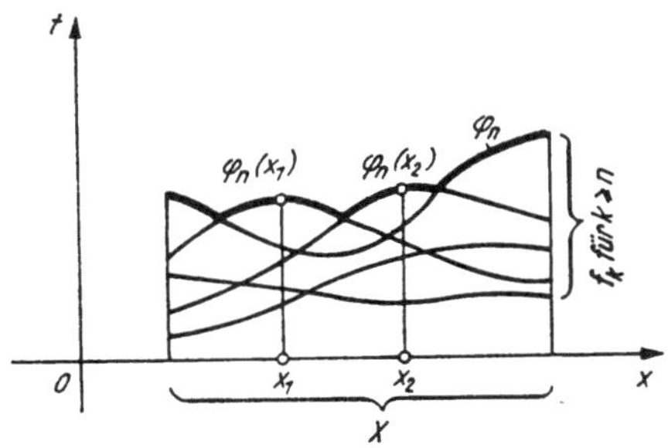

Abb. 159

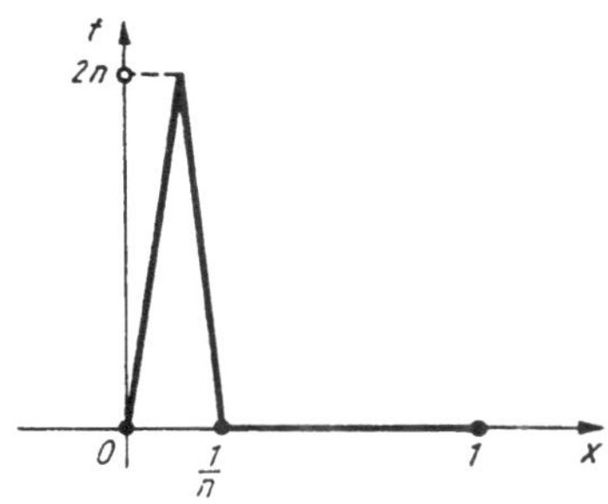

Abb. 160

(vgl. Aussage 16). Mit $|f(x) - f_n(x)| \to 0$ und $0 \leqq |f(x) - f_n(x)| \leqq 2g(x)$ für alle $x \in X$ sind die Voraussetzungen des oben betrachteten Spezialfalles erfüllt, so daß wir

$$\lim_{n\to\infty} \int_X |f(x) - f_n(x)|\, d\mu = 0$$

erhalten. Die Behauptung (7) folgt dann aus (10) ●

Bemerkung 1. Die Voraussetzungen (ii) und (iii) sind wesentlich. Falls nämlich μ das lineare LEBESGUE-Maß bezeichnet, $X = [0, 1]$ ist und die Funktionen f_n $(n = 1, 2, \ldots)$ gemäß Abb. 160 definiert sind, gilt einerseits

$$\int_X f_n(x)\, d\mu = 1 \quad (n = 1, 2, \ldots)$$

und andererseits $f(x) = 0$ $(x \in X)$, d. h. $\int_X f(x)\, d\mu = 0$ im Widerspruch zu (7).

Bemerkung 2. Der Satz von LEBESGUE gilt auch dann, wenn $f_n(x) \to f(x)$ nur μ-fast überall auf X gilt, f aber bereits als μ-meßbar vorausgesetzt wird, da die Werte einer meßbaren Funktion auf einer Nullmenge den Wert des Integrals nicht beeinflussen.

Für vollständige Maße μ kann auch noch auf die Voraussetzung der μ-Meßbarkeit von f verzichtet werden, da für ein vollständiges Maß μ jede Funktion über einer μ-Nullmenge μ-meßbar ist.

Folgerung 1. *Ist X eine bez. μ endliche Menge, bleibt der Satz von Lebesgue auch dann gültig, wenn die Voraussetzungen* (ii) *und* (iii) *durch die Voraussetzung ersetzt werden, daß eine Konstante C mit*

$$|f_n(x)| \leqq C \quad (n = 1, 2, \ldots) \quad \textit{für alle} \quad x \in X$$

existiert.

Der Beweis ergibt sich daraus, daß auf einer bez. μ endlichen Menge jede konstante Funktion integrierbar ist.

Folgerung 2. *Es sei X eine bez. μ endliche Menge, f_n integrierbar auf X $(n=1, 2, \ldots)$, und es gelte $f_n(x) \to f(x)$ gleichmäßig auf X. Dann ist f integrierbar auf X, und es gilt die Gleichung* (7).

Beweis: Als Grenzfunktion einer konvergenten Folge μ-meßbarer Funktionen ist f selbst μ-meßbar auf X. Da die Folge sogar gleichmäßig auf X konvergiert, gibt es eine natürliche Zahl m, so daß für jedes $n \geqq m$ und alle $x \in X$

$$|f(x)-f_n(x)| \leqq 1 \tag{11}$$

gilt. Für jedes solche n folgt dann

$$|f(x)|-|f_n(x)| \leqq 1$$

bzw.

$$|f(x)| \leqq 1+|f_n(x)| \, .$$

Die durch $\mathbf{1}(x)=1$ $(x \in X)$ definierte Funktion $\mathbf{1}$ ist auf X integrierbar, mithin die Funktion $\mathbf{1}+|f_n|$, und nach dem Majorantenkriterium dann auch $|f|$. Andererseits erlaubt (11) auch die Umformung zu

$$|f_n(x)| \leqq |f(x)|+1 \quad (x \in X) \, ,$$

d. h., für $n \geqq m$ sind die Voraussetzungen des Satzes von LEBESGUE (mit $g(x) = |f(x)|+1$) erfüllt ●

Bemerkung 3. Die Forderung der Endlichkeit von X bez. μ in Folgerung 2 ist wesentlich. Falls nämlich μ das lineare LEBESGUE-Maß bezeichnet, $X=[0,\infty)$ und f_n $(n=1, 2, \ldots)$ eine Folge von Funktionen gemäß Abb. 161 ist, gilt offensichtlich

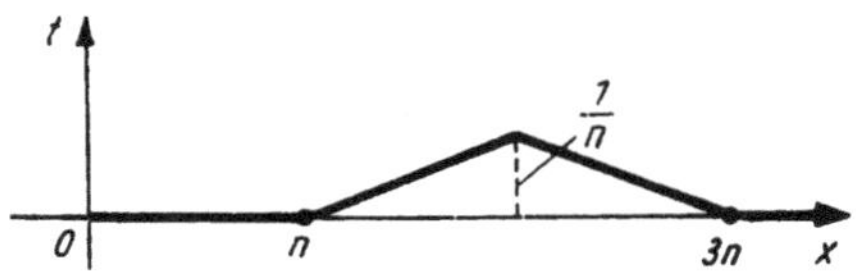

Abb. 161

$f_n(x) \to 0$ gleichmäßig auf X; für die Grenzfunktion ist also $f(x)=0$ $(x \in X)$. Es gilt dann sowohl

$$\int_X f_n(x)\, d\mu = 1 \quad \text{für alle} \quad n=1, 2, \ldots$$

als auch

$$\int_X f(x)\, d\mu = 0$$

im Widerspruch zu (7).

7.3. Lebesguesche Integralsummen[1])

Es sei X eine bez. μ endliche Menge und f eine nichtnegative, μ-meßbare Funktion auf X. Wir zerlegen $[0,\infty)$ derart in Teilintervalle $[t_{k-1}, t_k)$ $(k=1, 2, \ldots)$ mit

$$0=t_0<t_1<\ldots<t_{n-1}<t_n<\ldots, \tag{1}$$

[1]) Der Inhalt dieses Abschnittes ist als historische Ergänzung zu verstehen. Wir werden im folgenden nicht darauf zurückgreifen.

daß die Bedingungen

$$t_n \to \infty \quad \text{für} \quad n \to \infty$$

sowie

$$\lambda = \sup \{t_k - t_{k-1} : k = 1, 2, \ldots\} < \infty \tag{2}$$

erfüllt sind, und betrachten die Mengen

$$X_k = \{x : x \in X, t_{k-1} \leqq f(x) < t_k\} \tag{3}$$

(vgl. Abb. 162). Durch $X = \bigcup_{k=1}^{\infty} X_k$ ist eine Zerlegung von X gegeben, deren Elemente X_k sämtlich μ-meßbare und sogar bez. μ endliche Mengen sind (einige Mengen X_k können leer sein; für eine beschränkte Funktion f sind offenbar nur endlich viele Mengen X_k nichtleer). Wir bilden die folgenden Reihen:

a) $\sum_k t_{k-1}\mu(X_k)$ – sog. *untere Lebesguesche Integralsumme,*

b) $\sum_k t_k\mu(X_k)$ – sog. *obere Lebesguesche Integralsumme.*

Satz. *Ist f integrierbar auf X, so sind die Reihen* a) *und* b) *konvergent, und für ihre* Summen $\underline{s}$ *bzw.* $\bar{s}$ *gilt*

$$\underline{s} \leqq \int_X f(x)\, \mathrm{d}\mu \leqq \bar{s} \tag{4}$$

sowie

$$\int_X f(x)\, \mathrm{d}\mu = \lim_{\lambda \to 0} \underline{s} = \lim_{\lambda \to 0} \bar{s}\,[1]\ . \tag{5}$$

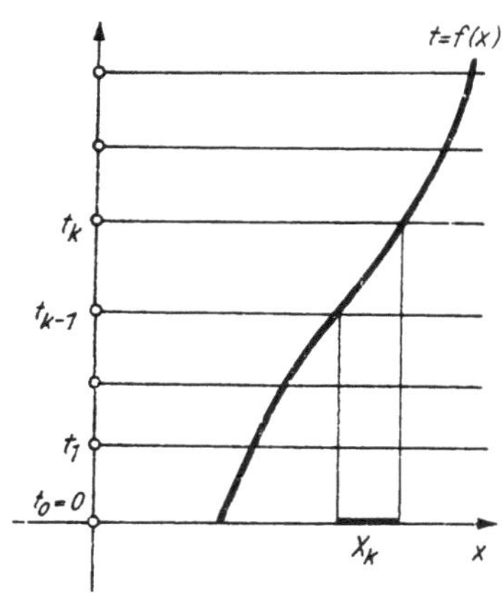

Abb. 162

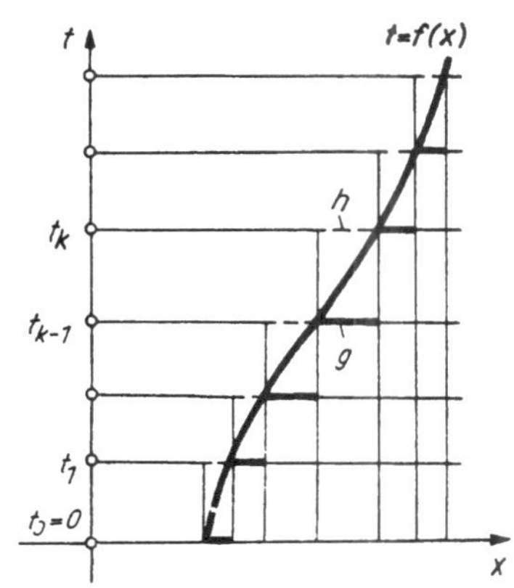

Abb. 163

Ist umgekehrt f μ-meßbar auf X und konvergiert wenigstens eine der Reihen a) *oder* b) *für eine Zerlegung der Form* (1), *die den Bedingungen* (2) *genügt, dann ist f integrierbar auf X.*

Beweis: Sei f integrierbar auf X, erst recht also μ-meßbar auf X. Wir betrachten folgende Treppenfunktionen g und h:

$$g(x) = \sum_k t_{k-1}\, \mathbf{1}_{X_k}(x), \quad h(x) = \sum_k t_k\, \mathbf{1}_{X_k}(x) \tag{6}$$

[1]) Einige Erklärungen zu Grenzübergängen der hier verwendeten Art ($\lambda \to 0$) werden in Bemerkung 1 in 7.4 gegeben.

(vgl. Abb. 163). Sie sind μ-meßbar auf X, und es gilt für alle $x \in X$

$$g(x) \leqq f(x) \leqq h(x) , \tag{7}$$

$$0 \leqq f(x) - g(x) < \lambda, \quad 0 \leqq h(x) - f(x) < \lambda . \tag{8}$$

Die auf X konstant den Wert λ annehmende Funktion ist integrierbar auf der Menge X, da X bez. μ endlich ist. Nach dem Majorantenkriterium sind dann auch $f-g$ und $h-f$ integrierbar. Aus der Integrierbarkeit von f folgt damit die Integrierbarkeit von $g = f - (f-g)$ und $h = f + (h-f)$. Auf Grund der σ-Additivität des Integrals gilt nun

$$\int_X g(x)\,\mathrm{d}\mu = \sum_k \int_{X_k} g(x)\,\mathrm{d}\mu = \sum_k t_{k-1}\mu(X_k) = \underline{s} , \tag{9}$$

$$\int_X h(x)\,\mathrm{d}\mu = \sum_k \int_{X_k} h(x)\,\mathrm{d}\mu = \sum_k t_k \mu(X_k) = \bar{s} ,$$

vgl. (6). Die LEBESGUEschen Integralsummen erweisen sich also hier als absolut konvergente Reihen. Wegen (7) und (9) genügen ihre Summen der Ungleichung (4). Außerdem gilt

$$\bar{s} - \underline{s} = \sum_k (t_k - t_{k-1})\, \mu(X_k) \leqq \lambda \sum_k \mu(X_k) = \lambda\mu(X) ;$$

hieraus folgt (5).

Zum Beweis des zweiten Teils des Satzes sei nun f μ-meßbar auf X und eine der Reihen a) oder b) konvergiere wenigstens für eine Zerlegung der Gestalt (1). Nach (6) seien wieder Funktionen g und h erklärt, die μ-meßbar auf X sind und für die die Ungleichungen (7) und (8) gelten.

Wenn die Reihe a) konvergiert, so bedeutet das die Integrierbarkeit der Funktion g auf X (vgl. (6)). Gleichermaßen folgt aus der Konvergenz der Reihe b) die Integrierbarkeit der Funktion h auf X. In beiden Fällen folgt mittels des Majorantenkriteriums aus (8) die Integrierbarkeit der Funktion f auf X ●

Bemerkung 1. Die Beschränkung auf nichtnegative Funktionen erfolgte nur aus beweistechnischen Gründen. Im allgemeinen Fall betrachten wir anstelle der Zerlegung (1) der Halbachse $[0, \infty)$ eine Zerlegung der ganzen Zahlengeraden

$$\ldots < t_{-n} < t_{-n+1} < \ldots < t_{-1} < t_0 = 0 < t_1 < t_2 < \ldots < t_{n-1} < t_n < \ldots , \tag{1'}$$

für die

$$\left.\begin{aligned} & t_n \to \infty, \quad t_{-n} \to -\infty \quad \text{für} \quad n \to \infty \\ \text{sowie} \quad & \\ & \lambda = \sup\{t_k - t_{k-1} : k = 0, \pm 1, \pm 2, \ldots\} < \infty \end{aligned}\right\} \tag{2'}$$

gilt und betrachten die Mengen

$$X_k = \{x : x \in X,\ t_{k-1} \leqq f(x) < t_k\} \quad (k = 0, \pm 1, \pm 2, \ldots) \tag{3'}$$

(vgl. Abb. 164) sowie die Summen

a′) $\sum_k t_{k-1}\mu(X_k)$ – sog. *untere Lebesguesche Integralsumme*,

b′) $\sum_k t_k\mu(X_k)$ – sog. *obere Lebesguesche Integralsumme*.

Die oben formulierte Aussage behält dann ihre Gültigkeit. (Einige Komplikationen ergeben sich lediglich aus der Tatsache, daß die Summen a′) und b′) im allgemeinen

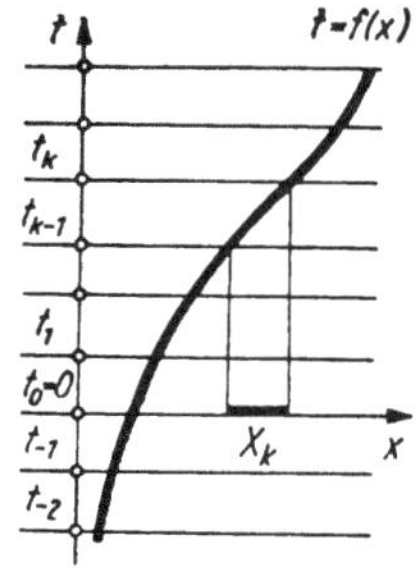

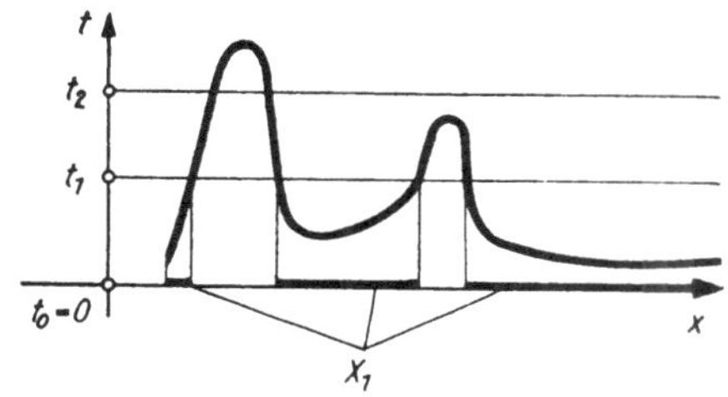

Abb. 164

Abb. 165

Fall keine üblichen Reihen sind, sondern jede von ihnen nur als die Summe zweier üblicher Reihen, nämlich für die Indizes $k \geqq 0$ einerseits und $k < 0$ andererseits, dargestellt werden kann.)

Bemerkung 2. Wenn die μ-meßbare Funktion f auf einer bez. μ nicht endlichen Menge X gegeben ist, können auch einige der Mengen (3) bez. μ nicht endlich sein (vgl. Abb. 165). In diesem Fall verlieren die LEBESGUEschen Integralsummen ihren Sinn, sofern man nicht zusätzliche Vereinbarungen trifft.

H. LEBESGUE – der Begründer der Maßtheorie und der auf ihr beruhenden Integrationstheorie – benutzte die Gleichung (5) zur Definition des Integrals. Der oben bewiesene Satz zeigt, daß das von H. LEBESGUE untersuchte Integral durch die in diesem Buch dargelegte Theorie erfaßt wird.

7.4. Riemannsche Integralsummen und Riemann-Integral[1])

Satz 1. *Es seien folgende Voraussetzungen erfüllt:*

(i) *X_0 sei ein metrischer Raum;*

(ii) *μ sei ein Lusin-Maß auf einem δ-Ring $\mathfrak{M}$ von Teilmengen von X_0;*

(iii) *f sei eine stetige und beschränkte Funktion auf einer bez. μ endlichen Menge $X \subset X_0$;*

(iv) *durch $X = \bigcup_n X_n$ sei eine endliche oder abzählbare Zerlegung von X in μ-meßbare Teilmengen gegeben, deren Durchmesser eine Zahl λ nicht übersteigen*[2]);

(v) *ξ_n sei ein beliebiges Element aus X_n $(n = 1, 2, \ldots)$.*

Dann ist f μ-integrierbar auf X, und es gilt

$$\int_X f(x)\, d\mu = \lim_{\lambda \to 0} \sum_n f(\xi_n)\, \mu(X_n)\,. \tag{1}$$

Bemerkung 1. Die Gleichung (1) versteht sich in folgendem Sinne: Wenn λ eine beliebige Nullfolge $\lambda_1, \lambda_2, \ldots$ durchläuft, dann konvergiert die Summe auf der rechten Seite stets gegen den Wert des Integrals auf der linken Seite (unabhängig von der Zerlegung der Menge X und der Wahl der Elemente ξ_n). Man zeigt unschwer (als Übungsaufgabe), daß diese Definition des Grenzwertes (1) der folgenden Formulierung

---

[1]) B. RIEMANN (1826–1866): hervorragender deutscher Mathematiker.

[2]) Ob es eine solche Zerlegung überhaupt gibt, soll uns an dieser Stelle nicht interessieren. Wir beschränken uns auf den Fall, daß eine solche Zerlegung für beliebiges $\lambda > 0$ möglich ist (z. B. wenn X_0 der n-dimensionale Euklidische Raum und μ das LEBESGUE- oder ein LEBESGUE-STIELTJES-Maß ist).

gleichwertig ist: Zu jedem $\varepsilon > 0$ gibt es ein solches $\delta > 0$, daß aus $\lambda < \delta$ stets die Ungleichung

$$\left| \int_X f(x)\, d\mu - \sum_n f(\xi_n)\, \mu(X_n) \right| < \varepsilon$$

folgt.

Beweis von Satz 1: λ durchlaufe eine Nullfolge von Zahlen $\lambda_1, \lambda_2, \ldots$ Für jedes k definieren wir durch

$$X = \bigcup_n X_{kn}\text{[1]} \tag{2}$$

eine Zerlegung der Menge X in μ-meßbare Teilmengen, deren Durchmesser die Zahl λ_k jeweils nicht übersteigen (vgl. Voraussetzung (iv)). Für die in den Mengen X_{kn} gemäß (v) betrachteten Elemente schreiben wir $\xi_{kn} \in X_{kn}$ und definieren

$$f_k(x) = \sum_n f(\xi_{kn})\, 1_{X_{kn}}(x)\,, \tag{3}$$

d. h., f_k ist eine auf X beschränkte und μ-meßbare Treppenfunktion, die auf X_{kn} $(n = 1, 2, \ldots)$ die Werte $f(\xi_{kn})$ annimmt (vgl. Abb. 166). Jede der Funktionen f_k ist integrierbar auf X, da X bez. μ endlich ist. Wir zeigen nun $f_k(x) \to f(x)$ für alle $x \in X$, falls $k \to \infty$. Für jedes k und jedes $x \in X$ gibt es genau eine Teilmenge $X_{kn} \ni x$, und dann gilt

$$f_k(x) - f(x) = f(\xi_{kn}) - f(x) \tag{4}$$

(vgl. Abb. 167), wobei nach Konstruktionsvorschrift $\varrho(\xi_{kn}, x) \leqq \lambda_k$ ist, wenn ϱ den Abstand zwischen den entsprechenden Elementen bezeichnet. Strebt jetzt $k \to \infty$, so folgt $\lambda_k \to 0$, und die rechte Seite von (4) strebt infolge der Stetigkeit von f gegen Null, d. h. $f_k(x) \to f(x)$.

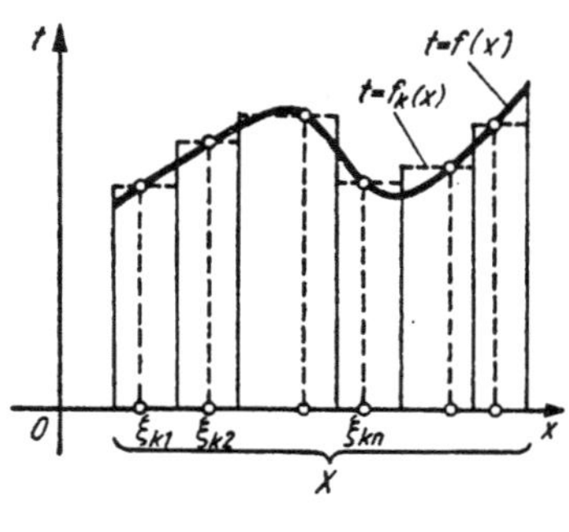

Abb. 166

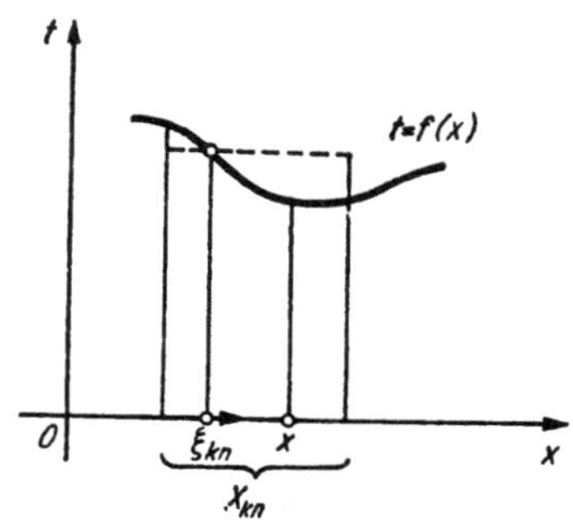

Abb. 167

Schließlich ist nach Voraussetzung f beschränkt auf X, d. h. $|f(x)| \leqq C$ für alle $x \in X$. Folglich gilt auch $|f_k(x)| \leqq C$ für alle $x \in X$ und alle $k = 1, 2, \ldots$ Damit sind für die Folge der f_k die Voraussetzungen zur Anwendung des Satzes von LEBESGUE erfüllt (vgl. Aussage 18 und Folgerung 1 in 7.2). Die Funktion f ist dann μ-integrierbar auf X, und es gilt

$$\int_X f(x)\, d\mu = \lim_{k \to \infty} \int_X f_k(x)\, d\mu$$

---

[1]) Für jedes k durchläuft der Index n entweder die Menge aller natürlichen Zahlen oder die Menge der natürlichen Zahlen bis zu einem gewissen n_k.

mit

$$\int\limits_X f_k(x)\,\mathrm{d}\mu = \sum_n \int\limits_{X_{kn}} f_k(x)\,\mathrm{d}\mu = \sum_n f(\xi_{kn})\,\mu(X_{kn})\,.$$

Hieraus folgt (1) ●

Die in (1) auftretenden Summen heißen *Riemannsche Integralsummen.*

Bemerkung 2. Wenn f auf X unbeschränkt oder X bez. μ nicht endlich ist, dann können die RIEMANNschen Summen

$$\sum_n f(\xi_n)\,\mu(X_n) \tag{5}$$

selbst für eine μ-integrierbare, stetige Funktion f (in Abhängigkeit von λ und ξ_n) unbeschränkt oder auch divergente Reihen sein.

Beispiel 1. Sei X_0 die Zahlengerade, μ das lineare LEBESGUE-Maß, $X=(0,1]$ und f eine beliebige μ-integrierbare und auf $(0,1]$ unbeschränkte Funktion (z. B.[1]) $f(x)=(\sqrt{x})^{-1}$). Für jede natürliche Zahl n betrachten wir die vermittels $X_k=\left(\frac{k-1}{n},\frac{k}{n}\right]$ durch $X=\bigcup\limits_{k=1}^{n} X_k$ gegebene endliche Zerlegung von X. Die Funktion f ist auf X unbeschränkt, also existiert mindestens ein X_k, auf dem f unbeschränkt ist. Betrachten wir jetzt die RIEMANNschen Summen (5) für ein festes n und feste $\xi_1,\ldots,\xi_{k-1}$, $\xi_{k+1},\ldots,\xi_n$ lediglich in Abhängigkeit von $\xi_k\in X_k$, so ist offenbar die Menge der so entstehenden Integralsummen bereits unbeschränkt.

Beispiel 2. Sei X_0 die Zahlengerade, μ das lineare LEBESGUE-Maß, $X=[0,\infty)$ und f die in Abb. 168 dargestellte Funktion. Diese Funktion ist beschränkt, stetig und μ-integrierbar auf X mit

$$\int\limits_X f(x)\,\mathrm{d}\mu = \frac{1}{2}\sum_{n=1}^{\infty}\frac{1}{2^n} = \frac{1}{2}\,.$$

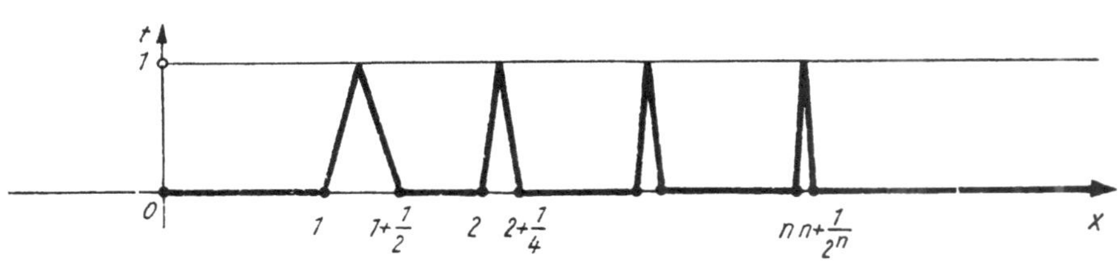

Abb. 168

Für eine beliebige natürliche Zahl m sei nun die Menge X in die Teilintervalle $X_n = \left[\frac{n}{2^m},\frac{n+1}{2^m}\right)$ $(n=0,1,2,\ldots)$ zerlegt. Als $\xi_n\in X_n$ werde jeweils das Element gewählt, für das $f(\xi_n)=1$ ist; falls es im betrachteten Intervall einen solchen Punkt nicht gibt, kann ξ_k beliebig gewählt werden. Die Reihe

$$\sum_n f(\xi_n)\,\mu(X_n)$$

[1]) Bei der Wahl dieser Funktion haben wir Gebrauch von einem erst später angegebenen Sachverhalt gemacht (vgl. 8.1): Jede im elementaren Sinn absolut integrierbare Funktion einer Veränderlichen ist integrierbar im LEBESGUEschen Sinne.

enthält dann eine unendliche Anzahl von Gliedern mit dem Wert $\frac{1}{2m}$ (vgl. Abb. 169) und ist folglich divergent. Da dies für jede natürliche Zahl m gilt, gibt es folglich für jedes $\lambda > 0$ divergente RIEMANNsche Summen.

Aus den angegebenen Gründen betrachtet man die RIEMANNschen Integralsummen gewöhnlich nur für beschränkte Funktionen und für bez. μ endliche Mengen (wie in Satz 1).

Bemerkung 3. In der elementaren Integrationstheorie betrachtet man als Menge X (über der integriert wird) und als Teilmengen X_n (in die X zerlegt wird) üblicherweise abgeschlossene Bereiche (d. h. Abschließungen zusammenhängender offener Mengen); in einer nur wenig allgemeineren Formulierung betrachtet man statt dessen Abschließungen beliebiger offener Mengen (d. h. Verzicht auf Zusammenhang). Dabei dürfen die Mengen X_n gemeinsame Punkte haben, jedoch unter der Bedingung, daß für $n \neq m$ die Menge $X_n \cap X_m$ den gemeinsamen Rand von X_n und X_m bildet[1]) und $\mu(X_n \cap X_m) = 0$ ist (vgl. Abb. 170). Letzteres verändert die Werte der Integralsummen (5) natürlich nicht. Somit gilt die Gleichung (1) zunächst in den Fällen, in denen die Punkte ξ_n nicht im Durchschnitt $X_n \cap X_m$ $(n \neq m)$ liegen (das wird aus dem Verlauf des Beweises von Satz 1 ersichtlich). Sie behält wegen der Stetigkeit von f ihre Gültigkeit aber auch im entgegengesetzten Fall, wenn also $\xi_n \in X_n \cap X_m$ $(n \neq m)$ ein Randpunkt von X_n ist. Da X_n die Abschließung einer offenen Menge ist, gibt es einen inneren Punkt $\bar{\xi}_n$ von X_n, der hinreichend nahe bei ξ_n liegt. Der Punkt $\xi_n \in X_n \cap X_m$ kann also durch den Punkt $\bar{\xi}_n$ ersetzt werden, der nicht zu einem derartigen Durchschnitt gehört und so gewählt ist, daß die Differenz $|f(\xi_n)\,\mu(X_n) - f(\bar{\xi}_n)\,\mu(X_n)|$ hinreichend klein ist. Es gibt also zu jeder Summe (5) eine analoge Summe, die sich von ihr hinreichend wenig unterscheidet, und in der die Punkte ξ_n keinem der Durchschnitte $X_n \cap X_m$ $(n \neq m)$ angehören. Somit gilt die Gleichung (1) in dem von uns betrachteten Fall sich überschneidender Teilmengen X_n für beliebige Punkte $\xi_n \in X_n$.

Eine Folge von Zerlegungen der Art (2) (für $k = 1, 2, \ldots$) der Menge X in μ-meßbare Teilmengen, deren Durchmesser jeweils λ_k nicht überschreitet $(\lambda_k \to 0)$, nennen wir eine *reguläre* Folge von Zerlegungen, wenn jede neue Zerlegung aus der vorangehenden gewonnen wird, indem deren Teilmengen weiter zerlegt werden.

Bemerkung 4. Wenn es irgendeine Folge von Zerlegungen der Art (2) gibt, so läßt sich auch stets eine reguläre Folge solcher Zerlegungen konstruieren. Die einzige Bedingung dafür lautet, daß das Maß μ auf einem bez. endlicher Durchschnittsbildung abgeschlossenen Mengensystem definiert ist, beispielsweise auf einem Ring, wie im hier interessierenden Fall eines LUSIN-Maßes. Man nimmt dann anstelle der zweiten Zerlegung $X = \bigcup_n X_{2n}$ (mit dem zugehörigen Durchmesser λ_2) die neue Zerlegung $X = \bigcup_{i,j} (X_{1i} \cap X_{2j})$, deren Teilmengen offenbar erst recht Durchmesser $\leqq \lambda_2$ besitzen. Analog verfährt man mit der dritten Zerlegung $X = \bigcup_n X_{3n}$ und der neuen zweiten usw.

Satz 2. *Es seien die Voraussetzungen* (i) *und* (ii) *des Satzes* 1 *erfüllt. Zusätzlich sei*

(iii) μ *ein vollständiges Maß und*

(iv) *die Funktion* f *beschränkt auf der bez.* μ *endlichen Menge* X.

---

[1]) Mit anderen Worten: X_n und X_m dürfen keine gemeinsamen inneren Punkte haben.

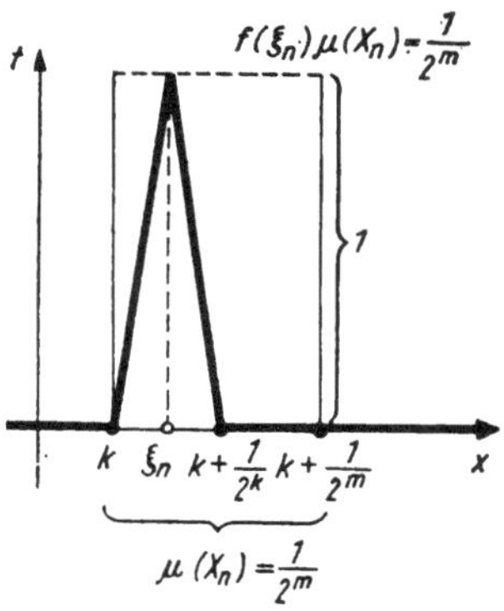

Abb. 169

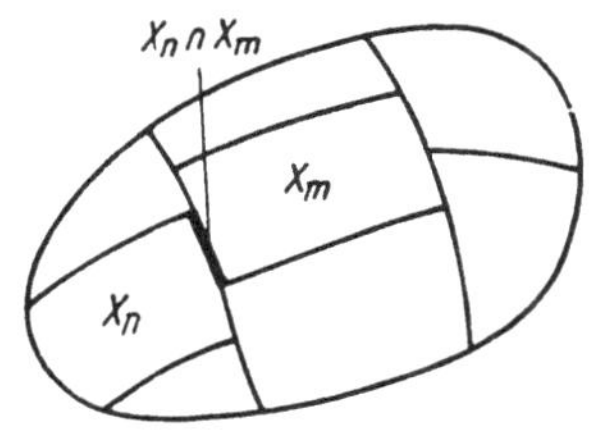

Abb. 170

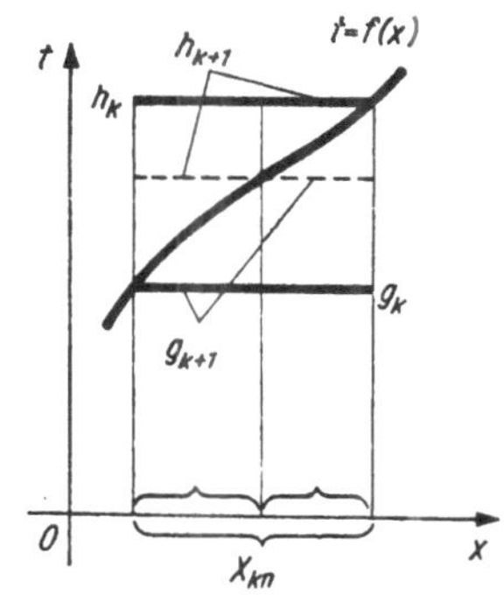

Abb. 171

Wenn für wenigstens eine reguläre Folge von Zerlegungen der Gestalt (2) *der (endliche) Grenzwert*

$$\lim_{k\to\infty} \sum_n f(\xi_{kn})\, \mu(X_{kn}) = A \tag{6}$$

existiert und nicht von der speziellen Wahl der Elemente $\xi_{kn} \in X_{kn}$ *abhängt, dann ist* f *integrierbar auf* X *(im Sinne von* 7.1), *und es gilt*

$$\int_X f(x)\, \mathrm{d}\mu = A\ .$$

Beweis: Wir setzen für jedes $x \in X$

$$g_k(x) = \sum_n m_{kn} \mathbf{1}_{X_{kn}}(x), \quad h_k(x) = \sum_n M_{kn} \mathbf{1}_{X_{kn}}(x)\ . \tag{7}$$

Dabei ist

$$m_{kn} = \inf\ \{f(x) : x \in X_{kn}\}$$

und

$$M_{kn} = \sup\ \{f(x) : x \in X_{kn}\}\ .$$

Die Treppenfunktionen g_k und h_k sind auf X beschränkt und μ-meßbar. Die Funktionen g_k bilden eine mit k monoton wachsende Folge, die Funktionen h_k eine monoton fallende Folge, und es gilt

$$g_k(x) \leqq f(x) \leqq h_k(x) \tag{8}$$

(vgl. Abb. 171). Wir beweisen

$$\int_X g_k(x)\, \mathrm{d}\mu = \sum_n m_{kn}\mu(X_{kn}) \to A\ , \quad \int_X h_k(x)\, \mathrm{d}\mu = \sum_n M_{kn}\mu(X_{kn}) \to A \tag{9}$$

für $k \to \infty$. Die hierbei auftretenden Gleichungen folgen aus (7), und nach Definition von Infimum und Supremum gibt es Punkte $\xi_{kn} \in X_{kn}$ und $\eta_{kn} \in X_{kn}$, für die

$$0 \leqq f(\xi_{kn}) - m_{kn} < \lambda_k \quad \text{und} \quad 0 \leqq M_{kn} - f(\eta_{kn}) < \lambda_k$$

ist; also ergibt sich

$$0 \leqq \sum_n f(\xi_{kn})\, \mu(X_{kn}) - \sum_n m_{kn}\mu(X_{kn}) \leqq \lambda_k \sum_n \mu(X_{kn}) = \lambda_k \mu(X)$$

und

$$0 \leqq \sum_n M_{kn}\mu(X_{kn}) - \sum_n f(\eta_{kn})\, \mu(X_{kn}) \leqq \lambda_k \mu(X)\ ,$$

woraus (9) folgt. Es gilt also

$$\int_X [h_k(x) - g_k(x)]\, d\mu \to 0 \quad \text{für} \quad k \to \infty,$$

wobei die Differenzen $h_k(x) - g_k(x)$ nichtnegativ sind und mit zunehmendem k monoton fallen. Nach Aussage 1 in 6.4 gilt dann

$$0 = \lim_{k \to \infty} \int_X [h_k(x) - g_k(x)]\, d\mu = \int_X \lim_{k \to \infty} [h_k(x) - g_k(x)]\, d\mu .$$

Nach Voraussetzung ist $\lim\limits_{k \to \infty} [h_k(x) - g_k(x)] \geqq 0$; folglich gilt μ-fast-überall auf X

$$\lim_{k \to \infty} [h_k(x) - g_k(x)] = 0$$

und somit nach (8)

$$\lim_{k \to \infty} g_k(x) = f(x) = \lim_{k \to \infty} h_k(x) .$$

Wegen der Vollständigkeit des Maßes μ ist f μ-meßbar auf X (vgl. 4.5). Weiterhin ist f beschränkt und X bez. μ endlich; folglich ist f μ-integrierbar auf X. Aus (8) und (9) folgt schließlich $\int_X f(x)\, d\mu = A$ ●

Bemerkung 5. Die Voraussetzung der Vollständigkeit des Maßes μ im Satz 2 ist wesentlich. Um das zu zeigen, betrachten wir den Ring $\mathfrak{M}$ aller BOREL-Mengen des Intervalls [0, 1] der Zahlengeraden und setzen $\mu(X) = 0$ für jedes $X \in \mathfrak{M}$. Ein solches Maß μ ist offenbar ein LUSIN-Maß (sogar ein BOREL-Maß). Obwohl $\mu[0, 1] = 0$ gilt, ist μ kein vollständiges Maß, da es für alle diejenigen Teilmengen von [0, 1] nicht definiert ist, die keine BOREL-Mengen sind (z. B. ist also μ für nicht LEBESGUE-meßbare Mengen nicht definiert). Nun sei $f(x) = 1_{X'}(x)$ $(x \in X)$ die charakteristische Funktion einer solchen Menge X' (vgl. Abb. 172). Offenbar ist f nicht μ-meßbar auf

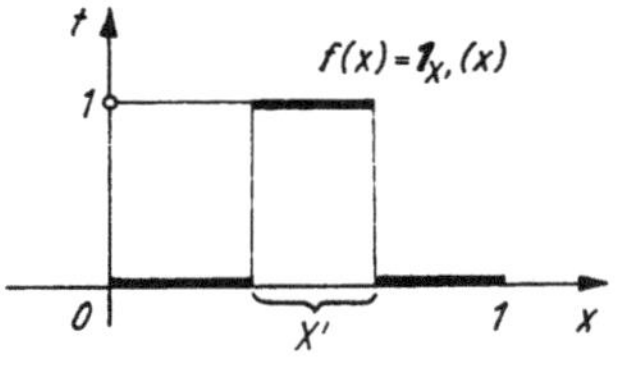

Abb. 172

[0, 1] und folglich auch nicht μ-integrierbar auf [0, 1] im Sinne von 7.1. Andererseits gilt aber für jede endliche oder abzählbare Zerlegung des Intervalls [0, 1] in BOREL-Mengen stets

$$\sum_k f(\xi_k)\, \mu(X_k) = 0 ,$$

d. h., der Grenzwert (6) existiert und ist gleich Null.

Häufig werden in der Integrationstheorie RIEMANNsche Integralsummen (vgl. (1)) zugrundegelegt (für metrische Räume, speziell die Zahlengerade, die Ebene, den drei- oder mehrdimensionalen Euklidischen Raum). Insbesondere heißt eine Funktion f *im Riemannschen Sinne μ-integrierbar auf X*, wenn der (endliche) Grenzwert

$$\lim_{\lambda \to 0} \sum_n f(\xi_n)\, \mu(X_n) \tag{10}$$

existiert und unabhängig ist von der gewählten Zerlegung der Menge X in Teilmengen X_n mit Durchmessern, die λ nicht überschreiten, sowie von der speziellen Wahl der

Punkte $\xi_n \in X_n$. Der Grenzwert (10) heißt dann das *Riemannsche μ-Integral der Funktion f über der Menge X.*

Wenn μ das LEBESGUE-Maß bzw. ein LEBESGUE-STIELTJES-Maß ist, wird das entsprechende RIEMANNsche μ-Integral kurz *Riemann-Integral* bzw. *Riemann-Stieltjes-Integral* genannt. Die Sätze 1 und 2 stellen den Zusammenhang zwischen dem μ-Integral im Sinne von Abschnitt 7.1 und dem RIEMANNschen μ-Integral her. Insbesondere besagt Satz 2, daß für ein vollständiges Maß der Begriff des μ-Integrals im Sinne von Abschnitt 7.1 zumindest nicht enger als der des RIEMANNschen μ-Integrals ist. Aber selbst in dem einfachen Fall eines LEBESGUE-Maßes erweist er sich bereits als wesentlich umfassender. Der Grund dafür liegt nicht nur darin, daß viele unbeschränkte Funktionen LEBESGUE-integrierbar sind, für die das RIEMANN-Integral seinen Sinn verliert (s. o. Bemerkung 2 mit Beispiel 1); auch in der Anwendung auf beschränkte Funktionen ist dieser Integralbegriff wesentlich umfassender als der RIEMANNsche.

Wir betrachten z. B. die DIRICHLET-Funktion

$$f(x) = \begin{cases} 0, & \text{falls } x \text{ irrational,} \\ 1, & \text{falls } x \text{ rational.} \end{cases}$$

Wie bereits in Abschnitt 7.2 gezeigt wurde (vgl. das Beispiel zu Aussage 12), ist diese Funktion auf $[0, 1]$ LEBESGUE-integrierbar mit dem Wert 0. Jedoch kann bei Zerlegung des Intervalls $[0, 1]$ in n Teile der Gestalt

$$X_1 = \left[0, \frac{1}{n}\right), \quad X_2 = \left[\frac{1}{n}, \frac{2}{n}\right), \ldots, \quad X_n = \left[\frac{n-1}{n}, 1\right]$$

die Integralsumme $\sum_{k=1}^{n} f(\xi_k)\, \mu(X_k) = \sum_{k=1}^{n} f(\xi_k) \frac{1}{n}$ für jedes n sowohl den Wert 0 als auch den Wert 1 annehmen, je nachdem ob alle ξ_k irrational oder alle ξ_k rational sind. Mithin können die Integralsummen in diesem Fall nicht konvergieren, d. h., die DIRICHLET-Funktion ist im RIEMANNschen Sinne nicht integrierbar.

7.5. Das Integral als Mengenfunktion. Absolutstetigkeit

Es sei μ ein LUSIN-Maß, das auf einem δ-Ring M von Teilmengen einer Menge X_0 definiert ist.

Wenn eine Funktion f μ-integrierbar auf einer Menge E ist, so ist sie auch auf jeder μ-meßbaren Teilmenge $X \subset E$ μ-integrierbar.

Wir setzen

$$F(X) = \int_X f(x)\, \mathrm{d}\mu \tag{1}$$

und erhalten dadurch eine Mengenfunktion, die für alle μ-meßbaren Mengen $X \subset E$ definiert ist; sie ist also auf einem σ-Ring (sogar einer σ-Algebra) definiert. Aus den Eigenschaften des μ-Integrals folgt:

(i) F ist σ-additiv,

(ii) $F(X) = 0$, falls $\mu(X) = 0$.

Satz 1. *Sei f μ-integrierbar auf E. Dann ist die auf dem ganzen Raum X_0 durch*

$$f(x; E) = \begin{cases} f(x) & \text{für} \quad x \in E, \\ 0 & \text{für} \quad x \in X_0 \setminus E \end{cases} \tag{2}$$

definierte Funktion auf jeder beliebigen μ-meßbaren Menge X μ-integrierbar, und es gilt

$$\int_X f(x; E)\,\mathrm{d}\mu = \int_{X\cap E} f(x)\,\mathrm{d}\mu \tag{3}$$

(*vgl. Abb.* 173).

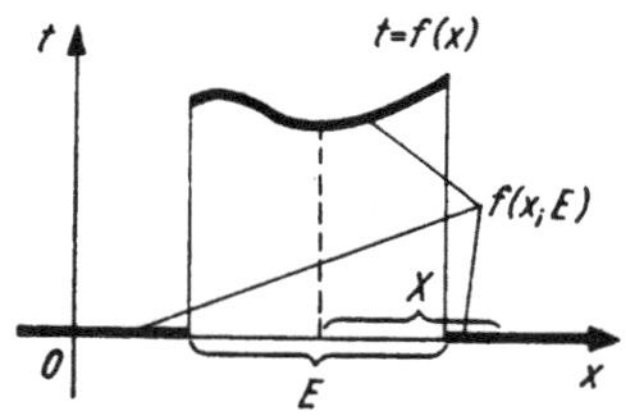

Abb. 173

Beweis: Es gilt $X = (X \cap E) \cup (X \setminus E)$; und aus der Bedingung (2) folgen sowohl die μ-Integrierbarkeit von f als auch die Gleichung (3) ●

Folgerung 1. *In der Integrationstheorie kann man jede beliebige auf einer bestimmten Menge E definierte und dort μ-integrierbare Funktion f als auf dem ganzen Raum definiert und auf jeder μ-meßbaren Menge integrierbar ansehen.*

Folgerung 2. *Die oben in* (1) *betrachtete Mengenfunktion kann man stets auf die Klasse aller μ-meßbaren Mengen fortsetzen, und zwar derart, daß sie das Integral einer bestimmten, auf dem ganzen Raum definierten Funktion bleibt.*

Satz 2. *Sei f überall auf X_0 definiert. Dann ist die Klasse $\mathfrak{L}$ aller derjenigen Mengen, für die das Integral* (1) *existiert, ein Ring.*

Beweis: Die Klasse $\mathfrak{L}$ besteht nur aus μ-meßbaren Mengen (ohne daß sie alle derartigen Mengen umfassen müßte). Entsprechend den Eigenschaften des μ-Integrals (vgl. 7.2 und 6.2) folgt aus der Integrierbarkeit von f auf X_1 und X_2 die Integrierbarkeit auf $X_1 \cup X_2$ und $X_1 \setminus X_2 \subset X_1$, d. h. $\mathfrak{L}$ ist ein Ring. ●

Es sei bemerkt, daß unter den Voraussetzungen von Satz 2 auch die oben formulierten Eigenschaften (i) und (ii) gelten.

Satz 3. *Sei f überall auf X_0 definiert und dort nichtnegativ. Dann ist die durch* (1) *gegebene Mengenfunktion ein Borel-Maß* (*das auf der Klasse $\mathfrak{L}$ aller derjenigen Mengen X definiert ist, für die diese Mengenfunktion erklärt ist*).

Beweis: Offensichtlich ist unter den Voraussetzungen von Satz 3 $F(X) \geqq 0$. Nach dem oben Gesagten ist F auf einem Ring definiert und σ-additiv. Sei nun durch $X = \bigcup_n X_n$ eine endliche oder abzählbare Zerlegung in Teilmengen $X_n \in \mathfrak{L}$ gegeben, und die Reihe

$$\sum_n F(X_n) = \sum_n \int_{X_n} f(x)\,\mathrm{d}\mu$$

konvergiere. Nach den Eigenschaften des μ-Integrals einer nichtnegativen Funktion (vgl. 6.3) ist f integrierbar auf X mit

$$\int_X f(x)\,\mathrm{d}\mu = \sum_n \int_{X_n} f(x)\,\mathrm{d}\mu\,,$$

d. h. $X \in \mathfrak{L}$ und $F(X) = \sum_n F(X_n)$; F ist also ein BOREL-Maß ●

Definition. Eine Mengenfunktion Φ, die (mindestens) für alle bez. μ endlichen Mengen $X \subset E$ definiert ist, heißt *absolutstetig auf E bez. des Maßes* μ, wenn für jedes $\varepsilon > 0$ ein solches $\delta > 0$ existiert, daß aus der Bedingung $X \subset E$, $\mu(X) < \delta$ stets die Ungleichung

$$|\Phi(X)| < \varepsilon$$ [1]

folgt.

Beispiel. Man sagt, die Mengenfunktion Φ genügt auf E einer *Lipschitz-Bedingung*, wenn es eine Konstante k gibt, so daß für jede bez. μ endliche Menge $X \subset E$

$$|\Phi(X)| \leqq k\mu(X)$$

gilt. Eine solche Mengenfunktion Φ ist offenbar absolutstetig auf E bez. μ. Ist insbesondere eine Funktion f μ-meßbar und beschränkt auf E, d. h. $|f(x)| \leqq k < \infty$ für alle $x \in E$, so ist f μ-integrierbar auf jeder bez. μ endlichen Menge $X \subset E$, und für die zugehörige Mengenfunktion gemäß (1) gilt

$$|F(X)| = |\int\limits_X f(x)\, d\mu| \leqq k\mu(X)\ ,$$

d. h., sie genügt einer LIPSCHITZ-Bedingung. In diesem Spezialfall ist F also absolutstetig. Jedoch wird Satz 4 zeigen, daß die Beschränktheit von f dafür nicht wesentlich ist, sondern sich vielmehr j e d e Mengenfunktion der Art (1) als absolutstetig bez. des Maßes μ erweist.

Wir bemerken noch, daß für jede absolutstetige Mengenfunktion Φ aus der Gleichung $\mu(X) = 0$ sofort $\Phi(X) = 0$ folgt (vgl. Definition). Ferner sind die Summe, die Differenz und das Produkt absolutstetiger Funktionen wieder absolutstetig.

Satz 4. *Es sei f auf E definiert und auf jeder beliebigen μ-meßbaren Menge $X \subset E$ μ-integrierbar. Dann ist die auf diesen Mengen X durch*

$$F(X) = \int\limits_X f(x)\, d\mu \tag{4}$$

definierte Mengenfunktion F absolutstetig auf E bez. des Maßes μ[2].

B e w e i s: Wegen

$$|F(X)| \leqq \int\limits_X |f(x)|\, d\mu$$

genügt es, den Fall $f(x) \geqq 0$ bzw., was dasselbe ist, $F(X) \geqq 0$ zu betrachten. Nach Voraussetzung ist μ ein LUSIN-Maß; wir können es jedoch als BOREL-Maß ansehen, da sich jedes LUSIN-Maß zu einem BOREL-Maß fortsetzen läßt, ohne die Klasse der meßbaren Mengen zu verändern (vgl. 3.4). Die Voraussetzungen des Satzes werden dadurch nicht verletzt.

Wir führen den Beweis indirekt und nehmen also an, F sei nicht absolutstetig bez. μ. Dann gibt es mindestens ein $\varepsilon > 0$, zu dem man kein δ mit der in obiger Definition geforderten Eigenschaft findet. Anders ausgedrückt gibt es zu j e d e m $\delta = \frac{1}{2^n}$ wenigstens

---

[1]) Bei dieser Definition wird nicht gefordert, daß Φ additiv ist.

[2]) In diesem Satz wird der Menge E keinerlei Beschränkung auferlegt; dabei kann aber speziell E μ-meßbar oder $E = X_0$ sein u. dgl.

eine Menge $X_n \subset E$, für die

$$\mu(X_n) < \frac{1}{2^n}, \quad F(X_n) \geqq \varepsilon > 0 \tag{5}$$

gilt. Wir setzen nun

$$A = \overline{\lim_{n\to\infty}}\, X_n = \bigcap_{n=1}^{\infty} \bigcup_{k=n}^{\infty} X_k \subset E\,,$$

wobei die Mengen A und $\bigcup\limits_{k=n}^{\infty} X_k$ μ-meßbar sind. Gemäß unserer Konstruktion der Mengen X_k gilt

$$\sum_{k=n}^{\infty} \mu(X_k) < \sum_{k=n}^{\infty} \frac{1}{2^k} = \frac{1}{2^{n-1}}\,,$$

und nach den Eigenschaften von BOREL-Maßen

$$\mu\left(\bigcup_{k=n}^{\infty} X_k\right) \leqq \sum_{k=n}^{\infty} \mu(X_k) < \frac{1}{2^{n-1}}\,.$$

Hieraus folgt

$$\mu(A) \leqq \mu\left(\bigcup_{k=n}^{\infty} X_k\right) < \frac{1}{2^{n-1}}$$

für jedes n, also $\mu(A)=0$ und wegen (4)

$$F(A) = 0\,. \tag{6}$$

Andererseits gilt aber

$$\bigcup_{k=1}^{\infty} X_k \supset \bigcup_{k=2}^{\infty} X_k \supset \ldots \supset \bigcup_{k=n}^{\infty} X_k \supset \ldots$$

und folglich wegen der Stetigkeit σ-additiver Maße

$$F(A) = \lim_{n\to\infty} F\left(\bigcup_{k=n}^{\infty} X_k\right) \geqq \lim_{n\to\infty} F(X_n) \geqq \varepsilon > 0$$

im Widerspruch zu (6) ●

Später wird gezeigt werden, daß der Satz 4 auch eine Umkehrung erlaubt (vgl. den Satz von RADON-NIKODYM).

Bemerkung 1. Wir haben sogar etwas mehr bewiesen, als im Satz 4 behauptet wurde: Wenn eine nichtnegative und σ-additive Mengenfunktion F für alle μ-meßbaren Mengen $X \subset E$ definiert ist und dabei aus $\mu(X)=0$ stets $F(X)=0$ folgt, so ist F auf E absolutstetig bez. des Maßes μ[1]).

---

[1]) Die Darstellung von F in Form eines Integrals (vgl. (4)) ist also für die Absolutstetigkeit nicht wesentlich. Von Bedeutung ist hier lediglich die Eigenschaft, daß aus $\mu(X)=0$ stets $F(X)=0$ folgt (vgl. (6)). Bei unseren Überlegungen haben wir zwar Gebrauch von der Tatsache gemacht, daß μ ein BOREL-Maß ist; falls jedoch μ nur ein LUSIN-Maß ist, das die Eigenschaft $F(X)=0$ für alle X mit $\mu(X)=0$ besitzt, so zeigt man leicht, daß für die BORELsche Erweiterung $\tilde{\mu}$ von μ (im Sinne von Abschnitt 3.4) aus $\tilde{\mu}(X)=0$ ebenfalls $F(X)=0$ folgt. Wir überlassen das dem Leser zur Übung.

Für ein BOREL-Maß μ (insbesondere für ein LEBESGUE- oder LEBESGUE-STIELTJES-Maß) kann Satz 4 verschärft werden:

Satz 5. *Die Funktion F sei auf E definiert und die Mengenfunktion F sei vermittels (4) auf allen bez. μ endlichen Teilmengen von E gegeben, wobei μ ein Borel-Maß sei. Dann ist F auf E absolutstetig bez. des Maßes μ*[1].

Der Beweis ist derselbe wie der von Satz 4. Aus dem Beweisgang wird ersichtlich, daß man Satz 5 auch folgende zu Bemerkung 1 analoge Gestalt geben kann:

Satz 5'. *Es seien μ ein Borel-Maß, F eine nichtnegative, σ-additive Mengenfunktion, die für alle bez. μ endlichen Teilmengen von E definiert ist, und es gelte $F(X)=0$ für alle $X \subset E$ mit $\mu(X)=0$. Dann ist F auf E absolutstetig bez. des Maßes μ.*

Bemerkung 2. Für LUSIN-Maße gilt Satz 5 im allgemeinen nicht mehr. Sei z. B. μ das lineare LEBESGUE-Maß auf dem δ-Ring $\mathfrak{M}$ der beschränkten LEBESGUE-meßbaren Mengen der Zahlengeraden. Damit ist μ ein LUSIN-Maß, aber kein BOREL-Maß. Wir setzen

$$F(X) = \int_X x \, d\mu .$$

Dieses Integral existiert offenbar für jede bez. μ endliche Menge. Es ist aber

$$\int_{\left[n, n+\frac{1}{n}\right)} x \, d\mu > n \cdot \frac{1}{n} = 1 ,$$

so daß $F\left[n, n+\frac{1}{n}\right) > 1$ für alle n, aber $\mu\left[n, n+\frac{1}{n}\right) = \frac{1}{n} \to 0$ für $n \to \infty$ gilt. F ist also nicht absolutstetig bez. μ.

Bemerkung 3. Satz 5 gilt auch allgemeiner für ein LUSIN-Maß μ, falls E eine bez. μ endliche Menge ist. In diesem Fall sind die μ-meßbaren Teilmengen von E automatisch bez. μ endliche Mengen, insbesondere die Mengen A und $\bigcup_{k=n}^{\infty} X_k$ (vgl. Beweis zu Satz 4). Im weiteren Gang dieses Beweises wird dann lediglich noch die σ-Additivität von μ benutzt, und es wird nicht mehr benötigt, daß μ ein BOREL-Maß ist.

7.6. Eigenschaften des Integrals im Zusammenhang mit Operationen zwischen Maßen. Integraltransformation von Maßen

Es seien μ und ν LUSIN-Maße, die auf einem Ring $\mathfrak{M}$ von Teilmengen einer Menge X_0 definiert sind. Dann sind für jede Konstante $c \geqq 0$ die Maße $c\mu$ und $\mu + \nu$ ebenfalls LUSIN-Maße auf demselben Ring $\mathfrak{M}$. Dagegen braucht $\mu - \nu$ im allgemeinen kein Maß zu sein. Diese Differenz ist genau dann ein LUSIN-Maß auf dem Ring $\mathfrak{M}$, wenn

$$\mu(X) - \nu(X) \geqq 0$$

[1] Das Neue im Vergleich zu Satz 4 besteht darin, daß die Funktion F in Gleichung (4) nur noch für bez. μ endliche Mengen definiert wird.

für jedes $X \in \mathfrak{M}$ gilt. Ist im folgenden von $\mu - \nu$ die Rede, so sei stets zusätzlich vorausgesetzt, daß diese Mengenfunktion ein Maß sei.

Unter den genannten Bedingungen gelten nun folgende Aussagen:

Aussage 1. *Ist f eine μ-integrierbare Funktion auf der Menge X, so ist f auch $c\mu$-integrierbar auf X, und es gilt*

$$\int_X f(x)\, \mathrm{d}(c\mu) = c \int_X f(x)\, \mathrm{d}\mu \quad (c \geqq 0)\,. \tag{1}$$

Ist die Funktion f sowohl μ-integrierbar als auch ν-integrierbar auf X, so ist f auch $(\mu \pm \nu)$-integrierbar auf X und es gilt

$$\int_X f(x)\, \mathrm{d}\,(\mu \pm \nu) = \int_X f(x)\, \mathrm{d}\mu \pm \int_X f(x)\, \mathrm{d}\nu\,. \tag{2}$$

Beweis: Wir beweisen zunächst Gleichung (1). Ohne Beschränkung der Allgemeinheit sei $f(x) \geqq 0$ $(x \in X)$. Ist dabei f eine Treppenfunktion, die durch

$$f(x) = \sum_n t_n \mathbf{1}_{X_n}(x) \quad (x \in X) \tag{3}$$

gegeben wird, wobei $X = \bigcup_n X_n$ eine endliche oder abzählbare Zerlegung in Mengen $X_n \in \mathfrak{M}$ darstellt und $t_n \geqq 0$ $(n = 1, 2, \ldots)$ ist, so gilt

$$c \int_X f(x)\, \mathrm{d}\mu = c \sum_n t_n \mu(X_n) = \sum_n t_n [c\mu(X_n)] = \int_X f(x)\, \mathrm{d}(c\mu)$$

(entsprechend den Eigenschaften des Integrals von Treppenfunktionen). Im allgemeinen Fall betrachten wir eine Folge f_n nichtnegativer Treppenfunktionen der Gestalt (3) mit $f_n(x) \uparrow f(x)$ für alle $x \in X$. Nach Voraussetzung ist dann

$$0 \leqq f_n(x) \leqq f(x)\,,$$

so daß aus der μ-Integrierbarkeit von f auf X die μ-Integrierbarkeit aller f_n $(n = 1, 2, \ldots)$ folgt. Nach dem oben bewiesenen Sachverhalt für Treppenfunktionen gilt

$$\int_X f_n(x)\, \mathrm{d}(c\mu) = c \int_X f_n(x)\, \mathrm{d}\mu \quad (n = 1, 2, \ldots)\,,$$

und wir erhalten die Gleichung (1) durch Anwendung von Aussage 17 in 7.2 auf die monoton wachsende Funktionenfolge der f_n $(n = 1, 2, \ldots)$.

Zum Beweis von Gleichung (2) können wir uns gleichfalls auf den Fall $f(x) \geqq 0$ für alle $x \in X$ beschränken. Sei zunächst f eine Treppenfunktion, die durch Gleichung (3) definiert ist $(X_n \in \mathfrak{M},\ n = 1, 2, \ldots)$. Dann gilt

$$\begin{aligned} &\int_X f(x)\, \mathrm{d}\mu \pm \int_X f(x)\, \mathrm{d}\nu \\ &= \sum_n t_n \mu(X_n) \pm \sum_n t_n \nu(X_n) = \sum_n t_n\, [\mu(X_n) \pm \nu(X_n)] = \int_X f(x)\, \mathrm{d}\,(\mu \pm \nu)\,. \end{aligned}$$

Im allgemeinen Fall wird wieder eine Folge nichtnegativer Treppenfunktionen der obigen Form mit $f_n(x) \uparrow f(x)$ für alle $x \in X$ betrachtet. Aus der Ungleichung $0 \leqq f_n(x) \leqq f(x)$ folgt, daß die Funktionen f_n $(n = 1, 2, \ldots)$ sowohl μ-integrierbar als auch ν-integrierbar auf X sind. Nach dem oben gezeigten Sachverhalt gilt dann

$$\int_X f_n(x)\, \mathrm{d}\,(\mu \pm \nu) = \int_X f_n(x)\, \mathrm{d}\mu \pm \int_X f_n(x)\, \mathrm{d}\nu\,,$$

und hieraus erhält man (unter Ausnutzen der Eigenschaften monoton wachsender Funktionenfolgen) im Grenzübergang die Gleichung (2) ●

Aussage 2. *Es seien*

(i) *λ ein Lusin-Maß auf einem Ring $\mathfrak{L}$ von Teilmengen einer Menge X_0;*

(ii) *μ ein Lusin-Maß auf einem Ring $\mathfrak{M}$ von Teilmengen der Menge X_0, das durch die Gleichung*

$$\mu(X) = \int_X \Theta(x)\,\mathrm{d}\lambda\,, \tag{4}$$

mit $\Theta(x) \geqq 0$ für alle $x \in X_0$ definiert ist[1]);

(iii) *f eine μ-meßbare Funktion auf X.*

Dann gilt

$$\int_X f(x)\,\mathrm{d}\mu = \int_X f(x)\,\Theta(x)\,\mathrm{d}\lambda\,, \tag{5}$$

wobei aus der Existenz des einen Integrals jeweils die Existenz des anderen folgt.

Beweis: Ohne Beschränkung der Allgemeinheit gelte $f(x) \geqq 0$ für alle $x \in X$. Sei zunächst f eine Treppenfunktion nach (3). Wenn das Integral auf der linken Seite in (5) existiert, so gilt dafür

$$\begin{aligned}\int_X f(x)\,\mathrm{d}\mu &= \sum_n t_n\mu(X_n) = \sum_n t_n \int_{X_n} \Theta(x)\,\mathrm{d}\lambda \\ &= \sum_n \int_{X_n} t_n\Theta(x)\,\mathrm{d}\lambda = \sum_n \int_{X_n} f(x)\,\Theta(x)\,\mathrm{d}\lambda = \int_X f(x)\,\Theta(x)\,\mathrm{d}\lambda\,.\end{aligned} \tag{6}$$

(Die λ-Integrierbarkeit von $f\Theta$ auf X folgt daraus, daß diese Funktion auf X nichtnegativ und auf jeder Teilmenge X_n λ-integrierbar ist.)

Existiert umgekehrt das Integral auf der rechten Seite in (5), so erhalten wir die Gleichung (5) wiederum mit Hilfe derselben Gleichungskette (6), nur diesmal in der entgegengesetzten Richtung gelesen.

Damit ist die Gleichung (5) für den Fall einer Treppenfunktion der Form (3) bewiesen. Im allgemeinen Fall erhält man sie wie im Beweis von Satz 1 durch Grenzübergang ●

Bemerkung 1. Die Voraussetzung der μ-Meßbarkeit von f auf X ist wesentlich. Dazu braucht man lediglich den Fall zu betrachten, daß $\mathfrak{M} = \mathfrak{L}$ die σ-Algebra aller Lebesgue-meßbaren Teilmengen des Intervalls $X_0 = [0, 1]$, λ das lineare Lebesgue-Maß, $\Theta(x) = 0$ auf X_0 und folglich auch $\mu(X) = 0$ für alle $X \in \mathfrak{M}$ und schließlich f eine beliebige auf X_0 definierte nicht Lebesgue-meßbare Funktion ist. Ersichtlich ist f auch nicht μ-meßbar (da μ ja nur für Lebesgue-meßbare Mengen definiert ist). Folglich existiert das Integral auf der linken Seite von (5) nicht (wenn man $X = X_0$ setzt); dagegen existiert das Integral auf der rechten Seite und ist gleich 0.

---

[1]) Nach Voraussetzung ist $\mathfrak{M} \subset \sigma(\mathfrak{L})$. Es ist offensichtlich hinreichend zu fordern, daß die Bedingung $\Theta(x) \geqq 0$ auf der Vereinigungsmenge aller $X \in \mathfrak{M}$ erfüllt sei. Außerdem vergleiche man die Voraussetzung (ii) des Satzes mit Satz 3 in 7.5. Gemäß diesem Satz ist die durch (4) definierte Funktion μ ersichtlich ein Lusin- und sogar ein Borel-Maß, wenn nur $\mathfrak{M}$ die Klasse aller derjenigen Teilmengen von X_0 ist, für die μ überhaupt definiert ist.

Aussage 3. *Es seien*

(i) $\mathfrak{M}$ *eine σ-Algebra mit der Einheit* X_0,

(ii) μ_n $(n=1, 2, \ldots)$ *und* μ *σ-additive Maße auf* $\mathfrak{M}$ *derart, daß* $\mu(X) = \lim\limits_{n\to\infty} \mu_n(X)$ *für jedes* $X \in \mathfrak{M}$ *gilt.*

Dann gilt für jede beschränkte $\mathfrak{M}$-meßbare Funktion f auf X_0

$$\lim_{n\to\infty} \int_{X_0} f(x)\,\mathrm{d}\mu_n = \int_{X_0} f(x)\,\mathrm{d}\mu \tag{7}$$

bzw., in anderer Schreibweise,

$$\lim_{n\to\infty} \int_{X_0} f(x)\,\mathrm{d}\mu_n = \int_{X_0} f(x)\,\mathrm{d}\,(\lim_{n\to\infty} \mu_n)\,. \tag{7'}$$

Beweis: Da f beschränkt und $\mathfrak{M}$-meßbar auf X_0 ist, d. h. meßbar bez. jedes der Maße μ und μ_n $(n=1, 2, \ldots)$, existieren zunächst die in (7) auftretenden Integrale. Weiter gilt speziell $\mu_n(X_0) \to \mu(X_0)$ für $n\to\infty$, so daß die Zahlen $\mu_n(X_0)$ sämtlich durch eine gewisse Konstante C beschränkt sind. Dann gilt aber erst recht für jedes n und $X \in \mathfrak{M}$

$$\mu_n(X) \leqq \mu_n(X_0) \leqq C\,. \tag{8}$$

Wegen der Beschränktheit von f auf X_0 gibt es Zahlen a und b, so daß $a < f(x) < b$ für alle $x \in X_0$ gilt. Wir geben uns nun ein beliebiges $\varepsilon > 0$ vor und unterteilen das halboffene Intervall $[a, b)$ in m gleichlange Teile, wobei $\frac{b-a}{m} < \varepsilon$ sei, und betrachten die Mengen

$$X_k = \{x\colon x \in X_0,\ t_{k-1} \leqq f(x) < t_k\} \quad (k=1, 2, \ldots, m)$$

mit $t_k = a + k \cdot \frac{b-a}{m}$ $(k=0, 1, 2, \ldots, m)$ (vgl. Abb. 174). Offensichtlich ist durch $X_0 = \bigcup\limits_{k=1}^{m} X_k$ eine Zerlegung von X in Mengen $X_k \in \mathfrak{M}$ gegeben. Die durch

$$g(x) = \sum_{k=1}^{m} t_{k-1} \mathbf{1}_{X_k}(x)$$

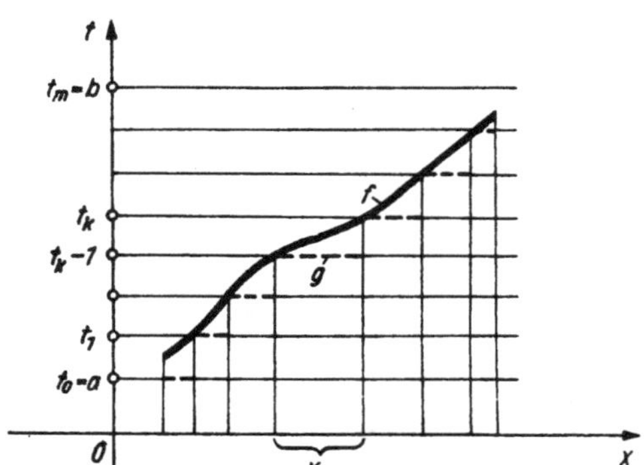

Abb. 174

auf X_0 definierte Treppenfunktion g ist dann $\mathfrak{M}$-meßbar auf X_0 und genügt der Ungleichung

$$|f(x) - g(x)| < \varepsilon \quad \text{für alle} \quad x \in X_0\,.$$

Für diese Funktion g gilt bei beliebigem $X \in \mathfrak{M}$ und beliebiger natürlicher Zahl n

$$\left| \int_X f(x)\,\mathrm{d}\mu - \int_X g(x)\,\mathrm{d}\mu \right| \leqq \int_X |f(x) - g(x)|\,\mathrm{d}\mu \leqq \varepsilon\mu(X) \leqq \varepsilon\mu(X_0) \tag{9}$$

und

$$\left| \int_X f(x)\, d\mu_n - \int_X g(x)\, d\mu_n \right| \leqq \int_X |f(x) - g(x)|\, d\mu_n \leqq \varepsilon \mu_n(X) \leqq \varepsilon C \tag{10}$$

(vgl. (8)). Wegen (9) und (10) ist die Gleichung (7) für jede beschränkte Funktion f bewiesen, sofern sie nur für g bewiesen ist. Tatsächlich gilt aber

$$\lim_{n\to\infty} \int_X g(x)\, d\mu_n = \lim_{n\to\infty} \sum_{k=1}^{m} t_{k-1}\mu_n(X_k) = \sum_{k=1}^{m} t_{k-1} \lim_{n\to\infty} \mu_n(X_k)$$
$$= \sum_{k=1}^{m} t_{k-1}\mu(X_k) = \int_X g(x)\, d\mu \quad \bullet$$

Bemerkung 2. Die Voraussetzung der Beschränktheit von f in Aussage 3 ist wesentlich. Selbst wenn a priori bekannt sein sollte, daß für eine nicht beschränkte Funktion f alle in (7) auftretenden Integrale existierten, braucht doch nicht notwendig Gleichheit zu bestehen. Das entsprechende Beispiel betrachten wir jedoch besser in Abschnitt 8.6.

Abschließend geben wir folgenden offensichtlichen Sachverhalt an:

Aussage 4. *Es seien*

(i) *μ ein Lusin-Maß auf dem Ring $\mathfrak{M}$,*

(ii) *ν ein Lusin-Maß, das eine Erweiterung des Maßes μ vom Ring $\mathfrak{M}$ auf einen Ring $\mathfrak{N}$ ist,*

(iii) *f eine μ-integrierbare Funktion auf X.*

Dann ist f ν-integrierbar auf X, und es gilt

$$\int_X f(x)\, d\nu = \int_X f(x)\, d\mu . \tag{11}$$

Beweis: Der Beweis braucht nur im Falle $f(x) \geqq 0$ für alle $x \in X$ geführt zu werden. Nach Voraussetzung ist f μ-meßbar, und es gilt

$$\int_X f(x)\, d\mu = \xi[X, f] ,$$

wobei $\xi = \overline{\mu \times \lambda}$ mit dem linearen LEBESGUE-Maß λ ist. Da ν eine Erweiterung des Maßes μ und folglich $\eta = \overline{\nu \times \lambda}$ eine Erweiterung des Maßes $\xi = \overline{\mu \times \lambda}$ darstellt, ist f ν-meßbar, und es gilt

$$\eta[X, f] = \xi[X, f] ,$$

d. h., f ist ν-integrierbar, und es gilt Gleichung (11)[1] $\bullet$

7.7. Atome. Atomfreie Maße. Das Integral bezüglich eines atomaren Maßes

Es sei μ ein Maß auf einer Klasse $\mathfrak{M}$ von Teilmengen einer Menge X_0. Eine Menge A heißt *Atom bez. des Maßes μ* bzw. kurz *μ-Atom*, wenn gilt:

(i) $A \in \mathfrak{M}$,

(ii) $\mu(A) \neq 0$,

(iii) A enthält keine von A und $\emptyset$ verschiedene Teilmenge, die zur Klasse $\mathfrak{M}$ gehört.

[1] Den Beweis dieser einfachen Aussage kann man auch ähnlich wie in Satz 1 und Satz 2 mittels Treppenfunktionen mit anschließendem Grenzübergang erhalten.

Von besonderem Interesse sind einelementige Atome, d. h. Mengen der Gestalt $\{x\} \in \mathfrak{M}$ mit $\mu\{x\} > 0$ (die Bedingung (iii) ist in diesem Fall gegenstandslos). Das folgende Lemma gestattet es, ein Atom, das mehrere verschiedene Elemente enthält, als einelementig aufzufassen (indem alle Elemente der Menge A gleichsam in einem Punkt „zusammengeballt" werden).

Lemma 1. *Sei μ ein Maß auf einem Ring $\mathfrak{M}$ und A ein μ-Atom. Dann gilt*

(i) *Ist $A \cap X \neq \emptyset$ und $X \in \mathfrak{M}$, so ist $A \subset X$ (vgl. Abb. 175); d. h., ein Atom liegt entweder vollständig innerhalb oder vollständig außerhalb von X.*

(ii) *Ist B ein μ-Atom mit $A \neq B$, so gilt $A \cap B = \emptyset$ (vgl. Abb. 176); verschiedene Atome sind also stets disjunkt.*

(iii) *Ist f μ-meßbar auf X und $X \supset A$, so gilt $f(x) = \text{const}$ für alle $x \in A$ (vgl. Abb. 177).*

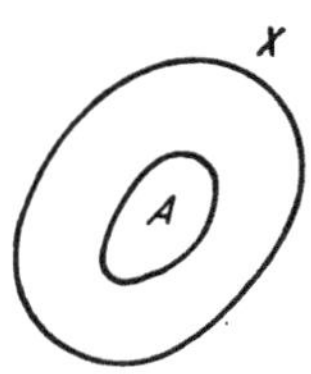

Abb. 175

Abb. 176

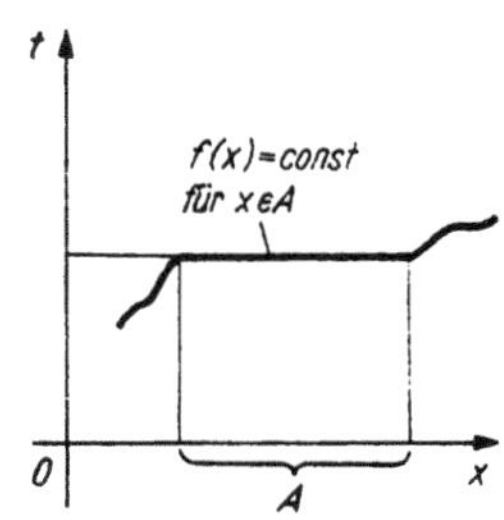

Abb. 177

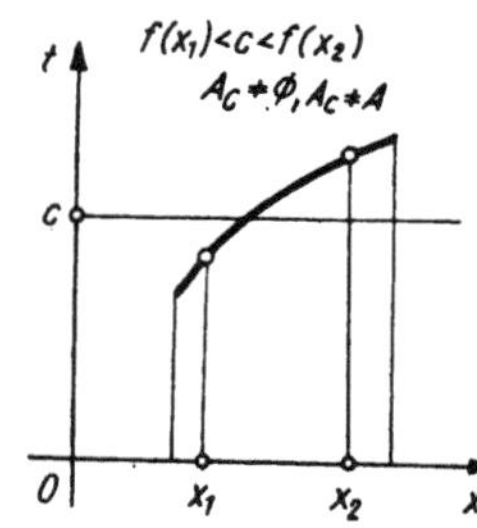

Abb. 178

Beweis: (i) Da $\mathfrak{M}$ ein Ring ist, gilt $A \cap X \in \mathfrak{M}$. Wegen $A \cap X \subset A$ kann nach den Eigenschaften eines Atoms infolge $A \cap X \neq \emptyset$ nur $A \cap X = A$, d. h. $A \subset X$ gelten.

(ii) Wenn entgegen der Behauptung $A \cap B \neq \emptyset$ ist, gilt wegen (i) $A \subset B$ sowie $B \subset A$, d. h. $A = B$. Also ist $A \cap B = \emptyset$.

(iii) f ist μ-meßbar auf X, also auch auf A. Für eine beliebige reelle Zahl c ist also die Menge $A_c = \{x : x \in A, f(x) < c\}$ meßbar und notwendig bez. μ endlich, d. h. $A_c \in \mathfrak{M}$. Nach Definition ist $A_c \subset A$. Da A ein Atom ist, muß dann entweder $A_c = \emptyset$ oder $A_c = A$ sein. Das aber ist offenbar nur im Falle $f(x) = \text{const}$ für alle $x \in A$ möglich (vgl. Abb. 178) ●

Das Maß μ heißt *atomfrei* (oder auch *stetig verteilt*), wenn es keine μ-Atome gibt. Ein Beispiel hierfür ist das LEBESGUE-Maß. Das Maß μ heißt *atomfrei* (oder *stetig verteilt*) *auf der Menge* X, wenn X keine μ-Atome enthält.

Das Maß μ heißt *atomar*, wenn es mindestens ein μ-Atom gibt. Beispiele hierfür sind geeignete LEBESGUE-STIELTJES-Maße. Das Maß μ heißt *rein atomar*, wenn die Menge $\bigcup_{X \in \mathfrak{M}} X$ in μ-Atome zerlegbar ist (d. h. sich als Vereinigung von nach Lemma 1 paarweise disjunkten Atomen darstellen läßt). Demnach ist das auf dem Ring $\mathfrak{M}$ aller endlichen Mengen X der Zahlengeraden X_0 definierte Maß μ, das jeweils gleich der Anzahl der Elemente der Menge X ist, rein atomar; hier ist jede einelementige Menge $\{x\}$ ein μ-Atom mit $\mu\{x\} = 1$, und $X_0 = \bigcup_{X \in \mathfrak{M}} X$ ist in Atome zerlegbar (μ ist übrigens ein BOREL-Maß).

Lemma 2. *Es sei μ ein auf einem Ring $\mathfrak{M}$ definiertes Maß und $X \in \mathfrak{M}$. Dann kann X höchstens abzählbar viele verschiedene μ-Atome enthalten.*

Beweis: Sei $\mathcal{A}$ die Klasse aller μ-Atome, die in X enthalten sind. Angenommen, $\mathcal{A}$ ist überabzählbar; dann ist wenigstens eine der Klassen $\mathcal{A}_n = \left\{A : A \in \mathcal{A},\ \mu(A) > \frac{1}{n}\right\}$

$(n=1, 2, \ldots)$ überabzählbar. Dieses $\mathcal{R}_n$ enthält folglich abzählbar viele verschiedene Atome $A_1, A_2, \ldots$ mit $\mu(A_k) > \frac{1}{n} > 0$. Wie oben gezeigt wurde, sind diese Mengen paarweise disjunkt. Es gilt deshalb für jedes k

$$\mu(X) > \mu\left(\bigcup_{i=1}^{k} A_i\right) = \sum_{i=1}^{k} \mu(A_i) > \frac{k}{n}$$

im Widerspruch zur Endlichkeit von X bez. μ ●

Folgerung. *Jede beliebige μ-meßbare Menge X $\big($d. h. $X \in \sigma(M)\big)$ kann höchstens abzählbar viele μ-Atome enthalten.*

Satz. *Sei f μ-integrierbar auf E. Dann gilt*

$$\int_E f(x)\,\mathrm{d}\mu = \sum_{A \subset E} f_A \mu(A) + \int_E f(x)\,\mathrm{d}\nu; \tag{1}$$

dabei werden mit A die μ-Atome in E und jeweils mit f_A der Wert der Funktion f auf A bezeichnet[1]*; das Symbol $\sum\limits_{A \subset E}$ bedeutet die Summation bez. aller μ-Atome $A \subset E$*[2]*, und ν bezeichnet ein atomfreies Maß, das durch die Gleichung*

$$\nu(X) = \mu\,(X \setminus \bigcup_{A \subset X} A) \tag{2}$$

auf demselben Ring $\mathfrak{M}$ wie μ definiert ist.

Beweis: Für jedes $X \in \mathfrak{M}$ gilt

$$\mu(X) = \mu(\bigcup_{A \subset X} A) + \mu(X \setminus \bigcup_{A \subset X} A)\,.$$

Setzen wir

$$\xi(X) = \mu(\bigcup_{A \subset X} A) = \sum_{A \subset X} \mu(A)\,, \tag{3}$$

so gilt

$$\mu(X) = \xi(X) + \nu(X)\,. \tag{4}$$

Die Funktionen ξ und ν sind auf dem δ-Ring $\mathfrak{M}$ definiert, dort nichtnegativ und σ-additiv; sie sind also LUSIN-Maße. Die Gleichung (1) braucht lediglich für den Fall $f(x) \geqq 0$ auf E nachgewiesen zu werden. Ist dabei f eine Treppenfunktion, die durch

$$f(x) = \sum_k t_k \mathbf{1}_{X_k}(x) \tag{5}$$

dargestellt wird, wobei $E = \bigcup\limits_k X_k$ eine endliche oder abzählbare Zerlegung in Mengen $X_k \in \mathfrak{M}$ darstellt und $t_k \geqq 0$ $(k=1, 2, \ldots)$ ist, so gilt

$$\int_E f(x)\,\mathrm{d}\mu = \sum_k t_k \mu(X_k) = \sum_k t_k \xi(X_k) + \sum_k t_k \nu(X_k) = \int_E f(x)\,\mathrm{d}\xi + \int_E f(x)\,\mathrm{d}\nu$$

---

[1]) Vgl. Lemma 1.

[2]) Es gibt höchstens abzählbar viele derartiger Mengen A (vgl. Lemma 2 und die zugehörige Folgerung), wobei im Falle abzählbar vieler A die Reihe $\sum\limits_{A \subset E} |f_A|\,\mu(A)$ wegen der Integrierbarkeit von f auf E konvergiert. Enthält E kein μ-Atom A, so werden entsprechende Summen gleich Null gesetzt.

(entsprechend den Eigenschaften des Integrals von Treppenfunktionen). Für eine Treppenfunktion f gilt also

$$\int_E f(x)\, d\mu = \int_E f(x)\, d\xi + \int_E f(x)\, d\nu \,. \tag{6}$$

Durch Grenzübergang ergibt sich diese Formel für eine beliebige μ-integrierbare Funktion f (man betrachtet dann eine Folge nichtnegativer Treppenfunktionen f_n der Gestalt (5), wobei $f_n(x)\uparrow f(x)$ für alle $x \in E$ gilt usw.).

Offenbar ist durch

$$E = \bigcup_{A\subset E} A \cup (E \setminus \bigcup_{A\subset E} A)$$

eine Zerlegung von E in μ-meßbare Mengen gegeben. Die Menge $E\setminus \bigcup_{A\subset E} A$ enthält keine μ-Atome. Gehört sie zum Ring $\mathfrak{M}$, so besitzt sie folglich bez. ξ das Maß Null. Wenn sie nicht selbst zum Ring $\mathfrak{M}$ gehört, so kann sie in Mengen $X_n \in \mathfrak{M}$ zerlegt werden, die wiederum keine μ-Atome enthalten und für die folglich $\xi(X_n) = 0$ $(n = 1, 2, \ldots)$ gilt. In beiden Fällen ist offenbar

$$\int_{E\setminus \bigcup_{A\subset E} A} f(x)\, d\xi = 0 \,.$$

Also gilt

$$\int_E f(x)\, d\xi = \sum_{A\subset E} \int_A f(x)\, d\xi = \sum_{A\subset E} f_A \xi(A) = \sum_{A\subset E} f_A \mu(A)$$

(vgl. (3)). Hieraus und aus (6) folgt (1).

Nun muß nur noch gezeigt werden, daß ν atomfrei ist. Wenn wir das Gegenteil annehmen, gibt es ein ν-Atom A_0, und es gilt nach Definition

$$\nu(A_0) = \mu\,(A_0 \setminus \bigcup_{A\subset A_0} A) > 0 \,, \tag{7}$$

wobei es in $\mathfrak{M}$ keine von $\emptyset$ bzw. A_0 verschiedene Teilmenge von A_0 gibt. Aus (7) folgt aber $\mu(A_0) \geqq \nu(A_0) > 0$, d. h., A_0 ist auch μ-Atom. Damit ergibt sich aus Gleichung (2)

$$\nu(A_0) = \mu\,(A_0 \setminus A_0) = \mu(\emptyset) = 0$$

im Widerspruch zu (7) ●

Folgerung 1. *Für ein rein atomares Maß μ ist $\nu(X) = 0$ für alle $X \in \mathfrak{M}$, und unter den Voraussetzungen des Satzes gilt*

$$\int_E f(x)\, d\mu = \sum_{A\subset E} f_A \mu(A) \,. \tag{8}$$

Beweis: Hier gilt $X = \bigcup_{A\subset X} A$ und somit nach Gleichung (2) $\nu(X) = 0$ für alle $X \in \mathfrak{M}$. (8) folgt dann unmittelbar aus (1) ●

Beispiel 1. Sei μ wie oben das rein atomare Maß auf dem Ring $\mathfrak{M}$ aller endlichen Mengen X der Zahlengeraden X_0, das jeweils gleich der Anzahl der Punkte von X ist Die μ-meßbaren Mengen sind hier genau die endlichen und die abzählbaren Mengen. Die Formel (8) liefert dann für jede auf $E = \{x_1, x_2, \ldots\}$ μ-integrierbare Funktion

$$\int_E f(x)\, d\mu = \sum_n f(x_n)\, \mu\{x_n\} = \sum_n f(x_n) \,,$$

wobei $\sum\limits_n |f(x_n)|$ entweder eine endliche Summe oder eine konvergente Reihe ist. Offensichtlich folgt umgekehrt aus den letztgenannten Eigenschaften von $\sum\limits_n |f(x_n)|$ wiederum die μ-Integrierbarkeit von f auf E.

Man nennt ein Maß μ *auf der Menge E_0 konzentriert*, wenn für jede Menge $X \in \mathfrak{M}$ mit $X \subset X_0 \setminus E_0$

$$\mu(X) = 0$$

gilt.

Folgerung 2. *Wenn das Maß μ auf der Vereinigung A_0 aller μ-Atome konzentriert ist, dann gilt unter den Voraussetzungen des Satzes ebenfalls die Gleichung* (8).

Beweis: Wegen $X \setminus \bigcup\limits_{A \subset X} A \subset X_0 \setminus A_0$ folgt aus Gleichung (2) $\nu(X) = 0$ für alle $X \in \mathfrak{M}$. Wie schon in Folgerung 1 ergibt sich dann (8) unittelbar aus (1) ●

Beispiel 2. Es seien
(i) $\mathfrak{K}$ ein σ-Ring von Teilmengen einer Menge X_0;
(ii) $A_0 = \{x_1, x_2, \ldots\}$ eine endliche oder abzählbare Menge von Elementen aus X_0 mit $\{x_n\} \in \mathfrak{K}$ für alle $n = 1, 2, \ldots$;
(iii) p_n $(n = 1, 2, \ldots)$ positive Zahlen.
Wir setzen dann

$$\mu(X) = \begin{cases} \sum\limits_{x_n \in X} p_n, & \text{falls mindestens ein } x_n \in X \text{ existiert}, \\ 0 & \text{andernfalls} \end{cases}$$

auf der Klasse $\mathfrak{M}$ aller derjenigen Mengen $X \in \mathfrak{K}$, für die $\sum\limits_{x_n \in X} p_n$ eine endliche Summe oder eine konvergente Reihe ist[1]) (dabei sei der Fall, daß X keines der Elemente x_n enthält, dadurch eingeschlossen, daß man dann hier wie in analogen Fällen später entsprechende Summen gleich Null setzt).

Man prüft nun leicht nach, daß μ ein LUSIN-Maß (und sogar ein BOREL-Maß) ist, die Einpunktmengen $\{x_n\}$ $(n = 1, 2, \ldots)$ genau die μ-Atome sind und das Maß μ auf der Vereinigung A_0 aller μ-Atome konzentriert ist. Die Formel (8) lautet für jede über E μ-integrierbare Funktion f

$$\int_E f(x)\,\mathrm{d}\mu = \sum_{x_n \in E} f(x_n)\, p_n, \tag{9}$$

wobei $\sum\limits_{x_n \in E} |f(x_n)|\, p_n$ eine endliche Summe oder eine konvergente Reihe ist. Besitzt umgekehrt $\sum\limits_{x_n \in E} |f(x_n)|\, p_n$ die letztgenannten Eigenschaften für eine auf E μ-meßbare Funktion f, so sieht man leicht, daß dann f μ-integrierbar auf E ist.

Abschließend sei bemerkt, daß der Wert des Integrals (9) nicht vom Ring $\mathfrak{K}$ abhängt.

---

[1]) Ein solches Beispiel kann insbesondere realisiert werden, wenn $\mathfrak{K}$ die Klasse aller Teilmengen von X_0 ist.

8. Lebesgue-Integral und Lebesgue-Stieltjes-Integral

8.1. Das Lebesgue-Integral

Wir untersuchen das lineare LEBESGUE-Integral

$$\int_X f(x)\, d\mu \tag{1}$$

(vgl. 7.1). Dabei ist f eine Funktion einer reellen Variablen x und μ das lineare LEBESGUE-Maß. Man schreibt in diesem Fall für (1) auch

$$(\mathrm{L})\text{-}\int_X f(x)\, dx \quad \text{oder einfach} \quad \int_X f(x)\, dx; \tag{1'}$$

wobei die letztere Bezeichnung am gebräuchlichsten ist. Weiter schreibt man

$$\left.\begin{array}{l} \int\limits_{[a,b]} f(x)\, dx = \int\limits_a^b f(x)\, dx\,, \quad \int\limits_{[a,\infty)} f(x)\, dx = \int\limits_a^\infty f(x)\, dx\,, \\ \int\limits_{(-\infty,b]} f(x)\, dx = \int\limits_{-\infty}^b f(x)\, dx\,, \quad \int\limits_{(-\infty,\infty)} f(x)\, dx = \int\limits_{-\infty}^\infty f(x)\, dx\,. \end{array}\right\} \tag{2}$$

Da das LEBESGUE-Maß einer Einpunktmenge stets Null ist, nehmen die Integrale auf den Intervallen $[a, b)$, $(a, b]$, (a, b), (a,∞) und $(-\infty, b)$ ebenfalls die in (2) angegebenen Werte an, und man verwendet für sie entsprechend die gleichen Bezeichnungen[1]).

In der elementaren Integrationstheorie[2]) betrachtet man als Integrationsbereich (d. h. als Bereich X in (1)) nur die Intervalle $[a, b]$, $[a,\infty)$, $(-\infty, b]$ und $(-\infty, \infty)$, während die Funktion f üblicherweise entweder als stetig vorausgesetzt wird oder aber wenigstens in endlich viele stetige Teilstücke zerlegbar sein soll. Wir untersuchen im folgenden, welche Beziehungen zwischen dem Integral im elementaren Sinne und dem linearen LEBESGUE-Integral bestehen.

Sei f stetig auf dem Intervall $[a, b]$. Bekanntlich besitzt dann f eine Stammfunktion F auf $[a, b]$, und für das elementare Integral gilt

$$(\mathrm{el.})\text{-}\int_a^b f(x)\, dx = F(b) - F(a)\,. \tag{3}$$

---

[1]) Wenn nicht anders vereinbart, werden mit a und b stets reelle Zahlen bezeichnet.

[2]) Darunter wird die Theorie des klassischen bestimmten (RIEMANNschen) Integrals — einschließlich entsprechender uneigentlicher Integrale — verstanden, wie sie in den üblichen Lehrbüchern zur Höheren Mathematik bzw. Differential- und Integralrechnung behandelt wird (vgl. z. B. H. v. MANGOLDT, K. KNOPP: Höhere Mathematik, Bd. 3). Zur besseren Unterscheidung werden dafür im folgenden Symbole der Art $(\mathrm{el.})\text{-}\int_a^b f(x)\, dx$ benutzt (Anm. d. Hrsg.).

Ist überdies $f(x) \geqq 0$ für $a \leqq x \leqq b$, so kann man als Stammfunktion den Flächeninhalt $S(x)$ des krummlinigen Trapezes wählen, das zwischen dem festen Punkt a und dem variablen Punkt x unterhalb der Funktion f liegt (vgl. Abb. 179), wobei für uns jetzt der Begriff der Fläche im Sinne des ebenen LEBESGUE-Maßes wohldefiniert ist (das krummlinige Trapez ist, wenn man seine Ränder hinzunimmt, eine beschränkte, abgeschlossene Menge und besitzt folglich ein endliches ebenes LEBESGUE-Maß; man kann die Randpunkte aber auch ganz oder teilweise weglassen, da sie in einem krummlinigen Trapez stets das Maß Null bez. des ebenen LEBESGUE-Maßes haben). Somit ist im Falle $f(x) \geqq 0$ für $a \leqq x \leqq b$ wegen (3)

$$(\text{el.})\text{-}\int_a^b f(x)\,dx = S(b) - S(a) = S$$

das ebene LEBESGUE-Maß des ganzen krummlinigen Trapezes $abBA$. Wenn wir uns die Definition des μ-Integrals einer nichtnegativen Funktion (vgl. 6.2) vor Augen halten, so erkennen wir, daß das elementare Integral einer nichtnegativen stetigen Funktion f über dem Intervall $[a, b]$ mit dem LEBESGUE-Integral dieser Funktion über demselben Intervall übereinstimmt.

Wir setzen nunmehr voraus, daß die nichtnegative Funktion f auf $[a, b]$ elementar integrierbar, auf $[a, b)$ stetig und bei b unbeschränkt bzw. unstetig sei (vgl. Abb. 180). Dann gilt bekanntlich

$$\lim_{\substack{c \to b \\ a < c < b}} (\text{el.})\text{-}\int_a^c f(x)\,dx = (\text{el.})\text{-}\int_a^b f(x)\,dx$$

bzw., wie eben gezeigt,

$$\lim_{\substack{c \to b \\ a < c < b}} (\text{L})\text{-}\int_a^c f(x)\,dx = (\text{el.})\text{-}\int_a^b f(x)\,dx\,.$$

Wenn wir also $[a, b]$ so unterteilen, daß $a < c_1 < c_2 < \ldots < c_n < \ldots < b$ mit $c_n \to b$ für $n \to \infty$ gilt, erhalten wir

$$\lim_{n \to \infty} (\text{L})\text{-}\int_a^{c_n} f(x)\,dx = (\text{el.})\text{-}\int_a^b f(x)\,dx \tag{4}$$

(vgl. Abb. 181). Entsprechend den Eigenschaften des μ-Integrals einer nichtnegativen Funktion folgt aus der Existenz des Grenzwertes auf der linken Seite von (4) (als endlicher Wert) die LEBESGUE-Integrierbarkeit der Funktion f auf dem Intervall $[a, b]$ sowie die Gleichung

$$\lim_{n \to \infty} (\text{L})\text{-}\int_a^{c_n} f(x)\,dx = (\text{L})\text{-}\int_a^b f(x)\,dx\,. \tag{5}$$

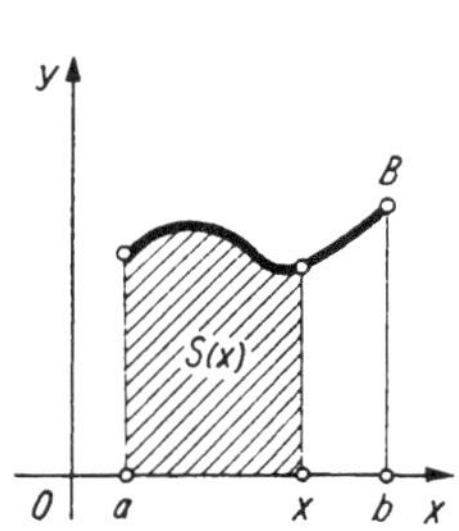

Abb. 179

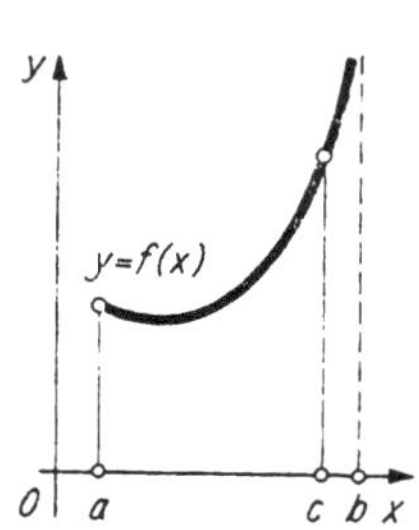

Abb. 180

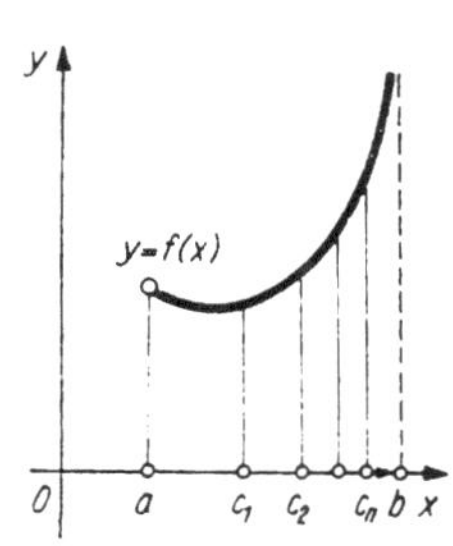

Abb. 181

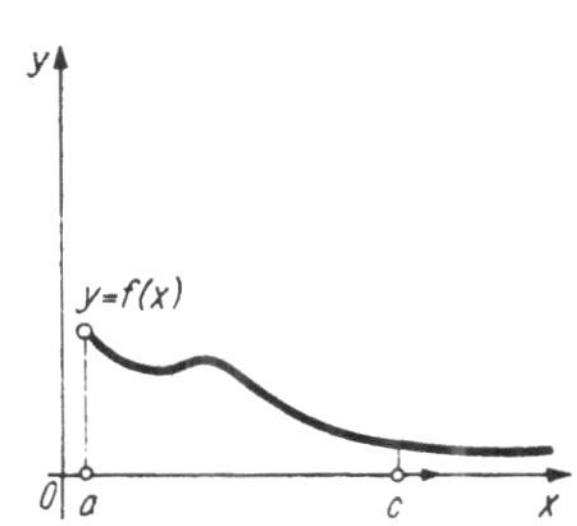

Abb. 182

Aus (4) und (5) folgt, daß auch im eben betrachteten Fall die elementare Integrierbarkeit der nichtnegativen Funktion f auf $[a, b]$ die LEBESGUE-Integrierbarkeit dieser Funktion auf demselben Intervall sowie die Gleichheit der Integrale nach sich zieht.

Auf genau dieselbe Weise zeigt man die Gültigkeit dieser Aussage auch für Intervalle der Form $[a,\infty)$ (hierbei strebt $c \to \infty$, vgl. Abb. 182).

Analog kann man diesen Sachverhalt auf den Fall solcher nichtnegativer Funktionen übertragen, die im Intervall $(a, b]$ stetig und bei a unbeschränkt bzw. unstetig sind sowie auf den Fall von Intervallen der Form $(-\infty, b]$. Entsprechend läßt sich dann der oben festgestellte Sachverhalt auf alle Intervalle der Form

$$[a, b], \quad [a,\infty), \quad (-\infty, b], \quad (-\infty,\infty) \tag{6}$$

und auf alle nichtnegativen Funktionen mit endlich vielen Unstetigkeits- bzw. Unendlichkeitsstellen erweitern.

Schließlich sei die Voraussetzung $f(x) \geqq 0$ **nicht** überall im betrachteten Intervall (der Form (6)) erfüllt, die Funktion f aber im elementaren Sinn auf diesem Intervall **absolut integrierbar**. Dann ist nach dem Majorantenkriterium die nichtnegative Funktion $|f|+f$ auf demselben Intervall integrierbar (wegen $|f(x)|+f(x) \leqq 2\,|f(x)|$), und gemäß dem oben bewiesenen Sachverhalt gilt

$$(\text{el.})\text{-}\int_a^b |f(x)|\,dx = (\text{L})\text{-}\int_a^b |f(x)|\,dx$$

und

$$(\text{el.})\text{-}\int_a^b \bigl(|f(x)|+f(x)\bigr)\,dx = (\text{L})\text{-}\int_a^b \bigl(|f(x)|+f(x)\bigr)\,dx\,. \tag{7}$$

Durch Subtraktion erhält man schließlich

$$(\text{el.})\text{-}\int_a^b f(x)\,dx = (\text{L})\text{-}\int_a^b f(x)\,dx\,, \tag{8}$$

wobei a und b auch unendliche Werte annehmen können.

Damit ist der folgende Satz bewiesen:

Satz 1. *Eine im elementaren Sinn absolut integrierbare Funktion f ist stets auch Lebesgue-integrierbar, und die Werte der Integrale stimmen überein.*

Auf gleiche Weise beweist man

Satz 2. *Die Funktion f sei auf einem Intervall der Form* (6) *Lebesgue-integrierbar und stetig (oder sie besitze nur endlich viele Unstetigkeits- bzw. Unendlichkeitsstellen). Dann ist sie auf diesem Intervall absolut integrierbar im elementaren Sinn, und die Werte der Integrale stimmen überein.*

Folgerung. *Eine elementar integrierbare Funktion ist genau dann Lebesgue-integrierbar, wenn sie absolut integrierbar im elementaren Sinne ist. Die Werte der Integrale stimmen in diesem Fall überein.*

Wenn also ein elementares uneigentliches Integral von f zwar konvergiert, aber nicht absolut konvergiert, so ist f nicht LEBESGUE-integrierbar. Ein Beispiel dafür ist das Integral

$$\int_0^\infty \frac{\sin x}{x}\,dx\,.$$

Wir untersuchen nunmehr das n-dimensionale LEBESGUE-Integral

$$\int_E f(x)\,\mathrm{d}\mu\,. \tag{9}$$

Hierbei bedeutet $x=(x_1, \ldots, x_n)$ einen Punkt im n-dimensionalen Euklidischen Raum, E eine Teilmenge dieses Raumes, $f(x)=f(x_1, \ldots, x_n)$ eine Funktion der n reellen Veränderlichen $x_1, \ldots, x_n$ und μ das n-dimensionale LEBESGUE-Maß. In diesem Fall kann man anstelle von (9) selbstverständlich die Schreibweise

$$\int_E f(x_1, \ldots, x_n)\,\mathrm{d}\mu$$

verwenden. Oft wird im n-dimensionalen Fall das LEBESGUE-Integral jedoch durch n Integralzeichen bezeichnet:

$$\left.\begin{array}{ll}\displaystyle\iint_E f(x)\,\mathrm{d}\mu & \text{– zweidimensionales Integral,}\\ \displaystyle\iiint_E f(x)\,\mathrm{d}\mu & \text{– dreidimensionales Integral}\end{array}\right\} \tag{10}$$

usw., während man für $\mathrm{d}\mu$ auch $\mathrm{d}x_1 \ldots \mathrm{d}x_n$ schreibt. Somit bedeuten die Symbole

$$\int_E f(x, y)\,\mathrm{d}\mu \quad \text{und} \quad \iint_E f(x, y)\,\mathrm{d}x\mathrm{d}y$$

ein und dasselbe, nämlich das zweidimensionale LEBESGUE-Integral. Um zu unterstreichen, daß mit (9) ein LEBESGUE-Integral (und kein Integral in irgend einem anderen Sinne) gemeint ist, verwendet man auch die Schreibweise

$$(\mathrm{L})\text{-}\int_E f(x)\,\mathrm{d}\mu\,.$$

Das zweidimensionale Integral nennt man auch *zweifaches*, das dreidimensionale *dreifaches* und allgemein das n-dimensionale *n-faches Integral*, vgl. (10).

In der elementaren Theorie der n-dimensionalen Integrale ($n \geqq 2$) betrachtet man als Integrationsbereich (d. h. als Menge E in (9)) lediglich n-dimensionale abgeschlossene Bereiche (d. h. zusammenhängende offene Mengen mit ihren Randpunkten), während die Funktion f gewöhnlich als stetig vorausgesetzt wird oder eine endliche Anzahl von Unstetigkeits- bzw. Unendlichkeitsstellen (im Sinne von Punkten, Kurven, Flächen, Hyperflächen) besitzen darf, die bestimmten einschneidenden Bedingungen unterliegen. Dabei wird bewiesen, daß die elementare Integrierbarkeit der Funktion f in jedem Falle ihre absolute Integrierbarkeit im elementaren Sinne sowie ihre LEBESGUE-Integrierbarkeit nach sich zieht [1]). Die Werte des ersteren und letzteren Integrals stimmen dann überein. Man kann daraus folgenden Schluß ziehen: Beabsichtigt man, das LEBESGUE-Integral zu studieren, so ist es wenig sinnvoll, zunächst Zeit auf die elementare Theorie des n-dimensionalen Integrals ($n \geqq 2$) zu verwenden; man beschäftigt sich zweckmäßigerweise vielmehr sofort mit dem LEBESGUE-Integral selbst.

---

[1]) Im Unterschied zum eindimensionalen Fall (vgl. oben).

8.2. Das Lebesgue-Stieltjes-Integral – einführende Bemerkungen, Terminologie und Bezeichnungen

Es sei

$$\int_E f(x)\,\mathrm{d}\mu \tag{1}$$

das n-dimensionale LEBESGUE-STIELTJES-Integral (vgl. 7.1). Hierbei bedeutet E eine Teilmenge des n-dimensionalen Euklidischen Raumes $\mathbb{R}^n$, $x=(x_1, \ldots, x_n)$ einen Punkt dieses Raumes und μ ein n-dimensionales LEBESGUE-STIELTJES-Maß, das auf einem Ring $\mathfrak{M}$ definiert ist. Nach der Definition des LEBESGUE-STIELTJES-Maßes (vgl. Kapitel 3) ist μ die LEBESGUEsche Fortsetzung eines σ-additiven Maßes m, das auf irgendeinem Halbring $\mathcal{H}$ von Quadern aus $\mathbb{R}^n$ definiert ist, und zwar von diesem Halbring $\mathcal{H}$ auf den Ring $\mathfrak{M}$. In diesem Sinne ist also $\mu=\overline{m}$. Dabei legen wir uns auf Quader der Form

$$R=\{(x_1, \ldots, x_n): \alpha_1 \leqq x_1 < \beta_1, \ldots, \alpha_n \leqq x_n < \beta_n\} \tag{2}$$

fest (wobei $\alpha_1 \leqq \beta_1$, $\alpha_2 \leqq \beta_2, \ldots$ vorausgesetzt sei und dann $R=\emptyset$ ist, falls $\alpha_i=\beta_i$ für mindestens ein i gilt) und bezeichnen

$$E_0=\bigcup_{R\in\mathcal{H}} R\,. \tag{3}$$

Wir setzen außerdem voraus, daß $\mathcal{H}$ ein *regulärer* Halbring ist, d. h., daß die Bedingungen

(i) für jeden Quader R' der Art (2) mit $R'\subset R$ und $R\in\mathcal{H}$ gilt $R'\in\mathcal{H}$ und

(ii) E_0 besitzt eine endliche oder abzählbare Zerlegung in Mengen $R_i\in\mathcal{H}$: $E_0=\bigcup_i R_i$.

erfüllt sind. (Diesen Bedingungen genügt im eindimensionalen Fall z. B. der Halbring aller halboffenen Intervalle der Form $[\alpha, \beta)$ oder der Halbring aller Intervalle $[\alpha, \beta)$, die in einem vorgegebenen Intervall enthalten sind u. dgl. m.; im zweidimensionalen Fall erfüllt diese Bedingungen der Halbring aller Rechtecke $R=\{(x, y): \alpha\leqq x<\beta, \gamma\leqq y<\delta\}$ oder der Halbring aller derartigen Rechtecke R, die in einem vorgegebenen Rechteck oder in einer offenen Menge enthalten sind usw.) Aus der Bedingung (ii) folgt insbesondere, daß E_0 eine BOREL-Menge ist.

Wenn das oben erwähnte (σ-additive) Ausgangsmaß m mittels einer erzeugenden Funktion $\varphi(x)=\varphi(x_1, \ldots, x_n)$ gegeben ist, bezeichnet man das Integral (1) auch durch

$$\int_E f(x)\,\mathrm{d}\varphi(x) \tag{1'}$$

oder kurz

$$\int_E f(x)\,\mathrm{d}\varphi\,. \tag{1''}$$

Man nennt dabei die Funktion φ auch *integrierende Funktion* (oder *Integrator*) und das Integral selbst das *Integral der Funktion f bez. der Funktion φ*; eine μ-integrierbare Funktion f heißt dann oft auch *φ-integrierbar*. Als integrierende Funktion φ kann insbesondere die Verteilungsfunktion des Maßes μ dienen, die ja eine der erzeugenden Funktionen für μ ist.

Gilt für die erzeugende Funktion φ

$$\varphi(x)=\varphi(x_1, \ldots, x_n)=\varphi_1(x_1)\ldots\varphi_n(x_n)\,,$$

wobei die φ_k $(k=1, \ldots, n)$ monoton wachsende und linksseitig stetige Funktionen sind, so gilt für den Quader (2)

$$\mu(R) = \Delta_{x_1 \ldots x_n}(\varphi; R) = [\varphi_1(\beta_1) - \varphi_1(\alpha_1)] \ldots [\varphi_n(\beta_n) - \varphi_n(\alpha_n)] \tag{4}$$

(vgl. Kapitel 3), und für das Integral (1') schreibt man in natürlicher Weise

$$\int_E f(x_1, \ldots, x_n)\, \mathrm{d}\varphi_1(x_1) \ldots \mathrm{d}\varphi_n(x_n)\,.$$

Im Spezialfall $\varphi(x) = \varphi(x_1, \ldots, x_n) = x_1 x_2 \ldots x_n$ ergibt die Gleichung (4)

$$\mu(R) = (\beta_1 - \alpha_1) \ldots (\beta_n - \alpha_n)\,,$$

d. h. das n-dimensionale Volumen von R. In diesem Fall erhalten wir also wieder das n-dimensionale LEBESGUE-Integral

$$\int_E f(x_1, \ldots, x_n)\, \mathrm{d}x_1 \ldots \mathrm{d}x_n\,.$$

Wir beschließen diesen Abschnitt mit einigen Bemerkungen zum eindimensionalen LEBESGUE-STIELTJES-Integral. Der Halbring $\mathcal{H}$ besteht hier aus halboffenen Intervallen der Gestalt $[\alpha, \beta)$, und die integrierende Funktion φ ist monoton wachsend sowie linksseitig stetig. Das Integral wird – wie oben – in der Form

$$\int_E f(x)\, \mathrm{d}\varphi(x) \quad \text{oder} \quad \int_E f(x)\, \mathrm{d}\varphi$$

geschrieben. Im Fall $\varphi(x) = x$ (bzw. $\varphi(x) = x + C$) erhalten wir das eindimensionale LEBESGUE-Integral.

Wir wollen nun noch vereinbaren, wie im Rahmen von LEBESGUE-STIELTJES-Integralen das Symbol

$$\int_\alpha^\beta f(x)\, \mathrm{d}\varphi(x) \tag{5}$$

aufgefaßt werden soll. Gewiß ist zunächst einmal (5) als Integral über ein Intervall von α bis β zu verstehen; ob aber dabei die Randpunkte α und β mit zum Intervall gehören sollen, ist offenbar eine Frage der Definition. Die Notwendigkeit, hier eine Vereinbarung zu treffen, ergibt sich aus der Tatsache, daß eine Einpunktmenge bekanntermaßen durchaus ein positives Maß haben kann und demzufolge der Wert des Integrals über dem interessierenden Intervall unterschiedlich sein kann, je nachdem, ob die Randpunkte α und β zum Intervall gehören oder nicht.

Wir definieren im folgenden stets

$$\int_\alpha^\beta f(x)\, \mathrm{d}\varphi(x) = \int_{[\alpha,\beta)} f(x)\, \mathrm{d}\varphi(x)\,. \tag{6}$$

Das Symbol (5) bedeutet für uns also immer ein Integral über dem halboffenen Intervall $[\alpha, \beta)$. Man sieht leicht, daß die Gleichung

$$\int_\alpha^\beta f(x)\, \mathrm{d}\varphi(x) = \int_{[\alpha,\beta]} f(x)\, \mathrm{d}\varphi(x) \tag{7}$$

dann und nur dann gilt, wenn $f(\beta) = 0$ oder $\mu\{\beta\} = 0$ ist ($\{\beta\}$ bezeichnet die nur aus dem Punkt β bestehende Menge). Es gilt nämlich

$$\int_{[\alpha,\beta]} f(x)\, \mathrm{d}\varphi(x) = \int_{[\alpha,\beta)} f(x)\, \mathrm{d}\varphi(x) + \int_{\{\beta\}} f(x)\, \mathrm{d}\varphi(x)\,,$$

wobei das letzte Integral den Wert $f(\beta)\,\mu\{\beta\}$ annimmt und folglich nur unter den obigen beiden Bedingungen zu Null wird. Bekanntlich (vgl. 3.8) gilt $\mu\{\beta\}=\varphi(\beta+0)-\varphi(\beta)$; die Bedingung $\mu\{\beta\}=0$ ist also wegen der linksseitigen Stetigkeit von φ gleichbedeutend mit der Forderung, daß die Funktion φ im Punkt β stetig ist.

Wir bemerken, daß unter der Definition (6) die folgende, uns vertraute Formel gilt:

$$\int_\alpha^\beta f(x)\,d\varphi(x)=\int_\alpha^\gamma f(x)\,d\varphi(x)+\int_\gamma^\beta f(x)\,d\varphi(x)\quad(\alpha\leqq\gamma\leqq\beta)\,, \tag{8}$$

hätten wir dagegen das Integral (5) durch die Gleichung (7) statt (6) vereinbart, wäre (8) im allgemeinen nicht gültig.

Im Zusammenhang mit der Definition (6) vereinbaren wir in natürlicher Weise

$$\int_\alpha^\infty f(x)\,d\varphi(x)=\int_{[\alpha,\infty)} f(x)\,d\varphi(x)\,,$$

$$\int_{-\infty}^\beta f(x)\,d\varphi(x)=\int_{(-\infty,\beta)} f(x)\,d\varphi(x)\,,\qquad \int_{-\infty}^\infty f(x)\,d\varphi(x)=\int_{(-\infty,\infty)} f(x)\,d\varphi(x)\,.$$

8.3. Diskretes Lebesgue-Stieltjes-Maß. Das zugehörige Integral

Sei $\mathcal{H}$ ein regulärer Halbring von Quadern R, E_0 die Vereinigung aller dieser Quader (vgl. 8.2) und $\{x_1, x_2, \ldots\}$ eine endliche oder abzählbare Menge von Punkten aus E_0, wobei jedem Punkt x_k eine positive Zahl p_k zugeordnet sei. Die Mengenfunktion m sei für jedes $R\in\mathcal{H}$ durch

$$m(R)=\begin{cases}\sum\limits_{x_k\in R} p_k\,, & \text{falls mindestens ein } x_k\in R \text{ existiert,}\\ 0 & \text{andernfalls}\end{cases} \tag{1}$$

definiert (hier wird jeweils über diejenigen p_k summiert, für deren zugehörige Punkte $x_k\in R$ gilt); dabei wird vorausgesetzt, daß jeweils $\sum\limits_{x_k\in E} p_k$ einen endlichen Wert besitzt (d. h. eine konvergente Reihe ist oder aus endlich vielen Gliedern besteht)[1]). Die Funktion m ist offenbar ein σ-additives Maß. Wir werden zeigen, daß das zugehörige Lebesgue-Stieltjes-Maß, d. h. die Lebesguesche Fortsetzung $\bar{m}$ des Maßes m vom Halbring $\mathcal{H}$ auf den Ring $\bar{\mathcal{H}}$, mit der Mengenfunktion

$$\mu(E)=\begin{cases}\sum\limits_{x_k\in E} p_k\,, & \text{falls mindestens ein } x_k\in E \text{ existiert,}\\ 0 & \text{andernfalls}\end{cases} \tag{2}$$

übereinstimmt, die auf der Klasse $\mathfrak{M}$ aller derjenigen Teilmengen $E\subset E_0$ definiert ist, die entweder keinen der Punkte x_k enthalten oder für die $\sum\limits_{x_k\in E} p_k$ einen endlichen Wert besitzt.

Satz 1. *Die Klasse $\mathfrak{M}$, auf der die Mengenfunktion (2) definiert ist, enthalte einen regulären Halbring $\mathcal{H}$ von Rechtecken. Dann ist diese Mengenfunktion das durch die Mengenfunktion (1) erzeugte Lebesgue-Stieltjes-Maß.*

Beweis: Wir zeigen, daß $\bar{\mathcal{H}}=\mathfrak{M}$ und auf dieser Klasse $\bar{m}=\mu$ ist. Nach Definition eines regulären Halbringes existiert eine endliche oder abzählbare Zerlegung von E_0

---

[1]) Das ist z. B. erfüllt, wenn $\{x_1, x_2, \ldots\}$ eine endliche Menge ist oder die Reihe $\sum\limits_k p_k$ konvergiert; es sind allerdings auch andere Fälle möglich (vgl. 8.6).

der Gestalt

$$E_0 = \bigcup_i R_i \quad (R_i \in \mathcal{H}) .$$

Für festes i ist das Maß μ offenbar für alle Teilmengen $E \subset R_i$ definiert, da die Glieder von $\sum_{x_k \in E} p_k$ auch Glieder der (i. a. umfassenderen) Summe $\sum_{x_k \in R_i} p_k$ sind, die nach Voraussetzung einen endlichen Wert besitzt.

Die Maße $\bar{m}$ und μ sind für $R \subset R_i$ definiert und stimmen dort überein. Folglich stimmen sie für alle BOREL-Mengen $E \subset R_i$ überein (entsprechend den Ausführungen in Kapitel 3 über die LEBESGUEsche Fortsetzung eines Maßes). Dabei gilt

$$\bar{m}(R_i) = \sum_{x_k \in R_i} p_k{}^{1)}, \quad \bar{m}\{x_k\} = \mu\{x_k\} = p_k$$

(vgl. (2)),

$$\bar{m}\Big(\sum_{x_k \in R_i} \{x_k\}\Big) = \sum_{x_k \in R_i} \bar{m}\{x_k\} = \sum_{x_k \in R_i} p_k$$

und für die Menge $S_i = R_i \setminus \bigcup_{x_k \in R_i} \{x_k\}$ folglich $\bar{m}(S_i) = 0$ (vgl. Abb. 183).

Wir betrachten eine beliebige Menge $E \subset S_i$. Da das Maß $\bar{m}$ wie jedes LEBESGUE-STIELTJES-Maß vollständig ist, gilt $\bar{m}(E) = 0$ und folglich $E \in \bar{\mathcal{H}}$. Für beliebiges $E \subset R_i$ ist stets

$$E = (E \cap S_i) \cup \bigcup_{x_k \in E} \{x_k\} \tag{3}$$

(vgl. Abb. 184). Nach dem oben Gezeigten ist $E \cap S_i \in \bar{\mathcal{H}}$ und $\bar{m}\,(E \cap S_i) = 0$. Da $\sum_{x_k \in E} \bar{m}\{x_k\} = \sum_{x_k \in E} p_k \leqq \sum_{x_k \in R_i} p_k$ gilt und die letzte Summe nach Voraussetzung einen endlichen Wert besitzt, gehört $\bigcup_{x_k \in E} \{x_k\}$ auf Grund der Eigenschaften einer LEBESGUE-schen Erweiterung ebenfalls zur Klasse $\bar{\mathcal{H}}$. Folglich ist $E \in \bar{\mathcal{H}}$ mit

$$\bar{m}(E) = \bar{m}\,(E \cap S_i) + \sum_{x_k \in E} \bar{m}\{x_k\} = \sum_{x_k \in E} p_k = \mu(E) .$$

Die Maße $\bar{m}$ und μ sind also auf allen Mengen $E \subset R$ definiert und stimmen dort überein.

Betrachten wir schließlich eine beliebige bez. $\bar{m}$ endliche Menge E. Dann gilt

$$\bar{m}(E) = \sum_i \bar{m}\,(E \cap R_i) = \sum_i \mu\,(E \cap R_i) = \mu(E) , \tag{4}$$

wobei für die letzte Gleichung benötigt wird, daß μ ein BOREL-Maß ist, und letzteres erkennt man unmittelbar an der Definition von μ (vgl. (2)). Also folgen aus $E \in \bar{\mathcal{H}}$ die Beziehungen $E \in \mathfrak{M}$ und $\bar{m}(E) = \mu(E)$. Da man die Gleichungskette (4) auch in entgegengesetzter Richtung lesen kann, gilt auch die umgekehrte Aussage. Folglich ist $\bar{\mathcal{H}} = \mathfrak{M}$ und $\bar{m} = \mu$ ●

Bemerkung 1. Jede beliebige Menge $E \subset E_0$ besitzt eine Zerlegung der Form $E = \bigcup_i (E \cap R_i)$ mit $E \cap R_i \in \mathfrak{M}$. Für das Maß (2) gibt es also in E_0 keine nichtmeßbaren Mengen und folglich auch keine nichtmeßbaren Funktionen.

---

[1]) Hierbei wird $\sum_{x_k \in R_i} p_k = 0$ gesetzt, falls R_i keines der Elemente x_k enthält (Anm. d. Hrsg.).

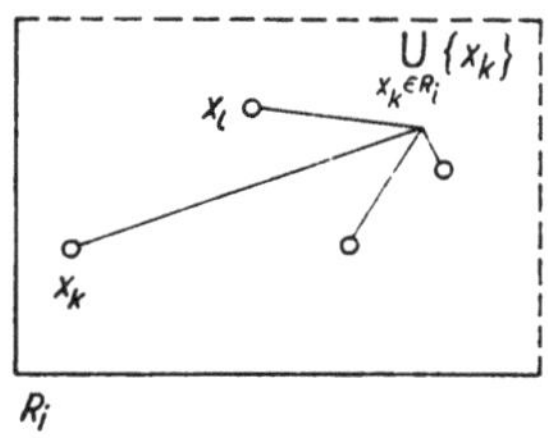

Abb. 183

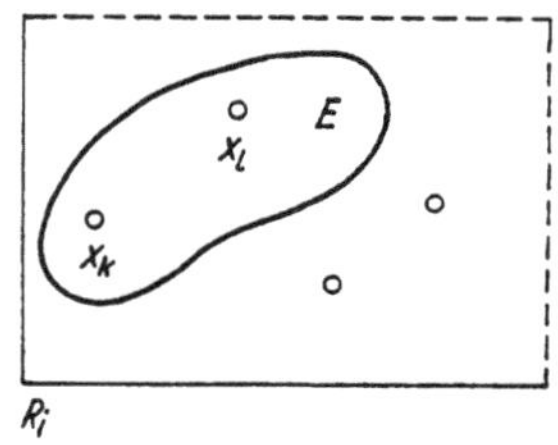

Abb. 184

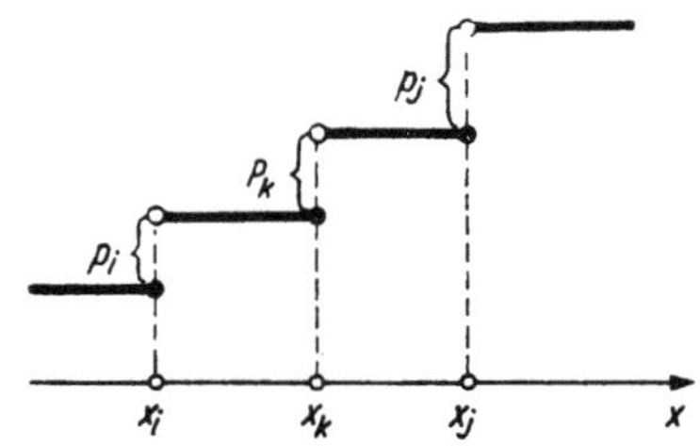

Abb. 185

Bemerkung 2. Besitzt die Summe $\sum\limits_k p_k$ einen endlichen Wert, so ist die Funktion (2) für alle Mengen $E \subset E_0$ definiert.

Ein Maß der Art (2) wird in naheliegender Weise häufig *diskretes* Maß genannt. Es besitzt die einelementigen Atome $\{x_1\}, \{x_2\}, \ldots$; andere Atome gibt es nicht, vgl. (2)[1]).

Satz 2. *Sei μ das durch* (2) *definierte Maß. Für jede auf E μ-integrierbare Funktion f gilt*

$$\int_E f(x)\,\mathrm{d}\mu = \sum_{x_n \in E} f(x_n)\,p_n\,, \tag{5}$$

wobei die Summe $\sum\limits_{x_n \in E} |f(x_n)|\,p_n$ *einen endlichen Wert besitzt*[2]). *Ist umgekehrt der Wert dieser Summe endlich, so ist f μ-integrierbar auf E.*

Beweis: Diese Aussage ist eine unmittelbare Übertragung der Ergebnisse aus Abschnitt 7.7 ●

Abschließend wieder einige Worte speziell zum eindimensionalen Fall. Sei $\{x_1, x_2, \ldots\}$ eine endliche oder abzählbare Menge reeller Zahlen aus einem endlichen oder unendlichen Intervall I_0, die alle vom rechten Randpunkt dieses Intervalls verschieden sind (diese Formulierung hat Bedeutung, falls der rechte Randpunkt zu I_0 gehört). Jedem Punkt x_k sei eine positive Zahl p_k zugeordnet. Wir definieren für alle $x \in I_0$ die Funktion φ durch

$$\varphi(x) = \sum_{x_k < x} p_k \tag{6}$$

unter der Voraussetzung, daß der Wert dieser Summe stets endlich ist. Auf dem Halbring $\mathcal{H}$ aller halboffenen Intervalle $I = [\alpha, \beta)$ mit $\alpha, \beta \in I_0$ ist durch

$$m(I) = \begin{cases} \sum\limits_{\alpha \leqq x_k < \beta} p_k\,, & \text{falls mindestens ein } x_k \in I \text{ existiert,} \\ 0 & \text{andernfalls} \end{cases} \tag{1'}$$

ein Maß definiert. Die hier auftretenden Summen haben immer endliche Werte, da ihre Glieder stets auch Glieder der Summe $\sum\limits_{x_k < \beta} p_k$ sind, die nach Voraussetzung einen endlichen Wert hat (vgl. (6)).

[1]) Jedes LEBESGUE-STIELTJES-Maß ist für alle einelementigen Mengen in E_0 definiert. Deshalb kann es für solche Maße keine Atome geben, die nicht einelementig sind.

[2]) D. h., $\sum\limits_{x_n \in E} |f(x_n)|\,p_n$ ist eine konvergente Reihe oder besteht aus endlich vielen Gliedern; dabei wird der Fall, daß E keines der Elemente x_n enthält, durch die Festsetzung $\sum\limits_{x_n \in E} |f(x_n)|\,p_n = 0$ eingeschlossen (Anm. d. Hrsg.).

Wir betrachten die Mengenfunktion

$$\mu(X) = \begin{cases} \sum\limits_{x_k \in X} p_k, & \text{falls mindestens ein } x_k \in X \text{ existiert,} \\ 0 & \text{andernfalls} \end{cases} \tag{2'}$$

auf dem Ring $\mathfrak{M}$ aller Teilmengen $X \subset E_0$, für die $\sum\limits_{x_k \in X} p_k$ einen endlichen Wert besitzt (E_0 bezeichnet die Vereinigung aller Mengen aus $\mathcal{H}$)[1]. Diese Mengenfunktion ist nach Satz 1 das durch die Mengenfunktion (1′) erzeugte Lebesgue-Stieltjes-Maß bzw. wegen $m(I) = \varphi(\beta) - \varphi(\alpha)$ für jedes $I \in \mathcal{H}$ auch das durch die Funktion φ erzeugte Lebesgue-Stieltjes-Maß (vgl. (6) und (1′)). Nach Satz 2 gilt dann für jede auf E φ-integrierbare Funktion f

$$\int_E f(x)\, d\varphi(x) = \sum_{x_k \in E} f(x_k)\, p_k\,, \tag{5'}$$

wobei die Summe $\sum\limits_{x_k \in E} |f(x_k)|\, p_k$ einen endlichen Wert besitzt. Umgekehrt folgt aus der letztgenannten Eigenschaft dieser Summe die φ-Integrierbarkeit von f auf E.

Eine Funktion φ der Form (6) nennt man häufig *Sprungfunktion*. Als erzeugende Funktion eines σ-additiven Maßes ist φ auf I_0 monoton wachsend und linksseitig stetig. Entsprechend den Eigenschaften eines Lebesgue-Stieltjes-Maßes gilt für beliebiges $x \in E_0$

$$\mu\{x\} = \varphi\,(x+0) - \varphi(x)$$

und folglich wegen (2′)

$$\varphi\,(x_k+0) - \varphi(x_k) = p_k \quad (k = 1, 2, \ldots) \tag{7}$$

und $\varphi\,(x+0) - \varphi(x) = 0$ in allen anderen Punkten des Intervalls E_0. Mit anderen Worten, φ ist nur in den Punkten x_k $(k = 1, 2, \ldots)$ unstetig und hat in diesen Punkten Sprünge der Höhe p_k. In Abb. 185 ist eine Sprungfunktion mit isolierten Sprungstellen dargestellt; im allgemeinen Fall ist eine graphische Darstellung komplizierter.

8.4. Durch ein Integral definiertes Lebesgue-Stieltjes-Maß. Das Integral bezüglich eines solchen Maßes

Sei $\mathcal{H}$ ein regulärer Halbring von Quadern R, E_0 die Vereinigung aller $R \in \mathcal{H}$ (vgl. 8.2) und Θ eine nichtnegative Funktion auf E_0. Wir definieren für $R \in \mathcal{H}$ die Mengenfunktion m durch das Lebesgue-Integral

$$m(R) = \int_R \Theta(x)\, d\lambda\,. \tag{1}$$

Dabei sei vorausgesetzt, daß dieses Integral für jedes $R \in \mathcal{H}$ existiert. Die Mengenfunktion m aus (1) ist ein σ-additives Maß und erzeugt folglich ein Lebesgue-Stieltjes-Maß $\mu = \overline{m}$ auf einem Ring $\mathfrak{M} = \overline{\mathcal{H}}$.

Wir untersuchen nun die durch das Lebesgue-Integral

$$\xi(E) = \int_E \Theta(x)\, d\lambda \tag{2}$$

[1] E_0 ist mit I_0 identisch, wenn I_0 seinen rechten Randpunkt nicht mit enthält. Andernfalls erhält man E_0 aus I_0 durch Entfernen dieses Randpunktes.

auf der Klasse $\mathfrak{H}$ aller derjenigen Teilmengen von E_0 definierte Mengenfunktion ξ, für die das Integral auf der rechten Seite von (2) existiert. Dabei ist ξ ein BOREL-Maß und $\mathfrak{H}$ ein Ring[1]) (dessen Mengen alle LEBESGUE-meßbar sind, vgl. (2)). Unter den gegebenen Bedingungen ist $\mathcal{H} \subset \mathfrak{H}$ und $m = \xi$ auf $\mathcal{H}$.

Satz 1. *Für die oben definierten Maße ξ und m ist $\mathfrak{H} \subset \overline{\mathcal{H}}$ und $\xi = \overline{m}$ auf $\mathfrak{H}$.*

Beweis: Da $\mathcal{H}$ ein regulärer Halbring ist, gibt es eine endliche oder abzählbare Zerlegung von E_0 in Mengen $R_i \in \mathcal{H}$ $(i = 1, 2, \ldots)$: $E_0 = \bigcup_i R_i$. Bei festem i ist das Maß ξ für alle LEBESGUE-meßbaren Mengen $E \subset R_i$ definiert, da Θ nach Voraussetzung (vgl. (1)) integrierbar auf R_i ist. Insbesondere ist ξ also für alle BOREL-Mengen $E \subset R_i$ definiert. Da die Maße $\overline{m}$ und ξ für alle Quader $R \subset R_i$ übereinstimmen, sind sie nach den Eigenschaften der LEBESGUEschen Fortsetzung von Maßen auch für alle BOREL-Mengen $E \subset R_i$ gleich.

Betrachten wir jetzt eine beliebige bez. ξ endliche BOREL-Menge $E \subset E_0$. Dann gilt

$$\xi(E) = \sum_i \xi\,(E \cap R_i) = \sum_i \overline{m}\,(E \cap R_i) = \overline{m}(E)\,.$$

Sei schließlich E eine beliebige Menge aus $\mathfrak{H}$. Da E LEBESGUE-meßbar ist (vgl. (2)), existieren BOREL-Mengen $E' \subset E_0$ und $E'' \subset E_0$ derart, daß $E' \subset E \subset E''$ und $\lambda\,(E'' \setminus E') = 0$ ist (vgl. 3.10). Dann ist ersichtlich

$$\xi(E') = \xi(E) = \xi(E'')$$

(vgl. (2)). Nach den obigen Ausführungen gilt $\xi(E') = \overline{m}(E')$ sowie $\xi(E'') = \overline{m}(E'')$ und folglich $\overline{m}(E') = \overline{m}(E'')$. Es ist also $E \in \overline{\mathcal{H}}$ (vgl. Kapitel 3) und $\xi(E) = \overline{m}(E)$ ●

Bemerkung 1. Der Fall $\mathfrak{H} \neq \overline{\mathcal{H}}$ ist tatsächlich möglich, z. B. für $\Theta(x) = 0$ $(x \in E_0)$. In diesem Fall gehören zu $\overline{\mathcal{H}}$ alle Mengen aus E_0, darunter auch die nicht LEBESGUE-meßbaren; $\mathfrak{H}$ jedoch enthält nach Voraussetzung nur LEBESGUE-meßbare Mengen, vgl. (2).

Entsprechend Aussage 2 in 7.6 gilt für eine ξ-meßbare Funktion f

$$\int_E f(x)\,d\xi = \int_E f(x)\,\Theta(x)\,d\lambda\,, \tag{3}$$

wobei aus der Existenz des einen Integrals die des anderen folgt. Uns interessiert jedoch nicht das Integral bez. des Maßes ξ sondern bez. des LEBESGUE-STIELTJES-Maßes $\mu = \overline{m}$. Da nach Bemerkung 1 der Ring $\overline{\mathcal{H}}$ auch nicht LEBESGUE-meßbare Mengen enthalten kann, darf in Gleichung (3) das Maß ξ im allgemeinen nicht einfach durch μ ersetzt werden (nach Definition verliert Gleichung (3) ihren Sinn, wenn $E \in \overline{\mathcal{H}}$ eine nicht LEBESGUE-meßbare Menge ist). Dieses Problem führt zur Formulierung des folgenden Satzes (vgl. Aussage 2 in 7.6.).

Satz 2. *Sei μ das von der Mengenfunktion m aus (1) erzeugte Lebesgue-Stieltjes-Maß und f eine Lebesgue-meßbare Funktion auf der Menge $E \subset E_0$. Dann gilt*

$$\int_E f(x)\,d\mu = \int_E f(x)\,\Theta(x)\,d\lambda\,, \tag{3}$$

wobei aus der Existenz des einen Integrals jeweils die Existenz des anderen Integrals folgt.

[1]) Vgl. Abschnitt 7.5.

Beweis: Ohne Beschränkung der Allgemeinheit gelte $f(x) \geqq 0$ $(x \in E)$. Sei zunächst $E \subset R_i$ und f eine Treppenfunktion auf E, die durch

$$f(x) = \sum_k t_k \mathbf{1}_{E_k}(x) , \tag{4}$$

definiert ist, wobei $E = \bigcup_k E_k$ eine endliche oder abzählbare Zerlegung von E in Mengen E_k von endlichem LEBESGUE-Maß darstellt und $t_k \geqq 0$ für alle $k = 1, 2, \ldots$ gilt. Wegen $E_k \subset R_i$ ist $E_k \in \mathcal{H} \subset \mathfrak{M}$ (vgl. oben) und folglich $\xi(E_k) = \mu(E_k)$. Wenn f μ-integrierbar auf E ist, gilt deshalb

$$\begin{aligned} \int_E f(x)\, \mathrm{d}\mu &= \sum_k t_k \mu(E_k) = \sum_k t_k \xi(E_k) \\ &= \sum_k \int_{E_k} t_k \Theta(x)\, \mathrm{d}\lambda = \sum_k \int_{E_k} f(x)\, \Theta(x)\, \mathrm{d}\lambda = \int_E f(x)\, \Theta(x)\, \mathrm{d}\lambda. \end{aligned}$$

In umgekehrter Reihenfolge gelesen, zeigt diese Gleichungskette, daß aus der Existenz des letzten Integrals auch die Existenz des ersten Integrals folgt. Damit ist die Gleichung (3) für Treppenfunktionen der Gestalt (4) bewiesen.

Ist f keine Treppenfunktion, so betrachten wir eine Folge f_n nichtnegativer Treppenfunktionen der Art (4) mit $f_n(x) \uparrow f(x)$ für alle $x \in E$. Für jede dieser Funktionen gilt

$$\int_E f_n(x)\, \mathrm{d}\mu = \int_E f_n(x)\, \Theta(x)\, \mathrm{d}\lambda ,$$

und wir erhalten entsprechend den Eigenschaften einer monoton wachsenden Funktionenfolge durch Grenzübergang die Gleichung (3) für jede LEBESGUE-meßbare Menge $E \subset R_i$.

Schließlich sei $E \subset E_0$ eine beliebige LEBESGUE-meßbare Menge und f eine nichtnegative LEBESGUE-meßbare Funktion auf E. Dann gilt

$$\int_E f(x)\, \mathrm{d}\mu = \sum_i \int_{E \cap R_i} f(x)\, \mathrm{d}\mu = \sum_i \int_{E \cap R_i} f(x)\, \Theta(x)\, \mathrm{d}\lambda = \int_E f(x)\, \Theta(x)\, \mathrm{d}\lambda , \tag{5}$$

denn für $E \cap R_i \subset R_i$ ist die Gleichung (3) schon bewiesen worden. Da diese Gleichungskette ebenfalls wieder in umgekehrter Richtung gelesen werden kann, ist die Aussage (3) auch im allgemeinen Fall bewiesen ●

Bemerkung 2. Die bisherigen Betrachtungen in diesem Abschnitt ändern sich (bis auf entsprechende Formulierungen) nicht, wenn anstelle des LEBESGUE-Maßes λ ein beliebiges LEBESGUE-STIELTJES-Maß eingesetzt wird.

Als Spezialfall betrachten wir nun wieder das eindimensionale Integral. Das lineare LEBESGUE-STIELTJES-Maß μ sei mittels einer erzeugenden Funktion φ gegeben, die auf einem endlichen oder unendlichen Intervall I_0 definiert ist und eine stetige Ableitung φ' habe (nach Voraussetzung ist $\varphi'(x) \geqq 0$ für alle $x \in I_0$). Das Ausgangsmaß m auf dem zugehörigen Halbring $\mathcal{H}$ der halboffenen Intervalle $I = [\alpha, \beta)$ mit $\alpha, \beta \in I_0$ hat dann die Gestalt

$$m(I) = \varphi(\beta) - \varphi(\alpha) = \int_\alpha^\beta \varphi'(x)\, \mathrm{d}x , \tag{1'}$$

und gemäß Satz 2 gilt für eine LEBESGUE-meßbare Funktion f auf E

$$\int_E f(x)\, \mathrm{d}\varphi(x) = \int_E f(x)\, \varphi'(x)\, \mathrm{d}x , \tag{3'}$$

wobei aus der Existenz des einen Integrals jeweils die Existenz des anderen folgt. Dies ist der einfachste Fall, ein LEBESGUE-STIELTJES-Integral auf ein LEBESGUE-Integral zurückzuführen: bei dem LEBESGUE-Integrals tritt der stetige Faktor $\varphi'(x)$ auf.

Beispiel. Bei der Berechnung des Integrals $J = \int_2^3 x^2 \, \mathrm{d} \ln x$ ergibt sich nach Formel (3′)

$$J = \int_2^3 x^2 \frac{1}{x} \, \mathrm{d}x = \int_2^3 x \, \mathrm{d}x = \frac{5}{2} .$$

Analoge Aussagen ergeben sich auch im mehrdimensionalen Fall. Das Maß μ sei mittels einer erzeugenden Funktion $\varphi(x) = \varphi(x_1, \ldots, x_n)$ gegeben, die auf einem Bereich $G \supset E_0$ (vgl. den Beginn dieses Abschnitts) definiert ist und in diesem Bereich eine stetige partielle Ableitung $\dfrac{\partial^n \varphi}{\partial x_1 \partial x_2 \ldots \partial x_n} \geqq 0$ hat. Das Ausgangsmaß m auf dem betrachteten Halbring $\mathcal{H}$ der Quader $R = \{(x_1, x_2, \ldots, x_n) : \alpha_1 \leqq x_1 < \beta_1, \ldots, \alpha_n \leqq x_n < \beta_n\}$ nimmt dann die Gestalt

$$m(R) = \Delta_{x_1 x_2 \ldots x_n}(\varphi; R) = \int_{\alpha_1}^{\beta_1} \int_{\alpha_2}^{\beta_2} \ldots \int_{\alpha_n}^{\beta_n} \frac{\partial^n \varphi}{\partial x_1 \partial x_2 \ldots \partial x_n} \, \mathrm{d}x_n \ldots \mathrm{d}x_2 \mathrm{d}x_1$$

$$= (\mathrm{L})\text{-} \int\int_R \ldots \int \frac{\partial^n \varphi}{\partial x_1 \partial x_2 \ldots \partial x_n} \, \mathrm{d}x_1 \mathrm{d}x_2 \ldots \mathrm{d}x_n$$ [1])

an (vgl. Kapitel 3), und gemäß Satz 2 gilt für eine auf einer Menge E LEBESGUE-meßbare Funktion f

$$\int_E f(x) \, \mathrm{d}\varphi = \int\int_R \ldots \int f(x_1, x_2, \ldots, x_n) \frac{\partial^n \varphi}{\partial x_1 \partial x_2 \ldots \partial x_n} \, \mathrm{d}x_1 \mathrm{d}x_2 \ldots \mathrm{d}x_n , \qquad (3'')$$

wobei aus der Existenz des einen Integrals jeweils die Existenz des anderen folgt.

8.5. Eigenschaften des Lebesgue-Stieltjes-Integrals im Zusammenhang mit einfachen Operationen zwischen den zugehörigen Maßen

Im folgenden seien

(i) $\mathcal{H}$ ein regulärer Halbring von Quadern R und E_0 die Vereinigung aller $R \in \mathcal{H}$ (vgl. 8.2),

(ii) m und n σ-additive Maße auf $\mathcal{H}$,

(iii) $\bar{m}$ und $\bar{n}$ die zugehörigen LEBESGUE-STIELTJES-Maße auf den entsprechenden Ringen $\mathfrak{M}$ und $\mathfrak{N}$.

Uns werden zunächst diejenigen LEBESGUE-STIELTJES-Maße beschäftigen, die von den auf $R \in \mathcal{H}$ definierten σ-additiven Maßen

$$cm \quad \text{mit} \quad c \geqq 0 \qquad (1)$$

[1]) Wir haben hier ein wenig vorausgegriffen. Für den Nachweis der letzten Gleichheit benötigt man den Satz von FUBINI (wenn auch in sehr spezieller Form), der erst in Kapitel 9 behandelt wird.

und

$$m \pm n \tag{2}$$

erzeugt werden (im letzten Fall sei natürlich $m(R) - n(R) \geqq 0$ $(R \in \mathfrak{H})$ vorausgesetzt). Wir betrachten also die Maße $\overline{cm}$ und $\overline{m \pm n}$.

Satz 1. *Ist die Funktion f $\bar{m}$-integrierbar auf E, so ist sie auch $\overline{cm}$-integrierbar auf E für jede Konstante $c \geqq 0$, und es gilt*

$$\int_E f(x) \, \mathrm{d}(\overline{cm}) = c \int_E f(x) \, \mathrm{d}\bar{m} \,. \tag{3}$$

Satz 2. *Ist die Funktion f $\bar{m}$-integrierbar und $\bar{n}$-integrierbar auf E, so ist sie auch $(\overline{m \pm n})$-integrierbar auf E, und es gilt*

$$\int_E f(x) \, \mathrm{d}\,(\overline{m \pm n}) = \int_E f(x) \, \mathrm{d}\bar{m} \pm \int_E f(x) \, \mathrm{d}\bar{n} \,. \tag{4}$$

B e w e i s von Satz 1: Nach Abschnitt 7.6 folgt aus der $\bar{m}$-Integrierbarkeit von f auf E die $c\bar{m}$-Integrierbarkeit von f auf E mit

$$\int_E f(x) \, \mathrm{d}(c\bar{m}) = c \int_E f(x) \, \mathrm{d}\bar{m} \,. \tag{5}$$

Im Fall $c > 0$ führt der Prozeß der LEBESGUEschen Erweiterung des Maßes cm ersichtlich zu dem Maß $c\bar{m}$ (vgl. Kapitel 3), das auf demselben Ring $\mathfrak{M}$ definiert ist wie auch $\bar{m}$. Im Fall $c > 0$ gilt also $\overline{cm}(E) = c\bar{m}(E)$ für alle $E \in \mathfrak{M}$, mithin folgt aus (5) die Behauptung (3). Für $c = 0$ ist die Aussage (3) trivial.

B e w e i s von Satz 2: Wir betrachten das auf dem Ring $\mathfrak{K} = \mathfrak{M} \cap \mathfrak{N} \supset \mathfrak{H}$ gegebene Maß

$$\xi = \bar{m} \pm \bar{n} \tag{6}$$

und das auf dem Ring $\mathfrak{L} = \bar{\mathfrak{H}}$ gegebene Maß

$$\eta = \overline{m \pm n} \tag{7}$$

und zeigen $\mathfrak{K} \subset \mathfrak{L}$ sowie $\xi = \eta$ auf $\mathfrak{K}$.

Die Gültigkeit von $\xi = \eta$ für alle $R \in \mathfrak{H}$ ist offensichtlich. Unter den angegebenen Bedingungen gibt es eine endliche oder abzählbare Zerlegung $E_0 = \bigcup\limits_i R_i$ von E_0 in Mengen $R_i \in \mathfrak{H}$ $(i = 1, 2, \ldots)$. Bei festem i sind die Maße ξ und η (entsprechend den Eigenschaften der LEBESGUEschen Fortsetzung von Maßen) für alle BOREL-Mengen $E \subset R_i$ definiert und sind für alle diese Mengen gleich, da sie für alle $R \subset R_i$ übereinstimmen. Für eine beliebige BOREL-Menge $E \in \mathfrak{K}$ (nach Definition ist $E \subset E_0$) gilt

$$\xi(E) = \sum_i \xi\,(E \cap R_i) = \sum_i \eta\,(E \cap R_i) = \eta(E) \,,$$

d. h. $E \in \mathfrak{L}$.

Sei schließlich $E \in \mathfrak{K}$ beliebig. Wegen $\mathfrak{K} = \mathfrak{M} \cap \mathfrak{N}$ gilt $E \in \mathfrak{M}$ und $E \in \mathfrak{N}$. Es gibt dann in E_0 BOREL-Mengen E' und E'' mit $E' \subset E \subset E''$ und $\bar{m}(E') = \bar{m}(E'')$ sowie zwei weitere BOREL-Mengen E_1 und E_2 mit $E_1 \subset E \subset E_2$ und $\bar{n}(E_1) = \bar{n}(E_2)$ (vgl. 3.10). Weiter gilt

$$E' \cup E_1 \subset E \subset E'' \cap E_2 \,, \tag{8}$$

mithin

$$\bar{m}(E' \cup E_1) = \bar{m}(E'' \cap E_2) \quad \text{und} \quad \bar{n}(E' \cup E_1) = \bar{n}(E'' \cap E_2).$$

Daraus folgt

$$\xi(E' \cup E_1) = \xi(E) = \xi(E'' \cap E_2) \tag{9}$$

(vgl. (6)), d. h. aber (da $E' \cup E_1$ und $E'' \cap E_2$ Borel-Mengen sind)

$$\eta(E' \cup E_1) = \xi(E) = \eta(E'' \cap E_2). \tag{10}$$

Also ist $E \in \mathfrak{L}$ und $\xi(E) = \eta(E)$, d. h., es gilt $\mathfrak{H} \subset \mathfrak{L}$ und $\xi = \eta$ auf $\mathfrak{H}$[1]).

Nach Abschnitt 7.6 gilt für eine auf der Menge E $\bar{m}$-integrierbare und $\bar{n}$-integrierbare Funktion f

$$\int_E f\,d\xi = \int_E f\,d\bar{m} \pm \int_E f\,d\bar{n}$$

(vgl. (6)). Entsprechend dem oben Gesagten kann hier ξ durch η ersetzt werden (vgl. (7)), d. h. aber, es gilt (4) ●

Die Aussage des Satzes ist besonders in dem Fall bedeutsam, daß die Maße m und n mittels erzeugender Funktionen φ und ψ gegeben sind. Dann ist nämlich $c\varphi$ die erzeugende Funktion für das Maß (1), $\varphi \pm \psi$ die erzeugende Funktion für das Maß (2)[2]), und die vorn formulierten Sätze nehmen folgende Gestalt an:

Satz 1'. *Ist die Funktion f φ-integrierbar auf E, so ist sie auch $c\varphi$-integrierbar auf E für jede Konstante $c \geqq 0$, und es gilt*

$$\int_E f(x)\,d(c\varphi) = c \int_E f(x)\,d\varphi. \tag{3'}$$

Satz 2'. *Ist die Funktion f φ-integrierbar und ψ-integrierbar auf E, so ist sie auch $(\varphi \pm \psi)$-integrierbar auf E, und es gilt*

$$\int_E f(x)\,d(\varphi \pm \psi) = \int_E f(x)\,d\varphi \pm \int_E f(x)\,d\psi. \tag{4'}$$

8.6. Das Lebesgue-Stieltjes-Integral bez. eines atomaren Maßes

Sei μ ein n-dimensionales Lebesgue-Stieltjes-Maß, $\mathfrak{M}$ derjenige Ring von Mengen, auf dem μ definiert ist, und es sei $E_0 = \bigcup_{E \in \mathfrak{M}} E$ eine μ-meßbare Menge[3]). Wir wollen voraussetzen, daß μ Atome besitzt. Diese Atome sind notwendig einelementig, da die einelementigen Teilmengen von E_0 alle zum Ring $\mathfrak{M}$ gehören, und es gibt höchstens endlich oder abzählbar viele derartige Mengen, da E_0 μ-meßbar ist (vgl. 7.7). Seien nun $\{x_k\}$ $(k = 1, 2, \ldots)$ alle diese Atome. Wir setzen $\mu\{x_k\} = p_k$, wobei nach Definition des Atoms $p_k > 0$ für alle k ist.

---

[1]) Der Fall $\mathfrak{H} \neq \mathfrak{L}$ kann tatsächlich auftreten, z. B. wenn das Maß η durch die Funktion $m - n$ mit $m = n$ erzeugt wird.

[2]) Allgemein gilt $\Delta_{x_1 x_2 \ldots}(c\varphi;\, R) = c\Delta_{x_1 x_2 \ldots}(\varphi;\, R)$ und $\Delta_{x_1 x_2 \ldots}(\varphi \pm \psi;\, R) = \Delta_{x_1 x_2 \ldots}(\varphi;\, R) \pm \pm \Delta_{x_1 x_2 \ldots}(\psi;\, R)$; im eindimensionalen Fall nimmt dies die folgende einfache Gestalt an: $c\varphi(\beta) - c\varphi(\alpha) = c\,(\varphi(\beta) - \varphi(\alpha)) = cm[\alpha, \beta)$, $(\varphi(\beta) \pm \psi(\beta)) - (\varphi(\alpha) \pm \psi(\alpha)) = (\varphi(\beta) - \varphi(\alpha)) \pm (\psi(\beta) - - \psi(\alpha)) = m[\alpha, \beta) \pm n[\alpha, \beta)$.

[3]) Genauso verhielt es sich in allen vorangehenden Abschnitten.

Nach Abschnitt 7.7 gilt für eine auf der Menge F μ-integrierbare Funktion f

$$\int_F f(x)\,\mathrm{d}\mu = \sum_{x_k \in F} f(x_k)\,p_k = \int_F f(x)\,\mathrm{d}\nu\,, \tag{1}$$

wobei ν ein durch $\nu(E) = \mu\,(E \setminus \bigcup_{x_k \in E} \{x_k\})$ definiertes atomfreies Maß ist.

Die in (1) auftretende Summe ist gerade das Integral

$$\int_E f(x)\,\mathrm{d}\xi\,,$$

wobei ξ das durch

$$\xi(E) = \begin{cases} \sum_{x_k \in E} p_k\,, & \text{falls mindestens ein } x_k \in E \text{ existiert,} \\ 0 & \text{andernfalls} \end{cases}$$

definierte LEBESGUE-STIELTJES-Maß bezeichnet, das in Abschnitt 8.3 untersucht wurde. Es gilt also

$$\int_F f(x)\,\mathrm{d}\mu = \int_F f(x)\,\mathrm{d}\xi + \int_F f(x)\,\mathrm{d}\nu \tag{2}$$

mit

$$\nu(E) = \mu(E) - \mu(\bigcup_{x_k \in E} \{x_k\}) = \mu(E) - \sum_{x_k \in E} p_k = \mu(E) - \xi(E)\,.$$

Nach Voraussetzung ist μ die LEBESGUEsche Fortsetzung eines auf einem regulären Halbring $\mathcal{H}$ von Quadern R definierten Maßes m (wobei analog oben $E_0 = \bigcup_{R \in \mathcal{H}} R$ ist). Bezeichnet n das auf $\mathcal{H}$ gegebene Ausgangsmaß für ξ, dann gilt also $\mu = \overline{m}$, $\xi = \overline{n}$ und $\nu = \overline{m} - \overline{n}$.

Nach dem vorigen Abschnitt ist $\overline{m-n}$ eine Fortsetzung des Maßes $\overline{m} - \overline{n}$ und kann demzufolge keine Atome haben (da $\nu = \mu - \xi = \overline{m} - \overline{n}$ keine Atome besitzt und sämtliche einelementigen Teilmengen von E_0 ν-meßbar sind). Andererseits gilt

$$\int_F f(x)\,\mathrm{d}\nu = \int_F f(x)\,\mathrm{d}\,(\overline{m} - \overline{n}) = \int_F f(x)\,\mathrm{d}\,(\overline{m-n})$$

und folglich wegen (2)

$$\int_F f(x)\,\mathrm{d}\overline{m} = \sum_{x_k \in F} f(x_k)\,p_k + \int_F f(x)\,\mathrm{d}\,(\overline{m-n})\,.$$

Sind nun die Maße m und n mittels erzeugender Funktionen φ und s definiert, so nimmt diese Gleichung die Gestalt

$$\int_F f(x)\,\mathrm{d}\varphi = \sum_{x_k \in F} f(x_k)\,p_k + \int_F f(x)\,\mathrm{d}\psi \tag{3}$$

an, wobei $\psi = \varphi - s$ die erzeugende Funktion für das a t o m f r e i e M a ß $\overline{m-n}$ ist.

Wir wenden uns nun wieder dem S p e z i a l f a l l des eindimensionalen LEBESGUE-STIELTJES-Maßes zu. Sei μ ein solches mittels einer erzeugenden Funktion φ gegebenes Maß, wobei φ auf einem endlichen oder unendlichen Intervall I_0 definiert sei. Nach Voraussetzung ist φ monoton wachsend und linksseitig stetig auf I_0, Unstetigkeitsstellen sind jedoch nicht ausgeschlossen. Da für jede einelementige Menge $\{x\}$

$$\mu\{x\} = \varphi\,(x+0) - \varphi(x)$$

ist, entspricht jeder Unstetigkeitsstelle von φ ein μ-Atom. Alle diese Atome sind Teil einer μ-meßbaren Menge. Es kann höchstens abzählbar viele μ-Atome, d. h. Unstetigkeitsstellen der Funktion φ geben. Seien x_k $(k=1, 2, \ldots)$ diese Sprungstellen und $p_k=\varphi(x_k+0)-\varphi(x_k)=\mu\{x_k\}$ die zugehörigen Sprunghöhen oder, was dasselbe ist, die Werte des Maßes μ auf seinen Atomen.

Ist die Funktion f μ-integrierbar auf F und das entsprechende Maß ξ (vgl. oben) mittels einer erzeugenden Funktion s gegeben (was stets möglich ist), z. B. durch

$$s(x)=\sum_{x_k<x} p_k \tag{4}$$

(vgl. 8.3), so gilt wegen (3)

$$\int_F f(x)\,\mathrm{d}\varphi=\sum_{x_k\in F} f(x_k)\,p_k+\int_F f(x)\,\mathrm{d}\psi\,, \tag{3'}$$

wobei $\psi=\varphi-s$ eine stetige Funktion ist. Die Funktion s (vgl. (4)) heißt in diesem Zusammenhang die *Sprungfunktion* (oder auch der *Sprunganteil*) der Funktion φ.

Beispiel. Man berechne das Integral $J=\int\limits_0^3 x\,\mathrm{d}\varphi(x)$[1] mit

$$\varphi(x)=\begin{cases}\frac{1}{2}x^2 & \text{für}\quad 0\leqq x\leqq 1\,,\\ x & \text{für}\quad 1<x\leqq 2\,,\\ \frac{3}{2}x & \text{für}\quad 2<x\leqq 3\end{cases}$$

(vgl. Abb. 186). Die Funktion φ hat einen Sprung der Höhe $p_1=\frac{1}{2}$ im Punkt $x_1=1$ und einen Sprung der Höhe $p_2=1$ im Punkt $x_2=2$. In Übereinstimmung mit Formel (3') gilt

$$J=1\cdot\frac{1}{2}+2\cdot 1+\int_0^3 x\,\mathrm{d}\psi(x)$$

mit einer stetigen Funktion ψ[2]. Weiter erhält man

$$J=\frac{5}{2}+\int_0^1 x\,\mathrm{d}\psi(x)+\int_1^2 x\,\mathrm{d}\psi(x)+\int_2^3 x\,\mathrm{d}\psi(x)\,.$$

In jedem der Intervalle $[0, 1)$, $[1, 2)$, $[2, 3)$ besitzt die Funktion ψ eine stetige Ableitung, so daß wir für jedes einzelne der drei Integrale die Formel (3') in 8.4 anwenden können. Als Resultat erhalten wir

$$J=\frac{5}{2}+\int_0^1 x^2\,\mathrm{d}x+\int_1^2 x\,\mathrm{d}x+\int_2^3\frac{3}{2}x\,\mathrm{d}x=\frac{97}{12}\,.$$

---

[1]) Das Integral wird über dem halboffenen Intervall $[0, 3)$ betrachtet (vgl. 8.2). Im vorliegenden Fall gilt $\mu[0, 3)=\varphi(3)-\varphi(0)=\frac{9}{2}$, es liegt also ein Integral einer stetigen und beschränkten Funktion über einer bez. μ endlichen Menge vor, das selbstverständlich existiert (vgl. 7.4).

[2]) Die Funktion $\psi(x)$ braucht nicht explizit aufgeschrieben zu werden, da im folgenden nur die Werte $\psi'(x)$ benötigt werden, die bis auf die Unstetigkeitsstellen von φ überall mit $\varphi'(x)$ übereinstimmen.

Abschließend bringen wir das angekündigte Beispiel zu Aussage 3 in 7.6. Wir zeigen die Existenz einer σ-Algebra $\mathfrak{M}$, σ-additiver Maße μ_n $(n=1, 2, \ldots)$ und μ auf $\mathfrak{M}$ und einer (notwendig unbeschränkten) Funktion f derart, daß $\mu_n(X) \to \mu(X)$ für jedes $X \in \mathfrak{M}$ gilt, aber

$$\lim_{n\to\infty} \int_{X_0} f(x)\, d\mu_n \neq \int_{X_0} f(x)\, d\mu \tag{5}$$

für die Einheit X_0 der Algebra $\mathfrak{M}$ gilt.

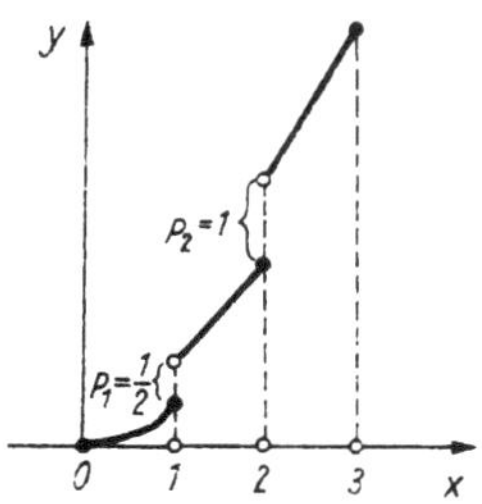

Abb. 186

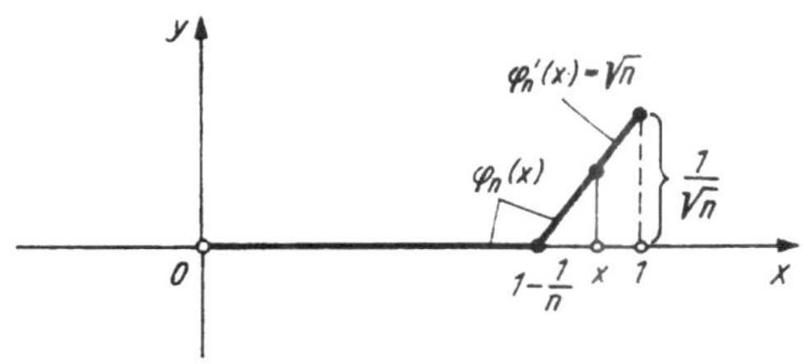

Abb. 187

Zu diesem Zweck konstruieren wir auf dem Intervall $[0, 1]$ für jede natürliche Zahl n eine monoton wachsende Funktion φ_n gemäß Abb. 187. Diese Funktionen betrachten wir als erzeugende Funktionen von LEBESGUE-STIELTJES-Maßen μ_n, die dann sämtlich gewiß auf der Klasse aller BOREL-Mengen des Intervalls $[0, 1)$ definiert sind, d. h. auf einer σ-Algebra $\mathfrak{M}$ mit der Einheit $X_0=[0, 1)$. Offenbar ist

$$\mu_n[0, 1) = \varphi_n(1) - \varphi_n(0) = \frac{1}{\sqrt{n}}$$

(vgl. Abb. 187). Folglich gilt $\mu_n[0, 1) \to 0$ für $n \to \infty$ und nach der Monotonie-Eigenschaft eines Maßes erst recht $\mu_n(X) \to 0$ für alle $X \in \mathfrak{M}$. Für jedes $X \in \mathfrak{M}$ gilt also $\mu_n(X) \to \mu(X)$ für $n \to \infty$, wenn wir μ durch $\mu(X)=0$ $(X \in \mathfrak{M})$ definieren (μ ist damit selbstverständlich σ-additiv). Setzen wir nun

$$f(x) = \frac{1}{\sqrt{1-x}} \quad \text{für} \quad 0 \leqq x < 1 ,$$

dann ist

$$\int_0^1 \frac{1}{\sqrt{1-x}}\, d\mu_n = \int_0^1 \frac{1}{\sqrt{1-x}}\, d\varphi_n = \int_{1-\frac{1}{n}}^1 \frac{1}{\sqrt{1-x}}\, d\varphi_n = \int_{1-\frac{1}{n}}^1 \frac{1}{\sqrt{1-x}} \sqrt{n}\, dx = 2$$

$\left(\text{da für } 1-\frac{1}{n} \leqq x < 1 \text{ die Beziehung } \varphi'(x) = \sqrt{n}\ (n=1, 2, \ldots) \text{ gilt, vgl. Abb. 187}\right)$, aber andererseits

$$\int_0^1 \frac{1}{\sqrt{1-x}}\, d\mu = 0 ,$$

d. h., es gilt (5).

Bemerkung. Im vorangehenden Beispiel ist die Funktion φ mit $\varphi(x)=0$ für alle $x\in[0, 1]$ erzeugende Funktion des Maßes μ, das sich als Grenzwert der Maße μ_n ($n=1, 2, \ldots$) ergab. Also gilt hier $\varphi_n(x)\uparrow\varphi(x)$, wobei φ_n und φ auf $[0, 1]$ stetige Funktionen sind, und die Funktion f ist nichtnegativ, auf $[0, 1)$ stetig und lediglich bei $x=1$ unbeschränkt. Trotz dieser „guten" Eigenschaften ergibt sich im Beispiel

$$\lim_{n\to\infty}\int_0^1 f(x)\,d\varphi_n(x)\neq\int_0^1 f(x)\,d\varphi(x)\,.$$

9. Der Satz von Fubini[1]

9.1. Monotone Klassen von Mengen

Dieser Abschnitt trägt vorbereitenden Charakter

Eine nichtleere Klasse $\mathfrak{M}$ von Mengen heißt *monoton*, wenn für $E_n \in \mathfrak{M}$ $(n=1, 2, \ldots)$ aus $E_n \uparrow E$ ebenso wie aus $E_n \downarrow E$ stets $E \in \mathfrak{M}$ folgt. Insbesondere ist jeder σ-Ring eine monotone Klasse; ebenso die Klasse aller Teilmengen irgendeiner Menge.

Aussage 1. *Jeder monotone Ring ist ein σ-Ring.*

Beweis: Sei $\mathfrak{M}$ ein monotoner Ring und $E_n \in \mathfrak{M}$ $(n=1, 2, \ldots)$. Für

$$E = \bigcup_{n=1}^{\infty} E_n \quad \text{und} \quad E'_n = \bigcup_{k=1}^{n} E_k$$

gilt offenbar

$$E = \bigcup_{n=1}^{\infty} E'_n, \quad E'_n \uparrow E, \quad E'_n \in \mathfrak{M}\,.$$

Da $\mathfrak{M}$ eine monotone Klasse ist, folgt $E \in \mathfrak{M}$ ●

Aussage 2. *Sei $\mathfrak{K}$ eine nichtleere Klasse von Mengen. Dann existiert eine monotone Klasse $\mathfrak{M} \supset \mathfrak{K}$, die in jeder monotonen Klasse $\mathfrak{M}' \supset \mathfrak{K}$ enthalten ist.*

Beweis: Zunächst existiert mindestens eine monotone Klasse, die $\mathfrak{K}$ enthält, nämlich z. B. die Klasse $\mathfrak{M}_0$ aller Teilmengen der Menge $E_0 = \bigcup_{E \in \mathfrak{K}} E$. Die gesuchte Klasse $\mathfrak{M}$ ist dann der Durchschnitt aller monotonen Klassen, die $\mathfrak{K}$ enthalten und ihrerseits in $\mathfrak{M}_0$ enthalten sind. Man überzeugt sich nämlich leicht, daß ein beliebiger Durchschnitt monotoner Klassen wiederum eine monotone Klasse ist. Es bleibt dann nur zu zeigen, daß $\mathfrak{M}$ in jeder monotonen Klasse $\mathfrak{M}' \supset \mathfrak{K}$ enthalten ist. Dies aber folgt aus der offenkundigen Relation $\mathfrak{M}' \supset \mathfrak{M}' \cap \mathfrak{M}_0 \supset \mathfrak{M}$, wobei $\mathfrak{M}' \cap \mathfrak{M}_0$ als Durchschnitt zweier monotoner Klassen eine in $\mathfrak{M}_0$ enthaltene monotone Klasse ist ●

Die Klasse $\mathfrak{M}$, die den Bedingungen von Aussage 2 genügt, heißt die durch $\mathfrak{K}$ *erzeugte monotone Klasse.*

Aussage 3. *Die durch einen Ring $\mathfrak{K}$ erzeugte monotone Klasse $\mathfrak{M}$ ist identisch mit dessen Borelscher Abschließung.*

---

[1]) G. Fubini (1879–1943): italienischer Mathematiker.

Beweis: Sei F eine feste Menge aus $\mathfrak{M}$. Mit $\mathfrak{L}(F)$ bezeichnen wir die Klasse aller Mengen $E \in \mathfrak{M}$ mit

$$E \cup F \in \mathfrak{M}, \quad E \backslash F \in \mathfrak{M} \quad \text{und} \quad F \backslash E \in \mathfrak{M} . \tag{1}$$

Aus der Symmetrie von (1) bez. E und F folgt, daß $E \in \mathfrak{L}(F)$ genau dann gilt, wenn $F \in \mathfrak{L}(E)$ ist. Wegen $F \in \mathfrak{L}(F)$ ist $\mathfrak{L}(F) \neq \emptyset$.

Sei E_n ($n = 1, 2, \ldots$) eine monotone Folge von Mengen mit $E = \lim_{n \to \infty} E_n$ (also entweder $E_n \uparrow E$ oder $E_n \downarrow E$) und $E_n \in \mathfrak{L}(F)$. Dann gilt $E_n \cup F \in \mathfrak{M}$, $E_n \backslash F \in \mathfrak{M}$ sowie $F \backslash E_n \in \mathfrak{M}$, und die Folgen $E_n \cup F$, $E_n \backslash F$ und $F \backslash E_n$ ($n = 1, 2, \ldots$) sind, wie man leicht nachprüft, ebenfalls monoton mit

$$E \cup F = \lim_{n \to \infty} (E_n \cup F), \quad E \backslash F = \lim_{n \to \infty} (E_n \backslash F), \quad F \backslash E = \lim_{n \to \infty} (F \backslash E_n) .$$

Da $\mathfrak{M}$ eine monotone Klasse ist, folgt $E \cup F \in \mathfrak{M}$, $E \backslash F \in \mathfrak{M}$ und $F \backslash E \in \mathfrak{M}$; es gilt also (1), d. h. $E \in \mathfrak{L}(F)$. Mithin ist $\mathfrak{L}(F)$ eine monotone Klasse.

Gilt nun $E \in \mathfrak{K}$ und $F \in \mathfrak{K}$, dann gehören die Mengen $E \cup F$, $E \backslash F$ und $F \backslash E$ zum Ring $\mathfrak{K}$, also auch zur Klasse $\mathfrak{M}$. Somit ist die Bedingung (1) erfüllt, d. h., es gilt $E \in \mathfrak{L}(F)$. Da $E \in \mathfrak{K}$ beliebig gewählt war, folgt hieraus $\mathfrak{K} \subset \mathfrak{L}(F)$, und da $\mathfrak{M}$ die von $\mathfrak{K}$ erzeugte monotone Klasse ist, gilt auch $\mathfrak{M} \subset \mathfrak{L}(F)$. Aus $E \in \mathfrak{M}$ und $F \in \mathfrak{K}$ folgt also $E \in \mathfrak{L}(F)$ und damit $F \in \mathfrak{L}(E)$. Da $F \in \mathfrak{K}$ beliebig gewählt war, ist somit $\mathfrak{K} \subset \mathfrak{L}(E)$ und $\mathfrak{M} \subset \mathfrak{L}(E)$ (letzteres wieder, weil $\mathfrak{M}$ die von $\mathfrak{K}$ erzeugte monotone Klasse ist). Folglich gilt für jedes $E \in \mathfrak{M}$

$$\mathfrak{M} \subset \mathfrak{L}(E) . \tag{2}$$

Wählen wir jetzt $E \in \mathfrak{M}$ und $F \in \mathfrak{M}$ beliebig, so gilt wegen (2) $F \in \mathfrak{L}(E)$, also ist (1) erfüllt. $\mathfrak{M}$ ist somit ein Ring. Nach Aussage 1 ist $\mathfrak{M}$ sogar ein σ-Ring und enthält folglich die BORELsche Abschließung des Ringes $\mathfrak{K}$, die ihrerseits aber wieder eine monotone Klasse ist und folglich $\mathfrak{M}$ enthält. $\mathfrak{M}$ ist also mit der BORELschen Abschließung des Ringes $\mathfrak{K}$ identisch ●

Folgerung. *Wenn eine monotone Klasse einen Ring $\mathfrak{K}$ enthält, so enthält sie auch dessen Borelsche Abschließung.*

9.2. Die Fubinische Eigenschaft

In diesem Kapitel sei, falls nicht anders vereinbart, stets folgendes vorausgesetzt:

(i) μ und ν seien LUSIN-Maße bzw. speziell BOREL-Maße, definiert auf den Ringen $\mathfrak{M}$ bzw. $\mathfrak{N}$.

(ii) $\xi = \mu\nu$ sei das Produkt der Maße μ und ν (in diesem Abschnitt kann ξ sowohl das BORELsche als auch das LEBESGUEsche Produkt sein).

Man sagt, die Funktion f besitze auf dem Rechteck $C = A \times B$[1]) die *Fubinische Eigenschaft*, wenn sie auf diesem Rechteck definiert ist und

a) für jedes $x \in A$ das Integral

$$\int_B f(x, y) \, \mathrm{d}\nu \tag{1}$$

[1]) $A \times B = \{(x, y) : x \in A, y \in B\}$

existiert sowie

b) das Integral (1) eine auf A μ-integrierbare Funktion von x ist, für die

$$\int_C f(x, y)\, d\xi = \int_A \int_B f(x, y)\, d\nu d\mu \qquad (2)$$

gilt (vgl. Abb. 188).

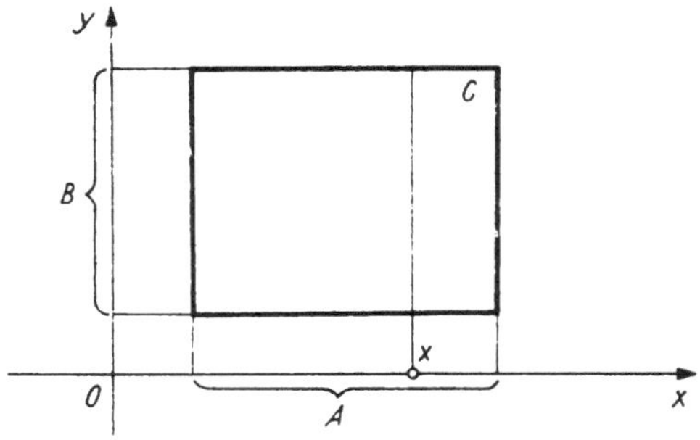

Abb. 188

Dabei sei die Funktion f als ξ-integrierbar auf C, die Menge A als μ-meßbar, d. h. $A \in \sigma(\mathfrak{M})$, und die Menge B als ν-meßbar, d. h. $B \in \sigma(\mathfrak{N})$, vorausgesetzt.

Zu jedem Rechteck gibt es mindestens eine Funktion, die auf diesem Rechteck die FUBINIsche Eigenschaft hat, z. B. die Funktion identisch Null oder, falls $A \in \mathfrak{M}$ und $B \in \mathfrak{N}$, jede konstante Funktion über C. Für

$$f(x, y) = k = \text{const} \ \big((x, y) \in C\big)$$

und jedes $x \in A$ gilt nämlich

$$\int_B f(x, y)\, d\nu = \int_B k\, d\nu = k\nu(B) \qquad (1')$$

sowie

$$\int_C f(x, y)\, d\xi = \int_C k\, d\xi = k\xi(C) = k\mu(A)\nu(B) = \int_A \int_B k\, d\nu d\mu = \int_A \int_B f(x, y)\, d\nu d\mu\,. \qquad (2')$$

Die FUBINIsche Eigenschaft spielt eine grundlegende Rolle in der Theorie der mehrfachen Integrale.

Die Klasse aller Funktionen f, die auf dem Rechteck C die FUBINIsche Eigenschaft besitzen, werde mit $\boldsymbol{F}$ bezeichnet (falls Verwechslungen möglich sind, mit $\boldsymbol{F}(C)$).

Wir geben einige Eigenschaften der Klasse $\boldsymbol{F}$ an.

Aussage 1. *Aus $f \in \boldsymbol{F}$ folgt $kf \in \boldsymbol{F}$ für jede Konstante k.*

Beweis: Diese Aussage ergibt sich unmittelbar aus (1) und (2) ●

Aussage 2. *Aus $f \in \boldsymbol{F}$ und $g \in \boldsymbol{F}$ folgt $f+g \in \boldsymbol{F}$.*

Beweis: Für jedes $x \in A$ ist die Funktion $f+g$ als Summe ν-integrierbarer Funktionen ν-integrierbar auf B, d. h., (1) ist erfüllt. Als Summe ξ-integrierbarer Funktionen ist auch die Funktion $f+g$ ξ-integrierbar auf C, und es gilt

$$\int_C (f+g)\, d\xi = \int_C f\, d\xi + \int_C g\, d\xi = \int_A \int_B f\, d\nu d\mu + \int_A \int_B g\, d\nu d\mu = \int_A \int_B (f+g)\, d\nu d\mu\,^{1)}\,,$$

d. h., auch (2) ist erfüllt ●

1) Zur Abkürzung schreiben wir (auch später) des öfteren f und g anstelle von $f(x, y)$ und $g(x, y)$.

Aus den Aussagen 1 und 2 ergibt sich als

Folgerung. *Eine Linearkombination (mit konstanten Koeffizienten) von Funktionen aus* $\boldsymbol{F}$ *gehört wiederum zu* $\boldsymbol{F}$.

Aussage 3. *Sei* $f_1 \leqq f_2 \leqq \ldots \leqq f_n \leqq \ldots, f_n \to f$ *überall auf* C *sowie* $f_n \in \boldsymbol{F}$ $(n=1, 2, \ldots)$, *und es existieren die (endlichen) Grenzwerte*

$$\lim_{n\to\infty} \int_B f_n \, d\nu \tag{3}$$

für jedes $x \in A$ *und*

$$\lim_{n\to\infty} \int_A \int_B f_n \, d\nu d\mu \, . \tag{4}$$

Dann ist $f \in \boldsymbol{F}$.

Beweis: Wegen $f_n \in \boldsymbol{F}$ $(n=1, 2, \ldots)$ und auf Grund von (4) existiert der (endliche) Grenzwert

$$\lim_{n\to\infty} \int_C f_n \, d\xi = \lim_{n\to\infty} \int_A \int_B f_n \, d\nu d\mu \, .$$

Entsprechend den Eigenschaften monotoner Funktionenfolgen ist dann f ξ-integrierbar auf C, und es gilt

$$\int_C f \, d\xi = \lim_{n\to\infty} \int_A \int_B f_n \, d\nu d\mu \, . \tag{5}$$

Unter den angegebenen Voraussetzungen ist für jedes feste $x \in A$

$$f_1 \leqq f_2 \leqq \ldots \leqq f_n \leqq \ldots,$$
$$\int_B f_1 \, d\nu \leqq \int_B f_2 \, d\nu \leqq \ldots \leqq \int_B f_n \, d\nu \leqq \ldots$$

und nach den Eigenschaften monotoner Funktionenfolgen wegen (3) und (4)

$$\lim_{n\to\infty} \int_B f_n \, d\nu = \int_B f \, d\nu \tag{6}$$

sowie

$$\lim_{n\to\infty} \int_A \int_B f_n \, d\nu d\mu = \int_A \left(\lim_{n\to\infty} \int_B f_n \, d\nu\right) d\mu \, . \tag{7}$$

Aus (6) ergibt sich die Gültigkeit der Bedingung a), aus (5)–(7) die von b) ●

Folgerung 1. *Die Existenz der (endlichen) Grenzwerte* (3) *und* (4) *ist (falls die übrigen Voraussetzungen von Aussage* 3 *erfüllt sind) gesichert, wenn*

(i) $f_n \leqq g$ *überall auf* C *gilt und das Integral* $\int_B g \, d\nu$ *für jedes* $x \in A$ *sowie das Integral* $\int_A \int_B g \, d\nu d\mu$ *existieren; oder*

(ii) *das Integral* $\int_B f \, d\nu$ *für jedes* $x \in A$ *und das Integral* $\int_A \int_B f \, d\nu d\mu$ *existieren; oder*

(iii) *für jedes* $x \in A$ *das Integral* $\int_B f \, d\nu$ *existiert und* f ξ*-integrierbar auf* C *ist.*

In jedem dieser Fälle gilt dann also $f \in \boldsymbol{F}$.

Beweis: Unter den angegebenen Bedingungen gilt

$$\int_B f_1 \, d\nu \leqq \int_B f_2 \, d\nu \leqq \ldots \leqq \int_B f_n \, d\nu \leqq \ldots$$

sowie

$$\int_A\int_B f_1\,\mathrm{d}\nu\mathrm{d}\mu \leqq \int_A\int_B f_2\,\mathrm{d}\nu\mathrm{d}\mu \leqq \ldots \leqq \int_A\int_B f_n\,\mathrm{d}\nu\mathrm{d}\mu \leqq \ldots,$$

und in jedem der oben aufgezählten Fälle sind diese beiden Folgen beschränkt ●

Folgerung 2. *Sei $f_n \in \boldsymbol{F}$ $(n=1, 2, \ldots)$, $f_n \geqq 0$, $g \in \boldsymbol{F}$ und $\sum_{k=1}^{n} f_k \leqq g$ überall auf C. Dann ist $f = \sum_{n=1}^{\infty} f_n \in \boldsymbol{F}$.*

Beweis: Setzen wir $\bar{f}_n = \sum_{k=1}^{n} f_k$, so ist $\bar{f}_n \in \boldsymbol{F}$ (Aussage 2), und wir können Folgerung 1 (i) anwenden ●

Folgerung 3. *Sei $f_1 \geqq f_2 \geqq \ldots \geqq f_n \geqq \ldots \geqq 0$, $f_n \to f$ überall auf C und $f_n \in \boldsymbol{F}$ $(n=1, 2, \ldots)$. Dann ist auch $f \in \boldsymbol{F}$.*

Beweis: Es gilt

$$f_1 - f_2 \leqq f_1 - f_3 \leqq \ldots \leqq f_1 - f_n \leqq \ldots \leqq f_1$$

überall auf C und $f_1 - f_n \in \boldsymbol{F}$ für alle $n = 1, 2, \ldots$ (Aussagen 1 und 2) sowie $f_1 \in \boldsymbol{F}$ und $f_1 - f_n \to f_1 - f$, also $f_1 - f \in \boldsymbol{F}$ nach Folgerung 1 (i). Nach Aussage 1 und 2 ist dann auch $f = f_1 - (f_1 - f) \in \boldsymbol{F}$ ●

Aussage 4. *Sei $f \in \boldsymbol{F}(C)$, $C \subset C' = A' \times B'$ mit $A' \in \sigma(\mathfrak{M})$, $B' \in \sigma(\mathfrak{N})$ und*

$$f_1(x, y) = \begin{cases} f(x, y) & \text{für} \quad (x, y) \in C, \\ 0 & \text{sonst} \end{cases} \tag{8}$$

(vgl. Abb. 189). Dann gilt $f_1 \in \boldsymbol{F}(C')$.

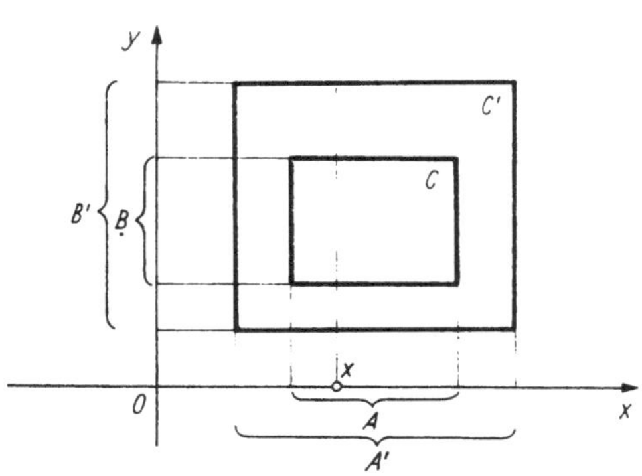

Abb. 189

Beweis: Ist $x \in A$, dann gilt $f_1(x, y) = f(x, y)$ für alle $y \in B$ sowie $f_1(x, y) = 0$ für alle $y \in B' \setminus B$, und das Integral $\int_{B'} f_1(x, y)\,\mathrm{d}\nu$ existiert wegen

$$\int_{B'} f_1(x, y)\,\mathrm{d}\nu = \int_B f_1(x, y)\,\mathrm{d}\nu + \int_{B' \setminus B} f_1(x, y)\,\mathrm{d}\nu = \int_B f(x, y)\,\mathrm{d}\nu \tag{9}$$

(vgl. (1)). Im Fall $x \in A' \setminus A$ gilt $f_1(x, y) = 0$ für alle $y \in B'$, also

$$\int_{B'} f_1(x, y)\,\mathrm{d}\nu = 0\,. \tag{10}$$

Somit existiert für jedes $x \in A'$ das Integral

$$\int_{B'} f_1(x, y) \, d\nu \, .$$

Außerdem folgt aus (9) und (10)

$$\int_{A'} \int_{B'} f_1(x, y) \, d\nu d\mu = \int_A \int_B f_1(x, y) \, d\nu d\mu = \int_A \int_B f(x, y) \, d\nu d\mu$$
$$= \int_C f(x, y) \, d\xi = \int_{C'} f_1(x, y) \, d\xi$$

(vgl. (2)). Also gilt $f_1 \in \boldsymbol{F}(C')$ ●
Übrigens ist die Aussage 4 auch anschaulich klar.

Abschließend sei noch darauf hingewiesen, daß in diesem Abschnitt natürlich die Rollen von x und y vertauscht werden können (vgl. (1) und (2)).

9.3. Der Satz von Fubini für das Borelsche Produkt von Maßen im Falle eines endlichen Rechteckes und einer beschränkten Funktion

Satz 1. *Sei $\mathfrak{M}$ eine Algebra mit der Einheit A, $\mathfrak{N}$ eine Algebra mit der Einheit B, $\xi = \mu\nu$ das Borelsche Produkt der Maße μ und ν und schließlich f eine beschränkte und ξ-integrierbare Funktion auf $C = A \times B$*[1]*). Dann gilt:*

a) *Für jedes $x \in A$ existiert das Integral*

$$\int_B f(x, y) \, d\nu \, . \tag{1}$$

b) *Das Integral (1) ist eine auf A μ-integrierbare Funktion von x, für die*

$$\int_C f(x, y) \, d\xi = \int_A \int_B f(x, y) \, d\nu d\mu$$

gilt.

(D. h. in der Terminologie von 9.2, es gilt $f \in \boldsymbol{F}(C)$.)

Beweis: Da $f = |f| - (|f| - f)$ ist und sowohl $|f|$ als auch $|f| - f$ nichtnegative beschränkte und ξ-integrierbare Funktionen auf C sind, braucht der Beweis wegen der Aussagen 1 und 2 in 9.2 nur für nichtnegative Funktionen geführt zu werden. Wir betrachten zunächst die charakteristische Funktion $f(x, y) = \mathbf{1}_E(x, y)$ einer Menge E in folgenden Fällen:

(i) Sei $E = X \times Y$ mit $X \in \mathfrak{M}$ und $Y \in \mathfrak{N}$. Wegen Aussage 4 in 9.2 ist $\mathbf{1}_E(x, y) \in \boldsymbol{F}$.

(ii) Sei durch $E = \bigcup_n E_n$ eine endliche oder abzählbare Zerlegung von E in Mengen $E_n \subset C$ (vgl. Abb. 190) mit $\mathbf{1}_{E_n}(x, y) \in \boldsymbol{F}$ $(n = 1, 2, \ldots)$ gegeben. Dann ist wegen Aussage 3 in 9.2 (vgl. Folgerung 2 mit $g = 1$) auch $\mathbf{1}_E(x, y) = \sum_n \mathbf{1}_{E_n}(x, y) \in \boldsymbol{F}$.

(iii) Sei $E_n \downarrow E$, $E_n \subset C$, $\mathbf{1}_{E_n}(x, y) \in \boldsymbol{F}$ $(n = 1, 2, \ldots)$ (vgl. Abb. 191). Dann gilt $\mathbf{1}_{E_n}(x, y) \downarrow \downarrow \mathbf{1}_E(x, y)$ für alle $(x, y) \in C$ und nach Aussage 3 in 9.2 (vgl. Folgerung 3) $\mathbf{1}_E(x, y) \in \boldsymbol{F}$.

---

[1]) Vgl. den Anfang von Abschnitt 9.2. Dementsprechend sind hier $\mathfrak{M}$ und $\mathfrak{N}$ sogar σ-Algebren sowie μ und ν beliebige σ-additive Maße auf $\mathfrak{M}$ bzw. $\mathfrak{N}$.

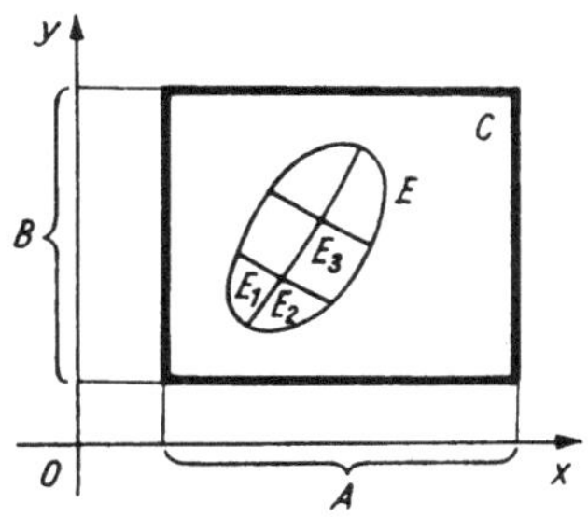

Abb. 190

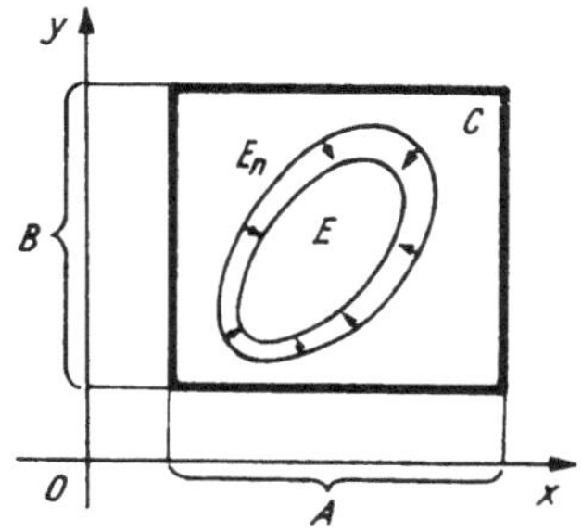

Abb. 191

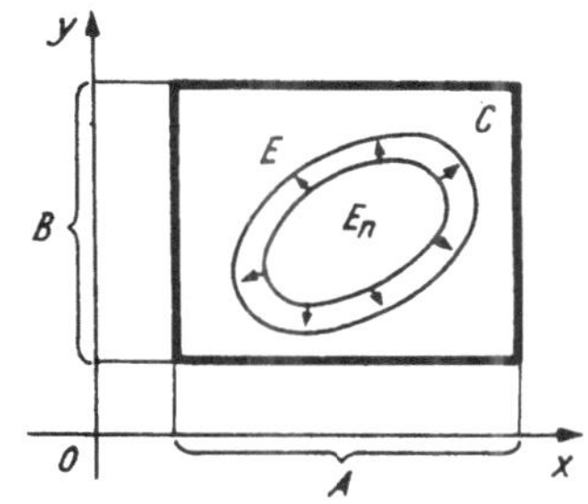

Abb. 192

(iv) Sei $E_n \uparrow E$, $E_n \subset C$, $\mathbf{1}_{E_n}(x, y) \in \boldsymbol{F}$ $(n=1, 2, \ldots)$ (vgl. Abb. 192). Dann gilt $\mathbf{1}_{E_n}(x, y) \uparrow$ $\uparrow \mathbf{1}_E(x, y)$ für alle $(x, y) \in C$ und nach Aussage 3 in 9.2 (vgl. Folgerung 1 (i) mit $g=1$) $\mathbf{1}_E(x, y) \in \boldsymbol{F}$.

Sei nun $\mathfrak{E}$ diejenige Klasse von Mengen $E \subset C$, für die $\mathbf{1}_E(x, y) \in \boldsymbol{F}$ ist. Dann enthält $\mathfrak{E}$ wegen (i) den Halbring $\mathfrak{M} \times \mathfrak{N}$. Wegen (ii) enthält $\mathfrak{E}$ auch den von $\mathfrak{M} \times \mathfrak{N}$ erzeugten Ring, und nach (iii) und (iv) ist $\mathfrak{E}$ eine monotone Klasse. Nach Abschnitt 9.1 enthält dann $\mathfrak{E}$ auch die BORELsche Abschließung $\mathfrak{B}$ des Halbringes $\mathfrak{M} \times \mathfrak{N}$, d. h., die charakteristische Funktion einer beliebigen ξ-meßbaren Menge $E \subset C$ gehört zur Klasse $\boldsymbol{F}$.

Gemäß den Aussagen 1–3 in 9.2 ist dann $f \in \boldsymbol{F}$ für jede beschränkte, auf C ξ-meßbare Treppenfunktion f mit $f(x, y) = \sum\limits_n t_n \mathbf{1}_{E_n}(x, y)$, wobei $t_n \geqq 0$ und die E_n paarweise disjunkte, ξ-meßbare Mengen sind (Aussage 3, Folgerung 2 in 9.2). Nach Folgerung 1 (i) gilt dies schließlich auch noch für eine beliebige nichtnegative beschränkte, auf C ξ-meßbare Funktion f, da sie stets als Grenzfunktion einer monoton wachsenden Folge von Treppenfunktionen darstellbar ist ●

Satz 2. *Sei $\xi = \mu\nu$ das Borelsche Produkt der Maße μ und ν, f beschränkt und ξ-integrierbar auf $C = A \times B$, $A \in \mathfrak{M}$, $B \in \mathfrak{N}$*[1]*. Dann gelten gleichfalls die Behauptungen* a) *und* b) *des Satzes* 1, *d. h., es ist $f \in \boldsymbol{F}(C)$.*

Beweis: Der Anfang des Beweises erfolgt, einschließlich (i)–(iv), wie der Beweis von Satz 1. Durch

$$\mathfrak{M}' = \{X : X \in \mathfrak{M}, X \subset A\} \quad \text{und} \quad \mathfrak{N}' = \{Y : Y \in \mathfrak{N}, Y \subset B\}$$

werden Algebren mit den Einheiten A und B eingeführt; $\mathfrak{M}' \times \mathfrak{N}'$ ist ein Halbring. Man überzeugt sich nun unschwer, daß die BORELsche Abschließung $\mathfrak{B}'$ des Halbringes $\mathfrak{M}' \times \mathfrak{N}'$ mit der Klasse $\mathfrak{B}_C$ aller ξ-meßbaren Mengen $E \subset C$ identisch ist: Zunächst ist die Inklusion $\mathfrak{B}' \subset \mathfrak{B}_C$ offensichtlich[2]. Zum Beweis von $\mathfrak{B}_C \subset \mathfrak{B}'$ betrachten wir die Klasse

$$\mathfrak{D} = \{D : D = E' \cup (E \backslash C),\ E' \in \mathfrak{B}',\ E \in \mathfrak{B}\},$$

die – wie man leicht sieht – ein σ-Ring ist. Außerdem gilt $\mathfrak{M} \times \mathfrak{N} \subset \mathfrak{D}$, denn für jedes $C_1 = A_1 \times B_1 \in \mathfrak{M} \times \mathfrak{N}$ gilt $C_1 = (C_1 \cap C) \cup (C_1 \backslash C)$ mit $C_1 \cap C = (A_1 \cap A) \times (B_1 \cap B)$, also

[1] Im Vergleich zu Satz 1 wurde hier auf die Forderung verzichtet, daß $\mathfrak{M}$ und $\mathfrak{N}$ Algebren sind.

[2] $\mathfrak{B}_C$ ist ein σ-Ring, der $\mathfrak{M}' \times \mathfrak{N}'$ enthält, und $\mathfrak{B}'$ ist der kleinste derartige σ-Ring.

$C_1 \cap C \in \mathfrak{M}' \times \mathfrak{N}' \subset \mathfrak{B}'$, und $C_1 \in \mathfrak{B}$; somit folgt $C_1 \in \mathfrak{D}$. Da nun $\mathfrak{B}$ der kleinste $\mathfrak{M} \times \mathfrak{N}$ enthaltende σ-Ring ist, ergibt sich aus $\mathfrak{M} \times \mathfrak{N} \subset \mathfrak{D}$ schließlich $\mathfrak{B} \subset \mathfrak{D}$.

Ist nun $F \in \mathfrak{B}_C$, d. h. $F \in \mathfrak{B}$ und $F \subset C$, so folgt wegen $\mathfrak{B} \subset \mathfrak{D}$ auch $F \in \mathfrak{D}$, und auf Grund von $F \subset C$ erhält man nach Definition von $\mathfrak{D}$ die Beziehung $F \in \mathfrak{B}'$, also gilt $\mathfrak{B}_C \subset \mathfrak{B}'$ und infolge der oben bewiesenen Inklusion $\mathfrak{B}' \subset \mathfrak{B}_C$ schließlich $\mathfrak{B}' = \mathfrak{B}_C$.

Das erlaubt nun, den Beweis von Satz 2 genauso zu Ende zu führen wie den von Satz 1, indem lediglich $\mathfrak{M}$ durch $\mathfrak{M}'$, $\mathfrak{N}$ durch $\mathfrak{N}'$ und $\mathfrak{B}$ durch $\mathfrak{B}'$ ersetzt werden ●

Satz 1 erweist sich somit als Spezialfall von Satz 2.

Folgerung 1. *In den Sätzen 1 und 2 können die Rollen von x und y vertauscht werden. Unter den entsprechenden Voraussetzungen gilt also auch*

a′) *Für jedes $y \in B$ existiert das Integral*

$$\int_A f(x, y) \, d\mu \,. \tag{1'}$$

b′) *Das Integral (1′) ist eine auf B ν-integrierbare Funktion von y, und es gilt*

$$\int_C f(x, y) \, d\xi = \int_B \int_A f(x, y) \, d\mu d\nu \,. \tag{2'}$$

Als Folgerung von (2) und (2′) ergibt sich

$$\int_A \int_B f(x, y) \, d\nu d\mu = \int_B \int_A f(x, y) \, d\mu d\nu \,. \tag{3}$$

Folgerung 2. *Sei $\mathbf{1}_E(x, y)$ die charakteristische Funktion der ξ-meßbaren Menge $E \subset C$. Nach Satz 2 existiert für jedes $x \in A$ das Integral*

$$\int_B \mathbf{1}_E(x, y) \, d\nu = \nu(E_x) \tag{4}$$

(vgl. Abb. 193), d. h., der Schnitt E_x der Menge E ist eine bez. ν endliche Menge[1]).

Das Integral (4), d. h. also die Größe $\nu(E_x)$, ist eine μ-integrierbare Funktion von x, wobei

$$\int_C \mathbf{1}_E(x, y) \, d\xi = \int_A \nu(E_x) \, d\mu$$

bzw.

$$\xi(E) = \int_A \nu(E_x) \, d\mu \tag{5}$$

gilt.

Das Maß ξ der Menge E ist also gleich dem μ-Integral über das Maß ν der Schnitte E_x (vgl. Abb. 193). Durch Vertauschen der Rollen von x und y erhalten wir

$$\xi(E) = \int_B \mu(E^y) \, d\nu \tag{5'}$$

vgl. Abb. 194).

Die Formel (5) stellt eine sehr weitreichende Verallgemeinerung der folgenden bekannten elementaren Tatsache dar. Wir betrachten auf der „gewöhnlichen"

---

[1]) Wenn E eine Menge von Punktepaaren (x, y) ist, dann definiert $E_x = \{y : (x, y) \in E, x = \text{const}\}$ den *Schnitt* (oder genauer den *x-Schnitt*) der Menge E an der Stelle x und $E^y = \{x : (x, y) \in E, y = \text{const}\}$ den *Schnitt* (oder *y-Schnitt*) der Menge E an der Stelle y (vgl. Abb. 193 und 194).

Wegen der Existenz des Integrals auf der linken Seite von (4) ist die Funktion $\mathbf{1}_E(x, y)$ für festes x ν-meßbar und folglich auch die Menge E_x ν-meßbar. Auf Grund von $E_x \subset B$ ist E_x bez. ν sogar endlich. Daraus folgt die Gleichheit in (4).

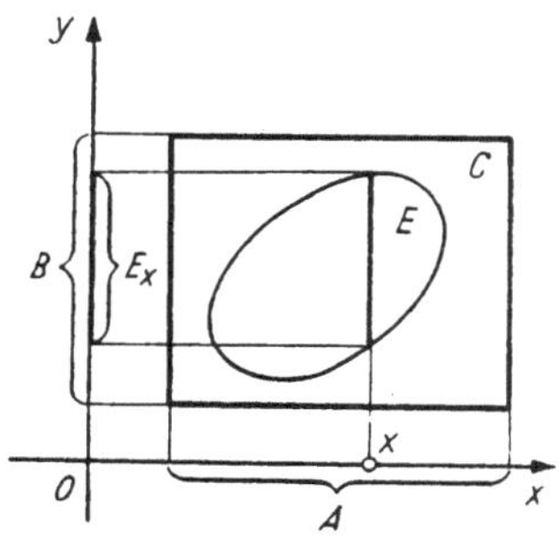

Abb. 193

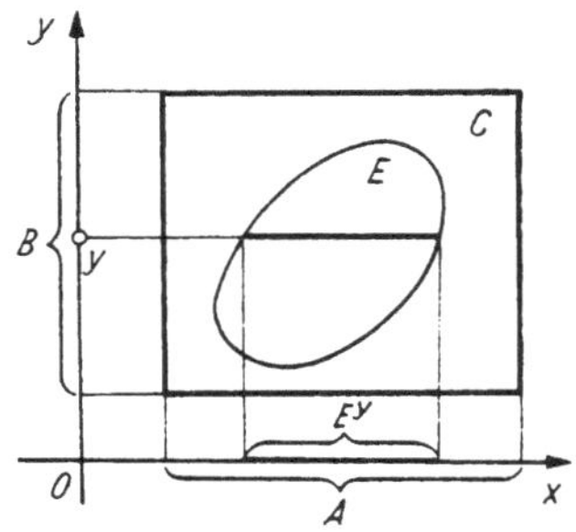

Abb. 194

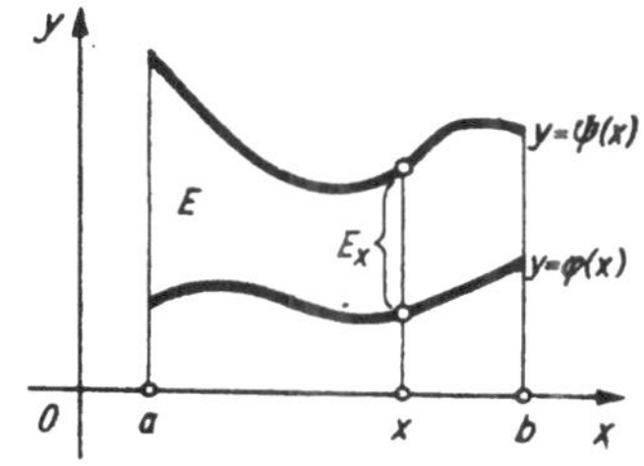

Abb. 195

(x, y)-Ebene eine Fläche E, die durch die Geraden $x=a$ und $x=b$ $(a<b)$ sowie die stetigen Kurven $y=\varphi(x)$ und $y=\psi(x)$ (mit $\varphi(x)\leqq\psi(x)$ für alle $a\leqq x\leqq b$) begrenzt wird (vgl. Abb. 195).

Für den Flächeninhalt $S(E)$ von E gilt bekanntlich

$$S(E)=\int_a^b [\psi(x)-\varphi(x)]\,\mathrm{d}x\,,$$

wobei die Differenz $\psi(x)-\varphi(x)$ augenscheinlich gerade die Länge des Schnittes E_x von E längs der Geraden $x=\mathrm{const}$ ist. Bezeichnen wir diese Länge mit $L(E_x)$, so erhalten wir die Gleichung

$$S(E)=\int_a^b L(E_x)\,\mathrm{d}x\,,$$

deren Verallgemeinerung gerade die Formel (5) darstellt. Analoges gilt für Formel (5').

Folgerung 3. *Wenn $E\subset C$ und $\xi(E)=0$ ist, so folgt aus (5) und (5') auf Grund der Nichtnegativität der Integranden $\nu(E_x)=0$ μ-fast überall auf A und $\mu(E^y)=0$ ν-fast überall auf B.*

Folgerung 4. *Sei f beschränkt und ξ-integrierbar auf der Menge $E\subset C$. Dann gilt*

a'') *Für jedes $x\in A$ existiert das Integral*

$$\int_{E_x} f(x, y)\,\mathrm{d}\nu\,. \tag{6}$$

b'') *Das Integral (6) ist eine auf A μ-integrierbare Funktion von x, für die*

$$\int_E f(x, y)\,\mathrm{d}\xi=\int_A\int_{E_x} f(x, y)\,\mathrm{d}\nu\mathrm{d}\mu \tag{7}$$

gilt.

Beweis: Die Funktion

$$f_E(x, y)=\begin{cases} f(x, y) & \text{für}\quad (x, y)\in E\,,\\ 0 & \text{sonst}\end{cases}$$

ist beschränkt und ξ-integrierbar auf C. Mit Satz 2 folgen die beiden Behauptungen (vgl. Abb. 193) ●

Bemerkung 1. In Satz 2 können die Voraussetzungen $A\in\mathfrak{M}$ und $B\in\mathfrak{N}$ i. a. nicht in der Form $A\in\sigma(\mathfrak{M})$ und $B\in\sigma(\mathfrak{N})$ abgeschwächt werden (d. h., es darf nicht nur die

μ-Meßbarkeit von A und die ν-Meßbarkeit von B gefordert werden). Wenn nämlich z. B. $\mu=\nu$ das lineare LEBESGUE-Maß ist, so enthält die Klasse $\mathfrak{B}$ aller ξ-meßbaren ebenen Mengen bekanntlich alle BOREL-Mengen. Insbesondere ist die Menge E aller derjenigen Punkte (x, y), die auf den Koordinatenachsen liegen, ξ-meßbar. Offenbar ist $\xi(E)=0$, $E\subset C=\mathbb{R}^2$; $A=B=\mathbb{R}$ sind μ-meßbare Mengen. Für die Schnitte E_x an der Stelle $x=0$ und E^y an der Stelle $y=0$ der Menge E ist jedoch das lineare Maß nicht endlich, während nach Satz 2 alle Schnitte der Menge E gerade endliches Maß haben müßten (vgl. Folgerung 2).

Bemerkung 2. In Satz 2 kann auf die Beschränktheit der Funktion f i. a. nicht verzichtet werden. Falls nämlich $\mu=\nu$ wieder das lineare LEBESGUE-Maß ist, folgen für die Menge $E=\{(x, 0): 0\leqq x\leqq 1\}\cup\{(0, y): 0\leqq y\leqq 1\}$ (vgl. Abb. 196), die als BOREL-

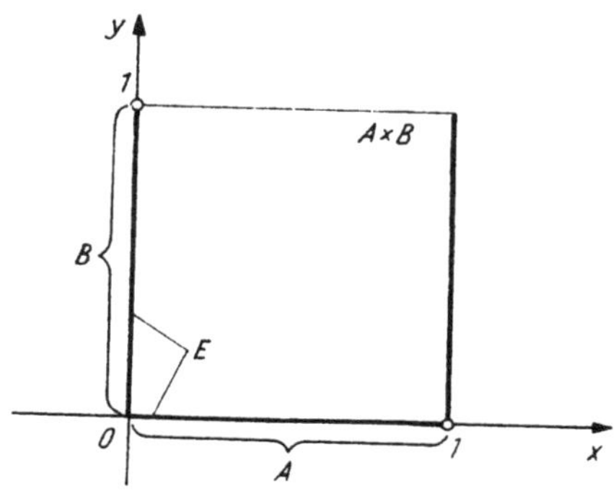

Abb. 196

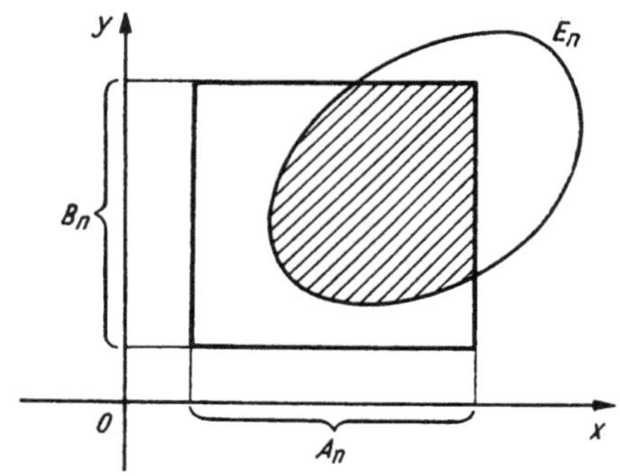

Abb. 197

Menge ξ-meßbar ist, die Beziehungen $\xi(E)=0$ und $E\subset C=[0, 1]^2$ (d. h. $A=B=[0, 1]$). Für die durch

$$f(x, y)=\begin{cases}\dfrac{1}{x} & \text{für } 0<x\leqq 1, \quad y=0\,,\\[1ex] \dfrac{1}{y} & \text{für } 0<y\leqq 1, \quad x=0\,,\\[1ex] 0 & \text{für } x=0, \quad y=0\end{cases}$$

definierte Funktion gilt $\int_E f(x, y)\,d\xi=0$, während die Integrale (1) für $x=0$ und (1′) für $y=0$, d. h.

$$\int_0^1 \frac{dy}{y} \quad \text{und} \quad \int_0^1 \frac{dx}{x}\,,$$

nicht existieren.

9.4. Der Satz von Fubini für das Borelsche Produkt von Maßen im Falle der Existenz des inneren Integrals

Satz 1. *Sei $\xi=\mu\nu$ das Borelsche Produkt der Maße μ und ν, f ξ-integrierbar auf $C=A\times B$, A μ-meßbar und B ν-meßbar*[1]). *Wenn das Integral*

$$\int_B f(x, y)\,d\nu \tag{1}$$

[1]) D. h. $A\in\sigma(\mathfrak{M})$, $B\in\sigma(\mathfrak{N})$, vgl. den Anfang von Abschnitt 9.2.

für jedes $x \in A$ existiert, dann gilt

$$\int_C f(x, y)\, d\xi = \int_A \int_B f(x, y)\, d\nu d\mu \tag{2}$$

(*in der Terminologie von Abschnitt* 9.2. *also* $f \in \boldsymbol{F}(C)$).

Beweis: Ohne Beschränkung der Allgemeinheit sei f wieder nichtnegativ. Gilt speziell $A \in \mathfrak{M}$ und $B \in \mathfrak{N}$, so setzen wir

$$E_n = \{(x, y): (x, y) \in C, f(x, y) \leqq n\} \tag{3}$$

und

$$f_n(x, y) = \begin{cases} f(x, y) & \text{für} \quad (x, y) \in E_n\,, \\ 0 & \text{sonst.} \end{cases}$$

Dann ist f_n für alle $n = 1, 2, \ldots$ ξ-meßbar und beschränkt auf der bez. ξ endlichen Menge C, also ist f_n ξ-integrierbar auf C, und nach Abschnitt 9.3 gilt $f_n \in \boldsymbol{F}(C)$. Wegen $f_n \uparrow f$ überall auf C gilt nach Aussage 3 in 9.2 (Folgerung 1 (iii)) auch $f \in \boldsymbol{F}(C)$.

Im allgemeinen Fall $A \in \sigma(\mathfrak{M})$ und $B \in \sigma(\mathfrak{N})$ stellen wir A und B in der Form

$$A = \bigcup_n A_n\,, \quad A_1 \subset A_2 \subset \ldots \subset A_n \subset \ldots\,, \; A_n \in \mathfrak{M} \; (n = 1, 2, \ldots)$$

$$B = \bigcup_n B_n\,, \quad B_1 \subset B_2 \subset \ldots \subset B_n \subset \ldots\,, \; B_n \in \mathfrak{N} \; (n = 1, 2, \ldots)$$

dar. Dann gilt für C die Darstellung

$$C = A \times B = \bigcup_n (A_n \times B_n)\,,$$

$$(A_1 \times B_1) \subset (A_2 \times B_2) \subset \ldots \subset (A_n \times B_n) \subset \ldots$$

Wir setzen nun für $n = 1, 2, \ldots$

$$f_n(x, y) = \begin{cases} f(x, y) & \text{für} \quad (x, y) \in E_n \cap (A_n \times B_n)\,, \\ 0 & \text{sonst,} \end{cases} \tag{4}$$

wobei E_n durch (3) definiert ist (vgl. Abb. 197). Jede der Funktionen (4) ist ξ-meßbar und beschränkt auf der bez. ξ endlichen Menge $A_n \times B_n$ und somit ξ-integrierbar auf dieser Menge. Nach Abschnitt 9.3 folgt $f_n \in \boldsymbol{F}\,(A_n \times B_n)$ und wegen Aussage 4 in 9.2 $f_n \in \boldsymbol{F}(C)$. Schließlich gilt ersichtlich $f_n \uparrow f$ überall auf C und somit nach Aussage 3 in 9.2 (Folgerung 1 (iii)) $f \in \boldsymbol{F}(C)$ ●

Folgerung 1. *Sei E eine bez. ξ endliche Menge, $E \subset C = A \times B$ und für jedes $x \in A$ sei der Schnitt E_x eine bez. ν endliche Menge. Dann gilt*

$$\xi(E) = \int_A \nu(E_x)\, d\mu\,. \tag{5}$$

Beweis: Man wende analog zu Folgerung 2 in 9.3 den Satz 1 auf die charakteristische Funktion $\mathbf{1}_E(x, y)$ der Menge E an ●

Sowohl im Satz als auch in der Folgerung lassen sich die Rollen von x und y wieder vertauschen.

Folgerung 2.[1]) *Sei f eine auf der μ-meßbaren Menge A definierte nichtnegative, reellwertige Funktion, λ das lineare Lebesgue-Maß, ξ das Borelsche Produkt der Maße μ*[2]) *und λ, und die Ordinatenmenge $[A, f]$ sei bez. ξ endlich*[3]). *Dann gilt*

(i) *f ist μ-integrierbar auf A,*

(ii) $\int\limits_A f(x)\,\mathrm{d}\mu = \int\limits_{(0,\infty)} \mu\,\{x\colon f(x) \geqq t\}\,\mathrm{d}\lambda$,

wobei auf der rechten Seite das lineare Lebesgue-Integral der monoton fallenden Funktion $\varphi(t) = \mu\,\{x\colon f(x) \geqq t\}$ steht (vgl. Abb. 198).

Beweis: Sei

$$E = \{(x, t)\colon x \in A,\ 0 < t \leqq f(x)\}, \quad D = \{(x, t)\colon x \in A,\ t = 0\}\,.$$

Ersichtlich gilt

$$\xi(D) = \int\limits_A 0\,\mathrm{d}\mu = 0$$

und wegen $[A, f] = E \cup D$ ist E bez. ξ endlich mit $\xi[A, f] = \xi(E)$. Die Menge $B = (0, \infty)$ ist λ-meßbar, $C = A \times B$ ist ξ-meßbar, und für jedes $x \in A$ ist der Schnitt $E_x = (0, f(x)]$ von E bez. des linearen LEBESGUE-Maßes λ endlich mit $\lambda(E_x) = f(x)$ (vgl. Abb. 198). Nach Folgerung 1 ist dann f μ-integrierbar auf A mit

$$\xi(E) = \int\limits_A f(x)\,\mathrm{d}\mu\,, \tag{5'}$$

Behauptung (i) ist also bewiesen.

Andererseits ist für jedes $t \in B$, d. h. für jedes $t > 0$, der Schnitt $E^t = \{x\colon x \in A,\ f(x) \geqq t\}$ μ-meßbar und sogar endlich bez. μ[4]), vgl. Abb. 198. Gemäß Folgerung 1 gilt dann

$$\xi(E) = \int\limits_B \mu\,\{x\colon x \in A,\ f(x) \geqq t\}\,\mathrm{d}\lambda\,. \tag{5''}$$

Aus (5′) und (5″) folgt die Behauptung (ii) ●

Insbesondere ergibt sich aus Folgerung 2: *Für die μ-Integrierbarkeit einer nichtnegativen Funktion f auf der Menge A ist hinreichend, daß die Menge A μ-meßbar und die Ordinatenmenge $[A, f]$ bez. ξ endlich ist.* (Bei der Einführung des μ-Integrals einer nichtnegativen Funktion im Abschnitt 6.2 hatten wir noch zusätzlich die μ-Meßbarkeit der Funktion f auf der betrachteten Menge gefordert.)

Satz 2. *Sei $\xi = \mu\nu$ wieder das Borelsche Produkt der Maße μ und ν und f eine nichtnegative und auf $C = A \times B$ ξ-meßbare Funktion, wobei A eine μ-meßbare und B eine ν-meßbare Menge sei. Existiert für jedes $x \in A$ das Integral*

$$\int\limits_B f(x, y)\,\mathrm{d}\nu \tag{6}$$

---

[1]) Diese Folgerung ist insofern besonders interessant, als sie einen Zusammenhang zwischen dem abstrakten Integral und dem linearen LEBESGUE-Integral herstellt.

[2]) Hierbei sei μ ein BOREL-Maß; vgl. die Fußnote [4]) (Anm. d. Hrsg.).

[3]) In Abschnitt 6.1 handelte es sich bei den Untersuchungen zur ξ-Meßbarkeit der Menge $[A, f]$ stets um das LEBESGUEsche Produkt $\xi = \mu\lambda$. Man überlegt sich jedoch anhand der dortigen Betrachtungen unschwer, daß für eine μ-meßbare Funktion f die Menge $[A, f]$ stets ξ-meßbar im Sinne des BORELschen Produktes $\xi = \mu\lambda$ ist.

[4]) Wäre nämlich E^t für ein $t > 0$ nicht bez. μ endlich, so würde wegen $E \supset E^t \times (0, t)$ auch E nicht bez. ξ endlich sein.

Anm. d. Hrsg.: Bei dieser Überlegung wird benötigt, daß μ ein **BOREL-Maß** ist.

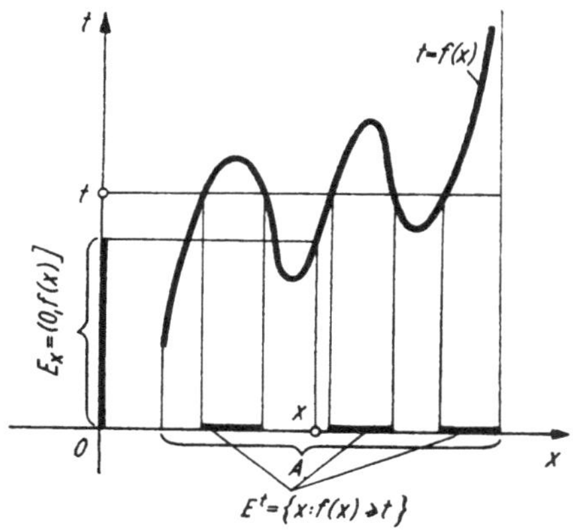

Abb. 198

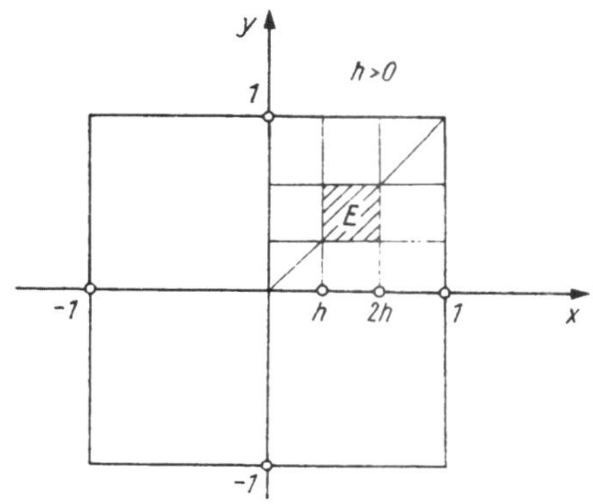

Abb. 199

und existiert darüber hinaus das iterierte Integral

$$\int_A \int_B f(x, y)\, d\nu d\mu\ , \tag{7}$$

so ist $f \in \boldsymbol{F}(C)$ (*d. h.,* f *ist* ξ*-integrierbar auf* C*, und es gilt die Gleichung* (2)).

Beweis: Im Beweis des vorigen Satzes für nichtnegatives f wird lediglich statt Folgerung 1 (iii) die Folgerung 1 (ii) von Aussage 3 in 9.2 benutzt. Im übrigen verläuft der Beweis vollkommen analog ●

Besonders wichtig ist die folgende

Bemerkung. Die Voraussetzung der Nichtnegativität der Funktion f in Satz 2 ist wesentlich. Es sei z. B. $\mu = \nu$ das lineare LEBESGUE-Maß, so daß ξ also das ebene LEBESGUE-Maß ist[1]). Wir betrachten das Quadrat

$$C = [-1, 1]^2 = \{(x, y):\ -1 \leqq x \leqq 1,\ -1 \leqq y \leqq 1\}$$

und setzen

$$f(x, y) = \begin{cases} \dfrac{xy}{(x^2+y^2)^2} & \text{für}\quad x^2+y^2 \neq 0\ , \\ 0 & \text{für}\quad x=0,\quad y=0\ . \end{cases} \tag{8}$$

Dies ist eine BOREL-meßbare Funktion, ungerade und stetig bez. x für jedes feste y und umgekehrt. Deshalb gilt

$$\int_{-1}^{1} f(x, y)\, dx = 0 \quad \text{für} \quad y = \text{const}, \qquad \int_{-1}^{1} f(x, y)\, dy = 0 \quad \text{für} \quad x = \text{const}\ ,$$

und folglich existieren die iterierten Integrale

$$\int_{-1}^{1} \int_{-1}^{1} f(x, y)\, dy dx = \int_{-1}^{1} \int_{-1}^{1} f(x, y)\, dx dy\ . \tag{9}$$

Andererseits ist die Funktion f bez. des Maßes ξ auf dem Quadrat C nicht integrierbar. Wir betrachten dazu die Funktion f auf dem in Abb. 199 dargestellten Quadrat E.

[1]) Genauer ist ξ das ebene LEBESGUE-Maß auf der BORELschen Abschließung $\mathfrak{B}$ des Halbringes $\mathfrak{M} \times \mathfrak{M} = \mathfrak{M}^2$, der bekanntlich alle ebenen BOREL-Mengen enthält. Es sei daran erinnert, daß im Satz das BORELsche Produktmaß benutzt wird.

Für $(x, y) \in E$ gilt

$$\frac{xy}{(x^2+y^2)^2} \geqq \frac{h^2}{(8h^2)^2} = \frac{1}{64h^2}.$$

Hieraus folgt

$$\int_E f(x, y)\, \mathrm{d}\xi \geqq \frac{1}{64} > 0 \tag{10}$$

für hinreichend kleines $\xi(E) = h^2$; dies widerspricht aber der Eigenschaft der Absolutstetigkeit des ξ-Integrals.

Wir bemerken noch, daß in unserem Beispiel (8) einer nicht ξ-integrierbaren Funktion f die beiden iterierten Integrale (9) existieren und einander gleich sind. Mit einer geeigneten Abänderung dieses Beispiels kann man demonstrieren, daß für eine Funktion f die iterierten Integrale existieren können, aber nicht gleich sind (dann ist f nach Satz 1 natürlich nicht ξ-integrierbar auf C).

Schließlich kann man zeigen, daß auch die Voraussetzung der ξ-Meßbarkeit von f in Satz 2 wesentlich ist. Dazu beweist man die Existenz einer nicht LEBESGUE-meßbaren Menge E in der (x, y)-Ebene, deren Schnitte E_x und E^y sämtlich das lineare LEBESGUE-Maß Null haben. Für die charakteristische Funktion $\mathbf{1}_E(x, y)$ dieser Menge gilt augenscheinlich

$$\int_{-\infty}^{\infty} \int_{-\infty}^{\infty} \mathbf{1}_E(x, y)\, \mathrm{d}y \mathrm{d}x = 0;$$

$\mathbf{1}_E(x, y)$ ist aber im Sinne des ebenen Maßes nicht LEBESGUE-meßbar auf C.

9.5. Die Fubinische Eigenschaft im weiteren Sinne

Eine Funktion f besitzt auf dem Rechteck $C = A \times B$ die *Fubinische Eigenschaft im weiteren Sinne*, wenn es eine Menge $A_0 \subset A$ gibt, so daß

a) $\mu(A \backslash A_0) = 0$;

b) das Integral

$$\int_B f(x, y)\, \mathrm{d}\nu \tag{1}$$

für jedes $x \in A_0$ existiert;

c) das Integral (1) eine auf A_0 μ-integrierbare Funktion von x ist, für die

$$\int_C f(x, y)\, \mathrm{d}\xi = \int_{A_0} \int_B f(x, y)\, \mathrm{d}\nu \mathrm{d}\mu \tag{2}$$

gilt, wobei $\xi = \mu\nu$ wie in Abschnitt 9.2 sowohl das BORELsche als auch das LEBESGUEsche Produkt der Maße μ und ν sein kann.

Nach Definition ist hierbei f ξ-integrierbar auf C, die Mengen A_0 und $A = (A \backslash A_0) \cup A_0$ sind μ-meßbar, die Menge B ist ν-meßbar[1]). Offensichtlich gilt für eine Funktion f, die die FUBINIsche Eigenschaft im Sinne von Abschnitt 9.2 besitzt, auch die FUBINIsche Eigenschaft im weiteren Sinne ($A_0 = A$). Die Klasse aller Funktionen f, die die FUBINIsche Eigenschaft im weiteren Sinne besitzen, sei wie oben mit $\boldsymbol{F}$ (genauer: $\boldsymbol{F}(C)$) bezeichnet. Wir geben einige Eigenschaften dieser Klasse $\boldsymbol{F}$ an.

[1]) D. h. $A_0 \in \sigma(\mathfrak{M})$, $A \in \sigma(\mathfrak{M})$, $B \in \sigma(\mathfrak{N})$, vgl. den Anfang von Abschnitt 9.2.

Aussage 1. *Mit $f \in \boldsymbol{F}$ ist auch $kf \in \boldsymbol{F}$ für jede Konstante k.*

Beweis: Diese Aussage folgt unmittelbar aus (1) und (2) ●

Aussage 2. *Mit $f \in \boldsymbol{F}$ und $g \in \boldsymbol{F}$ ist auch $f+g \in \boldsymbol{F}$.*

Beweis: Nach Definition gibt es eine Menge $A_1 \subset A$ mit $\mu(A \setminus A_1)=0$, so daß für alle $x \in A_1$ das Integral

$$\int_B f(x, y)\, \mathrm{d}\nu \tag{3}$$

existiert und

$$\int_C f(x, y)\, \mathrm{d}\xi = \int_{A_1} \int_B f(x, y)\, \mathrm{d}\nu \mathrm{d}\mu \tag{4}$$

gilt, sowie eine Menge $A_2 \subset A$ mit $\mu(A \setminus A_2)=0$, so daß für alle $x \in A_2$ das Integral

$$\int_B g(x, y)\, \mathrm{d}\nu \tag{5}$$

existiert und

$$\int_C g(x, y)\, \mathrm{d}\xi = \int_{A_2} \int_B g(x, y)\, \mathrm{d}\nu \mathrm{d}\mu \tag{6}$$

gilt. Dann existieren für jedes $x \in A_0 = A_1 \cap A_2 \subset A$ gleichzeitig beide Integrale (3) und (5), folglich also das Integral

$$\int_B [f(x, y)+g(x, y)]\, \mathrm{d}\nu\,.$$

Die Mengen A, A_1, A_2, A_0 sind μ-meßbar, und es gilt

$$A \setminus A_0 = (A \setminus A_1) \cup (A \setminus A_2)\,^{1)}, \quad A_1 \setminus A_0 \subset A \setminus A_0, \quad A_2 \setminus A_0 \subset A \setminus A_0$$

und somit

$$\mu(A \setminus A_0) = \mu(A_1 \setminus A_0) = \mu(A_2 \setminus A_0) = 0\,.$$

Dann folgt aber aus (4) und (6)

$$\int_C f \mathrm{d}\xi = \int_{A_0} \int_B f\, \mathrm{d}\nu \mathrm{d}\mu \quad \text{und} \quad \int_C g\, \mathrm{d}\xi = \int_{A_0} \int_B g\, \mathrm{d}\nu \mathrm{d}\mu\,,$$

und hieraus ergibt sich

$$\int_C (f+g)\, \mathrm{d}\xi = \int_{A_0} \int_B f\, \mathrm{d}\nu \mathrm{d}\mu + \int_{A_0} \int_B g\, \mathrm{d}\nu \mathrm{d}\mu = \int_{A_0} \int_B (f+g)\, \mathrm{d}\nu \mathrm{d}\mu\,,$$

d. h. $f+g \in \boldsymbol{F}$ ●

Aus den Aussagen 1 und 2 ergibt sich als

Folgerung. *Eine Linearkombination von Funktionen aus $\boldsymbol{F}$ gehört wiederum zu $\boldsymbol{F}$.*

---

[1]) Nach den Formeln von DE MORGAN ist das Komplement eines Durchschnittes gleich der Vereinigung der Komplemente.

Aussage 3. *Sei $f_n \in \boldsymbol{F}$ $(n=1, 2, \ldots)$, $f_1 \leqq f_2 \leqq \ldots \leqq f_n \leqq \ldots$, $f_n \to f$ überall auf C und f ξ-integrierbar auf C. Dann ist $f \in \boldsymbol{F}$*[1]).

Beweis: Für jedes natürliche n gibt es eine μ-meßbare Menge $A_n \subset A$ mit $\mu\,(A \setminus A_n) = 0$, so daß für alle $x \in A_n$ das Integral

$$\int_B f_n(x, y)\,\mathrm{d}\nu \tag{7}$$

existiert und

$$\int_C f_n(x, y)\,\mathrm{d}\xi = \int_{A_n} \int_B f_n(x, y)\,\mathrm{d}\nu\mathrm{d}\mu \tag{8}$$

gilt. Wir setzen $A' = \bigcap_{n=1}^{\infty} A_n \subset A$. Alle hier auftretenden Mengen sind μ-meßbar mit $A \setminus A' = \bigcup_{n=1}^{\infty} (A \setminus A_n)$ und $A_n \setminus A' \subset A \setminus A'$ $(n=1, 2, \ldots)$, so daß

$$\mu\,(A \setminus A') = \mu\,(A_n \setminus A') = 0 \quad (n=1, 2, \ldots)$$

gilt.

Für $x \in A'$ existieren alle Integrale (7), und es gilt wegen (8)

$$\int_C f_n\,\mathrm{d}\xi = \int_{A'} \int_B f_n\,\mathrm{d}\nu\mathrm{d}\mu\,.$$

Nach dem Satz über die Integration monotoner Funktionenfolgen ist

$$\int_C f\,\mathrm{d}\xi = \lim_{n\to\infty} \int_C f_n\,\mathrm{d}\xi = \lim_{n\to\infty} \int_{A'} \int_B f_n\,\mathrm{d}\nu\mathrm{d}\mu\,. \tag{9}$$

Nun ist für jedes $x \in A'$

$$\int_B f_1\,\mathrm{d}\nu \leqq \int_B f_2\,\mathrm{d}\nu \leqq \ldots \leqq \int_B f_n\,\mathrm{d}\nu \leqq \ldots,$$

und da der Grenzwert (9) endlich ist, gibt es nach den Eigenschaften monotoner Funktionenfolgen eine μ-meßbare Menge $A_0 \subset A'$ mit $\mu\,(A' \setminus A_0) = 0$, so daß für jedes $x \in A_0$ der (endliche) Grenzwert

$$\lim_{n\to\infty} \int_B f_n\,\mathrm{d}\nu$$

existiert, für den gemäß den Eigenschaften monotoner Funktionenfolgen

$$\lim_{n\to\infty} \int_B f_n\,\mathrm{d}\nu = \int_B f\,\mathrm{d}\nu \tag{10}$$

sowie

$$\lim_{n\to\infty} \int_{A'} \int_B f_n\,\mathrm{d}\nu\mathrm{d}\mu = \lim_{n\to\infty} \int_{A_0} \int_B f_n\,\mathrm{d}\nu\mathrm{d}\mu = \int_{A_0} (\lim_{n\to\infty} \int_B f_n\,\mathrm{d}\nu)\,\mathrm{d}\mu$$

gilt. Hieraus folgt wegen (9) und (10)

$$\int_C f\,\mathrm{d}\xi = \int_{A_0} \int_B f\,\mathrm{d}\nu\mathrm{d}\mu\,. \tag{11}$$

[1]) Man beachte den Unterschied zu Aussage 3 in 9.2.

Anm. d. Hrsg.: Beim Beweis der Aussage 3 wird zum Nachweis der Beziehung (10) die zusätzliche Voraussetzung benötigt, daß μ ein Borel-Maß ist. Tatsächlich ist Aussage 3 für ein beliebiges Lusin-Maß μ i. a. nicht richtig. Ein entsprechendes Gegenbeispiel kann man unschwer anhand des Beispiels in Bemerkung 2 am Ende des Abschnitts 9.6 konstruieren.

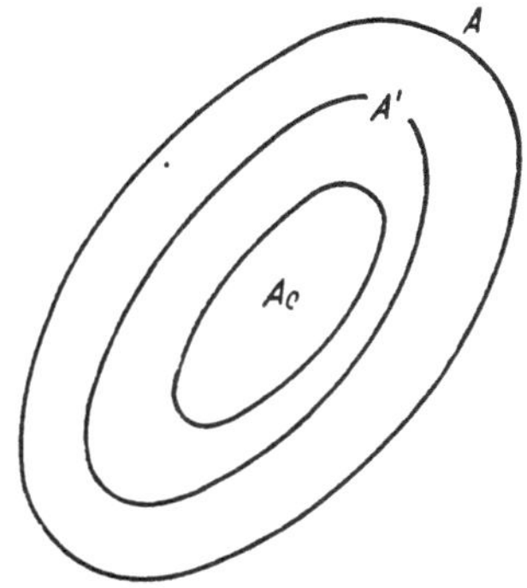

Abb. 200

Wegen (10) und (11) sind die Bedingungen b) und c) erfüllt. Auf Grund von $A \backslash A_0 = (A \backslash A') \cup (A' \backslash A_0)$ (vgl. Abb. 200) ist $\mu(A \backslash A_0) = 0$, also ist auch a) erfüllt ●

Folgerung. *Sei $f_n \in \boldsymbol{F}$ und $f_n \geqq 0$ $(n = 1, 2, \ldots)$, $f = \sum_n f_n$ überall auf C endlich und ξ-integrierbar auf C. Dann ist $f \in \boldsymbol{F}$.*

Beweis: Man setzt $g_n = \sum_{k=1}^{n} f_k$ und verifiziert mittels Aussage 2 aus 9.5 die Voraussetzungen von Aussage 3 in 9.5 ●

Wir bemerken, daß die Rollen der Variablen x und y bei allen obigen Aussagen vertauscht werden können[1]).

Aussage 4. *Sei $f \in \boldsymbol{F}(C)$, $C \subset C' = A' \times B'$ und*

$$f_1(x, y) = \begin{cases} f(x, y) & \text{für} \quad (x, y) \in C, \\ 0 & \text{sonst}. \end{cases}$$

Dann ist $f_1 \in \boldsymbol{F}(C')$.

Den Beweis führe der Leser zur Übung selbst, indem er den Beweis von Aussage 4 in 9.2 etwas modifiziert ●

9.6. Der Satz von Fubini für das Borelsche Produkt von Maßen im allgemeinen Fall

Satz. *Sei $\xi = \mu\nu$ das Borelsche Produkt der Borel-Maße μ und ν, f ξ-integrierbar auf $C = A \times B$, A μ-meßbar und B ν-meßbar*[2]). *Dann besitzt f auf dem Rechteck C die Fubinische Eigenschaft im weiteren Sinne (vgl. 9.5).*

Beweis: Der Beweis verläuft genau wie bei Satz 1 in 9.4, nur wird statt auf die Aussagen 3 und 4 in 9.2 auf die Aussagen 3 und 4 in 9.5 zurückgegriffen[3]).

---

[1]) Aussage 3 bedarf dann der zusätzlichen Voraussetzung, daß ν ein BOREL-Maß ist, vgl. dortige Fußnote (Anm. d. Hrsg.).

[2]) D. h. $A \in \sigma(\mathfrak{M})$, $B \in \sigma(\mathfrak{N})$; vgl. den Anfang von Abschnitt 9.2.

[3]) Die zusätzliche Voraussetzung des Satzes, daß μ und ν BOREL-Maße sind, wird beim Einsatz von Aussage 3 aus 9.5 benutzt; vgl. die Fußnoten auf S. 234 und S. 235 (Anm. d. Hrsg.).

Folgerung 1. *Vertauscht man im obigen Satz die Rollen der Variablen x und y, so erhält man nach Gleichung* (2) *in* 9.5.

$$\int_{A_0}\int_{B} f(x, y)\,\mathrm{d}\nu\mathrm{d}\mu = \int_{B_0}\int_{A} f(x, y)\,\mathrm{d}\mu\mathrm{d}\nu \tag{1}$$

mit $A_0 \subset A$, $\mu\,(A\backslash A_0)=0$, $B_0 \subset B$ *und* $\nu\,(B\backslash B_0)=0$.

Da das Integral über einer Nullmenge gleich Null ist, folgt aus (1) die Formel

$$\int_{A_0}\int_{B_0} f(x, y)\,\mathrm{d}\nu\mathrm{d}\mu = \int_{B_0}\int_{A_0} f(x, y)\,\mathrm{d}\mu\mathrm{d}\nu\,, \tag{2}$$

die mit Formel (3) in 9.3 bis auf die Integrationsbereiche übereinstimmt. Definiert man auf der ξ-Nullmenge $E=(A\times B)\backslash(A_0\times B_0)$[1] $f(x, y)=0$, so kann man in (2) A_0 und B_0 durch A und B ersetzen.

Folgerung 2. *Sei $E\subset C$ eine ξ-meßbare Menge und bez. ξ endlich. Für die charakteristische Funktion $\mathbf{1}_E(x, y)$ der Menge E gibt es eine Menge $A_0\subset A$, so daß folgendes gilt:*

a) $\mu\,(A\backslash A_0)=0$;

b) *das Integral*

$$\int_{B} \mathbf{1}_E(x, y)\,\mathrm{d}\nu = \nu(E_x)\text{[2]}$$

existiert für jedes $x\in A_0$;

c)
$$\int_{C} \mathbf{1}_E(x, y)\,\mathrm{d}\xi = \int_{A_0} \nu(E_x)\,\mathrm{d}\mu\,.$$

bzw.

$$\xi(E) = \int_{A_0} \nu(E_x)\,\mathrm{d}\mu\,. \tag{3}$$

Wir stellen also fest: μ-fast alle Schnitte E_x einer bez. ξ endlichen Menge E sind bez. ν endliche Mengen, wobei (3) gilt.

Das in Bemerkung 1 aus 9.3 angegebene Beispiel zeigt, daß auch im Fall $\xi(E)=0$ durchaus Schnitte E_x vorkommen können, die bez. ν nicht endlich sind. Wir werden jedoch im Abschnitt 9.7 sehen, daß für ein BORELsches Produkt $\xi=\mu\nu$ jeder Schnitt E_x einer beliebigen ξ-meßbaren Menge E stets ν-meßbar ist.

Folgerung 3. *Die Schnitte einer ξ-Nullmenge besitzen die in Folgerung 3 in* 9.3 *formulierten Eigenschaften.*

Folgerung 4. *Sei f ξ-integrierbar auf der Menge $E\subset C$. Dann gibt es eine Menge $A_0\subset A$, so daß folgendes gilt:*

a) $\mu\,(A\backslash A_0)=0$;

b) *für jedes $x\in A_0$ existiert das Integral*

$$\int_{E_x} f(x, y)\,\mathrm{d}\nu;$$

c)
$$\int_{E} f(x, y)\,\mathrm{d}\xi = \int_{A_0}\int_{E_x} f(x, y)\,\mathrm{d}\nu\mathrm{d}\mu\,.$$

---

[1] Offenbar ist $E=[A\times(B\backslash B_0)]\cup[(A\backslash A_0)\times B_0]$.

[2] Vgl. die Fußnote auf S. 161.

Beweis: Die Funktion

$$f_E(x, y) = \begin{cases} f(x, y) & \text{für} \quad (x, y) \in E , \\ 0 & \text{sonst} \end{cases}$$

ist ξ-integrierbar auf C. Die obige Aussage, angewendet auf diese Funktion, liefert die Behauptung ●

Es sei wiederum vermerkt, daß bei allen obigen Aussagen die Rollen der Variablen x und y vertauscht werden können.

Bemerkung 1. Die Bedingung $E \subset C = A \times B$, wobei A eine μ-meßbare und B eine ν-meßbare Menge ist (d. h. $A \in \sigma(\mathfrak{M})$, $B \in \sigma(\mathfrak{N})$), könnte fast wie eine zusätzliche Einschränkung erscheinen. Das ist jedoch nicht der Fall.

Wir zeigen, daß jede ξ-meßbare Menge E in einem Rechteck C der aufgeführten Art enthalten ist. Wenn nämlich E im Sinne des BORELschen Produktes der Maße μ und ν ξ-meßbar ist, so erst recht im Sinne des LEBESGUEschen Produktes dieser Maße. Gilt dabei $\xi(E) < \infty$, so existiert nach der Definition des LEBESGUEschen Produktes (als LEBESGUEsche Fortsetzung des Maßes $\mu \times \nu$ vom Halbring $\mathfrak{M} \times \mathfrak{N}$) eine bez. ξ endliche Menge $Q \in \sigma\,(\mathfrak{M} \times \mathfrak{N})$, die E enthält .Diese Menge Q hat die Gestalt

$$Q = \bigcup_{k=1}^{\infty} (A_k \times B_k) \tag{4}$$

mit $A_k \in \mathfrak{M}$ und $B_k \in \mathfrak{N}$ ($k = 1, 2, \ldots$). Man muß nun nur noch $A = \bigcup_k A_k$ sowie $B = \bigcup_k B_k$ setzen und erhält $E \subset Q \subset A \times B$.

Im Fall $\xi(E) = \infty$ läßt sich E in der Form $E = \bigcup_{n=1}^{\infty} E_n$ mit $\xi(E_n) < \infty$ ($n = 1, 2, \ldots$) darstellen. Dann kann jede Menge E_n wie oben in eine Menge von der Gestalt (4) eingeschlossen werden, folglich auch die ganze Menge E, und man schließt wie im ersten Fall.

Bemerkung 2. Der in diesem Abschnitt angegebene Satz ist im allgemeinen nicht gültig, wenn μ ein LUSIN-Maß ist. Sei nämlich z. B. μ auf dem δ-Ring aller beschränkten Mengen der Zahlengeraden $\mathbb{R}$ definiert und dort stets gleich Null. Dann ist μ ein LUSIN-Maß, aber kein BOREL-Maß. Weiter sei ν das lineare LEBESGUE-Maß. Das BORELsche Produkt $\xi = \mu\nu$ ist in diesem Fall auf dem Ring aller ebenen Mengen, auf denen es definiert ist, gleich Null (da das LEBESGUEsche Produkt für alle ebenen Mengen definiert und gleich Null ist). Wir setzen nun $f(x, y) = 1$ auf $\mathbb{R}^2$ sowie $A = B = \mathbb{R}$ und $C = \mathbb{R}^2$. Dann gilt

$$\int_C f(x, y)\, \mathrm{d}\xi = \int_{\mathbb{R}^2} 1\, \mathrm{d}\xi = 0 .$$

Die Gleichung (2) in 9.5 gilt jedoch nicht, da das Integral

$$\int_B f(x, y)\, \mathrm{d}\nu = \int_{\mathbb{R}} 1\, \mathrm{d}\nu$$

für kein $x \in A$ existiert und $A = \mathbb{R}$ keine μ-Nullmenge ist.

9.7. Sätze über Schnitte von Mengen und Funktionen[1])

Satz 1. *Wenn $\mathfrak{B}$ die Borelsche Abschließung des Halbringes $\mathfrak{M}\times\mathfrak{N}$ und $E\in\mathfrak{B}$ ist, so ist E_x ν-meßbar für jedes x und E^y μ-meßbar für jedes y (vgl. Abb. 201)[2]).*

Beweis: Aus Symmetrie-Gründen beschränken wir uns auf den Beweis für E_x. Mit $\mathfrak{K}$ bezeichnen wir die Klasse aller Mengen $E\in\mathfrak{B}$, für die E_x ν-meßbar für alle x ist. Gilt $X\in\mathfrak{M}$ und $Y\in\mathfrak{N}$, so folgt $E=X\times Y\in\mathfrak{M}\times\mathfrak{N}\subset\mathfrak{B}$, $E_x=Y$ für $x\in X$, $E_x=\emptyset$ für $x\notin X$ (vgl. Abb. 202). Es ist also stets $X\times Y\in\mathfrak{K}$ und folglich

$$\mathfrak{M}\times\mathfrak{N}\subset\mathfrak{K}\,. \tag{1}$$

Weiterhin ist $\mathfrak{K}$ ein σ-Ring, wie die folgenden leicht nachprüfbaren Beziehungen zeigen:

$$\left\{y\colon (x_0, y)\in \bigcup_{n=1}^{\infty} E_n\right\} = \bigcup_{n=1}^{\infty} \{y\colon (x_0, y)\in E_n\}$$

$$\{y\colon (x_0, y)\in E_1\backslash E_2\} = \{y\colon (x_0, y)\in E_1\}\backslash\{y\colon (x_0, y)\in E_2\};$$

sind nämlich die Mengen auf den rechten Seiten ν-meßbar, so auch die Mengen auf den linken Seiten. Folglich ist $\mathfrak{K}$ ein σ-Ring, der den Halbring $\mathfrak{M}\times\mathfrak{N}$ enthält (vgl. (1)). Nach Definition der Borelschen Abschließung ist nun aber $\mathfrak{B}$ der kleinste derartige σ-Ring, d. h. $\mathfrak{B}\subset\mathfrak{K}$

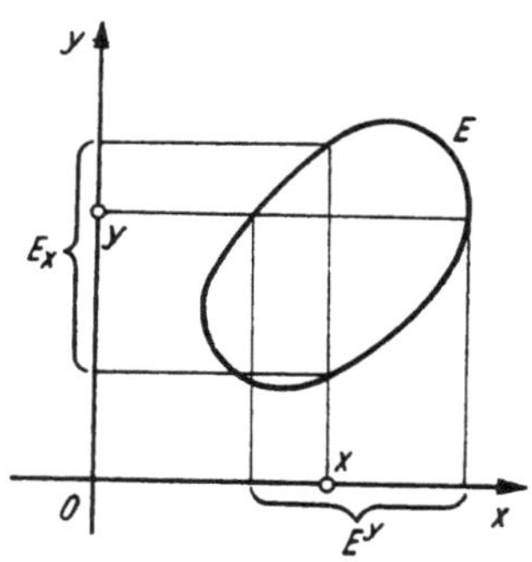

Abb. 201

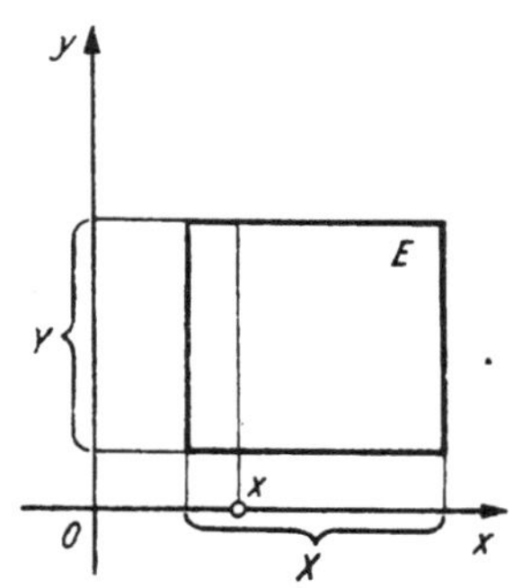

Abb. 202

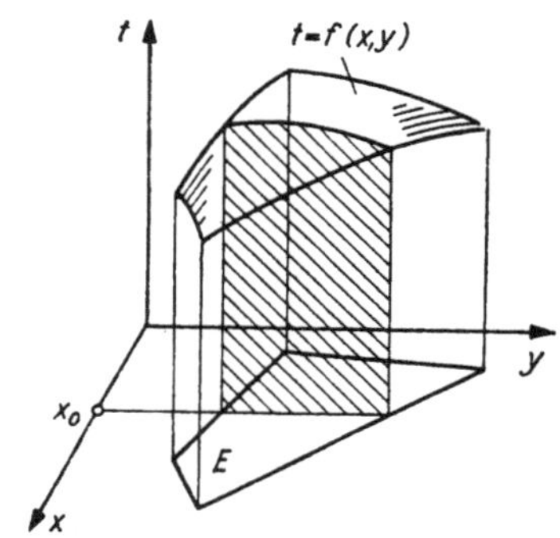

Abb. 203

Folgerung 1. *Wenn $\xi=\mu\nu$ das Borelsche Produkt der Maße μ und ν ist, so ist $\mathfrak{B}$ mit der Klasse aller ξ-meßbaren Mengen identisch. In diesem Fall kann Satz 1 wie folgt formuliert werden:*

Wenn E eine ξ-meßbare Menge ist, so ist E_x ν-meßbar für jedes x und E^y μ-meßbar für jedes y.

Definition. Sei $f(x, y)$ auf der Menge E definiert. Die bei festem x_0 für alle $y\in E_{x_0}$ durch $f(x_0, y)$ definierte Funktion heißt der *Schnitt* der Funktion $f(x, y)$ an der Stelle x_0 (vgl. Abb. 203). Analog führt man die Schnitte der Gestalt $f(x, y_0)$ ein.

Satz 2. *Wenn die Voraussetzungen des Satzes 1 erfüllt sind und $f(x, y)$ eine reellwertige $\mathfrak{B}$-meßbare Funktion auf E ist, so ist jeder Schnitt $f(x_0, y)$ ν-meßbar auf E_{x_0} und jeder Schnitt $f(x, y_0)$ μ-meßbar auf E^{y_0}.*

---

[1]) Auf diesen Abschnitt wird im folgenden nicht zurückgegriffen.

[2]) Vgl. den Anfang von Abschnitt 9.2: $E_x=\{y\colon (x, y)\in E\}$ für festes x, $E^y=\{x\colon (x, y)\in E\}$ für festes y.

Beweis: Aus Symmetriegründen beschränken wir uns auf den Beweis für $f(x_0, y)$. Für eine beliebige Konstante c setzen wir

$$C = \{(x, y) : (x, y) \in E, f(x, y) < c\} .$$

Wie man leicht nachprüft, gilt dann

$$\{y : y \in E_{x_0}, f(x_0, y) < c\} = C_{x_0} = \{y : (x_0, y) \in C\} . \tag{2}$$

Nach Voraussetzung ist $f(x, y)$ $\mathfrak{B}$-meßbar, d. h. $C \in \mathfrak{B}$. Auf Grund von Satz 1 ist aber der Schnitt C_{x_0} ν-meßbar, also auch die linke Seite in (2), d. h., $f(x_0, y)$ ist ν-meßbar auf E_{x_0} ●

Wenn $\xi = \mu\nu$ das BORELsche Produkt der Maße μ und ν ist, kann Satz 2 wie folgt formuliert werden:

Folgerung 2. *Ist $f(x, y)$ ξ-meßbar auf E, dann ist jeder Schnitt $f(x_0, y)$ ν-meßbar auf E_{x_0} und jeder Schnitt $f(x, y_0)$ μ-meßbar auf E^{y_0}* (vgl. Anfang von Folgerung 1).

9.8. Der Satz von Fubini für das Lebesguesche Produkt von Maßen

Satz. *Sei $\xi = \mu\nu$ das Lebesguesche Produkt der vollständigen Borel-Maße μ und ν, f ξ-integrierbar auf $C = A \times B$, A μ-meßbar und B ν-meßbar*[1]*). Dann besitzt die Funktion f auf dem Rechteck C die Fubinische Eigenschaft im weiteren Sinne (d. h. $f \in \boldsymbol{F}(C)$ in der Terminologie von Abschnitt* 9.5).

Beweis: Analog zu den Beweisen in den Abschnitten 9.3 und 9.4 können wir uns wegen der Aussagen 1 und 2 in 9.5 auf den Fall beschränken, daß f nichtnegativ ist. Zunächst sei $A \in \mathfrak{M}$ und $B \in \mathfrak{N}$. Dann gilt:

(i) Sei $\mathfrak{B}$ die BORELsche Abschließung des Halbringes $\mathfrak{M} \times \mathfrak{N}$. Nach Satz 2 in 9.3 gehört die charakteristische Funktion $\mathbf{1}_E(x, y)$ einer beliebigen $\mathfrak{B}$-meßbaren Menge $E \subset C$ zu Klasse $\boldsymbol{F}$[2]).

(ii) **Lemma.** *Für jede ξ-meßbare Menge $E \subset C$ gibt es Mengen $E_n \subset C$ $(n = 1, 2, \ldots)$ mit $E_n \in \sigma$ $(\mathfrak{M} \times \mathfrak{N})$ und*

$$E_1 \supset E_2 \supset \ldots \supset E_n \supset \ldots \supset E , \tag{1}$$

so daß für die Menge $D = \bigcap_{n=1}^{\infty} E_n \supset E$

$$\xi(D) = \xi(E) \tag{2}$$

gilt.

Beweis: Nach der Definition des LEBESGUEschen Produktes ist

$$\xi(E) = \inf \{\xi(Q) : Q \in \sigma\ (\mathfrak{M} \times \mathfrak{N}), Q \supset E\} .$$

Es existiert deshalb eine Folge von Mengen $Q_n \in \sigma$ $(\mathfrak{M} \times \mathfrak{N})$, $Q_n \supset E$ $(n = 1, 2, \ldots)$ mit $\xi(Q_n) \to \xi(E)$. Weiterhin ist auch $Q_n \cap C \in \sigma$ $(\mathfrak{M} \times \mathfrak{N})$, $Q_n \cap C \supset E$ $(n = 1, 2, \ldots)$ und

$$\xi\ (Q_n \cap C) \to \xi(E) , \tag{3}$$

---

[1]) D. h. $A \in \sigma(\mathfrak{M})$, $B \in \sigma(\mathfrak{N})$; vgl. den Anfang von Abschnitt 9.2.

[2]) Das Symbol $\boldsymbol{F}$ ist hier im Sinne von Abschnitt 9.2 gebraucht.

wobei $Q_n \cap C \subset C$ $(n=1, 2, \ldots)$ gilt. Wir brauchen nun nur noch

$$E_n = \bigcap_{k=1}^{n} (Q_k \cap C) \in \sigma(\mathfrak{M} \times \mathfrak{N}) \quad (n=1, 2, \ldots)$$

zu setzen (die Klasse $\sigma(\mathfrak{M} \times \mathfrak{N})$ ist abgeschlossen bez. endlicher Durchschnittsbildung). Dann ist offensichtlich (1) erfüllt, und es ist $E_n \subset C$ für alle n. Gemäß der Stetigkeitseigenschaft der Maße gilt

$$\xi(D) = \lim_{n \to \infty} \xi(E_n) \,. \tag{4}$$

Nun folgt aus $E \subset E_n \subset Q_n \cap C$ die Ungleichung $\xi(E) \leqq \xi(E_n) \leqq \xi(Q_n \cap C)$, und wegen (3) und (4) gilt (2) ●

Folgerung. *Es gilt* $D \subset C$, $D \in \mathfrak{B}$ *und* $\mathbf{1}_D(x, y) \in \boldsymbol{F}$ *wegen* (i).

(iii) Sei $E' \subset E \subset C$, $\mathbf{1}_{E'}(x, y) \in \boldsymbol{F}$ und $\mathbf{1}_E(x, y) \in \boldsymbol{F}$. Dann gilt $\mathbf{1}_{E \setminus E'}(x, y) = \mathbf{1}_E(x, y) - \mathbf{1}_{E'}(x, y) \in \boldsymbol{F}$ wegen der Aussagen 1 und 2 in 9.5.

(iv) Ist $\xi(E)=0$ und $E \subset C$, so gilt auch $\xi(D)=0$ für die in (ii) definierte Menge D. Wegen $\mathbf{1}_D(x, y) \in \boldsymbol{F}$ gilt

$$\xi(D) = \int_C \mathbf{1}_D(x, y)\, \mathrm{d}\xi = \int_A \int_B \mathbf{1}_D(x, y)\, \mathrm{d}\nu \mathrm{d}\mu = 0 \,.$$

Da aber $\int_B \mathbf{1}_D(x, y)\, \mathrm{d}\nu \geqq 0$ ist, gilt für μ-fast alle $x \in A$

$$\int_B \mathbf{1}_D(x, y)\, \mathrm{d}\nu = \nu(D_x) = 0 \tag{5}$$

(vgl. Abb. 204). Mit anderen Worten, es gibt eine μ-meßbare Menge $A_0 \subset A$ derart, daß $\mu(A \setminus A_0) = 0$ ist und für $x \in A_0$ (5) gilt. Wegen $E \subset D$ ist auch $E_x \subset D_x$, und aus der Vollständigkeit des Maßes ν folgt $\nu(E_x) = 0$ für alle $x \in A_0$. Also existiert das Integral

$$\int_B \mathbf{1}_E(x, y)\, \mathrm{d}\nu = \nu(E_x) = 0 \,,$$

und es gilt

$$\int_A \int_B \mathbf{1}_E(x, y)\, \mathrm{d}\nu \mathrm{d}\mu = 0 = \xi(E) = \int_C \mathbf{1}_E(x, y)\, \mathrm{d}\xi \,,$$

d. h. $\mathbf{1}_E(x, y) \in \boldsymbol{F}$[1]).

(v) Sei nun $\xi(E) > 0$, $E \subset C$. Mit der in (ii) definierten Menge D gilt $E = D \setminus (D \setminus E)$. Dabei ist $D \setminus E \subset D \subset C$, $\xi(D \setminus E) = 0$, $\mathbf{1}_D(x, y) \in \boldsymbol{F}$ und $\mathbf{1}_{D \setminus E}(x, y) \in \boldsymbol{F}$, also nach (iii) auch $\mathbf{1}_E(x, y) \in \boldsymbol{F}$. Daher gilt für j e d e ξ-meßbare Menge $E \subset C$ die Beziehung $\mathbf{1}_E(x, y) \in \boldsymbol{F}$.

(vi) Nach den Aussagen 1 und 3 in 9.5 gehört jede auf C ξ-integrierbare Treppenfunktion zur Klasse $\boldsymbol{F}$. Gemäß Aussage 3 in 9.5 gilt dies dann für j e d e ξ-integrierbare Funktion auf C.

(vii) Wir betrachten nun den allgemeinen Fall $A \in \sigma(\mathfrak{M})$ und $B \in \sigma(\mathfrak{N})$. Mittels ähnlicher Überlegungen wie im Beweis von Satz 1 in 9.4 konstruieren wir eine Folge von Rechtecken $C_1 \subset C_2 \subset \ldots \subset C_n \subset \ldots \subset C = \bigcup_{n=1}^{\infty} C_n$ mit $C_n = A_n \times B_n$, $A_n \in \mathfrak{M}$ und $B_n \in \mathfrak{N}$ $(n=1, 2, \ldots)$. Gemäß (vi) ist $f \in \boldsymbol{F}(C_n)$ $(n=1, 2, \ldots)$. Wegen Aussage 4 in 9.5

[1]) Im weiteren ist das Symbol $\boldsymbol{F}$ im Sinne von Abschnitt 9.5 zu verstehen (Anm. d. Hrsg.).

gehört dann jede der Funktionen

$$f_n(x, y) = \begin{cases} f(x, y) & \text{für } (x, y) \in C_n, \\ 0 & \text{sonst} \end{cases} \quad (n = 1, 2, \ldots)$$

zur Klasse $\boldsymbol{F}(C)$. Da hierbei $f_n \uparrow f$ überall auf C gilt, ist nach Aussage 3 in 9.5 auch $f \in \boldsymbol{F}(C)$ ●

Aus diesem Satz ergeben sich vollkommen analog zu Abschnitt 9.6 Folgerungen 1–4. Gleiches trifft auf die Bemerkungen 1 und 2 in 9.6 zu. Sowohl im Satz als auch in diesen Folgerungen kann man die Rollen der Variablen x und y wieder vertauschen.

Bemerkung 1 (im Zusammenhang mit der zu Folgerung 2 in 9.6 analogen Aussage). Für das LEBESGUEsche Produkt der Maße μ und ν können zu einer ξ-meßbaren Menge E (selbst wenn sie bez. ξ endlich ist) durchaus nicht ν-meßbare Schnitte existieren. Sei nämlich $\mu = \nu$ das lineare LEBESGUE-Maß, ξ folglich das ebene LEBEGUE-Maß, Y eine nicht LEBESGUE-meßbare Menge aus dem Intervall $[0, 1]$ und schließlich $E = ((0, 1] \times [0, 1]) \cup \{(0, y) : y \in Y\}$, vgl. Abb. 205. Offenkundig ist E ξ-meßbar mit $\xi(E) = 1$. Für $x = 0$ ist jedoch die Menge $E_x = Y$ nicht LEBESGUE-meßbar.

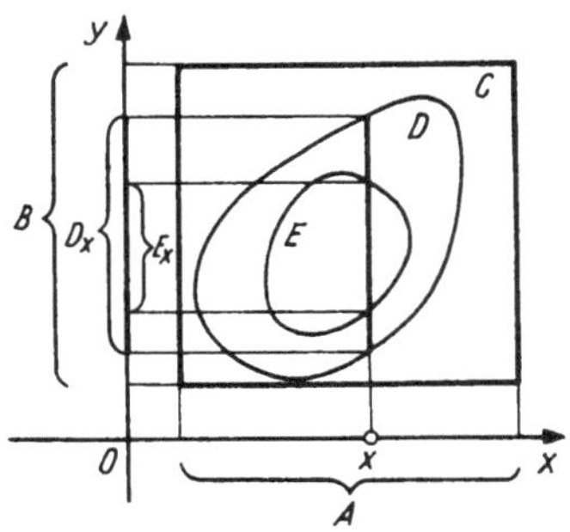

Abb. 204

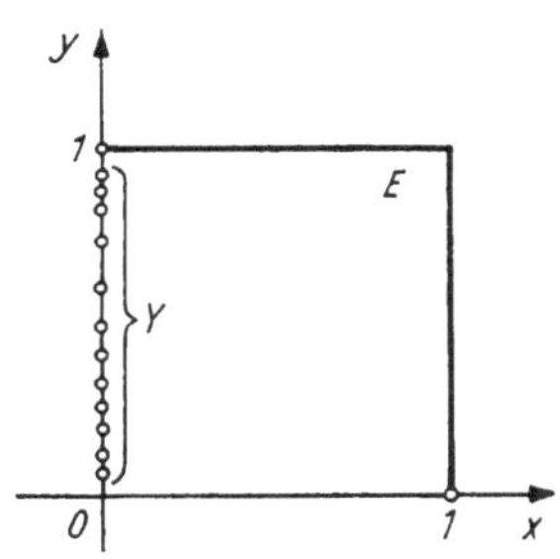

Abb. 205

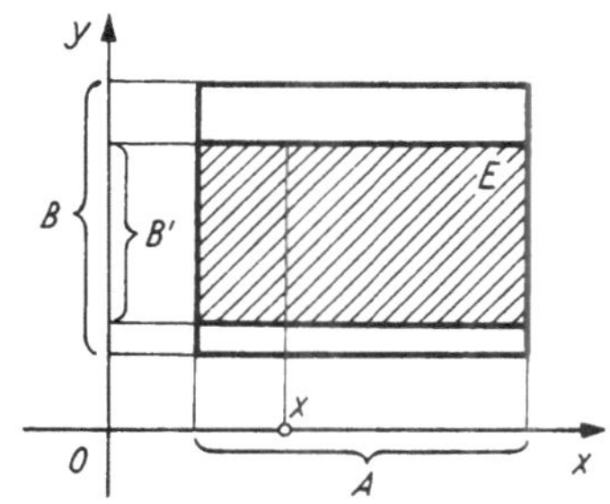

Abb. 206

Bemerkung 2. Die Vollständigkeit des Maßes ν in obigem Satz ist wesentlich. Angenommen, ν sei kein vollständiges Maß. Dann gäbe es mindestens eine ν-Nullmenge B, die eine nicht ν-meßbare Menge B' enthielte. Weiter sei $A \in \mathfrak{M}$ eine beliebige Menge mit $\mu(A) > 0$. Offensichtlich ist $E = A \times B' \subset A \times B$ (vgl. Abb. 206). Es gilt nun $\xi(A \times B) = \mu(A)\, \nu(B) = 0$ und wegen der Vollständigkeit des Maßes ξ (ein LEBESGUEsches Produkt ist stets vollständig) $\xi(E) = 0$; E ist also bez. ξ endlich. Wäre der Satz auch in diesem Fall gültig, so folgte (analog zu Folgerung 2 in 9.6) die ν-Meßbarkeit von E_x für μ-fast alle $x \in A$. Dies ist aber ein Widerspruch, da $E_x = B'$ für alle $x \in A$ gilt.

Bemerkung 3. Im Beweis des Satzes wurde die Vollständigkeit des Maßes μ nicht benutzt. Man brauchte also – in der oben gewählten Fassung des Satzes – die Vollständigkeit von μ nicht zu fordern[1]). Allerdings läßt sich für vollständiges μ dem Satz eine etwas andere, genauere Formulierung geben:

Sei $\xi = \mu\nu$ das Lebesguesche Produkt der vollständigen Borel-Maße μ und ν, f ξ-integrierbar auf $C = A \times B$, A μ-meßbar, B ν-meßbar und A_1 die Menge aller derjenigen

[1]) Dann könnten aber auch die Rollen von x und y nicht mehr vertauscht werden (Anm. d. Hrsg.).

$x \in A$, für die das Integral

$$\int_B f(x, y)\, \mathrm{d}\nu \tag{6}$$

existiert. Dann gilt

(i) $\mu\,(A \setminus A_1) = 0$,

(ii) $$\int_C f(x, y)\, \mathrm{d}\xi = \int_{A_1} \int_B f(x, y)\, \mathrm{d}\nu \mathrm{d}\mu\,. \tag{7}$$

Beweis: Nach Definition gilt $A_0 \subset A_1 \subset A$, wobei A_0 die in der Definition der FUBINIschen Eigenschaft im weiteren Sinne auftretende Menge ist (die als solche in der ursprünglichen Fassung des Satzes nicht vorkommt). Da $A_1 \setminus A_0 \subset A \setminus A_0$, $\mu\,(A \setminus A_0) = 0$ und das Maß μ vollständig ist, gilt $\mu\,(A_1 \setminus A_0) = 0$, und $A_1 = A_0 \cup (A_1 \setminus A_0)$ ist eine μ-meßbare Menge. Entsprechend den Eigenschaften vollständiger Maße ist jede Funktion, insbesondere also die Funktion (6), μ-integrierbar auf der μ-Nullmenge $A_1 \setminus A_0$, und dieses Integral ist gleich Null. Folglich gilt

$$\int_C f(x, y)\, \mathrm{d}\xi = \int_{A_0} \int_B f(x, y)\, \mathrm{d}\nu \mathrm{d}\mu = \int_{A_1} \int_B f(x, y)\, \mathrm{d}\nu \mathrm{d}\mu \quad \bullet$$

Existiert das Integral (6) sogar für jedes $x \in A$, erhält Gleichung (7) die Form

$$\int_C f(x, y)\, \mathrm{d}\xi = \int_A \int_B f(x, y)\, \mathrm{d}\nu \mathrm{d}\mu\,. \tag{8}$$

Wir erkennen, daß in diesem letzteren Fall der Satz von FUBINI für BORELsche und LEBESGUEsche Produkte von Maßen gleichlautet (vgl. 9.4). Aus diesem Grund gelten dann auch vollkommen analoge Aussagen zu den Folgerungen 1 und 2 sowie zu Satz 2 in 9.4.

Zum Beweis verwenden wir die Funktionen f_n $(n = 1, 2, \ldots)$ wie im Beweis der Sätze 1 und 2 in 9.4. Jede Funktion f_n ist ξ-integrierbar auf C, und nach Satz 1 gilt $f_n \in \boldsymbol{F}(C)$, d. h.

$$\int_C f_n \mathrm{d}\xi = \int_{A_n} \int_B f_n \mathrm{d}\nu \mathrm{d}\mu$$

mit $A_n \subset A$ sowie $\mu\,(A \setminus A_n) = 0$, und das Integral

$$\int_B f_n \mathrm{d}\nu$$

existiert für jedes $x \in A_n$. Nun gilt $f_n \uparrow f$ überall auf C und deshalb

$$\int_C f_n \mathrm{d}\xi \leqq \int_{A_n} \int_B f \mathrm{d}\nu \mathrm{d}\mu = \int_A \int_B f \mathrm{d}\nu \mathrm{d}\mu\,.$$

Hieraus folgt nach den Eigenschaften monotoner Funktionenfolgen die ξ-Integrierbarkeit von f auf C und wegen (8) $f \in \boldsymbol{F}(C)$.

Die Nichtnegativität und die Meßbarkeit der Funktion f sind hier, wie schon bei Satz 2 in 9.4, wesentlich. Die im Abschnitt 9.4 angegebenen Gegenbeispiele belegen dies auch hier.

Bemerkung 4. Ist das Maß μ nicht vollständig, so folgt aus der Existenz des Integrals (6) für jedes $x \in A$ (wenn außerdem alle übrigen Voraussetzungen des Satzes erfüllt sind), im allgemeinen nicht die Gleichung (8). Wenn nämlich μ nicht vollständig ist, gibt es mindestens eine μ-Nullmenge A, die eine nicht μ-meßbare Menge A' enthielte. Weiter sei $B \in \mathfrak{N}$ eine beliebige Menge mit $\nu(B) > 0$. Offensichtlich ist $E = A' \times B \subset A \times B$ (vgl. Abb. 207). Es gilt $\xi\,(A \times B) = \mu(A)\,\nu(B) = 0$ und wegen der Vollständigkeit des

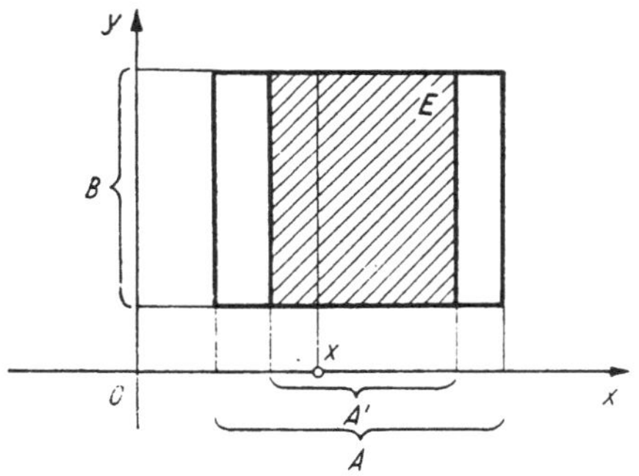

Abb. 207

Maßes ξ dann $\xi(E) = 0$. Die Funktion $\mathbf{1}_E(x, y)$ ist demnach ξ-integrierbar auf $C = A \times B$, wobei für jedes $x \in A$ das Integral

$$\int_B \mathbf{1}_E(x, y)\,\mathrm{d}\nu = \begin{cases} \nu(B) & \text{für } x \in A', \\ 0 & \text{für } x \in A \setminus A' \end{cases}$$

existiert. Dieses Integral ist aber eine bez. μ nicht meßbare Funktion von x (auf der Menge A), und folglich existiert das iterierte Integral

$$\int_A \int_B \mathbf{1}_E(x, y)\,\mathrm{d}\nu\mathrm{d}\mu$$

nicht (vgl. die rechte Seite von Gleichung (8)).

Bemerkung 5. Sei A eine nicht LEBESGUE-meßbare Menge aus dem Intervall $[0, 1]$ (zur Existenz einer solchen Menge siehe Kapitel 3). Dann ist selbstverständlich auch die ebene Menge $E = A^2 \subset [0, 1]^2$ nicht LEBESGUE-meßbar, da andernfalls für fast alle $x \in [0, 1]$ die Schnitte E_x bez. des linearen LEBESGUE-Maßes meßbar sein müßten, während nach unserer Konstruktion der Menge E gerade für jedes $x \in [0, 1]$ der Schnitt $E_x = A$ nicht meßbar ist. Dies ist das im Kapitel 3 angekündigte Beispiel einer ebenen nicht LEBESGUE-meßbaren Menge. Auf ähnliche Weise kann man nicht LEBESGUE-meßbare Mengen im n-dimensionalen Raum erhalten.

10. Transformationssätze für Integrale

10.1. Meßbare Abbildungen

Man nennt bekanntlich eine Funktion Φ, die durch

$$t = \Phi(x) \tag{1}$$

auf einer Menge X_0 mit Werten in einer Menge T_0 definiert ist, auch *Abbildung* der Menge X_0 in die Menge T_0. Im allgemeinen setzt man dabei nicht voraus, daß die Funktionswerte von Φ die ganze Menge T_0 ausfüllen. Anders ausgedrückt ist das durch (1) vermittelte Bild der Menge X_0 i. a. nicht mit T_0 identisch, sondern lediglich darin enthalten.

Wir definieren durch

$$X = \{x: x \in X_0, \Phi(x) \in T \subset T_0\} \tag{2}$$

die Menge aller derjenigen $x \in X_0$, deren Bild $t = \Phi(x)$ zur Menge $T \subset T_0$ gehört (vgl. Abb. 208). Die Menge (2) heißt das *Urbild* der Menge T bez. der Abbildung Φ. Für dieses Urbild ist auch die Bezeichnung

$$X = \Phi^{-1}(T) \tag{2'}$$

gebräuchlich.

Satz (über Urbilder). *Für jede Abbildung der Form* (1) *gilt*

$$\begin{aligned}
&\{x: x \in X_0, \Phi(x) \in \bigcup_n T_n\} = \bigcup_n \{x: x \in X_0, \Phi(x) \in T_n\}\,, \\
&\{x: x \in X_0, \Phi(x) \in \bigcap_n T_n\} = \bigcap_n \{x: x \in X_0, \Phi(x) \in T_n\}\,, \\
&\{x: x \in X_0, \Phi(x) \in T_1 \setminus T_2\} = \{x: x \in X_0, \Phi(x) \in T_1\} \setminus \{x: x \in X_0, \Phi(x) \in T_2\}\,,
\end{aligned} \tag{3}$$

unabhängig von der Art der Mengen $T_n \subset T_0$ und der Art der Vereinigungs- bzw. Durchschnittsbildung (endlich, abzählbar oder überabzählbar). Ist durch $\bigcup\limits_n T_n$ eine Zerlegung gegeben, so stellt auch $\bigcup\limits_n \{x: x \in X_0, \Phi(x) \in T_n\}$ eine Zerlegung dar (vgl. Abb. 209); *aus $T_1 \supset T_2$ folgt $\{x: x \in X_0, \Phi(x) \in T_1\} \supset \{x: x \in X_0, \Phi(x) \in T_2\}$*[1].

Der Beweis des Satzes ergibt sich durch einfaches Nachrechnen.

Die Gleichungen (3) besagen, daß das Urbild einer Vereinigung, eines Durchschnittes bzw. einer Differenz von Mengen gleich der Vereinigung, dem Durchschnitt bzw. der

---

[1] Auf das Mitführen von „$x \in X_0$" in Ausdrücken der Form (2) und (3) werden wir im folgenden meist verzichten. Mißverständnisse werden daraus in der Regel nicht entstehen, da andere x nicht betrachtet werden.

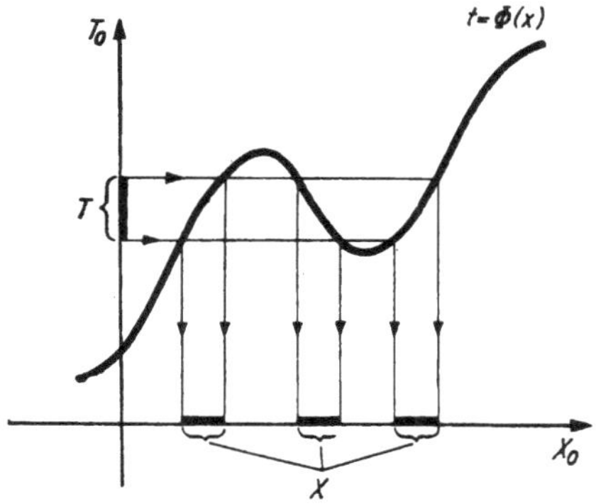

Abb. 208

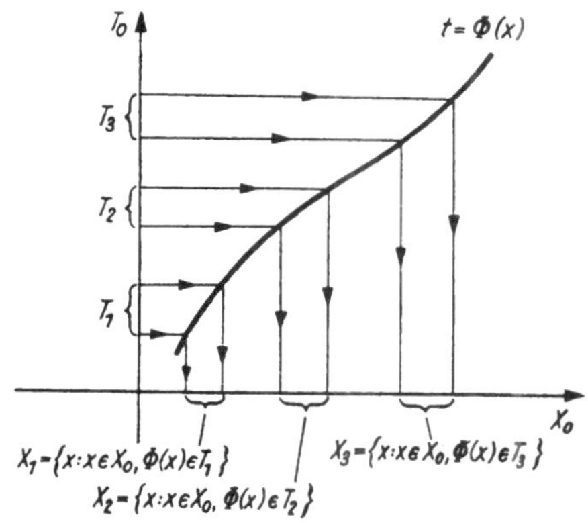

Abb. 209

Differenz deren Urbilder ist. Unter Verwendung der kürzeren Schreibweise (2′) lauten die Gleichungen (3)

$$\Phi^{-1}(\bigcup_n T_n) = \bigcup_n \Phi^{-1}(T_n)\,,$$

$$\Phi^{-1}(\bigcap_n T_n) = \bigcap_n \Phi^{-1}(T_n), \qquad \Phi^{-1}(T_1 \setminus T_2) = \Phi^{-1}(T_1) \setminus \Phi^{-1}(T_2)\,.$$

Sei $\mathfrak{M}$ eine gewisse Klasse von Mengen $X \subset X_0$ und $\mathfrak{N}$ eine gewisse Klasse von Mengen $T \subset T_0$. Die Abbildung (1) heißt $(\mathfrak{M}, \mathfrak{N})$-*meßbar* (die Reihenfolge der Buchstaben $\mathfrak{M}$ und $\mathfrak{N}$ ist hier wesentlich), wenn das Urbild jeder Menge T aus der Klasse $\mathfrak{N}$ zur Klasse $\mathfrak{M}$ gehört, d. h. für jedes $T \in \mathfrak{N}$ gilt $\Phi^{-1}(T) \in \mathfrak{M}$ (vgl. (2) und Abb. 208).

Beispiel 1. Sei durch

$$t = f(x) \tag{1'}$$

eine reellwertige Funktion f auf der Menge X_0 definiert, und sei $\mathfrak{M}$ ein σ-Ring von Mengen $X \subset X_0$ sowie $\mathfrak{N}$ der Ring aller Borel-Mengen T der Zahlengeraden. Hier ist die $(\mathfrak{M}, \mathfrak{N})$-Meßbarkeit der Abbildung (1′) identisch mit der $\mathfrak{M}$-Meßbarkeit der Funktion (1′) auf X_0. Betrachten wir nämlich Mengen der Form (2), die hier die Gestalt $X = \{x\colon x \in X_0,\ f(x) \in T\}$ besitzen, für jede beliebige Borel-Menge T der Zahlengeraden, so ist die Bedingung $X \in \mathfrak{M}$ notwendig und hinreichend sowohl für die $(\mathfrak{M}, \mathfrak{N})$-Meßbarkeit der Abbildung als auch für die $\mathfrak{M}$-Meßbarkeit der Funktion.

Beispiel 2. Durch (1) sei eine Abbildung eines metrischen Raumes X_0 in einen metrischen Raum T_0 gegeben, und es seien $\mathfrak{M}$ sowie $\mathfrak{N}$ die zugehörigen Klassen aller offenen Mengen. Hier bedeutet die $(\mathfrak{M}, \mathfrak{N})$-Meßbarkeit der Abbildung (1) gerade deren Stetigkeit[1]). Wir zeigen zunächst, daß aus der $(\mathfrak{M}, \mathfrak{N})$-Meßbarkeit der Abbildung (1) deren Stetigkeit folgt. Wir betrachten dazu einen beliebigen Punkt $x_0 \in X_0$. Das zugehörige Bild $t_0 = \Phi(x) \in T_0$ schließen wir in eine beliebige ε-Umgebung T ein. Diese Umgebung ist eine offene Menge. Wegen der $(\mathfrak{M}, \mathfrak{N})$-Meßbarkeit der Abbildung (1) ist auch ihr Urbild X eine offene Menge, die offensichtlich den Punkt x_0 enthält

1) Es sei daran erinnert, daß die Abbildung (1) des metrischen Raumes X_0 in den metrischen Raum T_0 *stetig* im Punkt x_0 heißt, wenn zu jedem $\varepsilon > 0$ ein $\delta > 0$ existiert, so daß aus $\varrho(x, x_0) < \delta$ stets $\varrho(t, t_0) < \varepsilon$ mit $t_0 = \Phi(x_0)$ folgt.

(vgl. Abb. 210). Es existiert dann eine δ-Umgebung von x_0, die ganz in X enthalten ist. Gehört nun ein Punkt x zu dieser Umgebung, so gehört sein Bild $t=\Phi(x)$ notwendig zur Menge T, d. h. zur vorgegebenen ε-Umgebung des Punktes t_0. D. h., die Abbildung (1) ist stetig im Punkt x_0.

Sei umgekehrt die Abbildung (1) überall auf X_0 stetig. Wir betrachten eine beliebige offene Menge $T\subset T_0$ und ihr Urbild X. Es ist zu zeigen, daß X eine offene Menge ist. Im Fall $X=\emptyset$ ist der Beweis beendet. Sei also $X\neq\emptyset$. Wir betrachten einen beliebigen Punkt $x_0\in X$ und den zugehörigen Bildpunkt $t_0=\Phi(x_0)\in T$ (vgl. Abb. 211). Da T eine

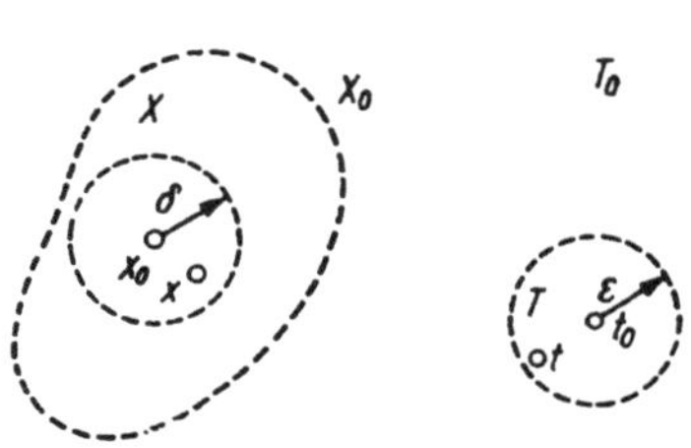

Abb. 210

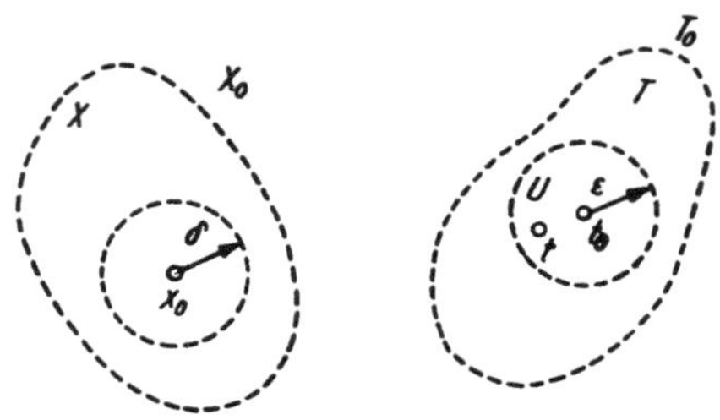

Abb. 211

offene Menge ist, gibt es eine in T enthaltene ε-Umgebung U des Punktes t_0. Wegen der Stetigkeit der Abbildung (1) in x_0 existiert um diesen Punkt eine solche δ-Umgebung, daß für das Bild eines jeden Punktes x dieser Umgebung $t=\Phi(x)\in U\subset T$ gilt. Folglich ist diese δ-Umgebung von x_0 ganz in X enthalten. X ist also eine offene Menge ●

Wir geben einige Eigenschaften meßbarer Abbildungen an:

Aussage 1. *Sei $\mathfrak{M}\subset\mathfrak{M}'$ und $\mathfrak{N}'\subset\mathfrak{N}$. Dann folgt aus der $(\mathfrak{M}, \mathfrak{N})$-Meßbarkeit der Abbildung* (1) *deren $(\mathfrak{M}', \mathfrak{N}')$-Meßbarkeit.*

Beweis: Die Aussage folgt unmittelbar aus der Definition der Meßbarkeit einer Abbildung ●

Aussage 2. *Sei* (1) *eine beliebige Abbildung von X_0 in T_0; $\mathfrak{M}$ eine beliebige Klasse von Mengen $X\subset X_0$ und $\mathfrak{N}$ die Klasse aller derjenigen Mengen $T\subset T_0$, deren Urbilder zu $\mathfrak{M}$ gehören. Dann ist die Abbildung* (1) *$(\mathfrak{M}, \mathfrak{N})$-meßbar, und es gilt:*

(i) *Ist $\mathfrak{M}$ ein Ring, dann auch $\mathfrak{N}$.*

(ii) *Ist $\mathfrak{M}$ ein σ-Ring (δ-Ring), dann ist auch $\mathfrak{N}$ ein σ-Ring (δ-Ring).*

(iii) *Aus $X_0\in\mathfrak{M}$ folgt $T_0\in\mathfrak{N}$. (Ist $\mathfrak{M}$ eine Algebra mit der Einheit X_0, so ist $\mathfrak{N}$ folglich eine Algebra mit der Einheit T_0.)*

Beweis: Die $(\mathfrak{M}, \mathfrak{N})$-Meßbarkeit der Abbildung (1) folgt wieder unmittelbar aus der Definition.

(i) Wenn für ein endliches System $T_1, T_2, \ldots$ die auf den rechten Seiten von (3) stehenden Mengen zu $\mathfrak{M}$ gehören, dann gehören auch die auf den linken Seiten stehenden Mengen zu $\mathfrak{M}$, da $\mathfrak{M}$ ein Ring ist. Gehören also die Mengen $T_1, T_2, \ldots$ zu $\mathfrak{N}$, so gehören entsprechend der Definition der Klasse $\mathfrak{N}$ auch deren endliche Vereinigungen, Durchschnitte und Differenzen zu $\mathfrak{N}$, d. h., $\mathfrak{N}$ ist ein Ring.

Die Behauptung (ii) folgt analog aus (3) für abzählbare Systeme $T_1, T_2, \ldots$ (iii) ergibt sich schließlich aus der Gleichung $X_0=\Phi^{-1}(T_0)$ ●

Aussage 3. *Es sei*

(i) $\mathfrak{M}$ *ein σ-Ring von Mengen* $X \subset X_0$,

(ii) $\mathfrak{N}$ *die Klasse aller Borel-Mengen des n-dimensionalen Euklidischen Raumes* T_0,

(iii) *durch* (1) *eine* $(\mathfrak{M}, \mathfrak{N})$*-meßbare Abbildung von* X_0 *in* T_0 *gegeben und*

(iv) φ *eine reellwertige Borel-meßbare Funktion auf* $E' \subset T_0$.

Dann ist die zusammengesetzte Funktion $\varphi(\Phi)$ $\mathfrak{M}$*-meßbar auf ihrem Definitionsbereich* E.

Diese Aussage stellt eine Verallgemeinerung des bekannten Satzes über die Meßbarkeit der zusammengesetzten Funktion $\varphi(f)$ für den Fall einer Borel-meßbaren Funktion φ und einer reellwertigen Funktion f dar.

Beweis: Wegen der Borel-Meßbarkeit der Funktion φ ist die Menge

$$T = \{t: t \in E', \varphi(t) < c\}$$

für beliebiges c eine Borel-Menge. Auf Grund der $(\mathfrak{M}, \mathfrak{N})$-Meßbarkeit der Abbildung (1) ist

$$X = \{x: x \in X_0, \Phi(x) \in T\} \in \mathfrak{M} .$$

Dann gilt, wie man leicht nachprüft,

$$\{x: x \in E, \varphi(\Phi(x)) < c\} = \{x: x \in X_0, \varphi(\Phi(x)) < c\} = X \in \mathfrak{M} ,$$

d. h., $\varphi(\Phi)$ ist $\mathfrak{M}$-meßbar auf E ●

Bemerkung. Man kann diesen Sachverhalt natürlich auch für Borel-meßbare Funktionen über einem beliebigen metrischen Raum T_0 darstellen und so die Aussage 3 verallgemeinern.

10.2. Transformation von Maßen mittels meßbarer Abbildungen

Satz. *Sei durch*

$$t = \Phi(x) \tag{1}$$

eine $(\mathfrak{M}, \mathfrak{N})$*-meßbare Abbildung von* X_0 *in* T_0 *gegeben, und seien* $\mathfrak{M}$ *bzw.* $\mathfrak{N}$ *gewisse Ringe von Teilmengen der Mengen* X_0 *bzw.* T_0. *Ferner sei auf* $\mathfrak{M}$ *ein Maß* μ *definiert. Dann ist die Funktion* ν, *die für jedes* $T \in \mathfrak{N}$ *durch die Gleichung*

$$\nu(T) = \mu(X) \tag{2}$$

mit $X = \Phi^{-1}(T)$ *definiert ist, ein Maß*[1]), *und es gilt:*

(i) *Ist das Maß* μ *σ-additiv, so ist auch* ν *σ-additiv.*

(ii) *Ist das Maß* μ *σ-additiv (insbesondere ein Lusin-Maß) und zusätzlich* $\mathfrak{N}$ *ein δ-Ring, dann ist* ν *ein Lusin-Maß.*

(iii) *Aus* $T_0 \in \mathfrak{N}$ *folgt* $X_0 \in \mathfrak{M}$. *(Anders ausgedrückt: Ist* $\mathfrak{N}$ *eine Algebra mit der Einheit* T_0, *so ist* $\mathfrak{M}$ *eine Algebra mit der Einheit* X_0.)

Beweis: Wegen (2) gilt zunächst $\nu(T) \geqq 0$. Es bleibt die endliche Additivität der Funktion ν zu zeigen. Sei durch

$$T = \bigcup_n T_n \tag{3}$$

---

[1]) Das Maß μ induziert also auf dem Ring $\mathfrak{N}$ ein Maß ν.

mit $T_n \in \mathfrak{N}$ $(n=1, 2, \ldots)$ eine endliche Zerlegung der Menge $T \in \mathfrak{N}$ gegeben. Für das Urbild $X = \Phi^{-1}(T)$ erhalten wir mit $X_n = \Phi^{-1}(T_n)$ $(n=1, 2, \ldots)$ eine Zerlegung der Gestalt

$$X = \bigcup_n X_n\,, \tag{4}$$

wobei $X \in \mathfrak{M}$ und $X_n \in \mathfrak{M}$ gilt. Da μ ein Maß ist, ergibt sich

$$\mu(X) = \sum_n \mu(X_n)\,, \tag{5}$$

woraus wegen (3) und (2)

$$\nu(T) = \sum_n \nu(T_n) \tag{6}$$

folgt, d. h., ν ist additiv.

Zum Beweis von Aussage (i) betrachten wir eine abzählbare Zerlegung der Form (3). Dann ist auch die zugehörige Zerlegung (4) abzählbar. Daraus folgen wiederum (5) und (6), d. h., ν ist σ-additiv. (ii) gilt, da wegen (i) ν σ-additiv und nach Voraussetzung auf einem δ-Ring definiert ist (vgl. 2.9). Die Richtigkeit von (iii) ergibt sich aus der Gleichung $X_0 = \Phi^{-1}(T_0)$ ●

Bemerkung 1. Neben der im Satz angegebenen Aussage (ii) gilt auch folgendes: Ist das Maß μ σ-additiv und $\mathfrak{N}$ ein σ-Ring, so ist ν ein Borel-Maß.

Bemerkung 2. Wenn wir unter den Voraussetzungen des Satzes eine Menge $T_0' \supset T_0$, $T_0' \neq T_0$ betrachten, so ist (1) eine $(\mathfrak{M}, \mathfrak{N})$-meßbare Abbildung nicht nur von X_0 in T_0 sondern auch von X_0 in T_0' (die zum Ring $\mathfrak{N}$ gehörenden Mengen sind ja als Teilmengen von T_0 auch Teilmengen von T_0'). Eine Erweiterung von T_0 um neue Elemente beeinflußt also die $(\mathfrak{M}, \mathfrak{N})$-Meßbarkeit der Abbildung (1) nicht. Daraus können wir folgern:

1) Im allgemeinen Fall gehört die im Satz auftretende Menge T_0 nicht zu $\mathfrak{N}$ und kann auch nicht mittels irgendwelcher Operationen aus Mengen des Ringes $\mathfrak{N}$ erhalten werden; allgemein gilt also $T_0 \notin \sigma(\mathfrak{N})$.
2) Im allgemeinen Fall beeinflussen die Eigenschaften der Menge X_0 die Eigenschaften der Menge T_0 nicht.

Hieraus ergibt sich weiterhin, daß in (iii) ohne bestimmte zusätzliche Voraussetzungen keine Vertauschung von X_0 und T_0 vorgenommen werden darf (dies widerspricht aber nicht der Aussage 2 (iii) in 10.1.).

10.3. Transformationssätze für Integrale. Beziehungen zwischen dem abstrakten Integral und dem linearen Lebesgue-Stieltjes-Integral

Satz 1. *Es sei*

(i) *μ ein auf einem δ-Ring $\mathfrak{M}$ von Teilmengen einer Menge X_0 definiertes Lusin-Maß;*
(ii) *$\mathfrak{N}$ ein δ-Ring von Teilmengen einer Menge T_0;*
(iii) *Φ eine $(\mathfrak{M}, \mathfrak{N})$-meßbare Abbildung von X_0 in T_0;*
(iv) *$\nu(T) = \mu(X)$ mit $T \in \mathfrak{N}$ und*

$$X = \{x\colon x \in X_0,\ \Phi(x) \in T\} \tag{1}$$

(d. h. *$\nu(T) = \mu(\Phi^{-1}(T))$ für alle $T \in \mathfrak{N}$*);
(v) *F eine reellwertige ν-meßbare Funktion auf T_0.*

Dann gilt

$$\int_{X_0} F(\Phi(x))\,\mathrm{d}\mu = \int_{T_0} F(t)\,\mathrm{d}\nu\,, \tag{2}$$

wobei aus der Existenz eines der beiden Integrale jeweils die Existenz des anderen folgt.

Beweis: Ohne Beschränkung der Allgemeinheit sei $F(t)\geqq 0$. Gemäß Forderung (ii) des Satzes in 10.2 ist ν ein LUSIN-Maß. Wegen der ν-Meßbarkeit der Funktion F auf T_0 ist die Menge T_0 ν-meßbar.

Weiterhin existiert eine Folge von auf T_0 ν-meßbaren Treppenfunktionen F_n mit $F_n(t)\uparrow F(t)$, $F_n(t)\geqq 0$ $(n=1, 2, \ldots)$. D. h., für jedes feste n gibt es eine endliche oder abzählbare Zerlegung der Gestalt

$$T_0 = \bigcup_k T_k$$

mit $T_k\in\mathfrak{N}$ und $F_n(t)=y_k$ für alle $t\in T_k$ $(k=1, 2, \ldots)$. Die Urbilder

$$X_k = \{x\colon \Phi(x)\in T_k\} \tag{3}$$

liefern eine Zerlegung von X_0 der Gestalt

$$X_0 = \bigcup_k X_k$$

mit $X_k\in\mathfrak{M}$ $(k=1, 2, \ldots)$. Die Menge X_0 ist somit μ-meßbar. Für $x\in X_k$ ist wegen (3) $\Phi(x)\in T_k$ und folglich $F_n(\Phi(x))=y_k$. $F_n(\Phi(x))$ stellt also eine auf X_0 μ-meßbare Treppenfunktion dar, die auf den Mengen X_k $(k=1, 2, \ldots)$ die Funktionswerte y_k annimmt.

Es existiere jetzt das Integral der linken Seite in (2). Dann ist wegen der Ungleichung

$$0\leqq F_n(\Phi(x))\leqq F(\Phi(x))$$

jede der Funktionen $F_n(\Phi(x))$ auf X_0 μ-integrierbar, und nach den Eigenschaften von Treppenfunktionen gilt (unter Ausnutzung von (iv))

$$\int_{X_0} F_n(\Phi(x))\,\mathrm{d}\mu = \sum_k y_k\mu(X_k) = \sum_k y_k\nu(T_k) = \int_{T_0} F_n(t)\,\mathrm{d}\nu\,. \tag{4}$$

Also existiert jedes der Integrale $\int_{T_0} F_n\mathrm{d}\nu$. Da nach Voraussetzung $F_n(t)\uparrow F(t)$ für $n\to\infty$ ist, gilt auch $F_n(\Phi(x))\uparrow F(\Phi(x))$. Nach den Eigenschaften monotoner Funktionenfolgen erhalten wir aus (4) durch Grenzübergang die Behauptung (2).

Existiert dagegen das Integral auf der rechten Seite in (2), so folgern wir aus der Ungleichung $0\leqq F_n(t)\leqq F(t)$ die ν-Integrierbarkeit jeder Funktion $F_n(t)$ auf T_0 und erhalten aus den Eigenschaften von Treppenfunktionen wieder (4), nur in entgegengesetzter Reihenfolge gelesen. Wie oben ergibt sich daraus die Behauptung (2) durch Grenzübergang ●

Aus Satz 1 folgt sofort

Satz 1′. *Es seien*

(i) *μ ein σ-additives Maß auf einer σ-Algebra $\mathfrak{M}$ mit der Einheit X_0;*
(ii) *$\mathfrak{N}$ eine σ-Algebra mit der Einheit T_0;*
(iii) *Φ eine $(\mathfrak{M}, \mathfrak{N})$-meßbare Abbildung von X_0 in T_0;*
(iv) *und* (v) *wie in Satz* 1.

Dann gilt

$$\int_{X_0} F(\Phi(x))\, d\mu = \int_{T_0} F(t)\, d\nu ,$$

wobei aus der Existenz eines der beiden Integrale jeweils die Existenz des anderen folgt.

Wichtig ist die nachstehende

Folgerung. *Wir betrachten auf einer bez. μ endlichen Menge X_0 die durch*

$$t = f(x) \tag{5}$$

gegebene μ-meßbare Funktion. $\mathfrak{M}$ sei die σ-Algebra aller μ-meßbaren Teilmengen von X_0[1]) *und $\mathfrak{N}$ die σ-Algebra aller Borel-Mengen der Zahlengeraden T_0. Dann stellt die Funktion* (5) *eine $(\mathfrak{M}, \mathfrak{N})$-meßbare Abbildung von X_0 in T_0 dar, vgl. Beispiel* 1 *in* 10.1. *Weiter setzen wir $\nu(T) = \mu(X)$* für alle *$T \in \mathfrak{N}$, wobei $X = \{x\colon x \in X_0, f(x) \in T\} = f^{-1}(T)$ gilt, und $F(t) = t$ für alle $t \in T_0$ (diese Funktion ist Borel-meßbar und somit auch ν-meßbar auf $T_0 = (-\infty, \infty)$). Nach Satz* 1′ *ist hier*

$$\int_{X_0} f(x)\, d\mu = \int_{T_0} t\, d\nu , \tag{6}$$

wobei aus der Existenz des einen Integrals jeweils die Existenz des anderen folgt.

Das Maß ν kann nun als ein LEBESGUE-STIELTJES-Maß aufgefaßt werden (ggf. betrachtet man dessen LEBESGUEsche Fortsetzung). Es sei $\varphi(t) = \nu(-\infty, t)$ die Verteilungsfunktion von ν. Da φ eine erzeugende Funktion für das Maß ν ist, können wir (6) in der Form

$$\int_{X_0} f(x)\, d\mu = \int_{-\infty}^{\infty} t\, d\varphi(t) \tag{6'}$$

schreiben. Damit liegt eine Beziehung zwischen dem abstrakten Integral bez. eines beliebigen BOREL-Maßes μ und dem linearen LEBESGUE-STIELTJES-Integral (bzw. sogar dem RIEMANN-STIELTJES-Integral, da die Funktion $F(t) = t$ ($t \in T_0$) überall stetig ist) vor.

Bemerkung. Nach Definition gilt

$$\nu(-\infty, t) = \mu\,\{x\colon x \in X_0, f(x) \in (-\infty, t)\} = \mu\,\{x\colon x \in X_0, f(x) < t\}$$

(vgl. Abb. 212). Daraus liest man ab, daß die Voraussetzung der Endlichkeit von X_0 bez. μ wesentlich ist. Nimmt man nämlich speziell für μ das lineare LEBESGUE-Maß und setzt $X_0 = [1, \infty)$ sowie $f(x) = \frac{1}{x^2}$, dann existiert das Integral auf der linken Seite von (6′). Dagegen ist $\varphi(t) = \nu(-\infty, t) = \infty$ für alle $t > 0$ (vgl. Abb. 213), d. h., die rechte Seite von (6′) verliert ihren Sinn.

Eine weitere Variante von Satz 1 erhalten wir, wenn X_0 wieder eine bez. μ endliche Menge ist und der in Voraussetzung (ii) auftretende Ring $\mathfrak{N}$ nun aus allen Teilmengen von T_0 besteht, deren Urbilder (1) bez. der Funktion Φ zu $\mathfrak{M}$ gehören (vgl. Aussage 2 in 10.1). Die Voraussetzung (v) der ν-Meßbarkeit der Funktion F kann dann entfallen. Sie ergibt sich nämlich auf folgende Weise:

Wenn in (2) das Integral auf der rechten Seite existiert, so ist die Funktion F wegen ihrer ν-Integrierbarkeit auch ν-meßbar. Wenn dagegen das Integral auf der linken

[1]) Alle Mengen des Ringes $\mathfrak{M}$ sind also bez. des Maßes μ endlich.

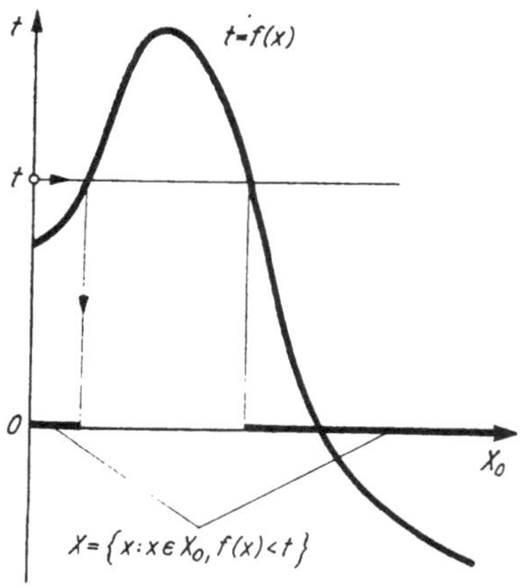

Abb. 212

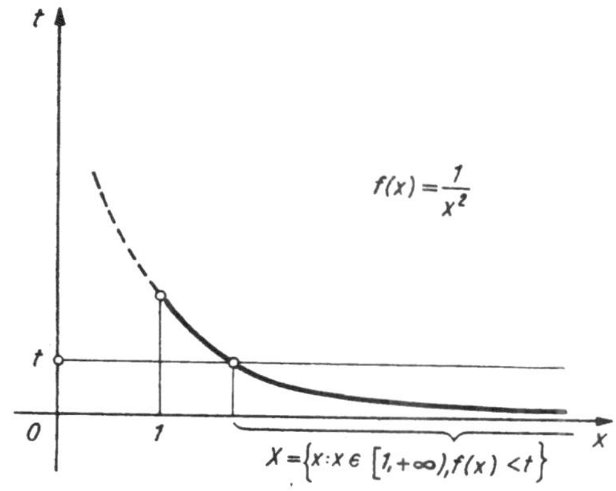

Abb. 213

Seite existiert, so ist zunächst die Funktion $F(\Phi(x))$ μ-meßbar auf X_0, d. h., für jedes c gilt $X=\{x\colon x\in X_0,\ F(\Phi(x))<c\}\in\mathfrak{M}$. Für die Menge $T=\{t\colon t\in T_0,\ F(t)<c\}$ gilt $\Phi^{-1}(T)=$ $=\{x\colon x\in X_0,\ \Phi(x)\in T\}=X$ und folglich (entsprechend der Definition des Ringes $\mathfrak{N}$) $T\in\mathfrak{N}$. F ist also $\mathfrak{N}$-meßbar und damit ν-meßbar.

Die Forderung der Endlichkeit von X_0 bez. μ ist dabei wesentlich. Wählt man nämlich speziell für μ das lineare LEBESGUE-Maß, für $\mathfrak{M}$ den Ring aller bez. μ endlichen Teilmengen von $X_0=(-\infty,\infty)$ und setzt $\Phi(x)=0$ für alle $x\in X_0$, dann bildet die Funktion

$$t=\Phi(x)$$

den ganzen Raum X_0 auf die einelementige Menge $T_0=\{0\}$ ab (vgl. Abb. 214). Diese Menge hat nur zwei Teilmengen, nämlich T_0 und $\emptyset$, wobei

$$\{x\colon x\in X_0,\ \Phi(x)\in T_0\}=X_0$$

und

$$\{x\colon x\in X_0,\ \Phi(x)\in\emptyset\}=\emptyset$$

gilt. Wegen $X_0\notin\mathfrak{M}$ ist dann $T=\emptyset$ die einzige Menge, deren Urbild X zu $\mathfrak{M}$ gehört. Der Ring $\mathfrak{N}$ besteht also nur aus der leeren Menge $\emptyset$, und die Mengenfunktion ν ist nur auf dieser einen Menge mit $\nu(\emptyset)=\mu(\emptyset)=0$ definiert. Da $T_0\neq\emptyset$ ist, gibt es also keine Funktion F auf T_0, die ν-meßbar oder gar ν-integrierbar auf T_0 ist. Dagegen existiert für die auf T_0 durch $F(0)=0$ definierte Funktion das Integral auf der linken Seite der Gleichung (2), und es gilt

$$\int_{X_0} F(\Phi(x))\,\mathrm{d}\mu=\int_{X_0} 0\,\mathrm{d}\mu=0\,.$$

Die Voraussetzung der Endlichkeit von X_0 bez. μ ist also wesentlich.

Die voranstehenden Ausführungen machen außerdem deutlich, daß die Voraussetzung der ν-Meßbarkeit für die Funktion F im Satz 1 wesentlich ist und nicht ohne geeigneten Ausgleich fallengelassen werden darf.

Wir wollen nun voraussetzen, daß sich das Maß ν in Satz 1 für alle $T\in\mathfrak{N}$ in der Form

$$\nu(T)=\int_T \Theta(t)\,\mathrm{d}\lambda \tag{7}$$

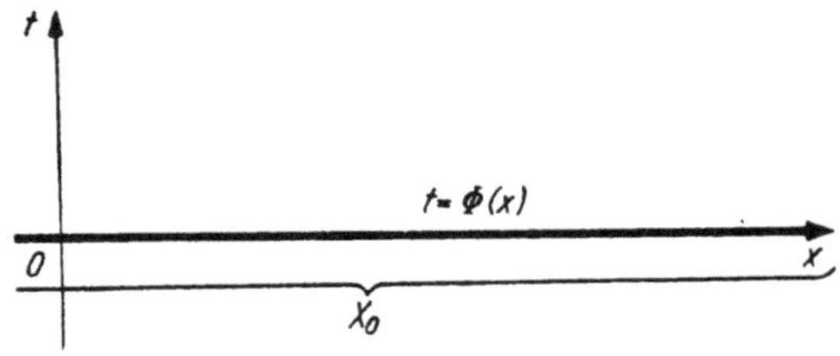

Abb. 214

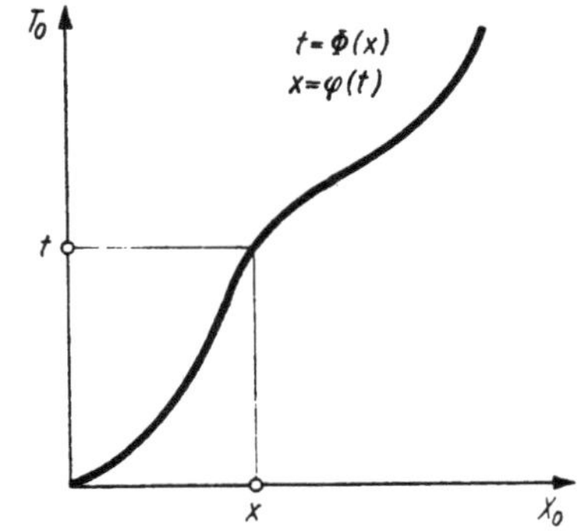

Abb. 215

darstellen läßt, wobei Θ eine Funktion auf T_0 mit $\Theta(t) \geqq 0$ für alle $t \in T_0$ und λ irgendein (neues) LUSIN-Maß sei. Dann ergibt sich mit Hilfe von Aussage 2 in 7.6 als Folgerung aus Satz 1 der

Satz 2. *Es seien die Voraussetzungen des Satzes* 1 *erfüllt, und für das Maß* ν *gelte die Beziehung* (7). *Dann gilt* (*zusätzlich zu Gleichung* (2))

$$\int_{X_0} F(\Phi(x))\, d\mu = \int_{T_0} F(t)\, \Theta(t)\, d\lambda\,, \tag{8}$$

wobei aus der Existenz eines der beiden Integrale jeweils die Existenz des anderen folgt.

Abschließend sei vorausgesetzt, daß durch

$$t = \Phi(x) \tag{9}$$

eine eineindeutige Abbildung der Menge X_0 auf die gesamte Menge T_0 gegeben sei. Die dann gleichfalls eineindeutige Umkehrabbildung von T_0 auf X_0 werde mit φ bezeichnet:

$$x = \varphi(t) \tag{9'}$$

(vgl. Abb. 215).

Satz 3. *Es seien die Voraussetzungen* (i)–(iv) *des Satzes* 1 *sowie die folgenden zusätzlichen Voraussetzungen erfüllt:*

(v) *durch* (9) *ist eine eineindeutige Abbildung von* X_0 *auf* T_0 *gegeben;*

(vi) f *ist eine reellwertige Funktion auf* X_0;

(vii) $f(\varphi)$ *ist eine* ν*-meßbare Funktion auf* T_0, *wobei* φ *gemäß* (9') *die zu* (9) *gehörende Umkehrabbildung ist.*

Dann gilt

$$\int_{X_0} f(x)\, d\mu = \int_{T_0} f(\varphi(t))\, d\nu\,, \tag{10}$$

wobei aus der Existenz eines der beiden Integrale jeweils die Existenz des anderen folgt.

Beweis: Es gilt

$$f(\varphi(\Phi(x))) = f(x)\,.$$

Mit $F(t) = f(\varphi(t))$ sind alle Voraussetzungen von Satz 1 erfüllt und die Behauptung ergibt sich aus der Gleichung (2) ●

Satz 4. *Es seien die Voraussetzungen des Satzes 3 erfüllt, und für das Maß ν gelte die Beziehung* (7). *Dann gilt (zusätzlich zu Gleichung* (10))

$$\int_{X_0} f(x)\,\mathrm{d}\mu = \int_{T_0} f(\varphi(t))\,\Theta(t)\,\mathrm{d}\lambda\,, \tag{11}$$

wobei aus der Existenz des einen Integrals jeweils die Existenz des anderen folgt.

Beweis: Dieser Satz ist eine Folgerung aus Satz 3 und der Aussage 2 in 7.6 ●
Die Formel (11) erinnert stark an die Formel zur Variablensubstitution beim gewöhnlichen Integral, besonders wenn man formal

$$\mathrm{d}\mu = \mathrm{d}\nu = \Theta(t)\,\mathrm{d}\lambda$$

setzt, vgl. (7) und Voraussetzung (iv) in Satz 1.

11. Mengenfunktionen auf σ-Ringen

11.1. Auf Teilmengen konzentrierte Mengenfunktionen. Eigenschaften von Maßen auf σ-Ringen

Es sei F eine Mengenfunktion, die auf einer Klasse $\mathcal{H}$ von Teilmengen einer Menge X_0 definiert ist. Die Funktion F heißt *auf der Menge* $A \subset X_0$ *konzentriert*, wenn $F(X) = 0$ für alle $X \subset X_0 \setminus A$, $X \in \mathcal{H}$, gilt (vgl. Abb. 216).

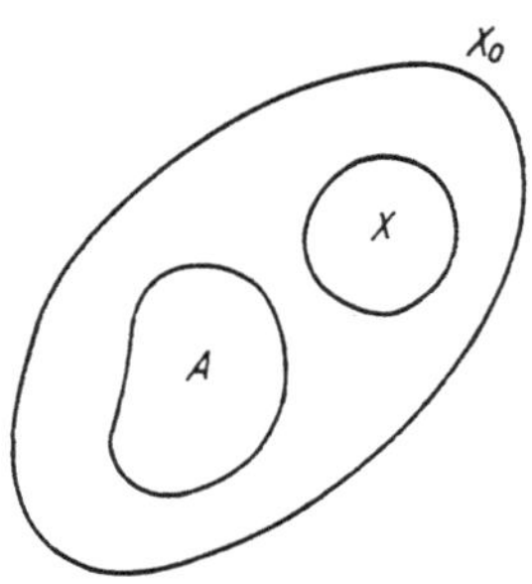

Abb. 216

Beispiel. Sei f eine auf der ganzen Zahlengeraden LEBESGUE-integrierbare Funktion mit $f(x) = 0$ für $x \notin [0, 1]$. Die durch das LEBESGUE-Integral

$$F(X) = \int_X f(x)\,\mathrm{d}x$$

erklärte Mengenfunktion F ist auf dem σ-Ring $\mathcal{H}$ aller LEBESGUE-meßbaren Mengen der Zahlengeraden definiert und auf der Menge $A = [0, 1]$ konzentriert.

Satz. *Es sei μ ein auf einem σ-Ring $\mathcal{H}$ von Teilmengen einer Menge X_0 definiertes Maß. Dann gilt:*

(i) *Das Maß μ ist auf einer Menge des Ringes $\mathcal{H}$ konzentriert.*

(ii) *Das Maß μ nimmt auf dem Ring $\mathcal{H}$ einen größten Wert an*[1]).

Beweis: (i) Sei

$$\alpha = \sup \{\mu(X) : X \in \mathcal{H}\} . \tag{1}$$

Dann gibt es eine Folge $X_n \in \mathcal{H}$ $(n = 1, 2, \ldots)$ mit $\mu(X_n) \to \alpha$. Wir setzen $A = \bigcup_n X_n$. Da $\mathcal{H}$ ein σ-Ring ist, gilt $A \in \mathcal{H}$ und nach (1)

$$\alpha \geqq \mu(A) \geqq \mu(X_n) \to \alpha ,$$

[1]) μ besetzt auf $\mathcal{H}$ natürlich auch einen kleinsten Wert, nämlich 0 wegen $\mu(\emptyset) = 0$.

also

$$\alpha = \mu(A) .$$

Sei nun $X \subset X_0 \backslash A$ und $X \in \mathcal{H}$ (X_0 ist nach Definition derjenige Raum, aus dem die Mengen des Ringes $\mathcal{H}$ stammen). Dann ist $A \cap X = \emptyset$ (vgl. Abb. 216) und somit

$$\mu(A \cup X) = \mu(A) + \mu(X) = \alpha + \mu(X) .$$

Wegen (1) muß dann $\mu(X) = 0$ sein, d. h., das Maß μ ist auf der Menge $A \in \mathcal{H}$ konzentriert.

Die Aussage (ii) folgt aus (1) und (2) ●

Bemerkung 1. In dem Satz wird nicht vorausgesetzt, daß das Maß μ σ-additiv ist.

Bemerkung 2. Für die Aussage des Satzes ist wesentlich, daß μ auf einem σ-Ring definiert ist. Sei z. B. X_0 die Zahlengerade, $\mathcal{H}$ der Ring (nicht σ-Ring!) aller endlichen Teilmengen von X_0 und $\mu(X)$ gleich der Anzahl der Elemente von $X \in \mathcal{H}$. In diesem Fall ist das Maß μ nicht nur additiv, sondern sogar ein σ-additives BOREL-Maß. Offenbar gibt es aber keine Menge aus $\mathcal{H}$, auf der das Maß μ konzentriert wäre (darüber hinaus auch nicht aus der Klasse $\sigma(\mathcal{H})$ aller μ-meßbaren Mengen, die hier aus allen höchstens abzählbaren Mengen der Zahlengeraden besteht); unter den Werten von μ gibt es keinen größten, und überdies ist μ nicht einmal nach oben beschränkt.

11.2. Signierte Maße

Es seien μ und ν zwei Maße, die auf den Klassen $\mathcal{M}$ bzw. $\mathcal{N}$ von Teilmengen einer Menge X_0 definiert sind ($\mathcal{M} = \mathcal{N}$ ist zugelassen). Im Falle $\mathcal{H} = \mathcal{M} \cap \mathcal{N} \neq \emptyset$ heißt die durch

$$\xi(X) = \mu(X) - \nu(X) \tag{1}$$

für alle $X \in \mathcal{H}$ definierte Mengenfunktion ein *signiertes Maß* (oder auch eine *Ladungsverteilung*). Das gewöhnliche (d. h. das bisher stets betrachtete nichtnegative) Maß ist ein Spezialfall des signierten Maßes, nämlich für den Fall $\mathcal{M} = \mathcal{N}$ und $\nu(X) = 0$ für alle $X \in \mathcal{M}$. Dann lautet die Gleichung (1)

$$\xi(X) = \mu(X)$$

überall auf $\mathcal{M}$. Im allgemeinen kann ein signiertes Maß offensichtlich sowohl positive als auch negative Werte annehmen.

Für das Weitere besonders wichtig ist folgendes

Beispiel. Es sei μ ein LUSIN-Maß und f eine reellwertige Funktion auf E sowie

$$F(X) = \int_X f(x) \, \mathrm{d}\mu . \tag{2}$$

Die damit auf der Klasse $\mathcal{H}$ aller derjenigen Mengen $X \subset E$, für die das Integral (2) existiert, definierte Funktion F ist ein signiertes Maß.

Das ergibt sich aus der Tatsache, daß die Klasse $\mathcal{H}$ identisch mit der Klasse aller Mengen $X \subset E$ ist, für die das Integral

$$\int_X |f(x)| \, \mathrm{d}\mu$$

existiert. Folglich gilt für jedes $X \in \mathcal{H}$

$$F(X) = \int_X (f(x) + |f(x)|)\,\mathrm{d}\mu - \int_X |f(x)|\,\mathrm{d}\mu\,.$$

$F(X)$ ist damit die Differenz zweier Integrale nichtnegativer Funktionen mithin die Differenz zweier Maße (die sogar BOREL-Maße sind, vgl. Satz 3 in 7.5)[1]).

Ist f insbesondere μ-integrierbar auf E, so ist $\mathcal{H}$ identisch mit der Klasse aller μ-meßbaren Mengen $X \subset E$ und ist somit ein σ-Ring (bzw. sogar eine σ-Algebra). Die Mengenfunktion in (2) ist dann ein auf einem σ-Ring definiertes signiertes Maß. Wir wenden uns nun wieder dem allgemeinen Fall (1) zu. Wenn $\mathcal{M}$ und $\mathcal{N}$ Ringe (bzw. σ-Ringe) sind, so ist auch die Klasse $\mathcal{H}$, auf der das signierte Maß (1) definiert ist, ein Ring (bzw. σ-Ring). In diesem Falle kann man offenbar speziell annehmen, daß die Maße μ und ν sowie das signierte Maß ξ auf ein und demselben Ring $\mathcal{H}$ definiert sind.

Satz 1. *Das signierte Maß* (1) *sei auf einem σ-Ring $\mathcal{H}$ definiert. Dann ist es auf einer Menge dieses Ringes konzentriert.*

Beweis: Wie oben bereits erwähnt, kann man ohne Beschränkung der Allgemeinheit davon ausgehen, daß die Maße μ und ν auf dem Ring $\mathcal{H}$, also auf einem σ-Ring, definiert sind. Nach dem Satz in 11.1 sind die Maße μ und ν auf gewissen Mengen A und B des Ringes $\mathcal{H}$ konzentriert. Dann ist das signierte Maß (1) auf der Menge $A \cup B \in \mathcal{H}$ konzentriert, denn für jedes $X \subset X_0 \setminus (A \cup B)$, $X \in \mathcal{H}$, gilt $\mu(X) = \nu(X) = 0$ und folglich $\xi(X) = 0$ ●

Bemerkung. Hierbei wird nicht vorausgesetzt, daß das Maß (1) σ-additiv ist.

Satz 2. *Das signierte Maß* (1) *sei auf einem σ-Ring $\mathcal{H}$ definiert, die Maße μ und ν seien σ-additiv. Dann folgt aus*

$$\lim_{n\to\infty} X_n = X, \quad X_n \in \mathcal{H} \quad (n = 1, 2, \ldots)$$

die Beziehung

$$\lim_{n\to\infty} \xi(X_n) = \xi(X)\,. \tag{3}$$

Dies ist eine Verschärfung der Stetigkeitseigenschaft (*vgl.* 1.6.).

Beweis: Wegen Gleichung (1) kann man sich auf den Fall $\xi \geqq 0$ beschränken, d. h. auf gewöhnliche Maße. Nach Voraussetzung ist

$$X = \lim_{n\to\infty} X_n = \overline{\lim_{n\to\infty}}\, X_n = \underline{\lim_{n\to\infty}}\, X_n \in \mathcal{H}\,,$$

d. h.

$$X = \bigcap_{n=1}^{\infty} \bigcup_{k=n}^{\infty} X_k = \bigcup_{n=1}^{\infty} \bigcap_{k=n}^{\infty} X_k\,.$$

Weiter gilt

$$\bigcup_{k=n}^{\infty} X_k \downarrow X, \quad \bigcap_{k=n}^{\infty} X_k \uparrow X$$

[1]) Hierbei ist $\mathcal{H} = \mathcal{N} \subset \mathcal{M}$.

und entsprechend den Eigenschaften σ-additiver Maße

$$\xi(X) = \lim_{n\to\infty} \xi\left(\bigcup_{k=n}^{\infty} X_k\right) = \lim_{n\to\infty} \xi\left(\bigcap_{k=n}^{\infty} X_k\right).$$

Nun ist für beliebiges n

$$\bigcap_{k=n}^{\infty} X_k \subset X_n \subset \bigcup_{k=n}^{\infty} X_k$$

und

$$\xi\left(\bigcap_{k=n}^{\infty} X_k\right) \leqq \xi(X_n) \leqq \xi\left(\bigcup_{k=n}^{\infty} X_k\right),$$

woraus die Behauptung folgt ●

11.3. Variation einer Mengenfunktion

Sei F eine auf irgendeiner Klasse $\mathcal{H}$ von Teilmengen des Raumes X_0 definierte Mengenfunktion. Wir setzen hier und im folgenden $\emptyset \in \mathcal{H}$ und $F(\emptyset) = 0$ voraus. Dies ist stets erfüllt, wenn F additiv und $\mathcal{H}$ ein Ring oder Halbring ist (gerade diese Fälle werden uns später interessieren).

Wir betrachten irgendeine Menge $X \subset X_0$ (wobei hier nicht $X \in \mathcal{H}$ verlangt wird; der Fall $X = X_0$ ist nicht ausgeschlossen) und setzen

$$F^+(X) = \sup\{F(E) : E \subset X,\, E \in \mathcal{H}\}, \quad F^-(X) = \inf\{F(E) : E \subset X,\, E \in \mathcal{H}\}. \quad (1)$$

Der Wert $F^+(X)$ heißt *obere Variation der Mengenfunktion F auf der Menge X*, den Wert $F^-(X)$ nennen wir *untere Variation der Mengenfunktion F auf der Menge X*. Diese Werte können auch unendlich sein. Unter unseren Voraussetzungen ist stets

$$F^+(X) \geqq 0 \geqq F^-(X). \quad (2)$$

Wir definieren schließlich

$$V(X; F) = F^+(X) - F^-(X), \quad (3)$$

wobei im Fall $F^+(X) = \infty$ oder $F^-(X) = -\infty$ dann $V(X; F) = \infty$ gesetzt wird. Der Wert $V(X; F)$ heißt die *totale Variation* (oder auch *Totalvariation*) *der Mengenfunktion F auf der Menge X*. Aus der Endlichkeit von $V(X; F)$ folgt nach Definition die Endlichkeit von $F^+(X)$ und $F^-(X)$. Ist der Wert $V(X; F)$ endlich, so heißt F auch von *beschränkter Variation auf X*.

Beispiel. Sei f μ-integrierbar auf der Menge X; dann ist auf der σ-Algebra $\mathcal{H}$ aller μ-meßbaren Mengen $E \subset X$ durch

$$F(E) = \int_E f(x)\,d\mu \quad (4)$$

eine Mengenfunktion F definiert. Wir zeigen, daß F auf der Menge X von beschränkter Variation ist, und berechnen die Werte (1) und (3). Sei

$$P = \{x : x \in X,\, f(x) \geqq 0\} \quad \text{und} \quad Q = \{x : x \in X,\, f(x) < 0\}.$$

Dann gilt

$$F(E) = \int_{E \cap P} f(x)\,d\mu + \int_{E \cap Q} f(x)\,d\mu,$$

wobei das erste Integral stets nichtnegativ, das zweite nichtpositiv ist. Hieraus folgt

$$F^+(X) = F(P) = \int_P f(x)\mathrm{d}\mu$$

sowie

$$F^-(X) = F(Q) = \int_Q f(x)\mathrm{d}\mu$$

(vgl. (1)), und somit gilt

$$V(X;F) = \int_P f(x)\mathrm{d}\mu - \int_Q f(x)\mathrm{d}\mu = \int_P f(x)\mathrm{d}\mu + \int_Q [-f(x)]\mathrm{d}\mu = \int_X |f(x)|\,\mathrm{d}\mu\ ;$$

$V(X;F)$ ist also endlich, d. h., F ist auf X von beschränkter Variation.

Bemerkung 1. Neben den oben eingeführten Begriffen werden noch einige weitere Bezeichnungen verwendet. Man nennt
$P(X;F) = F^+(X)$ die *positive Variation der Mengenfunktion F auf der Menge X*;
$N(X;F) = -F^-(X)$ die *negative Variation der Mengenfunktion F auf der Menge X*[1].
Dabei gilt stets $P(X;F) \geqq 0$, $N(X;F) \geqq 0$ sowie

$$V(X;F) = P(X;F) + N(X;F)\ . \tag{3'}$$

Wenn keine Verwechslungsgefahr besteht, bezeichnet man die positive, negative und totale Variation kurz durch $P(X)$, $N(X)$ und $V(X)$.

Bemerkung 2. Sei auf der Klasse $\mathfrak{K}$ neben der Mengenfunktion F noch eine weitere Mengenfunktion G definiert. Dann gilt für jede Menge $E \subset X$, $E \in \mathfrak{K}$, wegen (1)

$$F(E) + G(E) \leqq P(X;F) + P(X;G)\ ,$$

woraus

$$P(X;F+G) \leqq P(X;F) + P(X;G) \tag{5}$$

folgt. Andererseits gilt (gleichfalls wegen (1))

$$F(E) + G(E) \geqq -N(X;F) - N(X;G)$$

und somit

$$-N(X;F+G) \geqq -N(X;F) - N(X;G)$$

bzw.

$$N(X;F+G) \leqq N(X;F) + N(X;G)\ . \tag{6}$$

Aus (5) und (6) folgt schließlich

$$V(X;F+G) \leqq V(X;F) + V(X;G)\ . \tag{7}$$

Mit anderen Worten: *Die positive, negative und totale Variation einer Summe von Mengenfunktionen ist jeweils nicht größer als die Summe der entsprechenden Variationen.*

---

[1] Entgegen der hier benutzten Terminologie ist es häufig üblich, den Begriff „untere Variation" gleichbedeutend mit „negativer Variation" für $N(X,F) = -F^-(X)$ zu verwenden (Anm. d. Hrsg.).

11.4. Beschränktheit von σ-additiven Mengenfunktionen auf σ-Ringen

Satz. *Sei F eine σ-additive Mengenfunktion, die auf einem σ-Ring $\mathcal{H}$ von Teilmengen einer Menge X_0 definiert ist. Dann gilt*

$$\sup \{|F(X)| : X \subset X_0, X \in \mathcal{H}\} < \infty . \tag{1}$$

Beweis: Für nichtnegatives F, d. h. für ein gewöhnliches Maß, ist der Satz bereits in Abschnitt 11.1 bewiesen worden. Für den allgemeinen Fall nehmen wir nun an, der Satz gelte nicht. Dann gibt es eine Folge von Mengen $X_n \in \mathcal{H}$ $(n = 1, 2, \ldots)$, für die $\lim\limits_{n \to \infty} |F(X_n)| = \infty$ ist. Wir setzen $A = \bigcup\limits_{n=1}^{\infty} X_n$. Da $\mathcal{H}$ ein σ-Ring ist, gilt $A \in \mathcal{H}$. Wir definieren

$$\alpha(X) = \sup \{|F(E)| : E \subset X, E \in \mathcal{H}\}$$

und konstruieren eine monotone Folge von Mengen $A_1 \supset A_2 \supset \ldots \supset A_n \supset \ldots$ aus dem Ring $\mathcal{H}$, die den Bedingungen

$$\alpha(A_n) = \infty \tag{2}$$

und

$$|F(A_n)| \geqq n - 1 \tag{3}$$

genügt. Dazu setzen wir zunächst $A_1 = A$; die beiden Bedingungen sind dabei offensichtlich erfüllt. Nun seien bereits die Mengen $A_1 \supset A_2 \supset \ldots \supset A_{n-1}$ definiert. Dann ist nach (2) $\alpha(A_{n-1}) = \infty$, und folglich gibt es eine Menge $B \subset A_{n-1}$, $B \in \mathcal{H}$, mit

$$|F(B)| \geqq |F(A_{n-1})| + (n-1) . \tag{4}$$

Gilt dabei $\alpha(B) = \infty$, setzen wir $A_n = B$ (die Bedingung (3) ist dann wegen (4) erfüllt). Gilt dagegen $\alpha(B) < \infty$, so ist $\alpha(A_{n-1} \setminus B) = \infty$[1] (vgl. Abb. 217), wobei unter Berücksichtigung von (4)

$$|F(A_{n-1} \setminus B)| = |F(A_{n-1}) - F(B)| \geqq$$
$$\geqq |F(B)| - |F(A_{n-1})| \geqq n - 1$$

gilt. Wenn wir also $A_n = A_{n-1} \setminus B$ setzen, sind die Bedingungen (2) und (3) wiederum erfüllt.

Auf diese Weise entsteht eine Mengenfolge $A_1 \supset A_2 \supset \ldots \supset A_n \supset \ldots$ mit den gewünschten Eigenschaften. Wir setzen $C = \bigcap\limits_{n=1}^{\infty} A_n$. Dann gehört C zu $\mathcal{H}$, und nach der

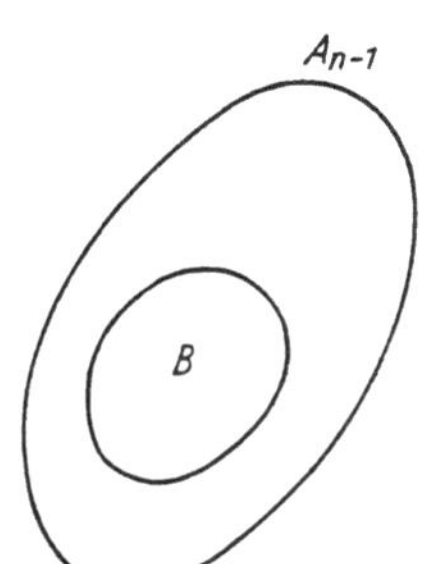

Abb. 217

[1]) Für $X \subset A_{n-1}$ gilt $|F(X)| \leqq |F(X \cap B)| + |F(X \cap (A_{n-1} \setminus B))|$; demnach kann nicht gleichzeitig $\alpha(B) < \infty$ und $\alpha(A_{n-1} \setminus B) < \infty$ gelten.

Stetigkeitseigenschaft σ-additiver Mengenfunktionen gilt

$$\lim_{n\to\infty} F(A_n) = F(C) \ .$$

Dies widerspricht aber der Bedingung (3) ●

Bemerkung. Hierbei ist wesentlich, daß F auf einem σ-Ring definiert ist (vgl. Bemerkung 2 in 11.1).

Es ergibt sich als wichtige

Folgerung. *Unter den Voraussetzungen des Satzes gilt:*

(i) *Die Menge der Werte, die F für alle $X \in \mathfrak{K}$ annimmt, ist nach oben und nach unten beschränkt.*

(ii) *Obere, untere und totale Variation von F auf X_0 sind jeweils endlich (vgl. 11.3).*

(iii) *Obere, untere und totale Variation von F auf einer beliebigen Menge $X \subset X_0$ sind gleichfalls jeweils endlich (nach Definition gilt*

$$F^-(X_0) \leqq F^-(X) \leqq F^+(X) \leqq F^+(X_0)\big) \ .$$

11.5. Jordansche Zerlegung. Folgerungen

Satz von Jordan. *Sei F eine σ-additive Mengenfunktion, die auf einem σ-Ring $\mathfrak{K}$ von Teilmengen einer Menge X_0 definiert ist. Dann sind die durch F^+, F^- und V auf $\mathfrak{K}$ definierten Mengenfunktionen endlich und σ-additiv, wobei für jedes $X \in \mathfrak{K}$ die Beziehung*

$$F(X) = F^+(X) + F^-(X) \tag{1}$$

gilt.

Beweis: Die Endlichkeit der genannten Funktionen ergibt sich aus 11.4, Folgerung (iii). Wir beweisen zunächst die σ-Additivität für F^+. Sei für $X \in \mathfrak{K}$ durch $X = \bigcup_n X_n$ eine Zerlegung in Teilmengen $X_n \in \mathfrak{K}$ $(n = 1, 2, \ldots)$ gegeben. Dann ist zu zeigen, daß

$$F^+(X) = \sum_n F^+(X_n) \tag{2}$$

gilt. Sei $E \subset X$ und $E \in \mathfrak{K}$. Da durch $E = \bigcup_n (E \cap X_n)$ eine Zerlegung von E gegeben ist, folgt

$$F(E) = \sum_n F(E \cap X_n) \leqq \sum_n F^+(X_n)$$

und damit

$$F^+(X) \leqq \sum_n F^+(X_n) \tag{3}$$

(vgl. (1) in 11.3). Betrachten wir andererseits Mengen $E_n \subset X_n$ mit $E_n \in \mathfrak{K}$ $(n = 1, 2, \ldots)$ und setzen $E = \bigcup_n E_n$, dann stellt $E = \bigcup_n E_n$ eine Zerlegung dar, wobei $E \subset X$ und $E \in \mathfrak{K}$ gilt. Folglich ist

$$F^+(X) \geqq F(E) = \sum_n F(E_n) \ .$$

Nun können die Mengen E_n für vorgegebenes $\varepsilon > 0$ derart gewählt werden, daß

$$F(E_n) > F^+(X_n) - \frac{\varepsilon}{2^n} \quad (n = 1, 2, \ldots)$$

gilt. Hieraus folgt

$$F^+(X) > \sum_n F^+(X_n) - \varepsilon$$

für jedes $\varepsilon > 0$ und daher

$$F^+(X) \geqq \sum_n F^+(X_n) . \tag{4}$$

Aus (3) und (4) ergibt sich die behauptete Gleichung (2). Die σ-Additivität von F^- zeigt man auf analoge Weise. Wegen der Gleichung

$$V(X; F) = F^+(X) - F^-(X)$$

ist dann auch die totale Variation σ-additiv.

Zum Beweis von Gleichung (1) betrachten wir eine beliebige Menge $X \in \mathcal{H}$. Dann gilt für jede Teilmenge $E \subset X$ mit $E \in \mathcal{H}$

$$F(X) = F(E) + F(X \setminus E) , \tag{5}$$

somit wegen $X \setminus E \subset X$

$$F(X) \leqq F(E) + F^+(X)$$

und daher

$$F(X) \leqq F^-(X) + F^+(X) . \tag{6}$$

Andererseits folgt aus (5)

$$F(X) \geqq F(E) + F^-(X)$$

für jedes $E \subset X$ mit $E \in \mathcal{H}$ und somit

$$F(X) \geqq F^+(X) + F^-(X) . \tag{7}$$

Aus (6) und (7) ergibt sich schließlich (1) ●

Bemerkung. In anderer Schreibweise lautet (1)

$$F(X) = P(X) - N(X) \tag{1'}$$

(vgl. Bemerkung 1 in 11.3.), d. h., die Funktion F ist als Differenz ihrer positiven und negativen Variation darstellbar.

Die durch die Gleichungen (1) bzw. (1′) gegebene Zerlegung der Funktion F heißt *Jordansche Zerlegung* von F. Sie ist nach Definition eindeutig.

Im Zusammenhang mit den Ausführungen in 11.2 ergibt sich die wichtige

Folgerung. *Jede σ-additive Mengenfunktion F auf einem σ-Ring $\mathcal{H}$ ist als Differenz zweier σ-additiver Maße darstellbar, ist selbst also ein signiertes Maß. Somit ist F auf einer Menge $A \in \mathcal{H}$ konzentriert und besitzt die verschärfte Stetigkeitseigenschaft.*

Abschließend sei noch bemerkt, daß die Eindeutigkeit der JORDANschen Zerlegung einer Funktion F natürlich nicht bedeutet, daß auch die Darstellung von F als Differenz zweier σ-additiver Maße eindeutig ist. So gilt z. B. neben der Gleichung (1′) auch die Darstellung

$$F(X) = 2P(X) - [N(X) + P(X)] ,$$

wobei die Funktionen $2P(X)$ und $N(X) + P(X)$ wiederum σ-additiv und nichtnegativ, d. h. Maße sind.

11.6. Hahnsche Zerlegung

Satz 1. *Sei F eine σ-additive Mengenfunktion auf einem σ-Ring $\mathfrak{K}$ von Teilmengen einer Menge X_0. Dann gibt es eine Zerlegung von X_0 der Gestalt*

$$X_0 = A \cup B \cup C \tag{1}$$

mit $A \in \mathfrak{K}$ und $B \in \mathfrak{K}$, so daß für jede Menge $X \in \mathfrak{K}$

$$\left.\begin{array}{lll} F(X) \geqq 0 & \textit{für} & X \subset A\,, \\ F(X) \leqq 0 & \textit{für} & X \subset B\,, \\ F(X) = 0 & \textit{für} & X = C \end{array}\right\} \tag{2}$$

gilt (*vgl. Abb.* 218).

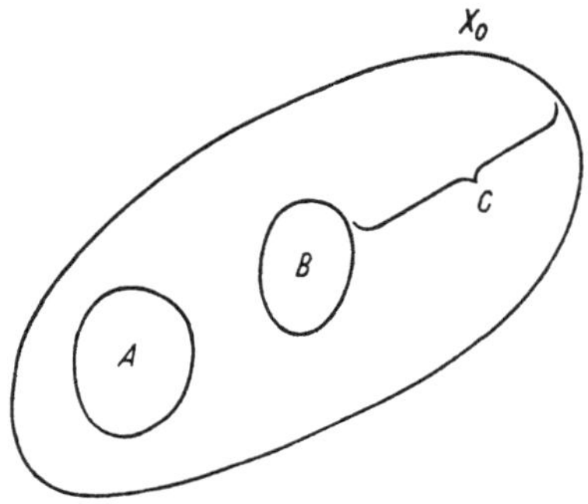

Abb. 218

Beweis: Nach den Überlegungen in den Abschnitten 11.4 und 11.5 ist die Funktion F auf einer Menge $A_0 \in \mathfrak{K}$ konzentriert, und obere, untere sowie totale Variation von F sind auf jeder Teilmenge $X \subset X_0$ endlich, insbesondere also auch auf A_0. Entsprechend der Definition der oberen Variation gibt es für jede natürliche Zahl n eine Menge $X_n \subset A_0$, $X_n \in \mathfrak{K}$, mit

$$F(X_n) > F^+(A_0) - \frac{1}{2^n}\,. \tag{3}$$

Wir setzen jetzt

$$\left.\begin{array}{l} A = \varliminf\limits_{n\to\infty} X_n = \bigcup\limits_{n=1}^{\infty} \bigcap\limits_{k=n}^{\infty} X_k\,, \\ B = A_0 \setminus A = \bigcap\limits_{n=1}^{\infty} \left(A_0 \setminus \bigcap\limits_{k=n}^{\infty} X_k\right) = \bigcap\limits_{n=1}^{\infty} \bigcup\limits_{k=n}^{\infty} (A_0 \setminus X_k) = \varlimsup\limits_{n\to\infty} (A_0 \setminus X_n)^{1)} \end{array}\right\} \tag{4}$$

sowie

$$C = X_0 \setminus (A \cup B) = X_0 \setminus A_0$$

und zeigen, daß diese Mengen gerade die geforderten Eigenschaften aufweisen.

Aus ihrer Definition (4) ist zunächst sofort ersichtlich, daß (1) eine Zerlegung darstellt. Da $\mathfrak{K}$ ein σ-Ring ist, folgt aus $X_n \in \mathfrak{K}$ $(n = 1, 2, \ldots)$ auch $A \in \mathfrak{K}$ und $B \in \mathfrak{K}$. Um nun die Eigenschaften (2) nachzuweisen, genügt es, die Gültigkeit der Gleichung

$$F^-(A) = 0 = F^+(B) \tag{5}$$

[1] Unter zweimaliger Anwendung der Formeln von de Morgan.

zu zeigen. Daraus können wir dann im Fall $X \subset A$, $X \in \mathcal{H}$ sofort $F(X) \geqq 0$ schließen (da $F(X) < 0$ nach Definition $F^-(A) < 0$ zur Folge hätte). Analog ergibt sich $F(X) \leqq 0$ für $X \subset B$, $X \in \mathcal{H}$. Ist schließlich $X \subset C = X_0 \backslash A_0$, $X \in \mathcal{H}$, so folgt $F(X) = 0$ daraus, daß F auf A_0 konzentriert ist.

Zum Beweis von (5) betrachten wir nun das auf $\mathcal{H}$ definierte σ-additive Maß $N(X) = -F^-(X)$ (vgl. 11.3 und 11.5) und zeigen zuerst $N(A) = 0$, d. h. die Gültigkeit des ersten Teils von (5). Wegen

$$\bigcap_{k=1}^{\infty} X_k \subset \bigcap_{k=2}^{\infty} X_k \subset \ldots \subset \bigcap_{k=n}^{\infty} X_k \subset \ldots$$

ist

$$N(A) = \lim_{n \to \infty} N\left(\bigcap_{k=n}^{\infty} X_k\right) \tag{6}$$

(vgl. (4)) und außerdem $N\left(\bigcap_{k=n}^{\infty} X_k\right) \leqq N(X_n)$.

Nun gilt nach dem Satz von JORDAN

$$F(X_n) = F^+(X_n) + F^-(X_n) = F^+(X_n) - N(X_n)$$

und somit

$$N(X_n) = F^+(X_n) - F(X_n) \leqq F^+(A_0) - F(X_n) < \frac{1}{2^n}$$

(vgl. (3)). Daher erhält man aus (6)

$$N(A) \leqq \lim_{n \to \infty} N(X_n) = 0\,,$$

also $N(A) = 0$.

Den zweiten Teil von (5) beweist man analog. Da nämlich $F^+(X)$ ein σ-additives Maß auf dem Ring $\mathcal{H}$ ist und

$$\bigcup_{k=1}^{\infty} (A_0 \backslash X_k) \supset \bigcup_{k=2}^{\infty} (A_0 \backslash X_k) \supset \ldots \supset \bigcup_{k=n}^{\infty} (A_0 \backslash X_k) \supset \ldots$$

gilt, folgt

$$F^+(B) = \lim_{n \to \infty} F^+\left(\bigcup_{k=n}^{\infty} (A_0 \backslash X_k)\right)$$

(vgl. (4)). Außerdem ist

$$F^+\left(\bigcup_{k=n}^{\infty} (A_0 \backslash X_k)\right) \leqq \sum_{k=n}^{\infty} F^+(A_0 \backslash X_k) = \sum_{k=n}^{\infty} \left(F^+(A_0) - F^+(X_k)\right) < \sum_{k=n}^{\infty} \frac{1}{2^k} = \frac{1}{2^{n-1}}$$

(vgl. (3)). Folglich ist auch $F^+(B) = 0$ ●

Satz 2 (Satz von HAHN). *Sei F eine σ-additive Mengenfunktion auf einem σ-Ring $\mathcal{H}$ von Teilmengen einer Menge X_0. Dann gibt es eine Zerlegung von X_0 der Gestalt*

$$X_0 = A \cup B\,, \tag{7}$$

so daß für $X \in \mathcal{H}$ stets

$$\left.\begin{aligned} F(X) &\geqq 0, \quad \textit{falls} \quad X \subset A,\\ F(X) &\leqq 0, \quad \textit{falls} \quad X \subset B,\end{aligned}\right\} \tag{8}$$

gilt (vgl. Abb. 219) und dabei $A \in \mathcal{H}$ oder $B \in \mathcal{H}$ ist.

Beweis: Die Mengen A und $B \cup C$ (oder auch $A \cup C$ und B) aus Satz 1 besitzen die geforderten Eigenschaften ●

Eine durch Gleichung (7) unter Beachtung der in Satz 2 formulierten Bedingungen gegebene Zerlegung der Menge X_0 heißt *Hahnsche Zerlegung* von X_0.

Bemerkung 1. Die Zerlegung (1) und damit auch die HAHNsche Zerlegung ist im allgemeinen nicht eindeutig bestimmt, da man z. B. jede in C enthaltene Menge des Ringes $\mathfrak{H}$ von C abtrennen und mit A bzw. B vereinigen kann, ohne die Gültigkeit der Gleichung (1) und der Eigenschaften (2) zu beeinträchtigen.

Bemerkung 2. *Ist durch* (7) *eine Hahnsche Zerlegung gegeben, so gilt für jedes* $X \in \mathfrak{H}$

$$\left.\begin{aligned} F^+(X) &= F(X \cap A)\,, \\ F^-(X) &= F(X \cap B)\,. \end{aligned}\right\} \tag{9}$$

Beweis: Es gilt $X = (X \cap A) \cup (X \cup B)$. Mit X gehören auch die Mengen $X \cap A$ und $X \cap B$ zu $\mathfrak{H}$, denn nach den Eigenschaften einer HAHNschen Zerlegung (vgl. Satz 2) gehört wenigstens eine der beiden Mengen der Zerlegung zu $\mathfrak{H}$, z. B. $A \in \mathfrak{H}$, und daraus folgt dann $X \cap A \in \mathfrak{H}$ sowie $X \cap B = X \setminus A \in \mathfrak{H}$ (vgl. Abb. 220).

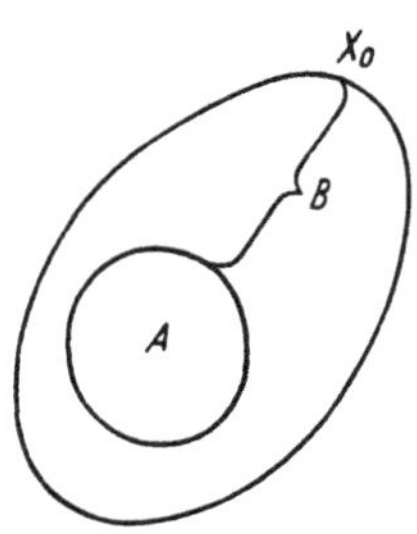

Abb. 219

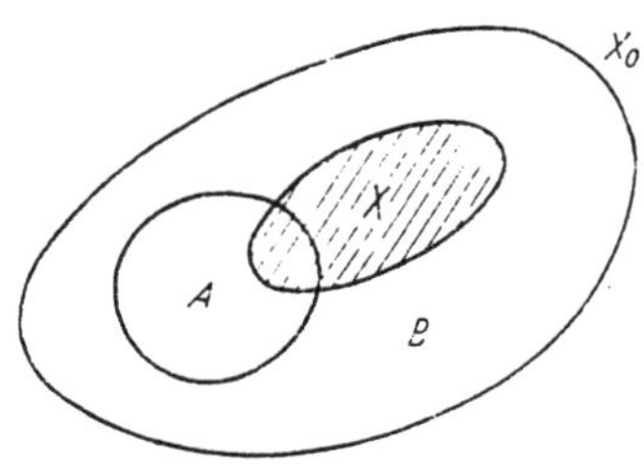

Abb. 220

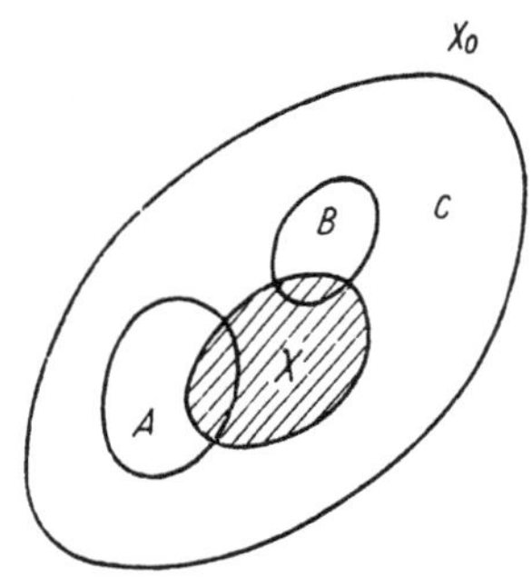

Abb. 221

Es ist also $F^+(X) = F^+(X \cap A) + F^+(X \cap B)$. Der zweite Summand verschwindet wegen (8), so daß

$$F^+(X) = F^+(X \cap A) \tag{10}$$

gilt. Nach dem Satz von JORDAN ist schließlich

$$F\,(X \cap A) = F^+\,(X \cap A) + F^-\,(X \cap A)\,,$$

wobei der zweite Summand wegen (8) wiederum verschwindet. Wir erhalten also $F(X \cap A) = F^+(X \cap A)$, woraus wegen (10) die erste der beiden Formeln (9) folgt Die zweite beweist man analog ●

Satz 3. *Sei F eine* σ-additive *Mengenfunktion auf einem σ-Ring $\mathfrak{H}$ von Teilmengen einer Menge X_0. Dann gibt es einen größten und einen kleinsten Funktionswert von F auf $\mathfrak{H}$, d. h., es existieren zwei Mengen $A \in \mathfrak{H}$ und $B \in \mathfrak{H}$, so daß*

$$F(A) = \sup \{F(X) : X \in \mathfrak{H}\}$$

und

$$F(B) = \inf \{F(X) : X \in \mathfrak{H}\}$$

gilt.

Beweis: Wir zeigen, daß die Mengen A und B aus Satz 1 die geforderte Eigenschaft besitzen. Jede Menge $X \in \mathcal{H}$ kann in die Mengen $X \cap A \in \mathcal{H}$, $X \cap B \in \mathcal{H}$ und $X \cap C = X \setminus (A \cup B) \in \mathcal{H}$ zerlegt werden:

$$X = (X \cap A) \cup (X \cap B) \cup (X \cap C)$$

(vgl. Abb. 221). Wegen (2) gilt folglich

$$F(X) = F(X \cap A) + F\, X \cap B) + F\,(X \cap C) \leqq F\,(X \cap A) \leqq F^+(A)\,.$$

Da nach dem Satz von JORDAN $F(A) = F^+(A) + F^-(A) = F^+(A)$ gilt (vgl. auch (5)), ist also stets $F(X) \leqq F(A)$, d. h. $F(A) = \sup\,\{F(X) : X \in \mathcal{H}\}$. Analog ist zu zeigen, daß $F(B)$ der kleinste Wert von F ist ●

11.7. Zerlegung einer Mengenfunktion in absolutstetigen und singulären Teil (Lebesguesche Zerlegung)

Es sei F eine Mengenfunktion und μ ein Maß, wobei F auf einer Klasse $\mathcal{H}$ und μ auf einer Klasse $\mathfrak{M}$ von Teilmengen einer Menge X_0 definiert sind. Die Mengenfunktion F heißt *singulär bezüglich des Maßes* μ *auf der Menge* $E \subset X_0$, wenn es eine μ-Nullmenge $E_0 \subset E$ gibt, so daß $F(X) = 0$ für alle $X \subset E \setminus E_0$, $X \in \mathcal{H}$, gilt (d. h., wenn die Einschränkung von F auf die Klasse aller $X \subset E$ mit $X \in \mathcal{H}$ eine auf der μ-Nullmenge $E_0 \subset E$ konzentrierte Mengenfunktion ist), vgl. Abb. 222.

Beispiel 1. Die durch $F(X) = 0$ $(X \in \mathcal{H})$ definierte Mengenfunktion ist auf jeder Menge E bez. jedes Maßes μ singulär (man nehme nur $E_0 = \emptyset$[1])) .

Beispiel 2. Sei $E = [0, 1]$, $E_0 \subset E$ die bekannte CANTORsche Menge, μ das lineare LEBESGUE-Maß (somit ist $\mu(E_0) = 0$), φ die CANTORsche Funktion, also eine monoton wachsende und stetige Funktion, die auf jedem der zu $E \setminus E_0$ gehörigen Intervalle einen konstanten Wert annimmt, jedoch nicht auf ganz E konstant ist (vgl. Abb. 223[2])); schließlich sei F das von der Funktion φ erzeugte lineare LEBESGUE-STIELTJES-Maß. Dieses Maß ist offenbar auf E_0 konzentriert, und wegen $\mu(E_0) = 0$ ist F singulär auf der Menge E bezüglich des linearen LEBESGUE-Maßes.

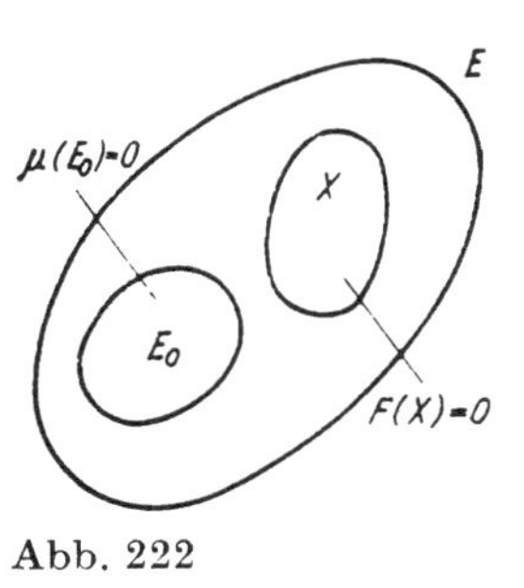

Abb. 222

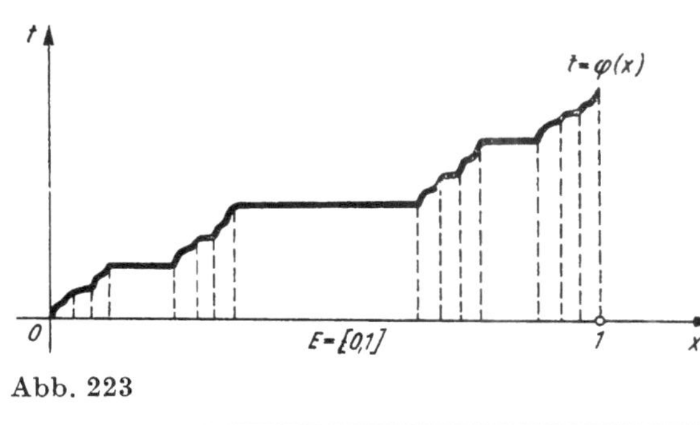

Abb. 223

[1]) Dabei sei vorausgesetzt, daß die Klasse $\mathfrak{M}$, auf der das Maß μ definiert ist, die leere Menge enthält.

[2]) Zur Konstruktion dieser Funktion vgl. I. P. NATANSON, Theorie der Funktionen einer reellen Veränderlichen, Berlin 1981, Kap. VIII, § 2.

Wir geben nun einige einfache Eigenschaften singulärer[1]) Mengenfunktionen an.

Aussage 1. *Ist F singulär auf E, so ist für jede Konstante c auch cF singulär auf E.* Der Beweis ergibt sich unmittelbar aus der Definition ●

Aussage 2. *Sei F singulär auf E und konzentriert auf $E_0 \subset E$ mit $\mu(E_0)=0$ Dann ist F auch singulär auf jeder Menge $E' \subset E$ mit $E' \cap E_0 \in \mathfrak{M}$*[2]) .
Zum Beweis vgl. Abb. 224 ●

Aussage 3. *Die Klassen $\mathfrak{M}$, auf der μ definiert ist, sei ein Ring. Ferner seien die Mengenfunktionen F und G auf derselben Klasse $\mathfrak{H}$ definiert und auf einer Menge E singulär. Dann sind auch $F \pm G$ und $F \cdot G$ auf E singulär.*

Beweis: Wir betrachten die Einschränkungen der Mengenfunktionen F und G auf die Klasse aller Mengen $X \subset E$ mit $X \in \mathfrak{H}$, die dann nach Voraussetzung jeweils auf einer Menge E_0 mit $\mu(E_0)=0$ bzw. E_1 mit $\mu(E_1)=0$ konzentriert sind. Dann sind die entsprechenden Einschränkungen von $F \pm G$ und $F \cdot G$ auf der Menge $E_0 \cup E_1$ konzentriert, wobei $\mu\ (E_0 \cup E_1)=0$ gilt ●

Aussage 4. *Das Maß μ und die Mengenfunktion F seien auf demselben Ring $\mathfrak{M}$ definiert; ferner sei F additiv. Ist F singulär und absolutstetig bez. μ auf einer Menge E, so gilt $F(X)=0$ für jedes $X \subset E$, $X \in \mathfrak{M}$.*

Beweis: F ist singulär auf E, folglich ist die Einschränkung von F auf die Klasse aller Mengen $X \subset E$ mit $X \in \mathfrak{M}$ konzentriert auf einer Menge E_0 mit $\mu(E_0)=0$. Für jedes $X \subset E$, $X \in \mathfrak{M}$, stellt

$$X=(X \setminus E_0) \cup (X \cap E_0)$$

eine Zerlegung in Mengen dar. die zum Ring $\mathfrak{M}$ gehören. Damit gilt

$$F(X)=F\ (X \setminus E_0)+F\ (X \cap E_0)\ .$$

Wegen der Singularität von F ist $F\ (X \setminus E_0)=0$. Da $\mu\ (X \cap E_0)=0$ gilt und F absolut stetig ist, ergibt sich $F\ (X \cap E_0)=0$, insgesamt also $F(X)=0$ ●

Im folgenden sei stets vorausgesetzt, daß alle betrachteten Mengen Teilmengen von X_0 sind.

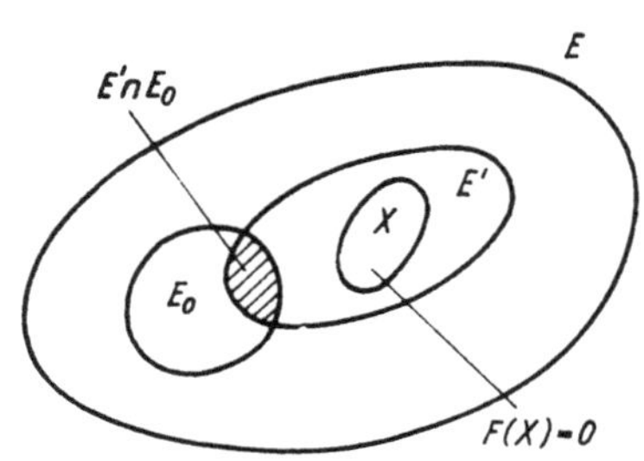

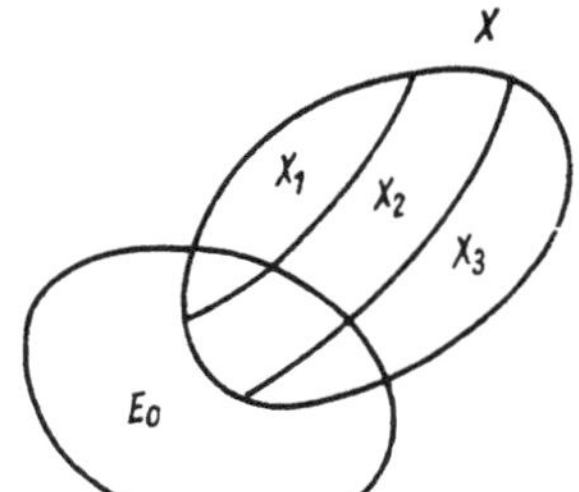

Abb. 224

Abb. 225

[1]) Im folgenden wird anstelle von singulär bez. μ kurz singulär gesagt, solange keine Verwechslungen möglich sind.

[2]) $\mathfrak{M}$ ist diejenige Klasse von Teilmengen von X_0, auf der μ definiert ist.

Satz 1. *Sei μ ein Borel-Maß auf einem Ring $\mathfrak{M}$ und F eine nichtnegative, σ-additive Mengenfunktion auf einem Ring $\mathfrak{H} \supset \mathfrak{M}$. Dann gibt es eine auf X_0 bezüglich μ absolutstetige Mengenfunktion A sowie eine auf X_0 bezüglich μ singuläre Mengenfunktion S, so daß*

$$F(X) = A(X) + S(X) \tag{1}$$

für jedes $X \in \mathfrak{H}$ gilt. A und S sind dabei nichtnegativ und σ-additiv.

Beweis: $\mathfrak{N}$ bezeichne die Klasse aller μ-Nullmengen. Dies ist ein σ-Ring, da μ ein BOREL-Maß ist. Die Einschränkung der nichtnegativen Mengenfunktion F auf $\mathfrak{N}$ ist ein Maß und nach Abschnitt 11.1 auf einer Menge $E_0 \in \mathfrak{N}$ konzentriert.

Nach Voraussetzung gilt $\mu(E_0) = 0$, und für $X \subset X_0 \backslash E_0$, $X \in \mathfrak{N}$, ist $F(X) = 0$. Für jede Menge $X \in \mathfrak{H}$ stellt

$$X = (X \backslash E_0) \cup (X \cap E_0)$$

eine Zerlegung in Mengen dar, die beide zum Ring $\mathfrak{H}$ gehören. Es gilt also

$$F(X) = F(X \backslash E_0) + F(X \cap E_0) .$$

Wir zeigen nun, daß die durch

$$A(X) = F(X \backslash E_0) \quad \text{und} \quad S(X) = F(X \cap E_0)$$

auf $\mathfrak{H}$ definierten Mengenfunktionen die geforderten Eigenschaften besitzen.

Beide Funktionen sind ersichtlich nichtnegativ und σ-additiv (vgl. Abb. 225). Sei nun $\mu(X) = 0$, d. h. $X \in \mathfrak{N}$. Dann gilt auch $X \backslash E_0 \in \mathfrak{N}$ und folglich $A(X) = F(X \backslash E_0) = 0$. Die Funktion A ist also auf X_0 absolutstetig bez. μ (vgl. Satz 5′ in 7.5). Ist schließlich $X \subset X_0 \backslash E_0$, $X \in \mathfrak{H}$, so gilt (wegen $X \cap E_0 = \emptyset$) $S(X) = F(X \cap E_0) = 0$, d. h., S ist auf X_0 singulär bez. μ ●

Eine Zerlegung der Mengenfunktion F in der Gestalt (1) heißt Zerlegung von F in *einen absolutstetigen und einen singulären Teil* oder kurz *Lebesguesche Zerlegung* von F.

Bemerkung. Der Satz 1 gilt im allgemeinen nicht, falls μ nur ein LUSIN-Maß ist. Als Beispiel wählen wir speziell das auf dem δ-Ring $\mathfrak{M}$ aller beschränkten Mengen der Zahlengeraden $\mathbb{R}$ durch $\mu(X) = 0$ $(X \in \mathfrak{M})$ definierte Maß, das ein LUSIN-Maß, aber kein BOREL-Maß ist. Die Funktion F sei auf demselben Ring $\mathfrak{M}$ durch $F(X) = n$ definiert, wobei n die Anzahl der in X enthaltenen natürlichen Zahlen bezeichnet.

Sei nun F gemäß (1) in einen absolutstetigen und einen singulären Teil zerlegbar. Dann folgt wegen $\mu(X) = 0$ notwendig $A(X) = 0$, d. h. $F(X) = S(X)$ für alle $X \in \mathfrak{M}$. Die Funktion F ist aber offensichtlich auf keiner Menge $E \in \mathfrak{M}$ konzentriert, folglich auch nicht singulär bez. μ im Widerspruch zu $F = S$.

Satz 2. *Sei μ ein Borel-Maß auf einem Ring $\mathfrak{M}$ und F eine σ-additive Mengenfunktion auf einem σ-Ring $\mathfrak{H} \supset \mathfrak{M}$. Dann gibt es eine auf X_0 bezüglich μ absolutstetige Mengenfunktion A sowie eine auf X_0 bezüglich μ singuläre Mengenfunktion S, so daß*

$$F(X) = A(X) + S(X)$$

für jedes $X \in \mathfrak{H}$ gilt, wobei A und S σ-additiv sind.

Beweis: Nach der Folgerung in 11.5 ist F ein σ-additives signiertes Maß und damit als Differenz zweier σ-additiver Maße darstellbar:

$$F(X) = U(X) - V(X) . \tag{2}$$

Auf die nichtnegativen Funktionen U und V ist Satz 1 anwendbar, d. h., es gilt

$$U(X)=A_1(X)+S_1(X)$$

und

$$V(X)=A_2(X)+S_2(X) ,$$

wobei A_1 und A_2 absolutstetig, S_1 und S_2 singulär sind. Somit gilt

$$F(X)=A(X)+S(X)$$

mit $A(X)=A_1(X)-A_2(X)$ und $S(X)=S_1(X)-S_2(X)$, und hierbei ist A absolutstetig bzw. S singulär (vgl. Aussage 3) ●

Der Beweis des Satzes zeigt, daß Satz 2 auch dann gültig bleibt, wenn $\mathfrak{H}$ lediglich als Ring (und nicht als σ-Ring), aber F als σ-additives signiertes Maß vorausgesetzt werden.

Wir schließen einige wichtige Bemerkungen an.

Bemerkung 1. Die Sätze 1 und 2 sind speziell dann gültig, wenn das Maß μ σ-additiv und auf einem σ-Ring $\mathfrak{M}$ definiert ist.

Bemerkung 2. *Im Fall $\mathfrak{H}=\mathfrak{M}$ ist die Lebesguesche Zerlegung* (1) *eindeutig, auch wenn μ, F, A und S lediglich als endlich additiv vorausgesetzt sind.*

Beweis: Für beliebiges $X\in\mathfrak{M}$ gelte außer (1) auch die Gleichung

$$F(X)=A_1(X)+S_1(X) , \tag{3}$$

wobei A_1 absolutstetig, S_1 singulär bezüglich μ auf X_0 sowie beide Funktionen additiv sind. Dann gilt

$$A(X)+S(X)=A_1(X)+S_1(X) , \tag{4}$$

d. h.

$$A(X)-A_1(X)=S(X)-S_1(X) .$$

Da $A-A_1$ absolutstetig und $S-S_1$ singulär ist (vgl. Aussage 3), gilt nach Aussage 4

$$A(X)-A_1(X)=S(X)-S_1(X)=0$$

für jedes $X\in\mathfrak{M}$, d. h. $A=A_1$ und $S=S_1$ ●

Bemerkung 3. *Im Fall $\sigma(\mathfrak{M})\supset\mathfrak{H}\supset\mathfrak{M}$ ist die Lebesguesche Zerlegung* (1) *gleichfalls eindeutig.*

Beweis: Für beliebiges $X\in\mathfrak{H}$ gelte neben (1) auch die Gleichung (3) (mit σ-additiven A_1 und S_1). Wie in Bemerkung 2 erhalten wir dann die Gleichung (4).

Sei nun $X\in\mathfrak{M}$. Setzen wir

$$\mathfrak{M}'=\{X' : X'\subset X, \quad X'\in\mathfrak{M}\} \quad \text{und} \quad \mathfrak{H}'=\{X' : X'\subset X, \quad X'\in\mathfrak{H}\} ,$$

so folgt aus der Voraussetzung $\sigma(\mathfrak{M})\supset\mathfrak{H}\supset\mathfrak{M}$ nach den Eigenschaften von BOREL-Maßen $\mathfrak{H}'=\mathfrak{M}'$. Nach Bemerkung 2 gilt dann $A(X)=A_1(X)$ und $S(X)=S_1(X)$.

Im Fall $X\in\mathfrak{H}\setminus\mathfrak{M}\subset\sigma(\mathfrak{M})\setminus\mathfrak{M}$ gibt es eine abzählbare Zerlegung der Gestalt $X=\bigcup_{n=1}^{\infty} X_n$ mit $X_n\in\mathfrak{M}$ $(n=1, 2, \ldots)$. Somit gilt

$$A(X)=\sum_{n=1}^{\infty} A(X_n)=\sum_{n=1}^{\infty} A_1(X_n)=A_1(X)$$

sowie

$$S(X) = \sum_{n=1}^{\infty} S(X_n) = \sum_{n=1}^{\infty} S_1(X_n) = S_1(X) \quad \bullet$$

Bemerkung 4. Die LEBESGUEsche Zerlegung (1) ist im allgemeinen nicht eindeutig, sobald die Voraussetzung $\sigma(\mathfrak{M}) \supset \mathfrak{H} \supset \mathfrak{M}$ verletzt ist. Als Beispiel sei μ auf dem σ-Ring $\mathfrak{M} = \{\emptyset, [0, 2\pi]\}$ durch $\mu(X) = 0$ $(X \in \mathfrak{M})$ definiert; die Funktion F sei auf dem σ-Ring $\mathfrak{H}$ aller LEBESGUE-meßbaren Mengen $X \subset [0, 2\pi]$ durch das LEBESGUE-Integral

$$F(X) = \int_X \sin x \, dx$$

definiert. Dann gilt $\mathfrak{H} \supset \mathfrak{M}$, μ und F sind σ-additiv, F ist absolutstetig und zugleich singulär bez. μ auf $[0, 2\pi]$ (F ist auf der Menge $[0, 2\pi]$ mit $\mu[0, 2\pi] = 0$ konzentriert). Damit sind zwei Zerlegungen der Art (1) möglich:

$$A(X) = F(X), \quad S(X) = 0, \quad (X \in \mathfrak{H}),$$

$$A(X) = 0, \quad S(X) = F(X) \quad (X \in \mathfrak{H}).$$

Bemerkung 5. Ist μ nur ein LUSIN-Maß, so gilt Satz 2 im allgemeinen nicht mehr. Als Beispiel dient das bereits in der Bemerkung zu Satz 1 betrachtete LUSIN-Maß μ, diesmal allerdings gemeinsam mit einer Funktion F, die auf dem σ-Ring $\mathfrak{H} = \sigma(\mathfrak{M})$ aller Mengen der Zahlengeraden $\mathbb{R}$ durch

$$F(X) = \begin{cases} \sum\limits_{n \in X} \frac{1}{2^n} \text{[1]} & \text{falls } X \text{ natürliche Zahlen enthält,} \\ 0 & \text{andernfalls} \end{cases}$$

definiert ist. Diese Funktion ist ersichtlich σ-additiv. Die weiteren Überlegungen sind dieselben wie in der genannten Bemerkung.

Bemerkung 6. *Die obere, untere bzw. totale Variation sind für eine absolutstetige Mengenfunktion A ebenfalls absolutstetig und für eine singuläre Mengenfunktion S ebenfalls singulär. Die einzige Voraussetzung dafür ist, daß die Klasse, auf der A definiert ist, nur μ-meßbare Mengen enthält.*

Beweis: Die Mengenfunktion A sei auf der Klasse $\mathfrak{H}$ definiert und auf einer Menge E absolutstetig bez. μ. Für jedes $\varepsilon > 0$ gibt es dann ein $\delta > 0$ derart, daß aus $X \subset E$, $\mu(X) < \delta$ die Ungleichung $|A(X)| < \frac{\varepsilon}{2}$ folgt. Dann ist aber auch

$$|A^+(X)| = |\sup \{A(X') : X' \subset X, X' \in \mathfrak{H}\}| \leqq \frac{\varepsilon}{2} < \varepsilon$$

sowie

$$|A^-(X)| = |\inf \{A(X') : X' \subset X, X' \in \mathfrak{H}\}| \leqq \frac{\varepsilon}{2} < \varepsilon,$$

d. h., A^+ und A^- sind absolutstetig auf E.

Sei nun S eine auf der Klasse $\mathfrak{H}$ definierte und auf E bez. μ singuläre Mengenfunktion; es existiere also eine Menge $E_0 \subset E$ mit $\mu(E_0) = 0$, so daß $S(X) = 0$ für alle $X \subset E \setminus E_0$

[1]) Die Summe wird über alle in X enthaltenen natürlichen Zahlen n erstreckt.

$X \in \mathfrak{H}$, ist. Für diese X gilt aber auch

$$S^+(X) = \sup \{S(X') : X' \subset X,\ X' \in \mathfrak{H}\} = 0$$

sowie

$$S^-(X) = \inf \{S(X') : X' \subset X,\ X' \in \mathfrak{H}\} = 0\ ,$$

d. h., S^+ und S^- sind singulär auf E. Die Richtigkeit der Aussage für die totale Variation folgt aus den Eigenschaften der oberen und unteren Variation von A und S ●

12. Der Satz von Randon-Nikodym[1] und Anwendungen

12.1. Der Satz von Radon-Nikodym bezüglich einer σ-Algebra

Satz von Radon-Nikodym. *Es seien μ ein σ-additives Maß auf einer σ-Algebra $\mathfrak{M}$ mit der Einheit X_0 und F eine σ-additive Mengenfunktion auf $\mathfrak{M}$. Wenn F auf X_0 absolutstetig bez. des Maßes μ ist, dann existiert auf X_0 eine reelle (endlichwertige) Funktion f, so daß für jedes $X \in \mathfrak{M}$*

$$F(X) = \int_X f(x) \mathrm{d}\mu \tag{1}$$

gilt.

Beweis: Ohne Beschränkung der Allgemeinheit sei $F(X) \geqq 0$ für alle $X \in \mathfrak{M}$ (da sich F unter unseren Voraussetzungen als Differenz zweier nichtnegativer σ-additiver und bez. μ absolutstetiger Funktionen darstellen läßt, vgl. die Abschnitte 11.5 und 11.7); F sei also ein Maß.

Wir bezeichnen mit $\boldsymbol{F}$ die Menge aller reellwertigen, endlichen und nichtnegativen Funktionen, die auf X_0 μ-integrierbar sind und der Bedingung

$$\int_X f(x) \mathrm{d}\mu \leqq F(X) \tag{2}$$

für jedes $X \in \mathfrak{M}$ genügen. Da die Funktion identisch Null zu $\boldsymbol{F}$ gehört, gilt $\boldsymbol{F} \neq \emptyset$. Weiter bezeichnen wir

$$\alpha = \sup \{ \int_{X_0} f(x) \mathrm{d}\mu : f \in \boldsymbol{F} \} . \tag{3}$$

Wegen $\alpha \leqq F(X_0)$ ist $\alpha < \infty$. Nach Definition des Supremums existiert eine Folge von Funktionen $f_n \in \boldsymbol{F}$ $(n = 1, 2, \ldots)$ mit

$$\lim_{n \to \infty} \int_{X_0} f_n(x) \mathrm{d}\mu = \alpha . \tag{4}$$

Wir setzen nun

$$\beta(x) = \sup \{f_n(x) : n = 1, 2, \ldots\} \quad (x \in X_0),$$

definieren

$$f(x) = \begin{cases} \beta(x), & \text{falls } \beta(x) < \infty, \\ 0 & \text{andernfalls} \end{cases}$$

[1] J. Radon (1877–1956): österreichischer Mathematiker, O. Nikodym (1887): polnischer Mathematiker.

und zeigen

$$\int_{X_0} f(x)\, \mathrm{d}\mu = \alpha\,. \tag{5}$$

Zu diesem Zweck betrachten wir die Funktionen

$$g_n(x) = \sup\,\{f_k(x) : k \leqq n\}\ (x \in X_0,\ n = 1, 2, \ldots) \tag{6}$$

(vgl. Abb. 226), für die

$$\lim_{n \to \infty} g_n(x) = \sup\,\{f_n(x) : n = 1, 2, \ldots\} = \beta(x)\ (x \in X_0) \tag{7}$$

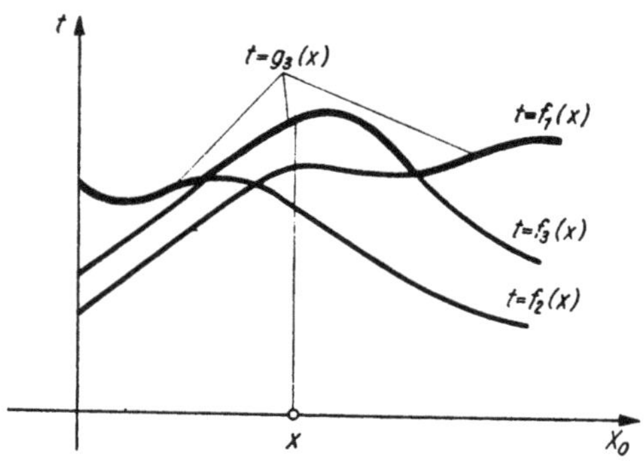

Abb. 226

gilt. Jede der Funktionen in (6) ist μ-meßbar auf X_0, da für jede reelle Zahl c

$$\{x : x \in X_0,\ g_n(x) < c\} = \bigcap_{k=1}^{n} \{x : x \in X_0,\ f_k(x) < c\}$$

gilt und die Mengen auf der rechten Seite wegen der μ-Integrierbarkeit der Funktionen f_k auf X_0 μ-meßbar sind. Folglich gibt es für jedes $X \in \mathfrak{M}$ eine Zerlegung von X der Gestalt

$$X = \bigcup_{k=1}^{n} X_k \tag{8}$$

in Mengen $X_k \in \mathfrak{M}$ mit $g_n(x) = f_k(x)$ für alle $x \in X_k$ (hierzu setze man $Y_k = \{x : x \in X,\ g_n(x) = f_k(x)\}$ $(k = 1, \ldots, n)$ und $X_1 = Y_1$, $X_2 = Y_2 \setminus Y_1$, $X_3 = Y_3 \setminus (Y_1 \cup Y_2)$ usw., wobei alle hier auftretenden Mengen wegen der μ-Meßbarkeit aller f_k und g_n zu $\mathfrak{M}$ gehören). Wegen (2) gilt dann

$$\int_X g_n(x)\mathrm{d}\mu = \sum_{k=1}^{n} \int_{X_k} f_k(x)\, \mathrm{d}\mu \leqq \sum_{k=1}^{n} F(X_k) = F(X)\,, \tag{9}$$

d. h. $g_n \in \boldsymbol{F}$ $(n = 1, 2, \ldots)$. Auf Grund von $f_n(x) \leqq g_n(x)$ folgt weiter

$$\int_{X_0} f_n(x)\, \mathrm{d}\mu \leqq \int_{X_0} g_n(x)\mathrm{d}\mu \leqq \alpha\,,$$

und nach (4) gilt

$$\lim_{n \to \infty} \int_{X_0} g_n(x)\mathrm{d}\mu = \alpha\,.$$

Nun ist $g_1(x) \leqq g_2(x) \leqq \ldots \leqq g_n(x) \leqq \ldots$ für alle $x \in X_0$, so daß sich infolge (7) aus den Eigenschaften monotoner Funktionenfolgen die Gleichung (5) ergibt. Wegen (9) genügt die Funktion f dabei auch der Bedingung (2). Damit ist die Mengenfunktion

$$\nu(X)=F(X)-\int_X f(x)\,\mathrm{d}\mu \tag{10}$$

ein Maß auf $\mathfrak{M}$ und absolutstetig bez. μ. Es muß nun nur noch

$$\nu(X_0)=0 \tag{11}$$

gezeigt werden. Aus der Monotonieeigenschaft der Maße folgt dann nämlich $\nu(X)=0$ für alle $X\in\mathfrak{M}$ und somit die Behauptung (1).

Sei $\nu(X_0)>0$. Wir betrachten für jede natürliche Zahl n das signierte σ-additive Maß $\nu(X)-\frac{1}{n}\mu(X)$ $(X\in\mathfrak{M})$ und eine zugehörige HAHNsche Zerlegung

$$X_0=A_n\cup B_n\,,$$

wobei $A_n\in\mathfrak{M}$ und $B_n\in\mathfrak{M}$ ist sowie für jedes $X\in\mathfrak{M}$

$$\nu(X)-\frac{1}{n}\mu(X)\begin{cases}\geqq 0, & \text{falls}\quad X\subset A_n\,,\\ \leqq 0, & \text{falls}\quad X\subset B_n\end{cases} \tag{12}$$

gilt (vgl. 11.6). Mit

$$A_0=\bigcup_n A_n \quad\text{und}\quad B_0=\bigcap_n B_n \tag{13}$$

gilt $X_0=A_0\cup B_0$, und wegen $B_0\in\mathfrak{M}$ und $B_0\subset B_n$ folgt

$$\nu(B_0)\leqq\frac{1}{n}\mu(B_0)\ (n=1,2,\ldots)\,,$$

d. h. $\nu(B_0)=0$. Daher ist $\nu(A_0)>0$ und wegen der Absolutstetigkeit von ν bez. μ erst recht $\mu(A_0)>0$. Es existiert also wenigstens ein n mit $\mu(A_n)>0$ (vgl. (13)). Für ein solches n betrachten wir die Funktion

$$g(x)=f(x)+\frac{1}{n}\mathbf{1}_{A_n}(x)\geqq 0\,,$$

wobei $\mathbf{1}_{A_n}(x)$ die charakteristische Funktion der Menge A_n bezeichnet. Für beliebiges $X\in\mathfrak{M}$ gilt dann

$$\int_X g(x)\,\mathrm{d}\mu=\int_X f(x)\,\mathrm{d}\mu+\frac{1}{n}\mu\,(X\cap A_n)\,,$$

und wegen $X\cap A_n\subset A_n$, $X\cap A_n\in\mathfrak{M}$ folgt nach (12), (10) und (2)

$$\begin{aligned}\int_X g(x)\,\mathrm{d}\mu &\leqq \int_X f(x)\,\mathrm{d}\mu+F\,(X\cap A_n)-\int_{X\cap A_n} f(x)\,\mathrm{d}\mu\\ &=\int_{X\setminus A_n} f(x)\,\mathrm{d}\mu+F\,(X\cap A_n)\leqq F\,(X\setminus A_n)+F\,(X\cap A_n)=F(X)\,,\end{aligned}$$

d. h. $g\in\boldsymbol{F}$. Andererseits gilt aber

$$\int_{X_0} g(x)\,\mathrm{d}\mu=\int_{X_0} f(x)\,\mathrm{d}\mu+\frac{1}{n}\mu(A_n)>\alpha$$

(vgl. (5)) im Widerspruch zur Definition von α (vgl. (3)) ●

Bemerkung. Aus dem Beweis des Satzes von RADON-NIKODYM ergibt sich, daß im Fall $F\geqq 0$ auch $f\geqq 0$ gilt.

12.2. Der Satz von Radon-Nikodym in allgemeinerer Form

Satz 1. *Es seien μ ein Lusin-Maß auf einem Ring $\mathfrak{M}$ von Teilmengen einer Menge X_0 und F eine σ-additive Mengenfunktion auf dem σ-Ring $\mathfrak{H}$ aller μ-meßbaren Mengen. Wenn F auf X_0 absolutstetig bez. des Maßes μ ist, dann existiert eine reellwertige Funktion f auf X_0, so daß*

$$F(X) = \int_X f(x)\,\mathrm{d}\mu \tag{1}$$

für jedes $X \in \mathfrak{H}$ gilt.

Beweis: Ohne Beschränkung der Allgemeinheit sei (wie im vorigen Abschnitt) $F(X) \geqq 0$. F ist auf einem σ-Ring definiert und deshalb (vgl. 11.5) auf einer Menge $A \in \mathfrak{H}$ konzentriert. Sei durch $A = \bigcup_n A_n$ eine Zerlegung von A in Mengen $A_n \in \mathfrak{M}$ $(n = 1, 2, \ldots)$ gegeben. Unter unseren Voraussetzungen ist die Klasse $\mathfrak{M}_n$ aller Mengen des Ringes $\mathfrak{H}$ (bzw., was auf dasselbe hinausläuft, des Ringes $\mathfrak{M}$), die in A_n enthalten sind, eine σ-Algebra mit der Einheit A_n. Betrachten wir die Einschränkungen des Maßes μ und der Mengenfunktion F auf die Klasse $\mathfrak{M}_n$, so können wir den Satz aus 12.1 anwenden. Daher existiert auf A_n eine endliche nichtnegative Funktion f_n mit

$$F(X) = \int_X f_n(x)\,\mathrm{d}\mu$$

für alle $X \in \mathfrak{M}_n$. Wir setzen nun für jedes $x \in X_0$

$$f(x) = \begin{cases} f_n(x), & \text{falls } x \in A \quad (n = 1, 2, \ldots)\,, \\ 0, & \text{falls } x \in X_0 \setminus A\,. \end{cases} \tag{2}$$

Jedes $X \in \mathfrak{H}$ wird durch

$$X = \bigcup_n (X \cap A_n) \cup (X \setminus A)$$

in Mengen zerlegt, die sämtlich dem Ring $\mathfrak{H}$ angehören. Wegen der σ-Additivität von F gilt dann

$$F(X) = \sum_n F(X \cap A_n) + F(X \setminus A)$$

mit $F(X \setminus A) = 0$, da F auf A konzentriert ist. Damit erhalten wir unter Verwendung von (2)

$$F(X) = \sum_n \int_{X \cap A_n} f_n(x)\mathrm{d}\mu = \sum_n \int_{X \cap A_n} f(x)\mathrm{d}\mu + \int_{X \setminus A} f(x)\mathrm{d}\mu\,.$$

Hieraus folgt wegen $f(x) \geqq 0$ und der Konvergenz der Reihe von Integralen die Integrierbarkeit von f auf X und die Gleichung (1) ●

Der damit bewiesene Satz enthält den Satz in 12.1 als Spezialfall. Besonders wichtig ist nachstehende

Folgerung. *Der Satz von Radon-Nikodym gilt insbesondere, falls μ ein σ-additives Maß und F eine σ-additive Mengenfunktion auf einem σ-Ring ist.*

Bemerkung 1. Eine einfache Analyse des Beweises von Satz 1 zeigt, daß im Grunde genommen der folgende allgemeinere Sachverhalt bewiesen wurde:

Satz 2. *Es seien μ ein Lusin-Maß auf einem Ring $\mathfrak{M}$ von Teilmengen einer Menge X_0 und F eine σ-additive nichtnegative Mengenfunktion auf einem Ring $\mathfrak{H}$, für den $\sigma(\mathfrak{M})\supset\mathfrak{H}\supset\mathfrak{M}$*[1]) *gilt. Weiter sei F auf einer Menge $A\in\sigma(\mathfrak{M})$ konzentriert. Wenn F auf X_0 absolutstetig bez. des Maßes μ ist, dann existiert eine reellwertige Funktion f auf X_0, so daß*

$$F(X)=\int_X f(x)\,\mathrm{d}\mu$$

für jedes $X\in\mathfrak{H}$ gilt.

Bemerkung 2. Die Eigenschaft der Absolutstetigkeit der Funktion F bez. des Maßes μ wurde im Beweis von Satz 1 nicht vollständig ausgenutzt. Es wurde lediglich von der Eigenschaft Gebrauch gemacht, daß aus $\mu(X)=0$ stets $F(X)=0$ folgt.

Diese Bemerkung gibt Anlaß zu folgender Definition:
Eine Funktion F auf einem Ring $\mathfrak{H}$ heißt *auf der Menge E absolutstetig im weiteren Sinne bez. des Maßes μ*, wenn für alle $X\subset E$ aus $\mu(X)=0$ stets $F(X)=0$ folgt.

Diese Definition ist wesentlich umfassender als die früher gegebene (vgl. 7.5). Es sei z. B. μ das lineare LEBESGUE-Maß, $\mathfrak{M}$ der Ring aller bez. μ endlichen Mengen und $\mathfrak{H}$ die Klasse aller Mengen der Zahlengeraden, für die das Integral

$$F(X)=\int_X x\mathrm{d}x$$

existiert. Diese Funktion ist selbstverständlich auf dem ganzen Intervall $(-\infty,\infty)$ absolutstetig im weiteren Sinne bez. des Maßes μ (da das Integral über einer Nullmenge stets gleich Null ist). Für jede natürliche Zahl n gilt aber

$$\int_n^{n+\frac{1}{n}} x\mathrm{d}x>1,$$

so daß F nicht absolutstetig bez. μ im früher definierten Sinne ist.

Die Absolutstetigkeit in den Sätzen 1 und 2 kann demnach jeweils im weiteren Sinne verstanden werden. Schließlich kann man durch geringfügige Zusatzüberlegungen auch auf die Voraussetzung der Nichtnegativität von F verzichten.

Im Fall $A=X_0$ folgt damit aus Satz 2

Satz 3. *Es sei μ ein Lusin-Maß auf einem Ring $\mathfrak{M}$ von Teilmengen einer Menge X_0 mit $X_0\in\sigma(\mathfrak{M})$ (d. h., $\sigma(\mathfrak{M})$ ist eine σ-Algebra mit der Einheit X_0), und es sei F eine σ-additive Mengenfunktion auf einem Ring $\mathfrak{H}$, für den $\sigma(\mathfrak{M})\supset\mathfrak{H}\supset\mathfrak{M}$ gilt. Wenn F auf X_0 absolutstetig (im weiteren Sinne) bez. des Maßes μ ist, dann existiert eine reellwertige Funktion f auf X_0, so daß*

$$F(X)=\int_X f(x)\,\mathrm{d}\mu$$

für jedes $X\in\mathfrak{H}$ gilt. Ist darüber hinaus $F(X)\geqq 0$ für alle $X\in\mathfrak{H}$, so gilt $f(x)\geqq 0$ für alle $x\in X_0$

Vor allem in dieser letzteren Form werden wir im folgenden den Satz von RADON-NIKODYM verwenden.

---

[1]) Wir können also auf die Forderung verzichten, daß $\mathfrak{H}$ der Ring aller μ-meßbaren Mengen (und damit ein σ-Ring) ist; es darf durchaus auch $\mathfrak{H}=\mathfrak{M}$ gelten.

12.3. Das Integral bezüglich eines absolutstetigen Maßes

Lemma. *Es seien folgende Voraussetzungen erfüllt:*

(i) λ *und* μ *sind zwei Lusin-Maße auf den Ringen* $\mathfrak{L}$ *bzw.* $\mathfrak{M}$ *von Teilmengen einer Menge* X_0, *wobei* $\mathfrak{L} \subset \mathfrak{M} \subset \sigma(\mathfrak{L})$ *gilt;*

(ii) $X_0 \in \sigma(\mathfrak{L})$;

(iii) μ *ist auf* X_0 *absolutstetig (im weiteren Sinne) bez.* λ.

Dann gibt es eine nichtnegative Funktion Θ *auf* X_0, *so daß*

$$\mu(X) = \int_X \Theta(x)\, \mathrm{d}\lambda \tag{1}$$

für jedes $X \in \mathfrak{M}$ *gilt.*

Beweis: Das Lemma folgt unmittelbar aus Satz 3 in 12.2 ●

Satz. *Es seien die Voraussetzungen des Lemmas erfüllt. Ist* f *eine* μ*-integrierbare Funktion auf* E, *so gilt*

$$\int_E f(x)\, \mathrm{d}\mu = \int_E f(x)\Theta(x)\, \mathrm{d}\lambda\,. \tag{2}$$

Beweis: Der Satz ergibt sich auf Grund des voranstehenden Lemmas aus Abschnitt 7.6 ●

Folgerung. *Die Gleichung* (2) *gilt selbstverständlich auch für jede* μ*-meßbare Menge* $X \subset E$:

$$\int_X f(x)\, \mathrm{d}\mu = \int_X f(x)\Theta(x)\, \mathrm{d}\lambda\,.$$

Also ist die Mengenfunktion

$$F(X) = \int_X f(x)\, \mathrm{d}\mu \quad (X \subset E,\ X \in \sigma(\mathfrak{M}))$$

auf E *absolutstetig bez. des Maßes* λ *(vgl. Satz 4 in 7.5).*

12.4. Lebesguesche Zerlegung eines Integrals in absolutstetigen und singulären Teil

Lemma. *Es seien* α, β *und* γ *Lusin-Maße auf einem Ring* $\mathfrak{M}$, *wobei* $\gamma = \alpha + \beta$ *gilt. Ist eine Funktion* f γ*-integrierbar auf* E, *so ist sie auch* α*- und* β*-integrierbar auf* E, *und es gilt*

$$\int_E f(x)\, \mathrm{d}\gamma = \int_E f(x)\, \mathrm{d}\alpha + \int_E f(x)\, \mathrm{d}\beta\,^{1)}\,. \tag{1}$$

Beweis: Ohne Beschränkung der Allgemeinheit sei $f(x) \geqq 0$. Ist f eine durch die Gleichung

$$f(x) = \sum_n t_n \mathbf{1}_{E_n}(x)$$

[1]) Die umgekehrte Behauptung ist gleichfalls richtig und folgt aus Abschnitt 7.6.

gegebene Treppenfunktion, wobei $E = \bigcup_n E_n$ eine endliche oder abzählbare Zerlegung von E in Mengen $E_n \in \mathfrak{M}$ darstellt und $t_n \geqq 0$ $(n = 1, 2, \ldots)$ ist, so gilt

$$\int_E f(x)\,d\gamma = \sum_n t_n\gamma(E_n) = \sum_n t_n\alpha(E_n) + \sum_n t_n\beta(E_n) = \int_E f(x)\,d\alpha + \int_E f(x)\,d\beta\,.$$

Im allgemeinen Fall betrachten wir eine Folge nichtnegativer Treppenfunktionen f_n der oben angegebenen Art, für die $f_n(x) \uparrow f(x)$ für alle $x \in E$ gilt. Wegen $0 \leqq f_n(x) \leqq f(x)$ für alle $x \in E$ sind die Funktionen f_n γ-integriebar auf E, und es gilt also

$$\int_E f_n(x)\,d\gamma = \int_E f_n(x)\,d\alpha + \int_E f_n(x)\,d\beta\,.$$

Nach den Eigenschaften monoton wachsender Funktionsfolgen erhalten wir hieraus im Grenzübergang $n \to \infty$ die Gleichung (1) ●

Als unmittelbare Folgerung dieses Lemmas ergibt sich

Satz 1. *Es seien folgende Voraussetzungen erfüllt:*

(i) *λ und μ sind Lusin-Maße auf den Ringen $\mathfrak{L}$ bzw. $\mathfrak{M}$ von Teilmengen einer Menge X_0, wobei $\mathfrak{L} \subset \mathfrak{M}$ gilt;*

(ii) *für alle $X \in \mathfrak{M}$ gilt $\mu = \alpha + \sigma$, wobei α auf X_0 absolutstetig und σ auf X_0 singulär bez. des Maßes λ ist;*

(iii) *α und σ sind nichtnegativ und σ-additiv*[1]) .

Ist die Funktion f μ-integrierbar auf E, so ist sie auch α- und σ-integrierbar auf E, und es gilt

$$\int_E f(x)\,d\mu = \int_E f(x)\,d\alpha + \int_E f(x)\,d\sigma\,. \tag{2}$$

Satz 2. *Zusätzlich zu den Voraussetzungen von Satz* 1 *gelte $\mathfrak{M} \subset \sigma(\mathfrak{L})$ und $X_0 \in \sigma(\mathfrak{L})$. Dann gibt es eine nichtnegative Funktion Θ auf X_0*[2]) , *so daß*

$$\int_E f(x)\,d\mu = \int_E f(x)\Theta(x)\,d\lambda = \int_E f(x)\,d\sigma\,. \tag{3}$$

Beweis: Nach Satz 1 gilt zunächst Gleichung (2). Da α auf X_0 absolutstetig bez. λ ist, gilt nach dem Satz in 12.3

$$\int_E f(x)\,d\alpha = \int_E f(x)\Theta(x)\,d\lambda\,. \tag{4}$$

Aus (2) und (4) ergibt sich die Behauptung ●

Folgerung. *Die Gleichung* (3) *gilt offenbar für jede μ-meßbare Menge $X \subset E$:*

$$\int_X f(x)\,d\mu = \int_X f(x)\Theta(x)\,d\lambda + \int_X f(x)\,d\sigma\,. \tag{3'}$$

Dabei ist die Mengenfunktion

$$A(X) = \int_X f(x)\Theta(x)\,d\lambda$$

auf E absolutstetig bez. λ und die Mengenfunktion

$$S(X) = \int_X f(x)\,d\sigma$$

---

[1]) Ist μ ein BOREL-Maß, so gibt es nach Satz 1 in 11.7 stets eine derartige Zerlegung.

[2]) Θ hängt nicht von f ab, vgl. 12.3.

auf E singulär bez. λ. (Dies folgt aus der Singularität des Maßes σ bez. λ: Wenn σ, eingeschränkt auf die Klasse aller $X \subset E$ mit $X \in \mathfrak{M}$, auf einer Menge $E_0 \subset E$ konzentriert ist, so gilt entsprechendes auch für S, eingeschränkt auf die Klasse aller μ-meßbaren $X \subset E$.) Damit stellt Gleichung (3′) die LEBESGUEsche Zerlegung der Mengenfunktion

$$F(X) = \int_X f(x)\,d\mu \quad (X \subset E,\ X \in \sigma(\mathfrak{M}))$$

in absolutstetigen und singulären Teil bez. des Maßes λ dar (vgl. 11.7).

Im allgemeinen können das Maß μ und mit ihm auch die Maße α und σ atomare Maße sein. In diesem Fall sind die Resultate des folgenden Abschnittes nützlich.

12.5. Lebesguesche Zerlegung von Integralen bezüglich atomarer Maße

Es sei λ ein BOREL-Maß und μ ein LUSIN-Maß auf den Ringen $\mathfrak{L}$ bzw. $\mathfrak{M}$ von Teilmengen einer Menge X_0. Dabei gelte $\mathfrak{L} \subset \mathfrak{M}$. Besitzt das Maß μ Atome – sie sollen im folgenden mit dem Symbol A gekennzeichnet werden –, so ist entsprechend Abschnitt 7.7 die Mengenfunktion

$$\gamma(X) = \mu(X) - \sum_{A \subset X} \mu(A)\,[1] \qquad (X \in \mathfrak{M}) \tag{1}$$

ein atomfreies σ-additives Maß. Nach Satz 1 in 11.7 kann γ auf X_0 in einen absolutstetigen Teil α und einen singulären Teil σ bez. des Maßes λ zerlegt werden:

$$\gamma(X) = \alpha(X) + \sigma(X) \quad (X \in \mathfrak{M})\ ; \tag{2}$$

α und σ sind dabei nichtnegativ und σ-additiv[2].

Satz 1. *Es seien die eingangs des Abschnittes genannten Voraussetzungen erfüllt. Ist die Funktion f μ-integrierbar auf E, so ist auch α- und σ-integrierbar auf E, und es gilt*

$$\int_E f(x)\,d\mu = \int_E f(x)\,d\alpha + \int_E f(x)\,d\sigma + \sum_{A \subset E} f_A \mu(A)\,, \tag{3}$$

wobei f_A den Wert von f auf dem Atom A bedeutet. Die Maße α und σ sind atomfrei.

Beweis: Nach Abschnitt 7.7 gilt

$$\int_E f(x)\,d\mu = \int_E f(x)\,d\gamma + \sum_{A \subset E} f_A \mu(A)$$

(vgl. (1)). Gleichung (3) ergibt sich dann, indem man das Lemma aus 12.4 auf

$$\int_E f(x)\,d\gamma$$

anwendet. Schließlich ist das Maß γ atomfrei, d. h., es gibt keine Atome bez. γ und somit auch nicht bez. α und σ (vgl. (2)). Letztere sind also gleichfalls atomfrei ●

---

[1] Die Summation erstreckt sich hier und in den entsprechenden nachfolgenden Formeln über alle in X enthaltenen μ-Atome A; die Summe wird gleich 0 gesetzt, falls X keine Atome enthält.

[2] Hier geht wesentlich ein, daß λ ein BOREL-Maß ist.

Satz 2. *Es seien die Voraussetzungen von Satz 1 erfüllt. Gilt zusätzlich $\mathfrak{M} \subset \sigma(\mathfrak{L})$ und $X_0 \in \sigma(\mathfrak{L})$, dann gibt es eine nichtnegative Funktion Θ auf X_0, so daß*

$$\int_E f(x)\,\mathrm{d}\mu = \int_E f(x)\Theta(x)\,\mathrm{d}\lambda + \int_E f(x)\,\mathrm{d}\sigma + \sum_{A \subset E} f_A \mu(A) \tag{4}$$

gilt. Dabei ist das Maß σ atomfrei.

Beweis: Nach Satz 1 gilt Gleichung (3) und nach dem Satz in 12.3

$$\int_E f(x)\,\mathrm{d}\varkappa = \int_E f(x)\Theta(x)\,\mathrm{d}\lambda\,. \tag{5}$$

Aus diesen beiden Gleichungen folgt die Behauptung ●

Folgerung. *Gleichung (4) gilt offenbar für beliebige μ-meßbare Mengen $X \subset E$:*

$$\int_X f(x)\,\mathrm{d}\mu = \int_X f(x)\Theta(x)\,\mathrm{d}\lambda + \int_X f(x)\,\mathrm{d}\sigma + \sum_{A \subset X} f_A \mu(A)\,. \tag{4'}$$

Diese Gleichung stellt die sog. LEBESGUEsche Zerlegung der Mengenfunktion

$$F(X) = \int_X f(x)\,\mathrm{d}\mu \quad (X \subset E,\ X \in \sigma(\mathfrak{M}))$$

in einen absolutstetigen, einen singulären (bez. λ) und einen diskreten Teil dar; dabei ist das Maß σ atomfrei (vgl. die Folgerung zu Satz 2 in 12.4).

12.6. Lebesguesche Zerlegung von Lebesgue-Stieltjes-Integralen

Es sei λ das LEBESGUE-Maß und μ ein LEBESGUE-STIELTJES-Maß im n-dimensionalen Raum X_0, ferner seien $\mathfrak{L}$ und $\mathfrak{M}$ diejenigen Ringe von Teilmengen von X_0, auf denen λ bzw. μ definiert sind.
Allgemein kann man nicht behaupten, daß $\mathfrak{L} \subset \mathfrak{M}$ (oder $\mathfrak{M} \subset \mathfrak{L}$) gilt, so daß die Sätze der Abschnitte 12.4 und 12.5 i. a. nicht anwendbar sind.

Anders verhält es sich, wenn wir die Maße λ und μ nur für BOREL-Mengen betrachten (die bekanntlich zugleich λ- und μ-meßbar sind). Dann gilt nämlich der folgende

Satz. *Es seien λ das Lebesgue-Maß und μ ein Lebesgue-Stieltjes-Maß, jeweils nur für Borel-Mengen betrachtet. Dann existiert auf X_0 eine nichtnegative Funktion Θ und ein für alle Borel-Mengen $X \in \mathfrak{M}$ definiertes atomfreies, σ-additives und auf X_0 bez. λ singuläres Maß σ, so daß für jede auf einer Menge E μ-integrierbare Funktion f die Gleichung*

$$\int_E f(x)\,\mathrm{d}\mu = \int_E f(x)\Theta(x)\,\mathrm{d}\lambda + \int_E f(x)\,\mathrm{d}\sigma + \sum_{x_k \in E} f(x_k)\, p_k \tag{1}$$

gilt, wobei $\{x_k\}$ $(k = 1, 2, \ldots)$ die μ-Atome sind und $p_k = \mu\{x_k\}$ ist[1] .

Beweis: Analog zu Abschnitt 9.2ff. nehmen wir an, daß das Maß μ durch ein Maß m erzeugt wird, das auf einem regulären Halbring $\mathcal{H}$ n-dimensionaler Quader R definiert ist. Das bedeutet insbesondere, daß die Vereinigung E_0 aller $R \in \mathcal{H}$ eine endliche oder abzählbare Zerlegung der Form $E_0 = \bigcup_i R_i$ in Mengen $R_i \in \mathcal{H}$ erlaubt.

[1] Das für BOREL-Mengen definierte Maß σ kann zu einem LEBESGUE-STIELTJES-Maß erweitert werden. Man kann also σ als LEBESGUE-STIELTJES-Maß ansehen.

Wir beweisen die Gleichung (1) ohne Beschränkung der Allgemeinheit für nichtnegatives f. Sei zunächst f μ-integrierbar auf der gesamten Menge E_0, insbesondere also auf jedem R_i. Da die Maße λ und μ für alle BOREL-Mengen $X \subset E_i$ definiert sind, gilt nach Satz 2 in 12.5[1])

$$\int_{R_i} f(x)\,\mathrm{d}\mu = \int_{R_i} f(x)\,\Theta_i(x)\,\mathrm{d}\lambda + \int_{R_i} f(x)\,\mathrm{d}\sigma_i + \sum_{x_k \in R_i} f(x_k)\,p_k\,, \tag{2}$$

wobei $\Theta_i(x) \geqq 0$ auf R_i gilt, σ_i für alle BOREL-Mengen $X \subset R_i$ definiert ist und dort atomfrei sowie singulär bez. des Maßes λ ist. Faßt man alle Gleichungen (2) für $i = 1, 2, \ldots$ zusammen, so erhält man

$$\int_{E_0} f(x)\,\mathrm{d}\mu = \int_{E_0} f(x)\Theta(x)\,\mathrm{d}\lambda + \int_{E_0} f(x)\,\mathrm{d}\sigma + \sum_k f(x_k)p_k \tag{3}$$

mit

$$\Theta(x) = \begin{cases} \Theta_i(x) & \text{für} \quad x \in R_i \quad (i = 1, 2, \ldots), \\ 0 & \text{für} \quad x \in X_0 \setminus E_0 \end{cases}$$

und

$$\sigma(X) = \sum_i \sigma_i(X \cap R_i)$$

für jede bez. μ endliche BOREL-Menge $X \subset E_0$ (in diesem Falle ist $\mu(X) = \sum_i \mu\,(X \cap R_i)$ endlich, also ist wegen $\mu(Y) \geqq \sigma_i(Y)$ für alle BOREL-Mengen $Y \subset R_i$ (vgl. 12.5) auch die, Summe $\sum_i \sigma_i\,(X \cap R_i)$ endlich). Nach unserer Konstruktion ist $\Theta(x) \geqq 0$ für alle $x \in X_0$ und σ ist für alle bez. μ endlichen BOREL-Mengen $X \subset E_0$ definiert sowie atomfrei und auf X_0 singulär bez. λ.

Sei nun f μ-integrierbar auf E. Nach Voraussetzung ist $E \subset E_0$. Durch Anwendung von Gleichung (3) auf die Funktion

$$f(x, E) = \begin{cases} f(x) & \text{für} \quad x \in E, \\ 0 & \text{für} \quad x \notin E \end{cases}$$

erhalten wir Gleichung (1) ●

Folgerung 1. *Gleichung* (1) *gilt offenbar für jede beliebige Borel-Menge* $X \subset E$:

$$\int_X f(x)\,\mathrm{d}\mu = \int_X f(x)\Theta(x)\,\mathrm{d}\lambda + \int_X f(x)\,\mathrm{d}\sigma + \sum_{x_k \in X} f(x_k)\,p_k\,. \tag{4}$$

Dies stellt die LEBESGUEsche Zerlegung der Mengenfunktion

$$F(X) = \int_X f(x)\,\mathrm{d}\mu \quad (X \subset E,\ X\ \text{BOREL-Menge})$$

in einen absolutstetigen, einen (bez. des Maßes λ) singulären und einen diskreten Teil dar; dabei ist das Maß σ (ebenso wie natürlich auch das LEBESGUE-Maß λ) atomfrei; vgl. die Folgerung zu Satz 2 in 12.4.

Folgerung 2. *Setzen wir in* (3) *für f die charakteristische Funktion einer beliebigen bez. μ endlichen Borel-Menge X, so erhalten wir durch*

$$\mu(X) = \int_X \Theta(x)\,\mathrm{d}\lambda + \sigma(X) + \sum_{x_k \in X} p_k \tag{5}$$

---

[1]) Unter unseren speziellen Voraussetzungen sind die in dem genannten Satz auftretenden Ringe $\mathfrak{L}$ und $\mathfrak{M}$ sogar σ-Algebren mit $\mathfrak{L} = \mathfrak{M}$; dabei übernimmt R_i die Rolle des X_0.

die Lebesguesche Zerlegung des Lebesgue-Stieltjes-Maßes μ in einen absolutstetigen, einen (bez. des Lebesgue-Maßes) singulären und einen diskreten Teil, wobei der singuläre Teil σ atomfrei ist.

Folgerung 3. *Sei φ eine erzeugende Funktion des Maßes μ und ψ eine erzeugende Funktion des Maßes σ. Dann nimmt Gleichung* (4) *die folgende Gestalt an:*

$$\int_X f(x)\,\mathrm{d}\varphi = \int_X f(x)\Theta(x)\,\mathrm{d}\lambda + \int_X f(x)\,\mathrm{d}\psi + \sum_{x_k\in X} f(x_k)\,p_k\,, \tag{4'}$$

während Gleichung (5) *für $X = R \in \mathfrak{H}$ (vgl. oben) in*

$$\Delta(\varphi;\,R) = \int_X \Theta(x)\,\mathrm{d}\lambda + \Delta(\psi;\,R) + \sum_{x_k\in R} p_k \tag{5'}$$

übergeht, wobei $\Delta(\varphi;\,R)$ und $\Delta(\psi;\,R)$ die n-ten gemischten Differenzen der Funktionen φ bzw. ψ über dem Rechteck R bezeichnen (vgl. auch 2.6).

Wir betrachten den eindimensionalen Fall etwas genauer. Auf einem Intervall I mit dem linken Endpunkt a $(a\in I)$ sei eine monoton wachsende und linksseitig stetige Funktion φ gegeben. Dann folgt aus Gleichung (5) bzw. (5′) für jedes halboffene Intervall $X = [a, x)$ $(x \in I)$

$$\varphi(x) - \varphi(a) = \int_a^x \Theta(x)\,\mathrm{d}x + \psi(x) - \psi(a) + \sum_{a\le x_k<x} p_k \tag{6}$$

mit

$$p_k = \varphi\,(x_k+0) - \varphi(x_k)\ ;$$

der letzte Summand $s(x) = \sum_{a\le x_k<x} p_k$ stellt die *Sprungfunktion* von φ dar; die Funktion ψ ist stetig, da sie erzeugende Funktion des atomfreien Maßes σ ist (es sei daran erinnert, daß im eindimensionalen Fall die Atome eines Maßes gerade die Sprungstellen der erzeugenden Funktion sind). Die Funktion $\psi(x) + \varphi(a) - \psi(a)$ ist ebenfalls eine erzeugende Funktion für σ. Bezeichnen wir sie der Einfachheit halber auch wieder mit ψ, so erhalten wir aus (6)

$$\varphi(x) = \int_a^x \Theta(x)\,\mathrm{d}x + \psi(x) + s(x)\ . \tag{7}$$

Sei nun φ auf einem nach links unendlichen Intervall I definiert und $\varphi\,(-\infty) = \lim_{x\to-\infty} \varphi(x)$ endlich; dann erhalten wir durch Anwendung von Gleichung (5) auf das Intervall $X = (-\infty, x)$ $(x\in I)$ anstelle von (6) die Gleichung

$$\varphi(x) - \varphi(-\infty) = \int_{-\infty}^x \Theta(x)\,\mathrm{d}x + \psi(x) - \psi(-\infty) + \sum_{x_k<x} p_k\,. \tag{6'}$$

Hieraus gelangen wir ebenfalls zu einer Gleichung der Form (7) mit $a = -\infty$.

Zusammengefaßt gilt also, daß jede monoton wachsende und linksseitig stetige Funktion φ auf einem Intervall I (unter der Bedingung, daß $\varphi(-\infty) = \lim_{x\to-\infty} \varphi(x)$ endlich ist) für jedes $x\in I$ als Summe dreier Bestandteile dargestellt werden kann, nämlich eines LEBESGUE-Integrals mit variabler oberer Grenze, einer stetigen Funktion ψ (der erzeugenden Funktion eines bezüglich des LEBESGUE-Maßes singulären Maßes σ, vgl. oben) und einer Sprungfunktion. Die durch $\int_a^x \Theta(x)\,\mathrm{d}x$ gegebenen Funktion ist eine sog. absolutstetige Funktion von x, ψ eine sog. singuläre Funktion (die genauen Definitionen finden sich im folgenden Abschnitt).

12.7. Absolutstetige und singuläre Funktionen auf der Geraden. Das unbestimmte Lebesgue-Integral

In diesem Abschnitt werden ausschließlich Funktionen und Mengen auf der Geraden betrachtet. Dabei sollen im folgenden die Begriffe der erzeugenden Funktion und der Verteilungsfunktion, die vorher für Maße eingeführt worden sind, auf den Fall von Mengenfunktionen beliebigen Vorzeichens erweitert werden. Die entsprechenden Definitionen (vgl. Kapitel 2) ändern sich hierbei kaum.

Sei I irgendein Intervall der Zahlengeraden ($I=(-\infty, \infty)$ ist zugelassen), $\mathcal{H}$ der Halbring aller endlichen halboffenen Intervalle $X=[\alpha, \beta)$ mit $\alpha \in I$ sowie $\beta \in I$ und schließlich φ eine beliebige reellwertige Funktion auf I. Wir setzen

$$\xi(X)=\varphi(\beta)-\varphi(\alpha) \tag{1}$$

(vgl. Abb. 227).

Falls φ eine monoton wachsende Funktion ist, definiert Gleichung (1) bekanntlich (vgl. Kapitel 2) ein lineares Stieltjes-Maß, und φ heißt die erzeugende Funktion für dieses Maß. Im allgemeinen Fall definiert Gleichung (1) eine Mengenfunktion ξ auf dem Halbring $\mathcal{H}$, die sowohl positive als auch negative Werte annehmen kann. Wir nennen φ auch in diesem Fall eine *erzeugende Funktion* für ξ. Wir nennen φ auch dann noch so, wenn die Mengenfunktion ξ nicht nur auf dem Halbring $\mathcal{H}$ definiert ist,

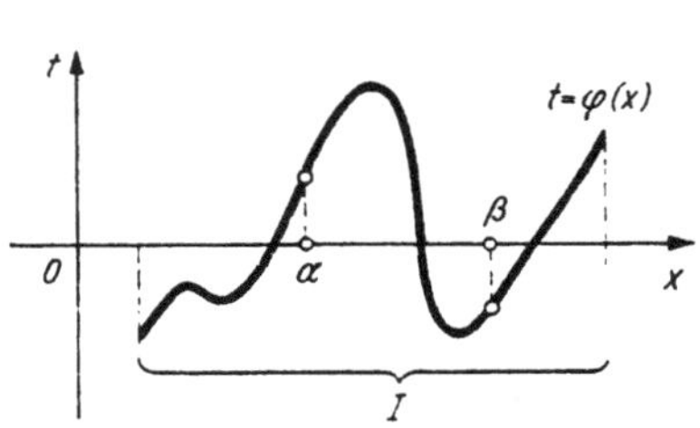

Abb. 227

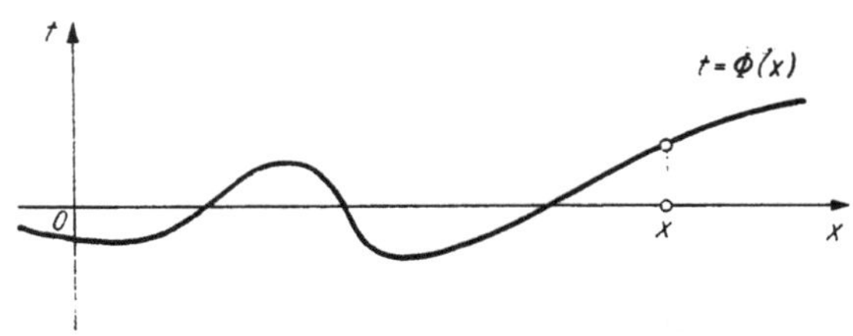

Abb. 228

sondern auf irgendeiner Klasse $\mathfrak{K} \supset \mathcal{H}$ von Mengen aus I. Auf vollkommen analoge Weise wie in Abschnitt 2.4 findet man, daß die erzeugenden Funktionen für ξ genau alle Funktionen der Gestalt $\varphi(x)+C$ sind, wobei C eine beliebige Konstante bezeichnet.

Wir betrachten jetzt eine beliebige Mengenfunktion $\xi(X)$[1]) auf einer Klasse $\mathfrak{K}$ von Teilmengen des Intervalls I, die mindestens alle Intervalle der Art $I_x= =\{t: t<x, t \in I\}$ $(x \in I)$ enthält. Die durch die Gleichung

$$\Phi(x)=\xi(I_x)$$

für jedes $x \in I$ definierte reellwertige Funktion Φ heißt die *Verteilungsfunktion von* ξ.

Nach dieser Definition ist eine Verteilungsfunktion i. a. keine monoton wachsende und nichtnegative Funktion, wie dies für Maße der Fall war.

Beispiel 1. Sei $I=(-\infty, \infty)$. In diesem Fall ist $I_x=(-\infty, x)$ und $\Phi(x)=\xi(-\infty, x)$ (vgl. Abb. 228).

Beispiel 2. Sei $I=[a, b]$. Hier ist $I_x=[a, x)$ und $\Phi(x)=\xi[a, x)$ mit $a \leqq x \leqq b$ (vgl. Abb. 229).

---

[1]) Diese Funktion hat nichts mit Gleichung (1) zu tun.

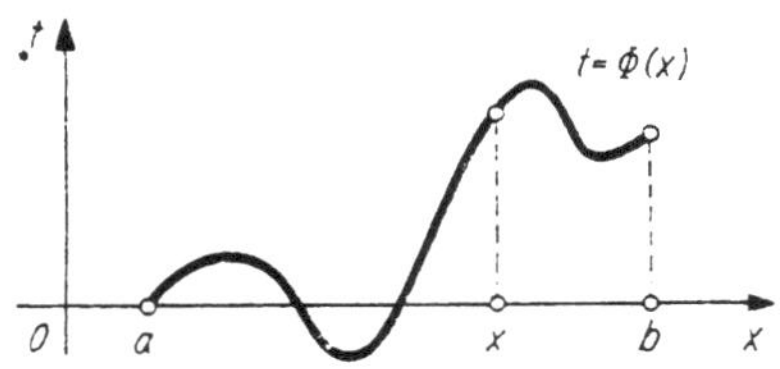

Abb. 229

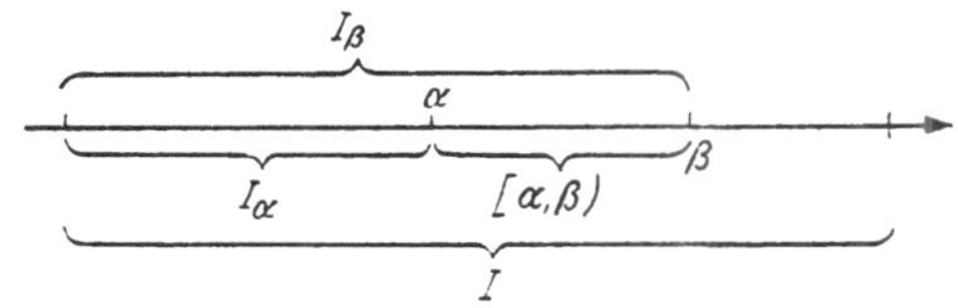

Abb. 230

Ist die Mengenfunktion ξ additiv und enthält die Klasse $\mathfrak{K}$, auf der sie definiert ist, den oben eingeführten Halbring $\mathcal{H}$, so ist Φ genau wie im Fall eines Maßes eine erzeugende Funktion für ξ:

$$\xi[\alpha, \beta) = \xi(I_\beta) - \xi(I_\alpha) = \Phi(\beta) - \Phi(\alpha)$$

(vgl. Abb. 230); es liegt also eine Gleichung der Form (1) vor. In diesem Fall ist folglich jede erzeugende Funktion für ξ in der Form

$$\varphi = \Phi + C \quad (C = \text{const}) \tag{2}$$

darstellbar (vgl. oben). Ist ξ überdies nicht nur additiv sondern sogar σ-additiv, so kann mit der bereits in Abschnitt 2.4 für Maße angewendeten Methode zeigen, daß jede erzeugende Funktion – mithin also auch jede Verteilungsfunktion – überall auf I linksseitg stetig ist[1]).

Übrigens ist diese letzte Eigenschaft in dem Fall, daß ξ als σ-additive Mengenfunktion auf der Klasse $\mathfrak{K}$ aller BOREL-Mengen $X \subset I$ definiert ist ($\mathfrak{K}$ ist eine σ-Algebra, die offensichtlich den oben definierten Halbring $\mathcal{H}$ enthält), eine einfache Folgerung aus dem Satz von JORDAN (vgl. 11.5), da gemäß diesem Satz ξ dann als Differenz zweier σ-additiver Maße auf $\mathfrak{K}$ darstellbar ist: $\xi(X) = \xi_1(X) - \xi_2(X)$, und für die zugehörigen Verteilungsfunktionen offenbar

$$\Phi(x) = \Phi_1(x) - \Phi_2(x) \tag{3}$$

gilt.

Wenn hierbei der linke Endpunkt a des Intervalls I selbst nicht mit zu I gehört (insbesondere im Fall $a = -\infty$), so folgt nach den Eigenschaften σ-additiver Maße (vgl. 2.9) aus (3)

$$\lim_{x \to a} \Phi(x) = \lim_{x \to a} \Phi_1(x) - \lim_{x \to a} \Phi_2(x) = 0\,,$$

woraus sich wegen (2) ergibt, daß für jede erzeugende Funktion φ der Grenzwert $\lim\limits_{x \to a} \varphi(x)$ existiert und endlich ist. Analog verhält es sich mit dem rechten Endpunkt des Intervalls.

Eine Funktion φ der Variablen x heißt *absolutstetig* auf dem Intervall I, wenn sie erzeugende Funktion einer σ-additiven Mengenfunktion ξ ist, die auf der Klasse aller BOREL-Mengen $X \subset I$[2]) definiert und absolutstetig bez. des linearen LEBESGUE-Maßes ist. Nach Definition gilt dann

$$\varphi(\beta) - \varphi(\alpha) = \xi[\alpha, \beta) \tag{4}$$

für jedes Punktepaar $\alpha \in I$, $\beta \in I$, $\alpha \leqq \beta$.

---

[1]) Im Unterschied zu dem Fall, daß ξ ein Maß ist, gilt hier die Umkehrung der Aussage i. a. nicht.

[2]) ξ ist also nach Definition auf einer (oben mit $\mathfrak{K}$ bezeichneten) σ-Algebra definiert. Für eine monoton wachsende Funktion φ kann ξ insbesondere das von φ erzeugte LEBESGUE-STIELTJES-Maß sein.

Ersetzt man in der obigen Definition das Wort „absolutstetig" durch „singulär", so gelangt man entsprechend zum Begriff einer auf I *singulären* Funktion φ.

Beispiel 3. Sei $\varphi(x)=x^2$. Dann ist φ absolutstetig auf jedem endlichen Intervall $I=[\alpha, b]$, da $\varphi(\beta)-\varphi(\alpha)=\int_\alpha^\beta 2x\,dx$ (das Integral ist als Lebesgue-Integral zu verstehen) für jedes Punktepaar $\alpha\in I$, $\beta\in I$ gilt. Setzt man also $\xi(X)=\int_X 2x\,dx$ für jede Borel-Menge $X\subset I$, so ist die Bedingung (4) erfüllt. Nach den Eigenschaften des Lebesgue-Integrals ist die auf diese Weise definierte Mengenfunktion ξ auch absolutstetig bez. des linearen Lebesgue-Maßes.

Beispiel 4. Sei $\varphi(x)=\operatorname{arc}\tan x$. Dann ist φ absolutstetig auf $I=(-\infty,\infty)$, da $\varphi(\beta)-$ $-\varphi(\alpha)=\int_\alpha^\beta \frac{dx}{1+x^2}$ gilt. Mit

$$\xi(X)=\int_X \frac{dx}{1+x^2}$$

für jede Borel-Menge X ist also (4) erfüllt.

Beispiel 5. Die Cantorsche Funktion φ (vgl. Beispiel 2 in 11.7) ist singulär auf $I=[0, 1]$, da sie erzeugende Funktion eines singulären Maßes ist.

Aus den obigen Ausführungen folgt sofort, daß sowohl die auf dem Intervall I absolutstetigen als auch die singulären Funktionen überall auf I linksseitig stetig sind. Die absolutstetigen Funktionen sind darüber hinaus aber sogar stetig auf I. Dies folgt einfach aus der Gleichung (4) und der Absolutstetigkeit der Funktion ξ bez. des Lebesgue-Maßes; dies ergibt sich aber auch aus den folgenden Sätzen (vgl. z. B. Satz 4).

Satz 1. *Durch Addition und Subtraktion sowie durch Multiplikation mit einer Konstanten erhält man aus absolutstetigen (bzw. singulären) Funktionen auf I wiederum absolutstetige (bzw. singuläre) Funktionen.*

Der Beweis ergibt sich unmittelbar aus den entsprechenden Definitionen ●

Satz 2. *Eine auf I absolutstetige oder singuläre Funktion φ ist beschränkt.*

Beweis: Für die Verteilungsfunktion der zugehörigen Funktion $\xi(X)$ gilt Gleichung (3), in der auf der rechten Seite beschränkte, monoton wachsende Funktionen stehen. Daher ist Φ beschränkt, und aus (2) folgt die Beschränktheit von φ ●

Satz 3. *Eine Funktion φ ist genau dann absolutstetig auf dem Intervall I, wenn eine auf I Lebesgue-integrierbare Funktion Θ existiert, so daß*

$$\varphi(\beta)-\varphi(\alpha)=\int_\alpha^\beta \Theta(x)\,dx$$

(im Sinne des Lebesgue-Integrals) für beliebige Punktepaare $\alpha\in I$, $\beta\in I$, $\alpha\leqq\beta$ gilt.

Beweis: Sei φ absolutstetig auf I. λ bezeichne das lineare Lebesgue-Maß für Borel-Mengen. Die zugehörige Mengenfunktion ξ auf der Klasse $\mathfrak{H}$ aller Borel-

Mengen $X \subset I$ ist absolutstetig auf I bez. λ. Damit ist der Satz von RADON-NIKODYM in seiner allgemeineren Form anwendbar (vgl. 12.2). Demnach gibt es eine Funktion Θ auf I, so daß für jedes $X \in \mathfrak{H}$

$$\xi(X) = \int_X \Theta(x)\,\mathrm{d}x \tag{6}$$

gilt; insbesondere ist Θ integrierbar auf I (da I selbst eine BOREL-Menge ist). Setzen wir $X = [\alpha, \beta)$ $(\alpha \in I, \beta \in I, \alpha \leqq \beta)$, so erhalten wir

$$\xi[\alpha, \beta) = \int_\alpha^\beta \Theta(x)\,\mathrm{d}x\,.$$

Wegen (4) folgt hieraus die Behauptung (5)

Umgekehrt existiere nun eine auf I integrierbare Funktion Θ, für die (5) gilt. Wir setzen

$$\xi(X) = \int_X \Theta(x)\,\mathrm{d}x \tag{7}$$

für jede LEBESGUE-meßbare Menge $X \subset I$. Diese Mengenfunktion ξ ist insbesondere für alle BOREL-Mengen $X \subset I$ definiert und absolutstetig bez. des LEBESGUE-Maßes. Aus (5) folgt damit (4), also ist φ absolutstetig auf I ●

Wir geben nun noch eine weitere Definition. Man nennt jede Funktion einer Veränderlichen x, die die Gestalt

$$\int_a^x \Theta(t)\,\mathrm{d}t + C \tag{8}$$

mit $a \in I$[1]), $x \in I$, $C = \text{const}$ hat, wobei für $a > b$

$$\int_a^b \Theta(x)\,\mathrm{d}x = -\int_b^a \Theta(x)\,\mathrm{d}x \tag{9}$$

gesetzt wird, *unbestimmtes Lebesgue-Integral* der Funktion Θ über dem Intervall I.

Satz 4. *Eine Funktion φ ist genau dann absolutstetig auf I, wenn sie das unbestimmte Lebesgue-Integral einer auf I integrierbaren Funktion Θ ist.*

Beweis: Nach Satz 3 gilt für beliebige $a \in I$ und $x \in I$ (vgl. auch die Vereinbarung (9))

$$\varphi(x) - \varphi(a) = \int_a^x \Theta(t)\mathrm{d}t\,, \tag{10}$$

woraus

$$\varphi(x) = \int_a^x \Theta(t)\,\mathrm{d}t + C \quad \text{mit} \quad C = \text{const} \tag{11}$$

folgt. Ist das Intervall I nach links unendlich, so folgt aus (10) beim Grenzübergang $a \to -\infty$ für festes x

$$\varphi(x) - \varphi(-\infty) = \int_{-\infty}^x \Theta(t)\,\mathrm{d}t$$

1) Die Fälle $a = -\infty$ oder $a = \infty$ sind dabei nicht ausgeschlossen, sofern nur das Intervall I die entsprechenden Grenzen hat.

(da Θ auf I integrierbar ist). Daher gilt

$$\varphi(x) = \int_{-\infty}^{x} \Theta(t)\,dt + C \quad \text{mit } C = \text{const}\,.$$

Wir erhalten also wiederum eine Gleichung der Gestalt (11). Eine analoge Formel ergibt sich im Fall eines nach rechts unendlichen Intervalls durch den Grenzübergang $a \to \infty$ ●

Folgerung. *Ist die Funktion φ absolutstetig auf I, dann ist sie als Differenz zweier monoton wachsender und auf I absolutstetiger Funktionen darstellbar.*

Beweis: Da Θ integrierbar auf I ist, gilt $\Theta = \Theta_1 - \Theta_2$ mit integrierbaren und nichtnegativen Funktionen Θ_1 und Θ_2 auf I. Wegen (11) gilt dann für beliebiges $x \in I$

$$\varphi(x) = \int_a^x \Theta_1(t)\,dt - \left(\int_a^x \Theta_2(t)\,dt - C\right) \quad ●$$

Satz 5. *Ist die Funktion φ absolutstetig auf dem Intervall I, dann gibt es zu jedem $\varepsilon > 0$ ein solches $\delta > 0$, daß für jedes endliche System disjunkter halboffener Intervalle*

$$[\alpha_k, \beta_k),\ \alpha_k < \beta_k,\ \alpha_k \in I,\ \beta_k \in I \quad (k = 1, 2, \ldots, n)\,,$$

das der Bedingung

$$\sum_{k=1}^{n} (\beta_k - \alpha_k) < \delta \tag{12}$$

genügt, die Ungleichung

$$\sum_{k=1}^{n} |\varphi(\beta_k) - \varphi(\alpha_k)| < \varepsilon \tag{13}$$

erfüllt ist[1]).

Beweis: Wenn die Funktion φ absolutstetig auf I ist, gibt es nach Satz 3 eine auf I integrierbare Funktion Θ, so daß für jedes Punktepaar $\alpha \in I$, $\beta \in I$ die Gleichung (5) gilt. Wir definieren auf der Klasse $\mathfrak{H}$ aller BOREL-Mengen $X \subset I$ die Mengenfunktion

$$\eta(X) = \int_X |\Theta(x)|\,dx$$

(η ist demnach die Totalvariation der Mengenfunktion ξ, vgl. (6) und 11.3). Diese Mengenfunktion ist absolutstetig bez. des LEBESGUE-Maßes λ. Es gibt also zu jedem $\varepsilon > 0$ ein $\delta > 0$ derart, daß für jedes $X \in \mathfrak{H}$ aus der Ungleichung $\lambda(X) < \delta$ die Ungleichung $\eta(X) < \varepsilon$ folgt. Für jede Zerlegung von X der Gestalt $X = \bigcup_{k=1}^{n} [\alpha_k, \beta_k)$ ergibt sich also aus der Ungleichung

$$\lambda(X) = \sum_{k=1}^{n} (\beta_k - \alpha_k) < \varepsilon \quad \text{stets}$$

$$\sum_{k=1}^{n} |\varphi(\beta_k) - \varphi(\alpha_k)| = \sum_{k=1}^{n} \left| \int_{\alpha_k}^{\beta_k} \Theta(x)\,dx \right| \leq \sum_{k=1}^{n} \int_{\alpha_k}^{\beta_k} |\Theta(x)|\,dx = \eta(X) < \varepsilon\,,$$

d. h., aus (12) folgt (13) ●

---

[1]) Anstelle der endlichen Systeme kann man auch höchstens abzählbare Systeme betrachten, anstelle der halboffenen Intervalle $[\alpha_k, \beta_k)$ Intervalle der Form (α_k, β_k).

Für Funktionen, die als Differenz zweier monoton wachsender beschränkter Funktionen dargestellt werden können[1]), gilt auch die Umkehrung von Satz 5. Wir geben im folgenden jedoch eine etwas schwächere Formulierung dieses Sachverhaltes an.

Satz 6. *Sei φ eine beschränkte und monoton wachsende Funktion auf dem Intervall I mit der durch* (12), (13) *charakterisierten Eigenschaft. Dann ist φ absolutstetig auf I.*

Beweis: Wegen (12), (13) ist die Funktion φ stetig auf I. Da sie außerdem beschränkt und monoton wachsend ist, erzeugt sie ein LEBESGUE-STIELTJES-Maß ξ, das offensichtlich auf der Klasse $\mathfrak{H}$ aller BOREL-Mengen $X \subset I$ definiert ist (vgl. 3.8). Sei $\varepsilon > 0$ gegeben, $\delta > 0$ entsprechend (12), (13) gewählt sowie $X \in \mathfrak{H}$ eine Nullmenge bez. des LEBESGUE-Maßes. Nach Definition des LEBESGUE-Maße gibt es ein abzählbares System disjunkter halboffener Intervalle $[\alpha_k, \beta_k)$, $\alpha_k < \beta_k$ $(k = 1, 2, \ldots)$, für das

$$X \subset \bigcup_{k=1}^{\infty} [\alpha_k, \beta_k), \quad \sum_{k=1}^{\infty} (\beta_k - \alpha_k) < \delta$$

gilt. Hieraus folgt $\sum\limits_{k=1}^{n} [\varphi(\beta_k) - \varphi(\alpha_k)] < \varepsilon$ für jede natürliche Zahl n und damit

$$0 \leqq \xi(X) \leqq \sum_{k=1}^{\infty} \xi[\alpha_k, \beta_k) = \sum_{k=1}^{\infty} [\varphi(\beta_k) - \varphi(\alpha_k)] \leqq \varepsilon ,$$

d. h. $\xi(X) = 0$. ξ ist also absolutstetig bez. des LEBESGUE-Maßes (vgl. Satz 5' in 7.5) und erfüllt die Bedingung (4), ist also mit anderen Worten absolutstetig auf I ●

Abschließend sei noch eine letzte Definition angeführt. Eine Funktion heißt *absolutstetig* (bzw. *singulär*) *im weiteren Sinne* auf dem Intervall I, wenn es eine Folge I_n $(n = 1, 2, \ldots)$ von Intervallen mit $I_n \uparrow I$ gibt, so daß die Funktion auf jedem dieser Intervalle absolutstetig (bzw. singulär) ist.

Beispiel 6. Sei $\varphi(x) = x^2$. Dann ist die Funktion φ absolutstetig im weiteren Sinne auf $I = (-\infty, \infty)$, da auf jedem endlichen Intervall $I_n = (-n, n)$ mit $I_n \uparrow I$ $x^2 = \int\limits_0^x 2x \, dx$ gilt und $\Theta(x) = 2x$ eine LEBESGUE-integrierbare Funktion auf I_n ist (vgl. Satz 4).

Beispiel 7. Sei $\varphi(x) = \dfrac{1}{x}$. Dann ist die Funktion φ absolutstetig im weiteren Sinne auf $I = (0, \infty)$, da sie absolutstetig auf jedem Intervall $I_n = \left(\dfrac{1}{n}, n\right)$ mit $I_n \uparrow I$ ist. Es gilt nämlich

$$\frac{1}{x} = \int_1^x \left(-\frac{1}{x^2}\right) dx + 1 ,$$

und die Funktion $\Theta(x) = -x^{-2}$ ist integrierbar auf jedem I_n.

In beiden Beispielen ist φ nicht beschränkt, kann also nach Satz 2 nicht im einfachen Sinne absolutstetig auf I sein.

Satz 1 kann in einfacher Weise für den Fall der Absolutstetigkeit bzw. Singularität im weiteren Sinne formuliert werden. Entsprechend auch die Sätze 3 und 4, wobei lediglich die Integrierbarkeit von Θ auf I durch die Integrierbarkeit auf jedem I_n ersetzt werden muß.

---

[1]) Solche Funktionen heißen *Funktionen von endlicher* (oder *beschränkter*) *Schwankung* (oder auch von *endlicher* bzw. *beschränkter Variation*).

13. Das Integral bezüglich eines signierten Maßes

13.1. Definition

Es seien μ und ν LUSIN-Maße auf einem Ring $\mathfrak{M}$ von Teilmengen einer Menge X_0. Auf diesem Ring sei durch

$$\xi(X) = \mu(X) - \nu(X) \tag{1}$$

ein signiertes Maß definiert.

Ist eine Funktion f sowohl μ- als auch ν-integrierbar auf einer Menge E, so setzen wir

$$\int_E f(x)\, d\xi = \int_E f(x)\, d\mu - \int_E f(x)\, d\nu \tag{2}$$

und nennen diese Zahl das *Integral der Funktion f über der Menge E bezüglich des signierten Maßes* ξ (kürzer: ξ-*Integral* von f über E); die Funktion f heißt dann *integrierbar auf der Menge E bezüglich des signierten Maßes* ξ (kürzer: ξ-*integrierbar* auf E).

Wir zeigen, daß eine solche Definition des Integrals korrekt ist, d. h., daß der Wert des Integrals (2) allein von den Werten $\xi(X)$ und nicht von der Darstellung dieser Mengenfunktion als Differenz zweier Maße (vgl. (1)) abhängt[1].

Ohne Beschränkung der Allgemeinheit sei $f(x) \geqq 0$. Sei f zunächst eine Treppenfunktion auf E der Gestalt

$$f(x) = \sum_n t_n \mathbf{1}_{E_n}(x) ,$$

wobei $E = \bigcup_n E_n$ eine endliche oder abzählbare Zerlegung von E in Mengen $E_n \in \mathfrak{M}$ darstellt und jeweils $t_n \geqq 0$ gelte. Gemäß (2) ergibt sich

$$\int_E f(x)\, d\xi = \sum_n t_n \mu(E_n) - \sum_n t_n \nu(E_n) = \sum_n t_n[\mu(E_n) - \nu(E_n)] = \sum_n t_n \xi(E_n) ;$$

der Wert des Integrals hängt also nur von den Werten $\xi(X)$ ab. Im allgemeinen Fall betrachten wir eine Folge nichtnegativer Treppenfunktionen f_n der obigen Gestalt, für die $f_n(x) \uparrow f(x)$ $(x \in E)$ gilt. Aus der Ungleichung $0 \leqq f_n(x) \leqq f(x)$ $(x \in E)$ folgt, daß alle

---

[1]) Allerdings sei darauf hingewiesen, daß demgegenüber der oben eingeführte Begriff der ξ-Integrierbarkeit von der speziellen Darstellung (1) abhängen kann. Bewiesen wird im weiteren lediglich folgendes: Ist die Funktion f ξ-integrierbar auf E bezüglich zweier verschiedener Darstellungen $\xi = \mu_1 - \nu_1$ und $\xi = \mu_2 - \nu_2$ von ξ als Differenz zweier gewöhnlicher Maße, so sind die Werte der entsprechenden ξ-Integrale gleich. Im allgemeinen gilt aber nicht, daß die ξ-Integrierbarkeit bez. einer solchen Darstellung $\xi = \mu_1 - \nu_1$ bereits die ξ-Integrierbarkeit bez. jeder anderen solchen Darstellung $\xi = \mu_2 - \nu_2$ zur Folge hat (Anm. d. Hrsg.).

Funktionen f_n ξ-integrierbar auf E sind und

$$\lim_{n\to\infty} \int_E f_n(x)\,d\xi = \lim_{n\to\infty} \int_E f_n(x)\,d\mu - \lim_{n\to\infty} f_n(x)\,d\nu$$
$$= \int_E f(x)\,d\mu - \int_E f(x)\,d\nu = \int_E f(x)\,d\xi$$

gilt. Demzufolge hängt auch hier das Integral (2) allein von den Werten $\xi(X)$ ab; die Definition des ξ-Integrals ist also korrekt.

Wir bemerken weiterhin, daß die Definition des Integrals bez. eines signierten Maßes der Definition des Integrals bez. eines gewöhnlichen Maßes nicht widerspricht, falls das signierte Maß im Spezialfall gerade ein gewöhnliches ist. In diesem Fall kann man für (1)

$$\xi(X) = \xi(X) - \nu(X) \tag{1'}$$

mit $\nu(X) = 0$ $(X \in \mathfrak{M})$ schreiben. Nach den obigen Ausführungen hängt das Integral bez. eines signierten Maßes nicht von der Darstellungsweise dieses Maßes als Differenz gewöhnlicher Maße ab. Für dieses Integral (in der folgenden Gleichung mit einem Stern gekennzeichnet) gilt somit

$$\overset{*}{\int_E} f(x)\,d\xi = \int_E f(x)\,d\xi - \int_E f(x)\,d\nu = \int_E f(x)\,d\xi\,,$$

was zu beweisen war.

Da das Integral bez. eines signierten Maßes mittels Gleichung (2) sehr einfach durch Integrale bez. gewöhnlicher Maße dargestellt werden kann, müssen wir auf die einfachen Eigenschaften dieses Integrals nicht besonders eingehen.

13.2. Lebesguesche Zerlegung eines Integrals bezüglich eines signierten Maßes

Aus dem vorigen Abschnitt folgt leicht, daß die Sätze der Abschnitte 12.3 und 12.4 auch für ein signiertes Maß $\mu = \mu_1 - \mu_2$ gelten, wobei μ_1 und μ_2 LUSIN-Maße auf einem Ring $\mathfrak{M}$ sind. Dabei ist lediglich die dort auftretende Funktion Θ im allgemeinen nicht mehr nichtnegativ. Die entsprechenden Formulierungen der Sätze nebst den zugehörigen Beweisen seien dem Leser als Übungsaufgaben überlassen.

Der Abschnitt 7.7 handelte von Atomen und atomfreien (gewöhnlichen) Maßen. Die entsprechenden Definitionen können wörtlich auf den Fall einer beliebigen Mengenfunktion übertragen werden, insbesondere also auf den Fall eines signierten Maßes[1]). Der Einfachheit halber beschränken wir uns jetzt auf einen für die Anwendungen sehr wichtigen Spezialfall, nämlich auf den Fall, daß die Maße μ_1 und μ_2 nur einelementige Atome haben. Unter dieser Voraussetzung erweitern wir nun die Sätze aus 12.5 auf den Fall eines signierten Maßes $\mu = \mu_1 - \mu_2$[2]).

Sei λ ein BOREL-Maß auf einem Ring $\mathfrak{L} \subset \mathfrak{M}$ und die Funktion f μ-integrierbar auf E in dem Sinne, daß f sowohl μ_1- als auch μ_2-integrierbar auf E ist. Da für jedes der Maße μ_1 bzw. μ_2 die Voraussetzungen von Satz 1 aus 12.5 erfüllt sind (die dort auftretenden

---

[1]) Sei die Funktion F auf der Klasse $\mathfrak{K}$ gegeben. Eine Menge A heißt F-*Atom*, falls $A \in \mathfrak{K}$ sowie $F(A) \neq 0$ gilt und A keine von A und $\emptyset$ verschiedene Teilmenge $X \in \mathfrak{K}$ enthält. Die Funktion F heißt *atomfrei*, wenn es keine F-Atome gibt.

[2]) Man sieht leicht, daß hier auch μ nur einelementige Atome haben kann.

Maße γ, α und σ bezeichnen wir hier jeweils mit γ_1, α_1 und σ_1 bzw. γ_2, α_2 und σ_2), gilt

$$\begin{aligned}\int_E f(x)\,d\mu_1 &= \int_E f(x)\,d\alpha_1 + \int_E f(x)\,d\sigma_1 + \sum_{x'_n \in E} f(x'_n)\,p'_n\,,\\ \int_E f(x)\,d\mu_2 &= \int_E f(x)\,d\alpha_2 + \int_E f(x)\,d\sigma_2 + \sum_{x''_n \in E} f(x'')\,p''\,,\end{aligned} \tag{1}$$

wobei $\{x'_n\}$ die Atome des Maßes μ_1 und $\{x''_n\}$ die Atome des Maßes μ_2 seien sowie $p'_n = \mu_1\{x'_n\}$ und $p''_n = \mu_2\{x''_n\}$ gesetzt ist. Daraus folgt

$$\int_E f(x)\,d\mu = \int_E f(x)\,d\alpha + \int_E f(x)\,d\sigma + \sum_{x'_n \in E} f(x'_n)\,p'_n - \sum_{x''_n \in E} f(x''_n)\,p''_n\,, \tag{2}$$

wobei $\alpha = \alpha_1 - \alpha_2$ ein absolutstetiges signiertes Maß auf X_0 und $\sigma = \sigma_1 - \sigma_2$ ein singuläres signiertes Maß auf X_0 bez. λ ist. Aus der Gleichung $\mu\{x\} = \mu_1\{x\} - \mu_2\{x\}$ folgt, daß die μ-Atome (soweit vorhanden) unter den Mengen $\{x'_n\}$ und $\{x''_n\}$ zu finden sind. Stimmt ein Punkt x'_n mit keinem der Punkte x''_m überein, so bildet er ein μ-Atom mit $\mu\{x'_n\} = p'_n$. Stimmt ein Punkt x''_m mit keinem der Punkte x'_n überein, so bildet er ebenfalls ein μ-Atom mit $\mu\{x''_m\} = -p''_m$. Ein Punkt x'_n ist im Fall $x'_n = x''_m$ μ-Atom, wenn $p'_n \neq p''_m$ gilt; dann ist $\mu\{x'_n\} = p'_n - p''_m$. Im Fall $x'_n = x''_m$ und $p'_n = p''_m$ ist offenbar $\mu\{x'_n\} = p'_n - p''_m = 0$ und der Punkt x'_n somit k e i n μ-Atom. Auf diese Weise werden im allgemeinen einige μ_1-Atome und einige μ_2-Atome keine μ-Atome sein; es kann auch zu einem vollständigen „Auslöschen" der Atome kommen, so daß sich das signierte Maß μ bei geeigneten Maßen μ_1 und μ_2 auch als atomfrei erweisen kann. $\alpha = \alpha_1 - \alpha_2$ und $\sigma = \sigma_1 - \sigma_2$ sind atomfrei (da α_1, α_2, σ_1 und σ_2 atomfrei sind, vgl. 12.5). Ordnet man nun alle μ-Atome zu einer Folge $\{x_n\}$ $(n = 1, 2, \ldots)$ und setzt $\mu\{x_n\} = p_n$, so erhält (2) die Form

$$\int_E f(x)\,d\mu = \int_E f(x)\,d\alpha + \int_E f(x)\,d\sigma + \sum_{x_n \in E} f(x_n) p_n\,, \tag{3}$$

in der wir Satz 1 aus 12.5 für den Fall eines signierten Maßes μ erkennen.

Wenn zusätzlich zu den Forderungen bezüglich μ noch $\mathfrak{M} \subset \sigma(\mathfrak{L})$ und $X_0 \in \sigma(\mathfrak{L})$ erfüllt sind, dann existieren nichtnegative Funktionen Θ_1 und Θ_2 auf X_0, so daß

$$\int_E f(x)\,d\alpha = \int_E f(x)\,d\alpha_1 - \int_E f(x)\,d\alpha_2 = \int_E f(x)\Theta_1(x)\,d\lambda - \int_E f(x)\Theta_2(x)\,d\lambda = \int_E f(x)\Theta(x)\,d\lambda$$

mit $\Theta = \Theta_1 - \Theta_2$ gilt. Hieraus folgt mit Gleichung (3)

$$\int_E f(x)\,d\mu = \int_E f(x)\Theta(x)\,d\lambda + \int_E f(x)\,d\sigma + \sum_{x_n \in E} f(x_n)\,p_n\,. \tag{4}$$

Dies ist die Aussage von Satz 2 aus 12.5 im Fall eines signierten Maßes μ. Auch die Folgerung zu Satz 2 aus 12.5 läßt sich offenbar in analoger Weise übertragen.

13.3. Signierte Lebesgue-Stieltjes-Maße und zugehörige Integrale

Es seien μ_1 und μ_2 LEBESGUE-STIETJES-Maße auf den Ringen $\mathfrak{M}_1$ bzw. $\mathfrak{M}_2$ von Teilmengen des n-dimensionalen Euklidischen Raumes. Dann heißt das auf dem Ring $\mathfrak{M} = \mathfrak{M}_1 \cap \mathfrak{M}_2$ definierte signierte Maß

$$\mu = \mu_1 - \mu_2 \tag{1}$$

ein *signiertes Lebesgue-Stieltjes-Maß*; dabei ist μ σ-additiv.

Sind μ_1 und μ_2 mittels erzeugender Funktionen φ_1 bzw. φ_2 definiert, so heißt die Funktion

$$\varphi = \varphi_1 - \varphi_2 \tag{2}$$

eine *erzeugende Funktion* für das signierte Maß μ[1]).

Wir zeigen im folgenden, daß das signierte LEBESGUE-STIELTJES-Maß μ durch seine erzeugende Funktion φ vollständig bestimmt ist, und zwar unabhängig von deren spezieller Darstellung als Differenz erzeugender Funktionen zweier gewöhnlicher LEBESGUE-STIELTJES-Maße, die auf den Mengen $X \in \mathfrak{M}$ (oder auf einem umfassenderen Ring) definiert sind (vgl. (1) und (2)). Dabei setzen wir wie schon in den Abschnitten 8.2ff. voraus, daß beide Maße μ_1 und μ_2 jeweils durch ein Ausgangsmaß auf einem regulären Halbring n-dimensionaler Quader erzeugt werden. Der Einfachheit halber nehmen wir außerdem an, daß es sich in beiden Fällen um denselben Halbring handelt.

Es möge nun neben der Gleichung (2) noch die zweite Gleichung $\varphi = \psi_1 - \psi_2$ gelten, d. h. $\varphi_1 - \varphi_2 = \psi_1 - \psi_2$ bzw. $\varphi_1 + \psi_2 = \psi_1 + \varphi_2$, wobei ψ_1 erzeugende Funktion für ein Maß ν_1 und ψ_2 erzeugende Funktion für ein Maß ν_2 ist; beide Maße seien jeweils auf dem Ring $\mathfrak{M}$ definiert. Für jede Menge $X \in \mathfrak{M}$ folgt dann aus der Existenz der Integrale

$$\int_X d\varphi_1 = \mu_1(X), \quad \int_X d\varphi_2 = \mu_2(X), \quad \int_X d\psi_1 = \nu_1(X), \quad \int_X d\psi_2 = \nu_2(X)$$

die Gültigkeit der Gleichungen

$$\int_X d\,(\varphi_1 + \psi_2) = \int_X d\varphi_1 + \int_X d\psi_2 = \mu_1(X) + \nu_2(X)\,,$$

$$\int_X d\,(\psi_1 + \varphi_2) = \int_X d\psi_1 + \int_X d\varphi_2 = \nu_1(X) + \mu_2(X)$$

(vgl. 8.5). Wegen $\varphi_1 + \psi_2 = \psi_1 + \varphi_2$ gilt $\int_X d\,(\varphi_1 + \psi_2) = \int_X d\,(\psi_1 + \varphi_2)$, folglich $\mu_1(X) + \nu_2(X) = \nu_1(X) + \mu_2(X)$, d. h. $\mu_1(X) - \mu_2(X) = \nu_1(X) - \nu_2(X)$ für jedes $X \in \mathfrak{M}$, was zu zeigen war.

Das Integral bezüglich eines signierten LEBESGUE-STIELTJES-Maßes μ

$$\int_E f(x)\,d\mu = \int_E f(x)\,d\mu_1 - \int_E f(x)\,d\mu_2 \tag{3}$$

heißt wie im Fall des gewöhnlichen Maßes *Lebesgue-Stieltjes-Integral.*

Wenn das Maß μ mittels einer erzeugenden Funktion φ gegeben ist (vgl. (1) und (2)), so schreibt man statt

$$\int_E f(x)\,d\mu \tag{4}$$

häufig

$$\int_E f(x)\,d\varphi\,, \tag{5}$$

wobei die Funktion φ auch *integrierende Funktion* für das Integral (4) bzw. für das Integral (5) genannt wird. Unter Verwendung von (5) nimmt Gleichung (3) die Gestalt

$$\int_E f(x)\,d\varphi = \int_E f(x)\,d\varphi_1 - \int_E f(x)\,d\varphi_2 \tag{3'}$$

an (vgl. (2)).

---

[1]) Erzeugende Funktionen für allgemeine Mengenfunktionen auf der Geraden wurden bereits in Abschnitt 12.7 behandelt.

13.4. Lebesguesche Zerlegung eines Lebesgue-Stieltjes-Integrals im Fall eines signierten Maßes

In vollkommener Analogie zu Abschnitt 12.6 gilt der folgende

Satz. *Sei λ das Lebesgue-Maß und μ ein signiertes Lebesgue-Stieltjes-Maß, jeweils auf den Borel-Mengen des n-dimensionalen Raumes X_0 betrachtet. Dann existieren eine Funktion Θ auf X_0 sowie ein σ-additives signiertes Maß σ, das auf allen (Borel-Mengen) $X \in \mathfrak{M}$ definiert, atomfrei und singulär auf X_0 bez. des Maßes λ ist, so daß für jede auf einer Menge E μ-integrierbare Funktion f*

$$\int_E f(x)\,\mathrm{d}\mu = \int_E f(x)\Theta(x)\,\mathrm{d}\lambda + \int_E f(x)\,\mathrm{d}\sigma + \sum_{x_k \in E} f(x_k)p_k \tag{1}$$

gilt, wobei $\{x_k\}$ die Atome des Maßes μ bezeichnet und $p_k = \mu\{x_k\}$ $(k = 1, 2, \ldots)$ gilt.

Beweis: Sei $\mu = \mu_1 - \mu_2$, wobei μ_1 und μ_2 gewöhnliche Lebesgue-Stieltjes-Maße sind, und sei f sowohl μ_1- als auch μ_1-integrierbar auf E (vgl. 13.1). Nach dem Satz in 12.6 gilt dann

$$\int_E f(x)\,\mathrm{d}\mu_1 = \int_E f(x)\,\Theta_1(x)\,\mathrm{d}\lambda + \int_E f(x)\,\mathrm{d}\sigma_1 + \sum_{x'_k \in E} f(x'_k)\,p'_k\,, \tag{2}$$

$$\int_E f(x)\,\mathrm{d}\mu_2 = \int_E f(x)\,\Theta_2(x)\,\mathrm{d}\lambda + \int_E f(x)\,\mathrm{d}\sigma_2 + \sum_{x''_k \in E} f(x''_k)\,p''_k\,,$$

hierbei sind Θ_1 und Θ_2 nichtnegative Funktionen auf X_0, σ_1 und σ_2 atomfreie, σ-additive und bez. λ singuläre Maße auf X_0, $\{x'_k\}$ und $\{x''_k\}$ die Atome der Maße μ_1 und μ_2, und es ist $p'_k = \mu_1\{x'_k\}$ sowie $p''_k = \mu_2\{x''_k\}$. Gleichung (1) erhält man dann aus (2) auf demselben Wege, wie in Abschnitt 13.2 die Gleichung (4) aus (1) ●

Es gelten nun Folgerungen, die den Folgerungen 1 bis 3 des Satzes aus 12.6 vollkommen analog sind. Wir betrachten als Beispiel den eindimensionalen Fall.

Sei φ eine erzeugende Funktion für ein lineares signiertes Lebesgue-Stieltjes-Maß μ; dabei sei φ auf einem Intervall I mit dem linken Endpunkt a $(a \in I)$ definiert (ist φ auf einem links unendlichen Intervall definiert, wobei der Grenzwert $\varphi(-\infty) = \lim_{x \to -\infty} \varphi(x)$ (als endlicher Wert) existiere, so läßt sich dieser Fall durch die Festsetzung $a = -\infty$ einbeziehen). Nach Definition ist φ überall auf I linksseitig stetig. Aus (7) in 12.6 folgt dann leicht

$$\varphi(x) = \int_a^x \Theta(t)\,\mathrm{d}t + \psi(x) + s(x) \tag{3}$$

für alle $x \in I$; hierbei ist Θ eine auf I definierte Funktion, ψ eine stetige singuläre Funktion (die erzeugende Funktion für ein atomfreies und bezüglich des Lebesgue-Maßes singuläres Maß σ) und $s(x) = \sum_{x_k < x} p_k$ die Sprungfunktion von φ.

Bemerkung. Sei φ_1 erzeugende Funktion für ein Maß μ_1 und φ_2 erzeugende Funktion für ein Maß μ_2 (vgl. oben). Dann gilt

$$p_k = \mu\{x_k\} = \mu_1\{x_k\} - \mu_2\{x_k\} = [\varphi_1(x_k+0) - \varphi_1(x_k)] - [\varphi_2(x_k+0) - \varphi_2(x_k)]$$
$$[\varphi_1(x_k+0) - \varphi_2(x_k+0)] - [\varphi_1(x_k) - \varphi_2(x_k)] = \varphi(x_k+0) - \varphi(x_k)\,,$$

d. h., p_k ist der Sprung der Funktion φ im Punkt x_k. Dies erklärt (wie schon im Fall einer monoton wachsenden Funktion φ) die Bezeichnung **Sprungfunktion** von φ.

Namen- und Sachverzeichnis

www.ingramcontent.com/pod-product-compliance
Lightning Source LLC
LaVergne TN
LVHW081331011026
849161LV00013BB/2898

* 9 7 8 3 1 1 2 6 5 7 8 9 8 *